Methoden für die Technikfolgenabschätzung

AF850629

Michael Ornetzeder ·
Mahshid Sotoudeh · Walter Peissl
(Hrsg.)

Methoden für die Technikfolgenabschätzung

Bewährte Praxis, aktuelle Herausforderungen, neue Chancen

Springer VS

Hrsg.
Michael Ornetzeder
Institut für Technikfolgen-Abschätzung
Österreichische Akademie der Wissenschaften
Wien, Österreich

Mahshid Sotoudeh
Institut für Technikfolgen-Abschätzung
Österreichische Akademie der Wissenschaften
Wien, Österreich

Walter Peissl
vormals Institut für Technikfolgen-Abschätzung
Österreichische Akademie der Wissenschaften
Wien, Österreich

ISBN 978-3-658-48490-3 ISBN 978-3-658-48491-0 (eBook)
https://doi.org/10.1007/978-3-658-48491-0

Die Deutsche Nationalbibliothek verzeichnet diese Publikation in der Deutschen Nationalbibliografie; detaillierte bibliografische Daten sind im Internet über https://portal.dnb.de abrufbar.

© Der/die Herausgeber bzw. der/die Autor(en), exklusiv lizenziert an Springer Fachmedien Wiesbaden GmbH, ein Teil von Springer Nature 2025

Das Werk einschließlich aller seiner Teile ist urheberrechtlich geschützt. Jede Verwertung, die nicht ausdrücklich vom Urheberrechtsgesetz zugelassen ist, bedarf der vorherigen Zustimmung des Verlags. Das gilt insbesondere für Vervielfältigungen, Bearbeitungen, Übersetzungen, Mikroverfilmungen und die Einspeicherung und Verarbeitung in elektronischen Systemen.
Die Wiedergabe von allgemein beschreibenden Bezeichnungen, Marken, Unternehmensnamen etc. in diesem Werk bedeutet nicht, dass diese frei durch jede Person benutzt werden dürfen. Die Berechtigung zur Benutzung unterliegt, auch ohne gesonderten Hinweis hierzu, den Regeln des Markenrechts. Die Rechte des/der jeweiligen Zeicheninhaber*in sind zu beachten.
Der Verlag, die Autor*innen und die Herausgeber*innen gehen davon aus, dass die Angaben und Informationen in diesem Werk zum Zeitpunkt der Veröffentlichung vollständig und korrekt sind. Weder der Verlag noch die Autor*innen oder die Herausgeber*innen übernehmen, ausdrücklich oder implizit, Gewähr für den Inhalt des Werkes, etwaige Fehler oder Äußerungen. Der Verlag bleibt im Hinblick auf geografische Zuordnungen und Gebietsbezeichnungen in veröffentlichten Karten und Institutionsadressen neutral.

Springer VS ist ein Imprint der eingetragenen Gesellschaft Springer Fachmedien Wiesbaden GmbH und ist ein Teil von Springer Nature.
Die Anschrift der Gesellschaft ist: Abraham-Lincoln-Str. 46, 65189 Wiesbaden, Germany

Wenn Sie dieses Produkt entsorgen, geben Sie das Papier bitte zum Recycling.

Vorwort

Technikfolgenabschätzung (TA) ist eine wissenschaftliche Praxis, die sich mit den Auswirkungen technischer Entwicklungen auf Gesellschaft, Umwelt und Wirtschaft befasst. Eine zentrale Rolle spielt dabei die Wahl geeigneter Methoden, um Wissen über Folgen und Risiken zu generieren, zu bewerten und zu kommunizieren. Die Methodenvielfalt in der TA ist groß und entwickelt sich ständig weiter. Insbesondere die Fortschritte im Bereich der Künstlichen Intelligenz bringen neue methodische Herausforderungen und Möglichkeiten mit sich. Die Frage, welche Methoden sich bewährt haben, welche weiterentwickelt werden müssen und wie neue Methoden integriert werden können, ist daher aktueller denn je.

Vor diesem Hintergrund fand am 3. und 4. Juni 2024 in Wien die TA24, die deutschsprachige Jahrestagung des Instituts für Technikfolgen-Abschätzung der Österreichischen Akademie der Wissenschaften, statt. Das Thema lautete „Methoden für die TA – Im Spannungsfeld zwischen bewährter Praxis und neuen Möglichkeiten“. Die Veranstaltung bot ein vielfältiges Programm mit interaktiven Methodenworkshops, einer Posterpräsentation, einer Podiumsdiskussion und insgesamt 26 Fachvorträgen. Die Konferenz zeigte, wie intensiv die Methodendiskussion innerhalb der TA-Community geführt wird und wie fruchtbar der Austausch mit Nachbardisziplinen sein kann.

Der vorliegende Band ist aus dieser Konferenz hervorgegangen und versammelt 18 ausgewählte Beiträge, die zentrale methodische Fragen der TA beleuchten. Die Kapitel gliedern sich in verschiedene Themenbereiche: der grundsätzliche Anspruch an Methoden in der TA, konzeptionelle Überlegungen,

Künstliche Intelligenz als Thema und Methode der TA, Methoden im Transformationskontext sowie methodische Innovationen. Ein einleitendes Kapitel sowie eine abschließende Reflexion der Herausgeber:innen runden den Band ab.

In der Schlussbetrachtung stellen wir fest: Das Themenfeld „Methoden für TA" ist umfassend, dynamisch und von hoher Relevanz. Die Methodendiskussion wird auch in Zukunft weitergehen, da sich sowohl die technische Entwicklung als auch die Anforderungen an TA ständig verändern. Der Methodenpool der TA ist bereits sehr umfangreich, aber es kommen immer wieder neue Methoden hinzu. Entscheidend ist, die verschiedenen Methoden je nach Fragestellung sinnvoll zu kombinieren und dabei gleichzeitig hohe Qualitätsstandards einzuhalten. Letztlich hängt die Wirksamkeit von Forschung und Beratung in der TA auch von der Qualität der eingesetzten Methoden ab.

Wir freuen uns, mit diesem Buch spannende Einblicke in die methodische Vielfalt der TA geben zu können. Die folgenden Beiträge stammen von Autorinnen und Autoren aus unterschiedlichen Disziplinen und laden zur kritischen Auseinandersetzung mit bestehenden und neuen methodischen Ansätzen ein. Wir wünschen eine anregende Lektüre!

Michael Ornetzeder
Mahshid Sotoudeh
Walter Peissl

Inhaltsverzeichnis

Herausgeber- und Autorenverzeichnis

Über die Herausgeber

Michael Ornetzeder Wissenschaftlicher Mitarbeiter am Institut für Technikfolgen-Abschätzung (ITA) der Österreichischen Akademie der Wissenschaften (ÖAW) und Dozent an der Universität für Bodenkultur, Wien. Schwerpunkte: Wissenschafts- und Technik-forschung, Technikfolgenabschätzung, Nachhaltigkeit, Energiewende.

Mahshid Sotoudeh Privat Dozentin für Technikfolgenabschätzung und Nachhaltigkeit, wissenschaftliche Mitarbeiterin am Institut für Technikfolgen-Abschätzung (ITA) der Österreichischen Akademie der Wissenschaften (ÖAW). Schwerpunkte: inter- und trans-disziplinäre Forschung auf dem Gebiet der TA, technische Innovationen und Bildung für nachhaltige Entwicklung, partizipative Methoden, Visionen und Szenarienbildung, zukunftsfähige Lebensmittelsysteme.

Walter Peissl Ehem. stv. Direktor des Instituts für Technikfolgen-Abschätzung (ITA) der Österreichischen Akademie der Wissenschaften (ÖAW). Schwerpunkte: Digitalisierung, Privatsphäre und Sicherheit sowie methodische Fragen der Technikfolgenabschätzung.

Autorenverzeichnis

Steffen Albrecht Büro für Technikfolgen-Abschätzung beim Deutschen Bundestag (TAB), Berlin, Deutschland

Andrea Altepost ILAG Institut Leistung Arbeit Gesundheit, Plön, Deutschland

Michael Auinger INOVATO Strategische Personal- und Organisationsarbeit GmbH, Ansfelden, Österreich

Michael Bau ILAG Institut Leistung Arbeit Gesundheit, Plön, Deutschland

Renate Baumgartner Athena Institute, Vrije Universiteit Amsterdam, Amsterdam, Niederlande

Ulrike Bechtold Institut für Technikfolgen-Abschätzung (ITA), Österreichische Akademie der Wissenschaften, Wien, Österreich

Vera Borrmann Human-Technology Interaction Lab (AG Kellmeyer), Department Neurochirurgie, Universitätsklinikum Freiburg, Freiburg im Breisgau, Deutschland

Christian Büscher Institut für Technikfolgenabschätzung und Systemanalyse (ITAS), Karlsruhe, Deutschland

Bert Droste-Franke IQIB – Institut für qualifizierende Innovationsforschung und -beratung GmbH, Bad Neuenahr-Ahrweiler, Deutschland

Saskia Favreuille Institut für Technikfolgen-Abschätzung (ITA), Österreichische Akademie der Wissenschaften, Wien, Österreich

Janine Gondolf Institut für Technikfolgenabschätzung und Systemanalyse (ITAS), Karlsruhe, Deutschland

Armin Grunwald Institut für Technikfolgenabschätzung und Systemanalyse (ITAS), Karlsruhe, Deutschland

Adjan Hansen-Ampah ILAG Institut Leistung Arbeit Gesundheit, Plön, Deutschland

Tobias Hungerland Institut für Innovation und Technik (iit), VDI/VDE Innovation + Technik GmbH, Berlin, Deutschland

Jutta Jahnel Institut für Technikfolgenabschätzung und Systemanalyse (ITAS), Karlsruhe, Deutschland

Christoph Kehl Büro für Technikfolgen-Abschätzung beim Deutschen Bundestag (TAB), Berlin, Deutschland

Bettina-Johanna Krings Institut für Technikfolgenabschätzung und Systemanalyse (ITAS), Karlsruhe, Deutschland

Sebastian Kruse Institut für Innovation und Technik (iit), VDI/VDE Innovation + Technik GmbH, Berlin, Deutschland

Andreas Lösch Institut für Technikfolgenabschätzung und Systemanalyse (ITAS), Karlsruhe, Deutschland

Wenzel Mehnert Societal Futures, Austrian Berlin, Berlin, Deutschland

Christine Milchram Büro für Technikfolgen-Abschätzung beim Deutschen Bundestag (TAB), Berlin, Deutschland

Michael Nentwich Institut für Technikfolgen-Abschätzung (ITA), Österreichische Akademie der Wissenschaften, Wien, Austria

Michael Ornetzeder Institut für Technikfolgen-Abschätzung (ITA), Österreichische Akademie der Wissenschaften, Wien, Österreich

Walter Peissl Institut für Technikfolgen-Abschätzung (ITA), Österreichsche Akademie der Wissenschaften, Wien, Österreich

Martina Philippi Fach Philosophie, Universität Paderborn, Paderborn, Deutschland

Livia Regen Institut für Technikfolgen-Abschätzung (ITA), Österreichische Akademie der Wissenschaften, Wien, Österreich

Stephan Richter Institut für Innovation und Technik (iit), VDI/VDE Innovation + Technik GmbH, Berlin, Deutschland

Pauline Riousset Büro für Technikfolgen-Abschätzung beim Deutschen Bundestag (TAB), Berlin, Deutschland

Christine Rösch Institut für Technikfolgenabschätzung und Systemanalyse (ITAS), Karlsruhe, Deutschland

Martin Rost Unabhängiges Landeszentrum für Datenschutz Schleswig-Holstein (ULD), Kiel, Deutschland

Greta Runge Fraunhofer-Institut für System- und Innovationsforschung (ISI), Berlin, Deutschland

Dirk Scheer Institut für Technikfolgenabschätzung und Systemanalyse (ITAS), Karlsruhe, Deutschland

Jens Schippl Institut für Technikfolgenabschätzung und Systemanalyse (ITAS), Karlsruhe, Deutschland

Tamara Schwertel Instituts für Medizinsoziologie, Versorgungsforschung und Rehabilitationswissenschaft, Universität zu Köln, Köln, Deutschland

Mahshid Sotoudeh Institut für Technikfolgen-Abschätzung (ITA), Österreichsche Akademie der Wissenschaften, Wien, Österreich

Ulrich Ufer Institut für Technikfolgenabschätzung und Systemanalyse (ITAS), Karlsruhe, Deutschland

Methoden für die Technikfolgenabschätzung: Einführung in dieses Buch

Michael Ornetzeder, Mahshid Sotoudeh und Walter Peissl

Methoden sind eine zentrale Grundlage wissenschaftlicher Forschung. Sie strukturieren den Erkenntnisprozess, erlauben einen systematischen Erkenntnisgewinn und dienen als Grundlage für die Nachvollziehbarkeit und Überprüfbarkeit wissenschaftlicher Ergebnisse. Methodisches Vorgehen, Transparenz, Offenheit und Nachvollziehbarkeit sind wesentliche Prinzipien der Wissenschaft und machen sie vertrauenswürdig. In der Tat ist das Vertrauen der Bevölkerung in wissenschaftliche Methoden entsprechend hoch: Laut einer aktuellen Studie (Cologna et al., 2025) stimmten in 68 Ländern durchschnittlich 75 % der Befragten der Aussage zu, dass wissenschaftliche Forschungsmethoden am besten herausfinden, ob etwas wahr oder falsch ist. Gerade in einem inter- und transdisziplinären Feld wie der Technikfolgenabschätzung (TA) stellt sich die Frage, welche methodischen Ansätze zum Einsatz kommen, wie die Qualität der wissenschaftlichen

M. Ornetzeder (✉) · M. Sotoudeh
Institut für Technikfolgen-Abschätzung, Österreichische Akademie der Wissenschaften, Wien, Österreich
E-Mail: michael.ornetzeder@oeaw.ac.at

M. Sotoudeh
E-Mail: mahshid.sotoudeh@oeaw.ac.at

W. Peissl
vormals Institut für Technikfolgen-Abschätzung, Österreichische Akademie der Wissenschaften, Wien, Österreich
E-Mail: office-wp@teletronic.at

© Der/die Autor(en), exklusiv lizenziert an Springer Fachmedien Wiesbaden GmbH, ein Teil von Springer Nature 2025

M. Ornetzeder et al. (Hrsg.), *Methoden für die Technikfolgenabschätzung*,
https://doi.org/10.1007/978-3-658-48491-0_1

Erkenntnisse gesichert werden kann und wie sich das Wissen aufbereiten lässt, um Politik und Öffentlichkeit zu beraten.

In dieser Einführung beleuchten wir das Thema Methoden für die TA aus verschiedenen Perspektiven. Zunächst fragen wir nach der Bedeutung von Methoden für die Wissenschaft. Danach versuchen wir zu klären, welche Aufgaben die verschiedenen Methoden in der TA zu erfüllen haben und welche Methoden bisher hauptsächlich eingesetzt werden. Anschließend gehen wir der Frage nach, wie verschiedene Methoden in der TA für spezifische Fragestellungen auf Projektebene kombiniert werden. Danach werfen wir einen kurzen Blick auf die Bedeutung von Qualitätskriterien bei der Anwendung von Methoden. Und schließlich stellen wir TA als Kontext für methodische Innovationen vor und geben einen Überblick über die in diesem Buch versammelten Beiträge.

1 Methoden in der Wissenschaft

Methoden dienen in erster Linie dem Erkenntnisgewinn. Mit ihrer Hilfe werden empirische Daten erhoben, ausgewertet und interpretiert, um Hypothesen zu überprüfen oder neue zu formulieren. Hillmann (2007, S. 563) definiert Methode als systematisches Vorgehen bzw. Verfahren bei der Entwicklung wissenschaftlicher Probleme, Fragestellungen, Aussagen sowie deren empirische Überprüfung durch Analyse der Wirklichkeit. Im Wort Methode steckt der altgriechische Begriff *methodos,* der so viel wie „Weg einer Untersuchung“ bedeutet (Kollenberg & Kollenberg, 2024). Methodisches Vorgehen in der Wissenschaft beschreibt also Wege zur Erkenntnis. Diese Wege sollen dokumentiert und nachvollziehbar sein, damit die durch ihre Anwendung gewonnenen Erkenntnisse von bloßen Behauptungen unterschieden werden können (ebd.). Was als wissenschaftliche Methode gelten kann und welche Gütekriterien jeweils anzulegen sind, wird von der Wissenschaft bzw. in den verschiedenen Fachkulturen definiert. Methoden und Methodenlehre (Methodologie) sind und waren von Anfang an Gegenstand wissenschaftlicher Tätigkeit.

Methoden allein reichen aber bekanntlich nicht aus, um neues, gesichertes Wissen zu erzeugen. Neben den Methoden sind es vor allem Theorien, also Vorstellungen, Hypothesen und Erklärungsmodelle, die die Suche nach und die Anwendung von Methoden leiten. „Theorie und Methode“ bilden das zentrale Begriffspaar wissenschaftlichen Vorgehens und sind über die Hypothesenbildung und die Verallgemeinerung der Ergebnisse in einem rekursiven Erkenntnisprozess miteinander verschränkt (Wallace, 1971).

Unter dem Begriff *Methode* werden in der Wissenschaft jedoch unterschiedliche Dinge verstanden. Er bezieht sich auf mindestens drei miteinander verbundene, aber unterschiedlich abstrakte Ebenen: Es kann um das wissenschaftliche Vorgehen an sich gehen („wissenschaftliche Methode"), es kann um die Art und Weise gehen, wie neues (empirisches) Wissen generiert wird („Forschungsmethode") oder auch nur um die Gewinnung von Daten („Messverfahren"). Diese unterschiedlichen Ebenen sind u. a. dann von Bedeutung, wenn es um die Legitimation wissenschaftlichen Wissens, z. B. in Abgrenzung zu anderen Wissensformen, geht. Die Unterscheidung von Forschungsmethoden und Messverfahren hat wiederum forschungspraktische Relevanz.

In einer historischen Betrachtung zeigt Thurs (2011), dass der Begriff „wissenschaftliche Methode" erst im 19. Jahrhundert an Bedeutung gewann. In dieser Zeit, in der sich die Wissenschaft institutionell stark entwickelte, diente der Verweis auf die wissenschaftliche Methode vor allem der Abgrenzung der Wissenschaft von anderen Wissensformen, die nicht selten als Pseudowissenschaften bezeichnet wurden, um die Überlegenheit der Wissenschaft zu betonen. Wissenschaftliches Wissen sollte als etwas Besonderes und gewissermaßen Überlegenes gelten, weil es mit einer ganz bestimmten Methode gewonnen wurde. Mit der *wissenschaftlichen Methode,* d. h. mit einer Abfolge von klar definierten Regeln und Schritten – wie Beobachtung, Hypothese, Vorhersage, Experiment und Bestätigung –, die zu befolgen sind, wenn Wissenschaft „richtig" betrieben werden soll. Diese Vorstellung geht auf Descartes' Konzeption einer Universalwissenschaft zurück, in der die Einheit der Wissenschaften in der Einheit der Vernunft liegt (Mittelstraß, 1978). Aber auch bereits für die Wissenschaft des 17. Jahrhunderts mag dies eine stark idealisierende Vorstellung gewesen sein.

In seinem 1976 erschienenen Buch *Against Method* argumentierte der Philosoph Paul Feyerabend anhand zahlreicher historischer Beispiele, dass die Vorstellung einer einheitlichen, definierbaren wissenschaftlichen Methode nicht haltbar sei. Als Konsequenz dieser Erkenntnis entwickelte er eine wissenschaftstheoretische Position, die für eine außerordentlich liberale Praxis der Methodenanwendung (Methodenanarchismus) plädierte, da nur so wissenschaftlicher Fortschritt gewährleistet werden könne. „Für jede Regel", schreibt Feyerabend (1976, 21–22), „so »fundamental« oder »notwendig« sie für die Wissenschaft auch sein mag, gibt es Umstände, unter denen es angezeigt ist, sie nicht nur zu mißachten, sondern ihrem Gegenteil zu folgen". Erkenntnisfortschritt in der Wissenschaft ist also auch an methodische Innovation gebunden. So wie sich das Wissen ändert, ändern sich auch die Regeln und Methoden, mit denen dieses Wissen erzeugt wird. Wollte man einen Grundsatz formulieren, so könnte er in den Worten Feyerabends nur lauten: *anything goes.*

Die von Feyerabend diagnostizierte liberale Praxis der Methodenanwendung in einer sich pluralistisch entwickelnden Wissenschaft zeigt sich nicht nur in ständigen kleinen Veränderungen in der Forschungspraxis, sondern führt mitunter auch zu heftigen Auseinandersetzungen innerhalb der Wissenschaften. Es ist eben nicht immer alles methodisch möglich, sondern jeweils nur das, was in einem bestimmten wissenschaftlichen Feld zu einem bestimmten Zeitpunkt konsensfähig ist. In den Sozialwissenschaften werden solche grundsätzlichen Diskurse um die „richtige" Methode als Methodenstreit bezeichnet. Ein prominentes Beispiel ist der sogenannte Positivismusstreit, in dem in den 1960er Jahren Vertreter der Kritischen Theorie und Kritische Rationalisten um ein angemessenes Selbstverständnis der Sozialwissenschaften stritten (Gröbl-Steinbach, 2006). Ähnliche Grundsatzdebatten gab es bereits Ende des 19. Jahrhunderts in der Ökonomie (Backhaus & Hansen, 2000) und in jüngerer Zeit auch in der Politikwissenschaft (Lauer, 2021). Anders als der Begriff Methodenstreit vermuten lässt, ging und geht es dabei immer auch um inhaltliche Auseinandersetzungen, in denen neben der Methodenfrage auch konkurrierende theoretische Ideen und wissenschaftsphilosophische Positionen verhandelt werden.

Als Alleinstellungsmerkmal der Wissenschaft hat der Verweis auf eine vermeintlich „überlegene" wissenschaftliche Methode heute ausgedient. „Nicht der Gegenstand oder die Methode der Untersuchung", schreibt McIntyre (2019, S. 7), „sondern die Werte und das Verhalten derer, die sich damit beschäftigen, machen die Wissenschaft zu etwas Besonderem." Das Besondere an der Wissenschaft ist also das, was McIntyre die „wissenschaftliche Haltung" nennt – das Streben nach Evidenz und die Bereitschaft, Theorien aufgrund neuer Evidenz zu verändern. Und es sind diese allgemeinen wissenschaftstheoretischen Überlegungen, auf deren Grundlage auch methodische Innovationen vorangetrieben werden können.

Die Suche nach neuen Methoden in den verschiedenen Wissenschaftsdisziplinen wird niemals abgeschlossen sein. Die Vorstellung eines stabilen Kanons zulässiger Methoden ist trügerisch, sie trifft, wie Friedrichs (1985, S. 13) bemerkt, weder auf die Naturwissenschaften noch auf die Sozialwissenschaften zu: „Ihre Methoden und Instrumente entwickeln sich abhängig von den Problemen der Disziplin, sie entstehen, um bestimmte Fragen untersuchen, bestimmte Probleme lösen zu können." Die Geschichte der Wissenschaft ist damit auch eine Geschichte ihrer Methodenentwicklung.

2 Methoden in der TA

Das Verständnis von TA hat sich in den mehr als 50 Jahren ihrer systematischen Anwendung grundlegend gewandelt. Aus einer wissenschaftlich fundierten Technologiepolitikberatung, die sich auf die nicht intendierten Folgen und Risiken neuer Technik konzentrierte, ist eine inhaltlich breite inter- und transdisziplinäre wissenschaftliche Praxis zur Reflexion der technischen Entwicklung in der Gesellschaft geworden.

Eine aktuelle Definition beschreibt TA „als eine durch reflexiven Erkenntnisgewinn motivierte Forschungspraxis zur wissenschaftlichen Analyse von dynamischen und komplexen sozio-technischen Konstellationen in Politik beratender Absicht.“ Diese Definition unterstreicht, so Böschen et al. (2021, S. 23) weiter, „dass die Entwicklung von Technik von einem Reflexionsprozess über diese Technik begleitet werden muss, um mögliche Folgen abschätzen und bewerten zu können. Die Förderung der Reflexivität durch TA soll durch das Bereitstellen und Bewerten von partizipatorischen Ideen, durch einen inklusiven Zugang zu einer Vielfalt von Perspektiven in sozialer und epistemischer Hinsicht und durch ein Systemdenken, das Reflexionen über die Relevanz einschließt, realisiert werden.“

Böschen et al. (2021) definieren TA als ein breites Programm zur Reflexion der technischen Entwicklung in der Gesellschaft, das eine Vielzahl wissenschaftlicher Fragestellungen, Perspektiven und Praktiken umfasst. Bogner (2021) bezeichnet diesen Zustand hoher Ausdifferenzierung als „pragmatische TA“. Gegenwärtig dominiert keines der historisch bedeutsamen Modelle die TA-Praxis. Vielmehr, so Bogner, zeigt sich eine große Vielfalt, Varianten des klassischen wissenschaftsbasierten Modells sind ebenso möglich wie konstruktivistische oder partizipative Ansätze. Diese konzeptionelle Breite hat auch erhebliche Konsequenzen für den Umgang mit Methoden in der TA und erfordert eine vertiefte Auseinandersetzung mit interdisziplinären Modellen, wie sie etwa bei der Verknüpfung verschiedener partizipativer Methoden von Bedeutung sind. Methoden und Modelle der TA stehen gewissermaßen in einem wechselseitigen Verhältnis zueinander. Nicht nur die theoretischen Überlegungen in der TA haben sich ausdifferenziert, auch der Methodenpool hat sich in den letzten Jahrzehnten enorm erweitert.

In der Literatur finden wir unterschiedliche Versuche, die in der TA verwendeten Methoden zu systematisieren. Gemeinsam ist ihnen, dass sie neben Methoden, die primär dem wissenschaftlichen Erkenntnisgewinn dienen, auch solche umfassen, mit denen Praxiswissen und Werthaltungen integriert werden. Ein Teil dieser Übersichten enthält zudem auch Methoden, die der Kommunikation und der Verbreitung der Ergebnisse dienen. Exemplarisch zeigt sich dies etwa an der im TAMI-Projekt vorgeschlagenen Klassifikation, die zwischen wissenschaftlichen, interaktiven und kommunikativen Methoden unterscheidet (Decker & Ladikas, 2004).

Grunwald (2010) verfolgt einen ähnlichen Ansatz, nimmt aber eine stärkere Differenzierung vor. Er unterscheidet systemanalytische, prospektive, diskursanalytische, partizipative und kommunikative Methoden. Systemanalytische Verfahren haben meist einen naturwissenschaftlichen Hintergrund, wie die Stoffstromanalyse oder die Lebenszyklusanalyse und Ökobilanzierung, oder wurden in der Ökonomie entwickelt, wie die Input-Output-Analyse. Zu den prospektiven Verfahren, die in der TA eingesetzt werden, zählt Grunwald die Trendextrapolation, die modellgestützte Simulation, die Szenariotechnik und das Delphi-Verfahren. Diskursanalytische Verfahren wie Interviews oder Inhalts- und Medienanalysen, die ebenfalls häufig in der TA eingesetzt werden, stammen überwiegend aus den Sozialwissenschaften. Beispiele für Beteiligungsverfahren, auf die Grunwald näher eingeht, sind die Konsensus-Konferenz, der kooperative Diskurs, die Planungszelle, Fokusgruppen sowie Mediations- und Schlichtungsverfahren. Der Bereich der kommunikativen Methoden schließlich umfasst ein breites Spektrum von Verfahren und Techniken zur Vermittlung der Ergebnisse von TA-Projekten an die Auftraggeber, aber auch an die interessierte Öffentlichkeit. Damit kann ein großes Spektrum der in der TA formulierten Aufgaben und Ziele abgedeckt werden. Schließlich geht es in der TA um die Folgen- und Risikoabschätzung auf der Basis wissenschaftlichen Wissens, aber auch um die Entwicklung von Vorstellungen über zukünftige Entwicklungen, um die Sammlung und Bewertung vorhandenen Wissens, um die Beteiligung von Interessengruppen oder der Öffentlichkeit und schließlich um die Vermittlung von Wissen und die Beratung von Politik und Gesellschaft.

Van den Ende et al. (1998) unterscheiden ebenfalls zwischen Analysemethoden, d. h. wissenschaftlichen Methoden, die notwendig sind, um einen bestimmten Aspekt eines TA-Problems empirisch zu untersuchen, und Interventionsmethoden, die z. B. als Heuristiken dienen, um in den Entscheidungsprozess der Technikentwicklung einzugreifen oder Konflikte zu bearbeiten. Zudem unterstreichen die Autor:innen, dass TA auf Methoden angewiesen ist, die insbesondere in Reflexionsstudien eingesetzt werden können und damit zu einem besseren Verständnis von Technik in der Gesellschaft sowie zur konzeptionellen Weiterentwicklung der TA selbst beitragen. Die Autor:innen betonen zu Recht, dass die genannten Interventionsmethoden der TA vielfach aus solchen reflexiven Studien innerhalb der TA hervorgegangen sind. Dabei handelt es sich um Methoden, die häufig und in allen wissenschaftlichen Disziplinen eingesetzt werden, wie z. B. Literaturrecherchen, Interviews und Workshops, und daher nicht nur in

Reflexionsstudien, sondern vermutlich in nahezu allen TA-Projekten zum Einsatz kommen.

Einen deutlich anderen Ansatz verfolgt das TA-Handbuch des Government Accountability Office (GAO, 2021). Das GAO, das parlamentarische TA für den US-Kongress durchführt, systematisiert den Methodenpool der TA nach den verschiedenen Evidenzarten, die für einen TA-Bericht herangezogen werden (sog. *„Evidentiary Types“*). So werden Methoden unterschieden, die jeweils geeignet sind, Zeugenaussagen (etwa Wissen von Expert:innen), Dokumente oder Sachbeweise für TA-relevante Fragestellungen nutzbar zu machen. Darüber hinaus listet das Handbuch noch eine Reihe von analytischen Methoden zur Datenanalyse auf, wie z. B. Simulationsmodelle, Nutzen-Kosten-Analysen oder Szenariotechniken. Für jeden der drei Evidenztypen werden mehrere Methodenbeispiele vorgestellt und nach ihrem Strukturierungsgrad (niedrig, hoch) unterschieden. Der Strukturierungsgrad gibt im Wesentlichen Auskunft über den Aufwand, der mit der Planung und Durchführung einer Methode verbunden ist.

Auch Steinmüller (1999) führt den Strukturierungsgrad von Methoden als Unterscheidungsmerkmal ein. Er spricht in diesem Zusammenhang von einer Methodenhierarchie mit unterschiedlichen Komplexitätsgraden auf drei Ebenen. Auf der obersten Ebene befinden sich umfassende Verfahren, die bereits das gesamte Forschungsdesign und alle weiteren notwendigen Elemente beinhalten. Beispiele hierfür sind die Delphi-Methode, die Planungszelle oder die Umweltverträglichkeitsprüfung. Die mittlere Ebene umfasst Methoden und Vorgehensweisen, die innerhalb eines Projektes zur Beantwortung spezifischer Fragestellungen eingesetzt werden, wie z. B. Interviews, Szenarien oder Trendexplorationen. Der untersten Ebene sind methodische Werkzeuge zugeordnet, die zur Lösung einzelner Teilschritte notwendig sind. Als Beispiel nennt Steinmüller etwa statistische Auswertungsverfahren im Rahmen einer Befragung. Diese Einteilung hat zum einen forschungspraktische Konsequenzen, z. B. dass bei der Wahl umfassender Verfahren auch Fragen des Projektdesigns bereits weitgehend geklärt sind. Zum anderen erweitert sie, ähnlich wie Van den Ende et al. (1998) den Blick auf häufig vernachlässigte Hilfsmittel und allgemeine Forschungstechniken, die für die erfolgreiche Durchführung von TA-Projekten aber ebenfalls von Bedeutung sind.

Dieser kurze Überblick zeigt die verschiedenen Möglichkeiten, den umfangreichen Methodenpool der TA zu systematisieren. Am häufigsten wird nach dem Zweck der Methoden differenziert, aber auch eine Einteilung nach der Art der verwendeten Evidenz oder nach dem Strukturierungsgrad der Methoden ist möglich. Im Bereich der Methoden, die zur wissenschaftlichen Erkenntnisgewinnung eingesetzt werden, zeigt sich erwartungsgemäß die größte Bandbreite, entsprechend vielfältig sind hier auch die Möglichkeiten, zwischen verschiedenen Methodentypen zu unterscheiden. Systematische Darstellungen sollen den Überblick über das potenzielle Angebot verbessern und die Zugänglichkeit der Methoden erhöhen. Sie führen aber gleichzeitig zu einem vollständigeren Bild über den (potenziellen) Inhalt des Methodenpools. So rücken beispielsweise weniger beachtete Methoden des wissenschaftlichen Arbeitens (Literatur- und Dokumentenanalyse, Brainstorming, Workshopmethoden) stärker in den Vordergrund, die sowohl im Rahmen von TA-Projekten als auch für die TA-Reflexion von nicht zu unterschätzender Bedeutung sind.

In Tab. 1 versuchen wir, den derzeit in der TA verwendeten Methodenpool ansatzweise abzubilden. Dabei unterscheiden wir, wie in der TA mittlerweile üblich, zwischen wissenschaftlichen, interaktiven und kommunikativen Methoden sowie nach dem Grad der Strukturierung dieser Methoden. Als wissenschaftliche Methoden werden dabei alle jene Verfahren bezeichnet, die geeignet sind, wissenschaftliches Wissen zu generieren. Interaktive und kommunikative Methoden sind ebenfalls in der Wissenschaft von Bedeutung. Sie dienen der Produktion und Offenlegung anderer Wissensformen wie etwa Praxiserfahrung, Werthaltungen oder helfen bei der Vermittlung von Ergebnissen von TA-Prozessen. Die in den einzelnen Feldern aufgeführten Beispiele sind der Literatur entnommen. Die Einteilung nach dem Strukturierungsgrad erfolgte grob, man könnte sich die Strukturierung von Methoden auch als Kontinuum vorstellen und fragen, wie viele Aspekte einer Methode in einem konkreten Projektzusammenhang bereits definiert sind. Mit der Wahl eines umfassenden Verfahrens sind oft viele methodische Fragen bereits geklärt. Methoden und Werkzeuge sind aber flexibel einsetzbar und müssen erst in ein Projektdesign integriert werden.

Die Übersicht versucht, ein umfassendes Bild zu vermitteln. Die genannten Methoden werden in der TA mehr oder weniger häufig eingesetzt – oder es werden zumindest Ergebnisse verwendet, die mit diesen Methoden erzielt wurden. Dennoch bleibt die Aufzählung der Methoden notwendigerweise unvollständig. Überschneidungen sind möglich, da einige Methoden sowohl für die wissenschaftliche Erkenntnisgewinnung als auch für Aushandlungs- und Bewertungsprozesse geeignet sind. Die Tabelle stellt somit eine Art „Grundausstattung" der TA dar, die mit der Ausdifferenzierung verschiedener TA-Modelle entstanden ist und laufend erweitert und ergänzt wird.

Tab. 1 Methodenpool der TA. (Eigene Darstellung)

	Wissenschaftliche Methoden	Interaktive Methoden	Kommunikative Methoden
Umfassende Verfahren	Delphi-Methode	Bridging Event	Dialogkonferenz
	Fallstudie	CIVISTI-Methode	Lange Nacht der Forschung
	Historische Analogiebildung	Future Search & Assessment	Science Theatre
	Modellbasierte Simulation	Konsensus-Konferenz	Wissenschaftliche Konferenz
	Multikriterienanalyse	Mediations- und Schlichtungsverfahren	
	Risikoanalyse	Planungszelle und Bürgergutachten	
	Roadmapping	PubliForum	
	Horizon Scanning	Reallabor	
	Technologiemonitoring	Strategisches Nischen-management (SNM)	
	Wertbaumverfahren	Umweltverträglichkeitsprüfung (UVP)	
	Reallabor		
Methoden	Beobachtungsmethode(n)	Backcasting	Begutachtete Publikation
	Fokus-Gruppendiskussion	Fokus-Gruppendiskussion	Dossier
	Input–Output-Analyse	Kooperativer Diskurs	Mündliche Präsentation
	Interviewformen (Leitfaden-, Experten- und Objektinterview)	Szenariotechnik(en)	Newsletter
	Kosten-Nutzen-Analyse	Stakeholder-Workshop	Videopräsentation

(Fortsetzung)

Tab. 1 (Fortsetzung)

	Wissenschaftliche Methoden	Interaktive Methoden	Kommunikative Methoden
	Lebenszyklusanalyse und Ökobilanzierung		Website
	Standardisierte Umfrage		Wissenschaftlicher Bericht
	Stoffstromanalyse		
	Trendextrapolation		
Hilfsmittel	Checkliste(n)	Brainstorming	Betreuung sozialer Medien
	Exzerpt	Moderationstechnik	Mailingliste(n)
	Literaturanalyse(n) (systematisch, unsystematisch)	SWOT-Analyse	Methoden zu Daten- und Ergebnisvisualisierung
	Ortsbegehung	Umfeldanalyse	Netzwerken
	Protokoll(e)	Workshop- und Veranstaltungsorganisation	Post- und Mailversand
	Quantitative und qualitative Inhaltsanalyse(n)		Veranstaltungsorganisation
	Statistische Auswertungs-verfahren		

3 TA-Methoden im Projektkontext

Die Methodenfrage in der TA ist insbesondere auch aus der Projektperspektive zu behandeln. Bei der Planung eines TA-Projektes ist es notwendig, Themen und Ziele zu definieren und darauf aufbauend ein geeignetes und zugleich praktikables Forschungsdesign zu entwerfen. Ein solcher Ansatz wurde im europäischen Forschungsprojekt TAMI *(Technology Assessment in Europe; Between Method and Impact)* verfolgt (Decker & Ladikas, 2004). Methoden werden dabei als zentral für die Entwicklung von Legitimität und damit in weiterer Folge als Grundlage für politischen *Impact* – den Beitrag von TA zur politischen bzw. öffentlichen Meinungsbildung – angesehen. Die Überlegungen im Projekt TAMI basieren auf den Erfahrungen etablierter TA-Institutionen in Europa. Die Autor:innen gehen davon aus, dass TA-Einrichtungen bzw. „die TA" über einen umfassenden Methodenpool *(„toolbox")* verfügt, auf den zugegriffen werden kann. Jedes TA-Projekt ist in einen bestimmten institutionellen Rahmen eingebettet. Am Beginn steht in der Regel eine Situationsanalyse, in der die verschiedenen Dimensionen des potenziellen TA-Auftrages erhoben werden (technisch, gesellschaftlich, politisch, Verfügbarkeit von Wissen); erst auf dieser Basis werden die Aufgaben und Ziele des Projekts definiert. Dabei kann es sich um die wissenschaftliche Abschätzung der Folgen einer neuen Technologie handeln, um die Bearbeitung einer Kontroverse oder eines gesellschaftlichen Konflikts im Zusammenhang mit einer technischen Entwicklung, um Agenda Setting, um einen Beitrag zur technologiepolitischen Debatte oder um Empfehlungen für Entscheidungsprozesse. Erst wenn die Zielsetzung(en) eines TA-Vorhabens geklärt sind, lässt sich ein geeignetes Projektdesign entwerfen. Hier kommen die verschiedenen Methoden der TA ins Spiel. Die Autor:innen des TAMI-Projekts betonen, dass die Vielzahl der Methoden, die der TA zur Verfügung stehen, in drei verschiedene Gruppen eingeteilt werden müssen, nämlich in „wissenschaftliche, interaktive und kommunikative Methoden". Die verschiedenen Methoden in diesen Gruppen eignen sich zur Erfüllung sehr unterschiedlicher, aber in der TA notwendiger Aufgaben, sie erfordern unterschiedliche Kompetenzen und weisen deutlich voneinander abweichende Qualitätskriterien auf. Von zentraler Bedeutung für jedes TA-Projekt ist die Auswahl der geeigneten Methoden. Diese basiert auf den vorbereitenden Projektschritten, d. h. der Situationsanalyse und der Definition der Projektziele. Bei der Auswahl geeigneter Methoden ist nach Grunwald (2010) zu klären, ob sie zur Erreichung der angestrebten Ziele geeignet sind, welche Voraussetzungen für ihre Anwendung erfüllt sein müssen und ob die ausgewählten Methoden miteinander kompatibel sind. Allein aufgrund des Beratungscharakters von TA ist in der Regel davon auszugehen, dass mehr als eine Methode zum Einsatz kommt.

In diesem Fall muss auch geklärt werden, wie diese optimal zu einem kohärenten Methodenmix integriert werden können. Bei längeren Projekten kann es auch hilfreich sein, wenn die Situationsanalyse begleitend durchgeführt wird, um bei Änderungen wesentlicher Kontextfaktoren noch Modifikationen im Projektdesign oder in der Methodenwahl vornehmen zu können. Das Projekt TAMI stellt damit die Methodenfrage in der TA in einen sozialen Kontext (Auftraggeber, Projektträger), skizziert ein für sehr unterschiedliche Aufgabenstellungen brauchbares Ablaufschema, betont die Bedeutung eines geeigneten, in Abstimmung mit den Zielen von TA-Projekten entwickelten Forschungsdesigns für die Auswahl geeigneter Methoden und definiert die zum Teil sehr unterschiedlichen Qualitätsanforderungen, die mit den jeweils gewählten Methoden verbunden sind.

4 Qualitätssicherung und Gütekriterien in der TA

Wer Methoden anwendet, um bestimmte Ziele zu erreichen, muss sich auch mit der Frage auseinandersetzen, ob die gewählte Methode dafür geeignet ist und unter welchen Bedingungen sie zu brauchbaren Ergebnissen führt. Mit anderen Worten: Die Anwendung von Methoden geht einher mit Fragen der Qualitätssicherung und mit Kriterien für die Qualität der erzielten Ergebnisse. Dies gilt sowohl für wissenschaftliche als auch für interaktive und kommunikative Methoden.

Vor dem Hintergrund, dass TA im Kern eine Form wissenschaftsbasierter Politikberatung ist, schlägt Grunwald (2010) sechs allgemeine Qualitätskriterien für die TA vor: (1) Inter- und Transsubjektivität, (2) wissenschaftliche Unabhängigkeit, (3) Transparenz, (4) pragmatische Kompatibilität, (5) Problemlösekapazität und (6) Nutzerfreundlichkeit.

Der erste Punkt betrifft die wissenschaftliche Qualität des Beratungswissens der TA. Dieses muss den in den einzelnen Disziplinen etablierten Gütekriterien entsprechen. Generell sollte dieses Wissen intersubjektiv nachvollziehbar und zugleich transsubjektiv erzeugt (objektiviert) sein. Hierfür finden wir in den fachspezifischen Methodologien Kriterien und Regeln für die dort gängigen Methoden. So werden in der quantitativen Sozialforschung neben der Objektivität auch Reliabilität und Validität von Datenerhebungsmethoden gefordert (Friedrichs, 1985). Bei den in der TA ebenfalls häufig eingesetzten Methoden der qualitativen Sozialforschung (z. B. Experteninterview, Gruppendiskussion) wird die Ergebnisqualität vor allem durch hohe Reflexionsanforderungen, die den gesamten Erhebungs- und Auswertungsprozess begleiten sichergestellt. Zu diesen Anforderungen zählen beispielsweise Nachvollziehbarkeit, Indikation, empirische

Verankerung und reflektierte Subjektivitätt (Steinke, 2000). Im Vergleich dazu sind z. B. die Qualitätsanforderungen an Ökobilanzen in einer eigenen Norm (ISO 14040) festgelegt. Diese Norm legt unter anderem auch fest, dass bei einer vergleichenden Ökobilanz, die zur Veröffentlichung vorgesehen ist, eine sogenannte kritische Nachprüfung *(Critical Review)* durch einen Prüfungsausschuss mit mindestens drei Mitgliedern durchgeführt werden muss (Guinée, 2002).

Das Kriterium der wissenschaftlichen Unabhängigkeit ist nach Grunwald (2005) in der TA aufgrund ihrer Nähe zur Politik besonders relevant und zugleich besonders schwierig umzusetzen. Bezogen auf die Methodenanwendung bedeutet dies, dass die Auswahl der Methoden nicht durch externe Vorgaben bestimmt werden darf und die Anwendung der Methoden Ergebnisoffenheit gewährleisten muss. Es bedeutet zudem, dass die Ausgestaltung der Gütekriterien und die Regeln zu ihrer Einhaltung in den jeweiligen Disziplinen unabhängig von äußeren Einflüssen festgelegt werden können.

Das Kriterium der Transparenz, d. h. die Forderung nach weitgehender Offenheit des Forschungsprozesses sowie nach umfassender Dokumentation der verwendeten Daten und Methoden, dient zum einen der wissenschaftsinternen Nachvollziehbarkeit, was die Reproduzierbarkeit von Ergebnissen und damit auch die kritische Überprüfung und Weiterentwicklung von Wissen erleichtert. Zum anderen gilt Transparenz auch als Voraussetzung für den Wissenstransfer (z. B. in die Politik) und für die Akzeptanz wissenschaftlicher Ergebnisse in der Öffentlichkeit. Die Forderung nach weitgehender Transparenz hat in jüngster Zeit im Zuge der Open-Science-Bewegung zusätzlich an Bedeutung gewonnen (DFG, 2022).

Die Forderung nach pragmatischer Kompatibilität in TA-Projekten bezieht sich auf die inter- und transdisziplinäre Integration unterschiedlicher Systemvorstellungen, Wissensbestände, Methoden und Modelle. Diese Integration soll sich weniger an fachspezifischen Kriterien als an dem zu Beginn eines Projektes gemeinsam definierten, gesellschaftlich relevanten Forschungsproblem orientieren. Disziplinäre Wissensbestände und Methoden werden dann so miteinander verknüpft, dass sie den größtmöglichen Nutzen im Hinblick auf die Problemlösung erbringen (Jahn, 2005). Das methodologische Qualitätsmanagement hat dabei die Angemessenheit der gewählten Systemgrenzen und ihre pragmatische Kompatibilität in Bezug auf die außerwissenschaftlichen Kriterien der Problemorientierung zu reflektieren (Grunwald, 1999).

Auch das Kriterium der Problemlösekapazität entspricht den Qualitätsvorstellungen transdisziplinärer Forschung. TA-Projekte sollen nicht nur technikbezogene und gesellschaftlich relevante Probleme identifizieren und analysieren, sondern auch Lösungsansätze erarbeiten und Handlungsoptionen aufzeigen

(Grunwald, 2010). Da TA nicht selbst als Problemlöser auftreten kann, geht es vor allem darum, eine möglichst große gesellschaftliche Wirkung *(Impact)* zu erzielen. Im Projekt TAMI wurde auf den engen Zusammenhang zwischen Methoden und Wirkung von TA hingewiesen (Decker & Ladikas, 2004). Zum einen hängt die potenzielle Wirkung von der Wahl geeigneter und anerkannter Methoden zur Wissensgenerierung ab. Zum anderen sind eine Reihe von kommunikativen Methoden in der TA notwendig, um die gewünschte Wirkung in Gesellschaft und Politik zu erzielen.

Der Anspruch der Nutzerfreundlichkeit von TA-Ergebnissen steht ebenfalls mit der geforderten Wirkung im Beratungskontext in Verbindung. Grunwald (2010) weist in diesem Zusammenhang darauf hin, dass die Kommunikation von TA-Ergebnissen in zwei Richtungen erfolgen sollte: Für die Adressaten in Politik und Gesellschaft werden ergebnisorientierte Berichte erstellt, für die wissenschaftliche Gemeinschaft methodenorientierte Berichte. Mit einer derartigen Publikationsstrategie sind aber auch sehr unterschiedliche Qualitätsanforderungen verbunden. Bei der ergebnisorientierten Berichterstattung geht es vor allem um eine verständliche sprachliche Darstellung möglichst ohne Verlust an wissenschaftlicher Qualität und Differenziertheit. Wie dies gelingen kann, ist Gegenstand eingehender sprachwissenschaftlicher Diskussionen (z. B. Baumert, 2019), aber auch vielfach bereits gängige Praxis innerhalb der TA. Neben einer adäquaten sprachlichen Darstellung wird zudem versucht, die Nutzerfreundlichkeit durch den Einsatz ergänzender Methoden (Video, grafische Visualisierungen etc.) zu erhöhen. Im Bereich der wissenschaftlichen Kommunikation steht die Publikation von Ergebnissen in referierten Zeitschriften im Vordergrund. Hier kann die Nutzerfreundlichkeit vor allem durch eine umfassende Dokumentation des Forschungsprozesses und der Methodenanwendung sowie generell durch die Unterstützung von Open-Science-Initiativen erhöht werden (DFG, 2022).

Qualitätssicherung in der TA ist letztlich auch an die Verwendung bestimmter Methoden gebunden. Nentwich (2023) verweist in diesem Zusammenhang z. B. auf die in der Wissenschaft etablierten Regeln und Verfahren. Dazu gehören neben dem Peer-Review in verschiedenen Phasen des Forschungsprozesses auch die in der sonstigen Forschung üblichen allgemeinen Kriterien guter wissenschaftlicher Praxis sowie fachspezifische Kriterien, die je nach Disziplin unterschiedlich ausgeprägt sind, wie sich etwa an den unterschiedlichen Auffassungen in der qualitativen und quantitativen Sozialforschung ablesen lässt. Darüber hinaus stellt Nentwich eine Reihe weiterer Mechanismen zur Qualitätssicherung von TA-Projekten zur Diskussion, die vor allem innerhalb von TA-Institutionen zur Anwendung kommen. Dazu gehören z. B. die Einrichtung von Projektbeiräten, die Durchführung von projektübergreifenden Teamseminaren,

Stakeholdermapping-Übungen, die Erarbeitung von Kommunikationsstrategien und Krisenplänen, aber auch die institutionalisierte Reflexion und gegebenenfalls Weiterentwicklung der verwendeten Methoden.

5 Die TA als Kontext für methodische Innovation

In der TA werden, wie oben dargestellt, viele Methoden verwendet, die ursprünglich in anderen Kontexten entwickelt wurden. Es gibt aber auch wichtige methodische Innovationen, die innerhalb der TA entstanden sind.

Die gängigen Forschungsmethoden stammen aus unterschiedlichen wissenschaftlichen Disziplinen, aus den Natur- und Ingenieurwissenschaften, der Medizin, der Psychologie, den Rechtswissenschaften, den Sozial- und Wirtschaftswissenschaften oder der Philosophie. Aufgabe der TA ist es, diese Wissensbestände und methodischen Zugänge problemorientiert an die jeweilige Aufgabenstellung anzupassen und in einen inter- oder transdisziplinären Gesamtrahmen zu integrieren (Steinmüller, 1999; Grunwald, 2010). Neben der Integrationsleistung ist hier meist auch eine Übersetzungsleistung zu erbringen, da Methoden, die ursprünglich mit einem anderen Erkenntnisinteresse entwickelt wurden, an eine neue Aufgabenstellung angepasst werden müssen.

Eine Methodeninnovation, die aus einer solchen Übersetzungsleistung entstanden ist, ist das Experteninterview. Aufgrund ihres multiperspektivischen Forschungsinteresses ist TA auf das Wissen und die Einschätzungen von Personen mit anerkannter Expertise aus unterschiedlichen Fachbereichen angewiesen. Ausgehend von der in der Sozialforschung etablierten Methode des qualitativen Interviews haben Bogner et al. (2014) das sogenannte Experteninterview entwickelt. Von besonderem Interesse sind dabei jene Aspekte, die das Experteninterview von anderen qualitativen Erhebungsmethoden unterscheiden. Zentral ist vor allem die Identifikation von geeigneten Auskunftspersonen. Diese Eignung definiert sich über eine ganz bestimmte Art des Wissens, über das eben nur Expert:innen verfügen. „Das Besondere am Expertenwissen“, schreiben Bogner et al. (2014, 13–14), „besteht nicht nur in dessen besonderer Reflexivität, Kohärenz oder Gewissheit, sondern auch insbesondere darin, dass dieses Wissen in besonderer Weise praxiswirksam und damit orientierungs- und handlungsleitend für andere Akteure wird.“ Expert:innen verfügen über verschiedene Arten von Wissen, darunter technisches Wissen, Prozesswissen und Deutungswissen, die alle für die TA wichtig sind. Neben diesen theoretischen Überlegungen, die für die Planung von Interviews mit Expert:innen relevant sind, finden sich in Bogner et al. (2014) auch eine Reihe von spezifischen forschungspraktischen Hinweisen (etwa zu Sampling, Zugang, Gesprächsführung), durch die das Experteninterview zu einer eigenständigen neuen Form des qualitativen Interviews wird.

Ein weiteres prominentes Beispiel für eine innerhalb der TA entwickelte Methode ist die partizipative Konsensus-Konferenz (Andersen & Jaeger, 1999). Dieses umfassende methodische Verfahren ermöglicht die Beteiligung von Laien an technikpolitischen Entscheidungsprozessen. Sie wurde in den 1980er Jahren maßgeblich vom Danish Board of Technology (DBT) entwickelt, das sich dabei an Ideen des US-amerikanischen Office of Technology Assessment (OTA) orientierte. Im Vergleich zum ursprünglichen Modell beziehen partizipative Konsensus-Konferenzen die Meinungen, Argumente, Bedenken und Gründe von Laien zu gesellschaftlich relevanten Themen ein. Im Mittelpunkt der meist mehrtägigen Konferenz stehen die Beratungen eines möglichst repräsentativen Bürgerpanels von ca. 14 Personen, die durch ein professionelles Moderatorenteam begleitet werden. Das Bürgerpanel formuliert eigenständig die Fragen, die auf der Konferenz behandelt werden sollen und beteiligt sich an der Auswahl der Expert:innen, die als Auskunftspersonen zur Verfügung stehen. Neben den ausgewählten Bürger:innen und Expert:innen können auch Abgeordnete des Parlaments und die Öffentlichkeit an den Beratungen teilnehmen. Ziel ist es, unter Einbeziehung unterschiedlicher Fachmeinungen und in ausführlichen Diskussionen einen Konsens zu einer technikbezogenen Fragestellung zu erzielen und diesen in einem Abschlussdokument festzuhalten. Die Methode wurde von vielen TA-Einrichtungen vor allem in europäischen Ländern aufgegriffen, eingesetzt und an nationale Rahmenbedingungen angepasst. Im Jahr 2009 organisierte das DBT anlässlich der 15. Weltklimakonferenz (COP15) in Dänemark die erste weltweite Bürgerberatung (WWViews) zum Thema Klimaschutz mit 44 Konferenzen in 38 Ländern und 3860 Teilnehmer:innen, die konzeptionell ebenfalls auf dem ursprünglichen Konzept der Konsensus-Konferenz aufbaute (Rask et al., 2012).

Auch für die Technikvorausschau sind in der TA neue Methoden entstanden. Ein Beispiel ist die sogenannte CIVISTI-Methode *(Citizen Visions on Science, Technology and Innovation)*, die im Rahmen eines EU-Projekts entwickelt wurde (Gudowsky et al., 2012). Laien und Expert:innen ergänzen sich dabei bei der Erstellung von Zukunftsbildern, um daraus Empfehlungen für die Forschungs- und Förderungspolitik abzuleiten. In der ersten Phase des Verfahrens entwickeln Bürger:innen Visionen für eine Zukunft in 30–40 Jahren, aus denen anschließend Expert:innen und Stakeholder Empfehlungen für die Politik generieren. Vor der Präsentation der Ergebnisse werden diese Empfehlungen ein weiteres Mal den Bürger:innen zur Bewertung vorgelegt. Ein weiterer partizipativer Ansatz aus der TA, der die Elemente Vorausschau und Bewertung miteinander kombiniert, ist das Future Search & Assessment (FSA), bei dem repräsentativ ausgewählte Bürger:innen technische Zukunftsszenarien entwickeln und diese anschließend nach vorgegebenen Kriterien qualitativ bewerten (Ornetzeder et al., 2009).

Häufig führt die Formulierung neuer TA-Modelle auch zur Entwicklung neuer Methoden. Eng verbunden mit der Konstruktiven TA (Schot & Rip, 1996) ist beispielsweise die Methode des strategischen Nischenmanagements (SNM). Im Rahmen des SNM sollen geschützte Räume für die Entwicklung gesellschaftlich vielversprechender bzw. gewünschter Technologien geschaffen werden. Ziel ist es, in realitätsnahen sozialen Kontexten über die Bedürfnisse, Probleme und Möglichkeiten der erprobten Technologie zu lernen und frühzeitig Design-Spezifikationen, Nutzeranforderungen oder unerwartete Nebeneffekte der Technologie zu artikulieren (Kemp et al., 1998). Ein dem SNM verwandter Ansatz ist das Konzept des Reallabors, welches ursprünglich im Kontext der Nachhaltigkeitsforschung entstanden ist, aber auch in der TA starke Verbreitung gefunden hat und dort maßgeblich weiterentwickelt wurde (Parodi & Beecroft, 2021).

Im Zusammenhang mit dem Modell der Konstruktiven TA sind weitere interaktive Methoden entstanden oder aus anderen Bereichen übernommen und adaptiert worden. Beispiele dafür sind ein dreistufiges Workshopkonzept zur Einbeziehung professioneller Nutzer:innen in den technischen Entwicklungsprozess (Van Merkerk & Smits, 2008), das am Beispiel der Lab-on-a-Chip-Technologie getestet wurde, oder eine ähnliche, allerdings aus drei aufeinander aufbauenden Workshops bestehende interaktive Methode, die beispielhaft für die Suche nach geeigneten Anwendungsnischen für die Wasserstofftechnologie entwickelt wurde (Schreuer et al., 2010). Auch die Fokusgruppenmethode wurde bereits häufig für die Integration von potenziellen Nutzer:innen in Technikentwicklungsprozesse eingesetzt und dafür in der TA entsprechend modifiziert. Anwendungsbeispiele finden sich z. B. bei ökologischen Gebäudekonzepten (Ornetzeder, 2003), nachhaltigen Abwassersystemen (Starkl et al., 2007) oder verbraucherseitigem Energiemanagement (Meisel et al., 2013).

Die genannten Beispiele zeigen: TA kann in der Tat als eine Art Methodeninkubator bezeichnet werden. Sie übernimmt zwar viele bereits etablierte Methoden aus anderen Bereichen, entwickelt diese aber weiter und reagiert auf aktuelle Herausforderungen mit der Entwicklung neuer Verfahren und Methoden, die nicht selten später in anderen Kontexten aufgegriffen und genutzt werden. In diesem Sinne sind auch einige der Beiträge in diesem Band zu verstehen: Als methodische Innovationen aus und für die TA.

6 Die Beiträge in diesem Buch

6.1 Anspruch der Methoden in der TA

Im ersten Beitrag befassen sich *Bettina-Johanna Krings* und *Christine Rösch* mit der Methodenentwicklung in der TA und der Qualitätssicherung im Forschungsprozess. Sie untersuchen das Verhältnis von Wissensgenerierung und methodischem Vorgehen in der TA und vertiefen dies anhand der partizipativen Szenariomethode „Public Participation GIS". Am Beispiel der Freiflächenphotovoltaik auf kommunaler Ebene zeigen sie, wie diese Methode zur Gestaltung erneuerbarer Energien unter Berücksichtigung gesellschaftlicher Diskurse und regionaler Kontextbedingungen eingesetzt werden kann. Der Beitrag reflektiert sowohl die Potenziale als auch die Herausforderungen dieser Methode und zeigt wichtige Lernprozesse für die zukünftige Methodenentwicklung in der TA auf. *Dirk Scheer* thematisiert in seinem Beitrag die Notwendigkeit von Methodenintegration und -innovation in der TA. Er argumentiert, dass die vielschichtigen Herausforderungen in der TA maßgeschneiderte Methoden erfordern, die sowohl einzeln als auch in Kombination wirksam sind. Anhand von drei Beispielen – hybride Fokusgruppen, partizipative Modellierung und integrierte Politikfolgenanalyse – zeigt er, wie verschiedene Methoden integrativ eingesetzt werden können, um die Komplexität technischer und politischer Entscheidungsprozesse zu erfassen. Scheer betont die Bedeutung der Methodenintegration für eine fundierte, zukunftsorientierte Technikfolgenabschätzung, die als zentraler Bestandteil der Wissenschaft in komplexen, unsicheren Problemfeldern fungiert. *Bert Droste-Franke* diskutiert im Anschluss daran die „Möglichkeiten und Grenzen neuer Elemente der rationalen Technikfolgenabschätzung" am Beispiel der Gestaltung von Energiesystemen und des Umgangs mit Unsicherheiten in den Analysen. Rationale TA verbindet dabei wissenschaftliche und praktische Expertise in iterativen Prozessen der Indikatorenentwicklung, der Analyse von Ist-Situationen, Potenzialen, übergreifenden Szenarien und Technologieportfolios. TA nutzt geeignete Indikatoren und bereitet Entscheidungsgrundlagen zwischen alternativen Optionen auf. Für die Bewertung werden nicht nur rein ökonomische Kosten, sondern soweit möglich auch Kosten von Umwelt-, Ressourcen- und Sozialfolgen berücksichtigt und systematisch erforschte qualitative Aussagen oder grob quantitative Abschätzungen herangezogen.

6.2 Konzeptionelle Überlegungen

Technische Entwicklung findet in und in Wechselwirkung mit der Gesellschaft statt. Dabei wirken verschiedene gesellschaftliche Faktoren in der frühen Phase der Entwicklung wie auch nach der Etablierung technischer Lösungen. *Martina Philippi* stellt das „Collingridge-Dilemma" und die Funktion der Einbeziehung von Stakeholdern in der frühen Entwicklungsphase zur prospektiven Erklärung von Folgewissen vor. Unterschiedliche Akteure „sehen" in der Gestaltungsphase unterschiedliche Nutzen und Grenzen der Technik, die erst später im Zeitverlauf verifiziert werden können. Die Rolle der TA und ihrer Methoden sieht Philippi in der Kunst, die richtigen Fragen zu stellen. Vor dem Hintergrund, dass in der TA zunehmend Computermodelle als Grundlage für die Politikberatung eingesetzt werden, geht *Armin Grunwald* in seinem Beitrag näher auf die Argumentationsstruktur und den epistemologischen Charakter modellgestützter Szenarien ein. Dabei weist er auf zwei Probleme hin: die zeitliche Asymmetrie der Modellierung – die Zukunft wird mit Daten aus der Gegenwart modelliert – und die Gefahr sich selbst verstärkender Zirkelschlüsse. Er plädiert daher für eine hermeneutische Perspektive, um eine größere argumentative Transparenz im Umgang mit Modellierungen zu schaffen und einer voreiligen Schließung offener Zukünfte durch Modellannahmen vorzubeugen. Auch *Wenzel Mehnert* setzt sich in seinem Beitrag mit der Bedeutung von Technikzukünften für die TA auseinander. Er versteht Technikzukünfte nicht als konkrete Vorhersagen, sondern als sozial konstruierte, spekulative Vorstellungen, die auf aktuellen Annahmen und Werten basieren. Der Beitrag stellt mit dem Futures-Circle ein Modell zur hermeneutischen Analyse von Technikzukünften vor. In Anlehnung an Paul Ricoeurs narrative Hermeneutik gliedert dieser Ansatz die Analyse in drei Perspektiven: Präfiguration, Konfiguration und Refiguration, um die kulturellen und diskursiven Dimensionen von Technikzukünften zu erfassen. *Greta Runge* präsentiert in ihrem Beitrag eine interdisziplinäre Heuristik zur Analyse von Datenräumen. Datenräume werden dabei als Orte der Interaktion zwischen Akteuren und Datenobjekten verstanden und bilden damit die Grundlage für datenzentrierte Kooperationen, z. B. für die Entwicklung neuer Geschäfts- und Analysemodelle. Der Rückgriff auf Methoden der TA ermöglicht eine problemorientierte Auseinandersetzung mit dem Phänomen Datenraum, wobei beispielsweise sozioökonomische Implikationen sowohl auf der Struktur- als auch auf der Handlungsebene in den Blick genommen werden können.

6.3 Künstliche Intelligenz als Thema und Methode der TA

Seit der Vorstellung von ChatGPT ist ein regelrechter Hype um Anwendungen der Generativen Künstlichen Intelligenz (GenKI) entstanden. Die weitreichenden Möglichkeiten der Text-, Bild- und Videoerstellung werfen auch in der TA die Frage nach dem Umgang mit den neuen Werkzeugen auf. *Jutta Jahnel, Michael Nentwich Christoph Kehl, Pauline Riousset* und *Steffen Albrecht* loten die Möglichkeiten und Grenzen für den Einsatz in der politikberatenden TA aus und plädieren für einen kritischen Umgang und die Erarbeitung von Community-weiten Empfehlungen. Ebenfalls mit Anwendungen von GenKI in der TA beschäftigen sich *Stephan Richter, Sebastian Kruse und Tobias Hungerland* in ihrem Beitrag zur Methodik der Podcast-Analyse. Dabei wird einerseits für Podcasts als neue Wissensquelle in der prospektiven TA-Arbeit argumentiert und gleichzeitig GenKI als Werkzeug für die TA anhand eines konkreten Beispiels und eines praxisorientierten Leitfadens für Entscheidungsträger:innen in TA-Organisationen vorgestellt.

6.4 Methoden im Transformationskontext

Der Beitrag von *Janine Gondolf, Andreas Lösch, Christian Büscher* und *Ulrich Ufer* stellt einen konzeptionellen Rahmen für „Transformation Assessment" vor, der eine reflexive Auseinandersetzung mit sozio-technischen Transformationsprozessen anregt. Ziel ist es, die gesellschaftlichen und strukturellen Auswirkungen von Transformationen wie der Energiewende oder der Digitalisierung vertieft zu analysieren. Der konzeptionelle Rahmen verbindet Perspektiven aus der TA, den Kulturwissenschaften und der Systemanalyse, um Transformationen als komplexe Probleme zu erfassen und mit erprobten TA-Methoden zu bearbeiten. Zukünftige Forschung sollte darauf aufbauend die Integration weiterer disziplinärer Ansätze prüfen. *Adjan Hansen-Ampah, Andrea Altepost* und *Michael Bau* stellen in ihrem Beitrag das arbeitswissenschaftliche MTO-Verfahren vor und argumentieren für die Integration von TA-Perspektiven mit Ergebnissen in konkreten betrieblichen Kontexten. In diesen analysiert und gestaltet das MTO-Prinzip mensch-, technik- und organisationsbezogene Aspekte im Kontext ihrer Umwelt. Dabei wird neben anderen Stakeholdern auf betrieblicher Ebene großer Wert auf die Beteiligung der Arbeitnehmer:innen gelegt. Durch die gegenseitige Befruchtung von TA und MTO-basierten Ansätzen könne ein besseres Verständnis von Transformationsprozessen und ungeplantem Wandel entstehen. Der Beitrag von *Michael*

Ornetzeder und *Livia Regen* stellt eine Methode zur Unterstützung von Lernprozessen zweiter Ordnung in Innovationsprozessen vor. Die Methode greift die Idee der „reflexiven Momente" aus der Konstruktiven TA auf und schlägt ein Vorgehen vor, bei dem in einer 3-Rollen-Konstellation – Insider, Outsider und Moderator – eine grundlegende Reflexion anhand konkreter Erfahrungen stattfindet. Ergebnisse aus einem internationalen Projekt zu Plusenergiequartieren zeigen, dass durch die Reflexionsgespräche zentrale Probleme, potenzielle Risiken, aber auch alternative Lösungsansätze identifiziert werden konnten, die sowohl kontextspezifisch als auch allgemein für die Entwicklung von Plusenergiequartieren relevant sind. In seinem Beitrag zum automatisierten Fahren geht *Jens Schippl* der Frage nach, welche Art von Wissen bei der Einschätzung zukünftiger Entwicklungen eine Rolle spielt. Er argumentiert, dass es neben einem Mangel an Wissen über mögliche zukünftige Entwicklungslinien von Innovationen und deren jeweilige Konsequenzen vor allem an gemeinsamen Visionen und entsprechenden Zielsystemen für die Mobilität der Zukunft mangelt. Er führt weiter aus, dass die unterschiedlichen Wissensformen auch zu unterschiedlichen methodischen Ansätzen in der TA führen müssen und schlägt eine Typologie vor, die bei der Einordnung hilfreich sein kann. Beteiligungsformate können unterschiedlich dimensioniert sein. Manchmal kann es sinnvoll sein, mit einer Gruppe von Stakeholdern einen ersten Austausch zu organisieren, der das Thema öffnet, unterschiedliche Perspektiven einbringt und so den Weg für eine vertiefte Bearbeitung skizziert. *Saskia Favreuille, Mahshid Sotoudeh* und *Ulrike Bechtold* berichten in ihrem Beitrag über ein solches Workshop-Format, das im Rahmen der Konferenz am Thema Lebensmittelverluste und -verschwendung erprobt und für sinnvoll erachtet wurde.

6.5 Methodische Innovationen

Martin Rost und *Walter Peissl* stellen in ihrem Beitrag das Instrument der Datenschutz-Folgenabschätzung (DSFA) vor und erörtern, inwieweit eine DSFA, die nach dem Standard-Datenschutzmodell (SDM) durchgeführt wird, auch als wissenschaftliche TA-Methode geeignet ist. Obwohl eine DSFA typischerweise nicht mit wissenschaftlichem Erkenntnisinteresse, sondern zur Rechtfertigung einer geplanten Verarbeitung personenbezogener Daten durchgeführt wird, bietet das SDM nach Ansicht der Autoren lohnende Anregungen für die methodische Weiterentwicklung der TA, insbesondere im Bereich der Informationstechnologien, der Digitalisierung und der Künstlichen Intelligenz. Die Integration von Situationsanalyse und TA wird im Beitrag von *Tamara Schwertel* und *Renate*

Baumgartner am Beispiel der KI diskutiert. Die Situationsanalyse nimmt Situationen in den Blick und macht die vielfältigen Akteur:innen und Elemente und ihre Wechselwirkungen sichtbar und analysiert sie. Situations-Maps, Relationale Maps, Soziale Welten und Arenen-Maps sowie Positions-Maps werden in einem iterativen Prozess entwickelt und helfen, Technologien in Situationen umfassend zu analysieren. Im Beitrag von *Ulrike Bechtold* wird der partizipative Visionsprozess „Österreich am Wort" analysiert, bei dem Bürger:innen ihre Vorstellungen zur Krisenbewältigung einbrachten, ohne explizit nach technischen Lösungen zu suchen. Das Beispiel zeigt, dass Technologien, insbesondere IKT, vor allem als Werkzeuge zur Kommunikation und Information wahrgenommen werden. Demgegenüber wird der Kooperation zwischen Akteuren und dem Austausch von Perspektiven eine deutlich höhere Bedeutung beigemessen. Ihr Beitrag unterstreicht die Bedeutung von Diskursformaten für den Abbau gesellschaftlicher Polarisierung und zeigt das Potenzial zur Demokratisierung von Technikfragen auf. *Vera Borrmann* und *Michael Auinger* erörtern in ihrem Beitrag, wie die Kombination von Focusing und künstlerischen Methoden das individuelle und kollektive Bewusstsein in Transformationsprozessen stärken kann. Sie schlagen vor, dass die Integration des „Felt Sense" – des körperlichen Empfindens – in partizipative Methoden der Technikfolgenabschätzung neue Perspektiven für die Mobilisierung und Kooperation der beteiligten Akteursgruppen eröffnen könnte. Solche integrativen Ansätze könnten zu inklusiveren und sinnstiftenden Prozessen führen, indem sie den Dialog über Zukunftstechnologien fördern und eine transparentere und demokratischere Debatte ermöglichen.

Die Beiträge zeigen, dass in der TA eine große Vielfalt von Methoden eingesetzt wird – das Spektrum reicht von wissenschaftlichen über interaktiven bis hin zu kommunikativen Verfahren. Der Methodenpool ist umfangreich und wächst stetig, da immer wieder neue Ansätze entwickelt und integriert werden. Entscheidend ist nicht nur die Auswahl einzelner Methoden, sondern auch deren gezielte Kombination je nach Fragestellung. Ein methodisch durchdachtes Vorgehen verbessert nicht nur die Nachvollziehbarkeit der Ergebnisse, sondern trägt auch zur Qualität der TA-Beratung für politische und gesellschaftliche Entscheidungsprozesse bei. Letztlich hängt die Qualität der TA-Beratung in hohem Maße von der Qualität der eingesetzten Methoden ab. In den folgenden Beiträgen beleuchten die verschiedenen Autor:innen dieses Buches spezifische methodische Ansätze und Fragestellungen aus unterschiedlichen Perspektiven.

Literatur

Andersen, I.-E., & Jæger, B. (1999). Scenario workshops and consensus conferences: Towards more democratic decision-making. *Science and Public Policy, 26*(5), 331–340.

Backhaus, J., & Hansen, R. (2000). Methodenstreit in der Nationalökonomie. *Journal for General Philosophy of Science, 31*, 307–336.

Baumert, A. (2019). *Mit einfacher Sprache Wissenschaft kommunizieren.* Springer.

Bogner, A. (2021). Politisierung, Demokratisierung, Pragmatisierung. Paradigmen der Technikfolgenabschätzung im Wandel der Zeit. In S. Böschen, A. Grunwald, B.-J . Krings, & C. Rösch (Hrsg.), *Technikfolgenabschätzung: Handbuch für Wissenschaft und Praxis* (1 Aufl., S. 43–58). Nomos.

Bogner, A., Littig, B., & Menz, W. (2014). *Interviews mit Experten: eine praxisorientierte Einführung*. Springer-Verlag.

Böschen, S., Grunwald, A., Krings, B.-J., & Rösch, C. (2021). Technikfolgenabschätzung–neue Zeiten, neue Aufgaben. In S. Böschen, A. Grunwald, B.-J . Krings, & C. Rösch (Hrsg.), *Technikfolgenabschätzung: Handbuch für Wissenschaft und Praxis* (1. Aufl., S. 15–40). Nomos.

Cologna, V., Mede, N. G., Berger, S., Besley, J., Brick, C., Joubert, M., Maibach, E. W., Mihelj, S., Oreskes, N., Schäfer, M. S., van der Linden, S., Abdul Aziz, N. I., Abdulsalam, S., Shamsi, N. A., Aczel, B., Adinugroho, I., Alabrese, E., Aldoh, A., Alfano, M., … Zwaan, R. A. (2025). Trust in scientists and their role in society across 68 countries. *Nature Human Behaviour 9*, 1–18.

Decker, M., & Ladikas, M. (Eds.). (2004). *Bridges between science, society and policy: Technology assessment – methods and impacts* (Vol. Wissenschaftsethik und Technikfolgenbeurteilung 22). Springer.

DFG. (2022). Open Science als Teil der Wissenschaftskultur. Positionierung der Deutschen Forschungsgemeinschaft. https://zenodo.org/records/7193838.

Feyerabend, P., & Vetter, H. (1976). *Wider den Methodenzwang: Skizze einer anarchistischen Erkenntnistheorie.* Suhrkamp Frankfurt.

Friedrichs, J. (1985). *Methoden empirischer Sozialforschung*. Westdeutscher Verlag.

GAO. (2021). *Technology assessment handbook.* https://www.gao.gov/assets/gao-21-347g.pdf.

Gröbl-Steinbach, E. (2006). Methodenstreit oder Ideologiedebatte? In I. C. Jarvie, K. Milford, & D. W. Miller (Hrsg.), *Karl Popper: A centenary assessment volume I* (Bd. 1, S. 165–179). Ashgate Publishing.

Grunwald, A. (1999). Transdisziplinäre Umweltforschung: Methodische Probleme der Qualitätssicherung. *TATuP-Zeitschrift für Technikfolgenabschätzung in Theorie und Praxis, 8*(3–4), 32–39.

Grunwald, A. (2005). Wissenschaftliche Unabhängigkeit als konstitutives Prinzip parlamentarischer Technikfolgen-Abschätzung. In T. Petermann (Hrsg.), *Technikfolgen-Abschätzung für den Deutschen Bundestag. Das TAB – Erfahrungen und Perspektiven wissenschaftlicher Politikberatung* (S. 213–239). edition sigma.

Grunwald, A. (2010). *Technikfolgenabschätzung – Eine Einführung.* Zweite, grundlegend überarbeitete und wesentlich erweiterte Auflage. Edition sigma.

Gudowsky, N., Peissl, W., Sotoudeh, M., & Bechtold, U. (2012). Forward-looking activities: Incorporating citizens' visions. *Poiesis & Praxis, 9*(1), 101–123.
Guinée, J. B. (2002). *Handbook on life cycle assessment: operational guide to the ISO standards* (Vol. 7). Springer Science & Business Media.
Hillmann, K.-H. (2007). *Wörterbuch der Soziologie* (5., vollst. überarb. und erw. Aufl. ed.). Kröner.
Jahn, T. (2005). Soziale Ökologie, kognitive Integration und Transdisziplinarität. *TATuP-Zeitschrift für Technikfolgenabschätzung in Theorie und Praxis, 14*(2), 32–38.
Kemp, R., Schot, J., & Hoogma, R. (1998). Regime shifts to sustainability through processes of niche formation: The approach of strategic niche management. *Technology Analysis & Strategic Management, 10*(2), 175–195.
Kollenberg, A., & Kollenberg, W. (2024). *Wissenschaftlich Arbeitenheute.* Springer.
Lauer, J. (2021). Methodology and political science: The discipline needs three fundamentally different methodological traditions. *SN Social Sciences, 1*(1), 43.
McIntyre, L. (2019). *The scientific attitude: Defending science from denial, fraud, and pseudoscience.* MIT Press.
Meisel, M., Leber, T., Pollhammer, K., Kupzog, F., Haslinger, J., Wächter, P., Sterbik-Lamina, J., Ornetzeder, M., Schiffleitner, A., & Stachura, M. (2013). Erfolgsversprechende Demand-Response-Empfehlungen im Energieversorgungssystem 2020. *Informatik-Spektrum, 36*, 17–26.
Mittelstraß, J. (1978). Die Idee einer mathesis universalis bei Descartes. *Perspektiven der Philosophie, 4*, 177.
Nentwich, M. (2023). Wissenschaftliche TA – Begriffe, Typologie und Konsequenzen für die Praxis (ITA-manu:script 23-02). https://epub.oeaw.ac.at/ita/ita-manuscript/ITA_23_02.pdf.
Ornetzeder, M. (2003). Sustainable technology and user participation: assessing ecological housing concepts by focus group discussions. In R. G. Mira, J. M. S. Cameselle, & J. R. Martinez (Hrsg.), Culture, Environmental Action and Sustainability (S. 145–160). Hogrefe & Huber.
Ornetzeder, M., Bechtold, U., & Nentwich, M. (2009). Participatory assessment of sustainable end-user technology in Austria. In A. Mammoli, & C. A. Brebbia (Hrsg.), *Energy and sustainability II* (Bd. 121, S. 269–278). WIT Press.
Parodi, O., & Beecroft, R. (2021). Reallabore als Möglichkeitsraum und Rahmen für Technikfolgenabschätzung. In S. Böschen, A. Grunwald, B.-J . Krings, & C. Rösch (Hrsg.), *Technikfolgenabschätzung: Handbuch für Wissenschaft und Praxis* (1. Aufl., S. 374–387). Nomos.
Rask, M., Worthington, R., & Lammi, M. (Hrsg.). (2012). *Citizen participation in global environmental governance.* Earthscan Publications
Schot, J., & Rip, A. (1996). The past and future of constructive technology assessment. *Technological Forecasting and Social Change, 54*, 251–268.
Schreuer, A., Ornetzeder, M., & Rohracher, H. (2010). Negotiating the local embedding of socio-technical experiments: A case study in fuel cell technology. *Technology Analysis & Strategic Management, 22*(6), 729–743.
Starkl, M., Ornetzeder, M., Binner, E., Holubar, P., Pollak, M., Dorninger, M., Mascher, F., Fuerhacker, M., & Haberl, R. (2007). An integrated assessment of options for rural

wastewater management in Austria. *Water science and technology: A journal of the International Association on Water Pollution Research, 56*(5), 105–113.
Steinke, I. (2000). Gütekriterien qualitativer Forschung. In U. Flick, E. Von Kardoff, & I. Steinke (Hrsg.), *Qualitative Forschung. Ein Handbuch* (S. 319–331). Rowohlt.
Steinmüller, K.-H. (1999). Methoden der TA – Ein Überblick. In S. Bröchler, G. Simonis, & K. H. Sundermann (Hrsg.), *Institutionalisierung und Institutionen* (S. 655–668). Edition sigma.
Thurs, D. P. (2011). Scientific methods. In P. Harrison, R. L. Numbers, & M. H. Shank (Hrsg.), *Wrestling with nature: From omens to science* (S. 307–336). University of Chicago Press.
Van den Ende, J., Mulder, K., Knot, M., Moors, E., & Vergragt, P. (1998). Traditional and modern technology assessment: Toward a toolkit. *Technological Forecasting and Social Change, 58*(1–2), 5–21.
Van Merkerk, R. O., & Smits, R. E. H. M. (2008). Tailoring CTA for emerging technologies. *Technological Forecasting and Social Change, 75*(3), 312–333.
Wallace, W. (1971). *The logic of science in sociology*. Routledge.

Michael Ornetzeder Wissenschaftlicher Mitarbeiter am Institut für Technikfolgen-Abschätzung (ITA) der Österreichischen Akademie der Wissenschaften (ÖAW) und Dozent an der Universität für Bodenkultur, Wien. Schwerpunkte: Wissenschafts- und Technik-forschung, Technikfolgenabschätzung, Nachhaltigkeit, Energiewende.

Mahshid Sotoudeh Privat Dozentin für Technikfolgenabschätzung und Nachhaltigkeit, wissenschaftliche Mitarbeiterin am Institut für Technikfolgen-Abschätzung (ITA) der Österreichischen Akademie der Wissenschaften (ÖAW). Schwerpunkte: inter- und trans-disziplinäre Forschung auf dem Gebiet der TA, technische Innovationen und Bildung für nachhaltige Entwicklung, partizipative Methoden, Visionen und Szenarienbildung, zukunftsfähige Lebensmittelsysteme.

Walter Peissl Ehem. stv. Direktor des Instituts für Technikfolgen-Abschätzung (ITA) der Österreichischen Akademie der Wissenschaften (ÖAW). Schwerpunkte: Digitalisierung, Privatsphäre und Sicherheit sowie methodische Fragen der Technikfolgenabschätzung.

Anspruch der Methoden in der TA

Methoden in der TA: Ihr Anspruch auf Robustheit und Qualität unter Veränderungsdynamiken

Bettina-Johanna Krings und Christine Rösch

1 Konzeptionelle Anforderungen an Methoden in der TA

Die Frage nach den Methoden der Technikfolgenabschätzung (TA) ist so alt wie die TA selbst. Von Anfang an war der Umgang mit Methoden in der TA eine anspruchsvolle und komplexe Aufgabe, die einen der zentralen Aspekte konzeptioneller Überlegungen der TA bildete. Prägte in diesen Anfängen eine (offene) Vielfalt disziplinärer Methoden die expertenbasierte Beratungs- und Forschungslandschaft, so hat sich im Laufe der Zeit ein Kanon von Methoden herausgebildet, der sich im Rahmen der TA weiterentwickelt hat. Allerdings hat die TA zu Beginn keine eigenen Methoden entwickelt, sondern greift – je nach Fragestellung und Kontext – auf etablierte Methoden anderer Disziplinen zurück. Im Laufe der Jahrzehnte wurde hierbei ein Kanon an Methoden entwickelt, die inzwischen selbst zum konzeptionellen Kern der TA gehören und deren Wandel unterliegen (Vgl. Böschen et. al., 2021). Dieser Methodenkanon bezieht sich auf die drei, von Grunwald in seinem Lehrbuch grob (2021, S. 182 f.) definierten Methodencluster: (a) Antizipation, (b) Inklusion und (c) Systemanalyse. Ein wichtiger Impuls für die Weiterentwicklung von Methoden war der zu Beginn der 2000er Jahre diagnostizierte „participative turn" in den Sozialwissenschaften (Vgl. früh etwa Fraser, 1990), welcher auch in der TA beachtliche Aufmerksamkeit erhalten

B.-J. Krings (✉) · C. Rösch
Institut für Technikfolgenabschätzung und Systemanalyse (ITAS), Karlsruhe, Deutschland
E-Mail: Bettina-Johanna.Krings@kit.edu

C. Rösch
E-Mail: christine.roesch@kit.edu

© Der/die Autor(en), exklusiv lizenziert an Springer Fachmedien Wiesbaden GmbH, ein Teil von Springer Nature 2025

M. Ornetzeder et al. (Hrsg.), *Methoden für die Technikfolgenabschätzung*,
https://doi.org/10.1007/978-3-658-48491-0_2

hat (Grunwald, 2000). Diese Erwartung beförderte in hohem Maße die Methodenentwicklung im Feld partizipativer Forschungsansätze bzw. den Anspruch, Technikbewertung und -gestaltung auf einer möglichst breiten sozialen Basis zu generieren (Vgl. Decker & Ladikas, 2004). In diesem Kontext entstand eine besondere Dynamik, die ihrerseits in hohem Maße die Methodologie der TA beeinflusst und weiterentwickelt hat (Vgl. Böschen et al., 2021; Grunwald, 2007, 2010). Die normativen Prämissen im Hinblick auf eine gesellschaftliche Entwicklung hin zu nachhaltigen Produktions- und Lebensformen wurden in den folgenden Jahren in konzeptionelle Ansätze der TA integriert (Vgl. Böschen et al., 2021), was sich auf die Erweiterung von Methoden in der TA ausgebildet hat. Beispielsweise zeigt die jüngste Entwicklung im Rahmen partizipativer Formate, dass hier auch und insbesondere die Debatte um einen „tiefgreifenden Umbau gesellschaftlicher Strukturen und Verhaltensmuster“ (WBGU, 2011, S. 5) Eingang findet. Das Verhältnis von Technik und Gesellschaft wird unter anderem in Reallaboren ausgelotet, in denen Methoden zur Anwendung kommen, die „sich durch stärkeren Praxis- und Gestaltungsbezug und stärkeres Eingehen auf fallspezifische, kontingente Bedingungen auszeichnen“ (Parodi & Beecroft, 2021, S. 377). Viele weitere Beispiele könnten hier angeführt werden. Für diesen Beitrag ist jedoch die Frage von Bedeutsamkeit, welche Impulse für die Methoden in der TA wirksam werden und wie ihre Qualität im weiteren Verlauf der Forschungsaktivitäten gewährleistet werden kann.

Im Beitrag wird zum einen grobschnittartig die Entwicklung der Methoden der TA in ihrem dialektischen Verhältnis zur konzeptionellen Weiterentwicklung dargestellt. Zum anderen wird auf der Basis eines relevanten Praxisbeispiels die Szenariomethode als Kern von antizipativer und inklusiver TA herausgearbeitet, auf deren Basis räumliche Abschätzungen und Bewertungen von Technologien erfolgen können (Vgl. Rösch, 2024a, b). Das Praxisbeispiel ist im Rahmen der Energiewende in Deutschland angesiedelt und bezieht sich auf den Einsatz von Photovoltaikanlagen auf landwirtschaftlichen Flächen. Hier handelt es sich um ein Thema, das in der öffentlichen Diskussion kontrovers diskutiert wird und zeigt, dass die räumliche Gestaltung und Einbettung von erneuerbaren Energietechnologien in hohem Maße über ihre Nutzungspotenziale und sozio-technische Integration entscheidet. Vor dem Hintergrund dieses Beispiels wird erläutert, welche Anforderungen und Qualitätskriterien an die Anwendung (und Entwicklung) von Methoden herangetragen und wie diese Anforderungen in Forschungsprozessen bewältigt werden können. Hierbei zeigt sich, dass sich nicht nur die inhaltlichen Anforderungen an Methoden verändern können, sondern auch Kompetenzen und Methodenkenntnisse erlernt werden müssen, um den Ansprüchen im Einsatz von neuen Methoden gerecht zu werden. Die Frage der Qualitätssicherung von Methoden wird vor diesem Hintergrund abschließend diskutiert.

2 Zur Genese der Methodenentwicklung in der TA

Seit Beginn ihrer Entstehungsgeschichte war die TA mit einer Reihe von methodologischen Herausforderungen konfrontiert, deren Vielheit und Unterschiedlichkeit dazu geführt haben, eine besondere Dynamik im Rahmen der Genese der TA aufrecht zu erhalten. Diese Dynamik begründet sich damit, dass vielfältige Erwartungen an TA und ihrer institutionellen Rolle gestellt wurden und noch immer gestellt werden, die sich im Laufe der Jahrzehnte stark verändert haben. In den Entstehungsjahren war die TA bekanntermaßen im Feld der US-amerikanischen Politikberatung angesiedelt (Vgl. für die USA, Bimber, 1996) und generierte unter anderem interdisziplinär angelegte „Beratungskompetenz, Bündelung von Entscheidungsprozessen, Ausarbeitung von alternativen Lösungswegen" (Grunwald, 2010, S. 68), die in politische Entscheidungsprozesse im politisch-gesellschaftlichen Beziehungsgefüge „Technik und Gesellschaft" einfließen sollten. Methoden, die hier zum Einsatz kamen, waren in der Regel quantitative Methoden, die auf der Basis ökonomischer Bewertungsmodelle entstanden und über Korrelationsuntersuchungen statistisch abgesichert wurden (Vgl. Bimber, 1996). Im Laufe der 1980er und 1990er Jahre wurden in vielen europäischen Ländern TA-Einrichtungen gegründet, die teilweise sehr unterschiedliche Zielsetzungen entwickelten. Ein interessantes Beispiel ist das niederländische Rathenau-Institut, das als erstes TA-Institut in Europa im Jahre 1986 gegründet wurde. Neben den Aspekten der Frühwarnung und der Generierung von Wissen für politische Entscheidungsprozesse wurde das Institut mit dem Ziel eingerichtet, „an integral part of the wider process of social negotiation around science and technology" (van Est/van Eijndhoven in Grunwald, 2010, S. 73) zu werden. Formen der Wissensgenerierung wurden dezidiert an der Schnittmenge von Wissenschaft und Gesellschaft angesiedelt. Methoden, die hier zum Einsatz kamen und noch immer kommen, sind vor dieser Ausrichtung wissenschaftlich-analytische Methoden und vor allem partizipative, dialogorientierte Methoden, die bis heute kontinuierlich weiterentwickelt werden.

Wie die Konstituierung der TA in den Niederlanden anschaulich zeigt, muss sich der Einsatz und vor allem der Erfolg von Methoden in der TA daran messen lassen, welche Wissensformen jeweils generiert werden (sollen). So hat sich, nach Schmidt, TA-Wissen als „Beratungs-, Planungs-, und Handlungswissen, das sich auf ein komplexes, nicht kanonisch gegebenes Objektsystem bzw.

Boundary Object…" (Hervorh. im Org.) (Schmidt, 2021, S. 193) bezieht, über Jahrzehnte etabliert. Im Gegensatz zu Wissenschaften wie beispielsweise Physik oder Philosophie, in denen wissenschaftliches Wissen aus dem Lehrkanon entwickelt werden, ist TA, wie oben skizziert, an der Schnittstelle von Wissenschaft und Gesellschaft angesiedelt. Es hat im Laufe der Zeit eine Reihe von Phasen oder „Anlässe" (Schmidt, 2021, S. 202) gegeben, die das Verhältnis von konzeptionellen Ansätzen der TA zur Methodenentwicklung befruchtet und auch verändert haben. Beispiele für diese Phasen sind etwa die Institutionalisierung interdisziplinärer und transdisziplinärer Forschung in der Wissenschaft, der „sukzessive Verlust" der Grenzlinie zwischen „Wissenschaft und Politik (resp. Gesellschaft)" durch den Zuwachs wissenschaftlicher Expertise in Politikgremien (Vgl. Bogner, 2011), „neue Praxisformen der Wissensproduktionen", die auch „lokal-kommunale Suchbewegungen heterogener (wissenschaftlicher/nichtwissenschaftlicher) Akteursgruppen beinhalten können" und/oder die „Forschung *über* und *für* Transformation und Transition der Gesellschaft *(Hervorh. im Org.)* (Schmidt, 2021, S. 202 ff.; Vgl. Krings, 2018). Diese Phasen haben jeweils heftige Debatten zum konzeptionellen Selbstverständnis der TA ausgelöst, aber auch zu einem hohen Grad der Selbstreflexion und der Analyse über die methodologische Konvergenz der TA geführt (Vgl. Böschen et al., 2021).

Die dialektische Beziehung zwischen veränderten Anforderungen der Wissensgenerierung *und* dem Wandel der Methodenentwicklung in der TA ist vor allem in der deutschen Debatte unumstritten. Daran knüpfen sich allerdings heterogene Vorstellungen darüber an, ob TA sich auf eigene Methodencluster beziehen kann, diese im Laufe der Jahrzehnte weiterentwickelt hat und sozusagen auf „eigene" Methodenbestände zurückgreift. Ebenso unumstritten ist, dass Methoden je nach Frage- und Problemorientierung aus dem Schatz disziplinärer Forschungsbestände verwendet werden. Nach Grunwald sind der Einsatz der Methoden sowie die Weiterentwicklung derselben „einerseits zentral, wird aber andererseits relativiert" (Grunwald, 2010, S. 169). Methoden seien zur Wissensgenerierung bzw. als „Handwerkszeug" (Grunwald, 2010, S. 169) wissenschaftlichen Arbeitens in der TA freilich von großer Bedeutsamkeit, allerdings seien sie – im Gegensatz zum Einsatz von Methoden in wissenschaftlichen Disziplinen – immer „zielgerichtet und kontextabhängig" (Grunwald, 2010, S. 169). In neueren Arbeiten umreißt Grunwald Forschungsperspektiven, die sich in den letzten Jahrzehnten für die Methodenbildung der TA herausgebildet hat (2022, S. 182 f.): (a) Antizipation, (b) Inklusion und (c) Systemanalyse: Im Folgenden werden die einzelnen Methodenperspektiven kurz umrissen (Vgl. Grunwald, 2010, S. 182 f.):

Ad a) Methoden im Feld der Antizipation spielten von Beginn an eine große Rolle in der TA, da die Bewertung von Technikfolgen immer auch eine zeitliche, eine in die Zukunft gerichtete Dimension umfasst (Vgl. Gloede, 2007). „TA-Wissen als folgen- und zukunftsorientierten Wissenstyp“ vermittelt vor diesen Erwartungen nicht nur „Gegenwarts-, sondern auch Zukunftswissen“ (Schmidt, 2021, S. 198), was freilich hohe methodische Anforderungen an „den epistemischen Status des Hypothetischen“ (ebda., S. 198) stellt. Methoden der Szenarien- und Prognosebildung, Constructive TA, die Erstellung von Roadmaps, Methoden der prospektiven Technologiebetrachtung (Vgl. Cuhls, 2021), jedoch auch Methoden des Vision Assessment sowie Anschauungsweisen zur „Pluralisierung der Zukunft“, also der Entwicklung von verschiedenartigen Technikzukünften, (Vgl. Cuhls, 2021, S. 199) spielen in jüngster Vergangenheit eine zunehmend wichtigere Rolle in der Methodenbildung (Vgl. Lösch et al., 2019).

Ad b) Methoden im Feld der Inklusion spielen in der methodologischen Entwicklung der TA ebenfalls eine herausragende Rolle. Verwurzelt in einer Vielzahl an Erwartungen, haben sich hier unterschiedliche methodische Ansätze herausgebildet, die inzwischen paradigmatisch für TA sind. Wie oben dargestellt, hat sich TA als interdisziplinäre und transdisziplinäre Forschung („problemorientierte Forschung“) etabliert und entsprechende Wissenstypen entwickelt, die in ihrem ontologischen und epistemischen Gehalt hinterfragt *und* reflektiert wurden (Decker, 2001). Im Hinblick auf Methodenentwicklung fand das europäische Projekt TAMI große Resonanz, das TA als inter- und transdiziplinäre Forschung zwischen „Method and Impact“ (Vgl. Decker & Ladikas, 2004) beschrieb und partizipative Methoden in den Vordergrund der Analyse stellte. So beförderte diese Methodenreflexion in hohem Maße den Anspruch, Technikbewertung und -gestaltung auf einer möglichst breiten sozialen Basis zu generieren (Vgl. Decker & Ladikas, 2004). Eng verbunden mit diesen konzeptionellen Ansätzen ist die Risikobewertung von Technologien. Hier sollen in der TA durch Abwägung von Chancen und Gefahren (neuer) Technologien, etwaige Risiken für unterschiedliche soziale Gruppen sichtbar und deren Vermeidung planbar gemacht werden. Besonders in unterschiedlichen Technikkontexten oder in Infrastrukturprojekten spielt die soziale Beteiligung eine große Rolle, um soziale Konflikte einzuhegen. Was jedoch unter dem Begriff „Beteiligung“ zusammengefasst wird, kann sehr unterschiedliche Zielsetzungen und Formate aufweisen. Das wurde früh erkannt und deshalb „werden methodisch die partizipativen Verfahren grundsätzlich unterschieden nach ihrer jeweiligen Zielsetzung: Information-Konsultation-Kooperation“ (Grobe, 2021, S. 355).

Die eingesetzten Methoden sind vielfältig und reichen von Expert:innen- und Stakeholderdialogen über die Formate der Bürgerbeteiligung (z. B. Bürgerforen,

Bürgerrät:innen Konsensus-Konferenzen) bis hin zu Methoden der partizipativen Technikgestaltung (z. B. Innovationsdialoge, Fokusgruppen, Co-Creation Workshops) (Vgl. Grobe, 2021, S. 355 f.). Angesichts der oben schon genannten Transformationsforschung spielen diese Dialogformate eine herausragende Rolle. Die Ziele der Transformation haben eine unmittelbare Auswirkung auf die Dialogformate, denn „*diese müssen in einen deutlich größeren Kontext eingeordnet* (Heraush. im Org.) werden" (Grobe, 2021, S. 360). Beispielsweise geht es beim Technologiefeld „Autonomes Fahren" um neue Technologien, die in soziale Kontexte eingebracht werden, und in übergeordnete Diskurse wie etwa zur „nachhaltigen Mobilität" und/oder der „Veränderung des Klimas" eingebettet werden müssen (Grobe, 2021, S. 360). Angesichts der anspruchsvollen Aufgabe, gesellschaftsverändernde Impulse zu setzen, wurden Reallabore entwickelt, in denen partizipative Methoden zum Einsatz kommen. Andererseits wird auch diskutiert, dass es sich bei Reallaboren um eine Forschungsinfrastruktur handelt, die ihrerseits wiederum neue methodische Ansätze ausbildet (Vgl. Parodi & Beecroft, 2021).

Ad c) Methoden der Systemanalyse haben sich ebenfalls im Laufe der Zeit an neue Rahmenbedingungen angepasst. Die Analyse von Systemen wie beispielsweise das Energiesystem bezieht sich einerseits auf deren Komplexität als große (und teilweise unübersichtliche) Anzahl von Elementen, die entweder in einem Zusammenhang stehen oder durch deren Zusammenwirken eine Funktion erfüllt wird (Vgl. Poganietz & Lee, 2021). Als Beispiele können hier die Komplexität des Energiesystems oder die Komplexität des Ökosystems angeführt werden. Andererseits bezieht sich die Analyse aber auch auf die Technikfolgen selbst, bzw. der „komplexen Wechselwirkungen zwischen Technikentwicklung, Techniknutzung, Technikfolgen, natürlicher Umwelt, gesellschaftlichen Rahmenbedingungen und ethischen Bewertungen" (Grunwald, 2010, S. 170). Eine Methode in der TA, die in Zusammenhang mit Systemen sehr relevant ist, ist die Ökobilanz, deren Grundlage „eine detaillierte Darstellung aller relevanten Elementar- und Produktflüsse über den gesamten Lebensweg des Produktes" (Poganietz & Lee, 2021, S. 275) umfasst. Diese Darstellung ist aufwendig und beinhaltet den Einbezug der „Rohstoffförderung über die Aufbereitung, den Transport und die Verarbeitung bis zur Produktaufbereitung" (Poganietz & Lee, 2021, S. 275). So können beispielsweise klimarelevante Emissionen oder andere Wirkungskategorien auf der Basis naturwissenschaftlicher Methoden ermittelt und in einen größeren (gesellschaftlichen) Zusammenhang gestellt werden mit dem Ziel, eine umfassende Bewertung vorzunehmen. In der Regel werden hier quantitative Bewertungskriterien (Indikatoren) eingesetzt und in einen Bewertungsrahmen überführt (Vgl. Poganietz & Lee, 2021, S. 282). Angesichts aktueller globaler Problemlagen weisen diese Vorgehen schon darauf hin, wie relevant dieser Ansatz heute ist. Er erlaubt darüber hinaus, „TA-Wissen systematisch in einen Systemkontext zu setzen“ (Poganietz & Lee, 2021, S. 282). Werden in diesen Perspektiven sozio-technische Systeme in den Mittelpunkt des Erkenntnisinteresses gestellt, überschneiden sich diese in der Regel mit Themenfeldern wie Risikowahrnehmung und/oder Riskmanagement. Auch wird dieser Ansatz zunehmend in der Transformationsforschung zur Modellierung von Systemen verwendet, was allerdings ein hohes Maß an Ressourcen für den Einsatz und die Durchführung angemessener Methoden verlangt, was häufig ein limitierender Faktor ist.

Die drei vorgestellten Methodencluster weisen darauf hin, dass eine konzeptionelle Abgrenzung nicht möglich ist, sondern dass sich diese auch vielfach überlagern. Dies trifft auch und vor allem auf Qualitätskriterien zu, die im Zusammenhang mit Methoden der TA diskutiert werden, wie beispielsweise die wissenschaftliche Nachvollziehbarkeit von Methoden, die Reflexion der Ergebnisse sowie die Kontextualisierung und Wissensintegration der angewandten Methoden (Vgl. Böschen et al., 2021, Grunwald, 2019). Diese Aspekte gewinnen bei der Reflexion von Methoden in der TA zunehmend an Bedeutung. Deutlich wurde aber auch, dass die Methodenentwicklung einerseits in einem dialektischen Verhältnis zur Wissensproduktion steht und andererseits den sich im Laufe der Jahrzehnte wandelnden Erwartungen an TA-Expertise unterliegt. Wichtig scheint allerdings die Frage zu sein, welche Impulse für die Methoden in der TA bedeutsam werden und wie ihre Qualität im weiteren Verlauf der Forschungsaktivitäten gewährleistet werden kann. Am Beispiel der dynamischen Veränderung der Szenariomethode zur partizipativen Bewertung der räumlichen Auswirkungen von Technologien auf die Landschaft und deren Nutzung wird versucht, auf diese Frage eine Antwort zu geben.

3 Dynamische Weiterentwicklung der Szenariomethode

Die dynamische Weiterentwicklung der Szenariomethode zur Generierung von Zukunftswissen wird in drei Abschnitten dargestellt: (a) die Szenariomethode als relevante TA-Methode, b) die partizipative Szenarienentwicklung auf kommunaler Ebene am Beispiel der Freiflächenphotovoltaik und c) soziale Diskurse als Ergebnisse der partizipativen Szenariomethode.

Ad a) Die Szenariomethode ist eine flexible Methode der TA, um Technikfolgen im Kontext zukünftiger Entwicklungen zu analysieren, Wirkungszusammenhänge und Trade-offs aufzuzeigen und Maßnahmen zur Bewältigung großer gesellschaftlicher Herausforderungen anzuregen sowie Elemente guter Praxis und Prinzipien zur Stärkung von Innovationssystemen zu identifizieren und Entscheidungsprozesse zu unterstützen (Vgl. De Smedt et al., 2013). Sie fördern Kommunikation und Dialog, indem sie divergierende Problemsichten und komplexe Wissenszusammenhänge explizit machen (Vgl. Kosow & León, 2015). Szenarien werden in der TA zumeist von Expert:innen entwickelt und basieren auf expliziten Annahmen über die Lösungsbeiträge von Technologien zu Herausforderungen der Gegenwart und Zukunft. Dies zeigt das Beispiel der TA-Studie Ende der 1980er Jahre zur Untersuchung biobasierter Technologien zur Substitution fossiler Energieträger und Rohstoffe als Reaktion auf die weltweite Ölkrise 1973. Ein zentraler Bestandteil der Studie waren Szenarien zur Analyse und Bewertung technischer, ökonomischer, ökologischer und sozialer Aspekte verschiedener biobasierter Technologien auf der Basis modellgestützter quantitativer Daten und qualitativer Informationen (Vgl. Wintzer et al., 1993). Die Szenarien wurden ausschließlich von Expert:innen entwickelt und analysiert. Zahlreiche Wissenschaftler:innen haben sich seitdem mit der Szenariomethode beschäftigt und verschiedene Ansätze entwickelt (Kosow & Gaßner, 2008). Zunehmend zeigt sich jedoch, dass es nicht ausreicht, ausschließlich die Expertise und Sichtweisen von Wissenschaftler:innen unterschiedlicher Disziplinen in die Szenarienentwicklung einfließen zu lassen. Vielmehr wird deutlich, dass weitere politisch und gesellschaftlich relevante Perspektiven, Wissensbestände und Erfahrungen in die Szenarienentwicklung einbezogen werden müssen. Dies bezieht sich vor allem auf öffentlich geführte Diskurse und die Sichtweise von Stakeholdern und Bürger:innen. Es betrifft auch das Agendasetting, denn es geht darum, die Antizipation zu verbessern und damit mehr Verantwortung für die Lösung gesellschaftlicher Probleme zu übernehmen, Forschungsfragen und -ziele partizipativ zu gestalten und Szenarien im Co-Design zu entwickeln (Vgl. Gudowsky, 2021). Die partizipative Entwicklung von Szenarien kann gesellschaftspolitische Aushandlungen darüber anregen, welche Zukünfte erstrebenswert bzw. nicht erstrebenswert sind und welche verfolgt bzw. nicht verfolgt werden sollen (Vgl. Gudowsky et al., 2023). Sie ermöglichen es, die Chancen und Risiken neuer Technologien aus Sicht der Stakeholder und Bürger:innen zu erkennen, neue Perspektiven aufzuzeigen und alternative Handlungsoptionen auszuloten. Dies gilt insbesondere auch für die transparente und deliberative Gestaltung des Energiesystems, da hier die gesellschaftliche Debatte in die Szenarienentwicklung integriert und diese um eine räumliche Dimension erweitert werden muss, um die auf nationaler Ebene beschlossenen Ziele vor Ort auszuhandeln. Die partizipative Entwicklung von Szenarien zur Energiewende auf kommunaler Ebene muss neben der Analyse der ökologischen, ökonomischen und sozialen Auswirkungen von erneuerbaren Energietechnologien auch die dafür notwendige Nutzung knapper und mit unterschiedlichen Nutzungsansprüchen belasteter Flächen einbeziehen. Dies sollte in einem strukturierten, kollaborativen und zukunftsorientierten Prozess erfolgen, um politische Top-Down-Entscheidungen zu reflektieren und das Verständnis für komplexe Zusammenhänge und mögliche zukünftige Entwicklungen aufzuzeigen sowie das Gemeinschaftsgefühl und das Verständnis für Maßnahmen und Trade-offs zu stärken.

Ad b) Die partizipative räumliche Szenarienentwicklung auf kommunaler Ebene wird am Beispiel der Freiflächenphotovoltaik (FF-PV) beschrieben. Es wird gezeigt, wie diese dazu beitragen kann, eine Technologie im Kontext soziotechnischer Transformationsprozesse und räumlicher und normativer Restriktionen und Präferenzen zu bewerten (Vgl. Rösch & Fakharizadehshirazi, 2024b). Das Beispiel wurde ausgewählt, weil die FF-PV eine Schlüsseltechnologie für die Transformation des Energiesystems und die Erreichung der Klimaneutralität bis 2045 ist. Dies zeigen verschiedene Szenarien, die auf integrierten Bewertungsmodellen oder partiellen Gleichgewichtsmodellen basieren (Vgl. BDI, 2021). Einschränkungen durch Landnutzungskonflikte aufgrund divergierender Landschaftswerte und -präferenzen bleiben dabei weitgehend unberücksichtigt (Vgl. BDI, 2021; Victoria et al., 2021). Repräsentative Meinungsumfragen der Agentur für Erneuerbare Energien zeigen eine hohe Akzeptanzbereitschaft für Anlagen zur Nutzung erneuerbarer Energien in der Landschaft als Beitrag zur Erreichung der Klimaziele und zur Sicherung der Energieversorgung und damit des Wohlstands durch die sichere Verfügbarkeit von Energie (Vgl. Agentur für Erneuerbare Energien e. V., 2023). Die mit der Flächeninanspruchnahme durch erneuerbarer Energie auf lokaler Ebene verbundenen Synergien und Tradeoffs werden dabei nicht berücksichtigt. Eine hohe Akzeptanz auf nationaler Ebene ist jedoch nicht gleichbedeutend mit einer hohen Akzeptanz vor Ort. Hier besteht teilweise eine deutliche Diskrepanz, die die Entwicklung von Erneuerbare-Energien-Projekten erschweren kann (Vgl. Batel & Devine-Wright, 2015). Dies gilt insbesondere für die Nutzung von Flächen für die Erzeugung erneuerbarer Energien, die zu komplex ist und zu sehr von der Beteiligung der Gesellschaft abhängt, sowohl für die Planung als auch für den operativen Erfolg, als dass man sich auf einen aufgezwungenen, nicht ganzheitlichen politischen Top-Down-Ansatz des Landmanagements verlassen könnte (Vgl. Ball, 2002). Für eine effektive Beteiligung wird ein visuelles Instrument benötigt, mit dem alternative zukünftige Flächennutzungen und Landnutzungskonflikte auf lokaler Ebene identifiziert werden können und eine direkte Beteiligung der lokalen Öffentlichkeit an energiepolitischen Entscheidungen möglich ist. Mit der Entwicklung partizipativer FF-PV-Szenarien können die räumlichen und normativen Vorstellungen der Energiewende von Stakeholdern und Bürger:innen berücksichtigt und sichtbar gemacht werden. Möglich wird dies durch die Kombination des partizipativen GIS (Geoinformationssystem), auch Public Participation GIS (PPGIS) genannt, mit der Szenario-Methode (Vgl. Börjeson et al., 2006). Das PPGIS stellt digitale Karten und räumliche Daten dar, in denen sich Bürger:innen interaktiv mit diesen Informationen auseinandersetzen und ihre Anmerkungen oder Vorschläge direkt in die Karte eintragen können. Die Szenariomethode ermöglicht es vom Wissen und den normativen Einstellungen von Einzelpersonen zu abstrahieren und gemeinsame Vorstellungen über die Zukunft der Flächennutzung zu identifizieren.

Dazu werden beispielsweise in Workshops mit Stakeholdern und Bürger:innen relevante Faktoren für die Entwicklung der Flächennutzung gesammelt und zu Szenarien entwickelt. Die Ermittlung von Landnutzungsrestriktionen und -präferenzen basiert auf einem kombinierten Bewertungsindex der räumlichen Verteilung von Landschaftswerten und Landnutzungspräferenzen (Vgl. Brown & Raymond, 2014). Die Ergebnisse der Szenarioanalyse werden wiederum in digitalen Karten dargestellt. So kann sehr konkret aufgezeigt werden, welche Auswirkungen die Szenarien auf die Flächennutzung haben und welche Flächen unter Berücksichtigung der identifizierten Aspekte für eine Nutzung durch erneuerbare Energien zur Verfügung stehen und welche nicht. Die PPGIS-Szenariomethode ermöglicht es somit Stakeholdern und Bürger:innen an Entscheidungsprozessen teilzunehmen (Vgl. Brown & Raymond, 2014) und ihre Sichtweisen in die Entwicklung möglicher Technikzukünfte und die Analyse von Technikfolgen im Kontext von Transformationsprozessen, Raum und Werten einzubeziehen (Vgl. Schwarz & Bräuer, 2022). Sie kann die Verfahrens- und Verteilungsgerechtigkeit verbessern, indem lokales Wissen und lokale Perspektiven und Wertvorstellungen bei der Szenarienentwicklung berücksichtigt und die räumlichen Folgen der Technologiebewertungen sichtbar gemacht werden (Vgl. Denwood et al., 2022).

Die PPGIS-Szenariomethode für FF-PV (Vgl. Fakharizadehshirazi & Rösch, 2024) wurde in einer Gemeinde in Rheinland-Pfalz angewendet, die einen Beitrag zur Klimaneutralität leisten möchte (Vgl. Rösch & Fakharizadehshirazi, 2024a, b). Die Entwicklung und Bewertung der PPGIS-Szenarien für FF-PV mit 27 Stakeholdern und Bürger:innen basierte auf deren Teilnahme an zwei Workshops im Januar und Juni 2023 und der Auswertung der Workshop-Ergebnisse. Der Anteil der weiblichen Teilnehmer:innen lag bei 18,5 %. Ziel der Workshops war es, die unterschiedlichen Sichtweisen auf das Thema abzudecken (Vgl. Gobo, 2005) und Restriktionen und Präferenzen für die Landnutzung mit FF-PV auf kommunaler Ebene zu identifizieren. Die Teilnehmenden aus Landwirtschaft, Naturschutz,

Wirtschaft, Energiegenossenschaften, Verwaltung, Verbänden und Kommunalpolitik notierten auf roten Kärtchen Flächentypen, auf denen keine FF-PV installiert werden sollten und auf blauen Kärtchen Flächentypen, die für eine Nutzung durch FF-PV infrage kommen. Die Kärtchen wurden vorgelesen, erläutert und thematisch gruppiert an Pinnwände geheftet. Anschließend erfolgte eine Gewichtung der Kriterien durch die Teilnehmer:innen mittels Punktevergabe. In Abb. 1 sind die Restriktionen (auf den roten Karten links) und Präferenzen (auf den blauen Karten rechts) für die Eignung von Flächen für FF-PV sowie die Punktevergabe dargestellt.

Ausschlusskriterien sind u. a. keine wertvollen Ackerflächen für die Nahrungsmittelproduktion, keine ökologisch wertvollen Flächen und keine Beeinträchtigung des Orts- und Landschaftsbildes. Bevorzugt werden Dachflächen, versiegelte und vorbelastete Flächen, landwirtschaftlich nicht oder nur eingeschränkt nutzbare Flächen oder Flächen für den Anbau von Energiepflanzen, Flächen in der Nähe des Stromnetzes bzw. des Stromabnehmers und eine geeignete Größe. Darauf aufbauend wurden verschiedene Szenarien entwickelt und im zweiten Workshop mit den gleichen Stakeholdern und Bürger:innen diskutiert (Vgl. Rösch & Fakharizadehshirazi, 2024a, b). Trotz der Fokussierung auf FF-PV wurden auch Szenarien zur

Abb. 1 Restriktionskriterien (links) und Eignungskriterien (rechts) für die Flächennutzung durch Freiflächen-Photovoltaik

Nutzung von Dächern und Parkplätzen sowie bereits versiegelten und belasteten Flächen wie Parkplätzen und Deponien analysiert, da diese von den Teilnehmenden mit einer hohen Präferenz bewertet wurden. Die Ergebnisse zeigen, dass die Nutzung dieser Flächen die Inanspruchnahme landwirtschaftlicher Flächen für FF-PV nur geringfügig reduzieren würde. Es zeigte sich, dass trotz anfänglicher Bedenken die Notwendigkeit von FF-PV auf dem Weg zur „Energie-Plus-Gemeinde" von den meisten Beteiligten erkannt wurde. Darüber hinaus zeigen Studien, dass die Nutzung von (kleinen) Dachflächen und versiegelten Flächen verglichen mit FF-PV mit höheren Kosten und geringeren Mobilisierungsraten einhergeht (Wirth, 2023). Dem Wunsch der Teilnehmenden, die PPGIS-Szenariomethode auf die Agrivoltaik-Technologie anzuwenden, die den Landnutzungskonflikt zwischen Nahrungsmittel- und Energieproduktion reduzieren und die Resilienz der Landwirtschaft verbessern kann (Vgl. Rösch & Fakharizadehshirazi, 2024a), konnte aufgrund der Projektgrenzen nicht entsprochen werden.

Die Ergebnisse der Anwendung der PPGIS-Szenariomethode wurden von den Entscheidungsträgern (Bürgermeister und Gemeinderät:innen) für die Entwicklung eines kommunalen Leitfadens zur Entscheidungsfindung bei der Umwandlung landwirtschaftlicher Flächen von der Nahrungsmittel- zur Solarenergieproduktion genutzt. Es wurde deutlich, dass der partizipative Prozess und die Berücksichtigung des Kontextes dazu beitragen können, die Ausbauziele für FF-PV und andere erneuerbare Energien mit höherer Akzeptanz zu erreichen (Vgl. Günnewig et al., 2022). Ein Nachteil der PPGIS-Szenariomethode ist, dass sie Expertise für die Organisation und Auswertung der Workshops sowie für die Modellierung und Berechnung der Szenarien erfordert (Vgl. Schwarz & Bräuer, 2022). Darüber hinaus ist eine Moderation erforderlich, um sicherzustellen, dass meinungsstarke Teilnehmende den Meinungsaustausch und die Kriterienentwicklung nicht einseitig beeinflussen oder die Diskussion aufgrund ihres Fachwissens und ihrer persönlichen Überzeugungen dominieren (Vgl. Kerr et al., 2007).

Ad c) Soziale Diskurse als Ergebnisse der dynamischen Szenariomethode

Die FF-PV-Szenarien zeigen, dass das Flächenpotenzial mit dem Grad der Restriktionen und Eignungsanforderungen abnimmt, aber selbst im Szenario mit den höchsten Restriktionen und Anforderungen noch 0,4 % der Gemeindefläche für FF-PV genutzt werden könnten. Dies entspräche einer Erhöhung des Siedlungsflächenanteils von 9,55 % auf 9,95 %. Das klingt nicht viel, bedeutet aber für die Landwirtschaft einen Flächenverlust in der Größenordnung eines landwirtschaftlichen Betriebes. Einige Landwirte lehnten deshalb trotz positiver Resonanz auf den partizipativen Prozess und die PPGIS-Szenariomethode eine Flächennutzung durch FF-PV grundsätzlich ab. Andere Landwirte sahen dies differenzierter und waren der

Meinung, dass aus landwirtschaftlicher Sicht auch weniger günstige Flächen, wie z. B. extensives Grünland in benachteiligten Gebieten, für FF-PV genutzt werden können.

Die Beteiligung von Stakeholdern und Bürger:innen auf lokaler Ebene zeigt, dass politische Ziele wie der Klimaschutz durch den Ausbau erneuerbarer Energien kontextabhängig sind und in übergeordnete Überlegungen wie die Sicherung der regionalen Nahrungsmittelversorgung und den Naturschutz eingebettet werden müssen, um den dynamischen und komplexen sozio-technischen Wechselwirkungen gerecht zu werden (Vgl. Rösch et al., 2018). Die PPGIS-Szenariomethode ermöglicht eine partizipative Szenarienentwicklung, die Einfluss auf die Transparenz von Entscheidungsprozessen nehmen und diese mitgestalten kann. Sie fördert Verfahrens- und Verteilungsgerechtigkeit sowie Fairness in der Kontextualisierung von Technologien und berücksichtigt die Interessen und Prioritäten von Stakeholdern und Bürger:innen (Vgl. Otto & Wegner, 2023) und schafft Räume, um Ängste, Sorgen und Zweifel zu artikulieren und sich für eine deliberative Entscheidungsfindung vorzubereiten. Dies ist wichtig, da sozialpsychologische Aspekte, normative Werte und die Wahrnehmung von Gerechtigkeit und Fairness einen nicht zu unterschätzenden Einfluss auf die Akzeptanz neuer Technologien wie FF-PV haben (Vgl. Wolsink, 2007). Es muss nicht nur der gesellschaftliche Dialog über Chancen und Risiken des Landnutzungswandels von der Nahrungsmittel- zur Energieproduktion verbessert, sondern auch die Prozess- und Verteilungsgerechtigkeit erhöht werden (Vgl. Metze et al., 2023).

Die PPGIS-Szenariomethode zeigt den Perspektivenwechsel von der abstrakten Betrachtung hin zu einer räumlich-kulturell kontextualisierten Betrachtung einzelner Technologien und die Veränderungsdynamik bei der Entwicklung von Szenarien für die TA (Vgl. Böschen et al., 2021). Es wird deutlich, dass TA spezifische Methoden zur Kontextualisierung problemorientierter Forschung im soziotechnischen Wandel benötigt und die Welt der TA-Wissensproduktion dynamisch weiterentwickelt werden muss. Denn TA hat nicht unbedingt die Folgen einer Technologie selbst im Blick, sondern die Folgen der Art und Weise, in welchem Kontext und mit welchem kulturellen Hintergrund sie zu welchem Zweck eingesetzt wird. Die Studie zeigt, dass die Qualität und Quantität dieser Auswirkungen von den Entscheidungen und Handlungen der Menschen im Umgang mit der jeweiligen Technologie bestimmt werden (Vgl. Gloede, 2007).

Zusammenfassend lässt sich festhalten, dass die PPGIS-Szenariomethode eine dynamische Weiterentwicklung der Szenariotechnik in der TA darstellt. Hintergrund dieser Entwicklung ist die Notwendigkeit eines regionalen Diskurses über die Flächenumwandlung zugunsten erneuerbarer Energieerzeugung, insbesondere für die flächenintensive FF-PV, und neue Partizipationsmöglichkeiten für

Bürger:innen zur Gestaltung der Energiewende im lokalen Kontext. Diese Szenariomethode ermöglicht es, erneuerbare Technologien im Kontext soziotechnischer und räumlich-kultureller Transformationsprozesse zu analysieren und einen Dialog über Technologien und ihre Einbettung zu führen, der mit klassischen, von Expert:innen entwickelten Szenarien nur unzureichend abgebildet werden kann. Die PPGIS-Szenariomethode adressiert die Notwendigkeit einer zukunftsorientierten Kontextualisierung von TA und die Einbettung von Technologien in räumliche, zeitliche und sachliche Kontexte (Vgl. Böschen et al., 2021). Die Methodenvielfalt in der TA und die Komplexität der TA-Forschung nehmen damit weiter dynamisch zu und stellen die TA-Praxis vor neue Herausforderungen. Gleichzeitig wird deutlich, dass die Szenariotechnik ein robustes, wenn auch im Wandel begriffenes zentrales Element der TA darstellt. Die bisher vernachlässigte räumliche und sozio-kulturelle Kontextualisierung von TA und die damit verbundene Öffnung von sozialen Diskursräumen unterstützt den Dialog zwischen Stakeholdern und Bürger:innen darüber, wo, in welchem Umfang und für welche Zwecke erneuerbare Energietechnologien eingesetzt werden sollen und ob die damit einhergehenden nicht intendierten und nicht gewollten Konsequenzen, vor allem für Landwirtschaft und Landschaft, akzeptabel bzw. tolerierbar sind. Die TA kann damit ihr Beratungsfeld erweitern und nicht nur die „große" Politik auf europäischer und nationaler Ebene, sondern auch die Kommunen in ihrer Verantwortung unterstützen, durch die Erhöhung des Anteils erneuerbarer Energien klimaneutral zu werden und bei der Installation neuer Anlagen mehr Prozess- und Verteilungsgerechtigkeit zu schaffen.

4 Aktuelle Herausforderungen der Methodenentwicklung in der TA – Einige Schlussfolgerungen am Beispiel der PPGIS-Szenariomethode

Seit Beginn ihrer Entstehung bewegt sich die TA in einem dialektischen Verhältnis zwischen konzeptionellen Ansätzen *und* dem Einsatz ihrer Methoden. Wie oben gezeigt wurde, liegt das zum einen daran, dass TA als problemorientierte Forschung an der Schnittstelle von Wissenschaft und Gesellschaft angesiedelt ist und sehr unterschiedliche Problemstellungen *und* Erwartungshaltungen an TA herangetragen wurden und noch immer werden. Je nach Fragestellungen, Erwartungen an Beratungsleistungen oder sogar organisationale/soziale Lösungsstrategien soziotechnischer Gestaltungsansätze haben sich die Wissensbestände und der Einsatz der Methoden im Laufe der Jahrzehnte stark verändert (Vgl.

Schmidt, 2021). Gleichzeitig ist es unumstritten, dass Methoden und die (Weiter)Entwicklung von Methoden in der TA eine zentrale Rolle spielen, da auf der Grundlage empirischer Forschung wissenschaftliches Wissen erzeugt wird. Hierbei wurden und werden Methoden je nach Frage- und Problemorientierung aus dem Schatz disziplinärer Forschungsbestände verwendet und weiterentwickelt. So sind Methoden als „Handwerkszeug" (Grunwald, 2010, S. 169) für wissenschaftliches Arbeiten von großer Bedeutsamkeit, allerdings ist ihr Einsatz – im Gegensatz zu wissenschaftlichen Disziplinen – in der Regel „zielgerichtet und kontextabhängig" (Grunwald, 2010, S. 169). Die Kontextabhängigkeit und deren Folgen für den Einsatz der Methoden wurde vor allem in den letzten Jahren im Feld der Transformationsforschung und ergo im Feld partizipativer Methoden hervorgehoben (Vgl. Parodi & Beecroft, 2021; Vgl. auch Grunwald & Rösch, 2011) und hat den wissenschaftlichen Blick auf die Methoden stark geprägt. Gleichzeitig, und dies soll als ein Ergebnis des Beitrags am Beispiel der FF-PV verdeutlicht werden, werden Methoden kontinuierlich und als „learning by doing" weiterentwickelt. Das vorgestellte Beispiel beinhaltet drei methodische Elemente: die Szenariomethode zur Generierung von Zukunftswissen (a), die Methoden partizipativ angelegter Entwicklung von Szenarien in der Region, (b) sowie der Identifizierung von sozialen Diskursen (c) im Rahmen der technischen Möglichkeiten und Optionen. Alle drei Methoden wurden mit ihren Anforderungen kurz skizziert. Hierbei wurde der regionale und soziale Kontext im Beispiel herausgearbeitet und gezeigt, dass diese Methoden einerseits wichtige Hinweise für die Gestaltung der kommunalen Planung für erneuerbare Energien liefern können. Andererseits wurden jedoch auch ihre Grenzen aufgezeigt. Mit dem dezidierten Ziel, Möglichkeiten für FF-PV aufzuzeigen, wurde der Gestaltungskorridor von vornherein stark eingeschränkt. Dennoch sollte nicht – wie in der technischen Planung häufig üblich – die soziale Akzeptanz der beteiligten Menschen untersucht werden, um diese Technologien sozial gerecht gestaltet und das Potenzial von Meinungsverschiedenheit für die Validierung von Plänen zu nutzen. Als Nebenprodukt wurde erkennbar wo die Konfliktlinien der Energiewende liegen. Gleichzeitig fand ein Austausch- und Lernprozess und eine Verständigung darüber statt, für welche Zwecke und Interessen erneuerbare Energietechnologien in der Region eingesetzt werden sollen und können. Hierbei wurden auch soziale Bedürfnisse, politische und/oder ökonomische Sachzwänge, individuelle Bedürfnisse und Einstellungen formuliert und im gesamten Prozess zur Kenntnis genommen. Es entstanden soziale Diskurs- und Experimentierräume, die die Kontextbedingungen einerseits festschrieben und andererseits individuellen Ängsten, Befürchtungen und begründeten Einwänden einen Raum der Artikulation gaben. Dieser Prozess öffnete den Dialog um viele Facetten, die im Vorfeld nicht berücksichtigt werden konnten, da der regionale Kontext mit seinen spezifischen Bedingungen nicht hinreichend für alle Beteiligten bekannt war. So wurden beispielsweise durch die Methode konsensual maximale Größen für die Flächen für FF-PV festgelegt, die nicht überschritten werden sollten, um die Folgen für sichtbare landwirtschaftliche, ökologische und landschaftliche Veränderungen in einer Balance zu halten. Die soziale Identität mit der Region sollte vor diesem Hintergrund gewahrt bleiben bzw. die technischen Veränderungen sollten konstruktiv in das regionale Erscheinungsbild und in das soziale Geschehen integriert werden. Obgleich die Zielvorgaben des Projektes definiert waren, ergaben sich für alle Beteiligten wichtige Lernprozesse auch im Hinblick darauf, übergeordnete Ziele (wie Klimaneutralität) zu erkennen und gemeinsam zu entwickeln. Dies galt freilich auch für die TA-Forscher:innen, die diesen Forschungsprozess auf der Basis von Methoden erarbeiteten und begleiteten. Ohne auf diese komplexen und vielfältigen Aufgabenstellungen einzugehen, die diese Methoden in der Regel an die Forschenden stellen, konnten „gesellschaftlich wünschbare" (Grobe, 2021, S. 357) Möglichkeiten im Feld der FF-PV generiert werden.

Die bisher vernachlässigte räumliche und sozio-kulturelle Kontextualisierung von TA und die damit verbundene Öffnung von sozialen und regionalen Spezifika hat zu wichtigen Lernprozessen auch in der Methodenentwicklung geführt. Auf der Ebene von Veränderungs- und Transformationsprozessen steigen die „Anforderungen an partizipative Verfahren" (Grobe, 2021, S. 370) signifikant an, was besondere Anforderungen an die methodischen Kompetenzen der Forschenden stellt. Auf der inhaltlichen Ebene werden Zielkonflikte identifiziert, die auf einer Werteebene betrachtet werden können und sollten. So „[...] wird außerdem auch die Frage der Verteilung und des Interessensausgleichs auf lokaler, nationaler und globaler Ebene stets mit verhandelt" (Grobe, 2021, S. 370). Auch wenn diese Ebenen im Rahmen des Projektes nicht explizit bearbeitet wurden, so wurden sie im Nachgang reflektiert. Denn sie weisen auf den Nutzen, aber auch auf die Grenzen des Einsatzes von Methoden hin. Auf der Ebene dieser Lernprozesse war die TA immer in der Lage, ihr methodologisches Wissen an die jeweiligen Erfordernisse anzupassen und gleichzeitig relevante Beiträge zur Gestaltung soziotechnischer Entwicklungen zu leisten. Bis heute ist es gerade ihre Offenheit, die ihr die Möglichkeit der Nachsteuerung gibt, was zumindest auf der Ebene der Methoden bisher von Vorteil war.

Literatur

Agentur für Erneuerbare Energien e. V. (2023). Zustimmung zu Erneuerbare-Energie-Anlagen in der Nachbarschaft des eigenen Wohnorts. https://www.unendlich-viel-energie.de/erneuerbare-energien-in-deutschland-zwischen-akzeptanz-und-unsicherheit.

Ball, J. (2002). Towards a methodology for mapping ‚regions for sustainability' using PPGIS. *Progress in Planning, 58*(2), 81–140. https://doi.org/10.1016/S0305-9006(02)00020-X.

Batel, S., & Devine-Wright, P. (2015). A critical and empirical analysis of the national-local 'gap' in public responses to largescale energy infrastructures. *Journal of Environmental Planning and Management, 58*(6), 1076–1095. https://doi.org/10.1080/09640568.2014.91402

BDI. (2021). *Klimapfade für Deutschland.* Bundesverband der Deutschen Industrie (BDI) durchgeführt von The Boston Consulting Group (BCG) und Prognos. https://www.vci.de/vci/downloads-vci/media-weitere-downloads/2018-01-18-bdi-studie-klimapfade-fuer-deutschland.pdf.

Bimber, B. (1996). *The politics of expertise in congress: The rise and the fall of the Office of Technology Assessment.* State University of New York Press

Börjeson, L., Höjer, M., Dreborg, K.-H., Ekvall, T., & Finnveden, G. (2006). Scenario types and techniques: Towards a user's guide. *Futures 38*(7), 723–739. https://doi.org/10.1016/j.futures.2005.12.002.

Böschen, S., Grunwald, A., Krings, B.-J., & Rösch, C. (2021). Technikfolgenabschätzung – neue Zeiten, neue Aufgaben. In S. Böschen, A. Grunwald, B.-J. Krings, & C. Rösch (Hrsg.), *Technikfolgenabschätzung* (S. 13–40). Nomos Verlagsgesellschaft mbH & Co. KG. https://doi.org/10.5771/9783748901990-13.

Bogner, A. (2011). *Die Ethisierung von Technikkonflikten. Studien zum Geltungswandel des Dissenses.* Velbrück.

Brown, G., & Raymond, C. M. (2014). Methods for identifying land use conflict potential using participatory mapping. *Landscape and Urban Planning, 122*, 196–208. https://doi.org/10.1016/j.landurbplan.2013.11.007.

Cuhls, K. (2021). Methoden der prospektiven Technologiebetrachtung/Technikvorausschau. In S. Böschen, A. Grunwald, B.-J. Krings, & C. Rösch (Hrsg.), *Technikfolgenabschätzung-Handbuch für Wissenschaft und Praxis* (S. 321–336). State University of New York Press.

Decker, M. (2001). *Interdisciplinarity in technology assessment. Implementation and its chances and limits.* Springer.

Decker, M., & Ladikas, M. (Hrsg.). (2004). *Bridges between science, society and policy. technology assessment – methods and impacts.* Springer.

De Smedt, P., Borch, K., & Fuller, T. (2013). Future scenarios to inspire innovation. *Technological Forecasting and Social Change, 80*(3), 432–443. https://doi.org/10.1016/j.techfore.2012.10.006.

Denwood, T., Huck, J. J., & Lindley, S. (2022). Effective PPGIS in spatial decision-making: Reflecting participant priorities by illustrating the implications of their choices. *Transactions in GIS, 26*(2), 867–886. https://doi.org/10.1111/tgis.12888.

Fakharizadehshirazi, E., & Rösch, C. (2024). A novel socio-techno-environmental GIS approach to assess the contribution of ground-mounted photovoltaics to achieve climate neutrality in Germany. *Renewable Energy, 120117*. https://doi.org/10.1016/j.renene.2024.120117.

Fraser, N. (1990). Rethinking the Public Sphere: A Contribution to the Critique of Actually Existing Democracy. *Social Text 25/26* (1990), 56–80.

Gloede, F. (2007). Unfolgsame Folgen. Begründungen und Implikationen der Fokussierung auf Nebenfolgen bei TA. *TATuP – Zeitschrift für Technikfolgenabschätzung in Theorie und Praxis 16*, H. 1, 45–54

Gobo, G. (2005). Sampling, representativeness and generalizability. In G. Gobo, J. Gubrium, C. Seale, & D. Silverman (Hrsg.), *Qualitative Research Practice* (S. 65–79). State University of New York Press.https://ggobors.ariel.ctu.unimi.it/repository/ggobors/sage2004.pdf.

Grobe, A. (2021). Partizipative TA in Transformationsprozesse: Analoge und digitale Ansätze inklusiver, prospektiver Verfahren der Beteiligung. In S. Böschen, A. Grunwald, B.-J. Krings, & C. Rösch (Hrsg.), *Technikfolgenabschätzung-Handbuch für Wissenschaft und Praxis* (S. 352–373). Nomos Verlagsgesellschaft.

Grunwald, A. (2000). Partizipative Technikfolgenabschätzung – wohin? *TA-Datenbank-Nachrichten, Nr. 3, 9. Jg. Oktober, 2000*, 3–11.

Grunwald, A. (2007). Umstrittene Zukünfte und rationale Abwägung. Prospektives Folgenwissen in der Technikfolgenabschätzung. *Technikfolgenabschätzung – Theorie und Praxis Nr. 1, 16. Jg. März, 2007*, 54–63.

Grunwald, A. (2010). *Technikfolgenabschätzung: Eine Einführung (Zweite, grundlegend überarbeitete und wesentlich erweiterte Auflage)*. edition sigma.

Grunwald, A. (2019). *Technology Assessment in Practice and Theory*. Routledge.

Grunwald, A. (2022). *Technikfolgenabschätzung: Eine Einführung (Dritte, grundlegend überarbeitete und wesentlich erweiterte Auflage)* . Nomos

Grunwald, A., & Rösch, C. (2011). Sustainability assessment of energy technologies: Towards an integrative framework. *Energy, Sustainability and Society, 1*(1), 10. https://doi.org/10.1186/2192-0567-1-3.

Gudowsky, N. (2021). Limits and benefits of participatory agenda setting for research and innovation. *European Journal of Futures Research, 9*(1), 8. https://doi.org/10.1186/s40309-021-00177-0.

Gudowsky, N., Kowalski, J., & Bork-Hüffer, T. (2023). Augmented futures? Scenarios and implications of augmented reality use in public spaces. *Futures, 151*, Article 103193. https://doi.org/10.1016/j.futures.2023.103193.

Günnewig, D., Johannwerner, E., Kelm, T., Metzger, J., & Wegner, N. (2022). *Anpassung der Flächenkulisse für PV-Freiflächenanlagen im EEG vor dem Hintergrund erhöhter Zubauziele. Notwendigkeit und mögliche Umsetzungsoptionen.* TEXTE 76/2022 Umweltbundesamt Berlin. https://www.umweltbundesamt.de/sites/default/files/medien/479/publikationen/texte_76-2022_anpassung_der_flaechenkulisse_fuer_pv-freiflaechenanlagen_im_eeg_vor_dem_hintergrund_erhoehter_zubauziele.pdf.

Kerr, A., Cunningham-Burley, S., & Tutton, R. (2007). Shifting subject positions: Experts and lay people in public dialogue. *Social Studies of Science, 37*(3), 385–411. https://doi.org/10.1177/0306312706068492.

Kosow, H., & Gaßner, R. (2008). *Methoden der Zukunfts- und Szenarioanalyse: Überblick, Bewertung und Auswahlkriterien.* IZT.

Kosow, H., & León, C. D. (2015). Die Szenariotechnik als Methode der Experten- und Stakeholdereinbindung. In M. Niederberger & S. Wassermann (Hrsg.), *Methoden der Experten- und Stakeholdereinbindung in der sozialwissenschaftlichen Forschung* (S. 217–242). Springer Fachmedien. https://doi.org/10.1007/978-3-658-01687-6_11.

Krings, B.-J. (2018). Grand Challenges als Spiegelbild des homo fabers – Herausforderungen für die Technikfolgenabschätzung im 21. Jahrhundert. In M. Decker, R. Lingner, C. Scherz, & M. Sotoudeh. (Hrsg.), *„Grand Challenges" meistern: Der Beitrag der Technikfolgenabschätzung* (S. 61–71). edition sigma.

Lösch, A., Grunwald, A., Meister, M., Schulz-Schaeffer, I. (Hrsg.) (2019). *Socio-technical futures shaping the present: Empirical examples and analytical challenges.* Springer.

Metze, T. A. P., Van Den Broek, J., Van Est, R., & Cuppen, E. H. W. J. (2023). Participatory repertoires for aligning policy and society: An analysis of Dutch stakeholder views on deep geothermal energy. *Energy Research & Social Science, 98*, Article 103019. https://doi.org/10.1016/j.erss.2023.103019.

Otto, J., & Wegner, N. (2023). *Weiterentwicklung der Außenbereichsprivilegierung von PV-Freiflächenanlagen. Konzeptionelle Möglichkeiten zur Stärkung der Flächenbereitstellung und weiterer Steuerungsziele bei Erhalt kommunaler Gestaltungsmöglichkeitenn.* Würzburger Berichte zum Umweltenergierecht Nr. 56 vom 16.02.2023. https://stiftung-umweltenergierecht.de/wp-content/uploads/2023/02/2023-02-16_Wuerzburger-Bericht_Aussenbereichsprivilegierung-PV-Freiflaechenanlagen.pdf.

Parodi, O., Beecroft, R. (2021). Reallabore als Möglichkeitsraum und Rahmen für Technikfolgenabschätzung. In. S. Böschen, A. Grunwald, B.-J. Krings, & C. Rösch (Hrsg.), *Technikfolgenabschätzung-Handbuch für Wissenschaft und Praxis* (S. 374–387). Nomos Verlagsgesellschaft.

Poganietz, W., & Pin Roh, L. (2021). Systemanalyse. In. S. Böschen, A. Grunwald, B.-J. Krings, & C. Rösch (Hrsg.), *Technikfolgenabschätzung-Handbuch für Wissenschaft und Praxis* (S. 269–285). Nomos Verlagsgesellschaft.

Rösch, C., Bräutigam, K.-R., Kopfmüller, J., Stelzer, V., & Fricke, A. (2018). Sustainability assessment of the German energy transition. *Energy, Sustainability and Society, 8*(1), 12. https://doi.org/10.1186/s13705-018-0153-4.

Rösch, C., & Fakharizadehshirazi, E. (2024a). The spatial socio-technical potential of agrivoltaics in Germany. *Renewable and Sustainable Energy Reviews, 202*, Article 114706. https://doi.org/10.1016/j.rser.2024.114706.

Rösch, C., & Fakharizadehshirazi, E. (2024b). Public Participation GIS scenarios for local decision-making on land use for solar energy production. *Energy, Sustainability and Society* (under review).

Schmidt, J.C. (2021): TA und unterschiedliche Formen des Wissens. In. S. Böschen, A. Grunwald, B.-J. Krings, & C. Rösch (Hrsg.), *Technikfolgenabschätzung-Handbuch für Wissenschaft und Praxis* (S. 193–208). Nomos Verlagsgesellschaft.

Schwarz, L., & Bräuer, P. (2022). An exploratory PPGIS for the nuclear waste repository siting procedure in Germany – a transdisciplinary approach to enable meaningful participation? *GI_Forum, 1*, 77–90. https://doi.org/10.1553/giscience2022_01_s77.

Victoria, M., Haegel, N., Peters, I. M., Sinton, R., Jäger-Waldau, A., Del Cañizo, C., Breyer, C., Stocks, M., Blakers, A., Kaizuka, I., Komoto, K., & Smets, A. (2021). Solar photovoltaics is ready to power a sustainable future. *Joule, 5*(5), 1041–1056. https://doi.org/10.1016/j.joule.2021.03.005.

WBGU (Wissenschaftlicher Beirat der Bundesregierung Globale Umweltveränderungen. (2011). *Welt im Wandel. Gesellschaftsvertrag für eine große Transformation. Hauptgutachten.* Berlin.

Wintzer, D., Fürniß, B., Klein-Vielhauer, S., Leible, N., Nieke, E., Rösch, C., & Tangen, H. (1993). *Technikfolgenabschätzung zum Thema Nachwachsende Rohstoffe.* Reihe A: Angewandte Wissenschaft; Sonderheft. Münster-Hiltrup: Landwirtschaftsverlag 1993 (Schriftenr. d. Bundesmin. f. Ernährung, Landwirtschaft und Forsten).

Wirth, H. (2023). *Aktuelle Fakten zur Photovoltaik in Deutschland.* Fraunhofer ISE. file:///C:/Users/uw6875/Downloads/aktuelle-fakten-zur-photovoltaik-in-deutschland-5.pdf.

Wolsink, M. (2007). Planning of renewables schemes: Deliberative and fair decision-making on landscape issues instead of reproachful accusations of non-cooperation. *Energy Policy, 35*(5), 2692–2704. https://doi.org/10.1016/j.enpol.2006.12.002.

Bettina-Johanna Krings, Dr. phil. Senior Researcher am Institut für Technikfolgenabschätzung und Systemanalyse (ITAS) und Dozentin am KIT. Arbeitsschwerpunkte: Technik und Arbeit, Theorie und Methoden der TA, Kritische Theorie, Transformationsforschung.

Christine Rösch, Dr. Forschungsgruppenleiterin am Institut für Technikfolgenabschätzung und Systemanalyse (ITAS) des Karlsruher Instituts für Technologie (KIT). Schwerpunkte: Methoden der TA, Partizipation, LCA, TEA, GIS, Nachhaltigkeit, Energiewende, Bioökonomie.

Technikfolgenabschätzung braucht Methodenintegration

Dirk Scheer

1 Einführung

Chancen und Risiken, Nutzen und nicht intendierte Nebenfolgen, verbesserte Produkte, aber auch negative Technikfolgen für Mensch und Umwelt – all dies ist charakteristisch für den Einsatz von Technik in der Moderne. Mit dieser Ambivalenz von Technik befasst sich die Technikfolgenabschätzung (kurz TA). In den 1960er Jahren in den USA als „technology assessment" entstanden, umfasst die Technikfolgenabschätzung Methoden zur Identifikation potenzieller Auswirkungen von Technikeinsatz und gleichermaßen die gesellschaftliche Bewertung ihrer Implikationen. Die Technikfolgenabschätzung soll dabei helfen, Risiken, nicht intendierte Nebenwirkungen und potenzielle Schäden frühzeitig zu erkennen und auf ein akzeptables Maß zu mindern. Als interdisziplinärer Ansatz ist die TA eingebettet in wissenschaftliche Analyse, Politikberatung sowie Technikentwicklung und -bewertung. Diese Vielschichtigkeit ist paradigmatisch für die TA – und zugleich herausfordernd für Forschung und Praxis.

Technikfolgenabschätzung – so die These des Beitrags – ist *sui generis* angewiesen auf eine methoden-integrative und -innovative Wissenschaftsperspektive. Methodenintegrativ meint dabei, im Forschungsprozess maßgeschneiderte einzelne Methoden und zusammenspielende Methodensets zu entwickeln und anzuwenden, um bestmöglich den Aufgaben und Zielen der Technikfolgenabschätzung gerecht zu werden. Ausgehend von diesen TA-Merkmalen wird im

D. Scheer (✉)
Institut für Technikfolgenabschätzung und Systemanalyse (ITAS), Karlsruhe, Deutschland
E-Mail: dirk.scheer@kit.edu

© Der/die Autor(en), exklusiv lizenziert an Springer Fachmedien Wiesbaden GmbH, ein Teil von Springer Nature 2025

M. Ornetzeder et al. (Hrsg.), *Methoden für die Technikfolgenabschätzung*,
https://doi.org/10.1007/978-3-658-48491-0_3

vorliegenden Buchbeitrag das hier formulierte methodenintegrative Desiderat an die TA begründet und über ausgewählte methodenintegrative Beispiele illustriert.

Zunächst wird in Abschn. 2 die Methodenintegration als Notwendigkeit und Herausforderung der TA dargelegt. In Abschn. 3 werden verschiedene Beispiele für unterschiedliche Ansätze der Methodenintegration aufgezeigt. Anhand konkreter Forschungsprojekte werden Design und Umsetzung von Methodenintegration und -innovation in den Themenfeldern hybride Fokusgruppen als Mixed-Method-Ansatz, partizipative Modellierung sowie integrierte Politikfolgenanalyse dargelegt. Im abschließenden Abschn. 4 werden die drei Beispiele vergleichend betrachtet und übergreifende Schlussfolgerungen gezogen.

2 Warum braucht TA eine Methodenintegration?

Technikfolgenabschätzung umfasst ein breites Aufgabenspektrum zur Erforschung von und zum Umgang mit Technik und ihren Folgen. Aus dieser programmatischen Zielsetzung einer TA leiten sich die Notwendigkeit und die Herausforderungen einer Methodenintegration ab. Im Folgenden wird kurz die Vielfalt und Multidimensionalität der Technikfolgenforschung und daran anschließend wichtige Aspekte der sich daraus ergebenden Notwendigkeit und Herausforderung von Methodenintegration skizziert.

2.1 Das breite Aufgabenspektrum der Technikfolgenforschung

Die Kernaufgaben der TA sind die Befassung mit Technik und ihren Folgen aus einer sozio-technischen Systemperspektive mit den dafür bestmöglichen und passgenauesten Wissenschaftsmethoden. Im Zentrum steht dabei die wissenschaftliche Befassung mit Technikfolgen (Grunwald, 2018). Technikfolgen sollen möglichst frühzeitig erkannt und *dann* analytisch in ihren (möglichen) Folgenwirkungen bestmöglich analysiert und verstanden werden. Mithilfe dieses Wissens werden *dann* mögliche Auswirkungen von Technikfolgen politisch-gesellschaftlich bewertet und ggf. Handlungsnotwendigkeiten eruiert und Entscheidungen für einen besseren Umgang mit einer spezifischen Technik und ihren Folgen getroffen und umgesetzt. Dieses breite Aufgabenspektrum lässt sich systematisch in die prinzipiellen TA-Handlungsfelder Analyse und Beratung zusammenfassen (Vgl. Abb. 1). Das Handlungsfeld *Analyse* umfasst die wissenschaftliche Bearbeitung von Technikfolgen mit den Schwerpunkten Identifikation und Spezifikation.

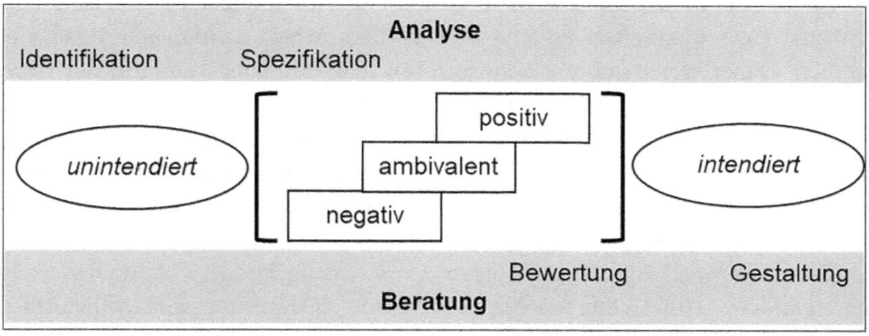

Abb. 1 Aufgabenspektrum der TA. (Quelle: Eigene Darstellung)

Das TA-Handlungsfeld *Beratung* zielt insbesondere auf die Unterstützung einer Bewertung von Technik in Politik und Gesellschaft sowie Hilfestellungen zur Technikgestaltung bei unerwünschten Technikfolgen.

Die möglichst frühzeitige *Identifikation* von Technikfolgen betont den prospektiven Charakter der TA-Forschung zur Wissensermittlung unter den Bedingungen großer Unsicherheit. Hier ist die zu betrachtende Technik noch nicht umgesetzt und es gibt wenig bis kein empirisches Wissen über mögliche Folgen. Die Aufgabenstellung umfasst die frühzeitige Generierung von möglichst validem Wissen über mögliche und ggf. unerwünschte Technikfolgen (Inayatullah, 2013). Hier stehen Methoden der Früherkennung im Vordergrund, um auf mögliche negative Technikfolgen aufmerksam zu machen. Etwa Mini-Assessment über desk-reserach und Experteninterviews. Weitere Beispiele für tiefergehende Analyse sind sogenannte *‚early warning systems‘* (also Frühwarnsysteme). In der Risikoforschung sind verschiedene methodische Ansätze zur Gefährdungsanalyse bekannt, etwa die HAZID-Methode (als Abkürzung für *hazard identification*) zur systematisch frühzeitigen Erkennung von Gefährdungssituationen.

Sind Technikfolgen grob identifiziert, geht es vor allem um deren *Spezifikation.* Dies kann prospektiv wie retrospektiv geschehen. Im Kern geht es darum, Mechanismen und Wirkungsketten von bestimmten Technikfolgen so gut wie möglich zu verstehen und ihre direkten und indirekten Folgewirkungen zu erkennen und darstellbar zu machen. Auch hier ergeben sich vielfältige Aufgaben und Herausforderungen. Technikfolgen sind multidimensional und müssen in diesem komplexen Zusammenspiel detailliert analysiert werden. Dimensionen von Technikfolgen haben mehrere Facetten mit z. B. ökonomischen, ökologischen, sozialen, institutionellen, ethischen, politischen etc. Implikationen. Diese sollten analytisch trennscharf erkannt und in ihren Wechselwirkungen verstanden werden. Dabei ergibt sich die Schwierigkeit, dass Wirkungsketten in der Regel prospektiv zu analysieren sind. Das empirische Wissen um das Risiko (also Eintrittswahrscheinlichkeit und Schadensausmaß) ist dabei in der Regel noch gering mit entsprechend einem großen Möglichkeitsraum an spezifischen Technikfolgen. Dabei sind Verfahren des Zukunftswissens wichtig wie Delphi-Methode, Szenario- und Foresighttechniken.

Die *Bewertung* von Technikfolgen als Kernaufgabe der TA umfasst wissenschaftliche Hilfestellungen zur Technikfolgenbewertung hinsichtlich ihrer positiven, negativen oder ambivalenten Folgewirkungen. Diese Bewertung kann nicht alleine über objektiv wissenschaftlichen Kriterien und Kategorien geleistet werden, da sie auf unterschiedlichen Bewertungsgrundlagen beruht, die auf kollektiven und individuellen Werten, kulturellen und politischen Besonderheiten oder persönlichen Merkmalen wie emotionalen Einstellungen, Erfahrungen oder kognitiven Faktoren beruhen. Aufgabe der TA ist es, hier das spezifische Wissen um die Technikfolgen bestmöglich aufzubereiten und zu vermitteln sowie Bewertungsverfahren für eine bestmögliche, ausgewogene und umfassende Bewertung bereitzustellen und umzusetzen. Das beinhaltet bspw. die Aufgabe, Folgenwirkungen in ihrer Mehrdimensionalität etwa ökonomisch in Kosten-Nutzen-Bilanzierung oder distributiv in Gewinner-Verlierer-Bilanzierung zu übersetzen; aber auch zukünftige Entwicklungen über bspw. qualitative Szenarioentwicklung zu erkunden.

Schließlich ist die *Gestaltung* von Technik ein zentrales Aufgabenfeld der TA, sollen doch unerwünschte Technikfolgen und damit verbundene Risiken über spezifische Interventionen und Maßnahmen auf ein mindestens akzeptables Maß verändert werden. Die Erwartungshaltung an das Veränderungspotenzial von TA wurde über die partizipative Wende bspw. über den Ansatz des *Constructive Technology Assessment* in den 1990er Jahren formuliert und hat mit dem Bedeutungsgewinn des transdisziplinären Ansatzes im Zuge der sozial-ökologischen Forschung seit der frühen Jahrtausendwende sowie auf internationaler Ebene etwa über das Konzept des *Responsible Innovation and Research (RRI)* noch einmal an Bedeutung gewonnen. Gestaltungspotenziale können sich dabei auf unterschiedliche Gegenstände beziehen: von konkreten Produkten und Dienstleistungen über spezifische Techniknebenfolgen bis hin zur umfassenden Ausgestaltung der Lebenswelt.

2.2 Anforderungen und Herausforderungen einer TA-Methodenintegration

Aus diesem breiten Aufgabenspektrum ergibt sich eine komplexe Mehrdimensionalität der TA-Forschung. Tab. 1 strukturiert einige Aspekte dieser Multidimensionalität in Verbindung mit unterschiedlichen Wissenstypen. Unterschieden werden Systemwissen zum besseren Verständnis von komplexen Zusammenhängen zur Erklärung oder Prognose eines Phänomens; Zukunftswissen mit der prospektiven Abschätzung und Detaillierung als Folgenanalyse von möglichen Ereignissen in der Zukunft; normatives Wissen als Orientierungshilfe zur Bewertung von Handlungsoptionen und Zielen; hermeneutisches Wissen zum besseren Verständnis von sozio-technischer Konfiguration und Einbettungen; sowie instrumentelles Wissen als Grundlage von Handlungsorientierung und Entscheidungsfindung.

Aus diesem breiten Spektrum ergeben sich auch vielfältige Notwendigkeiten und Herausforderungen für das Methodenportfolio der TA. Vor diesem Hintergrund wird deutlich, dass inter- und transdisziplinäre Zugänge ein Kerngebiet der TA-Forschung darstellen. Identifikation, Spezifikation, Bewertung und Gestaltung von Technikfolgen sind essentiell auf Inter- und Transdisziplinarität angewiesen – mit Rückwirkungen auf das Portfolio vorhandener wissenschaftlicher Methoden. Denn diese bedeutet im Kern auch den Gebrauch unterschiedlicher Methoden – mithin: Methodenintegration.

Dabei stellen sich vielfältige Herausforderungen, die hier nur schlagwortartig skizziert werden können, auf die schon früh in der TA-Forschung hingewiesen wurde (Renn, 1982). Grundlegende Probleme der Methodenintegration sind bspw. Unsicherheit und Interpretationsspielräume bei jeder Berechnung von Zukunftsfolgen. Daneben sind Bewertung und Identifizierung von Technikfolgen zwar theoretisch, aber nicht praktisch trennbar. Dies hat insbesondere methodische Herausforderungen, denn die disziplinäre Folgenanalyse ist sehr heterogen. Daraus entsteht eine gewisse Strategieanfälligkeit bei Auswahl und Abwägung von wissenschaftlichen Methoden. Auch sind die heterogenen und multidimensionalen Schadenswirkungen nicht immer kompensabel (bspw. Tod eines Menschen) und der Nutzen bzw. der Schaden sind oft nicht quantifizierbar. Auf dieser Ausgangsbasis lässt sich folgende Notwendigkeit formulieren: Um Technikfolgen adäquat zu identifizieren und zu analysieren – und darauf aufbauend – zu bewerten und zu gestalten, braucht es integrative Methoden auf Basis inter- und transdisziplinärer Ansätze, um die mit Technikfolgen einhergehende Komplexität, Unsicherheit und Ambivalenz bestmöglich zu erfassen. Methodenintegration bedeutet dabei auch immer Methodeninnovation.

Tab. 1 Die Multidimensionalität der Technikfolgenabschätzung

	Systemwissen	Zukunftswissen	Normative Wissen	Hermeneutisches Wissen	Instrumentelles Wissen
Epistemisch	Systemanalytisch	Prospektiv	Orientierungswissen	(Sozio-technisch) systemanalytisch	Handlungsorientiert
Funktion	Systemverständnis	Mögliche Zukünfte	Bewertung & Ziele	Sozio-technische Einbettung	Werkzeuge für Entscheidung
Attribute	Deskriptiv-empirische Wirkungsketten	Explorative Projektion	Ethisch & legal	Interpretation & Rekonstruktion	Maßnahmen & Instrumente
Objekt	Natürliche & soziale Systeme	Parameter & Indikatoren	Entscheidung; Gewichtung Optionen	Debatten, Motive, Akteure	Interventionen & Governance
Disziplinen	Natur,- Sozial- und Ingenieurwissenschaften (z. B. Earth System, STS)	Zukunftsforschung (Simulation, Foresight, Systemanalyse)	Ethik, Rechtswissenschaften, Politische Theorie	Hermeneutik; Geisteswissenschaften (Soziologie, Linguistik etc.)	Wirtschafts- und Sozialwissenschaften (z. B. Politikwissenschaften)

Quelle: Eigene Darstellung in Anlehnung an Grunwald (2018, S. 112)

3 Drei methodenintegrative Fallbeispiele

Methodenintegration und -innovation der TA ergibt sich häufig im Rahmen konkreter Arbeit in spezifischen Forschungsprojekten. Die konkrete Befassung mit Forschungsgenständen, die Formulierung von adäquaten Forschungsfragen und die damit verbundene avisierte Tiefe und Breite der Forschungsergebnisse stellen nicht zuletzt hohe methodische Anforderungen an Design und Ausgestaltung des eigentlichen Forschungsprozesses. Hier stellt sich häufig die zentrale Frage: mit welchen Methoden soll der Forschungsfrage nachgegangen werden, um bestmögliche Forschungsdaten und -ergebnisse zu erzielen. Im Folgenden werden drei Beispiele technikfolgenorientierter Methodenarbeit exemplarisch vorgestellt. Die drei Beispiele beinhalten folgende Schwerpunkte: Fokusgruppen im Mixed Method-Design, partizipative Modellierung als Co-Design sowie integrierte Politikfolgenanalyse. Die drei Beispiele werden aus einer Methodenperspektive nach den Ebenen Forschungsgegenstand und Forschungsfrage, Innovation und Integration, sowie Potenziale und Grenzen dargestellt.

3.1 Hybride Fokusgruppen im Mixed-Method Design

Gesellschaftliche Akzeptanz ist ein zentraler Schlüsselfaktor für die Energiewende – in Deutschland und weltweit. Die Transformation des Energiesystems in Richtung einer nachhaltigen, klimaneutralen und sicheren Energieversorgung ist ein Mammutprojekt als Langfristaufgabe von Politik und Gesellschaft. Diese Aufgabenstellung kann nicht nur nach Maßgabe technisch-ökonomischer Machbarkeit und Optimierung bewertet werden. Ein ebenso wichtiger Faktor ist die gesellschaftliche Zustimmung, Identifikation und Akzeptanz der mit dem strukturellen Wandel des Energiesystems verbundenen Entscheidungen. Die angestrebte Energiewende wird ohne Zustimmung der Bevölkerung nicht umzusetzen sein, da die Rückversicherung durch Bürger:innen in einer modernen, pluralistisch-demokratischen Gesellschaft schlichtweg eingefordert wird. Umso wichtiger ist es deshalb, frühzeitig zu analysieren und zu erforschen, welche Maßnahmen in welcher Kombination bei den Menschen auf Zustimmung oder Ablehnung stoßen und welche Begründungen dahinterstehen. Nur so können drohende Akzeptanzkonflikte frühzeitig erkannt und entsprechende planerische, gestalterische oder kommunikative Gegenmaßnahmen ergriffen werden, um die Technologie für gesellschaftliche Bedürfnisse anzupassen. Das war *Gegenstand und Fragestellung* des Projektes „Gesellschaftliche Akzeptanz eines klimaverträglichen Energiemixes mit Fokus auf CCS-Technologien", dass von der Stiftung Mercator finanziert und im Zeitraum 2010 bis 2012 durchgeführt wurde. Dabei wurde untersucht, inwieweit Carbon-Capture & Storage Technologien als Klimaschutztechnologie akzeptiert werden (Scheer et al., 2013, 2014, 2017a; Schulz et al., 2010).

Konkrete Zielsetzung des Projektes war die Bewertung von zwölf einzelnen Stromtechnologien und sieben unterschiedlichen Strommixen der Zukunft auf der Basis informierter Entscheidungen. Mit diesen Bewertungen sollte politischen und gesellschaftlichen Entscheidungsträgern in der Energiepolitik Wissen an die Hand gegeben werden, um notwendige energiepolitische Weichenstellungen unter Berücksichtigung der gesellschaftlichen Anliegen, Befürchtungen, Bedenken und Wünsche treffen zu können.

Diese Forschungsfrage stellte besondere Herausforderungen an *Integration und Innovation* der einzusetzenden wissenschaftlichen Methoden. Erfahrungsgemäß sind standardisierte, fragebogenbasierte (Telefon-)Umfragen nicht dazu in der Lage, solche vielschichtigen Prozesse der Meinungsbildung und der Urteilsfindung in hinreichender Tiefe zu untersuchen. Hier haben sich qualitative Ansätze wie bspw. Fokusgruppen in der Sozialforschung bewährt, wenn es um die Analyse komplexer Einstellungen und Verhaltensweisen geht und wenn Einstellungsmuster und Handlungsorientierungen stark in der Interaktion mit anderen wechselwirken und sich erst sukzessive entwickeln (Dürrenberger & Behringer, 1999). Beide Voraussetzungen waren im Forschungsprojekt gegeben: die Frage, wie Menschen komplexe, unsichere und mehrdeutige Signale aufnehmen, interpretieren und verarbeiten, setzt eine explorative und offene Form der Datenerhebung voraus. Zugleich sind quantitative Befragungen wichtig, um Einstellungen und Präferenzen zu Energietechnologien eindeutig zu spezifizieren und abzugrenzen.

Vor diesem Hintergrund wurde im Projekt ein integrierter, hybrider Fokusgruppenansatz im Mixed-Method-Design entwickelt. Dieser Ansatz basiert auf folgenden Rahmenbedingungen: zum einen wurden die Teilnehmer der Fokusgruppen im Vorfeld über die Vor- und Nachteile aller stromtechnologischen Klimaschutzoptionen schriftlich informiert, um einen weitgehend gleichen Informationsstand zu gewährleisten. Erst nach der Rezeption dieses Informationsmaterials wurden ihre Präferenzen, Einstellungen und Bewertungen erhoben. Zum anderen wurde die Untersuchung bewusst vergleichend angelegt: die Bürger:innen konnten nicht einzelne Optionen abstrakt beurteilen, sondern immer nur im Vergleich mit den nutzengleichen Alternativen. Dadurch wurde ein hohes Maß an realistischer Entscheidungsnähe simuliert. Qualitative und quantitative Daten wurden zu unterschiedlichen Zeitpunkten der Fokusgruppen (vorher, während, nachher) erhoben. In der Tab. 2 sind die zwei Säulen des hybriden Mixed-Method Fokusgruppenansatzes zusammenfassend dargestellt.

Tab. 2 Zwei Säulen des hybriden Mixed-Method Fokusgruppenansatzes

	Hausarbeit	Fokusgruppen
Informationen für Teilnehmer: innen	Informationspaket (32 Seiten): • Hintergrund und Aufgabenstellung • Infoblätter zu Stromnetzen und CCS • Darstellung von 12 Stromtechnologien mit Endverbraucherkosten und Umweltauswirkungen im Jahr 2035	Informationspaket (5 Seiten): • Aufgabenstellung inkl. Strommix BRD 2010 • Darstellung 7 Strommixe und deren Endverbraucherkosten und Umweltauswirkungen im Jahr 2035 auf Basis von …
Methode der Datenerhebung	***Quantitativ:*** 7 Fragebögen mit geschlossenen Fragen zu: • Rangfolge: 1) Stromtechnologien • Likert-Skala: 2) Umweltbewusstsein 3) Akzeptanz von Standorten 4) Wissensstand 5) Verständnis Informationspaket 6) Einfluss Informationspaket 7) Soziodemographie Qualitativ: keine	***Quantitativ:*** 6 Fragebögen mit geschlossenen Fragen zu: • Rangfolge: 1) Stromtechnologien 2) Strommixe • Likert-Skala: 3) Zufriedenheit Rangfolge 4) Verständnis Informationspaket 5) Einfluss Informationspaket auf Rangfolgenbewertung 6) Wissen über CCS Qualitativ: Aufnahme und Transkription der Fokusgruppe
Anforderungen an Teilnehmer: innen	Lesen der Informationsmaterialien und Ausfüllen der Fragebögen als Heimarbeit	Stellungnahme und Diskussion geleitet durch Moderator; Ausfüllen der Fragebögen

Quelle: Scheer et al., 2014, *S. 153f*

Mit Blick auf die Möglichkeit, neben qualitativen Aussagen auch quantitative Erkenntnisse zu gewinnen, wurde der klassische Fokusgruppenansatz durch die Integration quantitativer Erhebungsmethoden zu einem Mixed-Method-Design erweitert. Darunter ist im vorliegenden Fall keine repräsentative Umfrage zu verstehen, sondern eine Datenerhebung, bei der die insgesamt 130 Teilnehmer der 15 Fokusgruppen mehrere standardisierte Fragebögen erhielten. Die Rekrutierung erfolgte eigeninitiativ über Aushänge in kommunalen Einrichtungen (Rathaus, Bürgeramt etc.). Die Soziodemographika lassen sich wie folgt zusammenfassen: Von den insgesamt 130 Teilnehmern waren nach eigenen Angaben 54 (41,5 %)

weiblich und 71 (54,8 %) männlich, während 3,8 % die Angaben zum Geschlecht verweigerten. Das Durchschnittsalter der Befragten (N = 125) lag bei 41,3 Jahren (und damit um gut acht Jahre jünger als im repräsentativen ALLBUS Durchschnitt des Jahres 2010). Beim Bildungsniveau gab es eine überdurchschnittliche Beteiligung von höher gebildeten Personen (46 % mit Studium).

Die Verschränkung quantitativer und qualitativer Methoden der Datenerhebung in hybriden Fokusgruppen soll im Folgenden kurz skizziert werden. Auf quantitativer Ebene wurden die TeilnehmerInnen (X Frauen, Y Männer im Alter von .... mit dem Vorwissen....) gebeten, zwölf unterschiedliche Stromtechnologien und sieben unterschiedliche zukünftige Energiemixe (mit dem gleichen CO_2-Reduktionsziel) in eine Rangfolge zu bringen und auf einem Fragebogen zu dokumentieren. Um mögliche Gruppeneffekte beobachten und analysieren zu können, wurden individuelle und kollektive Bewertungen zu verschiedenen Zeitpunkten der Fokusgruppen durchgeführt, nämlich zu Beginn (individuelle Rankings von Stromtechnologien und Energiemixen), in der Mitte (Gruppenbewertung Energiemixe) und am Ende (individuelle Rankings von Stromtechnologien und Energiemixen). Neben den individuellen Rangfolgen wurde auch ein gemeinsames Gruppenranking generiert, d. h. alle Teilnehmende sollten über Austausch und Diskussion eine gemeinsame Reihenfolge der Technologien und Mixe festlegen. Der Diskussionsverlauf wurde über eine Audioaufzeichnung dokumentiert.

Die Fokusgruppenteilnehmer waren zudem aufgefordert, ihre Akzeptanzentscheidungen inhaltlich darzulegen und damit Einschätzungen ihrer Präferenzen, Motive und Begründungen zu geben. Um den Austausch in der Gruppe zu initiieren, sollten die Teilnehmer ihre individuellen Rankings den anderen Teilnehmern in einer offenen Runde vorstellen und ihre Wahl explizieren. Die quantitativen Daten der Rangfolgen wurden so um qualitative Daten über Begründungszusammenhänge und Einschätzungen ergänzt. Als Resultat lag ein Mix qualitativer und quantitativer Datensätze zur gesellschaftlichen Akzeptanz zu verschiedenen Technologieoptionen vor, welche Akzeptanzurteile mit inhaltlichen Begründungszusammenhängen kombinierte.

Wie lassen sich *Potenziale und Grenzen* von hybriden Fokusgruppen einordnen? Zentrale Elemente dieses hybriden Ansatzes sind erstens die umfassende Vorab-Information der Teilnehmer mit ausgewogenen und leicht verständlichen Informationen zu den ausgewählten Technologien, zweitens die Erhebung quantitativer Daten über Umfrageblätter im Vorfeld sowie während der Fokusgruppe und drittens eine qualitative Datensammlung über die Gruppendiskussionen selbst. Der Mehrwert dieses Ansatzes liegt in der Kombination verschiedener Methodenstränge und der daraus resultierenden gegenseitigen Überprüfbarkeit und Komplementarität der Ergebnisse. Damit ist allerdings ein erheblicher Mehraufwand verbunden. Die Integration der beiden sozialwissenschaftlichen Methoden erfordert für Vorbereitung, Durchführung und Auswertung eine genaue Reflektion ihrer Potenziale und Grenzen und ein exaktes Ineinandergreifen beim Ablauf. Darüber hinaus sind die operativen Anforderungen an die Datenerhebung, -aufbereitung und -analyse hoch und erfordern entsprechende Ressourcen.

3.2 Partizipative Modellierung zur Modellkonstruktion im Co-Design

Computersimulationen haben sich in der Forschung in vielen Bereichen und Disziplinen als essentieller Bestandteil etabliert. Ein wichtiger neuerer Ansatz ist dabei die sogenannte partizipative Modellierung. Unter partizipativer Modellierung sind im weiteren Sinne wissenschaftliche Ansätze zur verstehen, die die Mitwirkung von gesellschaftlichen Anspruchsgruppen, Stakeholdern und Wissensträgern bei der Erstellung und/oder Nutzung konzeptioneller und computergestützter Modelle realisieren. Ein prominentes Anwendungsfeld sind dabei Computersimulationen, die auf einer systemdynamischen Methodik und Rechnerumgebung aufbauen. Partizipative Modellierung öffnet den Modellierungsprozess für Akteure außerhalb der eigentlichen Modellierungsexperten. Dieser Öffnungsprozess integriert wichtiges und notwendiges Wissen aus anderen Bereichen, um Qualität und Vertrauen in den Simulationsprozess und dessen Ergebnisse zu verbessern (Bots & van Daalen, 2008). Die Wurzeln von partizipativer Modellierung liegen im Bestreben, effektive Interventionsprozesse zur Bearbeitung komplexer Probleme in Organisationen zu entwickeln (Richardson & Anderson, 1995). Rasch wurde in partizipativer Modellierung dann ein Ansatz vermutet, der für die Erforschung und Bearbeitung der oft hochkomplexen Probleme im Bereich Umweltschutz, Ressourcenschutz, Technikfolgen und Nachhaltigkeit (Funtowicz & Ravetz, 1993) besonderes Potential haben könnte.

Einen Versuch, die Potenziale der partizipativen Modellierung über diesen Bereich hinaus für die Risiko- und Technikfolgenabschätzung fruchtbar zu machen, war *Gegenstand und Ziel* des Forschungsprojekt C02BRIM, dass gefördert vom Bundeswirtschaftsministerium im Zeitraum von 2012 bis 2014 durchgeführt wurde. Das Akronym steht für ein Verbundprojekt im Rahmen der ‚Carbon Capture & Storage (CCS)'-Technologie mit dem Ziel einer Charakterisierung potenzieller unterirdischer Kohlendioxid-Speicherformationen unter besonderer Berücksichtigung von Risiken des Salzwasseraufstiegs (Kissinger et al., 2017; Scheer et al., 2017b, 2021). Vor dem Hintergrund der damals sehr kontroverse

Rezeption der CCS-Technologie in Deutschland war es Projektziel, durch die Beteiligung von Stakeholdern an der Erforschung spezifischer Technikfolgen von CCS gesellschaftlich konsensfähige Erkenntnisse zu generieren. Charakteristisch dafür war es, partizipative Praktiken als konstitutives Element der auf disziplinärer und modellierungstechnischer Expertise basierenden Bearbeitung der naturwissenschaftlichen Fragestellungen aufzufassen. Der Forschungsprozess bestand aus einer Reihe von Teilaufgaben, für die jeweils ein integriertes Arbeitsprogramm aus geologischen und hydrosystemischen Analysemethoden und sozialwissenschaftlichen Beteiligungsformaten entwickelt wurde.

Die mögliche Technikfolge Solemigration war ein zentraler Untersuchungsgegenstand des Projektes. Dabei handelt es sich um die Befürchtung, dass infolge der Injektion von Kohlendioxid in den Untergrund salzhaltige Formationsgewässer in höhere Untergrundschichten eindringen können. Dabei besteht die Gefahr einer Versalzung von Süßwasservorkommen mit entsprechenden Folgen für unsere Trinkwasservorräte. Dieses Risiko des Soleaufstiegs beziehungsweise der Gefährdung von Trinkwasserressourcen wurde anhand von numerischen Simulationen über unterschiedliche Szenarien analysiert. Grundlage hierfür war ein vom Projektpartner Bundesanstalt für Geowissenschaften und Rohstoffe (BGR) erstelltes geologisches 3D-Modell, das stellvertretend für ähnliche Strukturen im Norddeutschen Becken herangezogen wurde.

Die *Methodenintegration und -innovation* stellte die frühzeitige Einbindung von externen Experten und Stakeholdern in den Mittelpunkt der partizipativen Modellierung. Die Modellierung umfasste sowohl den Aufbau eines statischen geologischen Modells als auch die Implementierung von dynamischen numerischen Modellen zur Untersuchung verschiedener Sole-Migrations-Szenarien im Sinne des nationalen „Kohlendioxid-Speichergesetzes" (KSpG, 2012). Das Modellierungskonzept bot die Möglichkeit, Interessengruppen bereits in einem sehr frühen Stadium der wissenschaftlichen Entwicklung einzubeziehen. Das im Projektverlauf entwickelte Konzept der partizipativen Modellierung als Modellkonstruktion im Co-Design umfasste zwei Beteiligungsmethoden: Interviews und Workshop mit Expert:innen und Stakeholdern. Beide Ansätze wurden an entscheidenden Stellen innerhalb des Forschungsprozesses eingesetzt. Abb. 2 zeigt die Kombination der geowissenschaftlichen, simulationswissenschaftlichen und partizipativen Prozesse im Forschungsverlauf.

So hatten wir im Rahmen dieser Studie die Möglichkeit, die Meinungsbildung und Kritik von Expert:innen und Stakeholdern in die Ausarbeitung des geologischen Modells, des numerischen Modells (d. h. der relevanten physikalischen Prozesse) und des Entwurfs des Szenarien für die Solemigration einzubeziehen.

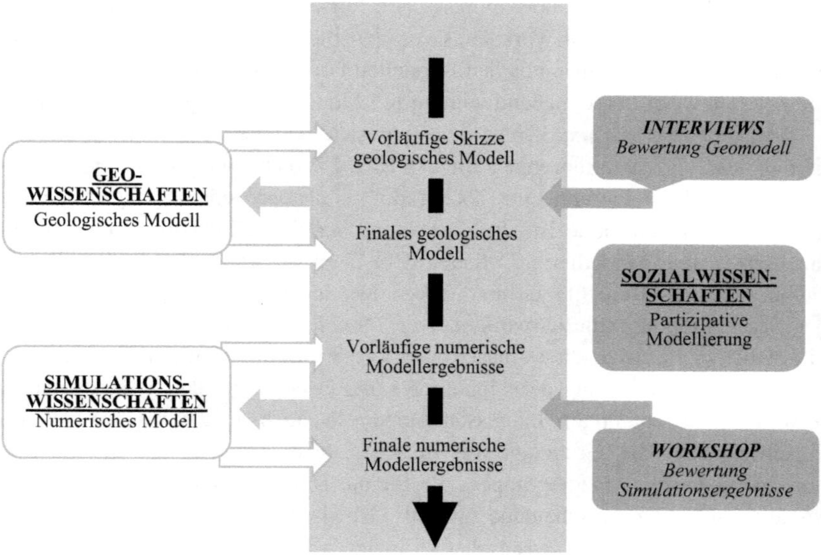

Abb. 2 Co-Design-Konzept der partizipativen Modellierung. (Quelle: Scheer et al. (2017a, b, S. 2741))

Der Schwerpunkt der frühzeitigen Einbeziehung der Interessengruppen in den Modellierungsprozess lag daher auf folgenden Punkten:

- den Entwurf der geologischen Modellskizze kritisch zu bewerten und über Vorschläge ggf. zu verbessern,
- verschiedene Solemigrationsszenarios kritisch zu reflektieren und ggf. weitere Szenarios vorzuschlagen,
- die kritische Überprüfung und Diskussion der vorläufigen numerischen Simulationsergebnisse.

Der Forschungsprozess begann zunächst mit der Ausarbeitung einer vorläufigen Skizze des geologischen Modells, das als Input für die Experteninterviews diente. Die Befragten bewerteten die Skizze kritisch und lieferten Expertenwissen zu den Mechanismen und Szenarien der Solemigration. Das Expertenwissen unterstützte die Fertigstellung des geologischen Modells und der von den Modellierern ausgearbeiteten Szenarien, die in der numerischen Modellierung berechnet wurden.

Die vorläufigen Ergebnisse der numerischen Modellierung wurden dann im Rahmen eines Gruppendelphi-Workshops von den Beteiligten kritisch diskutiert (17 nationale Teilnehmer:innen aus den Bereichen Forschung, Beratung, Verwaltung, Medien, Umwelt). Anschließend wurden die Modellierungsergebnisse finalisiert.

Welche *Potenziale und Grenzen* zeigen sich bei der partizipativen Modellierung? Die Projekterfahrungen im C02BRIM-Projekt verweisen darauf, dass partizipative Modellierung eine hochgradig offene, prozedural-integrativ angelegte Forschungsmethode ist, die noch keine verallgemeinerbare Blaupause für die partizipative Modellierung erlaubt (Dreyer et al., 2015, 2019). Die Einbeziehung externer Expert:innen und Stakeholder in die Bewertung und Reflexion der Solemigration mithilfe partizipativer Modellierungstechniken hat sich als hilfreicher und erfolgreicher Ansatz erwiesen. Sie führte zu wertvollen Empfehlungen für die Forschung der Modellierer und ermöglichte den Wissenstransfer sowohl an die beteiligten Interessengruppen als auch an die verantwortlichen Forscher:innen. Die Grundlage für dieses positive Ergebnis ist die Interaktion zwischen den Akteursgruppen, die für die Durchführung von partizipativer Modellierung hier entscheidend waren: Geowissenschaftler:innen, Computermodellierer:innen, Sozialwissenschaftler:innen – und externe Expert:innen und Stakeholder.

Offenheit für Inputs der Stakeholder und die generelle Bereitschaft, Modelle, Konzepte oder Ergebnisse als Reaktion auf die Bewertungen der Stakeholder anzupassen, sind zentrale Anforderungen an Modellierer in kooperativen Modellierungsprozessen. Dies ist nicht selbstverständlich, da die Modellierer detaillierte Einblicke in die Problemstellung haben. Um von den Modellierern akzeptiert zu werden, muss es sich bei den beteiligten Stakeholdern daher um Expert:innen, Entscheidungsträger:innen oder Betroffene handeln, die gleichermaßen über Fachwissen verfügen. Die Rahmenbedingungen müssen von den Verantwortlichen im Vorfeld transparent offengelegt werden. Die Rolle der Sozialwissenschaftler:innen ist also eine doppelte. Erstens müssen sie über ein umfassendes Wissen über sozialwissenschaftliche Methoden verfügen, sie müssen die geeigneten Instrumente für den spezifischen Fall einer partizipativen Modellierung auswählen und sie müssen Expertise in der Anwendung dieser Methoden besitzen. Zweitens erleichtert das sozialwissenschaftliches Wissen die Interaktion zwischen der Modellierungsgruppe und den Interessengruppen, indem sie sowohl die Forschungsfragen in eine für die Diskussionen mit den Interessengruppen geeignete Form übersetzen als auch die Kommentare und Bewertungen der Expert:innen aufbereiten und an die Modellierungsgruppe weiterleiten.

3.3 Integrierte Politikfolgenanalyse über Inter- und Transdisziplinarität

Das dritte Beispiel beschäftigt sich mit Politikinterventionen zugunsten einer zielgerichteten Transformation am Beispiel der Energiewende. Ein wichtiges Element der Energiewende basiert auf der Substitution von Technikketten. Ohne einen Austausch von technischen Artefakten mit hohem CO_2-Ausstoß durch Techniken mit geringen bzw. keinen CO_2-Emissionen im Betrieb ist eine den Klimazielen verpflichtete Energiewende nicht machbar. Diese Substitution ist auf unterstützende Politikinterventionen angewiesen.

Der Umbau des Energiesystems hat in vielen Ländern seit einigen Jahrzehnten einen hohen Stellenwert auf der politischen Agenda. Als Antwort auf die Herausforderungen des Klimawandels steht die Umstellung auf eine klimaneutrale Energieversorgung im Vordergrund. Das Entscheidende für die gelingende Transformation des Energiesystems sind politische Interventionen zur zielgerichteten direkten und/oder indirekten Steuerung von Akteursverhalten zugunsten der Energiesystemtransformation. Akteursverhalten meint dabei die gesamte Bandbreite kollektiver und individueller Akteursentscheidungen – von Investition für die Bereitstellung erneuerbarer Energie über den Kauf von adäquaten Endverbrauchsgeräten (z. B. Wärmepumpe, Elektroauto), aber auch Verhaltensänderungen bei der Verkehrsmittelwahl oder Energieeffizienzmaßnahmen in Unternehmen oder Privathaushalten.

Dabei sollten aus wissenschaftlicher Perspektive bei Entscheidungen sowohl die beabsichtigten als auch die unbeabsichtigten Wirkungen und Folgen vor dem Hintergrund alternativer Entscheidungsmöglichkeiten frühzeitig erkannt, erforscht und für Entscheidungsträger:innen aufbereitet werden. Dies war *Gegenstand und Ziel* des Forschungsprojekts „Kopernikus Navigation System for the Energy Transition (ENavi)“. Das von 2016 bis 2019 durchgeführte Projekt ENavi vereinte ein breites Spektrum an technischer, wirtschaftlicher und sozialwissenschaftlicher Expertise im Bereich der deutschen Energieforschung. Das Konsortium bestand insgesamt aus 58 Allianzpartnern mit 23 Forschungsinstituten, 18 Universitätsinstituten, drei Nichtregierungsorganisationen, neun Unternehmen, drei lokalen und zwei regionalen Behörden. Ziel des Projektes war es, einen inter- und transdisziplinären Ansatz zur Integration politischer Interventionen und Maßnahmen zu entwickeln und umzusetzen sowie sektorübergreifend in den Bereichen Strom, Wärme und Mobilität zu arbeiten.

Im Rahmen des Projektes wurde ein integrierter Ansatz zur Entwicklung und Bewertung von Politikmaßnahmen am Beispiel der Verkehrswende konzipiert und durchgeführt – der sogenannte ‚Integrated Policy Package Assessment

(IPPA)'-Ansatz (Scheer et al., 2022a, b, 2023; Schmieder et al., 2021). Die Grundidee bestand darin, ex-ante Wissen über die zukünftigen Auswirkungen spezifischer Politikmaßnahmen in einem mehrdimensionalen Rahmen bereitzustellen. Auf diese Weise sollte Entscheidungsträger:innen frühzeitig Wissen und wissenschaftlich fundierte Annahmen über positive und/oder negative Auswirkungen von unterschiedlichen Politikmaßnahmen zur Verfügung gestellt werden. Wo das Wissen unsicher ist, sollte dies klar benannt werden.

Der Integrated Policy Package Assessment-Ansatz wurde als Phasenmodell zur sequentiellen Durchführung eines Bewertungsverfahrens entwickelt, welches Systemwissen, Transformationswissen und Orientierungswissen zu funktional gleichwertigen Politikmaßnahmenpaketen liefert, die darauf abzielen, die angestrebten Zukunftspfade in Richtung Klimaneutralität im Bereich des urbanen Personenverkehrs umzusetzen. Dies beinhaltete verschiedene Aspekte von *Methodenintegration und -innovation.* Das Phasenmodell besteht aus den vierstufigen Prozessschritten (1) Design, (2) Analyse, (3) Evaluation und (4) Diskurs (Vgl. Abb. 3).

Die Phase *Design* bedeutet in diesem Zusammenhang die Konkretisierung und Integration von mehreren politischen Maßnahmen und Interventionen zu einem kohärenten Maßnahmenpaket *(Policy Package)* (Kelly et al., 2008; Givoni, 2014). Die Phase *Analyse* beinhaltet eine vielfältige, interdisziplinäre Folgenabschätzung, bei der die verschiedenen Auswirkungen des Maßnahmenpaketes

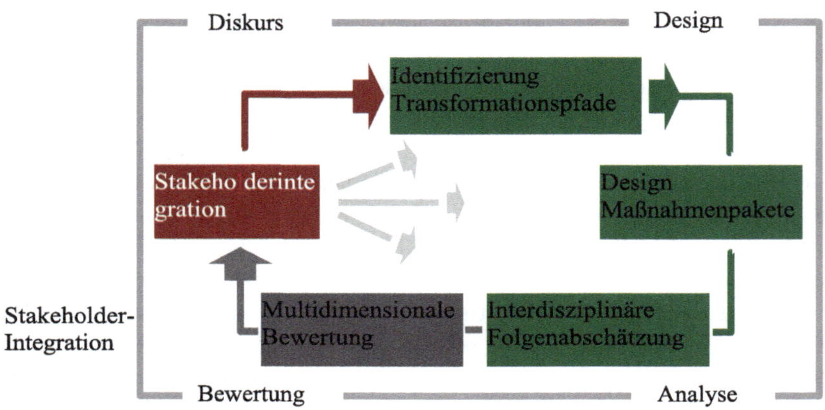

Abb. 3 Phasenmodell des Integrated Policy Package Assessment. (Quelle: In Anlehnung an Scheer et al., 2023, S. 328)

ex-ante aus unterschiedlichen disziplinären Perspektiven analysiert werden. Die Phase der *Bewertung* umfasst die Synthese der singulären Bewertungsergebnisse in einem Gesamtzusammenhang (Radej, 2011). Die Phase des *Diskurses* schließlich umfasst einen dialogischen Austausch und eine Überprüfung der Ergebnisse durch Praxisakteure und Entscheidungsträger (Lang et al., 2012; Thompson et al., 2017). Zusammenfassend lässt sich sagen, dass der methodische Prozess das übergeordnete Ziel verfolgte, die heterogene Folgenabschätzung politischer Maßnahmen unter Einbeziehung der Reflexionen von Praxisakteuren als gemeinsame anwendungsorientierte Forschung zu integrieren und zu synthetisieren.

Im Zentrum des Ansatzes stand die Entwicklung von kohärenten Politikpaketen, die geeignet sind, die beiden Transformationspfade „Multi- und Intermodalität" und „alternative Antriebe" innerhalb der Systemgrenzen des städtischen Personenverkehrs anzustoßen. Die Politikpakete wurden mithilfe eines Mixed-Methods-Designs entwickelt, das methodisch aus einer Literaturanalyse, einem partizipativen Gruppendelphi-Workshop und einem Feedback-Workshop mit Praxisakteuren umgesetzt wurde. Die Analyse der Maßnahmenpakete umfasste einzelne Wirkungsstudien, die von den am Projekt beteiligten Forschungsgruppen erstellt wurden. Diese waren gleichermaßen wichtig, da die Methoden der einzelnen Studien jeweils spezifische Stärken und Schwächen aufweisen und nur ihre Kombination zu belastbaren Ergebnissen führt. So wurden z. B. Literaturanalysen, Expertenbefragungen, Dialoge mit Praxisakteuren und szenariobasierte Verkehrssystemanalysen (Simulations- und Optimierungsmodelle) in den beitragenden Studien angewendet. Die Vielfalt der interdisziplinären Analysen war ein Schwerpunkt der integrativen Folgenanalyse. Bei der Bewertung wurden die einzelnen Wirkungsstudien in eine kohärente Bewertungsmatrix integriert. Die Integration zielte darauf ab, Schlüsselerkenntnisse über die Fortschritte bei der Verkehrswende (beabsichtigte Auswirkungen) und zentrale Ergebnisse über unbeabsichtigte Nebeneffekte und negative Folgen zu liefern. Im Diskurs wurden schließlich die Ergebnisse mit verschiedenen Praxisakteuren diskutiert. In dieser Phase wurden die Maßnahmenpakete mit ihren resultierenden Wirkungsprofilen von Mitgliedern der sogenannten ENavi-Kompetenzteams sowie weiteren Praxisakteuren diskutiert und überprüft.

Wie können die *Potenziale und Herausforderungen* des IPPA-Ansatzes zusammengefasst werden? Zunächst ist festzuhalten, dass Ergebnisumfang und -tiefe des IPPA-Ansatzes vielversprechend sind. Der IPPA-Ansatz erlaubt den Blick auf mehrere, entscheidende Fragen einer problemorientierten Wissenschaft. Erstens legt er als Untersuchungsgegenstand ein politisches Maßnahmenpaket zugrunde, das im Sinne einer vorausschauenden Politik aufeinander abgestimmte und interagierende Interventionen beinhaltet. Zweitens berücksichtigt der

IPPA-Ansatz eine Heterogenität von Wirkungsperspektiven, die zu sehr unterschiedlichen, aber ähnlich wichtigen Ergebnissen führen. Drittens bietet dieser Ansatz einen Gesamtüberblick über die konsistente Bewertung von verschiedenen, teils sehr heterogenen Ergebnissen (z. B. Rechtsanalyse, ökonometrische Modellierung, Verkehrssimulation, qualitative und quantitative Sozialforschung, Institutionenanalyse etc.). Und viertens bietet er die Möglichkeit, die integrierten wissenschaftlichen Ergebnisse aus der Perspektive von Praxisexpert:innen aus Verwaltung/Politik, Zivilgesellschaft und Wirtschaft zu diskutieren und damit aus der Praxis wichtige Rückmeldungen über Orientierungs- und Handlungswissen zu bekommen. Insgesamt bietet der IPPA-Ansatz einen wichtigen Beitrag zur instrumentellen Seite von ex-ante orientierter Politikevaluation. Die integrierte Betrachtung von interagierenden Maßnahmen und deren Folgewirkungen über ein Wirkungsprofil kann wichtige Beiträge für informiertes Entscheiden im Sinne einer wissenschaftlichen Politikberatung liefern.

Inhaltlich weist der Ansatz dennoch Defizite auf. Zum einen ist die Passgenauigkeit zwischen den Angaben zur Messung des Maßnahmenpakets und der Berücksichtigung genau dieser Angaben in den Wirkungsstudien schwer zu erreichen. So war nicht immer klar, ob sich die Wirkungsstudien bei ihrer Folgenabschätzung hinreichend auf die konkreten Politikmaßnahmen bezogen. Diese Unzulänglichkeit kann auf eine unzureichende Berücksichtigung bei der Konzeption der Folgenabschätzungen oder auf Schwierigkeiten bei der Umsetzung der Messdaten in die verwendeten Methoden (Erhebung, Simulation usw.) zurückzuführen sein. Ein weiterer Mangel ist die (Nicht-)Vergleichbarkeit oder (Un-)Angemessenheit der Einzelergebnisse. Die Heterogenität der einzelnen Ergebnisse ist ein echter Mehrwert für die Vermittlung von Einblicken in die Komplexität der Auswirkungen in der realen Welt; diese macht es aber gleichzeitig sehr schwierig, sie in eine kohärente Synthese im Rahmen eines mehrdimensionalen Bewertungsrahmens zu bringen. Welche Ergebnisse sind aussagekräftiger? Welche sind weniger relevant? Dies ist mitunter aufgrund bspw. von Inkommensurabilität von Ergebnissen schwer zu beurteilen.

4 Schlussbetrachtung

Im Zentrum des Beitrags stand die These, dass Technikfolgenabschätzung substantiell auf Methodenintegration und -innovation angewiesen ist. Die Notwendigkeit ergibt sich aus dem breiten Aufgabenspektrum der TA zur Erforschung von und dem Umgang mit Technik und ihren Folgen. Darüber hinaus wird das

Aufgabenspektrum auch über die Anforderungen und Ansprüche von Auftraggebern der TA erweitert. Herausforderungen stellen sich dabei hinsichtlich der konkreten Auswahl, dem integrativen Zusammenspiel sowie der fallspezifischen Anpassung von wissenschaftlichen Methoden im konkreten Projektkontext.

Drei Beispiele projektspezifischer Methodenarbeit zu den Themenschwerpunkten hybride Fokusgruppen, partizipative Modellierung und integrierte Politikfolgenanalyse wurden hier näher vorgestellt. Aus einer vergleichenden Perspektive werden die wichtigsten Merkmale abschließend zusammengefasst (Vgl. Tab. 3). Der Vergleich der drei Projektbeispiele methodenbasierter TA-Arbeit zeigt unterschiedliche Akzentuierungen, die im Folgenden hinsichtlich der Integrations- und Innovationsarbeit sowie aus einer Fokus- und Wissensperspektive von TA kurz dargestellt werden.

Hybride Fokusgruppen integrieren qualitative und quantitative Datenerhebung mit dem Ziel, Einstellungen und Präferenzen mit den dahinterliegenden Begründungszusammenhängen sowie ihre Veränderungsdynamik durch diskursiven Austausch mit Anderen sichtbar zu machen. Für die Technikakzeptanzforschung ist die Erforschung von Akzeptanzurteilen unter Berücksichtigung ihres inhaltlich-argumentativen Zustandekommens und ihrer Volatilität und Wandels im

Tab. 3 Vergleich der drei Projektbeispiele methodenbasierter TA-Forschung

Mixed-Method Fokusgruppen	Partizipative Modellierung	Integrierte Politikfolgenanalyse
Integration		
• Integration qualitativer & quantitativer Daten	• Integration Expertenwissen	• Integriertes inter- und transdisziplinäres Prozessmodell
Innovation		
• Psychometrik & Begründung & Information	• Kooperative Modellkonstruktion	• Transformationspfade • Multidimensionale Folgenanalyse
TA-Fokus		
• Spezifikation • Bewertung	• Identifikation & Spezifikation • Bewertung	• Identifikation & Spezifikation • Bewertung & Gestaltung
TA-Wissen		
• Zukunft, normativ, instrumentell	• System, Zukunft	• System, Zukunft, normativ, instrumentell

Quelle: Eigene Darstellung

diskursiven Prozess ein wichtiges Erkenntnisinteresse. Auf methodischer Ebene wurden hier drei Bereiche in der empirischen Einstellungs- und Meinungsforschung von Laien integriert: quantitativ-psychometrisches Messen, qualitatives Erfassen von Argumentationen, und der Einfluss von Informiertheit und Diskursverläufen bei der Entscheidungsfindung. Der Fokus liegt hierbei auf der Spezifizierungs- und Bewertungsaufgabe der TA, um Wahrnehmungs- und Bewertungsprozesse gesellschaftlicher Technikakzeptanz von Individuen und sozialen Gruppen nachzuzeichnen und zu analysieren. Im Sinne einer gesellschaftlichen Resonanzforschung wird Zukunfts- und Orientierungswissen erhoben, auch um instrumentelles Handlungswissen zu bereichern.

Die *partizipative Modellierung* integrierte externes Expertenwissen vornehmlich aus geowissenschaftlicher Perspektive. Das interdisziplinäre Zusammenspiel von sozial-, simulations- und geowissenschaftlicher Forschung wurde dabei durch transdisziplinäre Methoden der Experten- und Stakeholdereinbindung ergänzt. Die frühzeitige Einbindung zielte auf die kooperative Modellkonstruktion als Co-Design mit dem Ziel, die wissenschaftliche Qualität und die Glaubwürdigkeit von Simulationsergebnissen zu verbessern. Während die wissenschaftliche Qualität auf frühzeitige Identifikation und Spezifikation rekurriert, adressiert die Glaubwürdigkeit die Bewertungsaufgabe von TA. Methodenexperimente und -innovationen im Bereich von Computersimulationen sind für die TA von herausragender Bedeutung. Die zunehmende Bedeutung von Simulationen in der Wissenschaft geht einher mit einer zunehmenden Bedeutung von Simulationen in politischen Entscheidungsprozessen (Scheer, 2013). Ein genaues Verständnis darüber, wie politikrelevante Simulationen in Entscheidungsprozessen verarbeitet werden, ist daher unerlässlich – und damit eine Kernaufgabe der Beratungsfunktion von TA.

Die *integrierte Politikfolgenanalyse* stellte die prospektive Analyse von Politikinterventionen als inter- und transdisziplinäres Prozessmodell in den Vordergrund. Gegenstand waren hier also nicht konkrete Technikfolgen, sondern Politikinterventionsfolgen, die für die Energiewende als zielführend erachtete Techniken in Entwicklung und Umsetzung zu bringen intendieren. Damit erweitert sich der Folgenbegriff der TA. Nicht mehr nur konkrete Technikfolgen, sondern zielgerichtete Transformation über (technikfördernde) Politikmaßnahmen sind Gegenstand der TA-Analyse. Neben Technikfolgen werden damit insbesondere die Politikfolgen im Abgleich mit avisierten Politikzielen ex-ante in den Blick genommen. Dieser Ansatz ist im Bereich der Nachhaltigkeits- und Transformationsforschung zu verorten und verbindet damit die Analyse- und Beratungsfunktion der TA. Der Ansatz ist allerdings sehr voraussetzungsvoll mit hohem Koordinationsaufwand und vielfältigen inhaltlichen Unschärfen aufgrund ihres sehr mehrdimensionalen ex-ante Charakters. Die Integration von systemischen, prospektiven, normativen und instrumentellen Wissenstypen muss methodisch weiter konsolidiert werden.

Abschließend bleibt hervorzuheben, dass Methodenintegration und -innovation Notwendigkeit und Herausforderung der TA gleichermaßen sind. Sie sind arbeitsintensiv, anspruchsvoll und risikobehaftet. Hier gilt es für die TA weiter methodisch zu experimentieren. Denn: Es gibt wenig Alternativen. In einer Welt mit einem hohen Maß an Komplexität, Unsicherheit und Ambiguität, in der Problemlösungen nur aus einer sozio-technischen Systemperspektive zu erarbeiten und umsetzbar sind, muss problemorientierte Wissenschaft mit integrativen Ansätzen experimentieren. Dabei die richtige Balance zwischen disziplinärer, interdisziplinärer und transdisziplinärer Gewichtung zu finden, bleibt eine zentrale Aufgabe der TA.

Literatur

Bots, P. W. G., & van Daalen, C. E. (2008). Participatory model construction and model use in natural resource management: A framework for reflection. *Systemic Practice and Action Research, 21*, 389–407.

Dreyer, M., Konrad, W., & Scheer, D. (2015). Partizipative Modellierung: Erkenntnisse und Erfahrungen aus einer Methodengenese. In M. Niederberger & S. Wassermann (Hrsg.), *Methoden der Experten- und Stakeholdereinbindung in der sozialwissenschaftlichen Forschung* (S. 261–285). Springer VS.

Dreyer, M., Konrad, W., & Scheer, D. (2019). Lernfeld partizipative Modellierung: Wissensintegration und Rollenverteilung in transdisziplinären Projekten. In N. Saam, M. Resch, & A. Kaminski (Hrsg.), *Simulieren und Entscheiden: Entscheidungsmodellierung, Modellierungsentscheidungen, Entscheidungsunterstützung* (S. 114–144). Springer.

Dürrenberger, G., & Behringer, J. (1999). *Die Fokusgruppe in Theorie und Anwendung*. Akademie für Technikfolgenabschätzung in Baden-Württemberg.

Funtowicz, S. O., & Ravetz, J. R. (1993). Science for the post-normal age. *Futures, 25*, 739–755.

Givoni, M. (2014). Addressing transport policy challenges through policy-packaging. *Transportation Research Part A: Policy and Practice, 60*, 1–8.

Grunwald, A. (2018). *Technology assessment in practice and theory*. Routledge.

Inayatullah, S. (2013). Futures studies: Theories and methods. In F. G. Junquera (Ed.). There's a future: Visions for a better world (pp. 36–66). Madrid, Spain: BBVA

Kelly, C., May, A. D., & Jopson, A. (2008). The development of an option generation tool to identify potential transport policy packages. *Transport Policy, 15*(6), 361–371.

Kissinger, A., Noack, V., Knopf, S., Konrad, W., Scheer, D., & Class, H. (2017). Regional-scale brine migration along vertical pathways due to CO_2 injection – Part 2: A simulated case study in the North German Basin. *Hydrology and Earth System Sciences, 21*, 2751–2775.

Kohlendioxid-Speicherungsgesetz (KSpG). (2012). *Gesetz zur Demonstration der dauerhaften Speicherung von Kohlendioxid*. https://www.gesetze-im-internet.de/kspg/KSpG.pdf. Zugegriffen: 18. Okt. 2024.

Lang, D. J., Wiek, A., Bergmann, M., Stauffacher, M., Martens, P., Moll, P., Swilling, M., & Thomas, C. J. (2012). Transdisciplinary research in sustainability science: Practice, principles, and challenges. *Sustainability science, 7*(1), 25–43.

Radej, B. (2011). Synthesis in policy impact assessment. *Evaluation, 17*(2), 133–150.

Renn, O. (1982). Methoden und Verfahren der Technikfolgenabschätzung und der Technologiebewertung. In E. Münch, O. Renn, & T. Roser (Hrsg.), *Technik auf dem Prüfstand. Methoden und Maßstäbe der Technologiebewertung* (S. 62–84). Girardet.

Richardson, G. P., & Andersen, D. F. (1995). Teamwork in group model building. *System Dynamics Review, 11*, 113–137.

Scheer, D. (2013): *Computersimulationen in politischen Entscheidungsprozessen: Zur Politik-relevanz von Simulationswissen am Beispiel der CO2-Speicherung*. Springer SV.

Scheer, D., Konrad, W., & Scheel, O. (2013). Public evaluation of electricity technologies and future low-carbon portfolios in Germany and the USA. *Energy, Sustainability and Society, 3*, 8.

Scheer, D., Konrad, W., Renn, O., & Scheel, O. (2014). *Energiepolitik unter Strom: Alternativen der Stromerzeugung im Akzeptanztest*. Oekom-Verlag.

Scheer, D., Konrad, W., & Wassermann, S. (2017a). The good, the bad, and the ambivalent: A qualitative study of public perceptions towards energy technologies and portfolios in Germany. *Energy Policy, 100*, 89–100.

Scheer, D., Konrad, W., Kissinger, A., Noack, V., Knopf, S., & Class, H. (2017b). Regional-scale brine migration along vertical pathways due to CO2 injection – Part 1: The participatory modeling approach. *Hydrology and Earth System Sciences, 21*, 2739–2750.

Scheer, D., Class, H., & Flemisch, B. (2021). *Subsurface environmental modelling between science and policy.* Springer Serie „Advances in Geophysical and Environmental Mechanics and Mathematics", Springer Nature.

Scheer, D., Dreyer, M., Schmidt, M., Schmieder, L., & Arnold, A. (2022a). The Integrated Policy Package Assessment approach: Elaborating ex-ante knowledge in the field of urban mobility. *Energy, Sustainability and Society, 12*, 36.

Scheer, D., Schmidt, M., Dreyer, M., Schmieder, L., & Arnold, A. (2022b). Integrated Policy Package Assessment (IPPA): A problem oriented research approach for sustainability transformations. *Sustainability, 14* (3), Article no: 1218.

Scheer, D., Arnold, A., Dreyer, M., Schmidt, M., & Schmieder, L. (2023). Der Integrierte Policy Package Ansatz: Ein Beitrag für ex-ante Wissen zur Mobilitätswende. In D. Sack, H. Straßheim, K. Zimmermann (Hrsg), *Renaissance der Verkehrspolitik – Politik- und mobilitätswissenschaftliche Perspektiven* (S. 323–353). Springer VS.

Schmieder, L., Scheer, D., & Iurato, C. (2021). Streams analysis for better air quality: The German lead city program assessed by the policy package approach and the multiple streams framework. *Energies, 14*, 596. https://doi.org/10.3390/en14030596.

Schulz, M., Scheer, D., & Wassermann, S. (2010). Neue Technik, alte Pfade? Zur Akzeptanz der CO2-Speicherung in Deutschland. *Gaia, 19*(4), 287–296.

Thompson, M. A., Owen, S., Lindsay, J. M., Leonard, G. S., & Cronin, S. J. (2017). Scientist and stakeholder perspectives of transdisciplinary research: Early attitudes, expectations, and tensions. *Environmental Science & Policy, 74*, 30–39.

Dirk Scheer Senior Researcher und Principal Investigator am Institut für Technikfolgenabschätzung und Systemanalyse (ITAS) des Karlsruher Instituts für Technologie (KIT). Forschungsschwerpunkte: sozialwissenschaftliche Energieforschung, Technologieakzeptanz, Partizipations- und Risikoforschung sowie Long-term Governance.

Möglichkeiten und Grenzen neuer Elemente der rationalen Technikfolgenabschätzung

Bert Droste-Franke

1 Rationale Technikfolgenabschätzung (TA)

1.1 Grundlegender Ansatz des IQIB

Der Ansatz des IQIB ist die rationale Technikfolgenabschätzung (rationale TA). Dabei sollen im Wesentlichen rationale Argumente in Diskursen analysiert, auseinandergenommen und so wieder zusammengesetzt werden, dass daraus Empfehlungen für die Politikberatung formulierbar sind. Der Ansatz wurde um das Jahr 2000 herum entwickelt und in etwa 40 Projekten mit Expert:innengruppen durchgeführt sowie in weiteren Projekten erweitert. Grundlage dafür war die ursprüngliche Methode mit technisch-ethischen Elementen. Unter Bezug zu Decker und Grunwald (2001) und Grunwald (2013) lässt sich der Kern des Ansatzes, wie er auch vom IQIB verfolgt wird, genauer folgendermaßen fassen:

Ziel der Methode ist die Bereitstellung eines konditionell-normativen bzw. Wenn-Dann-Rates. Dazu werden Argumentationsketten analysiert bzw. rekonstruiert und in deskriptive und normative Elemente aufgelöst, bevor sie wieder zusammengesetzt werden. Dabei sind sowohl die Bedingungen als auch die Zwecke, Mittel und Folgen Objekte der Analysen und Reflexionen. So entsteht eine Argumentationskette, ausgehend von normativen Annahmen, die über deskriptive und logisch verknüpfte Elemente zu Empfehlungen führt, denen dann gefolgt

B. Droste-Franke (✉)
IQIB – Institut für qualifizierende Innovationsforschung und -beratung GmbH, Bad Neuenahr-Ahrweiler, Deutschland
E-Mail: bert.droste-franke@iqib.de

© Der/die Autor(en), exklusiv lizenziert an Springer Fachmedien Wiesbaden GmbH, ein Teil von Springer Nature 2025
M. Ornetzeder et al. (Hrsg.), *Methoden für die Technikfolgenabschätzung*,
https://doi.org/10.1007/978-3-658-48491-0_4

werden sollte, wenn die normativen Voraussetzungen der Aussagen von der Gesellschaft anerkannt bzw. von den Entscheidern geteilt werden.

Die Aufgabe der Methode ist es, die Bedeutung von Entscheidungen bzw. von Gestaltungsvarianten für Umwelt und Gesellschaft herauszuarbeiten und aus möglichst allen relevanten Perspektiven zu reflektieren, um damit Orientierungshilfen für die Gestaltung neuer Technologien und neuer wissenschaftlicher Entwicklungen und deren Umsetzung in der Gesellschaft zu geben.

1.2 Die Rolle verschiedener Wissenskomponenten in der rationalen TA

Für die Erarbeitung solcher rational basierter, konditionell-normativer Empfehlungen werden typischerweise drei wesentliche Wissenskomponenten benötigt: Handlungswissen, Systemwissen und Bewertungswissen. Die Bedeutung der Wissenskomponenten wird klar, wenn man eine typische Entscheidungssituation vereinfacht betrachtet: Person A möchte einen Sachverhalt X erreichen.

Um X zu erreichen muss A handeln, d. h. die Person muss wissen, was sie tun kann, um X zu erreichen und vor allem auch wie sie dies tun kann. Oftmals müssen ganz bestimmte Schritte in einer festgelegten Reihenfolge erfolgen, damit das Handeln erfolgreich sein kann.[1] Die Schrittfolge kann dabei unter anderem auch Komponenten impliziten Wissens enthalten, das nicht einfach kommunizierbar ist, weil es nicht explizit vorliegt, also die Wissensträger selbst es aktiv weitergeben müssen. Ggf. ist sogar eine explizite Darstellung nicht ausreichend für den Transfer, sondern es kann nur durch Anleitung von Expert:innen und Übung zu erworben werden (Vgl. Foray, 2007; Polanyi, 1966). Wenn die einzelnen Aktivitäten in der richtigen Reihenfolge durchgeführt werden, kann X erreicht werden und damit die Handlung erfolgreich sein.

Schon bei der Planung der Handlung sollte auch Systemwissen vorhanden sein, denn die gegebenen Rahmenbedingungen können Einfluss darauf haben, ob der Sachverhalt X erreicht werden kann. Um etwa einen Ball in ein vorgegebenes Ziel zu werfen, muss man in die Richtung des Ziels werfen. Zu beachten ist dabei jedoch, ob Kräfte im Spiel sind, die den Erfolg verhindern können. So sind für die Richtung des Wurfs die Windbedingungen mit einzurechnen. Genauso sollten im Bereich neuer Technologien und neuer wissenschaftlicher

[1] Eine solche Handlung kann nach Janich (2001) als Aktualisierung eines Handlungsschemas angesehen werden, das aus vielen einzelnen Handlungen abgeleitet werden wurde. Eine Handlung ist dann erfolgreich, wenn die intendierte Wirkung erreicht wurde.

Entwicklungen einschlägige Rahmenbedingungen bekannt sein. Es können etwa gesetzliche Genehmigungen, administrative Prozesse, die eine gewisse Zeit in Anspruch nehmen eine Rolle spielen, um in der Umsetzung voran zu kommen. Für die Technologieentwickler:innen sollten Märkte sowie deren zukünftige Entwicklung abgeschätzt werden, um auf ihnen basierende Geschäftsmodelle entwickeln zu können, die die Umsetzung ermöglichen. Die Technologien brauchen auch unterstützende und ergänzende Techniken, die ggf. auch schon implementiert sein sollten. Auch die Wahrnehmung der Gesellschaft spielt eine Rolle für die Verwendung der neuen Technologien bzw. neuen wissenschaftlichen Entwicklungen. Größerer Widerstand gegen Technologien können die Umsetzung erschweren oder sogar unmöglich machen. Schließlich sind auch die Umweltbedingungen und ihre zukünftige Entwicklung zu berücksichtigen, wenn diese wesentliche Einflüsse auf die Umsetzung der Technologie haben.

Zusätzliches Systemwissen ist erforderlich, um weitere Auswirkungen der Handlung und mögliche Folgen der Anwendung der neuen Technologien und wissenschaftlich-technischen Entwicklungen abzuschätzen. Sowohl für die Rahmenbedingungen als auch für die Folgen sind Wirkungsmodelle notwendig, die alle relevanten Aspekte abdecken. Die Folgen können ebenfalls in verschiedensten Bereichen von Umwelt und Gesellschaft auftreten. Neben direkten gesellschaftlichen Folgen können z. B. Stoffe emittiert werden, die zu negativen Auswirkungen in der Umwelt, und damit in der Gesellschaft führen können, Ressourcen benötigt werden, die limitiert sind und ggf. nicht im notwendigen Umfang verfügbar sind, Märkte verändert und damit der Erfolg von Geschäftsmodellen beeinflusst werden und technische Rahmenbedingungen verändert werden, die Einfluss auf bereits etablierte Technologien haben.

Im zeitlichen Verlauf haben solche Auswirkungen dann auch wieder Einfluss auf die zukünftigen Rahmenbedingungen. Negative umweltseitige Effekte können z. B. zu einer Verschärfung gesetzlicher Rahmenbedingungen führen und die zukünftige Nutzung von Technologien erschweren oder unmöglich machen. Neben der reinen Abschätzung der Auswirkungen ist deshalb als dritte Komponente auch Bewertungswissen notwendig, um einschätzen zu können, ob die Folgen der Verwendung der neuen Technologien bzw. des neuen wissenschaftlichen Wissens von der Gesellschaft als positiv, negativ oder indifferent eingeschätzt werden. Ein detailliertes Wissen über Auswirkungen und ihre gesellschaftliche Bewertung auf Basis inter- und transdisziplinärer Analysen ermöglichen es, die Technologien und ihre Anwendung so zu gestalten, dass sie in Summe positiv zur gesellschaftlichen Entwicklung beitragen.

Abhängig vom inhaltlichen Schwerpunkt notwendiger Reflexionen zu neuen Technologien oder wissenschaftlich-technischen Entwicklungen wird der Fokus meistens auf einer oder zwei dieser drei Wissenskomponenten gelegt. Für ein komplettes Bild sollten jedoch alle berücksichtigt werden. Stehen Rahmenbedingungen dem Erfolg einer Handlung entgegen, kann eine genaue Analyse der Handlungsmöglichkeiten unter den herrschenden Rahmenbedingungen erforderlich sein. Sind starke Emissionen in die Umwelt zu erwarten, sollten ihre Auswirkungen untersucht werden. Je nach Höhe der Auswirkungen ist auch eine Bewertung der Folgen notwendig. Teilweise sind auch erst einmal gesellschaftliche Voraussetzungen für die Anwendung von Innovationen zu schaffen. Dies kann umfangreiche gesellschaftliche Reflexionen von Vor- und Nachteilen der Technologien bzw. neuen Wissens und ggf. Veränderungen gesetzlicher Rahmenbedingungen erfordern.

2 Gestaltung von Energiesystemen als anwendungsnahes Beispiel

In der Technikfolgenabschätzung sollte der Reifegrad von Technologien berücksichtigt werden. Bei einigen geht es um grundlegende Diskussionen ihrer Anwendung bzw. ihrer Gestaltung, wie etwa im Bereich der Schaffung künstlichen Lebens. Andere sind sehr nah an der Umsetzung oder werden bereits heute eingesetzt. Im Bereich der Energiesysteme haben neue Technologien vor allem auch technischen Einfluss auf die Funktion des gesamten Systems. Schwerpunkt der Analysen in dem Bereich sind deshalb Maßnahmen zur Integration solcher Technologien. Konkret wird in Deutschland bis 2045 bei Wind und Photovoltaik mit dem fünf- bis zehnfachen der Leistung in 2020 gerechnet (Vgl. Leopoldina et al., 2021). Damit erfolgt eine Veränderung des Großteils des Systems von der Nutzung speicherbarer Brennstoffe zur Nutzung nur zeitweise verfügbarer Energiequellen. Sonneneinstrahlung ist nur tagsüber und vor allem im Sommer bei wolkenlosem Himmel in großen Mengen verfügbar. Die Erträge im Winter sind deutlich niedriger, sodass ein saisonaler Ausgleich erfolgen muss. Höhere Windgeschwindigkeiten sind stark abhängig vom Wetter. Auch im Winter kann es Perioden geben, in denen über einen längeren Zeitraum nur wenig Wind verfügbar ist. Solche Dunkelflauten und generelle Einbrüche in den Leistungen müssen über Energiespeicher oder andere steuerbare Kraftwerke und Flexibilitäten im Verbrauch ausgeglichen werden. Das gilt für alle Zeitskalen, also im zeitlichen Bereich von weniger als einer Sekunde bis zum saisonalen Ausgleich. Wird das nicht gewährleistet, sind technische Parameter der Elektrizitätsversorgung mit Wechselstrom nicht einhaltbar. Die Frequenzen verändern sich bzw. benötigte Spannungshöhen werden nicht erreicht. Bei großen Abweichungen müssen

Teile der Netze heruntergefahren werden, um Schäden an der Infrastruktur zu vermeiden (Vgl. Droste-Franke et al., 2012; Ausfelder et al., 2017).

Erneuerbare Energien haben zudem die Möglichkeit auch dezentral installiert zu werden. Damit verändern sich die Rollen von Akteuren im Energiesystem stark. Außerdem spielen Flexibilitäten in der Nutzung von Strom oder Wärme und die Rückspeisung von Strom ins Netz im Falle von bidirektionalem Laden eine Rolle. Das System wird also deutlich komplizierter. Insgesamt werden viele neue Technologien genutzt werden, die die Gesellschaft viel stärker direkt durchdringen und an viel mehr Orten sichtbar sein werden als bisher. Da ist es offensichtlich, dass neben den technischen Funktionalitäten auch Umwelt- und gesellschaftliche Aspekte zur Bewertung der Systeme herangezogen werden müssen. Des Weiteren werden die Systeme auf den verschiedensten Ebenen, sowohl von Einzelpersonen oder auch organisierten Gruppen, lokal, regional, auf Länderebene und auch von national agierenden Anlagenbetreibern und Energieversorgern konzipiert und gestaltet. Für eine gute Umsetzung sollen diese Strategien möglichst aufeinander abgestimmt sein.

3 Konkrete Aufgaben und Herausforderungen der TA

3.1 Aufgaben der TA im Energiebereich

Gestaltung von Energiesystemen – Konzepte und Umsetzung auf verschiedenen Ebenen

Entscheidungen für die Anwendung technischer Lösungen erfolgen auch durch Einzelpersonen, die, in vielen Fällen die Nebenfolgen nur unzureichend berücksichtigen können. Zudem sind sie in einigen Feldern abhängig von Handwerkern. Das gilt sowohl für den Strom- als auch den Wärmebereich. Beratungen für Nutzer:innen erfolgen dann unter anderem durch Installationsbetriebe, die feste Produktportfolios haben und damit auch vorwiegend auf bestimmte Technologien festgelegt sind.

Auch lokal oder regional können Anlagen installiert und koordiniert betrieben werden, um gezielt Wärme für ein Nahwärmesystem und Strom für die eigenen Kund:innen oder den allgemeinen Markt zu produzieren. In allen diesen Fällen gilt es bei Entscheidungen für und wider einzelne Technologien oder ganze Systeme die Möglichkeiten zu kennen, zukünftige Entwicklungen zu berücksichtigen und Auswirkungen auf Gesellschaft und Umwelt einzubeziehen.

Für die Gestaltung nationaler Energiesysteme werden vielfach Szenarien des zukünftigen Energiesystems herangezogen. Schwerpunkt sind technische und ökonomische Aspekte, aber auch hier sollten für eine gute Gestaltung politischer Rahmenbedingungen alle weiteren relevanten Aspekte berücksichtigt werden. Auf dieser Ebene sind vor allem Systemwissen und Bewertungswissen zu Technologien und ihren Folgen wichtig, auch im Zusammenspiel der Technologien miteinander.

Berücksichtigung wichtiger Zusammenhänge in soziotechnischen Systemen, Ressourcen und Umwelt

Technologien entstehen in und, im besten Fall, mit der Gesellschaft, um gesellschaftliche Bedürfnisse im Bereich der Energieversorgung abdecken zu können. Um die Technologien entsprechend zu gestalten, sollten die sozio-technischen Systeme betrachtet werden, in denen sie entstehen. Diese bestehen unter anderem aus den Verbraucher:innen, Akteuren in Umsetzung und Betrieb und der Politik. Das Verhalten der Akteure bestimmt wesentlich die Entstehung und Umsetzung von Technologien mit. Besonders deutlich wird das, wenn man die Nutzung einzelner Technologien betrachtet. Welche Energietechnologien auf welche Weise genutzt werden, hängt wesentlich von den Verbraucher:innen und dem gesellschaftlichen Umfeld der Technologien ab, mit dem Konflikte entstehen können. Analysen der gesellschaftlichen Strukturen und des Verhaltens tragen somit wesentlich zur zweckdienlichen Gestaltung von Technologien und Energiesystemen bei.

Aspekte von Umwelteinflüssen und Ressourcennutzung sind ganz wesentlich, um entscheiden zu können welche Technologien umfangreich und langfristig genutzt werden können. Dabei sind neben Treibhausgasen auch weitere Umwelteinflüsse zu betrachten. Die Wirkungsanalysen im Bereich Umwelt und Ressourcennutzung sollten möglichst umfassend sein, um potenziellen negativen Auswirkungen bereits bei der Technologieentwicklung entgegenzuwirken.

Wie bereits oben erwähnt, ergeben sich durch die Möglichkeit mit der Nutzung von Energiequellen wie Sonneneinstrahlung und Wind zur effizienten Strom- und Wärmeerzeugung auch in kleinen dezentralen Anlagen neue Akteure und Rollen in der Energieversorgung. Von der Einzelperson über Energiegemeinschaften und Kommunen bis hin zu nationalen oder internationalen Akteuren und Firmen kann jeder zu einer klimaneutraleren Energieversorgung beitragen. Mit der Änderung von technischen Systemen hin zu teilweise gesellschaftlichen Prozessen, werden zudem gesellschaftliche Aspekte wie die Möglichkeit die Systeme zu betreiben, obwohl sie komplex sind, die Sicherstellung der Weiterentwicklung des Systems trotz des Bedarfs einer sicheren Energieversorgung zu jeder Zeit und die Möglichkeiten technologische Zusammenhänge durch gesellschaftliche Prozesse zu ersetzen relevant (Vgl. Büscher et al., 2019, 2020). Je nach erfolgreichen Geschäftsmodellen und Förderungen können sich daher ganz unterschiedliche Strukturen von Energiesystemen etablieren, die schon allein aufgrund neuer gesellschaftlicher Prozesse auch wieder Rückwirkungen auf die Gesellschaft haben. Diese Zusammenhänge sollten so gestaltet werden, dass gesellschaftlich gewünschte Strukturen gestärkt werden. Für die Analyse solcher Veränderungen ist Systemwissen sowohl in technischen als auch in den gesellschaftlichen Zusammenhängen und Strukturen wesentlich.

Je nach Situation und Möglichkeiten von Akteuren stehen diesen nicht die gleichen Bedingungen zur Weiterentwicklung der Energiesysteme beitragen zu können zur Verfügung. Um die Rahmenbedingungen so setzen zu können, dass die Handlungsmöglichkeiten und Teilhaben der Akteure in der Gesellschaft gerecht geregelt sind, ist Wissen über Zusammenhänge zwischen technischen, wirtschaftlichen, umweltrelevanten und sozialen Rahmenbedingungen und ihrer Wirkung auf verschiedene Elemente der Energieversorgung sowie politische Machtverhältnisse wichtig. Solches Systemwissen zusammen mit dem normativen Wissen darüber welche Konstellationen gesellschaftlich gewünscht sind, sind die Grundlage dafür, die Rahmenbedingungen entsprechend setzen zu können.

Bewertung einzelner Technologien

Um Entscheidungen über den Einsatz einzelner Technologien oder ganzer Systeme verschiedener Technologien für einen konkreten Anwendungszweck zu fällen, können Alternativen analysiert, Indikatoren zu den mit ihnen verbunden Auswirkungen bereitgestellt, gesellschaftliche Bewertungen dieser Auswirkungen herausgearbeitet und transdisziplinäre bzw. partizipative Bewertungsprozesse realisiert werden.

Neben Kosten-Nutzen-Analysen werden oft auch Optimierungen im Bereich der Gestaltung zukünftiger Energiesysteme verwendet. Diese erfordern es nicht nur rein ökonomische Kosten in den Kalkülen zu berücksichtigen, sondern auch soweit wie möglich Kosten von Umwelt-, Ressourcen- und Gesellschaftsauswirkungen. Rein techno-ökonomische Analysen greifen hier zu kurz. Dabei ist aber auch zu beachten, dass nicht alle Nutzen monetarisiert werden können. Dies erfordert meist zusätzlich die möglichst gleichwertige Berücksichtigung qualitativer Aussagen oder grob-quantitativer Abschätzungen. Im Falle von Optimierungen können diese multi-kriteriell unter der Angabe von Zielindikatoren durchgeführt werden. Es ergibt sich dabei allerdings eine Vielzahl an paretooptimalen Lösungen, aus denen wiederum die ausgewählt werden müssen, die verfolgt werden sollen. Das Wissen wie Lösungen gesellschaftlich bewertet werden und die Ermöglichung von Prozessen zur Bewertung stellen in diesem Fall die Hauptaufgaben von TA dar.

3.2 Theoretische und praktische Anforderungen an Systemanalysen für die Politikberatung

Um Systemanalysen robust zu gestalten, im Sinne erkenntnisseitiger und sozialer Robustheit, sind verschiedene Voraussetzungen zu schaffen (Vgl. Droste-Franke et al., 2015*).*

Problem- und Bewertungswissen: Zum einen sollte alles vorhandene problemrelevante Wissen und alle wesentlichen gesellschaftlichen Bewertungen berücksichtigt werden. Dazu sind im relevanten Maße System-, Bewertungs- und Handlungswissen zu berücksichtigen. Neben wissenschaftlicher Expertise ist auch praktische Expertise mit einzubeziehen. Hier sind professionelle Expertise (u. a. Mischexpertisen aus Theorie und der praktischen Anwendung wie bei praktischen Rechts- und Gesundheitswissen), technische Expertise (technische Umsetzung und Nutzung von Technologien) und lokale erfahrungsbasierte Expertise (nicht-zertifizierbare Expertise aufgrund von Erfahrung) zu unterscheiden. Zudem muss eine Fokussierung auf die Problemlösung erfolgen, was einen Unterschied zu rein erkenntnisorientierter (akademischer) Forschung und erst recht zur Schaffung neuer (disziplinärer) wissenschaftlicher Erkenntnisse darstellt. Das heißt, dass es nur insoweit das Ziel ist etwa bestimmte Prozesse zu verstehen, als dass dieses Verständnis auch wesentlich zur Lösungsfindung beiträgt. Vielmehr geht es darum vorhandene Methoden und Ansätze heranzuziehen und gemeinsam anzuwenden, um alle relevanten Aspekte in Analysen abdecken zu können. Damit erfordert die Lösungsfindung oftmals die Integration verschiedener Wissenskomponenten, die nicht immer konsistent zueinander sind und erst recht nicht in ein Modell integriert sind. Die geeignete Interpretation dieser Inkonsistenzen im Hinblick auf ihre Bedeutung für die Bewertung von Alternativen ist zentral für die Lösungsfindung.

Ergebnisorientierung: Um die Modellierung der Systemanalysen geeignet zu gestalten, ist es wichtig zu unterscheiden, ob die daraus ableitbaren Aussagen generalisierbar sein sollen (allgemeine Gesetzmäßigkeiten und statische Betrachtung von Typen), wie hoch die Realitätsnähe der Modellierungen (Erfahrungs- und Datenbedarf von konkreten Sachverhalten) sein soll und wie präzise (Exaktheit der Berechnungen) mit ihnen Vorhersagen gemacht werden können (s. Kaiser et al., 2022; Levins, 1966). So kann z. B. ein Modell sehr präzise mithilfe geeigneter Daten eine konkrete Situation abbilden und realitätsnah sein. Das Ergebnis kann jedoch nicht auf andere Situationen übertragen werden. Eine Übertragbarkeit erfordert es vielmehr das Typische für eine konkrete Situation im Vergleich zu anderen herauszuarbeiten und statistisch abzubilden, als konkrete Daten der Realität zu erheben.

Transparente Darstellung normativer Aspekte: Im mehr praktischen Sinne können Argumentationsketten zur Erarbeitung eines Wenn-Dann-Rats nur abgeleitet werden, wenn die wesentlichen bzw. expliziten normativen Komponenten von den deskriptiven Komponenten unterschieden werden können. Diese sind, wo es möglich ist, herauszuarbeiten. Allerdings beinhalten komplizierte Modelle, da sie die Realität abstrahieren, immer auch normative Aspekte, wie die Entscheidung für und wider die Abbildung einzelner Sachverhalte oder die Verwendung bestimmter Methoden statt einer anderen. Zudem sind Erfahrungen immer subjektiv und transportieren daher normative Elemente. Auch bei der Erhebung und Interpretation der Daten für die Modellierung sind normative Elemente enthalten, die nur schwer identifiziert und transparent dargestellt werden können. Wichtig für die Entscheidungssituation ist es jedoch, dass die normativen Elemente, die zu einem Unterschied in der Entscheidung führen können, herausgearbeitet werden und ggf. z. B. in Form von Sensitivitätsanalysen Variationen in den Annahmen zuzulassen.

Auswahl von Indikatoren: Ein weiterer Aspekt ist die geeignete Analyse des Systemverhaltens mit auf die Problemlösung angepassten Modellen und die Auswahl aussagekräftiger Indikatoren auf den jeweiligen verschiedenen Aggregationsebenen.

Flexible Annahmen und Analysen: Um auf verschiedene Perspektiven von Akteuren in der Entscheidungsfindung vorbereitet zu sein und um Unsicherheiten in der Zukunft berücksichtigen zu können, sollten entsprechende Variationen von Annahmen und Analysen in der Entscheidungssituation, ggf. auch durch Anpassungen zwischen Abstimmungsrunden, durchgeführt werden können.

Vergleichbarkeit der Optionen: Schließlich sollten Optionen bestmöglich vergleichbar und bewertbar gemacht werden. Dafür sind geeignete Visualisierungen von Modellergebnissen in Form von einschlägigen und aussagekräftigen Indikatoren notwendig. Dazu gehören auch Möglichkeiten der vergleichenden Nebeneinanderstellung von Darstellungen z. B. auf mehreren Bildschirmen. Des Weiteren ist es möglich Vergleichsmethoden wie die der multi-kriteriellen Entscheidungsunterstützung einzusetzen. Dabei ist jedoch darauf zu achten, dass trotz der Methoden ein reflexiver Diskurs möglich ist, der auch die Methoden und Bewertungsgrundlagen infrage stellen kann.

In den folgenden Beispielen wird die Anwendung neuer Elemente dargestellt, die in der rationalen TA genutzt werden, um die oben genannten Anforderungen besser zu erfüllen als bisher.

4 Beispiele neuer Elemente - Konstellationen von Expert:innengruppen

4.1 Klassische Extpert:innengruppen

Ausgangspunkt für die Expert:innengruppen in den Projekten des IQIB ist die Methodik, wie sie als Standardmethode für rationale Technikfolgenbeurteilung in der Europäischen Akademie in den 90er Jahren entwickelt wurde (s. z. B. Decker & Grunwald, 2001; Grunwald, 1999;). Ziel dieser Projekte ist es, transparente rational begründete und sozial akzeptierbare Handlungsempfehlungen für den Umgang mit neuen wissenschaftlichen und technischen Entwicklungen zu erarbeiten. Die IQIB-Projektgruppen werden in der personell-fachlichen Besetzung und im Verlauf so gestaltet, dass unterschiedliche Argumente und Perspektiven interdisziplinär zusammengetragen, auf Augenhöhe reflektiert und diskutiert werden können. Auf diese Weise werden deliberativ-diskursive inter- und transdisziplinäre Analysen ermöglicht, um diese dann zu konsensualen Schlussfolgerungen für die Handlungsebene verdichten zu können. Seit Mitte der 90er Jahre wurden in der EA/im IQIB bereits etwa 35 Projektgruppen dieser Art durchgeführt.[2]

Eine interdisziplinäre Projektgruppe besteht dabei klassischerweise aus 5 bis 15 erfahrenen wissenschaftlichen Expert:innen aus projekt-relevanten Disziplinen, die ihr Themengebiet überblicken. Um die Projektgruppe adäquat zu besetzen, wird mit einer Kerngruppe gestartet, die erst nach ersten Analysen des Feldes komplettiert wird. Über einen Zeitraum von drei Jahren finden etwa 10–20 Sitzungen und zwei Workshops statt mit weiteren Experten und Praktikern statt:: ein Kick-off-Workshop zur Diskussion des Arbeitsplans und eine Zwischenpräsentation erster Ergebnisse, um hier weitere Sichtweisen in die Arbeiten einbringen zu können. Zum Schluss werden die Ergebnisse den Adressaten der Studie im Rahmen einer öffentlichen Endpräsentation vorgestellt.

---

[2] Die meisten Ergebnisse der Projektgruppen sind in der Springer-Reihe Wissenschaftsethik und Technikfolgenbeurteilung erschienen (https://www.springerprofessional.de/wissenschaftsethik-und-technikfolgenbeurteilung/1321778)

4.2 Mehr praktische Expertisen

Die Anwendungsnähe im Energiebereich erfordert es, im Vergleich zu anderen Technologien, dieses feste Format aufzubrechen und in Richtung stärkerer Beteiligung praktischer Expert:innen weiterzuentwickeln, um umsetzungsnähere Ergebnisse erarbeiten zu können. Ein Beispiel für die besonders intensive Zusammenarbeit von praktischen und wissenschaftlichen Expert:innen stellte die Innovationsgruppe im Projekt EnAHRgie[3] dar, die etwa zur Hälfte mit praktischen Expert:innen aus Verwaltung, Gemeinden, Handwerkskammer, umweltseitige und andere Verbände und Vereine sowie der lokalen Wirtschaft bestanden. Diese wurden durch wissenschaftliche Expert:innen aus den Bereichen Technikfolgenabschätzung, Stoffstrommanagement, elektrische Netze und Energiesystemoptimierung, Rechtswissenschaften, Sozialwissenschaften und Energietechnologien ergänzt. Im Projekt wurden sowohl die wesentliche Struktur der Analysen, Ziele und die Analysen selbst mit der gesamten Gruppe erarbeitet. Ausgehend von Ideen zur regionalen Energiewende im Landkreis wurden über Kriterien und Indikatoren für nachhaltige Entwicklung multi-kriteriell optimierte Szenarien aus Technologieportfolios erstellt und abgestimmt. Das Ergebnis waren Szenarien, aber auch übertragbare Leitfäden in den Bereichen der Geschäftsmodellentwicklung, der Ableitung von Technologienszenarien, der Akteursbeteiligung und interkommunaler Kooperationen. Zudem wurde ein Katalog von Maßnahmen abgeleitet.[4] Auf einer zusammenfassenden Seite wurden die im Projekt entwickelten Instrumente so bereitgestellt, dass sie deutschlandweit für die Erarbeitung von Energiekonzepten genutzt werden können.[5]

4.3 Stärkere Verknüpfung mit Systemanalysen

In einem weiteren Projekt wurde eine klassische Expert:innengruppe mit umfangreichen Systemanalysen kombiniert. Das Projekt ReMoDigital[6] bestand damit praktisch aus zwei Teilen. In der Projektgruppe wurden allgemeinere Fragen wie Definition und Bedeutung von Resilienz und Resilienzmonitoring im

---

[3] Nachhaltige Gestaltung der Landnutzung und Energieversorgung auf kommunaler Ebene. Umsetzung für die Modellregion Kreis Ahrweiler (EnAHRgie), BMBF, Innovationsgruppen Nachhaltiges Landmanagement, FONA, FKZ 033L110

[4] Vgl. www.enahrgie.de.

[5] S. www.enahrgie.de/tools.

[6] ReMoDigital – Resilienz-Monitoring für die Digitalisierung der Energiewende, BMWK, FKZ 03EI1020

Energie- und Verkehrsbereich, Ziele eines solchen Monitorings und Herangehensweise im Monitoring diskutiert, vorangebracht und zusammengestellt. Im systemanalytischen Teil des Projekts wurde ein Stresstestinstrumentarium erarbeitet, das in einem Resilienzmonitoring genutzt werden kann. Dazu wurden digitale Energiesystemtechnologien und Informations- und Kommunikationstechnologien untersucht, konsistente Szenarien und Stressfälle erarbeitet, Szenarioanalysen des stationären Energiesystems, des Verkehrssektors und der Verteilnetze durchgeführt, um diese dann anhand von Indikatoren in ein digitales Tool zu integrieren. So konnte erreicht werden, dass zum einen wesentliche Grundlagen für Resilienzuntersuchungen erarbeitet wurden, diese direkt in die Systemanalysen Eingang fanden und so auch ein geeignetes Stresstestinstrumentarium erstellt wurde, in dem die Ergebnisse aus den Systemanalysen so aufbereitet wurden, dass diese für die Gestaltung zukünftiger Energiesysteme herangezogen werden können.

4.4 Ad hoc-Expertise bereitstellen

Der Ansatz der Expert:innengruppe wurde in einem weiteren, sehr anwendungsnahen Projekt aufgegriffen, in dem es um die Unterstützung des Wiederaufbaus im Ahrtal nach der Flutkatastrophe im Juli 2021 ging.[7] Hier wurden zu Fragen im Wiederaufbau, vor allem bezüglich der Themen Energie und Verkehr, gezielt Expertenmeinungen aus den Netzwerken des IQIB aufgenommen und diese Einschätzungen an die Praktiker vor Ort weitergegeben bzw. Expert:innen zu Fachdiskussionen herangezogen. So konnten jeweils passende wissenschaftliche Expertisen bereits an verschiedenen Stellen in die Wiederaufbauprozesse integriert werden. Einige langfristige Aspekte werden aktuell noch weiterverfolgt.

4.5 Größere Umsetzungsnähe

Der spezifische Ansatz der Innovationsgruppe im Projekt EnAHRgie und die Erfahrungen aus den anderen Expert:innengruppen werden in Zukunft voraussichtlich genutzt werden, um noch anwendungsnäher geeignete Expertise auch direkt für die Umsetzung neuer Technologien einzubringen.

[7] Auftrag ActForAhrtal von Deutsches Zentrum für Luft- und Raumfahrt (DLR)

5 Beispiele neuer Elemente – Co-Design in der Modellierung

5.1 IQIB Co-Design-Ansatz

Um weitgehend offen an die Analyse von Energiesystemen heranzugehen und so eine möglichst hohe Relevanz von Analysen für die Praxis zu gewährleisten, wird im IQIB ein Co-Design-Ansatz verfolgt, der je nach Thema mit Expert:innen, Interessengruppen oder Entscheider:innen durchgeführt wird, dem sogenannten „Innovation Lab Workflow". Er besteht im Wesentlichen aus den folgenden Schritten:

1. Identifizierung interessanter Fragen und Ziele aus der aktuellen praktischen Erfahrung heraus,
2. Identifizierung relevanter, passender Modelle, Analysen und Daten,
3. Identifizierung und Formulierung konkreter Simulationsexperimente bzw. Analysen (z. B. Optionsanalysen)
4. Präsentation erster Ergebnisse bzw. detaillierter Darstellung der Analysemöglichkeiten und ersten bzw. möglichen Antworten
5. Reflexion der Fragen/Ziele, Analysemethoden und ersten/möglichen Antworten
6. Weitere Entwicklung des Analysetools und weitere Berechnungen
7. Weitere Reflexion der überarbeiteten Ergebnisse im Hinblick auf letzte Anpassungen
8. Fertigstellung der finalen Ergebnisse
9. Finale Präsentation, Veröffentlichung und Kommunikation der Ergebnisse

Dabei können die Schritte 4. bis 6. auch mehrfach durchlaufen werden, wenn in einer Iteration noch keine ausreichende Passung der Ergebnisse auf die Fragen erreicht werden konnte.

5.2 Reflexive Ergebniserarbeitung

Dieser Co-Design Ansatz wurde bereits in verschiedenen Projektkonstellationen eingesetzt. Besonders intensiv erfolgte die Zusammenarbeit mit der Innovationsgruppe im Rahmen des EnAHRgie-Projekts zur Erarbeitung des regionalen Energiekonzepts. Hier wurden die Analysen eng im Austausch mit Praktikern erarbeitet. Dadurch wurden die Arten der Analysen mitbestimmt und normative

Aspekte berücksichtigt. Ein Beispiel war die Entscheidung für die Erstellung eines multi-kriteriellen Optimierungsmodells (MOPS) statt der eigentlich vorgesehenen detaillierten Analyse der elektrischen Verteilnetze im Landkreis Ahrweiler im Rahmen der Erstellung technologischer Szenarien für den Landkreis (von Haebler et al., 2017, S. 48 ff.; von Haebler, 2023). Ein weiteres Beispiel stellte die Auswahl und Ableitung bzw. Anpassung von Nachhaltigkeitsindikatoren, ausgehend von verschiedenen, bereits von den beteiligten Instituten verwendeten, Indikatorenlisten dar. Eine ähnlich intensive Zusammenarbeit erfolgte zu den Themen Geschäftsmodelle, Beteiligung von Akteuren, regionale Zusammenarbeit und Maßnahmen. Kern des Energiekonzepts waren die Technologieszenarien oder Technologieportfolios. Insgesamt ergab sich aus den verschiedenen iterativen Prozessen ein Gesamtablauf startend von Ideen zur regionalen Energiewende über die Analysen von IST-Situation, Potentialen, allgemeine Szenarien und Technologieportfolios, in dem vor allem zu Beginn und ab der Erfassung von Potenzialen intensive Abstimmungen erfolgten (s. Abb. 1). Die Optionen und Zwischenergebnisse wurden dabei im Innovation Lab auf bis zu acht Bildschirmen gleichzeitig dargestellt und mit den Akteuren diskutiert. Final erfolgte dann noch die Zusammenstellung der Ergebnisse flexibel interaktiv darstellbar für das Innovation Lab, um detaillierte Reflexionen zu ermöglichen. Die Spitze der Darstellung der Szenarien stellte das „Szenarien-Tool" dar, in dem die Szenarien mit ihren Auswirkungen auf verschiedene Indikatoren dargestellt werden und sowohl Annahmen und damit die Potenziale als auch die Intensität der Nutzung der Potenziale variiert werden können.[8] Eine ähnliche, aber deutlich reduzierte Anwendung des Co-Design-Ansatzes erfolgte für die Erarbeitung und Reflexion von makro-ökonomischen und sozio-ökonomischen Indikatoren für die konkrete Bewertung einzelner Technologien[9].

5.3 Praxisrelevante Modellierung soziotechnischer Systeme

Der Co-Design-Ansatz wird zudem am IQIB dazu genutzt, soziotechnische Systeme in der Innovationsentstehung zu modellieren und zu simulieren, um Maßnahmenempfehlungen ableiten zu können. Dazu wird als Ansatz von Theorie

[8] https://www.enahrgie.de/tools/index.php/szenarien/szenarien-tool-aw.

[9] Projekt SOITec – Sozio-ökonomische Indikatoren für die Technologiebewertung – Transfer aus der (makro)ökonomischen Forschung unter Einbeziehung von Stakeholdergruppen, BMWK, FKZ 03EI5227

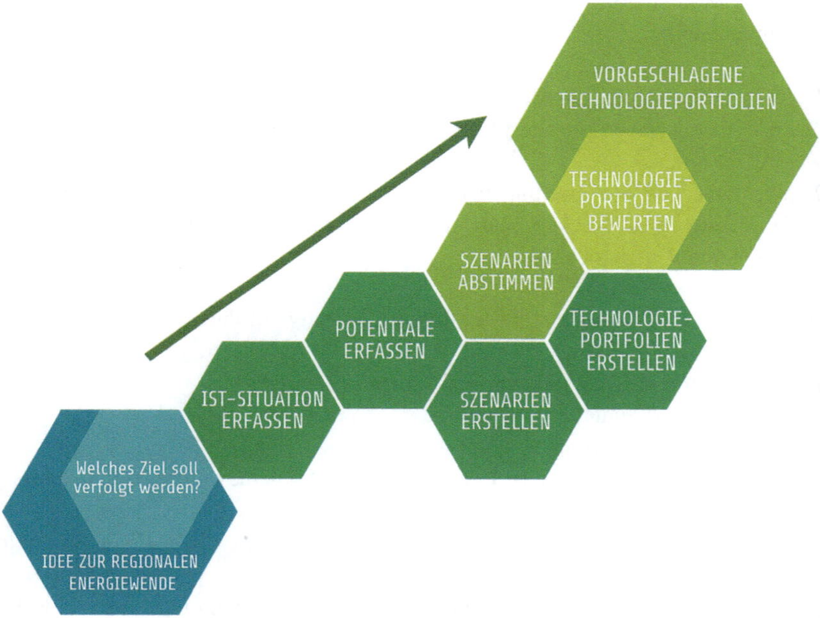

Abb. 1 Prozess der Entwicklung von Technologieportfolios als Kern des regionalen Energiekonzepts im EnAHRgie-Projekt. (Quelle: https://www.enahrgie.de/tools/)

der technologischen Innovationssysteme ausgegangen und in einem ersten Schritt Hemmnisse und mögliche Gegenmaßnahmen entlang der Funktionen technologischer Innovationssysteme diskutiert (Vgl. Hekkert et al., 2007). Daraus lassen sich sehr gut mit Akteuren wesentliche praktische Aspekte von Innovationsdynamiken herausarbeiten und Ansätze für die Modellierung ableiten. Beispiele in Projekten sind die Analyse von stationären Batteriespeichern als Schlüsseltechnologien der Energiewende (Projekt InnoSEn[10]) und die Nutzung der Modelle im Bereich der Gebäudewärmeversorgung, um sozio-technische Aspekte direkt in Energiesystemanalysen eingehen zu lassen (Projekt MANIFOLD[11]).

---

[10] Netzwerkanalyse und Simulation von Innovationsdynamiken neuer Schlüsseltechnologien im Energiebereich (InnoSEn), BMWi, FKZ 03ET4032

[11] MANIFOLD – Modellentwicklung und Modellkopplung zu Akteursverhalten in Innovations- und Diffusionsnetzwerken, BMWK, FKZ 03EI1006

In der Modellierung von Lithium-Batterien wurden beispielhaft die folgenden Fragen abgeleitet:

1. „Wie müsste eine Zellproduktion in Europa gestaltet sein, damit die Innovationsdynamik davon profitiert? – Erfahrungen in der Produktion gewinnen und effektiv teilen.
2. Wie lässt sich die Zusammenarbeit entlang und orthogonal zur Wertschöpfungskette (u. a. Rückkopplungen) am besten gestalten und welche Effekte wären damit verbunden?

Wie sind die Auswirkungen auf die Innovationstätigkeit durch…

1. …eine stärkere Unterstützung der Speichernutzung?
2. …Produktförderung?
3. …Forschungsförderung?
4. …die Verbesserung von IP-Recht (weniger Probleme in Projektteilnahmen, mehr Offenheit in Kooperation/Open Innovation)?
5. …bessere Kooperation verschiedenartiger Akteure wie Chemie- und Autoindustrie?
6. …die Einführung von Wissensbrokern/Netzwerkverknüpfungen zur Gewährleistung transparenter realistischer Informationen/Beratung?
7. …geringere Importabhängigkeit (Ressourcen/Vorprodukte/veredelte Produkte)?
8. …verlässliche Standards?
9. …positive Entwicklungen im Bereich der Elektromobilität?“ (Droste-Franke et al., 2020, S. 61 f.)

Um die Fragen zu beantworten, wurde ausgehend vom agentenbasierten Modell SKIN ein neues Modell (SKIN Energy) entwickelt, mit dem die Fragen analysiert werden konnten. Das Modell wurde so erstellt, dass die Aktivitäten während eines beispielhaften Modelllaufs in Diagrammen auf insgesamt acht Bildschirmen nebeneinander dargestellt werden konnten.

Im Projekt MANIFOLD lag der Fokus darauf, das Modell für die Entstehung von Innovationen direkt in Verbindung mit Systemanalysemodellen verwenden zu können und so soziotechnische Effekte in den Systemmodellen direkt abbilden zu können. Wichtige Aspekte der Modellierung waren hier die Abbildung von Lerneffekten, um vergleichend zwischen verschiedenen Rahmenbedingungen die Kostenreduktion durch Wissensgewinn in den Bereichen wissenschaftlichen Wissens, Produktionswissens und Auswirkungen von Skaleneffekten und aggregierter Erfahrung abbilden zu können. Dies war der wesentliche Anknüpfungspunkt an die Systemmodelle und erforderte eine komplette Neuentwicklung das Modell SLICK („Simulating LearnIng Curves via Knowledge modeling"). Weitere Aspekte waren eine veränderte Abbildung der Gründung von Start-ups und die Modellierung des Wissens von Installateuren, das die Anbindung an das agentenbasierte Modell Invert/EE ermöglichte, mit dem unter anderem das Verhalten der Investoren abgebildet wurde (Vgl. Brugger et al., 2023). Daten und empirische Befunde stellten wichtige Eingangsdaten zu den Modellierungen dar.

6 Beispiele neuer Elemente – Optionenanalyse und Bewertung

6.1 Hintergrund

Mit dem Einsatz von Technologien in Energiesystemen sind nicht nur direkte Auswirkungen verbunden. Es müssen auch Aspekte wie die technische Passung bzw. das Vorhandensein weiterer, ergänzender Technologien berücksichtigt werden. Insgesamt ergeben sich so eine ganze Reihe an Aspekten, die für eine umfangreiche Analyse und damit eine fundierte Entscheidungsfindung berücksichtigt werden müssen. Hier sind neben qualitativen Aspekten auch vielfach quantitative Aspekte relevant, die durch einzelne Analysen und Modelle nur begrenzt abgebildet werden können. Damit ergibt sich jedoch eine Reihe von Anforderungen an die Analysen, sodass die Ergebnisse möglichst effektiv in Argumentationsketten und damit in einen reflexiven Diskurs eingebunden werden können.

Die grundlegende Analyse und Entscheidungsunterstützung wird im IQIB in zwei Schritten durchgeführt. Im ersten Schritt werden alle möglichen Optionen analysiert und dargestellt. Im zweiten Schritt werden die Optionen bewertet, diskutiert und die besten ausgewählt.

6.2 Reflexive Analysen zum Energiekonzept

Ein gutes Beispiel für die Umsetzungen stellt auch hier die Erarbeitung des Energiekonzepts für den Landkreis Ahrweiler im Projekt EnAHRgie dar (s. Schaffrin et al., 2020). In einem ersten Schritt umfangreiche Analysen durchgeführt, um Optionen zu untersuchen, die für den Landkreis infrage kommen. Dazu wurden zunächst alle möglichen Technologien zur Nutzung erneuerbarer

Energiequellen für die Erzeugung von Strom und Wärme zusammengestellt und ihre Potenziale im Landkreis erarbeitet. Dabei wurden die maximalen Potenziale pro Technologie erfasst und diese dann durch technische, gesetzliche und „frei-wählbare" Restriktionen in umfangreichen Diskussionen in der Innovationsgruppe aus wissenschaftlichen und praktischen Experten weiter eingeschränkt. In einem weiteren Schritt wurden drei verschiedene Technologiezusammenstellungen erarbeitet, die sich durch unterschiedliche Zielindikatoren unterscheiden. Damit wurde der Optionenraum weit aufgespannt. Für den zweiten Schritt wurden als Bewertungsindikatoren zusammen mit den Akteuren im Projekt „Versorgungsgrad durch lokale, Erneuerbare Energien", „Endenergieverbrauch", „Treibhausgasemissionen", „Flächeninanspruchnahme", „Stromgestehungskosten" und „Regionale Wertschöpfung" ausgewählt und analysiert. Aus der Kombination der Indikatoren wurden neben dem Referenz-Szenario, dass die damals aktuellen Entwicklungen fortschrieb, drei Zielszenarien definiert. Im ersten Zielszenario („Optimum aus Umwelt und Klimaschutz") wurden Flächeninanspruchnahme und Treibhausgasemissionen minimiert. Im zweiten Zielszenario (Höchster Versorgungsgrad mit erneuerbaren Energien) wurde der Versorgungsgrad mit Erneuerbaren Energien maximiert, Treibhausgasemissionen minimiert, Gestehungskosten minimiert und Endenergieverbrauch minimiert. Im dritten Zielszenario (Wirtschaftlichkeit) wurde der Versorgungsgrad mit Erneuerbaren Energien maximiert, die Gestehungskosten minimiert und die regionale Wertschöpfung maximiert. Zur Umsetzung wurde ein multi-kriterielles Optimierungsmodell entwickelt und angewendet. Aus den entstehenden pareto-optimalen Szenarien wurden gemeinsam mit den Akteuren schließlich insgesamt drei konkrete Technologieportfolios ausgewählt. Um diese möglichst gut diskutieren zu können, wurden die Szenarien automatisiert auf die einzelnen 74 Gemeinden und 8 Städte und Verbandsgemeinden heruntergebrochen und die Realisierung im Landkreis anhand verschiedener Indikatoren im Szenario-Tool interaktiv analysierbar gestaltet (s. Abb. 2 und Abschnitt zu Co-Design-Prozessen oben). Auf diese Weisen war es möglich, die Bedeutung der regionalen Szenarien mit Akteuren vor Ort umfangreich zu diskutieren.

6.3 Entscheidung zwischen alternativen Optionen

Einen Schritt weiter in Richtung Entscheidungsvorbereitung gehen die Analysen zu Resilienzmonitoring der Digitalisierung der Energiewende. In den Arbeiten wurden zunächst Verletzlichkeiten einzelner Technologien erarbeitet, bevor

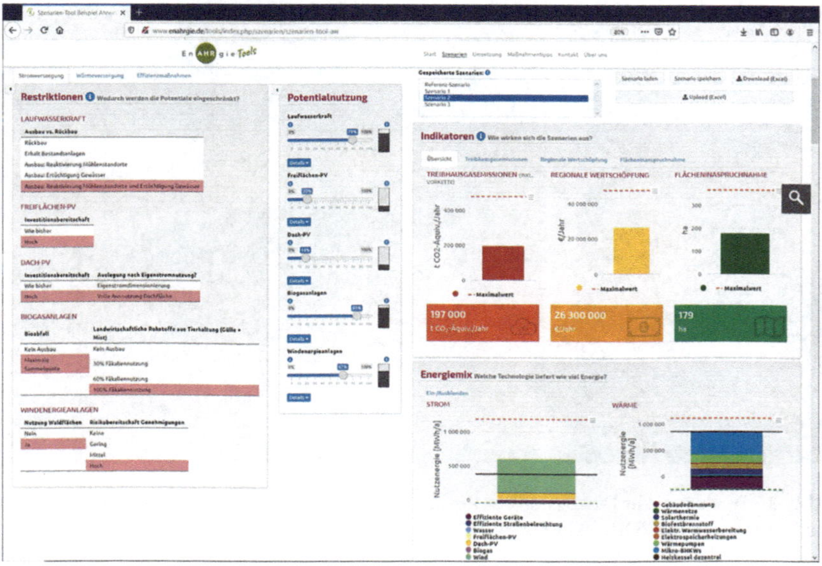

Abb. 2 Szenarien-Tool aus dem EnAHRgie-Projekt. (Quelle: https://www.enahrgie.de/tools/)

ihr Zusammenspiel in Modellen abgebildet wurde und diese vor dem Hintergrund verschiedener globaler Entwicklungen und verschiedener Stressfälle im Hinblick auf optionale digitale Resilienzmaßnahmen analysiert wurden. Die Analyseergebnisse wurden so aufbereitet, dass sie auf mehreren Bildschirmen vergleichend dargestellt werden können und neben Indikatoren auf Dashboards, zusätzlich zu den verschiedenen Aspekten, auch Details dargestellt werden können. Die drei verschiedenen transdisziplinär und konsistent zusammengestellten Entwicklungen der Rahmenbedingungen werden bebildert als Narrative und mit ihren beschreibenden Elementen (Deskriptoren) dargestellt. Die beispielhaften extremen Stressfälle werden an ihren Auswirkungen auf die relevanten Technologien wie Ortsnetztransformatoren und Verkehr in Karten visualisiert. Schließlich werden die Wirkungen von Resilienzmaßnahmen vor allem anhand der noch vorhandenen Leistungsfähigkeit der Systeme, u. a. anhand der ausgefallenen Fahrten und der Erhöhung der Reisezeit in den durchgeführten Fahrten sowie der versorgten Haushalte herausgearbeitet. Für die reflexiven Diskurse werden die

Abb. 3 Workshop zur Diskussion der Resilienzmaßnahmen mit praktischen ExpertInnen im Innovation Lab des IQIB. (Quelle: IQIB)

verschiedenen Aspekte teilweise miteinander verbunden auf insgesamt acht Bildschirmen ähnlich eines Decision Theaters[12], in teilweise miteinander verbundenen Visualisierungen, gezeigt und wo Bedarf besteht, Details sichtbar gemacht. Die detaillierte Darstellung der Ergebnisse ist in Droste-Franke et al. (2025) zu finden (Abb. 3).

6.4 Multikriterielle Bewertung

Auch bei der Bewertung von Umweltauswirkungen ist Expert:innenmeinung entscheidend. Zwar gibt es Ansätze zur Umweltbewertung, z. B. anhand externer Kosten, aber zum einen ist der Bewertungszusammenhang wichtig, um die weitere Bedeutung einzelner Technologien oder Technologiesysteme zu berücksichtigen und zum anderen sind einige Aspekte nur schwer oder gar nicht zu bewerten. So sind etwa kritische Bereiche definierbar, in denen Grenzwerte in allen Regionen eingehalten werden müssen, um nicht etwa in Ökosystemen nichtakzeptierbare Belastungen wie irreversible Verschmutzungen oder Artenverlust hervorzurufen (s. Droste-Franke, 2005). In diesen Fällen sind zwar über

[12] Vorbild ist das Decision Theater der Arizona State University (https://dt.asu.edu)

die Berechnung von Vermeidungsschäden auch Bewertungen in Kosten möglich. Durch unterschiedliche Schadensausmaße in verschiedenen Kategorien können jedoch Optionen miteinander unvergleichbar werden. Solche Bewertungen sind letztendlich nur über Diskurse lösbar, in der u. a. Trade-offs in Investitionsentscheidungen und normative Ambiguitäten berücksichtigt werden können (Vgl. Renn et al., 2025).

7 Fazit – Möglichkeiten und Grenzen neuer Elemente in der rationalen TA

Mit Co-Design-Ansätzen in inter- und transdisziplinären Gruppen ist es möglich, wesentliche Aspekte bereits zu Beginn von Analysen zu identifizieren und so die kompletten Arbeiten auf diese auszurichten, inklusive der geeigneten Auswahl und Anpassung von Modellen. Besonders deutlich wurde das im EnAHRgie-Projekt, in dem sogar ein zusätzliches Modell neu entwickelt wurde. Aber auch die agentenbasierte Modellierung ermöglicht entsprechende Anpassungen auf die relevanten Gegebenheiten. Durch die Beteiligung von Praktiker:innen kann zusätzlich die Realitätsnähe von Analysen gewährleistet werden. Dies wird etwa deutlich, wenn durch praktische Expert:innen in ihrer Anwendung hervorgehoben wird, dass Ergebnisse aus den Analysen tatsächliche Effekte widerspiegeln und damit entsprechend realitätsbezogene Aspekte mit in den Blick genommen werden. Solche Spiegelungen an Erfahrungen von Praktiker:innen erhöhen die Aussagekraft und Anwendbarkeit der Ergebnisse in Entscheidungssituationen.

Eine detaillierte Optionenanalyse ergibt zunächst ein Bild von den Möglichkeiten, aus denen für die Entscheidungssituation interessante Lösungen ausgewählt werden können. Dazu müssen diese mit aussagekräftigen Beschreibungen bzw. Indikatoren versehen sein. Wichtig, gerade für die Gestaltung ganzer Systeme, ist die verständliche Darstellung von Zusammenhängen. Diese ist vor allem durch Modellierungen möglich. Schon bei wenigen Komponenten kann trotz linearer Zusammenhänge das Gesamtbild unübersichtlich und Zusammenhänge sowie Auswirkungen als komplex wahrgenommen werden und in der Entscheidungssituation nicht richtig erfasst werden. Interaktive Elemente wie die Möglichkeit Annahmen zu variieren und die Auswirkungen auf die Ergebnisse direkt angezeigt zu bekommen, können wesentlich zum Verständnis von systemischen Zusammenhängen beitragen. Für die Berücksichtigung verschiedenster Aspekte in Entscheidungen sollten als Grundlage zudem wesentliche Annahmen transparent dargestellt werden. Die Nutzung von webbasierten Darstellungen ermöglicht übersichtliche zusammenfassende Darstellungen mit Verlinkung vieler Details, die nach Bedarf in einem Diskurs ad hoc dargestellt werden können.

Die Bewertung von Optionen erfordert die Auswahl und Nutzung geeigneter Kategorien und Indikatoren. Je mehr dies in Zusammenarbeit mit Akteuren erfolgt, desto eher können in der Bewertungssituation alle relevanten Aspekte abgedeckt werden und letztendlich auch eine Entscheidung gefällt werden. Weitere Möglichkeiten ergeben sich, wenn die Entscheidungssituation dafür offen ist noch weitere Analysen durchzuführen und mehrere Veranstaltungen über einen Zeitraum von einigen Wochen oder Monaten durchzuführen.

Mit den neuen Elementen ergibt sich zusätzlich eine Reihe von Herausforderungen. Projektressourcen sind immer begrenzt, sodass oftmals nur aus bereits vorhandenen Modellen gewählt werden kann. Dazu ist es äußerst wichtig, dass die vorausgewählten Modelle auch, ggf. mit kleinen Änderungen, die im Co-Design-Prozess erarbeiteten relevanten Aspekte abbilden können. Hier haben agentenbasierte Modelle gegenüber Systemmodellen große Vorteile, weil sie meistens ohnehin noch stark auf die konkreten Fragen angepasst werden müssen. Allerdings ist ihre Kalibrierung mit Daten immer sehr aufwendig und teilweise aufgrund oftmals beschränkter Datenlagen nur ansatzweise möglich. Validierungen von Modellen, die strukturelle Änderungen abbilden können, sind praktisch unmöglich, da vergangene Situationen, aus denen Daten für Validierungen herangezogen werden könnten, vor allem bezüglich der politischen und wirtschaftlichen Rahmenbedingungen, aber auch bei den fortschreitenden Umweltveränderungen die natürlichen Rahmenbedingungen, mit denen der Zukunft nicht vergleichbar sind.

Vorhandene Analysen und Modelle sind üblicherweise für andere Kontexte erarbeitet worden. Auch kleine Abweichungen können zu entsprechendem Änderungsbedarf führen. Das führt dazu, dass nur in seltenen Fällen bereits vorhandene Ergebnisse aus Analysen verwendet werden können. Hinzu kommt, dass diese mit anderen Analysen konsistent sein sollten, wenn sie für eine Entscheidungssituation zusammengestellt werden. Eine Verknüpfung von Modellierungen ist meist mit hohem Aufwand verbunden und es ist ggf. sogar fragwürdig wie viel mehr Aussagekraft aus der Verknüpfung gezogen werden kann. Teilweise lassen sich aufgrund der disziplinären Herkunft von Modellen, die vorwiegend basierend auf disziplinären Erkenntnisinteressen erstellt wurden, Inkonsistenzen und ggf. auch Lücken in Aspekten nicht vermeiden. Werden auf diese Weise entscheidungsrelevante Aspekte nicht erfasst, ist eine Ergänzung um qualitative Aussagen notwendig. Um in einer Entscheidungssituation die gefragten Argumente vorliegen zu haben, müssen wesentliche Aspekte abgedeckt sein und Visualisierungsmöglichkeiten, Variationsmöglichkeiten und Details geeignet gewählt sein.

Für die Bewertung von Optionen sind aussagekräftige Indikatoren wichtig und müssen entsprechend erstellt und berechnet werden können. Diese müssen in Summe die Bedeutung der jeweiligen Optionen widerspiegeln können. Hierfür ist es ratsam diese möglichst gemeinsam mit Praktikern und Entscheidern zusammenzustellen. Oft ist es nicht leicht zusätzlich Unsicherheiten in den Analysen darzustellen. Eine recht einfache Möglichkeit ist es, Annahmen variierbar zu gestalten. Für die Darstellung verschiedener Aspekte ist es zudem eine wichtige Herausforderung, Quantitatives mit Qualitativem bewertbar nebeneinander zu stellen. Insgesamt ist für die konkrete Bewertung auch die konkrete Entscheidungssituation zu vergegenwärtigen. Die Aussagekraft „allgemeiner" Bewertungen von Optionen gegeneinander, sofern dies möglich ist, ist für konkrete Entscheidungssituationen oft nicht ausreichend aussagekräftig.

Die größte Herausforderung in einem so umsetzungsnahen Feld wie der Energieversorgung ist es allerdings die Umsetzung voranzubringen. Obwohl bereits vielfach Konzepte erarbeitet wurden, sind diese oft noch recht weit von der Umsetzung entfernt. Grundsätzlich lassen sich die verwendeten Methoden aber auch umsetzungsnäher anwenden.

In zukünftigen Projekten sollen weitere Erfahrungen mit den neuen Elementen der rationalen TA gesammelt werden und die Herausforderungen, dabei vor allem die Umsetzungsnähe, weiter angegangen werden. Wo notwendig sollen dabei zusätzlich weitere neue Elemente entwickelt werden.

Danksagung Der Beitrag basiert auf Erfahrungen aus vielen Projektarbeiten des IQIB, die ohne die Förderungen nicht möglich gewesen wären. Zu nennen sind vor allem (s. auch Anmerkungen im Text): InnoSen (BMWK, FKZ: 03ET4032A), Manifold (BMWK, FKZ: 03EI1006B), ReMoDigital (BMWK, FKZ: 03EI1020A), SOITec (BMWK, FKZ 03EI5227C), EnAHRgie (BMBF, FKZ: 033L110AN) und ActForAhrtal (DLR).

Literatur

Ausfelder, F., Drake, F.-D., Erlach, B., Fischedick, M., Henning, H.-M., Kost, C., Münch, W., Pittel, K., Rehtanz, C., Sauer, J., Schätzler, K., Stephanos, C., Themann, M., Umbach, E., Wagemann, K., Wagner, H.-J., & Wagner, U. (2017). *»Sektorkopplung« – Untersuchungen und Überlegungen zur Entwicklung eines integrierten Energiesystems*. Schriftenreihe Energiesysteme der Zukunft, Analyse.

Brugger, H., Pröpper, A., Bernath, D., Droste-Franke, B., Voge, M., van Doren, D., Dobbins, A., Fahl, U., Haller, K., Wassermann, S., Steinbach, J., Senkpiel, C., Thelen, C., Nolte, H., Kost, C., Kockel, C., Kulawik, J., & Wille, F. (2023). *Projekt MANIFOLD: Endbericht: Gemeinsamer Endbericht des Projektes „MANIFOLD: Modellentwicklung und Modellkopplung zu Akteursverhalten in Innovations- und Diffusionsnetzwerken"*. TIB

Büscher, C., Schippl, J., & Sumpf, P. (Hrsg.) (2019). *Energy as a sociotechnical problem: An interdisciplinary perspective on control, change, and action in energy transitions.* Routledge.

Büscher, C., Ornetzeder, M., & Droste-Franke, B. (2020). Amplified socio-technical problems in converging infrastructures. A novel topic for technology assessment? *TATuP, 29*(2), 11–16

Decker, M., & Grunwald, A. (2001). Rational technology assessment as interdisciplinary research. In M. Decker (Hrsg.), *Interdisciplinarity in technology assessment* (S. 33–60). Springer.

Droste-Franke, B. (2005). *Quantifizierung von Umweltschäden als Beitrag zu Umweltökonomischen Gesamtrechnungen.* Dissertation. Stuttgart.

Droste-Franke, B., Paal, B. P., Rehtanz, C., Sauer, D. U., Schneider, J.-P., Schreurs, M., & Ziesemer, T. (2012). *Balancing renewable electricity. Interdisciplinary perspectives on energy storage, smart grids, E-mobility and network extension.* Springer.

Droste-Franke, B., Carrier, M., Kaiser, M., Schreurs, M., Weber, C., & Ziesemer, T. (2015). *Improving energy decisions. Towards better scientific policy advice for a safe and secure future energy system.* Springer

Droste-Franke, B., Fohr, G., Voge, M., Nietgen, T., van Doren, D., Weidle, M., O'Sullivan, M., Deissenroth, M., Nitsch, F., & Jacqué, K. (2020). *Simulation von Innovationsdynamiken neuer Schlüsseltechnologien im Energiebereich am Beispiel von Lithium-Batterien.* Schlussbericht, TIB.

Droste-Franke, B., Fohr, G., van Doren, D., Voge, M., Bergfeld, M., Derendorf, K., Dziakowski, M., Gils, H. C., Harb, G., Pragada, G., Mocanu, T., Netz, Henrik, Wigger, H., Yeligeti, M., Brand, M., Hage Hassan, B., Narayan, A., & Prehofer, S. (2025). *Resilience monitoring for the digitalisation of the energy transition (ReMoDigital).* Schlussbericht, IQIB.

Foray, D. (2007). Tacit and codified knowledge. In H. Hanusch & A. Pyka (Hrsg.), *Elgar companion to neo-schumpeterian economics.* Edward Elgar

Grunwald, A. (Hrsg.). (1999). *Rationale Technikfolgenbeurteilung. Konzeption und methodische Grundlagen.* Springer.

Grunwald, A. (2013). Einleitung und Überblick. In Grunwald (Hrsg.) (2013), *Handbuch Technikethik* (S. 1–11). J. B. Metzler.

von Haebler, J. (2023). *Regionale Nachhaltigkeitsbewertung elektrischer Energiesysteme.* Dissertation, TU Dortmund, Shaker.

von Haebler, J., Kanngießer, A., & Dellbrügge, M. (Hrsg.) (2017). *Szenarien und Technologieportfolien. Welche Stationen sind aus technischer Sicht zu durchlaufen?* Leitfaden. https://www.enahrgie.de/energiekonzept/Leitfaden_Technik.pdf.

Hekkert, M. P., Suurs, R. A. A., Negro, S. O., Kuhlmann, S., & Smits, R. E. H. M. (2007). Functions of innovation systems: A new approach for analysing technological change. *Technological Forecasting and Social Change, 74*(4), 413–432.

Janich, P. (2001). *Logisch-pragmatische Propädeutik. Ein Grundkurs im philosophischen Reflektieren.* Velbrück Wissenschaft.
Kaiser, M., Buklijas, T., & Gluckman, P. (2022). Models and numbers; representing the world or imposing order? *Perspectives on Science, 30*(4), 525–548.
Leopoldina, Acatech, & Union der deutschen Akademien der Wissenschaften. (2021). *Wenn nicht jetzt wann dann – wie die Energiewende gelingt.* Impuls.
Levins, R. (1966). The strategy of model building in population biology. *American Scientist, 54*(4), 421–431.
Polanyi, M. (1966). *The tacit dimension.* Doubleday.
Renn, O., Kaiser, M., & von Gleich, A. (2025). Coping with complexity – A systems approach to resilience. In D. van Doren, B. Droste-Franke & G. Fohr (Hrsg.), *Resilience monitoring of energy systems (working title).* Springer.
Schaffrin, A., Beermann, J., Derra, I., Droste-Franke, B., Gustav S., Kanngießer, A., Müller, M., Schäfer, M., Schneider, S., Strothe, L., von Haebler, J., Walker, B., & Wist, S. (2020). *Schlussbericht des Forschungsvorhabens EnAHRgie: Nachhaltige Gestaltung der Landnutzung und Energieversorgung auf kommunaler Ebene. Umsetzung für die Modellregion Kreis Ahrweiler.* TIB.

Bert Droste-Franke Leiter des Themenfelds „Systemevaluation & gesellschaftli-che Zukunftsfähigkeit" am Institut für qualifizierende Innovationsforschung & -beratung (IQIB GmbH). Schwerpunkte: System-, Innovations- und Technikfol-genanalysen zur Entscheidungsunterstützung auf Basis theoretischer Arbeiten, in-ter-/transdisziplinärer Expertengruppen, quantitativer Analysen und Modellie-rungen.

Konzeptionelle Überlegungen

Von der Kunst, die richtigen Fragen zu stellen. Phänomenologische Überlegungen zum Collingridge-Dilemma

Martina Philippi

1 Einleitung

Das Collingridge-Dilemma formuliert eine Herausforderung bei der Einführung und Etablierung neuartiger Technologien, die sich über zwei Zeitphasen erstreckt: Eine frühe Phase, in der noch nicht hinreichend Folgenwissen für eine angemessene Gestaltung und Regulierung vorliegt, und eine spätere Phase, in der dieses Wissen besteht, die Technologie jedoch schon etabliert und die Folgen eventuell irreversibel sind, so dass Regulierung, sofern noch möglich, kostenaufwändig und langsam ist.. Dieser Darstellung liegen starke Vorannahmen über die Art dieses Folgenwissens sowie über die gestaltende Gemeinschaft zugrunde. Der Beitrag versucht, mit einer phänomenologischen Überlegung zum Motiv des Sehens die Verständigung über Technikfolgen zu adressieren, die auf ein *Nicht-Sehen* zurückgehen: etwa das Übersehen oder auch die Verdeckung und Ablenkung von Technikfolgen, die für Betroffene nicht wünschenswert sind, durch Akteure mit wirtschaftlichen oder politischen Interessen. Es geht darum, verdeckte Prozesse der Wahrnehmung und Verständigung aufzuklären und eine Fragerichtung auszuloten, die das Dilemma neu formuliert und sichtbar macht, was man übersehen hat.

In diesem Beitrag möchte ich mit einem Rückgriff auf Theoriebausteine aus dem Bereich der philosophischen Phänomenologie austesten, wie das dort

M. Philippi (✉)
Fach Philosophie, Universität Paderborn, Paderborn, Deutschland
E-Mail: martina.philippi@uni-paderborn.de

© Der/die Autor(en), exklusiv lizenziert an Springer Fachmedien Wiesbaden GmbH, ein Teil von Springer Nature 2025

M. Ornetzeder et al. (Hrsg.), *Methoden für die Technikfolgenabschätzung*,
https://doi.org/10.1007/978-3-658-48491-0_5

zentrale Problemfeld des Sehens mit seinen verwandten Motiven des Übersehens, der Ablenkung und der Verdeckung bei einer Beurteilung dieses Dilemmas helfen kann und darüber hinaus ermöglicht, eine besondere Form von Reflexionshindernissen zu thematisieren: nämlich den Fall, dass an der Etablierung von Technik beteiligte Akteure, die etwa wirtschaftliche Interessen verfolgen, einen gesellschaftlich getragenen Verständigungsprozess über Technikfolgen gezielt beeinflussen, um etwa bestimmte Folgen oder ihre Tragweite dem öffentlichen Blick und Diskurs zu entziehen. Der Beitrag schließt mit einer Überlegung, die die Bedeutung einer zentralen Fähigkeit der interdisziplinären Technikfolgenabschätzung besser verständlich machen kann: die Kunst, die richtigen Fragen zu stellen.

2 Das Motiv des Sehens im Collingridge-Dilemma

Wie eingangs erwähnt, teilt das Collingridge-Dilemma die Einführung und Etablierung neuartiger Technologien in zwei Zeitphasen auf:

> *„Attempting to control a technology is difficult, and not rarely impossible, because during its early stages, when it can be controlled, not enough can be known about its harmful social consequences to warrant controlling its development; but by the time these consequences are apparent, control has become costly and slow." (Collingridge,* 1982, S. 19; vgl. Grunwald, 2010, *S. 165 ff.)*

Demnach besagt das Collingridge-Dilemma, dass die Folgen einer Technologie erst in einem Verbreitungsstadium erkennbar werden, wenn ihre Abwendung durch Technikgestaltung oder Regulierung schwierig oder sogar unmöglich geworden ist. Dabei werden zwei problematische Aspekte identifiziert, nämlich ein Wissensdefizit in der ersten Phase und ein Gestaltungsproblem in der zweiten.

Das Dilemma ist offensichtlich angreifbar und wurde vielfach kritisiert. Denn zum einen lässt sich die Aufteilung in zwei Phasen und der bruchähnliche, nicht graduelle Übergang zwischen ihnen nicht gut verteidigen (vgl. Grunwald, 2022, S. 212 f.) und zum anderen lassen sich in der jüngsten Technikgeschichte gelungene Regulierungs- und Verzichtsprozesse in einer späteren Phase beobachten (vgl. Höper, 2021; Kaminski et al., 2023), die zeigen, dass sogar eine weit etablierte Technologie im Fall eindeutig negativer Folgen mit gewissem Aufwand in gesellschaftlicher Verständigung und gesetzlicher Regulierung wieder zurückgefahren und ersetzt werden kann. Und dennoch adressiert das Dilemma zwei Kernaufgaben, die die Technikfolgenabschätzung sowohl in ihrer Verwandtschaft zur Technikethik als auch in ihrer Rolle als Politikberatung vor spezielle Herausforderungen stellt: Das Feld der methodischen Antizipation von Technikfolgen, das aus bisherigen Erfahrungen Einschätzungen über die Zukunft erstellt, wo noch kein Wissen vorliegen kann, einerseits und die Regulierung bestehender und sich weiterentwickelnder Technologien andererseits.

Insbesondere die erste Phase des Collingridge-Dilemmas lässt sich nicht nur als ein Problem des Wissens, sondern auch der Sichtbarkeit oder des Sehens von Problemen beschreiben: Mögliche Folgen und Nebeneffekte werden in der Einführungsphase der Technik, in der die Gestaltungsfreiheit noch am größten ist, nicht gesehen und daher nicht adressiert. Sie können, so die Annahme, nicht gesehen werden, da sie in der Zukunft liegen und in komplexe, nicht antizipierbare Wechselwirkungen eingebettet sind. In der zweiten Phase, in der nun sichtbar gewordene unerwünschte Auswirkungen nicht mehr leicht zu bewältigen sind, scheint ein Problem des Handelns, nicht des Wahrnehmens vorzuliegen: Wir sind jetzt schlauer, aber die gerufenen Geister lassen sich nicht mehr wegschicken. Wie bereits erwähnt, lässt sich das Motiv des Sehens auf recht offensichtliche Weise der ersten Phase des Collingridge-Dilemmas zuordnen. Das Problem des Sehens besteht dort im Nicht-Sehen dessen, was noch nicht da ist, weil es in komplexen Wechselwirkungen der Zukunft verborgen ist. Für die Herausforderung, auch dieses spekulativ und explorativ sichtbar zu machen, hat die Technikfolgenabschätzung verschiedene Methoden entwickelt, die auch auf die intensive Beteiligung von Stakeholdern setzen. Diese Multiperspektivität bringt Gewinn gleich in zweierlei Hinsicht: Zum einen werden dadurch Interessen verschiedener Personenkreise berücksichtigt, die an der Entwicklung, Gestaltung und Implementierung der neuen Technologie unterschiedlich beteiligt oder von ihr betroffen sind. Zum anderen wird so Erfahrungswissen und Expertise aus verschiedenen Kontexten und Rollen verfügbar, das auf den neuartigen Fall übertragen und zu Zukunftsszenarien ausgearbeitet werden kann. Solche Bewältigungsstrategien helfen, in iterativen Prozessen ein gemeinsames, breit verständliches und informiertes Verständnis zu entwickeln und den Entscheidungen und Gestaltungsaufgaben bereits in der ersten Phase des Collingridge-Dilemmas zugrunde zu legen.

Ich möchte im Folgenden zeigen, wie sich diese Deutung wandelt, wenn die Idee des Wissens auch in Bezug auf die zweite Phase des Dilemmas durch die des Sehens ergänzt wird. Obgleich es nicht so sehr auf der Hand liegt wie in der ersten Phase, lässt sich auch in der zweiten Phase des Collingridge-Dilemmas das Motiv des Sehens identifizieren, und dies, obwohl die Formulierung des Dilemmas die Deutung nahelegt, dass es hier nicht mehr um einen Mangel an Klarsicht, sondern an Gestaltungsmöglichkeiten geht. Alltagssprachlich ist das

Sehen eine Metapher für verschiedene Prozesse unserer Welterfassung: wir werfen einen Blick auf etwas, nehmen verschiedene Perspektiven ein, wir schauen genauer hin. Oder wir übersehen etwas, haben blinde Flecke. Auch das Hantieren, das uns sehen lässt, gehört in den Umkreis dieser Metaphorik: wir decken auf, um etwas zu sehen, wir verdecken oder verschleiern etwas, das nicht gesehen werden soll. Diese Metaphorik für Denkprozesse wurde bereits sowohl unter (metaphern-)historischen als auch rhetorischen Aspekten untersucht (vgl. Danesi, 1990; Schleusener-Eichholz, 2011).

In diesem metaphorischen, umgangssprachlichen Gebrauch ist ‚Sehen' ein merkwürdiges Hybrid aus Gewahrsein (oder Gewahrwerden) und Anerkennen. Daher meint Sehen hier ein situatives, als Motivation und Begründung für Handlungen abrufbares Problembewusstsein, das in individuelle und soziale Prozesse eingebettet ist: es muss entstehen, vermittelt werden, geteilt werden, um in gemeinsam getragener Welt- und Technikgestaltung wirksam zu werden. Und es ist zugleich – sowohl auf individueller als auch auf sozialer Ebene – mit ebenfalls situativen Ressourcen wie Interesse(n) und Aufmerksamkeit verbunden. Zugleich hängt – nicht nur im metaphorischen Sinne – von der gewählten Perspektive ab, was gesehen werden kann. Dabei sind es unterschiedliche Fragen, ob man etwas weiß – oder ob das Wissen auch in einem konkreten Kontext *bewusst ist*, also *aktualisiert* wird. Der Zusammenhang von Wissen und Sehen kann in diesem Sinne folgendermaßen zugespitzt werden: Nicht alles Wissen wird aktualisiert und fließt in Handlungen ein; und umgekehrt ist nicht alles, was in Handlungen einfließt, Wissen oder wissensbasiertes Entscheiden. Problembewusstsein ist kein Faktenwissen, sondern die Bedeutung, die wir diesem in verschiedenen Kontexten zuweisen. Von dieser Zuweisung wiederum hängt ab, welche Handlungsoptionen wir uns selbst offenlassen oder eröffnen und welche nicht.

Um die Relevanz des Problemsehens auch im zweiten Teil des Dilemmas zu identifizieren, müssen implizite Vorannahmen des Dilemmas betrachtet werden, die das *Subjekt* betreffen. Das Collingridge-Dilemma zeichnet ein Subjekt, für das implizit zweierlei gilt: Es *verfügt* über Wissen (oder auch nicht), d.h. wenn es etwas weiß, dann kann es danach handeln, und wenn das Wissen fehlt, sind die Handlungsmöglichkeiten eingeschränkt oder fehlen ebenfalls (wobei mit Handeln die Regulierung und Gestaltung von Technik gemeint ist). Und es suggeriert eine Gemeinschaft von Akteuren, sodass man es folgendermaßen umformulieren könnte: Wenn ‚wir' zu Beginn noch nicht genug Folgenwissen haben, haben ‚wir' noch keine hinreichende Entscheidungsgrundlage. Wenn ‚wir' dann die Folgen kennen, ist es für ‚unsere' Entscheidungen zu spät.

Unter dem Aspekt des Problembewusstseins, in dem Wissen immer wieder aktualisiert werden muss, um in Handlungen und Entscheidungen einfließen zu können, lässt sich das Subjekt des Collingridge-Dilemmas eher so interpretieren: Es ist ein Subjekt, *das manchmal sehen kann oder will, was es eigentlich weiß, und manchmal nicht.* Probleme des Sehens – oder anders: ein Mangel an Problembewusstsein – manifestieren sich als nicht-sehen ‚können' oder ‚wollen' seitens des Subjekts: Wir sehen aktuell nicht, was eigentlich sichtbar ist. Das kann daran liegen, dass etwas aus unserer Perspektive weniger relevant erscheint oder von da aus nicht beurteilt werden kann, etwa weil uns gerade andere Dinge wichtiger sind, wir abgelenkt sind, auch etwa von konfligierenden Interessen, und dass wir anders priorisieren. Mit dem Begriff von Wissen, das im Collingridge-Dilemma suggeriert wird, lässt sich das nicht gut erklären: Schließlich ist etwas sichtbar, könnte also auch einem Handeln zugrunde gelegt werden – sofern das Handeln dann noch möglich ist. Hingegen können die genannten Facetten des Sehens – Perspektive, Interesse, Aufmerksamkeit – hier zur Erklärung dienen.

Zudem ist dieses Subjekt ganz offensichtlich nicht einheitlich. Eine weitere, diskussionswürdige Vorannahme der pointierten Darstellung des Dilemmas liegt in einer suggerierten Einheitlichkeit von Akteuren: *Wir* können demnach die Technologien, wenn *wir* ihre Folgen sehen, nicht mehr hinreichend gestalten oder regulieren. Doch das ‚Wir', das darin steckt, ist weder eine bestimmte Gruppe – etwa ‚die Gesellschaft', noch ist die darin enthaltene Gruppenaufteilung statisch. Das bedeutet: Es ist eben nicht so, dass es sich bei der gestaltenden und betroffenen Instanz, die Folgenwissen erwerben kann, grundsätzlich um ein und denselben Personenkreis handelt; hier können sich Akteure mit konkurrierenden Interessen gegenüberstehen. Und wer gestaltet und wer betroffen ist, kann je nach Kontext stark variieren.

Unterwirft man die Situation technologischer Innovation einer breiteren Betrachtung, die auch wirtschaftliche Interessen und Rollen wie Hersteller und Verbraucher berücksichtigt, ergibt sich ein anderes Bild. Denn dann erscheinen die betroffenen und die unmittelbar gestaltenden Akteure nicht nur differenzierter, sondern sind dann auch nicht die einzigen, die über den Einsatz von Technologien entscheiden. Das Setting wird realistischer dargestellt, wenn als eine weitere Perspektive die derjenigen Akteure berücksichtigt wird, die nicht als (gestaltende) Anbieter einer neuen Technologie auftreten, aber deren Einführung vorantreiben und gegebenenfalls auch ihre Gestaltung maßgeblich bestimmen wollen und deren Interessen sich nicht unbedingt mit denen der gestaltenden und betroffenen Personen decken. Das können wirtschaftliche und auch politische Akteure sein, die auf den gesellschaftlichen Verständigungsprozess über Technologien aktiv Einfluss nehmen, um sich Marktvorteile zu verschaffen und Akzeptanz auch riskanter Technologien zu forcieren.

3 Spezialfall Verdeckung: Ausnutzung des Kontrolldilemmas

Während die Verständigung und Einigung über widerstreitende Interessen grundsätzlich auf der Agenda bei Entscheidungsprozessen über die Einführung von Technologien und die Gestaltung sowohl derselben als auch ihres Einsatzes stehen sollte, möchte ich mich hier auf ein Feld von Phänomenen konzentrieren, die vielleicht extrem klingen, möglicherweise aber in das Spektrum von Normalsituationen fallen. Zu diesem Phänomenfeld gibt es zahlreiche Bestseller auf dem Markt, deren Untertitel häufig beginnen mit ‚Wie wir …' (hierfür exemplarisch: Pariser, 2012) und dieses ‚Wir' der Macht der Konzerne gegenüberstellen. Unter Titeln wie ‚Big Tech' (Andree, 2023) oder ‚das (Silicon) Valley' (Daub, 2020) werden Akteure zusammengefasst, die mit starken kommerziellen und teilweise auch politischen Eigeninteressen an Technikentwicklung und -gestaltung unmittelbar beteiligt sind und auf diese Weise einen ‚Überwachungskapitalismus' etabliert haben (Zuboff, 2018) und neue Anforderungen an einen verantwortungsvollen Umgang mit (digitalen) Technologien erfordern. Man kann diese beiden Seiten im Bezug auf neue Technologien und ihre Weiterentwicklungen und Nutzungserweiterungen die implementierende Seite und die Anbieterseite nennen. Anbieter von Technologien treten in diesem Sinne an die Gesellschaft heran – im Detail an Verbraucher:innen, die als Nutzende infrage kommen, oder an Politiker:innen und ähnliche gestaltenden Institutionen.

Eine solche Analyse hat der Literaturwissenschaftler Adrian Daub (2020) in seinem Essay *Was das Valley denken nennt. Über die Ideologie der Techbranche* durchgeführt. Er zeigt dort auf, wie über Narrative Deutungshoheit, Priorisierungen und auch überhaupt erst Bedeutsamkeit erzeugt werden – und wie das möglich ist. Dabei lassen sich zwei Tendenzen identifizieren: (1) ‚unsere' Aufmerksamkeit (also die der Gesellschaft oder Verbraucher:innen) wird auf bestimmte Aspekte gelenkt und von anderen abgelenkt (etwa von widerstreitenden Interessen zwischen Konzern und Verbraucher:innen oder von Problemen wie etwa Folgen der jeweiligen Technologie oder des Produkts); (2) durch die Übernahmen von Deutungshoheit seitens jener Akteure, die die Einführung bestimmter Technologien vorantreiben wollen, werden Probleme und widerstreitende Einordnungen wie etwa die Einschätzung von Technikfolgen aktiv verdeckt. Dazu gehört auch das Phänomen des Nichtigredens im Sinne der rhetorischen Sanktionierungen von Klärungs- und Aufklärungsbemühen , also Polemiken, die Einwände als nicht ernstzunehmend darstellen. Über solche Techniken der Deutungshoheit, wie sie bei Daub beschrieben werden, wird der Diskurs dahingehend geprägt, was als interessant, relevant, handlungsleitend zu gelten hat.

Für die oben genannten Akteure erwächst aus der Kernproblematik des Kontrolldilemmas, dass eine weit etablierte Technologie nicht mehr gut aufzuhalten sei, eine ganz konkrete Versuchung für die Stabilisierung einer Technologie, die auf einen Macht- und Wissensvorsprung des Anbieters und somit auf Intransparenz seitens der Nutzenden setzt, als Handlungoption: Sie besteht darin, die Technik so weit wie möglich voranzubringen, um sie zu etablieren, bevor Regulierungsbemühungen stark werden. Das bedeutet auch, die erste Welle der Begeisterung zu nutzen. Denn Technikeinführung ist kein emotionsloser Vorgang. Im Gegenteil: Euphorie und das Versprechen auf schnelle Lösungen kann eine unkritische Einführung bedenklicher Technologien begünstigen (und umgekehrt kann eine skeptische Haltung oder – gesellschaftlich gedacht – Grundstimmung die Etablierung einer eigentlich vielversprechenden Technologie behindern oder sogar vereiteln, beispielsweise dann, wenn es um eine Ablösung gewohnter, aber nicht mehr zukunftsfähiger Technologien wie dem Verbrennungsmotor geht). Und nimmt man diese Versuchung nicht nur als moralisch bedenkliches Verfahren, das im Gegensatz zum Projekt gesellschaftlicher Verständigung steht, sondern als ein sehr normales Phänomen, dann erscheint eine Denk- und Handlungsweise auf der Bildfläche, die auf einen Macht- und Wissensvorsprung des Anbieters und somit gezielt auf Intransparenz gegenüber den Nutzenden setzt.

In beiden Fällen wird das Sehen – also das Problembewusstsein und die Ermittlung von handlungsleitendem Folgenwissen – auf der implementierenden Seite durch die Anbieterseite strategisch behindert und Klärungs- und Verständigungsprozesse verhindert oder beeinflusst. Allerdings ist noch nicht klar, warum das überhaupt funktionieren kann. Mit anderen Worten: Das Phänomen, dass wir – hier als von Technologien Betroffene, die diese teilweise auch aktiv nutzen – uns von den treibenden Akteuren von unseren eigenen Interessen ablenken oder für uns relevante Aspekte der Diskussion entziehen lassen, ist zwar breit diagnostiziert worden, erscheint aber eigentlich widersinnig und irrational: Warum sollten wir zulassen, dass Technologien genutzt und in einer Weise gestaltet werden, die den wirtschaftlichen (und gegebenenfalls politischen) Interessen der Hersteller entgegenkommt, für uns aber zu – mitunter irreversiblen – Folgen und Nachteilen führen kann?

Diese Frage mag naiv klingen. In der genannten Literatur ist es längst ein Gemeinplatz, dass wir uns zugunsten von Komfortvorteilen auch auf Technologien einlassen, die etwa aus Sicht von Datenschutz und informationeller Selbstbestimmung bedenklich sind. Aber dass sich dies beobachten lässt, bedeutet nicht, dass es sich auch erklären lässt und dass wir sowohl verstehen können, wie es zu diesen Tendenzen kommt, als auch, wie wir ihnen im Sinne einer verantwortungsvollen Gestaltung von Technologien und ihrem Einsatz begegnen und der Ausnutzung jener Dynamik entgegenwirken können, die im Collingridge-Dilemma beschrieben wird. Ein begriffliches Instrumentarium, das uns helfen kann, diese Prozesse besser zu verstehen, ist im Rahmen der Phänomenologie von Edmund Husserl entwickelt worden. Auch dieses Instrumentarium lässt sich gut mit dem Motiv des Sehens einführen.

4 Husserls Einstellungslehre: Wir und unsere Selbstverständlichkeiten

Die alltagssprachliche Prägung lässt die Metaphorik des Sehens unauffällig, vielleicht sogar etwas trivial erscheinen. Doch es gibt in der Philosophie Strömungen, die für die Aspekte, die damit benannt werden können, sensibel sind. Eine davon, für die das in besonderem Maße gilt, ist die Phänomenologie (Schulz, 2019). Wie eingangs erwähnt wurde, ist das ‚Sehen' im metaphorischen, umgangssprachlichen Gebrauch ein merkwürdiges Hybrid aus Gewahrsein (oder Gewahrwerden) und Anerkennen. Mit den begrifflichen Mitteln der Phänomenologie lässt sich dieses Hybrid noch einmal in drei Facetten aufgliedern: Perspektive, Interesse und Aufmerksamkeit. Diese verschiedenen Facetten des Sehens können helfen, Brücken zu bauen zwischen zwei Polen eines Spannungsfeldes, die im Collingridge-Dilemma adressiert werden – nämlich dem Problembewusstsein bzw. dem Sehen des noch nicht Sichtbaren einerseits und der Berücksichtigung des Gesehenen in Gestaltung und Regulierung. Während den Herausforderungen der Perspektivität etwa durch eine Analyse der beteiligten Akteure begegnet werden kann, erfordern die Aspekte des Interesses und der Aufmerksamkeit eine eigene Analyse, die mit Wahrnehmungsweisen zu tun hat und die obengenannten Phänomene der Deutungshoheit, Verdeckung und Ablenkung besser zu verstehen hilft. Denn bemerkenswerterweise sind diese Phänomene in einem zweifachen Sinne verbunden mit dem Begriff des Interesses, der wiederum auf den Aspekt der Aufmerksamkeit rekurriert. Reflektiert man nämlich die von Daub analysierte Situation mit dem Begriff des Interesses, lässt sich ein Problem im Spannungsfeld von Interesse als ‚Eigeninteresse' und situativer Aufmerksamkeit identifizieren: etwas – eine bestimmte Entscheidung, die Reflexion auf einen bestimmten Aspekt – ist eigentlich in meinem Interesse, interessiert mich aber im Moment nicht, etwa weil meine Aufmerksamkeit gerade mit etwas anderem beschäftigt ist oder weil ich – aus welchen Gründen auch immer – gerade nicht zu Reflexionsbemühungen bereit bin. Das Wissen, das dem zugleich betroffenen, entscheidenden und gestaltenden Subjekt des Collingridge-Dilemmas zur Verfügung steht, muss also in dem Sinne aktualisiert werden, dass das, was ‚eigentlich' in meinem Interesse ist, auch in eine handlungsleitende Relevanz gebracht wird. Um diesen Gedanken zu vertiefen, möchte ich im Folgenden einen wesentlichen Theoriebaustein aus Husserls Phänomenologie skizzieren, der auch mit dem Programm seiner Forschung eng verzahnt ist und den man als Einstellungs- und Geltungslehre bezeichnen kann (Husserl, 1950, 1962; Philippi, 2023).

In der Phänomenologie Edmund Husserls hat die Metapher des Sehens einen besonderen Stellenwert. Sie dient dort der Benennung methodologischer Herausforderungen. Ausgangspunkt seines phänomenologischen Forschungsprogramms ist ein Leiden am Ungesehenen, nämlich die epistemologischen Grundlagen von Wissenschaft und zugleich ihre Relevanz, die – entgegen positivistischer Grundannahmen – ganz und gar nicht fraglos selbstverständlich ist. Er beklagt sie als „ungesehen, untheoretisiert, unverstanden" (Husserl, 1959, 27). Um das Ungesehene sichtbar und verstehbar zu machen, entwickelt Husserl eine Methode: So werden Einstellungen und Perspektiven identifiziert und ebenfalls deren Wechsel im alltäglichen Denken, der sich dann zu einer Methode ausarbeiten lässt. So wird aufgedeckt, was aus verschiedenen Gründen (noch) nicht sichtbar ist: aufgrund von Perspektivität, die immer bestimmte Aspekte priorisiert und andere ausblendet; aus Gründen des schlichten, zufälligen Übersehens; oder wegen einer (möglicherweise beabsichtigten) aktiven Verdeckung durch bestimmte Akteure, die die Form von Ablenkung und Relevanzleugnung (Nicht-für-relevant-Erklären) annehmen und auch im Fall von Interessenkonflikten stattfinden kann. Dieses Verfahren dient bei Husserl der radikal erkenntnistheoretischen (also ‚erkenntniskritischen') Begründung der Wissenschaften. Es lässt sich jedoch von diesem Kontext loslösen als eine allgemeinere Theorie des Selbstverständlichen (Philippi, 2012, 2023). Dies ist im Zuge der phänomenologischen Bewegung geschehen (Heidegger, Gadamer, Blumenberg), in Diskurse über Machtverhältnisse übergegangen (Foucault) und wird noch heute auf unterschiedliche Weise und zu unterschiedlichen Zwecken fortgesetzt (Postphenomenology, Critical Phenomenology).

Bewusstsein ist für Husserl immer Bewusstsein von etwas, ist immer auf etwas gerichtet, und zwar im Modus der Aufmerksamkeit. Und wenn unser Bewusstsein aufmerksam auf etwas gerichtet ist, steht diese Gerichtetheit auf der Basis von vielerlei Vorannahmen, die uns helfen, einzuordnen, was wir da sehen, die aber auch unseren Blick auf die Dinge auf bestimmte Weise einfärben, beeinflussen. Diese Ambivalenz sieht auch der Verstehenstheoretiker Gadamer, der die Notwendigkeit von ‚Vorurteilen' beim Verstehen betontund auf den Unterschied von ‚legitimen' und ‚übereilten' Vorurteilen hinweist, der wiederum in der Praxis schwer zu überprüfen ist. Denn wir können Selbstverständlichkeiten eben nicht als solche thematisieren. Wir können sie vielleicht dokumentieren. Aber es geht nicht um die Inhalte, die uns selbstverständlich sein mögen. Und Husserl stellt fest, dass es eine ganz eigene Herausforderung ist, etwas zu theoretisieren und zu verstehen, das als Problem – oder auch überhaupt – noch nicht gesehen wird.

Husserl geht zwei Wege, um dieser Herausforderung zu begegnen. Zum einen trennt er diese Inhalte von ihrer Geltung. Sogenannte ‚Selbstverständlichkeiten' sind ein Komplement aus einem – im Grunde beliebigen – Inhalt und der besonderen Geltung, dass es da nichts zu fragen, nichts zu verstehen und nichts zu erklären gebe. Es handelt sich, so Husserl, um ‚vermeintliche' Selbstverständlichkeiten, die jedoch eine ganz eigene Autorität besitzen und dementsprechend schwer zu thematisieren sind. Zum anderen verortet er das Bestehen solcher ‚Selbstverständlichkeiten' in der jeweils aktuellen Einstellung. Eine Einstellung ist eine Wahrnehmungsweise, in der bestimmte Aspekte priorisiert wahrgenommen und bestimmtes Wissen unreflektiert vorausgesetzt wird. In irgendeiner Einstellung sind wir immer, und jede Einstellung hat ihre eigenen unreflektierten, aber als selbstverständlich geltenden Vorannahmen. Im jeweiligen Kontext selbstverständlich sind diese Vorannahmen unabhängig davon, ob wir sie gelegentlich überprüft haben oder nicht, und unabhängig davon, wie sie aus einer bestimmten Sicht heraus zu bewerten sind. Selbstverständlichkeiten zu haben, gehört zur Funktionsweise unseres Denkens. Sie können uns zu vorschnellen Urteilen und Handlungen verleiten, zunächst einmal machen sie Urteile und Handlungen jedoch überhaupt erst möglich.

Jedoch haben wir die Tendenz, uns über eine wesentliche Sache zu täuschen, nämlich, dass sie ‚wirklich' selbstverständlich seien – dass aus ihrer fraglosen Funktion in der Wahrnehmung (oder im gesellschaftlichen Diskurs) *prinzipiell* auf ihre tatsächliche, sachliche Fraglosigkeit zu schließen sei. In vielen Fällen sind sie uns ‚guten Gewissens' selbstverständlich; das sind dann Überzeugungen, hinter denen wir stehen können, die wir vertreten können (unabhängig davon, ob die Argumente dafür gut sind); in vielen Fällen denken wir überhaupt nicht darüber nach – und das beispielsweise, wenn wir einem vermeintlichen ‚common sense' folgen und denken, was eben gerade so gedacht wird (oder was wir denken sollen, beispielsweise über bestimmte Technologien aus Sicht ihrer Hersteller oder auch der Hersteller von konkurrierenden Technologien – beispielsweise Elektroauto versus Verbrennungsmotor).

Mit Husserls Einstellungslehre lässt sich erklären, warum wir bei jedem Urteil und jeder Handlung etwas mitlaufen lassen, was wir in diesem Moment nicht und vielleicht auch sonst nie reflektieren, also einer Überprüfung unterziehen. Unter diesem Gesichtspunkt ist es auch verständlich, dass wir unsere Selbstverständlichkeiten nicht ändern können, ohne dass dies einen gewissen mentalen Aufwand und ein Loslassen von Gewohntem, Vertrautem bedeuten würde. Hierin besteht ist eine Art Infrastruktur des Denkens, die umgebaut werden muss, wenn diese Denkannahmen fraglich geworden sind – der Ausdruck ‚Umdenken' kommt nicht von ungefähr. Und da ein solches Umdenken sowohl auf individueller als auch gesellschaftlicher Ebene aufwendig ist und den Tagesbetrieb massiv stört, ist diese geistige Infrastruktur auf gewisse Weise widerständig gegen Veränderung; man kann sagen: im positiven Sinne unbeirrbar, im negativen Sinne dogmatisch oder träge.

Im Fall der Technik ist dieses Unthematischsein grundlegender Baustein philosophischer und medientheoretischer Überlegungen geworden (etwa bei McLuhan, 1992). Technik wird dann häufig als ein Medium verstanden, dass in seinem Gebrauch nicht bemerkt wird – außer im Fall seines Defekts, wie Heidegger (2006) an einem historischen Startpunkt der Technikphilosophie festgestellt hat. Das Unthematischsein praktischer Voraussetzungen ist jedoch nicht der Technik vorbehalten, sondern geht tiefer bis hinein in unsere Routinen und Überzeugungen (die dann natürlich die von uns gestalteten und genutzten Technologien prägen). Man kann den Kern von Husserls Einstellungslehre so zusammenfassen, dass bereits Denkvoraussetzungen *in ihrem Vollzug* unthematisch sind. Sie können thematisch werden, aber das ist dann ein eigenes Thema. Das bedeutet zum einen, dass Problembewusstsein immer situativ ist. Zum anderen ergibt sich daraus, dass die Metapher des Sehens hier eine zweifache Bedeutung innehat, nämlich als *bemerken* einerseits und als *anerkennen* andererseits.

Somit bietet Husserls Einstellungslehre zugleich eine phänomenologische Beschreibung als auch eine Methode für jene Probleme des Sehens an, die oben auf der phänomenalen Basis der Einführung und Etablierung von Technologien beschrieben wurde. Es kann erklärt werden, warum wir anfällig sind für Ablenkungs- und Verdeckungsmanöver, und zwar nicht aufgrund einer besonderen Naivität, sondern weil Verständigungsprozesse notwendigerweise Priorisierungen, Deutungen und die Abwägung von Interessen beinhalten und diese wiederum auch unter dem Deckmantel eines Verständigungsprozesses gegen diesen selbst gewendet werden können – indem eben nicht alle Stimmen gehört und alle denkbaren Folgen diskutiert werden, sondern das Ergebnis *qua Deutungshoheit* eigentlich schon feststeht. Auch die Problematik unterschiedlicher Perspektiven, die in der ersten Phase des Collingridge-Dilemmas insofern relevant ist, dass auf der Basis unterschiedlicher beteiligter Perspektiven mehr und besseres Folgewissen erarbeitet werden kann, kann so neu bewertet werden. Schließlich hat die Technikfolgenabschätzung zur frühzeitigen Erarbeitung von Entscheidungsgrundlagen für Technikgestaltung und -regulierung ein methodisches Instrumentarium parat, das Wissen und Erfahrung aus unterschiedlichen Perspektiven einbezieht, um zu tragfähigen Einschätzungen möglicher Zukünfte im Zusammenhang mit neuen Technologien zu gelangen. Mit Husserls Einstellungslehre kann man auch diesen Ansatz noch ergänzen, denn sie hilft zu verstehen, dass auch die unterschiedlichen Perspektiven verschiedener Stakeholder an Rollen gebunden sind, jedoch die Inhaber:innen unterschiedliche Rollen und somit Perspektiven haben, und zwar abhängig vom jeweiligen Interesse (Husserl nennt dies die ‚Berufseinstellung'). Darin liegt einerseits ein Potenzial, da es Verständigungsprozesse erleichtert, da den Gesprächspartner:innen auch andere Sichtweisen aus eigener Erfahrung zugänglich sein können. Zugleich liegt darin auch ein Risiko: Denn Stakeholder werden in ihrer jeweils relevanten Rolle – als Betroffene, Gestaltende, Nutzende – einbezogen, können jedoch selbst auch in den oben skizzierten Szenarien Ablenkungs- und Verdeckungsmanövern unterliegen. Es kann dann so aussehen, als wären bestimmte Perspektiven einbezogen worden, ohne dass die für sie ausschlaggebenden Probleme in hinreichender Breite und Tiefe adressiert worden sind. Zusammenfassend kann man sagen: Husserls Ansatz kann helfen, besser zwischen tatsächlicher und sorgfältiger und nur scheinbarer Verständigung unterscheiden zu lernen.

5 Die Kunst, die richtigen Fragen zu stellen

Die phänomenologische Perspektive ist hilfreich, um ein Problem vorzustellen, das schwer zu adressieren ist, weil es selbst meist verdeckt bleibt und erst an seinen Folgen greifbar wird (die in diesem Stadium in den obengenannten Bestsellern einer breiten Öffentlichkeit dargelegt werden): Die Ausnutzung jener Dynamiken der zweiten Phase des Collingridge-Dilemmas in Form von Ablenkung, Verdeckung und dominanter Deutung zulasten der Interessen Betroffener. Phänomenologisch adressiert wurden hier die Eigenheiten unserer Wahrnehmung, die Übersehen, Ablenkung, Verdeckung begünstigen können, nämlich zum einen die Perspektivität unserer Wahrnehmung, die dazu führt, dass auch Problembewusstsein immer situativ ist und nicht wie einmal gewonnenes und dann als Entscheidungsgrundlage anwendbares Wissen funktioniert, und zum anderen die sprichwörtliche Macht der Gewohnheit, die Technologien in eine Selbstverständlichkeit einsinken lassen kann, aus der sie nur schwer wieder durch Reflexion herauszuholen ist.

Der erste dieser phänomenologischen Aspekte korrigierte den üblicherweise im Collingridge-Dilemma zugrunde gelegten Wissensbegriff (als einmal gewonnene und dann anwendbare Grundlage von Entscheidungen), während der zweite Punkt der üblichen Lesart des Dilemmas zwei Aspekte hinzufügt: zum einen eine Erklärung für das Phänomen der erschwerten Reflexion und Regulierung bereits etablierter Technologien, die über die Irreversibilität der entstandenen Folgen und die entstandenen praktischen Abhängigkeiten noch hinaus geht und Fragen der gesellschaftlichen Haltung gegenüber bestimmten Technologien berührt; und zum anderen die Verdeckung einer Beeinflussung gesellschaftlicher Verständigungsprozesse durch (zumeist) wirtschaftliche Akteure, der das implizite ‚Wir' des Dilemmas entgegenkommt: Denn wenn wir alle das gleiche Interesse an der Gestaltung und Regulierung neuartiger Technologien haben, können wir diese so verbessern, dass sie uns nicht schadet; dies ist jedoch nicht oder nur erschwert möglich, wenn im Angebot von Technik schon ein Interessenkonflikt verborgen (!) liegt, weil es dann kein tatsächliches ‚wir' gibt und Konflikte wie ungleiche Möglichkeiten oder auch die wirtschaftliche Instrumentalisierung von Nutzenden verdeckt bleiben, bis sie sich in nachteiligen Folgen für die Gesellschaft oder einzelne Gruppen Betroffener sichtbar manifestieren.

Rechtzeitig ein gesellschaftliches Verständnis einer Technologie zu erarbeiten, ist die Voraussetzung für ihre partizipative Gestaltung und Regulierung, die den verschiedenen Teilen der Gesellschaft gerecht zu werden vermag. Die Besonderheit des Sehens im oben genannten Sinn hierbei zu berücksichtigen, ist hilfreich, um zu verstehen, warum dies in vielen Fällen Schwierigkeiten auf den Plan ruft, die überraschen können, da sie eigentlich irrational erscheinen. Dabei ist das Übersehen aufgrund von Ablenkungs- oder Verdeckungsmanövern nur eine mögliche Form des Nicht-Sehens (als Nicht-Sehen-Wollen oder Nicht-Sehen-Können). Eine andere ist die Stabilität von (vermeintlich) Selbstverständlichem, das quasi als Infrastruktur der Lebenswelt nur schwer verändert oder zumindest problematisiert werden kann. Welche Wellen eine Thematisierung und Neubewertung von bisher scheinbar Selbstverständlichem schlagen kann, lässt sich aktuell an den gesellschaftlich sehr lebhaft geführten und polarisierten Debatten um vegane Lebensweise oder um den Verzicht und die Ersetzung CO_2-intensiver Technologien beobachten. Auch Technologien können so selbstverständlich zu unserem Alltagsrepertoire gehören, dass wir sie nicht missen wollen, und das dergestalt, dass wir für ihre Nutzung höhere Kosten und Risiken in Kauf nehmen, als uns dies bei distanzierterem Überlegen rational und sinnvoll erschiene.

Man kann diese Phänomene unter den Titel einer Ambivalenz der Selbstverständlichkeit zusammenfassen: Wir können nicht jederzeit alles reflektieren; was aber lange Zeit unreflektiert bleibt, sinkt in den Bereich des Gewohnten ein und erhält dadurch eine gewisse Sperrigkeit gegenüber kritischer Reflexion. Dies ist auch nicht verwunderlich, denn dann steht nicht nur die Technologie selbst infrage, sondern auch die mit ihr verbundenen Praxen, die möglicherweise weitreichendere Folgen bewirkt haben, als wir uns das gerne eingestehen möchten, und die zugleich zum Bestand unserer Gewohnheiten geworden sind, also sozusagen eine Infrastruktur des Alltags, die mühsam umgebaut werden müsste, während wir dochlieber auf sie aufbauen würden. Auch dieses Problem spielt in der zweiten Phase des Collingridge-Dilemmas eine maßgebliche Rolle.

Für die Gestaltung und Regulierung von Technik ist diese Einsicht wichtig, um zu verstehen, dass es nicht nur hinsichtlich Überzeugungen oder Routinen, sondern auch im Bezug auf verfügbare Technologien und ihren Gebrauch Vorbehalte, eine Art Trägheit und – bei Angriff – Widerständigkeit des vormals Selbstverständlichen geben kann. Ebenso wichtig jedoch ist die hier skizzierte Beeinflussbarkeit durch Verdeckung und Ablenkung mittels latenter Deutungshoheit, die etwa die Form von Narrativen annehmen kann (Daub, 2020). Auch Narrative (Grunwald, 2024) profitieren von dieser Ambivalenz der Selbstverständlichkeit: Sie geben uns Sicherheit, Hoffnung, Visionen. Sie können uns allerdings auch den Blick verstellen und uns unsere Möglichkeiten vereiteln, eine andere Perspektive einzunehmen, was allerdings die notwendige Bedingung einer gelingenden Einschätzung neuer Technologien darstellt. Dann gilt es, ‚die richtigen Fragen zu stellen'.

Diese Formulierung soll nicht suggerieren, dass es falsche Fragen gäbe oder dass die TA ohne dezidiert phänomenologische Überlegungen bisher nicht die richtigen Fragen gestellt hätte. Schließlich hat sie ganz im Sinne einer hermeneutischen Verständigung die Praxis etabliert, in einem gesellschaftlichen Gesprächsraum die Fragen zu stellen, die das gemeinsame Verständnis voranbringen, weil sie eine gemeinsame Wissensbasis herstellen und den Blick auf bestimmte Aspekte richten. In diesem Sinne gibt es verschiedene Dimensionen des Fragens, die auch eine bestimmte Aufforderung enthält: 1) eine informative Dimension – sag mir, was ich nicht weiß, erkläre mir, was ich nicht verstehe! 2) eine appellative, die den Blick lenkt – ich frage mich das, fragt ihr euch das doch auch mal! Und, damit eng verwandt, 3) eine provokative, die scheinbar Selbstverständliches infrage stellt – ist das denn wirklich so und nicht anders? Und ist das wirklich so selbstverständlich?

Diese dritte Fragedimension verweist auf die Sorte ‚richtiger' Fragen, die hier mit den phänomenologischen Überlegungen eingeleitet wurde: die Fragen, die sichtbar machen können, was wir bisher übersehen haben. Oder vielleicht sollte man sagen: Sie verweist auf eine Weise des Fragens, als eine Praxis, die im Sinne des von Gadamer formulierten hermeneutischen Zirkels iterativ ist, und zwar als gemeinsamer Verständigungsprozess (Gadamer, 1990, 1993). Nicht zufällig ist Gadamers Interesse am Phänomen des Verstehens eng verbunden mit der Idee des Gesprächs, das im Hin und Her der *Verständigung* ein gemeinsames *Verständnis* schafft und dabei zugleich die Offenheit voraussetzt, sich auf diesen iterativen, tentativen Prozess und die Veränderungen im eigenen Verstehen einzulassen.

Der Vorschlag, den Fokus auf diese Prozesse des Fragens und der Verständigung zu richten, schließt an die bereits etablierte hermeneutische Technikfolgenabschätzung (Grunwald, 2014b, 2023) an und versucht sie um eine phänomenologische Dimension bezüglich des Problemsehens und der Möglichkeit, bisher scheinbar Selbstverständliches zu problematisieren, zu erweitern.

Es ist besonders schwierig, herauszufinden, was man vielleicht übersehen hat, und auch hier ist das Einnehmen unterschiedlicher Perspektiven unverzichtbar (man denke auch an Luhmanns Beobachter zweiter Ordnung). Das Besondere und Schwierige an Ablenkungs- und Verdeckungsmanövern ist jedoch, dass sie *gezielt* dazu führen, dass man etwas nicht sieht; wir *sollen* es gar nicht sehen, das *Sehen* wird vereitelt. Der phänomenologische Ansatz sollte helfen, solche Phänomene nicht nur zu beobachten, sondern auch besser zu verstehen, um sie effektiver und nachhaltiger adressieren zu können, und zwar nicht erst in Form ihrer Folgen, sondern bereits in Form der ihnen zugrunde liegenden Prozesse von Ablenkung, Verdeckung und Deutung. Denn durch diese Manöver werden auf Kosten sowohl konkret Betroffener, als auch des gesellschaftlichen Verständigungsprozesses ökonomische Vorteile gesichert und Intransparenz möglich, die auch Vorsprünge bezüglich des Folgenwissens beinhalten und daher zielgerichtet verdecken können. Der etablierte Fragekatalog der Technikfolgenabschätzung kann um Fragenrichtungen erweitert werden, die das Wissen über diese latenten Prozesse nutzen, und um ebenso gezielt aufzudecken, was zugunsten wirtschaftlicher oder politischer Interessen der einen Seite und auf Kosten der Seite von Nutzenden und Betroffenen dem Blick und dem Diskurs entzogen wird. Dies zu behandeln, erfordert eine Weise des Fragens, die nicht nur vermeintliche Selbstverständlichkeiten zum Thema hat, sondern ebenso das Phänomen und die Prozesse des *Selbstverständlichseins und -werdens;* und ebenso über den Einfluss des Habens von Selbstverständlichkeiten auf das Problemsehen, das für das Collingridge-Dilemma, wie oben gezeigt, so zentral ist.

Solche Fragen, die auch auf der Ebene des Habens von Selbstverständlichkeiten gestellt werden können, können etwa lauten:

Wer könnte von der Etablierung der Technologie profitieren?

Welchen Nutzen haben die versprochenen Gewinne für wen eigentlich?

Wer könnte ein Interesse daran haben, dass Nutzende das (zumindest im vollen Umfang) nicht sehen?

Über die Identifizierung von Akteuren mit Interessen, die möglicherweise zu Lasten von Nutzer:innen und Betroffenen gehen, könnten Täuschungen aufgedeckt werden, die auch in größeren Narrativen so tief verankert sind, dass sie ohne gezielte Reflexion unauffällig bleiben, bis die Folgen offenbar werden und als solche thematisiert werden. Diese Fragerichtung wird in der hermeneutischen Ausprägung der TA bereits berücksichtigt (Grunwald, 2014a). Eine weitere Frage, die direkt auf die Folgen abzielt, aber in negativer Form, könnte lauten:

Was würde irreversibel verloren gehen?

So werden nicht nur mögliche, auch irreversible, Folgen adressiert, sondern der Fokus direkt auf die – möglicherweise unbewusst und unmerklich beeinflusst – vollzogene Abwägung zwischen widerstreitenden Interessen gelenkt, beispielsweise zwischen komfortabler Nutzung und Privatsphäre. Dass es diese Abwägung gibt und dass die Seite, die durch unkluge Entscheidungen möglicherweise preisgegeben wird, geschützt werden muss, ist längst Gegenstand von ethischen und TA-Betrachtungen. Der phänomenologisch inspirierte Ansatz, der hier vorgestellt wurde, legt das Augenmerk auf den unbewussten Vollzug einer solchen Abwägung, der durch Prozesse von Verdeckung und Ablenkung so unbewusst stattfinden kann, dass der zugrunde liegende Werte- oder Interessenkonflikt nicht einmal thematisiert wird.

Ein solches Fragen ist durch zwei Merkmale der philosophischen Hermeneutik gekennzeichnet. Zum einen ist sein Ausgangspunkt, dass es da überhaupt etwas zu *verstehen* gibt und nicht nur zu identifizieren, also dass es Ambivalenzen gibt, die nur im Sinne von gemeinschaftlichen Verstehens- und Verständigungsprozessen erfasst werden können, nicht jedoch durch einen zu einfachen Wissensbegriff. Zum anderen ist dieses Verstehen selbst iterativ, das heißt, diese Verstehens- und Verständigungsprozesse arbeiten dergestalt nach dem Schema des hermeneutischen Zirkels, dass sie über die Zeit hinweg unterschiedliche Verständnisse und Deutungen integrieren, d.h. dass sich nicht nur das eigentliche Verständnis im Prozess verändert, sondern auch das eingebrachte Vorverständnis. Dieses Vorverständnis ist es, das in dieser methodischen Überlegung durch ein phänomenologisches Hintergrundwissen angereichert werden und dem im Kontext des Collingridge-Dilemmas zentralen Begriff des Folgewissens zur Seite gestellt werden soll. Auf diese Weise Fragen zu stellen, bedeutet nicht bloß, ‚die richtigen' Fragen im Sinne eines Fragekatalogs auszuwählen und dauerhaft zur Verfügung zu stellen, sondern auch, den Frageprozess dynamisch, situativ und vor allem kreativ zu gestalten.

6 Zusammenfassung und Ausblick

Der hier vorgestellte Ansatz ist gedacht als eine Art ‚angewandte Theorie des (Über)Sehens' im Anschluss insbesondere an eine hermeneutische TA. Denn auch in ihr stehen das Verstehen und die gemeinsame Verständigung im Vordergrund. Der Ansatz versucht, phänomenologisch gewonnene Erkenntnisse über das Ausbilden und Haben von (vermeintlichen) Selbstverständlichkeiten methodisch in diese zu integrieren. So wird der Fokus erweitert durch gezielte Adressierung verdeckter gesellschaftlicher Prozesse auf der Basis wirtschaftlicher (und auch politischer) Interessen, die eine Einschätzung von Technikfolgen und eine gesellschaftlich getragene Gestaltung und Regulierung neuer Technologien erschweren kann. Die leitende These war, dass es Akteure gibt, die nicht nur Interessen in die Technikentwicklung und den sie begleitenden gesellschaftlichen Diskurs einbringen – also Inhalte, die mit einer Analyse der Debatte und der beteiligten Akteure identifiziert werden können –, sondern diesen Diskurs und die Etablierung von Technologien gezielt über Mechanismen wie Verdeckung, Ablenkung oder das Einnehmen von Deutungshoheit beeinflussen und somit sowohl die oben dargestellten Dynamiken des Ausbildens und Habens von Selbstverständlichkeiten als auch die Effekte der zweiten Phase des Collingridge-Dilemmas für sich nutzen, sodass wichtige Reflexionsschritte gezielt übersprungen werden. Mein Beitrag hat den Versuch unternommen, dies über ein begriffliches Verständnis der Wechselspiele zwischen Wahrnehmungs- und Verständigungsprozessen methodisch zu fundieren und als methodische Fragerichtung anzubieten. So kann ganz in philosophisch-phänomenologischer Tradition systematisch versucht werden, vermeintliche Selbstverständlichkeiten aufzubrechen, Verdeckungsmanöver zu identifizieren, Ablenkung entgegenzuwirken und Interessen zu ermitteln in dem Sinne, was wir als techniknutzende und von Technik betroffene Gesellschaft in Bezug auf neue Technologien wirklich wollen und auch wollen können.

Betrachtet man die Technikfolgenabschätzung unter dem Aspekt ihrer Mitwirkung an Technikgestaltung, kann man die hier identifizierten Aspekt des Nicht-Sehens und Übersehens als Nicht-sehen-Wollen oder Nicht-sehen-Können auf Herausforderungen in drei unterschiedliche Reflexions- und Aktionsfeldern beziehen: (1) Die Herausforderung des Problem-Sehens in der Reflexion auf mögliche Technikfolgen. Hier geht es stärker um das Sehen-Können als um eine Anerkennung von Problemen, da TA grundsätzlich an der Identifizierung von unerwünschten Technikfolgen und Interessenkonflikten interessiert ist. (2) Die Herausforderung, das Gesehene für weitere Gruppen zu problematisieren. Dieser Aspekt ist besonders für partizipative Verfahren interessant, aber generell relevant für eine gesellschaftliche Verständigung über Handlungserfordernisse zur

Mitgestaltung von Entscheidungen, Regulierungen oder auch Nutzungsverhalten. Denn die oben genannten Aspekte der Verdeckung, Ablenkung und Übernahme von Deutungshoheit wirken sich besonders stark nicht nur auf die Sichtbarkeit, sondern vor allem die Anerkennung solcher Nebenfolgen und Interessenkonflikte im gesellschaftlichen Diskurs und den daraus resultierenden Verhaltens- und Entscheidungsweisen aus. (3) Die dritte Herausforderung schließlich betrifft die Gestaltung von Technologien und ihrer Einbettung in die jeweilige Praxis. Denn in der Technikgestaltung spielt das Sehen-Können ebenso wie das Sehen-Wollen eine wesentliche Rolle: Um den gestaltungserschwerenden Dynamiken in der zweiten Phase des Collingridge-Dilemmas entgegenzuwirken, sollte es auch bei einer bereits in Nutzung befindlichen Technologie noch möglich sein, *Fragen zu stellen.*

Das bedarf zweier Vorbedingungen, die man unter die Titel Befragbarkeit (seitens der Technologie) und Fragebereitschaft (seitens der Nutzenden und Gestaltenden) stellen kann. Befragbarkeit meint, so könnte man sagen, eine *‚transparency on demand‘:* Auch wenn die Technologie oder ihre Entstehung nicht selbsterklärend ist, sollte ein Nachvollzug grundsätzlich möglich sein, etwa zur Funktionsweise oder zu bestimmten Weichenstellungen in der Gestaltung (hierzu siehe den Beitrag von Armin Grunwald in diesem Band). Die Idee der Fragebereitschaft knüpft an die oben mit Husserl beschriebene Dynamik an, dass es schwer ist, etwas scheinbar Selbstverständliches zu problematisieren und zu sehen (und anzuerkennen), und dass es da etwas zu verstehen, einen Missstand zu verändern oder sogar einen Wert zu bewahren gilt. Zumindest teilweise lässt sich dieser Gedanke im Begriff eines ‚gesunden Misstrauens‘ abbilden (Peters & Visser, 2023). Auf Technikentwicklung wird dieser Begriff derzeit in einem speziellen Kontext der sogenannten erklärbaren KI angewandt. Im Ansatz der Ko-Konstruktion von Erklärungen im Feld der KI-gestützten Mensch-Maschine-Interaktion wird davon ausgegangen, dass Verständigungsprozesse eine zentrale Rolle spielen und der Prozess des Erklärens nicht als einseitige Vermittlung von Information betrachtet werden soll, sondern als gemeinsame Erarbeitung eines Verstehens in Interaktion zwischen den beiden Rollen *Explainer* und *Explainee* (Rohlfing et al., 2021). Diese Interaktion birgt eine Ambivalenz: Sie bringt einerseits ethisch relevante Risiken mit sich (Nannini et al., 2024), andererseits jedoch eine vergleichsweise neuartige Möglichkeit, Transparenz und Nachvollziehbarkeit bezüglich Funktionsweise und verwendeter Information herzustellen. Um diese Chance zu nutzen, ist eine Kompetenz seitens der Nutzenden vorausgesetzt, eine Balance zwischen Misstrauen (‘Undertrust’) und ‚Overtrust‘ herzustellen.

Diese Überlegungen können hier nur ein Ausblick bleiben. Sie verweisen jedoch auf konkrete Möglichkeiten, den Gedanken einer ‚Kunst, die richtigen

Fragen zu stellen‘ an Vorbedingungen sowohl bezüglich der Gestaltung als auch der Nutzung neuartiger Technologien in den unterschiedlichen Entwicklungs- und Etablierungsphasen anzuknüpfen und zeigen somit auch die Relevanz phänomenologischer Analysen für die Technikfolgenabschätzung an.

Hintergrund des Textes und Förderhinweis Die Arbeit stellt grundlegende Überlegungen vor, die im Rahmen der Forschung an Ethik und Normativität von erklärbarer KI entstanden sind. Sie ist gefördert durch die Deutsche Forschungsgemeinschaft (DFG): TRR 318/1 2021 – 438445824.

Literatur

Andree, M. (2023). *Big Tech muss weg! Die Digitalkonzerne zerstören Demokratie und Wirtschaft – wir werden sie stoppen.* Campus.

Collingridge, D. (1982). *The social control of technology*. Pinter.

Danesi, M. (1990). Thinking is seeing. *Semiotica, 80*(3/4), 221–234.

Daub, A. (2020). *Was das Valley denken nennt. Über die Ideologie der Techbranche.* Suhrkamp.

Gadamer, H.-G. (1990). *Hermeneutik 1: Wahrheit und Methode. Grundzüge einer philosophischen Hermeneutik* (6. Aufl.). Mohr.

Gadamer, H.-G. (1993). *Hermeneutik 2: Wahrheit und Methode. Ergänzungen, Register* (2. Aufl.) Mohr.

Grunwald, A. (2010). *Technikfolgenabschätzung – eine Einführung* (2. Aufl.). edition sigma.

Grunwald, A. (2014a). Technikfolgenabschätzung als „Assessment" von Debatten: TA jenseits der Technikfolgenforschung. *TATuP – Zeitschrift für Technikfolgenabschätzung in Theorie und Praxis, 23*(2), 9–15. https://doi.org/10.14512/tatup.23.2.9.

Grunwald, A. (2014b). The hermeneutic side of responsible research and innovation. *Journal of Responsible Innovation, 1*(3), 274–291. https://doi.org/10.1080/23299460.2014.968437.

Grunwald, A. (2022). *Technikfolgenabschätzung. Einführung* (3. Aufl.) Nomos.

Grunwald, A. (2023). The hermeneutic perspective on modeling in Technology Assessment. In A. Grunwald et al. (Hrsg.), *Hermeneutics, history, and technology. The call of the future* (S. 172–192). Routledge.

Grunwald, A. (2024). Deutungsmacht Künstliche Intelligenz: Neue Narrative oder das Ende aller Narrative? In J. Gärtner, M. Kumlehn & S. Wodianka (Hrsg.), *Zukunftsnarrative: Zur Deutungsmacht kultureller Erzählmuster* (S. 107–122). transcript.

Heidegger, M. (2006). *Sein und Zeit* (19. Aufl.) Niemeyer.

Höper, W. E. (2021). Asbest. In A. Grunwald & R. Hillebrand (Hrsg.), *Handbuch Technikethik* (2. Aufl., S. 66–70). Metzler.

Husserl, E. (1950). *Ideen zu einer reinen Phänomenologie und phänomenologischen Philosophie. Erstes Buch: Allgemeine Einführung in die reine Phänomenologie.* Husserliana, Bd. 3. Nijhoff.

Husserl, E. (1959). *Erste Philosophie. Zweiter Teil: Theorie der phänomenologischen Reduktion.* Husserliana, Bd. 8. Nijhoff.

Husserl, E. (1962). *Die Krisis der europäischen Wissenschaften und die transzendentale Phänomenologie*. Husserliana, Bd. 6. 2. Aufl. Nijhoff.

Kaminski, A. et al. (2023). Modeling for policy: Challenges for technology assessment from new prognostic methods. *TATuP – Zeitschrift für Technikfolgenabschätzung in Theorie und Praxis, 32*(1), 10–62.

McLuhan, M. (1992). *Die magischen Kanäle*. CON Verlag.

Nannini, L., Marchiori Manerba, M. & Beretta, I. (2024). Mapping the landscape of ethical considerations in explainable AI research. *Ethics and Information Technology, 26*(3), 44. https://doi.org/10.1007/s10676-024-09773-7.

Pariser, E. (2012). *Filter Bubble*. Hanser.

Peters, T. M. & Visser, R. W. (2023). The importance of distrust in AI. In L. Longo (Hrsg.), *Explainable artificial intelligence. xAI 2023. Communications in computer and information science, vol 1903*. Springer. https://doi.org/10.1007/978-3-031-44070-0_15.

Philippi, M. (2012). Phänomenologie als methodische Kritik von Selbstverständlichkeit. In T. Keiling (Hrsg.), *Heideggers Marburger Zeit. Themen, Argumente, Konstellationen* (S. 207–222). Klostermann.

Philippi, M. (2023). *Selbstverständlichkeit und Problematisierung. Husserls Programm der Phänomenologie*. Fink.

Rohlfing, K. J., et al. (2021). Explanation as a social practice: Toward a conceptual framework for the social design of AI systems. *IEEE Transactions on Cognitive and Developmental Systems, 13*(3), 717–728. https://doi.org/10.1109/TCDS.2020.3044366.

Schleusener-Eichholz, G. (2011). Sehen. In R. Konersmann (Hrsg.), *Wörterbuch der philosophischen Metaphern* (3. Aufl., S. 372–379). WBG.

Schulz, R., et al. (2019). Zur Phänomenologie des Sehens. In S. Gottuck (Hrsg.), *Sehen lernen und verlernen: Perspektiven pädagogischer Professionalisierung* (S. 25–43). Springer VS.

Simanowski, R. (2018). *Stumme Medien. Vom Verschwinden der Computer aus Bildung und Gesellschaft*. Matthes & Seitz.

Zuboff, S. (2018). *Das Zeitalter des Überwachungskapitalismus*. Campus.

Martina Philippi Postdoc im SFB/TRR 318 „Constructing Explainability", Teilprojekt „Ethik und Normativität der erklärbaren KI", Universität Paderborn. Promotion zur Problematik der Selbstverständlichkeit bei Edmund Husserl. Schwerpunkte: Phänomenologie und Ethik der Digitalen Transformation und der Künstlichen Intelligenz.

Modellgestützte (Energie-)Szenarien in der politikberatenden TA. Eine hermeneutisch-kritische Analyse

Armin Grunwald

1 Fragestellung und Motivation

Moderne Gesellschaften benötigen Beschreibungen zukünftiger Entwicklungen, um komplexe Entscheidungen treffen zu können, z. B. in der Energiewende. Modellgestützte Ansätze, die empirische Daten und wissenschaftliche Erkenntnisse integrieren, haben sich als Mittel zur Erstellung wissensbasierter und strukturierter Bilder der Zukunft etabliert (Abschn. 2). So stützen sich beispielsweise IPCC-Klimaszenarien, Projektionen des Wirtschaftswachstums, Bewertungen der zukünftigen Stabilität sozialer Sicherungssysteme und planungsunterstützende Vorhersagen zum demografischen Wandel auf komplexe mathematische und datenbasierte Modelle.

Insbesondere in der Energiepolitik und Energiewirtschaft werden modellgestützte Szenarien verwendet, so etwa zur weiteren Gestaltung der Energiewende oder zur Orientierung bei großen Investitionsvorhaben (acatech, 2016). Mit ihnen werden auf Basis heutiger Kenntnisse des Energiesystems, die üblicherweise in Form von Modellen vorliegen, mögliche zukünftige Entwicklungen strukturiert, um z. B. Anhaltspunkte für politische Maßnahmen zur Transformation des Energiesystems zu geben.

Die öffentliche und politische Wahrnehmung modellgestützter wissenschaftlicher Aussagen unterliegt allerdings starken Unterschieden. Auf der einen Seite besteht häufig eine gewisse Modellgläubigkeit, die sich auf die (vermeintliche) Objektivität von Daten, mathematischen Strukturen und Algorithmen sowie auf

A. Grunwald (✉)
Institut für Technikfolgenabschätzung und Systemanalyse (ITAS), Karlsruhe, Deutschland
E-Mail: armin.grunwald@kit.edu

© Der/die Autor(en), exklusiv lizenziert an Springer Fachmedien Wiesbaden GmbH, ein Teil von Springer Nature 2025

M. Ornetzeder et al. (Hrsg.), *Methoden für die Technikfolgenabschätzung*,
https://doi.org/10.1007/978-3-658-48491-0_6

die (ebenso vermeintliche) Exaktheit der Ergebnisse bezieht. Auf der anderen Seite werden Zukunftsaussagen auf der Basis von Modellen immer wieder auch angezweifelt oder in ihrem Wert bestritten. Beispielsweise haben Klimaskeptiker jahrzehntelang den Klimawandel insgesamt, seine anthropogene Verursachung und seine Relevanz mit dem (vermeintlichen) Argument angezweifelt, das alles beruhe ja „bloß" auf Modellrechnungen. In der Corona-Pandemie kam Modellrechungen über die Ausbreitung des Virus und die Wirksamkeit von Gegenmaßnahmen eine hohe Bedeutung zu, die häufig freilich ebenso in die Spannung zwischen zuviel und zuwenig Zutrauen in modellgestützte Zukunftsaussagen geriet. In diesem Fall wurde auch die Machtförmigkeit von Modellen und den dahinter stehenden Experten und Wissenschaftlern deutlich (Streeck, 2020).

Die Technikfolgenabschätzung (TA) ist von diesen Beobachtungen direkt betroffen. Denn sie nutzt vielfach selbst Modelle, z. B. im Rahmen ihrer vorausschauenden Dimension, oder arbeitet mit Zukunftsprojektionen, die andere auf Basis von Modellen erstellt haben (siehe Abschn. 3). Das Prinzip der Nachvollziehbarkeit und Kritisierbarkeit aller Schritte bis hin zu den politikberatenden Schlussfolgerungen der TA erfordert im Sinne der *Social Epistemology* (Longino, 1990; Grunwald, 2019), auch die zugrunde liegenden Modelle kritisch einzubeziehen. Denn politikberatende Aussagen, etwa zur Energiewende, werden vielfach auf der Basis von Energieszenarien getroffen, die mit datenbasierten Modellen erstellt wurden. Wenn andere Modelle zugrunde gelegt würden, würden möglicherweise oder sogar wahrscheinlich die erstellten Szenarien und die resultierende Politikberatung in der Substanz anders ausfallen. In der Erkenntniskette der TA verwendete Modelle dürfen also keine *black boxes* sein, sondern müssen selbst in ihren epistemologischen Möglichkeiten, Randbedingungen und Grenzen reflektiert und im Gesamtzusammenhang der Argumentationskette eingeordnet werden.

In diesem Kontext wirft das Kapitel einen speziellen Blick auf die zukunftsgenerierende Nutzung von Modellen in der TA. Es werden die argumentative Struktur und der epistemologische Charakter von modellgestützten Szenarien analysiert. Als möglicherweise prekär erweisen sich die temporale Asymmetrie der Modellierung und die Gefahr zirkulärer Schlüsse (Abschn. 4). Mittels der hermeneutischen Sichtweise (Abschn. 5) werden Strategien sichtbar, die mehr argumentative Transparenz schaffen und vor vorzeitiger oder einseitiger Schließung von Alternativen schützen können (Abschn. 6).[1]

2 Modelle *von etwas* und Modelle *für etwas*

Modellierung spielt einerseits in vielen wissenschaftlichen Disziplinen eine zentrale Rolle für Erfassung, Erklärung und Verständnis natürlicher und sozialer Verhältnisse. Die Kombination von komplexen mathematischen Strukturen mit der empirischen Grundlage von Datensammlungen ermöglicht Mustererkennung, Integration und Bewertung von Wissen und Daten. Die Integration großer Datenmengen ermöglicht Einblicke in systemische, anders nicht erkennbare Zusammenhänge. Modelle *von etwas* (Janich, 2002; Mahr, 2015) erfassen bestimmte Eigenschaften der modellierten Objekte (z. B. des Sonnensystems, eines Organismus oder der Volkswirtschaft) und sind zu einem wichtigen Mittel des wissenschaftlichen Erkenntnisfortschritts in vielen Disziplinen geworden.

Andererseits werden Modelle auch *für etwas,* als Mittel für praktische Zwecke des Handelns verwendet (Janich, 2002; Mahr, 2015). So dienten beispielsweise Modelle des Sonnensystems schon in der Antike zur Navigation auf See. Gegenwärtig werden Modelle insbesondere dafür herangezogen, mögliche Zukünfte in Form von nachvollzieh- und kritisierbaren Aussagen des Typs „Was wäre wenn?" zu strukturieren, um die Basis für Entscheidungsprozesse zu verbessern. Beispielsweise helfen sie als wichtige Informationsquelle für politisches Handeln, den Effekt hypothetischer Maßnahmen zu berechnen, um ein System gezielt zu beeinflussen.

Modelle werden also in einer doppelten Weise verwendet: sie dienen einerseits zum besseren *Verständnis* des modellierten Systems *(Modelle von),* andererseits als Mittel zur Unterstützung zukunftsorientierter Überlegungen zur Entscheidungsfindung und Intervention *(Modelle für).* Modelle sind, metaphorisch gesprochen, *Zwillinge* der modellierten realen Systeme in Bezug auf die jeweiligen Erkenntnis- oder Handlungszwecke, wie dies auch die Redeweise von digitalen Zwillingen meint. Die beiden Verwendungsweisen hängen auf interessante aber auch immer wieder problematische Weise zusammen – zur Aufklärung im Rahmen der TA soll dieses Kapitel beitragen.

[1] Damit versucht dieses Kapitel eine Synthese zwischen zwei kürzlich veröffentlichten Arbeiten des Autors: Grunwald (2023a) mit einem stärker modelltheoretisch-konzeptionellen Ansatz und Grunwald (2023b).

Die Verfügbarkeit von Computern mit der Fähigkeit, große Datenmengen zu sammeln, zu speichern und auszuwerten, hat seit den 1950er Jahren zu einer massiven Ausweitung des Modellierungsansatzes in Wissenschaft und Technik geführt. Seit dem Aufkommen der Kybernetik in den 1960er Jahren werden Modelle zur Vorhersage gesellschaftlicher Entwicklungen, zur Untermauerung von Szenarien möglicher zukünftiger Entwicklungen, zur Simulation verschiedener Zukunftswelten in Abhängigkeit von bestimmten Annahmen und zur vorausschauenden Einschätzung neuer Technologien und ihrer Auswirkungen eingesetzt. Hohe Erwartungen, auf diese Weise gesellschaftliche Entwicklungen und menschliches Verhalten vorhersagen zu können, sind jedoch wiederholt gescheitert. Infolgedessen verlagerte sich die Verwendung von Modellen in vielen Bereichen von der Erstellung von Vorhersagen hin zur Nutzung von Modellen für die Entwicklung von *Szenarien.* Sie beschreiben mögliche, plausible oder wahrscheinliche Zukünfte in einer dem Anspruch nach nachvollziebaren Weise. Als frühes Beispiel wurden in der Studie „Grenzen des Wachstums" (Meadows et al., 1972) Weltmodelle verwendet, um verschiedene Szenarien für den Zustand der Welt im Jahr 2000 zu entwickeln. Dabei ging es explizit nicht um Vorhersagen, sondern die künftige Entwicklung auf planetarischer Ebene sollte in Beziehung zum menschlichen Handeln und Verhalten in den Jahrzehnten danach gesetzt werden. In diesem Sinne verfolgte die Studie keinen prädiktiven, sondern einen aufklärend-pädagogischen Ansatz.

In den letzten Jahren ist eine Wiederbelebung der frühen kybernetischen Erwartungen an die Möglichkeit der Vorhersage zu beobachten. Stark zunehmende Rechenleistung, schnelle, mit künstlicher Intelligenz (KI) ausgestattete Algorithmen und riesige Datenmengen, die durch eine stark wachsende Zahl allgegenwärtiger Sensoren und durch Internet-Transaktionen gesammelt werden, motivieren Enthusiasten, eine vollständige Vorhersagbarkeit des zukünftigen Lebens zu erwarten. Die digital orientierte Community der Modellierer glaubt fest an die Berechenbarkeit der Zukunft, sobald genügend Daten und KI-Fähigkeiten zur Verfügung stehen (kritisch dazu z. B. Grunwald, 2021).

Der Energiebereich in Verbindung mit dem Klimawandel und der Notwendigkeit, Treibhausgase zu reduzieren, gehört zu den prominentesten Bereichen, in denen komplexe Computermodelle genutzt werden, um über Zukunftsanalysen, z. B. Energieszenarien, politische Institutionen, aber auch Unternehmen bei ihren Investitionsentscheidungen zu beraten:

Angesichts der Vielzahl von Faktoren, die das Energiesystem bestimmen, werden die meisten Szenarien mithilfe von Computermodellen erstellt. Die Variablen des Modells spiegeln die Eigenschaften des Systems und die wichtigsten Einflussfaktoren wider. Solche Merkmale sind zum Beispiel die Installations- und Betriebskosten *verschiedener Technologien zur Energieerzeugung und -nutzung, ihre technischen Wirkungsgrade oder die Menge an Kohlendioxid (CO_2)-Emissionen, die sie verursachen. Um ein Szenario zu berechnen, müssen für alle Variablen, die nicht vom Modell berechnet werden, numerische Annahmen getroffen, d. h. konkrete Zahlen ermittelt werden. Dies betrifft z. B. die Brennstoffpreise, die Entwicklung der Energienachfrage oder die Entwicklung der Wirkungsgrade einzelner Technologien (acatech,* 2016*: 9).*

Die genannten Computermodelle beschreiben das Energiesystem bzw. Teile davon. Sie sollen spezifische Eigenschaften und Attribute der modellierten Systeme, ihrer internen Beziehungen sowie ihrer Import-/Exportbeziehungen mit ihrer sozialen und natürlichen Umwelt repräsentieren. Diese Modelle *von etwas* werden idealerweise durch den Abgleich mit Daten aus der realen Welt mit der modellierten Welt validiert. Danach werden sie im Sinne der Modelle *für etwas* eingesetzt, um zukunftsbezogene Extrapolationen wie Simulationen, Szenarien und Vorhersagen zu erzeugen, z. B. für Zwecke der TA.

Damit dies gelingen kann, muss es zwischen Modellen in der Nutzung für Zwecke der realen Welt (etwa der Planung zukünftiger Infrastrukturen der Energiebereitstellung) und dem zugrunde liegenden Modell des Energiesystems als Modell *von etwas* eine substantielle Entsprechung geben. Ansonsten könnten die gewonnenen Erkenntnisse in der Praxis völlig irreführend sein. Die repräsentationale Perspektive des Modells *von etwas* ist also in gewisser Weise mit der instrumentellen Perspektive des Modells *für etwas* verbunden (Janich, 2002). Häufig wird implizit angenommen, dass ein gut validiertes Modell *von etwas* auch belastbare Ergebnisse als Modell *für etwas* erlaubt.

Genau dieser Zusammenhang soll im Folgenden für die Modellnutzung in der antizipativen Dimension der TA (Grunwald, 2019: 92) problematisiert werden. Die These ist, dass ein gutes Modell *von etwas* eine zwar notwendige, aber keine hinreichende Bedingung ist, um zielführende Ergebnisse in der antizipativen Nutzung als Modell *für* z. B. Szenarienerstellung und Politikberatung zu erzielen, weil die temporale Dimension in der Umwidmung eines Modells *von etwas* in ein Modell *für etwas* mit erheblichen Erkenntnisproblemen belastet ist (Abschn. 4).

3 Modelle zur Antizipation in der TA

Von Beginn an war das Ziel der TA, Technikfolgen vorausschauend zu erkunden und zu bewerten. In der TA geht es um Folgen, die es noch gar nicht gibt und eventuell auch nie geben wird. Antizipation stellt daher für die TA eine konstitutive konzeptionelle Dimension dar (Grunwald, 2019: 92 ff.). Die TA schafft und bewertet prospektives Wissen über mögliche, plausible oder wahrscheinliche Folgen von Technik, Innovationen oder sozio-technischen Konfigurationen, seien sie beabsichtigt oder unbeabsichtigt, um daraus Schlussfolgerungen für Orientierung und Entscheidungsfindung in einer jeweiligen Gegenwart zu ziehen (Grunwald, 2022). Dies geschieht in der Regel im *konsequentialistischen Paradigma* (Darwall, 2002), z. B. als Frühwarnung vor nicht intendierten Folgen wie Risiken (z. B. Paschen & Petermann, 1991) oder um gewünschte Folgen z. B. der Treibhausgasreduktion im Rahmen der Technikgestaltung zu erreichen. Die Verfügbarkeit von gesichertem bzw. belastbarem Wissen über zukünftige Entwicklungen ist die Hauptprämisse konsequentialistischer Ansätze im Allgemeinen und eben auch in der TA (Grunwald, 2013).

Antizipation in der TA geschieht auf sehr unterschiedliche Weise, etwa durch daten- und modellgestützte Vorhersagen, Szenarien als mögliche Zukünfte oder in spekulativen Visionen. Dabei spielen datenbasierte Modelle (zumindest) eine doppelte Rolle. Erstens entwickelt die TA-Modelle zur Erstellung validierter Zukunftsbilder in bestimmter Hinsicht, z. B. für die Durchführung prospektiver Lebenszyklusanalysen (LCA), um etwas über die Nachhaltigkeitsauswirkungen neuer Technologien zu erfahren (Haase et al., 2022; vgl. auch Poganietz & Lee, 2021). Zweitens muss TA in vielen Themenbereichen mit einer Vielzahl von bereits existierenden Zukunftsbildern umgehen, von denen viele in datenbasierten Modellen wurzeln. Dies gilt insbesondere im Energiebereich, wo datenbasierte Modelle des Energiesystems auf unterschiedlichen Ebenen verwendet werden, um unter bestimmten Annahmen validierte Extrapolationen wie z. B. Energieszenarien zu gewinnen (Dieckhoff, 2015).

Dabei wird die Validität von Modellen immer wieder als Validitätserweis für darauf basierende Szenarien herangezogen. Die Annahme ist, dass die argumentative Haltbarkeit zukunftsbezogener Beratungsleistungen der TA mit der Qualität des zugrunde liegenden Modells zusammenhängt, welche in der Regel durch empirische Daten und Wissensbestände gesichert ist. In der obigen Sprachwelt (Abschn. 2): Die durch die Nutzung des Modells als Modell *für etwas* gewonnenen Einsichten werden durch den Verweis auf die Qualität des Modells *von etwas* legitimiert. Wenn das Modell als gute Repräsentation eines Gegenstandsbereiches validiert ist, sollten auch die darauf basierenden Zukunftsaussagen gut sein, so könnte man diese Vormeinung paraphrasieren. Oben wurde allerdings bereits die These angedeutet, dass dieser Zusammenhang epistemologisch prekär sein kann (dazu Abschn. 4).

Die Selbstverpflichtung der TA auf transparente und nachvollziehbare Argumentation erstreckt sich auf den gesamten Argumentationsgang von der Modellierung über die Szenarienbildung bis hin zur Generierung von darauf aufbauender Politikberatung. Hier sind insbesondere zwei Ebenen zu unterscheiden: die *Erzeugung* der Antizipationen, z. B. von modellgestützten Energieszenarien, und die Auslotung ihrer handlungspraktischen *Bedeutung* durch Assessment und Bewertung, etwa für die Politikberatung. Zur Sicherung der Transparenz müssen die Fragestellung, das verwendete Szenariokonzept, die Methodenwahl, die verwendeten Daten und Annahmen, der Erstellungsprozess, die Darstellung der Ergebnisse und die Schlussfolgerungen einschließlich ihrer Prämissen, Unsicherheiten und Limitierungen nachvollziehbar und transparent dargestellt werden. Mit der Sozialen Epistemologie gesprochen (Longino, 1990), müssen die gemachten Aussagen kritisierbar, also einem wissenschaftlichen Peer-Review sowie der öffentlichen Kritik zugänglich sein. Dies gilt umso mehr, je kontroverser und umstrittener ein energiepolitisches Feld ist und je mehr divergierende Energieszenarien verfügbar sind.

In der Tat sind Zukunftserwartungen in der Regel divergent und oft umstritten (Brown et al., 2000). Dies gilt auch bei Nutzung datenbasierter Modelle als Grundlage. In der Realität zeigt sich eine erhebliche Diversität von Energieszenarien, die zwar sämtlich modellgestützt sind, aber dennoch im Ergebnis zu substantiell unterschiedlichen Ergebnissen kommen (Grunwald, 2011). Auch wenn Energieszenarien gleichermaßen auf datenbasierten und empirisch validierten Modellen beruhen, können sie im Blick auf sehr unterschiedliche Zukunftsentwicklungen führen. In ihrer Erstellung werden nicht nur unterschiedliche Annahmen gemacht, sondern häufig auch unterschiedliche Modelle verwendet, welche dann zu unterschiedlichen Szenarien führen. Während unterschiedliche Annahmen in der TA und in der Szenario-Methodik gut reflektiert sind, wurde die zweite Ursache der Divergenz, unterschiedliche Modelle, bislang kaum in den Blick genommen. Das Transparenzideal der TA, das umfasst, diese Diversität im Rahmen von Politikberatung bis zu ihren Wurzeln aufzuklären und sie für politik- und gesellschaftsberatende Aussagen fruchtbar zu machen (Grunwald, 2011), ist demnach bislang nur teilweise erfüllt.

In diesem Kapitel geht es um TA-relevante Erkenntnisfragen von Antizipationen, die mit datenbasierten Modellen erstellt und dann im Rahmen von TA-Prozessen bewertet werden. Die folgende Betrachtung konzentriert sich auf die epistemologische Seite des Schlusses von vergangenheits- und gegenwartsbezogenem Wissen aus datenbasierten *Modellen von etwas* auf eine prospektive, auf die Zukunft zielende Orientierung durch Nutzung von *Modellen für etwas*. Hierzu ist es sinnvoll, zunächst einige grundsätzliche Eigenschaften von Zukunftsaussagen zu vergegenwärtigen.

4 Zeittheoretischer Exkurs

Eine generelle wenngleich triviale Eigenschaft von Zukunftsaussagen wird oft ignoriert. Jeder Schluss von der Gegenwart auf die Zukunft erfolgt in der Immanenz der Gegenwart. Es gibt keine Erkenntnisperspektive, in der Zukünftiges empirisch beobachtet werden könnte. Augustinus hat für diesen Aspekt der *conditio humana* eine treffende Beschreibung gefunden:

> *Aber auch jetzt ist es offensichtlich und klar, dass es weder zukünftige noch vergangene Zeiten gibt. Daher kann man nicht sagen, dass es drei Zeiten gibt: Vergangenheit, Gegenwart und Zukunft. Vielleicht könnte man richtigerweise sagen, dass es drei Zeiten gibt: eine Zeit der Vergangenheit, eine Zeit der Gegenwart und eine Zeit der Zukunft … Die Zeit der Vergangenheit ist die Erinnerung (memoria), die Zeit der Gegenwart ist die unmittelbare Erfahrung, die Zeit der Zukunft ist die Erwartung (expectatio) (nach Augustinus 397, XI, 20).*

Diese Beschreibung lässt sich in spezifischer Hinsicht als Primat der Gegenwart bezeichnen: jegliches Denken, Handeln, Erfahren, Empfinden und Schließen findet grundsätzlich in der jeweiligen Gegenwart statt. Vergangenes existiert nicht mehr unmittelbar, sondern nur noch als Erinnerung *(memoria),* Zukunftsaussagen beschreiben grundsätzlich Erwartungen (*expectatio*). Da die Erwartbarkeit von Entwicklungen und Ereignissen der Zukunft nicht empirisch messbar ist – aus der Zukunft, könnte man in Digitalsprache sagen, liegen keine Daten vor – kann sie ausschließlich auf Wissen, Daten und Einschätzungen in einer jeweiligen Gegenwart mit Bezug auf die Vergangenheit beruhen. Auch andere Bestandteile von Zukunftserzählungen wie Werte, Annahmen und Interessen gehören zur Gegenwart, in der nach Augustinus unmittelbare Erfahrungen und Handlungen nur möglich sind. Zukunftsaussagen sind also zielgerichtete und zweckgebundene Zusammenstellungen von Bestandteilen der Gegenwart. In der Immanenz der Gegenwart wird auf Zukünftiges geschlossen: der konsequentialistisch suggerierte ‚Blick in die Zukunft' verbleibt in der Gegenwart. Zukünfte sind *Expressionen der Gegenwart.*

Wenn also Zukunftsaussagen in einer Gegenwart auf Basis von Einschätzungen und Wissensbeständen genau dieser Gegenwart erfolgen, liegt grundsätzlich eine *temporale Zirkularität* der entsprechenden Schlussweise vor. Diese Zirkularität muss keine logische Zirkularität *(circulus vitiosus)* sein, ganz im Gegenteil. Der konsequentialistische Blick beruht auf der Annahme und häufig bewährten Erfahrung, dass sehr wohl aus Bestandteilen der Gegenwart sinnvoll auf Zukünftiges geschlossen werden kann. Evidenzhaltige Aussagen über die Zukunft sind in der temporalen Zirkularität durchaus möglich, wie bereits mit dem Begriff der *Erwartbarkeit* angedeutet. Während die temporale Zirkularität für jede Zukunftsaussage gilt, variiert die Erwartbarkeit des Eintretens für verschiedene Zukunftstypen beträchtlich. In vielen Bereichen wie der Astronomie haben Vorhersagen eine große Tradition und sind in hohem Maße zuverlässig, wenngleich auch sie *Erwartungen* sind, weil auch in der Astronomie Daten aus der Zukunft nicht vorliegen. In vielen anderen Bereichen, insbesondere im Hinblick auf Zukünfte gesellschaftlicher Entwicklungen ist die Evidenz für Vorhersagen deutlich geringer. Dies gilt z. B. für Technikzukünfte, da die in der TA zu betrachtenden Zukünfte sich aus den Wechselbeziehungen zwischen neuer Technologie und gesellschaftlichen Entwicklungen wie menschlichem Verhalten, politischer Regulierung und Werten ergeben. In bestimmten Fällen wie etwa bei Visionen, ist ein späteres Eintreten dieser Zukünfte sogar komplett spekulativ (z. B. Grunwald, 2013).

In der Tat gerät der konsequentialistische Blick bei schwacher Evidenz der Erwartbarkeit unter Druck. Im Extremfall, d. h. bei völliger Abwesenheit von Evidenz, würde die konsequentialistische Argumentation zusammenbrechen und die temporale Zirkularität in einen *circulus vitiosus* münden. Jede Schlussfolgerung wäre dann entweder willkürlich, beliebig oder ideologisch, eben ein epistemologisch nichtiger *circulus vitiosus*. Diese Beobachtung zusammen mit der vielfach hohen gesellschaftlichen Relevanz von Zukünften ohne Evidenz – wie den genannten Visionen – war Anlass, das *Vision Assessment* in die Methodologie der TA aufzunehmen (Frey et al., 2022) und die konsequentialistische Sicht um eine hermeneutische zu ergänzen (Mehnert & Grunwald, 2024).

Während in der konsequentialistischen Perspektive eine Zukunftsaussage als Wissen betrachtet wird, dass der behauptete Sachverhalt mit einer gewissen Evidenz in der Zukunft zu erwarten ist, versteht die hermeneutische Perspektive diese Aussagen als Ausdruck von *gegenwärtigen* Beobachtungen, Diagnosen, Einstellungen, Werten, Interessen etc. (Grunwald, 2014). Ihre Analyse soll ermöglichen, Hintergründe, Annahmen und Voraussetzungen aufzudecken, um die *gegenwärtige Bedeutung* der Zukunftsaussagen im jeweiligen TA-Kontext zu klären, vor allem ihre Herkunft und Entstehung. Dabei werden die in der Erzeugung der Zukunftsaussagen verwendeten Ingredienzien wie etwa Wissensbestände oder Interessen und die dahinter stehenden Autoren und Autorinnen dieser Zukunftsaussagen mit ihren Hintergründen und Motivationen zum Gegenstand der Untersuchung. Die konsequentialistische und die hermeneutische Perspektive arbeiten also mit komplementärem Erkenntnisinteressen.

Diese Perspektivendualität betrifft direkt die oben erwähnte Dualität von *Modellen von etwas* und *Modellen für etwas. Modelle von etwas,* so etwa Energiemodelle, sollen, so eine der Erwartungen an datenbasierte Modellierung, die Evidenz von Zukunftsaussagen erhöhen, zu deren Erzeugung die entsprechenden *Modelle für etwas* genutzt wurden. Denn die *Modelle von etwas* integrieren systematisch den relevanten Wissensstand, also Daten aus der Vergangenheit (Erdbeer et al., 2025). Modellgestützte Zukunftsaussagen können allerdings mit Augustinus nicht anhand unabhängiger Zukunftsdaten validiert werden, da es diese nicht gibt. Durch Bezug auf Daten und Wissensbestände bilden Modelle die Gegenwart bzw. die Vergangenheit ab, während es in der Politikberatung der TA um Zukünftiges geht. Die Evidenz von Modellen im Sinne der nachvollziehbaren Repräsentation des modellierten Gegenstandsbereiches wie des Energiesystems, dient somit auch, wie bereits oben angedeutet, *als Ersatz* für die fehlende Validierung der Szenarien durch unabhängige Daten aus der Zukunft.

In diesem Sinne werden Modelle in der TA wie sicher auch in anderen Bereichen der modellgestützten Politikberatung nicht nur genutzt, um hochintegriertes Wissen als epistemische Grundlage heranzuziehen, sondern auch, um eine Validierungslücke jedenfalls dem Anspruch nach zu schließen und den epistemologischen Sprung aus der Immanenz der Gegenwart hinaus in die Zukunft zu legitimieren. *Modelle von etwas* wie Energiemodelle fungieren als eine epistemologische ‚Krücke'; sie sollen die fehlende empirische Validierungsmöglichkeit von Zukunftsaussagen durch den Hinweis auf ihre eigene empirische, in Gegenwart und Vergangenheit wurzelnde epistemologische Legitimität kompensieren. Anders formuliert: sie sollen der Immanenz der Gegenwart ein Schnippchen schlagen.

Freilich verbleibt, Augustinus ernstgenommen, auch diese Hoffnung in der Immanenz der Gegenwart stecken. Denn sie beruht auf der Annahme, dass die in Gegenwart und Vergangenheit wurzelnde epistemologische Legitimität von Modellen über die Zeit erhalten bleibt, also quasi überzeitlich ist. Das ist jedoch eine starke Annahme, wie sich zeigen wird (Abschn. 5). Das von Augustinus benannte Problem zeitübergreifender Schlüsse bleibt unabhängig von Modellgröße, Datenmenge, Modellarchitektur und Rechnergeschwindigkeit grundsätzlich bestehen. Wenn auch vermutlich in vielen Fällen eine Erhöhung der Evidenz gelingen kann, weil z. B. Energiesysteme eine gewisse zeitliche Kontinuität aufweisen und entsprechende Modelle daher über eine gewisse Spanne hinweg als ‚überzeitlich' gelten mögen, bleibt der epistemologische Graben zwischen vergangenheitsbezogenen Daten einerseits *(memoria)* und *Erwartungen* zukünftiger Entwicklungen *(expectatio)* andererseits bestehen, damit auch die Gebundenheit in der Immanenz der Gegenwart und die Angewiesenheit auf Schlüsse in temporaler Zirkularität. Hoffnungen auf ein Verschwinden des Grabens müssten einen vollständigen Determinismus der Geschichte voraussetzen.

Solange dieser Graben besteht – und vermutlich wird er als Element der *conditio humana* nie verschwinden –, ist es im Rahmen der TA sinnvoll, die konsequentialistische und die hermeneutische Perspektive gleichermaßen im Blick zu haben, in sicher kontextbezogen unterschiedlichen Ausprägungen. Erst ihre Kombination ermöglicht es, ein vollständiges Bild zu erhalten und z. B. nicht vorschnell einem daten- und damit vergangenheitsbasierten Verschließen von möglichen Optionen zum Opfer zu fallen und dadurch das TA-typische Denken in Alternativen zu konterkarieren (dazu Abschn. 6).

5 Elemente einer Hermeneutik modellgestützter Energieszenarien

Modellgestützte Energieszenarien als Expressionen der Gegenwart zu analysieren und zu interpretieren, bedarf, wie auch bei der Analyse von Visionen im *Vision Assessment* (Frey et al., 2022), eines Perspektivwechsels: statt auf diese *als Produkte* zu schauen und beispielsweise die Zukunftsaussagen von Szenarien mit denen anderer Szenarien zu vergleichen, stehen Prozesse ihrer Erzeugung im Mittelpunkt. Es geht um Szenarienbildung und Modellierung als Tätigkeiten in einer jeweiligen Gegenwart.

Modellierung ist, allgemein gesprochen, die methodisch kontrollierte Zusammenstellung von *Ingredienzien* wie Daten, Wissen über kausale oder statistische Zusammenhänge, Systemgrenzen, Relevanzeinschätzungen, vorgegebene Werte bestimmter Parameter, z. B. als angenommene Megatrends, ceteris paribus Annahmen, mathematische Darstellungen, Hintergrundtheorien z. B. aus der Makroökonomie, Annahmen über menschliches Verhalten etc. Modelle werden gemacht, sie haben Autoren und Autorinnen, Individuen wie auch teils große Teams in wissenschaftlichen Instituten, Unternehmen und Beratungsagenturen.

Ihre Erstellung ist ein sozialer Prozess, bei Entscheidungen über das Modelldesign, die Grenzen des modellierten Systems, die Unterscheidung zwischen relevanten und weniger relevanten Daten und Beziehungen, Validierungsstrategien getroffen werden müssen (Dieckhoff, 2015).

Wie jedes menschliche Handeln erfolgen auch Modellierung und Anwendung von Modellen in der TA *im Laufe der Zeit*. Die Konstruktion eines Modells ist zeitlich ausgedehnt und verwendet Bestandteile wie Wissen, Werte und Visionen, die zum Inventar dieser Zeit einschließlich ihrer Vergangenheit gehören. Während die Modelle unter Verwendung von Zutaten und Prozessen einer bestimmten Zeit erstellt werden, können sie sich in einer durchaus auch fernen Zukunft auswirken. Modellierung, die Nutzung von Modellen und die Auswirkungen dieser Nutzung verweisen auf eine *zeitliche Asymmetrie*. Die Dualität von *Modellen von etwas* und *Modellen für etwas* (s. o.) wird zu einer asymmetrischen zeitlichen Beziehung. Während Modelle in der TA zur Antizipation zukünftiger Entwicklungen eingesetzt werden, bleiben sie als *Modelle von etwas* an Daten, Erkenntnisse, Werte und andere Bestandteile aus Vergangenheit und Gegenwart gebunden. Modelle sind vergangenheitsbasiert, können aber die Zukunft stark beeinflussen, im Extremfall zukünftige Entwicklungen über den Weg der Politik- und Gesellschaftsberatung auf der Basis des jeweiligen Modells determinieren (*model-fix*; vgl. Abschn. 6).

Zwei Herausforderungen kommen hier also zusammen: die zeitliche Asymmetrie der Modellierung und die temporale Zirkularität des Zukunftsdenkens (Abschn. 4). Beide führen im Kontext politikberatender TA zu Sorgen hinsichtlich des Risikos von Voreingenommenheit und Willkür. Denn zirkuläres Denken mit der Bedrohung durch einen *circulus vitiosus* und asymmetrische Zeitlichkeit lassen Türen für interessengeleitete Zukünfte, sich selbst erfüllende Geschichten (Merton, 1948), die Ausübung von Macht durch einflussreiche Zukunftsnarrative (Sand, 2019) usw. Ebenso werfen sie Fragen nach der Offenheit der Zukunft versus ihrer Fixierung durch vergangenheits- und gegenwartsbezogenes modellgestütztes Denken und der damit verbundenen Machtausübung über die Zukunft auf (Abschn. 6).

Ein bislang wenig beachtetes Element einer möglicherweise nicht intendierten Festlegung von Zukunft durch gegenwärtig nicht hinterfragte Ingredienzien bei der Erstellung von Modellen sind Narrative (Erdbeer et al., 2025). Wiederholt wurde festgestellt (z. B. Roßmann, 2020), dass datenbasierte Modelle mehr sind als die mathematisch organisierte Darstellung von Daten (Mahr, 2015). Vielmehr beinhalten Modelle auch Narrative, die implizit oder explizit zwischen ihren Autoren und Autorinnen oder in den jeweiligen Communities geteilt werden. Diese Narrative haben eine orientierende Funktion bei der Zusammenstellung der verfügbaren Daten und anderer Bestandteile der Modellierung. Sie treten insbesondere dann in den Vordergrund, wenn Lücken in Daten, Annahmen und anderen Bestandteilen aus Gründen der theoretischen oder praktischen Kohärenz geschlossen werden müssen: „Narrative haben die Funktion, das Material zu ordnen und Objekte als Requisiten eines kohärenten Ganzen erkennbar zu machen" (Roßmann & Rösch, 2019; Übersetzung A.G.). Es gibt keine logische Notwendigkeit, ein Modell auf der Grundlage von Daten in einer bestimmten Weise zu bauen. Stattdessen gibt es in der Regel mehrere Alternativen, um die Daten zu einem kohärenten Modell zusammenzusetzen. Modellierer müssen also eine Auswahlentscheidung treffen. Hierbei fungieren Narrative als eine Art Kompass, um die Daten sinnvoll organisieren und zusammenstellen zu können. Es können sogar modellgestützte Zukunftsaussagen insgesamt als Narrative unter Einbeziehung von Daten gelesen werden (Erdbeer et al., 2025). Die TA muss daher in der Lage sein, den *Platz* und die *Funktionen* von Narrativen in der Modellierung sowie deren *Inhalt zu* identifizieren und kritisch zu prüfen.

Narrative in der Modellierung sind auf verschiedenen Abstraktionsebenen zu finden. Auf einer eher allgemeinen Ebene lassen sich das *"Science knows best"*-Narrativ (Pielke, 2007), das Wertneutralitäts-Narrativ, das Objektivitäts-Narrativ und das *"Nimbus of Data"*-Narrativ identifizieren (Erdbeer et al., 2025). Sie künden von der beanspruchten Überlegenheit der Wissenschaft. Narrative hinter wissenschaftlichen Argumentationssträngen und theoretischen Hintergrundüberzeugungen sind zum Beispiel Erzählungen, die die Überlegenheit wissenschaftlicher Disziplinen behaupten (z. B. die sogenannten Hardcore-Wissenschaften gegenüber den Geisteswissenschaften) oder bestimmte disziplinäre Traditionen repräsentieren, z. B. die neoklassische Wirtschaftswissenschaft und das Bild des *homo oeconomicus.* In der Energiemodellierung für die Transformation des Energieversorgungssystems finden sich häufig Vorfestlegungen zugunsten bestimmter Zukunftslösungen, z. B. die Bevorzugung der Kernenergie (Manifest, 2015) oder der erneuerbaren Energien. Auch im Bereich der Mobilität sind *Modelle für* oft nicht technologieoffen, sondern favorisieren bestimmte Entwicklungslinien, z. B. E-Mobilität oder Wasserstofftechnologien.

Aus dieser Beobachtung speist sich die Sorge, dass Modellierer-Communities politische und öffentliche Debatten und auch Entscheidungen über neue Technologien oder Transformationen, z. B. des Energiesystems, entweder implizit und unerkannt, oder aber intendiert stark beeinflussen könnten (Bauer et al., 2023). Es könnten selbsterfüllende Prophezeiungen (Merton, 1948) entstehen, indem die Entwicklung im Laufe der Zeit durch selbstverstärkende Effekte in die gewünschte Richtung gelenkt wird: die Modellierer würden zunächst entweder implizit oder intendiert ihre Glaubenssysteme in Modelle einfließen lassen, sodann auf dieser Energieszenarien erstellen und schließlich die TA davon überzeugen, sie als Quelle für politische Empfehlungen zu nutzen. Auf diese Weise könnte die besondere Sichtweise von Modellierer-Communities die politische Entscheidungsfindung beeinflussen, ja sogar bestimmen und somit eine selbsterfüllende Prophezeiung in Gang setzen. Dann wäre Zukunftsgestaltung nicht offen für alternative Optionen, wie es das Ideal der TA als Beratung ist (Grunwald, 2019). Die Schließung im Sinne des Treffens von Entscheidungen muss freilich getroffen werden – jedoch von den demokratisch legitimierten Institutionen und nicht technokratisch von der TA oder hinter ihr stehenden Communities von Modellierern. Die Modellierung *von etwas* in einer unkritischen Nutzung in der Modell *für etwas*-Perspektive würde die Offenheit der Zukunft „kolonalisieren" (Abschn. 6).

6 Schließen und Offenhalten: modellgestütztes Denken in Alternativen

Damit haben sich Risiken bei der Nutzung von Modellen und modellgestützten Szenarien im Energiebereich und darüber hinaus für die politikberatende TA gezeigt. Sie reichen von dem unerkannten und impliziten Schließen bzw. Ausschließen möglicher Alternativen (Stirling, 2008) aufgrund z. B. von nicht hinterfragten Narrativen bis hin zu bewusst herbeigeführten Einseitigkeiten aufgrund von in die Modellbildung hineingesteckten Überzeugungen (*belief systems*). Temporale Zirkularität und temporale Asymmetrie der Modellierung sind dafür förderliche epistemologische Hintergrundkonstellationen.

Ein großes Risiko bei der Nutzung von *Modellen von etwas,* z. B. Energiemodellen, als vermeintlich objektive und wertneutrale Repräsentanten der Realität ist die Fixierung der Zukunft aufgrund von zeitlichen Extrapolationen mit einem bestimmten Modell oder innerhalb einer Modellfamilie mit strukturellen Ähnlichkeiten. Spezifische, in einer jeweiligen Gegenwart von bestimmten Akteuren gewählte Zutaten, getroffene Entscheidungen zu Modellauswahl und -architektur, und unter den Akteuren geteilte Narrative könnten in der Annahme überzeitlicher Geltung unhinterfragt auf die Zukunft übertragen werden. Die Zukunft würde dann primär zu einer Verlängerung der Vergangenheit degradiert, modifiziert ggf. um kleinere Nachjustierungen, während mögliche grundsätzlichere Alternativen vollständig und ohne explizite Diskussion ausgeschlossen wären. Im Extremfall würde die Zukunft durch die auf der Vergangenheit beruhenden Gegenwart „kolonialisiert", die in der spezifischen Modellierung mit ihren Datensätzen, Strukturentscheidungen und Narrativen aus der Vergangenheit manifestiert ist. Das wissenschaftliche Nachdenken über und das demokratische Erwägen von grundsätzlich alternativen Optionen über mögliche und schließlich nach gesellschaftlichen Werten oder politischen Zielen Wünschenswerte würde verhindert (Stirling, 2008). Dies ist kein rein akademisches Thema, sondern von praktischer Bedeutung für die wissenschaftliche Politikberatung durch TA, für das gesellschaftliche Verständnis von wissenschaftlicher Modellierung und die politische Entscheidungsfindung zu Fragen der Zukunftsgestaltung. Die zu treffenden Entscheidungen sollten nach Beratung durch TA in der Offenheit der Alternativen fallen und nicht durch Einseitigkeiten der Modellierung vorweggenommen werden.

Die hermeneutische Perspektive erlaubt, wenigstens kurz zwei Möglichkeiten anzudeuten, diese kolonalisierende oder auch technokratische im Sinne von auf Voreinstellungen und *belief systems* bestimmter Expertenkreise beruhende Verengung von Zukunft, etwa der Energieversorgung, aufzudecken und zu korrigieren (Grunwald, 2023a). Während die erste eher analytisch konzipiert ist, hat die zweite prozedurale Implikationen für die Modellierung.

1. Die Anwendung des hermeneutischen Konzepts der *Befragbarkeit* (Mahr, 2015; Erdbeer et al., 2025) ermöglicht, die Gründe für das spezifische Design von Modellen herauszufinden, also welche Modelle und Modellarchitekturen warum ausgewählt wurden und andere nicht. Eine Hermeneutik des Modellierens als eines sozialen Prozesses soll ein besseres Verständnis der resultierenden Modelle selbst, ihrer Limitationen und Voreinstellungen liefern und damit auch aufzeigen, an welchen Stellen Entscheidungen getroffen wurden, die auch hätten anders ausfallen können. Es geht also darum, die Partikularität eines spezifischen Modells aufzudecken und das Feld der Alternativen zu öffnen, was in der Regel auch ein Feld der Alternativen von Zukünften wie Szenarien impliziert. Dann erst wird die Möglichkeit des Vergleichs und der Abwägung verschiedener Optionen in einem Assessment-Verfahren der TA (Grunwald, 2019) als Grundlage für eine transparente demokratische Debatte und Entscheidung geschaffen bzw. wiedergewonnen. Letztlich müssen datenbasierte Modelle aufgrund ihrer möglicherweise hohen Auswirkungen auf die Zukunft der Gesellschaft, vor allem mit ihren normativen Prämissen, in die demokratische Debatte geholt werden statt sie als expertenerzeugte *black boxes* unhinterfragt zu akzeptieren.
2. Modellierung wird üblicherweise in hochspezialisierten wissenschaftlichen Communities betrieben. Die epistemische und wertbezogene Geschlossenheit solcher Experten- und Expert:innengruppen birgt das Risiko, dass gemeinsam unhinterfragt geteilte Narrative das Entstehen der Modelle prägen, ohne dass

dies bemerkt wird, da diese Narrative der gesamten Community wie selbstverständlich zugrunde liegen. In vielen Modellierer-Kreisen dürfte vor allem das Narrativ der techno-ökonomischen Optimierung, eine Kombination aus ‚*science knows best*', neoklassischem Gedankengut aus den Wirtschaftswissenschaften und dem Absehen von anderen als technischen und ökonomischen Kriterien verbreitet sein (Grunwald, 2020), auch wenn das Reflexionsniveau in den letzten Jahren deutlich angestiegen ist. Um eine dennoch mögliche frühzeitige Fixierung auf bestimmte Ausschnitte eines Lösungsraumes durch Modellierer zu verhindern, sollte *inklusive Modellierung* darauf abzielen, zivilgesellschaftliche Akteure wie Stakeholder, Bürger und Bürgerinnen sowie, sofern sinnvoll, auch die lokale Bevölkerung einzubeziehen. Die Einbeziehung von Akteuren außerhalb der Modellexperten und -expertinnen sollte sich insbesondere auf die Festlegung der Kriterien für die Bewertung, Beurteilung und Beurteilung der Angemessenheit möglicher Lösungen für das betrachtete Problem konzentrieren. Isolierte Expertengemeinschaften laufen Gefahr, das Spektrum der Kriterien für das, was als gut oder sogar optimal angesehen wird, auf ihre eigenen Wertesysteme zu beschränken, z. B. die genannte techno-ökonomische Optimierung. Schließlich kann Inklusion die zeitliche Stabilität von Modellen hinterfragen, welche vorausgesetzt werden muss, um *Modelle von etwas* als *Modelle für* zukunftsgestaltende Politikberatung nutzen zu können. Experten und Expertinnen neigen zu überzogenen Erwartungen hinsichtlich der Stabilität von Modellen im Zeitverlauf und zum Ignorieren möglicher Überraschungen und unerwarteter Entwicklungen. Andere Akteure können durch eine höhere Diversität der Zukunftsannahmen die antizipatorische Qualität der Modelle erhöhen.

Literatur

acatech – National Academy of Science and Engineering (Hrsg.). (2016). *Beratung mit Energieszenarien: Anforderungen an die wissenschaftliche Politikberatung*. www.acatech.de.

Augustinus von Hippo. (397). *Confessiones XI*, 20

Bauer, A., Capari, L., Fuchs, D., & Udrea, T. (2023). Diversification, integration, and opening: Developments in modelling for policy. *Science and Public Policy, 50*(6), 977–987. https://doi.org/10.1093/scipol/scad038.

Brown, J., Rappert, B., & Webster, A. (Hrsg.). (2000). *Contested Futures. iologie der zukünftigen Techno-Wissenschaft*. Ashgate Publishing.

Darwall, S. (Hrsg.) (2002). *Consequentialism*. Wiley

Dieckhoff, C. (2015). *Modellierte Zukunft – Energieszenarien in der wissenschaftlichen Politikberatung*. transcript

Erdbeer, M., Achermann, E., Grunwald, A., et al. (2025). *Critique of Modeling*. Routledge. (in Vorbereitung).

Frey, P., Dobroc, P., Hausstein, A., Heil, R., Lösch, A., Roßmann, M., & Schneider, C. (2022). Vision Assessment: Theoretische Reflexionen zur Erforschung soziotechnischer Zukünfte. *KIT Scientific Publishing*. https://doi.org/10.5445/KSP/1000142150.

Grunwald, A. (2011). Energy futures: Diversity and the need for assessment. *Futures, 43*(8), 820–830.

Grunwald, A. (2013). Modes of orientation provided by futures studies: Making sense of diversity and divergence. *European Journal of Futures Research* 2/30, 1–9. https://doi.org/10.1007/s40309-013-0030-5.

Grunwald, A. (2014). The hermeneutic side of responsible research and innovation. *Journal of Responsible Innovation, 1*, 274–291. https://doi.org/10.1080/23299460.2014.968437.

Grunwald, A. (2019). *Technology assessment. Practice and theory.* Routledge.

Grunwald, A. (2020): Das Akzeptanzproblem als Folge nicht adäquater ystemgrenzen in der technischen Entwicklung und Planung. In: Fraune, C. et al. (Hrsg.): *Akzeptanz und politische Partizipation in der Energietransformation: Gesellschaftliche Herausforderungen jenseits von Technik und Ressourcenausstattung* (29–43). Springer VS.

Grunwald, A. (2021). Digitalisierung und Künstliche Intelligenz. Hoffnung auf bessere Prognosen? *Berliner Theologische Zeitschrift, 38*, 195–214.

Grunwald, A. (2022). *Technikfolgenabschätzung. Einführung* (3. Aufl.). NOMOS

Grunwald, A. (2023a). The hermeneutic perspective on modeling in Technology Assessment. In A. Grunwald, A. Nordmann, & M. Sand (Eds.), *Hermeneutics, History, and Technology. The Call of the Future* (172 – 192). Routledge. https://doi.org/10.4324/9781003322290-13.

Grunwald, A. (2023b). Zur Validität modellgestützter Energieszenarien. Ein hermeneutischer Versuch. In M. Mackasare (Hrsg.), *Zukunftswissen? Potenziale prospektiver Erkenntnis am Beispiel der Energiewirtschaft* (75–92). Metzler.

Haase, M., Wulf, C., Baumann, M. et al. (2022). Prospective assessment of energy technologies: A comprehensive approach for sustainability assessment. *Energ Sustain Soc, 12*, 20. https://doi.org/10.1186/s13705-022-00344-6.

Janich, P. (2002). Modelle und Modelliertes. In C. F. Gethmann & S. Lingner (Hrsg.), *Integrative Modellierung zum Globalen Wandel* (S. 48–70). Springer.

Longino, H. E. (1990). *Science as social knowledge: Values and objectivity in scientific inquiry.* Princeton University Press

Mahr, B. (2015). Modelle und ihre Befragbarkeit. *Grundlagen einer allgemeinen Modelltheorie, EWE, 26*, 329–342.

Meadows, D. H., Meadows, D. H., Randers, J. et al. (1972). *The limits to growth: A report for club of Rome's project on the predicament of mankind.* Universe Books

Mehnert, W., & Grunwald, A. (2024). Hermeneutic technology assessment. In A. Grunwald (Hrsg.), *Handbook of technology assessment* (S. 279–288). Edwar Elgar

Merton, R. (1948). Self-fulfilling prophecy. *The Antioch Review, 8*(2), 193–210.

Paschen, H., Th., & Petermann. (1991). Technikfolgenabschätzung – ein strategisches Rahmenkonzept für die Analyse und Bewertung von Technikfolgen. In Th. & Petermann

(Hrsg.), *Technikfolgen-Abschätzung als Technikforschung und Politikberatung* (S. 19–42). Campus.

Pielke, R. (2007). *The honest broker: Making sense of science in policy and politics.* Cambridge University Press.

Poganietz, W., & Lee, R.P. (2021). Systemanalyse. In S. Böschen, A. Grunwald, B. Krings, & C. Rösch (Hrsg.), *Technikfolgenabschätzung. Handbuch für Wissenschaft und Praxis* (269–285). NOMOS

Roßmann, M. (2020). Vision as make-believe: How narratives and models represent socio-technical futures. *Journal of Responsible Innovation, 8*(1), 1–24. https://doi.org/10.1080/23299460.2020.1853395.

Roßmann, M. & Rösch, C. (2019). Key-narratives of microalgae nutrition: Exploring futures through a public Delphi survey in Germany. *Science and Public Policy, 47*(3), *137–147*. https://doi.org/10.1093/scipol/scz053.

Sand M. (2019). On "not having a future". *Futures, 107,* 98–106. https://doi.org/10.1016/j.futures.2019.01.002

Stirling, A. (2008). "Opening up" und "closing down". *Science, Technology & Human Values, 33*(2), 262–294.

Streeck, W. (2021). Welchen Wissenschaftlern folgen wir in der Pandemie? *Frankfurter Allgemeine Zeitung*, 11.1.2021 (online: https://www.faz.net/aktuell/feuilleton/debatten/corona-beitrag-der-soziologie-zur-bewaeltigung-der-krise-17138966.html).

Armin Grunwald Leiter des Instituts für Technikfolgenabschätzung und Systemanalyse (ITAS) sowie Professor für Philosophie und Ethik der Technik am Karlsruher Institut für Technologie. Leiter des Büros für Technikfolgen-Abschätzung beim Deutschen Bundestag. Schwerpunkte: Technikfolgenabschätzung, Nachhaltigkeit, Digitalisierung.

Transformation Assessment – Soziotechnische Transformationen analysieren, bewerten und (mit-) gestalten

Janine Gondolf, Andreas Lösch, Christian Büscher und Ulrich Ufer

1 Motivation und Idee für ein *Transformation Assessment*

Intendierte soziotechnische Transformationen unterscheiden sich nach unserem Verständnis von inkrementellen und kleinteiligen Innovationen oder nicht proklamierten, im Verborgenen vorangetriebenem Veränderungsbestreben. Im Gegensatz zu letzteren werden sie durch unterschiedliche Akteure als notwendige Veränderungsprozesse öffentlich proklamiert und dadurch zum Gegenstand gesellschaftlicher Diskurse. Intendierte und proklamierte soziotechnische Transformationen erfahren somit Legitimation oder provozieren Gegenpositionen. Transformationsdiskurse können in spätmodernen und von multiplen Krisen

Equal contribution note: Die Autorin und die Autoren haben im gleichen Maß zu diesem Forschungsartikel beigetragen.

J. Gondolf (✉) · A. Lösch · C. Büscher · U. Ufer
Institut für Technikfolgenabschätzung und Systemanalyse (ITAS), Karlsruhe, Deutschland
E-Mail: janine.gondolf@kit.edu

A. Lösch
E-Mail: andreas.loesch@kit.edu

C. Büscher
E-Mail: christian.buescher@kit.edu

U. Ufer
E-Mail: ulrich.ufer@kit.edu

© Der/die Autor(en), exklusiv lizenziert an Springer Fachmedien Wiesbaden GmbH, ein Teil von Springer Nature 2025

M. Ornetzeder et al. (Hrsg.), *Methoden für die Technikfolgenabschätzung*,
https://doi.org/10.1007/978-3-658-48491-0_7

geprägten Gesellschaften eine progressive Schubkraft entfalten, wenn sie tiefergehende und grundlegende Veränderungen der soziotechnischen Systeme von lokalen bis hin zu globalen gesellschaftlichen Ebenen als Transformationsziele benennen. Sie entfalten sich, anders als bei disruptiven Innovationen, über längere Zeitspannen und Übergänge von einer als defizitär wahrgenommenen Gegenwart hin zu einem Transformationsziel.

Als konstitutives Moment der Moderne wurden umfassende soziotechnische Transformationen bislang rückblickend und historisch erfasst, z. B. die Industrielle Revolution, die Urbanisierung oder die Digitalisierung. Transformationen wurden dabei als eine zunächst nicht intendierte, aus konjunkturellem Zusammenwirken von technologischen Innovationen und gesellschaftlich-kulturellem und politischem Wandel entstehende Dynamik verstanden, die sich erst nach und nach als Paradigmenwechsel und neuer normativer Rahmen erwies. So konnten Transformationen erst in ihrem Verlauf zum Gegenstand gesellschaftlicher Koordinations- und Steuerungsbemühungen bzw. zum wissenschaftlichen Forschungs- und Reflexionsgegenstand werden. Dieses Verständnis von Transformationen und die Frage nach ihrer Qualität und Funktionen in ihren Wirkungskontexten hat sich heute geändert, und einhergehend auch das Verhältnis einer prospektiven und kritisch-reflexiven Forschung der Technikfolgenabschätzung (TA) zu Transformationen als ihrem Untersuchungsgegenstand.

Globale und nationale Policy-Agenden haben die weltweiten und gesamtgesellschaftlichen Transformationen zu einem Leitmotiv erkoren, das mit hoher Dringlichkeit auf den anthropogen verursachten Klimawandel und die bereits begleitenden oder zu erwartenden Krisen antworten soll. Die Idee einer ‚Großen Transformation' von epochemachendem Ausmaß (Polanyi, 1957) ist in politischen Agenden wie den Sustainable Development Goals (SDG) und einer Vielzahl wissenschaftlicher Forschungsprogramme eingeschrieben. Mit diesen Programmen ist der Anspruch formuliert, diese weitreichenden gesellschaftliche Veränderungen von Beginn an gesellschaftlichen Steuerungs- und Koordinationsansprüchen zu unterwerfen (Schneidewind, 2013; WBGU, 2011). Transformationen dieser Reichweite zeichnen sich durch ihren modernistischen, auf soziotechnischer Innovation beruhenden Gestaltungsanspruch und prospektiven Charakter aus und werden von der Hypothese getragen, dass unterschiedlichste lokale und sektorale soziotechnische Transformationsunternehmungen in einer intendierten und gesteuerten, umfassenden und globalen Transformationskonjunktur zusammenfließen können (Lösch & Hausstein, 2021).

Proklamierte und intendierte Transformationen qualifizieren sich aus dem vorgenannten Verständnis als Untersuchungsgegenstände der TA, die auch hier gesellschaftliche Verbesserungserwartungen durch soziotechnische Neuerung und deren komplexe Auswirkungen bzw. deren Einhergehen mit neuen Problemen kritisch analysierend, beratend und handlungsorientierend untersucht. Das Vorgehen ist allerdings bislang hinsichtlich der Forschungsmethoden und -gegenstände stark fragmentiert:

1. sektorale Analysen blicken auf soziotechnische Transformationen in einzelnen soziotechnischen Feldern, z. B. Mobilitätswende oder Energiewende;
2. technologiebezogene intersektorale Analysen blicken z. B. auf Digitalisierung oder Künstliche Intelligenz;
3. Normativ-moralische sowie transformativ-aktivistisch ausgerichtete Handlungsorientierungen blicken z. B. auf Nachhaltigkeit oder soziale Gerechtigkeit (Grunwald & Kopfmüller, 2022; Lösch et al., 2019).

Die Expertise der TA liegt komplementär zu diesen Einzelansätzen gerade in ihrem interdisziplinären und integrierenden Verständnis des Zusammenspiels von technologischer Innovation und gesellschaftlichem Wandel unter Einbeziehung einer Vielzahl an Theorien und Methoden. TA kann ermöglichen, Transformationsfolgen kritisch zu antizipieren, zu untersuchen, zu bewerten und handlungsorientierend zu kommunizieren.

Mit der Idee eines *Transformation Assessment* wollen wir einen Anstoß zu einer komplementären und umfassenden Betrachtungsweise auf proklamierte und intendierte Transformation geben, die über das berechtigte Interesse für einzelne Gesellschaftsbereiche, Technologien oder normativ-moralische Anliegen hinausgeht. Die multiperspektivische, kritisch-reflexive Analyse von Transformationen macht so die Emergenz eines Transformationsparadigmas selbst zum Forschungsgegenstand. Diese Emergenz ist u. a. zu prüfen auf ihre Zukunft gestaltende Wirkmacht in der Gegenwart (Vision Assessment), auf ihre Kultur-kontextuelle und historisch-konjunkturelle Einbettung (Soziokulturelle und historische Analyse) und auf ihre systemisch-funktionalen Voraussetzungen und Auswirkungen (Systemtheoretische Analyse). Diese Perspektiven setzen an unterschiedlichen Problemen an. Während systemtheoretische Ansätze geeignet sind, um funktionale Probleme der Komplexität und Unsicherheit zu analysieren, können historisch-anthropologische Ansätze die raum-zeitliche Entwicklung, strukturelle und konjunkturelle Gelingensbedingungen sowie kulturkontextuelle Einbettungen von Transformationen untersuchen. Vision Assessment stellt die Frage der Instruktivität und Wirkmacht von übergeordneten Ideen und Vorstellungen über künftige Systemzustände, die für jede große Transformationsbewegung vonnöten sind. In diesem Sinne versteht sich *Transformation Assessment* als interdisziplinäres Unterfangen, das auch Erkenntnisse für die Mitgestaltung und Governance von Transformationsvorhaben bereitstellen kann.

Die Beantwortung der Frage, wie soziotechnische Transformationen aus Sicht der TA kritisch-reflexiv analysiert, bewertet und (mit-)gestaltet werden können, erfordert zunächst einen Einblick in die Fülle der bestehenden Forschungsansätze. Dazu werden in Abschn. 2 bestehende Heuristiken und Verfahren schlaglichtartig vorgestellt, die Transformationsvorgänge zum Gegenstand haben und bisher in TA-Projekten Verwendung finden. In Abschn. 3 stellen wir eine Arbeitsdefinition von proklamierten und intendierten soziotechnischen Transformationen vor. Im Anschluss, Abschn. 4, skizzieren wir die Konzeption für ein *Transformation Assessment* aus TA-Sicht. Abschließend, Abschn. 5, diskutieren wir den gegenwärtigen Stand eines integrierten Vorgehens zur Analyse, Bewertung und (Mit-)Gestaltung von Transformationsprozessen aus den drei Perspektiven des Vision Assessment, der soziokulturellen und historischen Analyse und der systemtheoretischen Beobachtung.

2 Einblick in das weitere Feld der Transformationsforschung

Weltweit initiierten Transformationsprogramme sind Ausdruck einer durch breiten wissenschaftlichen Konsens attestierten Dringlichkeit eines grundlegenden Umbaus soziotechnischer Systeme wie die der Energie, des Verkehrs, der Industrie- und Haushaltswärme. Diese führen aber insbesondere dann zu sozialen Verwerfungen, wenn etablierte und dominante soziotechnische Regime herausgefordert werden (De Haan & Rotmans, 2011), die Lebenswelten der von Transformationen Betroffenen und damit oft auch generalisierte Sicherheits- und Wohlstandserwartungen bedroht erscheinen (Blühdorn, 2020) oder Entwicklungspfade schwer zu erkennen sind und Ziele utopisch oder gar dystopisch bleiben (Mascareño, 2024).

Derzeit existiert eine Vielzahl an heuristischen Angeboten, die sich mit der Gestaltung, Wirkung sowie Zielgerichtetheit von Transformationen befassen. Sehr prominent interessiert sich *Transition Research* für Veränderungen als Übergang von einem System zu einem anderen (Geels, 2014). Der Ansatz fokussiert auf soziotechnische Systeme mit ihren heterogenen Elementen und Relationierungen, um der vorgefundenen Komplexität Rechnung zu tragen (Elzen et al., 2004). In diesem Zusammenhang hat sich die *Multi-Level-Perspektive* als Analyse-,

Bewertungs- und Orientierungsheuristik etabliert (Geels & Kemp, 2007). Übergänge werden als Ergebnis der Interaktion zwischen der Mikroebene (Nischen), der Mesoebene (Regime) und der Makroebene (Landscape) beschrieben. Das Erkenntnisziel ist das Verständnis von Governance-Prozessen zur Unterstützung einer zielgerichteten Transformation durch technische und soziale Innovation (Weber & Rohracher, 2012, S. 1045), wie z. B. das *Strategic Niche Management* zur Förderung von nachhaltigen Innovationen (Hoogma et al., 2002).

Mit einer Reihe von als *Impact Assessment* bezeichneten Verfahren werden positive oder negative Auswirkungen von (Transformations-)Aktivitäten, Projekten oder Politiken systematisch erfasst und anhand vorab definierter Kriterien bewertet, um Aussagen über die Effektivität, Relevanz und Nachhaltigkeit von Organisationen und ihren geplanten Maßnahmen in Bezug auf zuvor festgelegte Systemgrenzen und Messgrößen zu treffen (Fischer & Noble, 2015). Die Festlegung der Systemgrenzen und die Bestimmung der Kategorien und Indikatoren ermöglichen einerseits eine weitgehende Vergleichbarkeit, nivellieren aber andererseits potenziell handlungsrelevante und konfliktträchtige Unterschiede. Ebenso wird die Methodenfamilie der *Nachhaltigkeitsbewertung* zur Einordnung und Untersuchung von Transformationen herangezogen, z. B. als Ökobilanz nach der Umweltnormenreihe ISO 14000 (englisch Life-Cycle Assessment, kurz LCA). Die Erweiterung zur LCSA als mehrdimensionale Nachhaltigkeitsbewertung – *Life-Cycle Sustainability Assessment* – vereint dann ökologische, soziale und ökonomische Aspekte und ermöglicht hier die Einbeziehung gesellschaftlicher Wechselwirkungen in die Betrachtung (Zanni et al., 2020).

Das *Plausibility Assessment Framework* als Verfahren zur Bewertung der Plausibilität bestimmter Szenarien oder Entwicklungen kann ebenfalls zur Erforschung von Transformationen herangezogen werden. Ein Beispiel dafür ist der Hamburg Climate Futures Outlook (Stammer et al., 2021), in dem Forscherinnen und Forscher multidisziplinär die Plausibilität von Klimaszenarien bewerten. Im genannten Fall geht es um die Frage, ob eine weitgehende Dekarbonisierung bis 2050 wahrscheinlich ist. Im Hinblick auf Konflikte, wie sie auch in Transformationsprozessen auftreten, kann ein Plausibilitätsbewertungsrahmen dazu beitragen, realistische Transformationsstrategien zu entwickeln. Durch seinen multidisziplinären Ansatz soll er helfen, realistische Zukunftsszenarien zu identifizieren.

Die *Konfliktfeldanalyse* (Bornemann & Saretzki, 2018) schlägt einen partizipativen Forschungsprozess vor, der Ursachen, Dynamiken und Akteure eines (potenziellen) Konflikts analysiert, um zugrunde liegende Zusammenhänge zu verstehen. Dazu werden verschiedene partizipative und immersive Methoden wie Interviews, Befragungen, Literaturanalysen und Feldforschung eingesetzt, um

Informationen über Dynamiken, beteiligte Akteure, Auswirkungen und zugrunde liegende Strukturen zu gewinnen. Auch das *Integrierte Konzept nachhaltiger Entwicklung* (IKoNE) ermöglicht einen methodisch offenen interaktiven und transparenten Prozess mit Beteiligten und Betroffenen unter Einbeziehung lokalen Wissens und kontextbezogener Erfahrungen (Grunwald & Kopfmüller, 2022).

Die genannten Analysestrategien und Methoden, öffentliche Debatten wie auch Politik- und Fachdiskussionen nutzen dabei den Begriff „Transformation" zur Beschreibung unterschiedlicher Sachverhalte. So werden sowohl strukturierende und institutionalisierte Vorgehensweisen für eine intendierte Zukunftsgestaltung als auch Projekte und Programme unter Rückgriff auf „Transformation" benannt. Je nach Kontext werden mit „Transformation" aber auch eher diffuse Erwartungen oder Wünsche, Versprechungen und Hoffnungen angesprochen, wie sie z. B. in Technologieutopien geäußert und u. a. als Technikhypes erfahrbar werden.

Das Konzept *Transformation Assessment* konzentriert sich vor diesem semantischen Hintergrund auf Vorgehen, die als Transformation deklariert werden und somit den zuvor genannten Kriterien der Intentionalität, des aktiv Anstoßens und der proklamierenden Kommunikation entsprechen und deren Umsetzung massive Veränderungen auf unterschiedlichen soziotechnischen Systemebenen mit sich bringen soll. Wie zum Beispiel Strukturprogramme zur Nutzung Erneuerbarer Energien infolge des Klimawandels, die von Netzbetreibern, Industrie, Politik, Zivilgesellschaft und Forschung gemeinsam vorgenommen werden müssen. Proklamierte und intendierte Transformationen sind somit abzugrenzen von einem nicht-intentionalen, evolutionären gesellschaftlichen Wandel oder verdeckten Umgestaltungsprogrammen. Sie sind politisiert und potenziell konfliktgeladen, weil sie öffentlich und mit der Teilnahmeerwartung gesellschaftlicher Akteure umgesetzt werden müssen, woraus sich in westlichen demokratischen Gesellschaften bislang die Forderung und Erwartung erklärt, Transformationen seien auf Akzeptanz und Teilhabe angewiesen.

3 Proklamierte Transformationen

Die Präformierung einer Transformation findet auf verschiedenen Transformationsebenen statt, zu deren Untersuchung wir folgende Vorgehensweise vorschlagen. Die *paradigmatische Transformation* der Gegenwart legitimiert sich durch ihr alle Teiltransformationen übergreifendes Wirkungsziel: die Verhinderung des menschengemachten Klimawandels bzw. die Begrenzung der durch ihn verursachten Schäden und die Anpassung an seine Folgen. Transformationen werden in Form von *Transformationsprogrammen auf der gesellschaftlichen Makroebene* buchstäblich ins Leben gerufen, wenn handlungsmächtige Organisationen aus Politik, Wissenschaft, Wirtschaft oder Gesellschaft normative und räumlich wie zeitlich weitreichende Zielorientierungen für die Veränderung der Gesellschaft in eine programmatische Agenda fügen, wie dies beispielsweise im Zuge der Energiewende geschieht. Transformationsprogramme verhandeln dabei zwischen globalen und nationalen Vorhaben und Zielen. Ihnen untergeordnet sind *Transformationsprojekte auf der gesellschaftlichen Mesoebene.* In Transformationsprojekten werden aktiv Veränderungen der bestehenden Gesellschaftsstruktur und des gesellschaftlichen Handelns gefordert und gefördert, die mit erreichbaren Zielen und kontextspezifischen Umsetzungspfaden ausdifferenziert werden, wie dies beispielsweise aktuell in Initiativen zur Nutzung erneuerbarer Energien oder in urbanen Reallaboren erarbeitet wird (Gondolf et al., 2024; Kelly & Mbah, 2024; Lösch & Schneider, 2016). Unterschiedliche Transformationsprojekte tragen somit ihrerseits zu initiierten Transformationsprogrammen und über diese zur paradigmatischen Transformation bei. Auf der *Mikroebene* wirken Transformationen schließlich durch *Transformationspraktiken,* die Paradigmen, Programme und Projekte in konkrete Einzelaktivitäten vor Ort übersetzen.

Jede Transformation wird aus divergierenden Perspektiven von Entscheidungsträgern oder Betroffenen in ihren Folgen sehr unterschiedlich proklamiert, getragen und bewertet, sodass Konflikte um und in Transformationen unumgänglich sind. Dies zeigt sich bereits innerhalb der sozial differenzierten Europäischen und weiteren Gesellschaften des globalen Nordens. Darüber hinaus kommen insbesondere abweichende und konfligierende Perspektiven des globalen Südens auf die Externalisierung von Umwelt- und Sozialkosten in Transformationsprogrammen des globalen Nordens zum Tragen. Da die Transformation stets in die Zukunft reicht, sind Realisierbarkeit, Funktionalität und Stabilität des zukünftigen Systems bzw. die Folgen der heute eingeleiteten Transformationsprozesse ungewiss, risikobehaftet und in ihren Folgen weitgehend unvorhersehbar. Schließlich erhöht jede paradigmatische Transformation die (Entscheidungs-)Unsicherheiten auf allen Ebenen eines soziotechnischen Systems, da großräumige und tiefgreifende Strukturveränderungen zu hyperkomplexen lokalen wie auch globalen Dynamiken führen, intendierte Folgen mit unkalkulierbaren Risiken belegen sowie die Wahrscheinlichkeit negativer nicht-intendierter Folgen erhöhen. Jeder Transformationsprozess erhöht darüber hinaus das Nichtwissen über zukünftigen Erfolg oder Misserfolg von Entscheidungsprozessen, über erwünschte konstruktive oder unerwünschte destruktive Folgen sowie über individuelle versus kollektive Chancen und Risiken.

Zusätzlich fordern und fördern intendierte und proklamierte Transformationen den Wandel der Gesellschaft mit und durch technologische Innovation. Diese Interdependenz erzeugt Handlungsdruck auf alle gesellschaftlichen Teilsysteme (z. B. Wissenschaft, Finanzen, Familie, Bildungs- und Gesundheitssystem) und hat auch Auswirkungen auf diejenigen Akteure, die nicht oder nicht aktiv an den Transformationsbemühungen beteiligt sind oder sich diesen sogar widersetzen (bekannte Beispiele: Wärmewende/ Heizungsgesetz, E-Mobilität/ Automobilindustrie, KI/ Wissenschaft und Lehre). Um zu verstehen, wie sich die von Transformationsvorhaben betroffenen soziotechnische Systeme wandeln, muss der Zugang und die Perspektive auf den Untersuchungsgegenstand intendierte und proklamierte Transformationen möglichst weit gefasst werden, sodass technische als auch nicht-technische Elemente in ihren Dynamiken und Wechselwirkungen betrachtet werden können (Büscher et al., 2019).

4 Skizze eines Transformation Assessment

Können lokale Transformationspraktiken auf der Mikroebene, Transformationsprojekte auf der Mesoebene sowie Transformationsprogramme auf der Makroebene tatsächlich zu Struktur- und Prozessveränderungen und damit zu den propagierten und intendierten Transformationen der Gesellschaft führen? Die Beantwortung dieser Frage ist von verschiedenen Faktoren abhängig. Einerseits ist von Relevanz, wie Veränderungen des Handelns und Entscheidens organisatorisch aufgefangen werden, andererseits, wie sich veränderte Teilbereiche gesellschaftlicher Organisation zueinander und zu konkurrierenden Konjunkturen sowie gesellschaftlichen Strukturen, beispielsweise politisch-ökonomischen Konstellationen, verhalten. Aus diesem Grund zielt *Transformation Assessment* darauf ab, die wissenschaftliche Beobachtung, Analyse und Bewertung proklamierter und intendierter Transformationen zu ermöglichen – sowohl von und für TA als auch durch TA. Um diesem Ziel gerecht zu werden, kombinieren wir hier drei komplementäre Forschungsperspektiven: „Vision Assessment", „Soziokulturelle und historische Analyse" sowie „Systemtheoretische Beobachtung".

Der idealtypische Ablauf einer solchen Analyse ist wie folgt: TA richtet ihren Fokus auf eine proklamierte und von soziotechnischen Zukunftsversprechen, Kontexten und Koordinationsbedarfen geprägte Transformation und fungiert somit als *new noticer* (La Porte, 2019). Vision Assessment analysiert diese Visionen und ihre Wirkungen und macht sie als Forschungs- und Diskussionsgegenstand zugänglich. Allerdings konzentriert sich Vision Assessment in

Analyse, Bewertung und Gestaltung auf prospektive Projektionen der proklamierten und intendierten Transformation in die Zukunft. Hier setzt die soziokulturelle Analyse historischer Trajektorien und Konjunkturen an, die vergangene Wandlungsprozesse kontextualisiert und vor dem Hintergrund lokaler und kultureller Bedingungen verortet. Diese komplementäre Analyse erweitert den temporalen Horizont, ordnet die Ergebnisse des Vision Assessments ein und macht damit die konjunkturelle und kontextuelle Positionalität bzw. Situiertheit von Transformation zum Gegenstand. Die funktionale Analyse aus systemtheoretischer Perspektive ergänzt die prospektive und die retrospektiv-kontextualisierende Analyse um eine systemische Analyse, indem sie proklamierte und intendierte Transformationen vor dem Hintergrund bestehender Systemkonstellationen denkt und so aus der Transformation entstehende Emergenz neuer systemischer Komponenten (neue Akteure, neue Technologien, neuartige Beziehungen zwischen diesen Elementen; bekanntes Beispiel: die „Prosumer" in der Energiewende) und ihre Beziehungen und Probleme in der Steuerung komplexer Systemfunktionen berücksichtigt.

4.1 Transformation und soziotechnische Visionen

Gesellschaftspolitische Aufrufe und Maßnahmen zu großen, z. B. sozialökologischen Transformationen müssen eine Beschreibung des Zielzustandes zukünftiger Gesellschaft bieten – nicht allein, um Handlungs- und Entscheidungsorientierung für Transformationsprozesse geben, sondern auch, um Veränderungen sinnvoll mit soziokulturellen Kontexten zu verknüpfen und gesellschaftliche Teilsysteme in der Transformation miteinander zu koordinieren. So soll der Aufruf zu einem „Green Deal" für möglichst viele Akteure mit unterschiedlichen Motivationen und funktionalen Logiken ein jeweils nutzbringendes Handlungsfeld eröffnen und dadurch auch eine transformative Übersetzungsleistung zwischen Gegenwart und Zukunft erbringen. Allerdings sind Transformationsvisionen häufig kontrovers, privilegieren einzelne Interessen und können daher aus mangelnder Inklusivität begründete Realisierungs- und Folgeprobleme hervorbringen (Hausstein & Lösch, 2020). Auch visionäre *Imaginaries*, Leitbilder und Szenarien sind wichtige Gestaltungsfaktoren in soziotechnischen Innovations- und Transformationsprozessen (Konrad et al., 2016; Lösch et al., 2019). Aus der Perspektive eines prospektiven *Transformation Assessment* stellt sich hier die Frage, welche der propagierten Visionen geeignet sind, einen angestoßenen oder laufenden Transformationsprozess performativ zu beeinflussen bzw. welche diesen hingegen aufgrund geringer Anschlussfähigkeit eher behindern (Lösch & Hausstein, 2021).

Visionen einer paradigmatischen sozial-ökologischen Transformation wirken auf der Makro-, Meso- und Mikroebene gesellschaftlicher Organisation. Transformationsvisionen sind daher zugleich vor dem Hintergrund gesellschaftlicher Konjunkturen und ihrer Funktionalität in lokalen Praktiken zu untersuchen und handlungsorientierend zu bewerten. Visionen tragen zur Formierung sozialer Arrangements bei und erfüllen somit grundlegende sozio-epistemischen Funktionen für Transformationsprogramme und -projekte (Lösch, 2022; Lösch et al., 2023):

Transformationsvisionen…

- *übersetzen* gegenwärtige soziotechnische Probleme in zukünftige Lösungen.
- *irritieren* Routinen und *initiieren* dadurch antizipierende Kommunikation als Aushandlungsprozesse.
- *bieten* eine indirekte Koordinationsfunktion für die aufgrund ihrer Komplexität und Unsicherheiten nicht steuerbaren Transformationsprozesse sowie eine Integrationsfunktion für eine Pluralität von Transformationsakteuren mit divergierenden Interessen, indem sie einen gemeinsamen Zukunftshorizont bereitstellen, ohne Vorgaben für konkrete Einzelmaßnahmen zu machen.

Proklamierte und intendierte Transformationen orientieren sich an allgemeinen Visionen (wie zum Beispiel die nachhaltige Gesellschaft). Entsprechend werden visionsgenerierende sozio-epistemische Praktiken (z. B. durch Szenarienentwicklung oder *forcasting*) gefördert, die die vagen allgemeinen Visionen konkretisieren. Zugleich können aber gerade die konkretisierenden Visionen sich hemmend auf Transformation auswirken (z. B. durch die Erzeugung von Hypes aufgrund unrealistischer visionärer Zielsetzungen oder mangelnde Diffusion) und damit unzureichender Einbindung von relevanten Akteuren für das Gelingen der Transformation. Dementsprechend muss *Transformation Assessment* die treibenden Visionen einer propagierten Transformation und ihrer Maßnahmen identifizieren, hinsichtlich ihrer Wirkungsmechanismen analysieren und bewerten bzw. unter Umständen auch durch die Entwicklung von Interventionsmöglichkeiten auch mitgestalten.

4.2 Transformation und historische Konjunkturen sowie sozio-kulturelle Kontexte

Aus historischer Perspektive vollzieht sich gesellschaftlicher Wandel permanent – meist als inkrementelle und in den Alltag integrierte, kaum bewusst wahrgenommene Veränderungen, selten als in der Gegenwart attestierter disruptiver, radikaler oder revolutionärer Einschnitt. Epochaler Wandel wird in den allermeisten Fällen erst retrospektiv durch Beobachtung und geschichtswissenschaftliche Bewertung als solcher erkannt, in seinen Anfangs- und Endpunkten gemessen, benannt und eingeordnet. In der Reflexion dieses Vorgehens treten Selektivität und Interpretation von Fakten sowie die Situiertheit des historischen Diskurses als Herausforderungen deutlich hervor, die zugleich auch auf Blindstellen, unreflektierte Eigenbezüge, mangelnde Kontextualisierung und limitierte Perspektiven in aktuellen Transformationsdiskursen verweisen.

Gegenwärtige Probleme und mögliche zukünftige Lösungen sind eingebettet in historische Konjunkturen und erfordern daher ein tieferes Verständnis nicht nur lokaler, sondern globaler sozialer Strukturen, Normen, Werte und Identitäten, um eine propagierte und intendierte paradigmatische Transformation zu analysieren. So müssen Transformationen beispielsweise auch im Kontext der *longue durée* (Lee, 2018) zyklisch auftretender Regulationsmuster kapitalistischer Industriegesellschaften betrachtet werden. Aufrufe zu soziotechnischem Wandel reagieren aus diesem Blickwinkel auch auf geographisch differenzierte Krisen und Restrukturierungen des globalen Kapitalismus, also z. B. auf die Verschiebung technologischer Innovationstätigkeit, ökonomische Konjunkturen und Hegemonialzyklen der politischen Ökonomie. Konjunktur- und Kontextfaktoren treten insbesondere aus der Perspektive der *longue durée* zum Vorschein, z. B. mit Blick auf die Konstitution und den historischen Impetus moderner kapitalistischer Gesellschaften in ihrer Evolution über die vergangenen 500 Jahre (Ufer, 2008). Sie weisen auf ermöglichende und einschränkende Bedingungen für den Erfolg von einem eher durch relativ kurzfristige (z. B. wenige Jahre und Jahrzehnte) Motivationen und Ereignisse geleitetem transformativen Handeln hin, z. B. wenn historisch gewachsene und verankerte soziale Mechanismen (Büscher & Ufer, 2022), Dispositive, Regime oder auch materielle Pfadabhängigkeiten den Transformationsambitionen und -motivationen von Akteuren entgegenstehen.

Auch durch interkulturellen Vergleich treten Konjunktur- und Kontextfaktoren von gesellschaftlichem Wandel zum Vorschein. Beispielhaft sei hier auf die anthropologischen Untersuchungen von Modernisierungsgestaltung in (post)kolonialen Ländern seit Mitte des 20. Jahrhunderts verwiesen, in denen anthropologische Expertise eine den heutigen Transformationswissenschaften vergleichbare beobachtende wie zugleich auch normativ gestaltende Rolle einnahm (Ufer & Hausstein, 2021).

4.3 Transformation und die Koordinationsherausforderungen soziotechnischer Systeme

In Zeiten des Anthropozäns mit Klimawandel, Migration, Massenvernichtungswaffen und Armut manifestieren sich intendierte und proklamierte paradigmatische Transformationen als Handlungsoptionen. Aus systemtheoretischer Perspektive entwickeln sich Transformationen aus dem Zusammenspiel von Menschen, Technologien und Organisationen, die lokal, aber auch in intersystemischer Verschränkung als Weltgesellschaft kommunizieren und interagieren. Der Wohlstand einiger Teile der Weltbevölkerung wird hiernach mit einer beschleunigten entropischen Degradation von Energie und Materie erkauft (Georgescu-Roegen, 1986), die einen anthropogenen Klimawandel vorantreibt (Garrett, 2012) und gleichzeitig lebenswichtige Ressourcen jenseits aller Nachhaltigkeit verknappt. Dieses System ist historisch über den Verlauf der Moderne zur Struktur eines globalen Systems geworden und somit ist die intendierte Transformation soziotechnischer Systeme von tiefgreifenden strukturellen Koordinationsherausforderungen, Risiken und Unsicherheiten gekennzeichnet.

Eine derartige Transformation zeigt sich aus der hier eingenommenen Perspektive als folgenreiche Veränderung in der Zusammensetzung von Systemen und Systemverbünden, z. B. aktuell in der Transformation jener Systembereiche, die Voraussetzung für die Produktion und den Handel von Waren und Gütern sind: Die Dekarbonisierung der Energie- und Wärmeerzeugung in Industrie und Haushalten, des Verkehrs oder der industriellen Produktion folgt längst nicht mehr allein der Zielvorgabe ‚erneuerbare Energien', sondern zugleich der transformativen Vision einer möglichen 'intelligenten' Vernetzung dieser Sektoren für weitgehende Effizienzgewinne. (Siehe die Beiträge in: Büscher, Ornetzeder, et al., 2020a, b).

Operative Kopplungen zwischen den technischen Systemen der Leistungserstellung (Energie, Verkehr, Wärme etc.) und der sozialen Organisation der Produktion werden neugestaltet, wobei alte Strukturen neben neuen wirksam bleiben. Es entstehen neue Anforderungen an die soziale Koordination (z. B. Märkte) und die Regulierung der Interaktionen zwischen Akteuren und Sektoren. Dies wirft Fragen der Integration von Wissen und Techniken, technischen Normen und Standards auf, die auf mögliche Inkompatibilitäten, fehlende Spezifikationen, Innovationshemmnisse, Risiken und Gefahren als Folgeprobleme der Transformation hinweisen. Ein Beispiel ist die sogenannte Sektorenkopplung: Zahlreiche technische Innovationen wie Big Data oder KI als konvergierende Technologie (oder konvergierende technische Systeme) eröffnen in Kombination mit erneuerbaren Energien, also Photovoltaik, Wind, Wasser, aber auch Biomasse, Solar- und Geothermie, Optionen für eine dekarbonisierte „Meta-Infrastruktur" für Energieversorgung, Verkehr, Wärmeversorgung, industrielle Produktion etc. (Büscher, Ornetzeder, et al., 2020a, b; Wietschel et al., 2018).

5 Drei Forschungszugänge für Transformation Assessment

Die drei Forschungszugänge (1) Vision Assessment, (2) Soziokulturelle und historische Analyse sowie (3) Systemisch-funktionalistische Analyse bilden zum gegenwärtigen Stand den konzeptionellen und heuristisch-analytischen Rahmen von *Transformation Assessment* (siehe Tab. 1). Das analytische Potenzial und somit die Motivation für die Auswahl gerade dieser Zugänge ergibt sich nicht aus der Addition jeweils einzelner aus ihnen hervorgehender Erkenntnisse, sondern aus der Integration und den wechselseitigen Bezügen aller drei Zugänge. Zugleich betonen wir eine diesem frühen Stadium der Entwicklung von *Transformation Assessment* angemessene Offenheit für zukünftige, der Komplexität des Forschungsgegenstandes entsprechende hermeneutische und analytische Erweiterungen.

1. Der Zugang Vision Assessment erschließt Transformationen als gegenwärtige sozio-epistemische Praktiken, die emergente Transformationspraktiken durch prospektive Narration motivieren, legitimieren und normativ orientieren.
2. Der Zugang soziokulturelle und historische Analyse erschließt durch diachrone und synchrone Kontextualisierung, Vergleich und Analogiebildungen raum- und zeitübergreifende Transformationen im Hinblick auf ihre Konjunkturgebundenheit, ihre soziokulturelle Spezifik sowie auf Gemeinsamkeiten und Unterschiede ihrer Entstehungs- und Erfolgsbedingungen.
3. Der Zugang systemisch-funktionalistische Analyse erschließt die potenziellen Auswirkungen von Transformation auf funktional differenzierte soziotechnische Systeme hinsichtlich entstehender Koordinationsbedarfe und zunehmend mit Unsicherheit belasteten Erwartungen bzgl. der Konvergenz von Subsystemen, die ihrerseits durch Interdependenzen aber auch durch Eigenlogiken gekennzeichnet sind.

Forschungsdesigns und Methoden, die im Vision Assessment bereits für TA zugänglich gemacht wurden, haben auch für TA-orientiertes *Transformation*

Tab. 1 Transformationsebenen aus Perspektive von Transformation Assessment. (Quelle: eigene Darstellung)

Transformationsebenen	-
paradigmatisch	Transformation als Zielformulierung für eine grundlegend andere Gesellschaftsorganisation (Regime- oder Paradigmenwechsel)
Makro	Transformationsprogramme
Meso	Transformationsprojekte
Mikro	Transformationspraktiken

Assessment hohe analytische Relevanz. Denn vergleichbar zu den Forschungsinteressen und -gegenständen des Vision Assessment (Frey et al., 2022) bringt auch *Transformation Assessment* eine prospektive Gegenwartsdiagnostik zum Tragen: proklamierte und intendierte Transformationen von heute sind durch Diskurse, Narrative und angestoßene Praktiken nicht ohne ihren Vorgriff auf sich aus ihnen ergebende mögliche Zukünfte zu verstehen. Transformationen können also in dem Maße, wie sie das Zusammenspiel von technologischer Innovation und gesellschaftlicher Veränderung intendieren, als aktuelle Aushandlungen über Beschaffenheit und Genesekonditionen von Zukunft verstanden werden. Durch die Proklamation von Transformation entsteht eine normative Orientierung von Wandel, z. B. mittels konkreter soziotechnischer Leitbilder oder auch mittels eher diffuser soziotechnischer Imaginaries, welche Zielwerte der Transformation für eine zukünftige Gesellschaft vermitteln.

Zugleich fungieren Transformationen durch diesen Vorgriff auf Zukunft als Motivation und Legitimation gegenwärtigen Transformationshandelns. Zukunft erfüllt auch im Feld der Transformation eine soziale Funktion als Ressource zur Externalisierung und späteren Lösung gegenwärtiger Probleme (Hausstein, 2022, S. 15). Anders formuliert – heute proklamierte Transformationen werden sich erst in einer mittel- bis langfristigen Zukunft manifestieren, sind aber in ihrer kommunikativen und narrativen Entfaltung bereits in der Gegenwart wirkmächtig.

Die sich aus dem Zugang des Vision Assessment ergebende Forschungsperspektive (1) ist somit sowohl gegenwartsdiagnostisch als auch prospektiv und explorativ, da Zukünfte eingedenk vielfältiger gegenwärtiger Entwicklungspotenziale von Transformationen im Plural konzipiert werden. Die im Vision Assessment eingesetzten Methoden – z. B. Diskursanalyse, Szenariengestaltung oder auch Socio-Technical Integration Research (STIR) (Lösch et al., 2023) – befördern analytische und evaluative Auseinandersetzungen bzw. im Sinne eines

Co-Shaping auch transformative Interaktionen mit Transformationen, die somit einerseits als Forschungsgegenstände, andererseits als transdisziplinäre Handlungsobjekte auftreten können. Anhand der beispielhaften zentralen Leitfrage „Welche Auswirkungen haben Visionen auf Umfang, Richtung und Pfade der Veränderung von Strukturen und Prozessen in einer Transformation?" zeigt sich, wie propagierte und intendierte Transformationen in Anlehnung an Visionen auch hinsichtlich ihrer Praxisfunktionen und einhergehender Effekte verstanden werden sollten (Lösch, 2022, S. 60) (Tab. 2):

- Transformationen bilden *temporale Schnittstellen*, deren Detektion eine Reflexion von Gegenwartsproblemen und Identifizierung von zukünftigen Lösungsoptionen ermöglicht;
- Transformationen können als *Kommunikationsmedien* hinsichtlich ihrer Funktion für Verständigungs- und Aushandlungsprozesse zur Gestaltung von Zukunft analysiert werden;
- Transformationen können hinsichtlich ihrer *koordinierenden Funktionen* für soziotechnische Veränderungen bewertet werden;
- Transformationen können mit Bezug auf ihre *Aktivierungsfunktion* bei unterschiedlichen Akteuren untersucht werden – sowohl hinsichtlich ihrer Motivierung von Unterstützern der proklamierten Transformation als auch mit Blick auf Gegner und deren Artikulation alternativer Transformationsziele.

Die kontextuelle Einbettung propagierter und intendierter Transformationen untersucht der Forschungszugang soziokulturelle und historische Analyse (2). Forschungsgegenstände sind hier aus einer retrospektiv bzw. kontextbezogen vergleichenden Perspektive die historischen Konjunkturen und Trajektorien wie auch soziokulturelle und sozialräumliche Spezifizität von Transformationen (Tab 2). In Komplementarität zum Forschungsansatz Vision Assessment mit seiner gegenwartsdiagnostischen und prospektiven Ausrichtung auf sozio-epistemische Praktiken kommt hier also ein diachron und synchron vergleichender Ansatz zum Tragen.

Zum einen werden Transformationen mit Blick auf ihre zeitliche Kontextualisierung hinsichtlich ihrer Bezüge zu unterschiedlichen Zeitläufen in der Vergangenheit untersucht: Wie verhalten sie sich zu langfristigen Konjunkturen soziotechnischer Entwicklungen, wie zur Ereignisgeschichte der kurzfristigen Vergangenheit? Aus der Beantwortung dieser und ähnlicher Fragestellungen ergeben sich Anhaltspunkte zu möglichen Widersprüchen oder positiven Verstärkungspotenzialen in Transformationen, z. B. mit Blick auf Konfliktpotenziale oder die Anschlussfähigkeit zwischen aus kurzfristigen Ereignissen motivierten

Tab. 2 Drei Forschungszugänge für Transformation Assessment. (Quelle: eigene Darstellung)

Forschungs zugang	Vision Assessment	Soziokulturelle und historische Analyse	Systemisch-funktionalistische Analyse
Forschungs-interesse	Versprechen, Funktionen und Macht der Visionen von transformierenden Handlungen bzw. Transformationspraktiken	Wandel im Laufe der Zeit und kulturelle Situiertheit der relevanten Kontexte für die (in der Vergangenheit) proklamierten Transformationen	Systemspezifische, intersystemische Möglichkeiten und Auswirkungen der Transformation
Forschungs-gegenstand	Auswirkungen der Orientierung an bestimmten visionären Versprechen auf Entscheidungen und Handlungen	Historische Zusammenhänge und Verläufe sowie kulturelle Kontexte (Vergangenheit und Gegenwart)	Strukturelle und prozessuale Interoperabilität der erforderlichen Änderungen in und zwischen den beteiligten Teilsystemen
Forschungs-perpektive	prospektiv, in Echtzeit, explorativ	retrospektive, entwicklungsbezogene, kontextualisierende Vergleiche	simultane Operationen unterschiedlicher Systeme, strukturierend
Beispielhafte Forschungsfrage	Welche Auswirkungen haben die Visionen auf Umfang, Richtung und Wege der Veränderung von Strukturen und Prozessen?	Unterstützen oder behindern historische Konjunktionen/Trajektorien und kulturelle Kontexte die Praktiken und die Umsetzung der proklamierten Transformation?	Was sind Funktionalität, Effektivität und Auswirkungen der initiierten neuen koordinativen Herausforderungen für die Teilsysteme und die gesamte Gesellschaft?

(Fortsetzung)

Tab. 2 (Fortsetzung)

Forschungs zugang	Vision Assessment	Soziokulturelle und historische Analyse	Systemisch-funktionalistische Analyse
Forschungs-methodologie	analytische, evaluative und mitgestaltende Ansätze der Visionsbewertung (z. B. Diskursanalyse, Szenarienbildung)	Konjunkturanalyse, vergleichende Methode, historische und vergleichende Analogien	funktionale soziologische Analyse
erwartete Forschungs-ergebnisse	Erschließung der sozio-epistemischen Konstellationen, die die Transformationspraktiken in der Gegenwart prägen	Zugänglichmachung von kontextbezogenem Wissen und vergleichenden Fällen über Raum und Zeit hinweg	Zugänglichmachung systemischer soziotechnischer Zwänge der Transformation
Assessment von	• Kontrolle trotz Komplexität: soziotechnische Strukturen müssen auch in der Transformation stabil gehalten werden, um Operations- und Handlungsfähigkeit aufrecht zu erhalten • Varietät trotz Redundanz: historische Konjunkturen müssen aufgebrochen werden, ohne Anschlussfähigkeit und Sinnhaftigkeit in kulturellen Kontexten zu verlieren • Inklusivität und Handlungsorientierung trotz einer kontingenten Zukunft		

Handlungen und den langfristigen Trajektorien gesellschaftlicher Entwicklung, die ihrerseits durch Pfadabhängigkeiten und innere Widersprüche gekennzeichnet sind.

Zum anderen ergeben sich aus der soziokulturellen Kontextanalyse Möglichkeiten für diachrone und synchrone Vergleiche, aus denen sich weiteres Reflexionspotenzial für *Transformation Assessment* ergibt: Welche Faktoren des Gelingens oder Scheiterns lassen sich entweder in geschichtswissenschaftlich oder auch in kulturwissenschaftlich bereits beforschten Transformationen in Vergangenheit oder Gegenwart identifizieren? Die historische und vergleichende Analogie als Reflexionsmethode strebt dabei nicht nach einer indikatorbasierten Bewertung. Stattdessen betont sie die sozialräumliche und kulturelle Spezifität von Transformationskontexten und mittels einer erweiterten analogischen Methode aus Gegenüberstellung von Ähnlichkeiten und Unterschieden ein tieferes Verständnis der jeweils spezifischen Genese- und Gelingensbedingungen, z. B. von urbanen Transformationen (Ottenburger & Ufer, 2023; Ufer, 2018).

Schließlich eröffnet die Systemisch-funktionalistische Analyse (3) eine eigenständige Forschungsperspektive auf systemspezifische und intersystemische Möglichkeiten und Auswirkungen von soziotechnischer Transformation. Zugleich bietet der systemische Zugang eine strukturierende und damit integrierende Analytik für *Transformation Assessment* insgesamt. Eine zentrale Forschungsfrage lautet: Welche Funktionalität, Effektivität und Auswirkungen haben die initiierten neuen koordinativen Herausforderungen für die Teilsysteme und die gesamte Gesellschaft (Tab 2)? Zum Gegenstand von Transformation wird hier das soziotechnische System mit unterschiedlichen funktionalen Bereichen, deren jeweilige Funktionslogiken und soziale Mechanismen ein hohes Maß an historisch begründeter Eigenlogik aufweisen können und somit hinsichtlich einer Transformation sowohl in ihrer Genese und aktuellen Verfassung sowie in ihrem Zusammenwirken untersucht werden müssen (Büscher & Ufer, 2022).

Transformation von funktionalen Bereichen soziotechnischer Systeme wie auch einhergehende Auswirkungen auf ihr Zusammenspiel erfordert demnach weitreichende Koordinationsaktivitäten und geht mit zunehmenden Unsicherheiten, Überraschungen, Erwartungsanpassungen bzw. auch Erwartungsenttäuschungen einher. Kurz gesagt: Transformation kreiert in ihrem Fortgang neue und neu zu verhandelnde soziotechnische Probleme, z. B. in der Transformation von Infrastruktursystemen hinsichtlich technischer Konvergenz und soziotechnischer Integration (Büscher, Scheer, et al., 2020a, b). Zu Forschungsgegenständen werden in diesem Forschungszugang die strukturelle und prozessuale Interoperabilität von erforderlichen Veränderungen innerhalb und zwischen den beteiligten soziotechnischen Funktionsbereichen bzw. Subsystemen. Aus dem soziologischen

Grundgedanken einer funktionalen Differenzierung von Gesellschaft als methodischer Basis werden also Chancen des Gelingens von zukünftiger Operabilität und Effektivität von Transformationen sowie deren Auswirkungen in Form neuer koordinativer Erfordernisse untersucht.

6 Schluss und Ausblick

Der hier vorgestellte konzeptionelle Rahmen eines *Transformation Assessment* aus und für TA bietet einen Anstoß für eine reflexiv-kritische Auseinandersetzung mit dem Forschungsgegenstand „Transformation". Das Ziel besteht in der Durchführung von Analysen von Transformationsprozessen, um soziotechnische Probleme von Transformationen sichtbar zu machen, die dann mit bewährten TA-Methoden weiterbearbeitet werden können. Die dargestellten Forschungsperspektiven bieten erste Ansätze, um Transformationen als ein komplexes soziotechnisches Problem spätmoderner Gesellschaften im Modus der Krisenabwendung zu fassen. In diesem Sinne stellt dieser hier vorgestellte konzeptionelle Rahmen eine Perspektive mit bestimmter Vorgehensweise dar, die wie ein Werkzeugkasten andere, spezifischere Methoden integrieren muss und diese operationalisieren kann. Es ist zukünftig zu untersuchen, inwieweit eine Integration von TA-Methoden und anderen disziplinären Ansätzen in das Konzept möglich und sinnvoll ist.

Danksagung Wir danken Mariana Leshkovych für ihr Lektorat und Unterstützung bei der Fertigstellung des Manuskripts.

Literatur

Blühdorn, I. (2020). *Nachhaltige Nicht-Nachhaltigkeit: Warum die ökologische Transformation der Gesellschaft nicht stattfindet*. Transcript.

Bornemann, B., & Saretzki, T. (2018). Konfliktfeldanalyse – das Beispiel „Fracking" in Deutschland. In L. Holstenkamp & J. Radtke (Hrsg.), *Handbuch Energiewende und Partizipation* (S. 563–581). Springer VS..

Büscher, C., Schippl, J., & Sumpf, P. (Hrsg.). (2019). *Energy as a sociotechnical problem: An interdisciplinary perspective on control, change, and action in energy transitions* (1. Aufl.). Routledge.

Büscher, C., Ornetzeder, M., & Droste-Franke, B. (2020). Converging infrastructures: Amplified socio-technical problems. *TATuP – Zeitschrift für Technikfolgenabschätzung in Theorie und Praxis, 29*(2), 10–51. https://https://doi.org/10.14512/tatup.29.2.10.

Büscher, C., Scheer, D., & Nabitz, L. (2020). Future converging infrastructures: Assessing the consequences of increasing sector coupling and integration. *TATuP – Zeitschrift für Technikfolgenabschätzung in Theorie und Praxis, 29*(2), 17–23. https://doi.org/10.14512/tatup. 29.2.17.

Büscher, C., & Ufer, U. (2022). The (Un)availability of Human Activities for Social Intervention: Reflecting on Social Mechanisms in Technology Assessment and Sustainable Development Research. *Sustainability, 14*(3), 1394. https://doi.org/10.3390/su14031394.

De Haan, J. (Hans), & Rotmans, J. (2011). Patterns in transitions: Understanding complex chains of change. *Technological Forecasting and Social Change, 78*(1), 90–102. 10.1016/j.techfore.2010.10.008.

Elzen, B., Geels, F. W., & Green, K. (Hrsg.). (2004). *System innovation and the transition to sustainability: Theory, evidence and policy*. Edward Elgar Publishing. https://doi.org/10.4337/9781845423421.

Fischer, T. B., & Noble, B. (2015). IMPACT ASSESSMENT RESEARCH: ACHIEVEMENTS, GAPS AND FUTURE DIRECTIONS: Introduction to the March 2015 Special Issue of the Journal of Environmental Assessment Policy and Management. *Journal of Environmental Assessment Policy and Management, 17*(01), 1501001. 10.1142/S1464333215010012.

Frey, P., Dobroć, P., Hausstein, A., Heil, R., Lösch, A., Roßmann, M., & Schneider, C. (2022). *Vision Assessment: Theoretische Reflexionen zur Erforschung soziotechnischer Zukünfte*. KIT Scientific Publishing. https://publikationen.bibliothek.kit.edu/1000142150.

Garrett, T. J. (2012). No way out? The double-bind in seeking global prosperity alongside mitigated climate change. *Earth System Dynamics, 3*(1), 1–17. https://doi.org/10.5194/esd-3-1-2012.

Geels, F. W. (2014). Regime resistance against low-carbon transitions: Introducing politics and power into the multi-level perspective. *Theory, Culture & Society, 31*(5), 21–40. https://doi.org/10.1177/0263276414531627.

Geels, F. W., & Kemp, R. (2007). Dynamics in socio-technical systems: Typology of change processes and contrasting case studies. *Technology in Society, 29*(4), 441–455. https://doi.org/10.1016/j.techsoc.2007.08.009.

Georgescu-Roegen, N. (1986). The entropy law and the economic process in retrospect. *Eastern Economic Journal, 12*(1), 3–25. JSTOR.

Gondolf, J., Schrader, T.-S., Mbah, M., Kelly, R., Jendritzki, I., Lee, Y.-C., & Poganietz, W.-R. (2024). Beteiligung für Nachhaltigkeit in der Energiewende—Partizipation und Wissenstransfer im Kopernikus-Projekt Ensure. *Netzpraxis, 63*(7–8), 30–33..

Grunwald, A., & Kopfmüller, J. (2022). *Nachhaltigkeit* (3. Aufl.). Campus Verlag.

Hausstein, A., & Lösch, A. (2020). Clash of visions: Analysing practices of politicizing the future. *Behemoth. A Journal on Civilisation, 13*(1), 83–97. https://doi.org/10.6094/BEHEMOTH.2020.13.1.1038.

Hausstein, A. (2022). Vision Assessment im Feld gesellschaftlicher Herausforderungen. In P. Frey, P. Dobroć, A. Hausstein, R. Heil, A. Lösch, M. Roßmann, & C. Schneider (Hrsg.), *Vision Assessment: Theoretische Reflexionen zur Erforschung soziotechnischer Zukünfte* (S. 15–50). KIT Scientific Publishing. https://publikationen.bibliothek.kit.edu/1000142150.

Hoogma, R., Kemp, R., Schot, J., & Truffer, B. (2002). Experimenting for sustainable transport. *Routledge*. https://doi.org/10.4324/9780203994061.

Kelly, R., & Mbah, M. (2024). Regionale Energiewende-Governance zur Co-Transformation zukunftsfähiger Energieinfrastrukturen als Daseinsvorsorge im ländlichen Raum. *Raumforschung und Raumordnung / Spatial Research and Planning, 82*(2), 127–142. https://doi.org/10.14512/rur.1729.

Konrad, K. E., Lente, H. van, Groves, C., & Selin, C. (2016). Performing and governing the future in science and technology. In U. Felt, R. Fouche, C. A. Miller, & L. Smith-Doerr (Hrsg.*), The handbook of science and technology studies* (4. Aufl., S. 465–493). MIT press.

Lee, R. E. (2018). Lessons of the Longue durée: The legacy of fernand braudel. *Historia Crítica, 69*, 69–77. https://doi.org/10.7440/histcrit69.2018.04.

Lösch, A., & Hausstein, A. (2021). Transformationen und konkurrierende Zukünfte. Vision Assessment zwischen Analyse und Intervention. In R. Lindner, M. Decker, E. Ehrensperger, N. B. Heyen, S. Lingner, C. Scherz, & M. Sotoudeh (Hrsg.), *Gesellschaftliche Transformationen* (S. 133–144). Nomos Verlagsgesellschaft. https://doi.org/10.5771/9783748901556-133.

Lösch, A., & Schneider, C. (2016). Transforming power/knowledge apparatuses: The smart grid in the German energy transition. *Innovation: The European Journal of Social Science Research, 29*(3), 262–284. https://doi.org/10.1080/13511610.2016.1154783.

Lösch, A., Heil, R., & Schneider, C. (2019). Visionary practices shaping power constellations. In A. Lösch, A. Grunwald, M. Meister, & I. Schulz-Schaeffer (Hrsg.), *Socio-Technical Futures Shaping the Present: Empirical Examples and Analytical Challenges* (S. 67–88). Springer Fachmedien. https://doi.org/10.1007/978-3-658-27155-8_4.

Lösch, A., Schneider, C., Dobroć, P., Frey, P., Gondolf, J., Hausstein, A., & Heil, R. (2023). *Vision Assessment: Ein Orientierungsrahmen für die Praxis der Technikfolgenabschätzung*. KIT Scientific Publishing.

Lösch, A. (2022). Vision Assessment sozio-epistemischer Praktiken: Theoretische Positionierung und Plausibilisierung des TA-Ansatzes. In P. Frey, P. Dobroć, A. Hausstein, R. Heil, A. Lösch, M. Roßmann, & C. Schneider (Hrsg.), *Vision Assessment: Theoretische Reflexionen zur Erforschung soziotechnischer Zukünfte* (S. 51–84). KIT Scientific Publishing. https://publikationen.bibliothek.kit.edu/1000142150.

Mascareño, A. (2024). Contemporary visions of the next apocalypse: Climate change and artificial intelligence. *European Journal of Social Theory, 27*(2), 352–371. https://doi.org/10.1177/13684310241234448.

Ottenburger, S. S., & Ufer, U. (2023). Smart cities at risk: Systemic risk drivers in the blind spot of long-term governance. *Risk Analysis*, 43(11), 2158-2168. https://doi.org/10.1111/risa.14102.

Polanyi, K. (1957). *The Great transformation: The political and economic origins of our time*. Beacon Press.

La Porte, T. R. (2019). Observing Amplified Sociotechnical complexity: Challenges for technology assessment regarding energy transitions. In C. Büscher, J. Schippl, & P. Sumpf (Hrsg.), *Energy as a sociotechnical problem: An interdisciplinary perspective on control, change, and action in energy transitions* (1. Aufl., S. 245–261). Routledge.

Schneidewind, U. (2013). Transformative Literacy Gesellschaftliche Veränderungsprozesse verstehen und gestaltenTransformative Literacy. Understanding and Shaping Societal

Transformations. *GAIA – Ecological Perspectives for Science and Society, 22*(2), 82–86. https://doi.org/10.14512/gaia.22.2.5.

Stammer, D., Engels, A., Marotzke, J., Gresse, E., Hedemann, C., & Petzold, J. (2021). *Hamburg Climate futures outlook: Assessing the plausibility of deep decarbonization by 2050* (Version 1/2021). Universität Hamburg. https://doi.org/10.25592/UHHFDM.9104.

Ufer, U. (2018). Practicing urban transformation: Places of solidarity and creative traditionalism in transatlantic comparison. *City & Society, 30*(3), 318–340. https://doi.org/10.1111/ciso.12179.

Ufer, U., & Hausstein, A. (2021). Anthropology of and for Innovation. In B. Godin, G. Gaglio, & D. Vinck (Hrsg.), *Handbook on alternative theories of innovation* (S. 334–354). Edward Elgar Publishing. https://doi.org/10.4337/9781789902303.00032

Ufer, U. (2008). *Welthandelszentrum Amsterdam. Globale Dynamik und modernes Leben im 17. Jahrhundert.* Böhlau Verlag.

WBGU. (2011). *Welt im Wandel. Gesellschaftsvertrag für eine Große Transformation* (Wissenschaftlicher Beirat Globale Umweltveränderungen, Hrsg.). WBGU.

Weber, K. M., & Rohracher, H. (2012). Legitimizing research, technology and innovation policies for transformative change. *Research Policy, 41*(6), 1037–1047. https://doi.org/10.1016/j.respol.2011.10.015.

Wietschel, M., Plötz, P., Pfluger, B., Klobasa, M., Eßer, A., Haendel, M., Müller-Kirchenbauer, J., Kochems, J., Hermann, L., Grosse, B., Nacken, L., Küster, M., Pacem, J., Naumann, D., Kost, C., Kohrs, R., Fahl, U., Schäfer-Stradowsky, S., Timmermann, D., & Albert, D. (2018). *Sektorkopplung—Definition, Chancen und Herausforderungen.* Fraunhofer ISI. https://doi.org/10.24406/PUBLICA-FHG-298838.

Zanni, S., Awere, E., & Bonoli, A. (2020). Chapter 4 – Life cycle sustainability assessment: An ongoing journey. In J. Ren & S. Toniolo (Hrsg.), *Life Cycle Sustainability Assessment for Decision-Making* (S. 57–93). Elsevier. https://doi.org/10.1016/B978-0-12-818355-7.00004-X.

Janine Gondolf Wissenschaftliche Mitarbeiterin am Institut für Technikfolgenabschätzung und Systemanalyse (ITAS), Karlsruher Institut für Technologie (KIT). Schwerpunkte: wissensbasierte Zukunftsgestaltung, Energiewende als soziotechnisches Projekt.

Andreas Lösch Leiter der Forschungsgruppe „Soziotechnische Zukünfte und Policies" am Institut für Technikfolgenabschätzung und Systemanalyse (ITAS), Karlsruher Institut für Technologie (KIT). Schwerpunkte: Science & Technology Studies (STS), Technikfolgenabschätzung, Vision Assessment, antizipative Praktiken.

Christian Büscher Wissenschaftlicher Mitarbeiter am Institut für Technikfolgenabschätzung und Systemanalyse (ITAS), Karlsruher Institut für Technologie (KIT). Schwerpunkte: Wissenschafts- und Technikforschung, Technikfolgenabschätzung, Umweltforschung, globale Regime.

Ulrich Ufer Wissenschaftlicher Mitarbeiter am Institut für Technikfolgenabschätzung und Systemanalyse (ITAS), Karlsruher Institut für Technologie (KIT). Schwerpunkte: Urbane Kultur- und Technikanalyse, Anthropologie und Geschichte der Innovation.

Eine Heuristik zur Technikfolgenabschätzung für Datenumgebungen

Analysedimensionen der Struktur- und Handlungsebene von Datenräumen sowie datenzentrierter Kooperationen.

Greta Runge

1 Einleitung

Datenpraktiken, wie die Erhebung, Nutzung oder Verarbeitung von Daten über Grenzen von Organisationen hinweg sind ein zentrales Merkmal des Metaprozesses *Digitalisierung*. Die daraus resultierende und zunehmende Konnektivität fördert unter anderem infrastrukturelle und wirtschaftliche Rekonfigurationen (vgl. Schrape, 2021a; Schreyer & Schrape, 2021). Die Emergenz von *Datenräumen* stellt in diesem Zusammenhang ein Phänomen für neuartige soziotechnische Dynamiken dar. Soziotechnisch meint in diesem Zusammenhang, dass eine „Interaktion von technischer Infrastruktur mit menschlichem Handeln entsteht" (Schäfer & Wessler, 2020, S. 310) und Infrastruktur- und Innovationsentstehung in einen sozialen Handlungszusammenhang eingebunden ist (vgl. Glatzer, 1999). Aus der Perspektive der Critical Data Studies[1] stellen Bock et al. (2023) Datafizierung und Datenpraktiken in einen solchen Handlungszusammenhang, der als „ambivalent, komplex und fragil" (S. VI) beschrieben wird und dessen Analyse

[1] Die Critical Data Studies (CDS) explorieren gesellschaftliche Herausforderungen, die durch die Sammlung und Verarbeitung großer Datenmengen entstehen (Kitchin & Lauriault, 2014; siehe auch Iliadis & Russo, 2016).

G. Runge (✉)
Fraunhofer-Institut für System- und Innovationsforschung (ISI), Berlin, Deutschland
E-Mail: greta.runge@isi.fraunhofer.de

© Der/die Autor(en), exklusiv lizenziert an Springer Fachmedien Wiesbaden GmbH, ein Teil von Springer Nature 2025

M. Ornetzeder et al. (Hrsg.), *Methoden für die Technikfolgenabschätzung*,
https://doi.org/10.1007/978-3-658-48491-0_8

anspruchsvoll ist. Nach Prietl & Houben (2018) und aus Sicht der empirischen Sozialforschung sind Daten „methodisch generierte Repräsentationen und damit notwendigerweise selektive Reduktionen sozialer Wirklichkeit und gleichzeitig Elemente der Herstellung dieser Wirklichkeit“ (S. 16). Die Herstellung dieser Realität wird durch Vorstellungen und Erzählungen in technischen, medialen, wirtschaftlichen oder politischen Diskussionen geprägt (Dourish & Gómez Cruz, 2018). Vorstellungen und Erzählungen über die Digitalisierung haben Effekte an den Übergängen zwischen den verschiedenen strukturgebenden gesellschaftlichen Teilbereichen wie Politik, Wissenschaft und Wirtschaft, in denen solche Vorstellungen entstehen und sich entwickeln. Die Prozesshaftigkeit der Digitalisierung bezieht sich auf „die technisch ermöglichte Transformation gesellschaftlicher Zusammenhänge“ (Grunwald, 2019, S. 123).

Im Kontext von Transformationsprozessen ist es zentrale Aufgabe der interdisziplinären Transformations- und Innovationsforschung ein Verständnis für „structuring processes of collective order“ (Schmitt et al., 2024, S. 121) zu entwickeln. *Datenobjekte* gelten im Kontext des Erkenntnisinteresses des Beitrags als wichtige Bausteine kollektiver Arrangements, denn sie sind Ordnungselemente der Interaktion und Praxis. Die Verwendung von Daten und datenbasierten Analysen zur Schaffung oder Unterstützung neuer Produkte, Entscheidungssysteme oder Verfahren sind Grundlage für das, was als Technologiefeld *Big Data* im gesamtgesellschaftlichen Prozess Digitalisierung bezeichnet wird (Schrape, 2021a, S. 89). Big Data impliziert große Mengen dynamischer, vielfältiger digitaler Daten, die gemeinsam nutzbar werden und sich über Dateninfrastrukturen verteilen lassen. Daraus ergeben sich weitere sozioökonomische Ausprägungen, wie die Skalierung traditionell produzierter Datensätze zu Dateninfrastrukturen oder Open-Data-Strategien, um Daten offen zugänglich zu machen. Auch bilden sich neue institutionelle Strukturen, Richtlinien und Strategien für gemeinsame Datenpraktiken heraus. Dateninfrastrukturen sind damit elementarer Bestandteil sozialer und sozioinformatischer Ordnungsprozesse (vgl. Niewöhner, 2014, S. 343) und befördern eine Verschmelzung von Denksystemen, Wissen, Praktiken, Organisationen und Institutionen (Kitchin, 2014). Die soziotechnischen Grundlagen von datenbasierten Gesellschafts- und Wirtschaftsordnungen werden durch jene Infrastrukturen geprägt. Ihre konkrete Gestaltung bildet den Rahmen für die Realisierung und Ausgestaltung moderner Gesellschaften (Eggert & Kerpen, 2018, S. 15).

Datenobjekte sind das primäre Wirtschaftsgut der Datenökonomie und gleichen in vielerlei Hinsicht einem öffentlichen Gut. Sie sind *intangible Güter* und können in der Regel von einer Vielzahl von Akteuren simultan und nahezu unbegrenzt verwendet werden, ohne dass sie sich dadurch erschöpfen (Schneider,

2019, S. 147). Ökonomische Aktivitäten in der Datenökonomie, die unabhängig von physischen Gütern oder klassischen Produktionsfaktoren in datenzentrierten Räumen erfolgen, haben erhebliche Auswirkungen auf die Ökonomie sowie auf andere gesellschaftliche Teilbereiche (vgl. Straubhaar, 2021, S. 3). Das Spannungsfeld der Datenökonomie bezieht sich auf die Balance zwischen den Chancen und den Risiken der gemeinsamen Datennutzung. Konfliktlinien können beispielsweise entlang Datenschutz, Datennutzung und Dateneigentum (Wessels et al., 2019), wirtschaftlichem Wert und ethischen Bedenken wie Selbstbestimmung (Hess & Lamla, 2019), technologischem Fortschritt durch Innovation und regulatorischen Anforderungen (van den Broek & van Veenstra, 2018) sowie gesellschaftlichem Nutzen und Wahrung von Individualrechten verlaufen (Helm & Eichenhofer, 2019).

Die wachsende Vernetzung und der Bedarf nach Strukturierung vor dem Hintergrund der zunehmenden Konnektivität beeinflussen demnach Systemarchitekturen von gesellschaftlichen Infrastrukturbereichen sowie die damit verbundenen Dienste und Anwendungen (vgl. Strauß & Krieger-Lamina, 2017). Konkret können hierfür „infrastrukturelle Informations- und Kommunikationssysteme, die den globalen und zeitgleichen Zugang zu Wissen jedweder Art ermöglichen" (Lau & Böschen, 2003, S. 222) angeführt werden. Ökonomische Transformationsprozesse werden, wie Lakshmanan (1989) herausstellte, maßgeblich durch Infrastrukturen geprägt. Innovationen sind der Schlüssel für wirtschaftliche Entwicklung – Infrastrukturen erleichtern Investitionen, die wiederum innovationsfördernd wirken (S. 244). Folglich wächst die Komplexität sowie die Abhängigkeit zwischen der Technologie und den gesellschaftlichen Sektoren, die am Aufbau von Infrastruktursystemen beteiligt sind. Elementare Eigenschaft dieser Systeme – als Teilaspekte der Entwicklung einer Wissensgesellschaft – bildet eine „räumlich-zeitliche Entkontextualisierung der Wissensvermittlung" (Lau & Böschen, 2003, S. 222).

Gegenwärtige wirtschaftspolitische Diskussionen um die Entwicklung von raumbildenden und datenbasierten Infrastrukturen auf nationaler und supranationaler Ebene beruhen auf der Prämisse, einen ausgewogenen und gerechten Zugang zu und Austausch von Daten zu gewährleisten (Europäische Kommission, 2020; Die Bundesregierung, 2021; Europäische Kommission, 2024). Der Austausch von Daten zwischen verschiedenen Akteuren gilt als eine Kernfunktion von Datenräumen (engl. Data Spaces), die in Verbindung mit ihrem infrastrukturellen Regelwerk als Ordnungsmodelle für sozioinformatische Datenpraktiken fungieren. In der Forschung besteht Einigkeit darüber, dass sich verschiedene heterogene Akteure an Kooperationsverbünden für Datenumgebungen beteiligen (Otto & Burmann, 2021; Gelhaar et al., 2021; Bühler et al., 2023). In einer

Datenumgebung mit komplexen soziоinformatischen Dynamiken stellt sich vor dem konstitutiven Charakteristikum der *Folgenorientierung* der TA die weitergehende Frage nach den durch den Aufbau und die Konstruktion von Datenräumen bedingten *Auswirkungen* (Grunwald, 2022, S. 22). Das *soziale Momentum* der Technikgestaltung rückt in das Zentrum der im Rahmen des Beitrags formulierten Heuristik, die sich auf Basis des Instrumentariums der TA der systematischen Beobachtung möglicher Wechselwirkungen in Datenumgebungen und durch datenzentrierte Kooperationen annähert. Mit dem Ziel eine theoretisch fundierte Herangehensweise an die problemorientierte Analyse zu entwickeln wird dieser Beitrag von der übergeordneten Frage geleitet, welche theoretischen Ansätze sich für die Formulierung von Analysedimensionen der Struktur- und Handlungsebene von Datenräumen und datenzentrierter Kooperation eignen.

2 Datenraum: Konzeptionelle Grundlagen und Begriffsbestimmung

In der Europäischen Datenstrategie (2020) wird der Weg zur Schaffung gemeinsamer europäischer Datenräume in einer Reihe von Sektoren beschrieben, um den Wert von Daten zum Nutzen der europäischen Wirtschaft und Gesellschaft zu maximieren. Insgesamt fördert die Europäische Kommission sogenannte *Common European Data Spaces*[2] in einer Vielzahl von Sektoren: *Industrie; Green Deal; Mobilität; Gesundheit; Finanzen; Energie; Landwirtschaft; öffentliche Verwaltung; Fähigkeiten (Bildung); Forschung & Innovation; Tourismus; kulturelles Erbe; Sprache und Medien.* Hinter diesen Datenraumvorhaben steht jeweils eine Vielzahl an Förderprojekten unter Beteiligung heterogener Konsortialpartner. Die Entwicklung von Datenrauminitiativen ist auch auf der nationalen Ebene zu beobachten. Impuls- und Fördergeber spezifischer Initiativen, wie dem 2020 gegründeten Gaia-X Hub Germany (DE)[3], sind unter anderem das Bundesministerium für Wirtschaft und Klimaschutz (BMWK) und das Bundesministerium für Bildung und Forschung (BMBF). Gegenwärtig erscheint noch unklar, welche Auswirkungen der Aufbau von Datenräumen und datenzentrierten Kooperationen auf Sektoren und verschiedene Akteure haben kann. Das Phänomen der Datenräume berührt sowohl ökonomische (datenökonomische Wertschöpfung) als auch soziale

[2] Siehe auch https://digital-strategy.ec.europa.eu/de/policies/data-spaces.

[3] Insgesamt ist Gaia-X in zahlreiche Domänen unterteilt. Neben den benannten Themen der Common European Data Spaces entstehen auf nationaler Ebene Projekte in den Themenbereichen: Geoinformation; Industrie 4.0; Logistik; Planen, Bauen & Betreiben; Smart City & Smart Region sowie Smart Living. Siehe auch https://gaia-x-hub.de/aufgaben/.

Dimensionen (Zugänglichkeit und Kooperation) und eröffnet damit einen problemzentrierten Reflexionsraum für TA-Debatten im ökonomischen Kontext (vgl. Grunwald, 2022).

Der wissenschaftliche Diskurs um Datenräume vereint diverse Disziplinen von Informationswissenschaft, Soziologie über Betriebswirtschaftslehre und Wirtschaftsinformatik. In diesen Diskursen lassen sich verschiedenste Auffassungen darüber ausmachen, was unter einem Datenraum zu verstehen ist. Die in der Literatur bestehenden Definitionen variieren je nach Disziplin oder Verwendungskontext, was zu einer „discontinuity between the existing academic body of knowledge about data spaces and their implementation in real-world scenarios" (Hutterer et al., 2023, S. 2; siehe auch Otto et al., 2022) führt. Um sich dem Phänomen aus einer interdisziplinären und möglichst breit informierten Sicht anzunähern, werden im Folgenden verschiedene Perspektiven und Elemente aufgegriffen und darauf aufbauend eine Arbeitsdefinition formuliert.

Godin et al. (1986) definieren Datenräume als Teil eines Informationssystems, bei dem die Datenzirkulation und der Zugriff auf Daten im Vordergrund stehen: „Data should appear to be arranged in a 'data space' permitting the user to easily move around and examine data items" (S. 90). Franklin et al. (2005) brachten zum einen den Aspekt der Datenintegration in die Diskussion um Datenräume ein:

> *„A dataspace should contain all of the information relevant to a particular organization regardless of its format and location and model a rich collection of relationships between data repositories. Hence, we model a dataspace as a set of participants and relationships" (S. 29).*

Zum anderen beschreiben sie Datenräume als Gesamtheit der zur Datenintegration versammelten Beteiligten und eröffnen damit die Perspektive auf den Aspekt der *Kooperation* innerhalb des Integrationssystems. Eine andere Auffassung von Datenräumen haben Halvey et al. (2006). Ihnen zufolge handelt es sich hierbei nicht um Datenintegrationskonzepte, sondern „(…) they are more of a data co-existence approach. The goal of dataspace support is to provide base functionality over all data sources, regardless of how integrated they are" (S. 1). Damit legen sie einen Schwerpunkt auf die Bereitstellung von Funktionen auf Basis von Datensätzen – und weniger auf die Integration verschiedener Datenquellen. Die hier angesprochenen Definitionen streifen nicht nur die technische Ebene zur Datenintegration und Funktion der Datenräume, sondern auch die der Akteursbeziehungen.

Otto (2022) definiert Datenräume als „a distributed data integration concept which is taken up by consortia aiming at supporting ecosystem“ (S. 3). Konsortien gelten demnach als die zentralen Akteure für den Aufbau eines Datenökosystems. Beverungen et al. (2022) erläutern aus Perspektive der Wirtschaftsinformatik „since they [Anm. Datenräume] establish an ecosystem view on digital business models that creates new opportunities and challenges for providers and users cooperating in data spaces“ (S. 494). Damit wird die Neuartigkeit des Konzepts betont, die neben wirtschaftlichen Möglichkeiten auch Herausforderungen für Datenraumteilnehmende – Anbietende und Nutzende – schafft. Die hier angesprochene Ökosystemperspektive auf Datenräume und potenziell entstehende Geschäftsmodelle bezieht sich im Gegensatz zu den anderen angeführten Definitionen stärker auf die Datenraum-interne Netzwerkbildung auf Basis interorganisationaler Kooperationen (siehe auch ebd., S. 493).

Aus Perspektive des europäischen Infrastrukturprojekts Gaia-X definieren Reiberg et al. (2022) Datenräume „als eine föderierte, offene Infrastruktur für souveränen Datenaustausch, die auf gemeinsamen Vereinbarungen, Regeln und Standards beruht“ (S. 11). Ihre Definition stützt sich auf definierte Grundprinzipien von Datenräumen: Austausch, Transparenz, Föderation und Governance. Föderation bezieht sich hierbei auf den Aspekt, dass Datenräume „kein zentralisiertes, sondern ein dezentrales Ganzes“ (S. 10) bilden. Verschiedene, an den Datenräumen beteiligte Akteure oder Systeme arbeiten auf Grundlage von Prinzipen und Regeln zusammen, während gleichzeitig die Autonomie und Kontrolle über Daten gewahrt werden soll. Pettenpohl et al. (2022) definieren Datenräume in dem Zusammenhang der Souveränitätswahrung als „data sharing concept without a central storage. Thus, data remains at its source and is only shared when needed. This enables data providers to be sovereign over the data as long as data is needed (…)“ (S. 29). Hierbei werden im Vergleich zu den anderen Auffassungen die Dezentralität der Systeme sowie der Aspekt der Kontrolle über das Datenteilen unterstrichen.

Nach Zehle (2023) geht es im Kontext von Datenräumen darum, bestehende Technologiepotenziale zu verstehen und zu nutzen, die Interessen und Bedürfnisse der Akteure in einem bestimmten Bereich zu identifizieren und den Austausch von Erfahrungen, Implementierungen und Visionen der beteiligten Akteure zu fördern (S. 548 f.). Vor dem Hintergrund des Aufbaus von Dateninfrastrukturen im Gesundheitswesen fassen Hoeyer et al. (2024) Datenräume als generatives Konzept auf, welches die virtuellen Eigenschaften von Datenobjekten und die physischen Aspekte von Datennutzenden vereint. Sie schlagen vor, Datenräume als „conditions of being that are enacted when people, computers, and organizations use data for maneuvering hopes, opportunities, risks, and challenges – or think that others might be doing so“ (S. 3) zu fassen. In dieser Definition wird der Charakter von Datenräumen als erwartungsbasiert unterstrichen und das soziale Phänomen als Ort der Interaktion von Datenobjekten, Organisationen und technischer Komponenten beschrieben.

Für das definitorische Verständnis von Datenräumen wurden in diesem Kapitel zentrale Charakteristika aus den bestehenden Definitionen extrahiert (siehe Tab. 1) und eine Arbeitsdefinition formuliert, mit der ein methodischer Zugang angeleitet werden soll:

Datenräume sind *Ordnungsmodelle* und dienen zur Strukturierung von Technik und Handlungen durch kollektive Akteure (bspw. Konsortien), die über Datenobjekte und Informationen in Beziehung und Interaktion treten. Interessen, Bedürfnisse und Zielsetzungen beeinflussen den Aufbau des Ordnungsmodells, dessen Prinzipien, Standards und Mechanismen sicherstellen sollen, dass die Funktionalität gewährleistet ist und Potenziale entlang der Akteurserwartungen gehoben werden können.

Der Begriff der Ordnungsmodelle wird nach einem Verständnis aus der Infrastrukturforschung gewählt. Ordnungsmodelle sollen unter anderem „auf eine Erhöhung von technischer wie auch sozialer ‚Resilienz‘ im Sinne flexibler Reaktionsmöglichkeiten abzielen“ (van Laack, 2020, S. 26). Damit verbinden sich soziotechnische Struktur- und Handlungsperspektiven in diesem Begriff, die anhand der theoretischen Auffassungen im folgenden Kapitel spezifiziert werden.

Tab. 1 Konzeptionelle Dimensionen von Datenräumen

Akteurstypen	Handlung	Technische Grundlagen
Konsortien	Datenpraktiken	Dateninfrastruktur
Heterogene Akteure	Bedarfserkennung	Dezentrales System
Organisationen	Bereitstellung von Funktionen	Informationssystem
	(Interorganisationale) Kooperation	Technologische Komponenten
	Ökosystemaufbau	Datenintegrationssystem
	Vereinbarungen, Regeln und Standards	

Eigene Darstellung.

3 Strukturelle Perspektiven auf Datenräume als Innovationsfelder

Der Austausch von Daten zwischen verschiedenen Akteuren gilt als eine Kernfunktion von Datenräumen, die in Verbindung mit ihrem infrastrukturellen Regelwerk als Ordnungsmodelle für sozioinformatische Datenpraktiken fungieren (siehe auch Abschn. 2). In der Forschung besteht Einigkeit darüber, dass sich verschiedene heterogene Akteure an Kooperationsverbünden für Datenumgebungen beteiligen (Otto & Burmann, 2021; Gelhaar et al., 2021; Bühler et al., 2023), jedoch besteht eine Forschungslücke in der systematischen und empirischen Betrachtung der Konstruktion solcher interorganisationaler Settings für den Aufbau von Ordnungsmodellen (siehe auch Abschn. 2). Das Konzept der *Innovationsfelder* (Windeler, 2016; Windeler et al., 2018) ermöglicht einen analytischen Zugang zum Innovationsgeschehen auf der *Mesoebene der Vergesellschaftung* (S. 23). Ziel des Zugangs ist es, die Konstitution intermediärer, datenzentrierter Kooperationsverbünde sichtbar zu machen. Die zugrunde liegende Feldperspektive lässt sich als *field-as-social-system perspective* (Windeler & Jungmann, 2023, S. 1296) fassen, bei der Felder „as composed of social interactions and social relations that more than two social actors coordinate with each another in time–space predominantly around an issue“ (Windeler & Jungmann, 2023, S. 1296) verstanden werden.

Ein zentrales Merkmal der Perspektive von Innovationsfeldern ist, dass der Fokus der Beobachtung auf der Koordination sozialer Interaktionen und Beziehungen zwischen den Feldakteuren um ein bestimmtes „issue of innovation“ (Windeler & Jungmann, 2023, S. 1296) liegt. Dieses Feld- oder Innovationsthema bildet das Bindeglied zwischen gesellschaftlichen Teilbereichen, Akteurskonstellationen und Bedingungen des Feldes, die in konkreten Handlungen und Interaktionen entwickelt und „gegebenenfalls transformiert werden“ (Windeler, 2018, S. 30).

Nach dieser Feldperspektive generieren Themen spezifische Anforderungen an die Feldkomposition und deren Bearbeitungsmodalitäten. Feldakteure konstituieren die Themen sowie die korrespondierenden Felder eigenständig, indem sie gegebenenfalls bereits existierende Themen aus anderen Kontexten adaptieren. Gesellschaftliche Fragestellungen, signifikante Ereignisse oder innovative Vorhaben transformieren sich nicht automatisch in Feldthemen; sie erfordern eine gezielte Etablierung und koordinierte Bearbeitung. Der Übergang von der Thematisierung zur Innovation ist dabei nicht determiniert und häufig interagieren multiple Themen simultan (Windeler, 2021, S. 495). Feldakteure wie bspw. kollektive Akteure konstituieren nach diesem Verständnis reflexiv und gemeinsam ein Innovationsfeld (Windeler et al., 2018, S. 29). Der Fokus des Erkenntnisinteresses bei der Beobachtung von Innovationsfeldern liegt im Rahmen des Beitrags auf Aspekten wie Beziehungen und Interaktionen der sozialen Akteure, die durch eine Beobachtung der Koordination und des Zusammenwirkens im Feld analysier- und verstehbar werden sollen (Windeler, 2021, S. 457).

Vor diesem Hintergrund wird im Folgenden aus einer strukturationstheoretisch informierten Praxisperspektive nach Windeler (2016, 2021) ein Blick auf die Konstitution von *Innovation* auf verschiedenen Aggregationsebenen geworfen. Die gewählte Perspektive ermöglicht es, die Prozesshaftigkeit von Innovationsentstehung zu dekonstruieren (Windeler, 2016, S. 102). Die Mesoebene, als systemisch konstitutive Verortung des Innovationsfeldes, steht im Zentrum des Erkenntnisinteresses. Sie wird jedoch von Mikro- und Makroebene umschlossen und steht zu diesen Aggregationsebenen in Wechselbeziehung (siehe Abb. 1). Die Interaktionen bilden auf der Mikroebene die Basis der Innovationen, „da Handelnde ihre Fähigkeiten, ihre Kompetenzen und ihr Wissen, ihre Entwürfe, Pläne usw. handelnd produzieren, reproduzieren und in der Koordination und Konkurrenz mit anderen Innovationen konstituieren“ (Windeler, 2018, S. 30). Auf der Makroebene sind es die institutionellen Bedingungen gesellschaftlicher Bereiche und ihrer Überlappungen, die wiederum vom *Imperativ der Innovation* (Windeler et al., 2018, S. 30) beeinflusst werden. Somit werden auch makrostrukturelle Fragen und Dynamiken bezüglich „gesellschaftliche(r) Sets von sozialen Semantiken, Praktiken und Grammatiken, institutionelle(r) Bedingungen, Mechanismen und Formen von Innovation“ (Windeler et al., 2018, S. 30) relevant.

Innovationsfelder, als Theorie mittlerer Reichweite[4], gestatten einen analytischen Zugang zur inhärenten Verfasstheit von Sozialsystemen auf der Meso-Ebene. Mittels dieser Beobachtungsperspektive und Aggregationsebene werden Innovationsfelder analytisch zugänglich gemacht und nach den zeichentheoretischen Elementen *Semantik, Pragmatik und Grammatik* (Rammert, 2006) unterschieden. Innovation kann ihren Bedeutungsgehalt durch Sinn, Wissen und gesellschaftliche Diskurse erhalten (Semantik), neue Handlungs- und auch Technologiekonstellationen formulieren (Pragmatik) und durch Ordnungen, Regime und Regelsysteme ermöglicht werden (Grammatik) (Windeler et al., 2018, S. 28). Felder sind nach diesem Verständnis „nicht allein einem Gesellschaftsbereich zuzuordnen, etwa der Wirtschaft, der Politik oder der Kultur, sondern bilden sich quer zu ihnen aus“ (Windeler, 2021, S. 460).

---

[4] Als Theorien mittlerer Reichweite gelten Ansätze, die „aus gewissen theoretischen Generalisierungen (bestehen) (…)“ und zugleich „den empirischen Phänomenen nahe genug (sind), um in konkrete Propositionen umformuliert und dann auch empirisch getestet zu werden“ (Esser 2002, S. 129 nach Merton 1976).

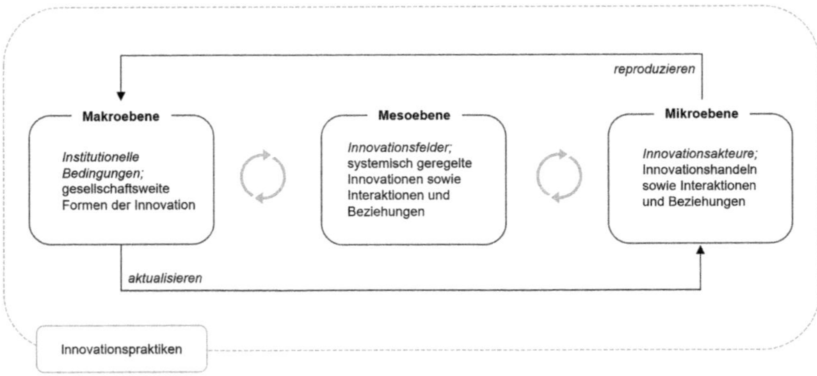

Abb. 1 Konstitution von Innovation nach Aggregationsebenen (*Eigene Abbildung: Inhaltliche Orientierung an* (Windeler, 2016, S. 92; Windeler, 2021, S. 458))

Im Fall der Datenräume kennzeichnet sich das Feld durch eine geringe physische Präsenz und Verfügbarkeit der beteiligten Feldakteure, denn sie sind zeitlich und räumlich verteilt und nutzen für ihre Koordination gemeinschaftszentrierte Organisationformen (vgl. Windeler & Jungmann, 2023, S. 1289). Ein Ziel der Felder mit dem übergeordneten Innovationsthema Datenraum scheint die „collaborative production of knowledge and diffusion of artifacts" (S. 1302), um über die neuesten Entwicklungen in gemeinschaftsgetriebenen Projekten auf dem Laufenden zu bleiben und exklusiven Zugang zu Informationen zu erhalten (ebd.). Kollektive Akteure, die gemeinsam Innovationsentstehung anstreben[5] benötigen unter Berücksichtigung von Felddynamiken die Kompetenz, interne und externe Aktivitäten zu orchestrieren, um Interessen, Positionen und die Entstehung von Kooperationsverbünden unter Berücksichtigung gesellschaftlicher Regelungen und Struktureigenschaften zu fördern (ebd., S. 1305). Zentral für die Koordination eines solchen Innovationsfeldes erscheinen Governance-Strukturen, die nach Windeler und Jungmann (2023) in der Einrichtung von Netzwerken oder formellen Instanzen wie bspw. Konsortien, feldspezifische Regeln und die Koordination sozialer Akteure durchsetzen.

Netzwerke als Koordinationsform von Innovationen (auch *Innovationsnetzwerke* genannt) können nach Häußling (2021) auf drei Arten verstanden werden: Erstens als eine von mehreren möglichen Koordinationsformen, wobei der Fokus auf Unternehmensnetzwerken oder heterogenen Netzwerken liegt. Zweitens als

[5] Siehe auch Verortung, Modi und Aspekte verteilter Innovationsprozesse (Schrape 2021b).

ein allen Innovationen inhärentes Phänomen, bei dem Netzwerke aus heterogenen Entitäten gebildet werden, speziell betrachtet im Kontext soziotechnischer Innovationsnetzwerke und drittens, durch die strukturelle Analyse, die tiefere Einblicke in Aufbau und Funktion der Innovationsnetzwerke gewährt (Häußling, 2021, S. 431). Aus neo-institutionalistischer Perspektive stehen Netzwerke als Form der Koordination und keine Märkte oder Hierarchien im Zentrum der Entwicklung von Technologien (siehe Teubner, 2005, S. 199).

Das Aachen Model of Transformation (AMT) (2024) bildet einen weiteren theoretischen Rahmen und empirischen Anknüpfungspunkt zum Übergang der Analyse von der Struktur auf die Handlungsebene. Schmitt et al. (2024) schlagen vor, eine feldtheoretische Perspektive und sozialwissenschaftliche Netzwerkforschung zusammenzudenken, um „complex structural dynamics between different social spheres" darzustellen und erklärbar zu machen (Schmitt et al., 2024, S. 126). Dieser Vorschlag verbindet die objektiven Beziehungen zwischen Akteuren oder Akteursgruppen mit den beobachtbaren Beziehungen wie Interaktionen, die zwischen definierten Einheiten (wie Innovationsfeldern) beobachtbar werden (Schmitt et al., 2024, S. 131). Der für diesen Beitrag relevante Fokus auf die feldinterne Interaktion eröffnet eine problemzentrierte Perspektive, die die Beziehung zwischen *Problemen und Fähigkeiten* in Transformationsprozessen betrachtet. Ein weiteres Element sind die *Anforderungen und Positionen,* die sich auf die Interaktion zwischen Akteuren und den Erwartungen an Innovationsfelder beziehen. Diese Aspekte erscheinen als bedeutsam für die Analyse interorganisatorischer Netzwerke und Governance-Dimensionen in emergierenden Datenräumen (Abb. 2).

Um Innovationsfelder vor diesem Hintergrund auch für die Ebene der Handlungskoordination analytisch zugänglich zu machen, wird im Folgenden die Governance-Perspektive eingenommen. Die Governance-Perspektive, wie sie von Schimank (2009) beschrieben wird, dient als Ausgangspunkt dafür, die Regelungsstrukturen innerhalb gesellschaftlicher Verhältnisse zu untersuchen und deren Einfluss zu erforschen. Folglich sollen nicht nur Strukturen und deren Funktionen verstanden, sondern auch handlungsbezogene Bestrebungen „intentionaler Gestaltung gesellschaftlicher Verhältnisse" (S. 236; siehe auch Schimank, 2007) aufgezeigt werden. Folglich wird relevant, welche formellen und informellen Koordinationsmechanismen die intermediären Kooperationen in den Datenräumen gestalten und beeinflussen.

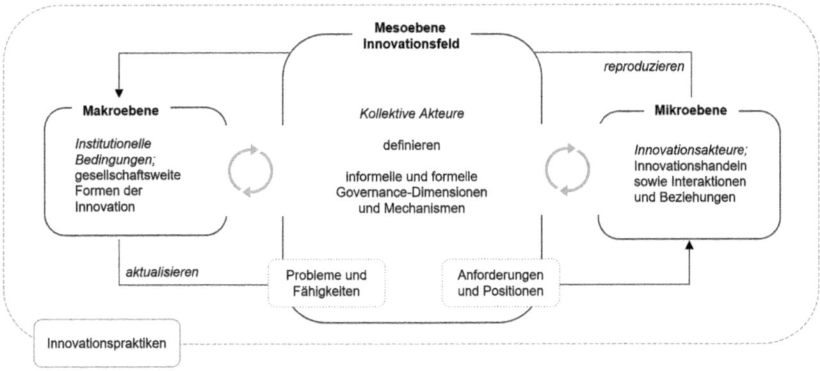

Abb. 2 Konstitution des Innovationsfeldes Datenraum (*Eigene Abbildung: Inhaltliche Orientierung an den in Abschnitt 3 angegebenen Literaturangaben)*

4 Technology und Data Governance als Steuerungsmechanismen

Eine Vielzahl europäischer Rechtsakte wie der Data Governance Act, Data Act, Digital Markets Act, Open Data Richtlinie und der AI-Act verweisen auf regulatorische Entwicklungen und datenrechtliche Vorgaben im Rechtsgebiet „Datenrecht". Die EU-Kommission zielt mit diesen Verordnungen darauf ab, einen europäischen Binnenmarkt für Daten zu etablieren und (neue) Potenziale zur Wertschöpfung im Zusammenhang mit Daten besser zu nutzen (Europäische Kommission, 2020). Die rechtlichen Rahmenbedingungen müssen laut EU-Kommission mit „industriepolitische(n) Strategie(n) für die datenagile Wirtschaft ergänzt werden" (S. 6). Hierzu gehört die Einrichtung von Datenräumen, die eine Vielzahl von Daten unterschiedlicher Akteure zugänglich machen und damit neue Kombinationen von Produkten und Dienstleistungen hervorbringen sollen (S. 6). Durch die Einrichtung von Datenräumen soll die EU „a leading role model for a society empowered by data to make better decisions – in business and the public sector" (Europäische Kommission, 2020, S. 1) werden. Für die Realisierung dieser Zielsetzung möchte die EU Governance-Mechanismen auf EU-Ebene und in den Mitgliedstaaten stärken, die für die sektorübergreifende Datennutzung und in gemeinsamen sektoralen Datenräumen relevant sind, wobei sowohl private als auch öffentliche Akteure einbezogen werden sollen (S. 12). Die

Ausgestaltun geiner Datenraum-Governance ist durch vielschichtige datenregulatorische Anforderungen komplex. Neben rechtlichen und technischen Maßstäben für die Systemgestaltung stellt sich auch die Frage nach (normativen) Kriterien der Technikgestaltung und organisationalen Steuerungsmechanismen (vgl. Nagel & Lycklama, 2022, S. 22).

Beverungen et al. (2022) plädieren mit Blick auf Data Spaces für die Aufmerksamkeit der Forschung auf die Entstehung und Form von Governance-Mechanismen, um Interaktion und Co-Innovation der Datenkooperationen zu gestalten (S. 499). Dieser Ausblick auf künftige Forschungen bietet Anlass, aus Perspektive der TA einer Analyse von intermediären Kooperationsbeziehungen vor dem Hintergrund des Aufbaus von Datenumgebungen nachzugehen. Governance-Mechanismen beschreiben konkrete Instrumente, die im Rahmen einer *Data Governance* im Innovationsfeld Datenraum durch Akteure definiert werden. Wird hierbei insbesondere das Zusammenwirken und Formen der Kooperation zwischen Unternehmen, Wissenschaft, Staat und Gesellschaft im Bereich der Entwicklung und Nutzung von technischen Innovationen fokussiert, spricht die Literatur von *Technology Governance* (Bröchler, 2010, S. 63). Analysen technologischer Governance können sich auf unterschiedliche Bereiche fokussieren. Zentral für den Beitrag sind Governance-Analysen, die Akteure mit ihren divergierenden Zielen, problemzentrierten Handlungsweisen sowie dem institutionellen Gefüge und seiner Regeln der Problembearbeitung betrachten (Simonis, 2013, S. 161; siehe auch Abschn. 3). Technology Governance kann demnach als *reflexives Handlungsfeld* beschrieben werden „dessen Treiber einerseits die problemlösenden Leistungen und andererseits die problemerzeugenden Folge- und Nebenwirkungen wissenschaftlich technischer Innovationen sind“ (Simonis, 2013, S. 177).

Alle Entscheidungen, die systemisch geprägt und institutionell koordiniert sind, wirken sich auf die Technology Governance aus, da die Akteure der an Datenräumen beteiligten gesellschaftlichen Teilsysteme jeweils aus ihrer systemischen Perspektive die Probleme der Governance bestimmen (vgl. Simonis, 2013, S. 180). Zur Konkretisierung der Form der Technology Governance – Technologie ist bekanntermaßen ein weiter Begriff – wird im Folgenden auf die Form der Data Governance eingegangen. Abraham et al. (2019) definieren den in der Literatur bislang nicht einheitlich gefassten Begriff *Data Governance* auf Basis einer Analyse der Informationsmanagement-Literatur:

> „Data Governance specifies a cross-functional framework for managing data as a strategic enterprise asset. In doing so, data governance specifies decision rights and accountabilities for an organization’s decision making about its data. Furthermore,

data governance formalizes data policies, standards, and procedures and monitors compliance“ (S. 426).

Zusammengefasst lassen sich aus Sicht des Innovationsmanagements sechs Merkmale einer Data Governance festhalten: 1) Data Governance wird als eine interdisziplinäre Aufgabe aufgefasst, die die Kooperation quer über organisationale Grenzen und Bereiche erfordert. 2) Data Governance bietet ein Framework, das Struktur und Formalität in die Datenverwaltung einbringen soll. 3) Data Governance betrachtet Daten als strategische Unternehmensressource, die in verschiedenen Formaten Fakten repräsentieren. 4) Data Governance definiert Entscheidungsbefugnisse und Verantwortlichkeiten innerhalb einer Organisation bezüglich der Datenpraktiken. Im Rahmen der Data Governance werden 5) Datenrichtlinien, Standards und Verfahren entwickelt, die mit der Unternehmensstrategie harmonieren und ein angemessenes Verhalten im Umgang mit Daten fördern sollen. Schließlich beinhaltet die Data Governance 6) die Implementierung von Kontrollmechanismen, die die Einhaltung der Datenrichtlinien und -standards überwachen (Abraham et al., 2019, S. 426).

Aus einer sozialwissenschaftlichen Perspektive wird Data Governance von Micheli et al. (2020) als relationaler und akteurszentrierter Begriff definiert. Diese Form der Governance umfasst:

> *„the power relations between all the actors affected by, or having an effect on, the way data is accessed, controlled, shared and used, the various socio-technical arrangements set in place to generate value from data, and how such value is redistributed between actors“ (S. 3).*

Vor dem Hintergrund von Plattformökonomie und Prozessen der Datafizierung stellen Micheli et al. (2020)[6] fünf Governance-Kategorien heraus (siehe auch Tab. 2): 1) Stakeholder: Individuen, Institutionen, Organisationen oder Kollektive, die von der Verwaltung von Daten und der Generierung von Werten beeinflusst sind oder darauf Einfluss nehmen. 2) Governance Ziele: Zielsetzungen der beteiligten Akteure, die Einfluss auf die Datenverwaltung nehmen, 3) Wertgenerierung: Durch die Datennutzung zu generierende Ressourcen sowie deren Verteilung unter den beteiligten Akteuren und innerhalb der Gesellschaft, 4) Governance Mechanismen: Hierunter fallen unterschiedliche Instrumente, die zur Realisierung spezifischer Governance-Ziele verwendet werden, einschließlich

[6] Micheli et al. (2020) beziehen sich hierbei auf Abraham et al. (2019); Winter & Davidson (2019).

Tab. 2 Analysedimensionen zur Konstitution und Steuerung von Datenräumen

Dimension	Kategorie	Inhalte
Akteure	Stakeholder	Individuen, Institutionen, Organisationen oder Kollektive
Handlung	Governance Ziele	Zielsetzungen der beteiligten Akteure
	Datenpraktiken zur Wertgenerierung	Ressourcen sowie deren Verteilung
	Governance Mechanismen	Instrumente zur Realisierung der Zielsetzungen
Bewertung	Reziprozität	Macht- und Kräfteverhältnisse, Transformationsdynamiken in Sektoren
Technik	Technische Merkmale	Elemente von Datenraumarchitekturmodellen

Eigene Darstellung: Inhaltliche Orientierung an Micheli et al., 2020, S. 5*; siehe auch* Tab. 1, *Abschn.* 2.

der zugrunde liegenden Prinzipien, 5) Reziprozität: Macht- und Kräfteverhältnisse zwischen den beteiligten Parteien hinsichtlich des Zugangs zu Daten und deren Nutzung (S. 5). Im Rahmen dieses Beitrages wird eine sechste Kategorie ergänzt, anhand derer (6) Technische Merkmale systematisch erfasst und für ein Grundverständnis von Implikationen und Wirkungsweisen dienen können.

Diese Governance-Kategorien lassen sich mit den in Abschn. 2 beschriebenen Überlegungen zu den konzeptionellen Dimensionen von Datenräumen verbinden und erweitern:

Die Dimension „Akteur“ umfasst die Stakeholder, wie Individuen, Institutionen, Organisationen oder Kollektive. In der Dimension „Handlung“ ist Governance das zentrale Element. Governance Ziele umfassen die Zielsetzungen der beteiligten Akteure, wie bspw. interorganisationale Kooperationsentstehung und Ökosystemaufbau. Zudem beinhaltet diese Dimension die Wertgenerierung, die sich auf Ressourcen sowie deren Verteilung konzentriert, bspw. auf Datenpraktiken wie Datennutzung, Datenintegration und die Bereitstellung von Funktionen. Governance-Mechanismen umfassen die Instrumente zur Realisierung der Zielsetzungen, wie etwa Vereinbarungen, Regeln und Standards. In der Dimension „Bewertung“ steht die Reziprozität im Fokus, wobei die Macht- und Kräfteverhältnisse sowie Transformationsdynamiken in verschiedenen Sektoren zentral werden können. Schließlich umfasst die Dimension „Technik“ die Elemente von Datenraumarchitekturmodellen wie bspw. Informationssysteme, technische Komponenten oder dezentrale Systeme.

Die vorgestellte strukturelle Perspektive auf Datenräume betrachtet diese als komplexe Figurationen von Interaktionen und Beziehungen zwischen Akteuren. Sie hebt hervor, wie soziotechnische Strukturen durch Beziehungen und Interaktionen der Beteiligten geformt werden. In diesem Kontext können Aspekte wie Governance, Stakeholder-Interaktionen und die Mechanismen zur Zielverwirklichung als integraler Bestandteil der emergierenden Struktur betrachtet werden. Diese Perspektive ermöglicht es, dynamische Prozesse und die Einflussnahme von individuellen und kollektiven Akteuren auf die Struktur des Innovationsfeldes Datenraum zu analysieren. Aus Perspektive der *Techniksoziologie der Datafizierung* wird hierbei „die adäquate Erschließung der soziotechnischen Vernetzung des Digitalen, Mentalen, Materiellen und Körperlichen" (Häußling, 2020, S. 135) relevant.

Die Analyse von Datenräumen sollte jedoch neben der Erfassung „der soziotechnischen Struktur des jeweiligen Phänomens" (Häußling, 2020, S. 135) auch umfassen, dass sich analytisch „weit in die Datenerzeugungs- und Datenverarbeitungsprozesse" (ebd.) – also in die mit ihm verwobenen Datenpraktiken – vorgewagt wird. Eine solche Perspektive, das Eintauchen in die sozioinformatische Ebene der Datenräume, wird im folgenden Kapitel erläutert.

5 Sozioinformatischer Zugang zur Analyse von Innovationshandeln

Soziotechnische Systeme (STS) sind aus Perspektive der Systemtheorie auf den Ausschnitt der Wirklichkeit zentriert, der eine strukturelle Kopplung von technischen und menschlichen Praktiken betrifft (Luhmann, 1991, S. 108). STS beziehen sich auf „ein Modell der Beschreibung, ein Methodenarsenal wie auch ein Forschungsprogramm zur Optimierung der Beziehungen von Mensch und Technik" (Liggieri & Müller, 2019, S. 300). Soziotechnische Systeme charakterisieren sich auf Ebene ihrer Gestalt durch Emergenz. Emergente Eigenschaften hängen nach Sommerville (2009) sowohl von den Systemkomponenten als auch von den Beziehungen zwischen ihnen ab. Angesichts dieser Komplexität können die emergenten Eigenschaften erst bewertet werden, wenn das System zusammengesetzt ist (S. 268).

Den Aspekt der Emergenz fokussieren Zweig et al. (2021) in ihrem Ansatz der Technikfolgenabschätzung für sozioinformatische Systeme. Die *Sozioinformatik* (engl. social informatics) ist eine interdisziplinäre Forschungsdisziplin, die Bereiche wie Informatik, Soziologie, Pädagogik, Kommunikations- und Informationswissenschaft umfasst. Nach Sawyer und Tyworth (2006) ist sie weder eine

Theorie noch eine Methode, sondern vielmehr eine theoretische Perspektive, wie beispielsweise die Mensch-Computer-Interaktion (S. 6). Die Sozioinformatik soll basierend auf einem gestaltungsorientierten Forschungsparadigma ein Verständnis „der Strukturation sozialer Praktiken (…), die Besonderheiten der Interaktion zwischen innovativen IKT-Artefakten und sozialen Systemen in ihrer jeweiligen Kontextbedingtheit" (Rohde & Wulf, 2011, S. 2) ermöglichen. In ihrer Ausrichtung charakterisiert sich die Sozioinformatik am Prinzip der Problemorientierung: „Social-informatics is problem-oriented. This means that social informatics research focuses on the 'real-world' design, development, and use of ICT" (Sawyer & Tyworth, 2006, S. 6).

Auch in der Sozioinformatik besteht ein Systembegriff: Sozioinformatische Systeme werden nach Zweig et al. (2021) als „eine Teilmenge der soziotechnischen Systeme (betrachtet), bei denen der zentrale Technikteil ein Hard- und/ oder Softwaresystem ist oder ein solches enthält" (S. 70). Sozioinformatische Systeme dienen als „ein Modell der verschiedenen Kommunikationsprozesse und der daran beteiligten Akteure" (S. 73). Modelliert werden kann hierbei nach unterschiedlichen Ausrichtungen: Zum einen die phänomeninduzierte Technikfolgenanalyse mit dem Ziel „ein beobachtetes emergentes Phänomen bei der Nutzung von Software durch Individuen, Organisationen oder die Gesellschaft als Ganzes möglichst gut erklären zu können" und zum anderen *technikinduziert* mit dem Fokus auf „explorativ mögliche(n) emergente(n) Technikfolgen der Nutzung von Software durch Individuen, Organisationen oder die Gesellschaft als Ganzes" (Zweig et al., 2021, S. 73 f.). In diesem Beitrag wird vor dem Hintergrund des Schwerpunktes auf die Folgenabschätzung von Datenräumen in Konstruktion und Entstehung, die Variante der technikinduzierten Analyse relevant. Zweig et al. (2021) unterteilen hier in verschiedene Phasen (Tab. 3):

Die Perspektive der Sozioinformatik auf die TA für Datenumgebungen eröffnet die Möglichkeit, Datenpraktiken als sozioinformatische Handlungsweisen aufzufassen (siehe Tab. 1). Dies ist auf Ebene der Innovationsakteure bedeutsam, um ein Verständnis für die Interaktionen in sozioinformatischen Systemen zu fördern und dadurch ein Bewusstsein für die etwaigen Auswirkungen – positiv wie negativ – zu entwickeln. Sozioinformatische Technikfolgenabschätzung zeigt, wie technische Artefakte von den Nutzenden (bspw. kollektiven Akteuren) für den praktischen Gebrauch übernommen werden. Dieser Aneignungsprozess wird als ein aktiver und kreativer Vorgang verstanden, bei dem die Nutzenden ihre sozialen

Tab. 3 Vorgehen zur sozioinformatischen TA von Datenumgebungen

Phase		Vorgehen
1	Beschreibung der technischen Grundlagen	Hier werden nicht nur technologische Charakteristika sondern auch Anreize relevant, die durch informatische Artefakte wie Informationssysteme, technische Komponenten oder dezentrale Systeme gesetzt werden
2	Identifikation der relevanten sozialen Akteure und ihrer Motivationen	Die Identifikation sozialer Akteure ist notwendig, um ein sozioinformatisches Phänomen zu analysieren. Akteure beziehen sich bspw. auf Individuen, Organisationen, gesellschaftliche Teilbereiche oder die Gesellschaft als Ganzes
3	Erstellung des Wirkungsgefüges	Eine Visualisierung des Wirkungsgefüges schafft Klarheit, identifiziert kausale Zusammenhänge und ermöglicht das Aufzeigen von Steuerungsansätzen
4	Analyse des Wirkungsgefüges	Zentral hierbei sind die Reaktionen und Dynamiken der sozialen Akteure (basierend auf ihren Motiven und der Anreizstruktur) in Bezug auf die Technologie im Verwendungszusammenhang
5	Zweite-Gedanken-Denken	Um diesen „Zweiten Gedanken" zu ermöglichen, werden profitable wie defizitäre Aspekte von Anreizstrukturen für Akteure identifiziert und reflektiert

Eigene Darstellung: Inhaltliche Orientierung an Zweig et al., 2021, *S. 113 ff.*

Praktiken im Kontext der neu geschaffenen Möglichkeiten durch informatische Artefakte weiterentwickeln (Rohde & Wulf, 2011, S. 2)[7].

[7] Rohde und Wulf (2011) beziehen sich hierbei auf Pipek, V. (2005). *From Tailoring to Appropriation Support: Negotiating Groupware Usage*, PhD Thesis, Faculty of Science, University of Oulu, Oulu, Finland.

6 Operationalisierung und methodisches Vorgehen

Die in den vorangegangenen Kapiteln vorgestellten Theorien und Ansätze erfüllen eine heuristische Funktion für die Analyse von Datenräumen. Sie ermöglichen eine theoriegeleitete Exploration des in seiner theoretischen wie empirischen Gestalt neuen und abstrakten Phänomens (siehe auch Abschn. 1). Im Rahmen der vorangegangenen Abschnitte wurde ein heuristisches Modell zur TA von Datenumgebungen entwickelt, das Strukturen und Handlungen als Geflecht von Sollenserwartungen, Datenpraktiken und Innovationsleistungen versteht. Im nächsten Schritt wird exemplarisch aufgezeigt, welche Methoden welche Aspekte des Modells abdecken. Hierbei kann und will der Beitrag keinerlei Anspruch auf Vollständigkeit erheben. Vielmehr soll die Zusammenführung von theoretischen und methodischen Überlegungen als Anregung verstanden werden, sich dem methodischen Vorgehen zur Analyse des Ordnungsmodells auf mehreren Ebenen anzunähern (siehe Abb. 3).

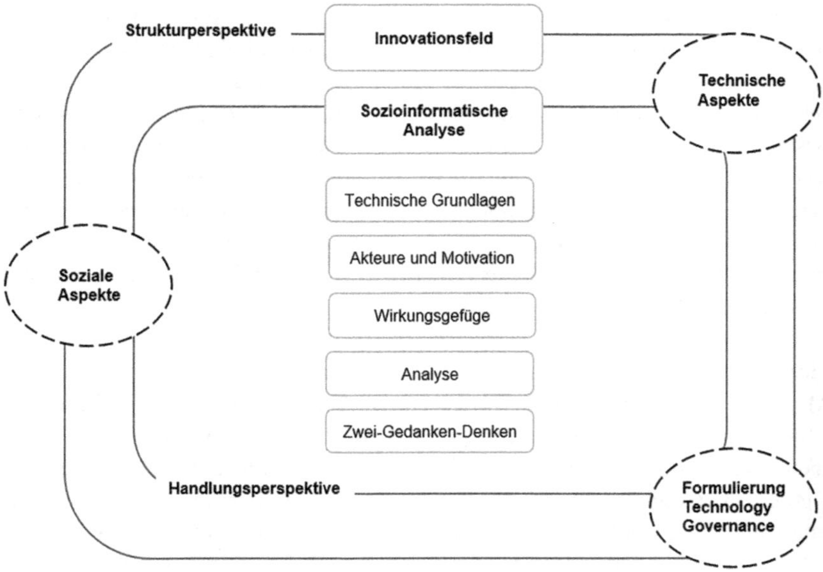

Abb. 3 Struktur- und Handlungsperspektive auf eine TA von Datenräumen (*Eigene Darstellung: Inhaltliche Orientierung an den in diesem Beitrag angegebenen Literaturangaben*)

Strukturperspektive

Eine umfassende Bestandsaufnahme des betreffenden Phänomens mittels der *prospektiven Technologiebetrachtung* erscheint erkenntnisreich. Zentral ist hierbei die prospektive Analyse der Umgebung mit dem Ziel „(der) Suche nach neuen Technologien/Techniken und Kombinationen" (Cuhls, 2021, S. 322). Zum einen sind für diese Diagnose- und Explorationsphase technische Grundlagen und der Stand der Technik zu Datenräumen relevant. Zum anderen erfolgt eine gegenständliche Bestandsaufnahme von Diskussionen über den Aufbau von Datenraumvorhaben und bspw. die relevanten Innovationsthemen (siehe Abschn. 3). Im Rahmen von Diskursanalysen, Inhaltsanalysen oder explorativen, problemzentrierten (Expertinnen-) Interviews kann somit ein besseres Verständnis vom Phänomen und relevantes *Kontext- und Zukunftswissen* (Grunwald, 2022, S. 137 ff.) für die strukturelle Definition des Innovationsfeldes erarbeitet werden. Dieser, insbesondere bei neuen Technologien verwendete Ansatz der Zukunftsforschung und TA kann darauf abzielen, Entwicklungen und gesellschaftspolitische Diskussion zu systematisieren und/oder Bedarfe nach Sektoren oder Akteursgruppen zu identifizieren (vgl. Cuhls, 2021, S. 325; siehe auch Abschn. 2).

Die prospektive Technologiebetrachtung ermöglicht es somit, empirisch fundiert sichtbar zu machen, welche Herausforderungen oder Rahmenbedingungen von Innovationen und Innovationsprozessen für verschiedene gesellschaftliche Teilbereiche oder Organisationen bestehen (Cuhls, 2021, S. 329). Für die strukturierte Visualisierung der durch die prospektive Analyse entstandenen Wissenssammlung ist es denkbar eine *Innovationsbiographie* anzufertigen. Ziel hierbei ist es, den Prozess zur Innovations- und Technikgenese systematisch nachzuzeichnen. Denkbar wäre es, unterschiedliche Ansätze der Konstruktion und Entwicklung sowie Bedarfe und Zielsetzungen von Datenraumvorhaben systematisch vergleichbar zu machen (vgl. Butzin, 2009; Butzin et al., 2013).

Handlungsperspektive

Mit Blick auf das methodische Vorgehen zur Analyse der Handlungsebene wird bedeutsam, welche Akteure unter welchen Bedingungen im Innovationsfeld zusammenwirken und welche Governance-Mechanismen hierfür formuliert und relevant werden. Daran schließt sich die Frage an, wie Prozesse der Definition, Gestaltung und Umsetzung von Governance, genauer das *doing governance*, im Innovationsfeld Datenraum ablaufen. Um sich der Beantwortung dieser Frage zu nähern braucht es einen Zugriff, der es ermöglicht, struktur- und handlungsorientierte Beobachtungen aufeinander zu beziehen. Aus transfomationstheoretischer Sicht erscheint hier nach Schmitt et al. (2024) eine Verbindung der feldtheoretischen Perspektive mit sozialwissenschaftlicher Netzwerkforschung wertvoll (siehe auch Abschn. 3).

Das Grundprizip eines netzwerktheoretischen Zugangs wie der Akteur-Netzwerk-Theorie (ANT) ist, den Akteuren selbst zu folgen. Law (1999) plädiert dafür, die ANT weniger als eine Theorie und vielmehr als eine „verstreute Denkpraxis" anzusehen, bei der sich Ansätze versammeln, die „anti-essentialistisch und relationalistisch vorgehen und dabei auch noch die Handlungsträgerschaft von Dingen einbeziehen" (Schulz-Schaeffer, 2020, S. 290; siehe auch Law 1999).

Nach Schulz-Schaeffer (2000) muss die Beobachtung im Rahmen der ANT im Dualismus „zwischen der Beobachtung von Aktanten, die durch Übersetzungen Innovationen bewirken, und der Beobachtung von Übersetzungen, die Aktanten verändern oder stabilisieren" (S. 199) erfolgen. Dies bedingt, dass zum einen die an der Netzwerkbildung beteiligten Akteure (oder auch Aktanten) und ihre Rollen in den Innovationsfeldern Gegenstand der Beobachtung sind. Zum anderen steht die Beobachtung der Wirkungszusammenhänge (siehe Abschn. 5) zwischen Akteuren, Datenobjekten und dem Netzwerk an sich im Zentrum möglicher Fragestellungen. Bedingung für Formen von Beobachtungen ist ein Feldzugang zu Forschungsprojekten, am Aufbau von Datenräumen beteiligten Akteuren wie Entwicklerinnen und Entwicklern, Konsortien und/oder interorganisationalen Settings, wie Experten- oder Fokusgruppen. Als erste Anleitung für Akteur-Netzwerk-Beobachtungen können die im Rahmen dieses Beitrags definierten Analysedimensionen und Kategorien[8] gelten.

7 Fazit & Ausblick

An dieser Stelle lohnt es zu reflektieren, warum und wie Datenumgebungen, in diesem Fall Datenräume, aus Perspektive der TA und damit der problemorientierten Forschung analysiert werden sollen. Als Forschungsfeld reagiert sie auf soziotechnischen Wandel und gesellschaftlich relevante Technikentwicklungen (Böschen et al., 2021). Mit Blick auf die Historie des Aufbaus von Datenräumen kann durch die Anleitung in politischen Leitpapieren (siehe Abschn. 1) von politisch motivierten datentechnologischen Entwicklungen gesprochen werden. Solche Impulse entstehen aus gesellschaftspolitischen Bedürfnissen heraus, um sozialen, wirtschaftlichen oder ökologischen Herausforderungen zu begegnen. Interessant für eine problemorientierte Forschung ist hierbei die Frage, welche

[8] Siehe bspw. Kategeorien zur Konstitution des Innovationsfeldes oder Analysedimensionen zur.

Steuerung und Koordination der Datenraum-Governance (Abschn. 3 und 4).

Problemkonstruktionen seitens welcher Akteure bestehen und welchen (vermeintlichen) Beitrag Technologie leisten kann und soll. Datenräume könnten in einigen Jahren als fest implementierte Systeme und Ergebnisse politischer Leitbilder und Förderprogramme gelten, die bestimmte sozioökonomische Problemlösungsstrategien mit ihrem Aufbau verfolgen. Vor diesem Hintergrund erscheint es relevant, dass sich TA-Arbeiten zu Datenumgebungen prospektiv auf *Wissensgenerierung* fokussieren, um verschiedene Typen von Wissen bereitzustellen (Grunwald, 2022). Folglich könnten Debatten angeleitet oder etwaige Technikkonflikte im Stadium der Konstruktion und Technikgestaltung von Datenräumen systematisch beobachtet und analysiert werden. Aufgrund seiner interdisziplinären Verfasstheit (Decker & Ladikas, 2004) ist das Forschungsfeld TA in der Lage, diese komplexen Verflechtungen und Entwicklungen zu reflektieren – die hier vorgestellte fachübergreifende Heuristik sollte demnach in weiterführenden empirischen Arbeiten auf ihre Robustheit überprüft, im Feld getestet und mit Empirie gestützt werden.

Förderhinweis
Ich danke dem Bundesministerium für Bildung und Forschung (BMBF) für die Unterstützung dieser Arbeit, die im Rahmen von PRIDS (Privatheit, Demokratie und Selbstbestimmung im Zeitalter von KI und Globalisierung; 16KIS1374K) gefördert wurde.

Literatur

Abraham, R., Schneider, J. & vom Brocke, J. (2019). Data governance: A conceptual framework, structured review, and research agenda. *International Journal of Information Management, 49*, 424–438.

Beverungen, D., Hess, T., Köster, A. & Lehrer, C. (2022). From private digital platforms to public data spaces: Implications for the digital transformation. *Electronic Markets, 32*(2), 493–501.

Bock, A., Breiter, A., Hartong, S., Jarke, J., Jornitz, S., Lange, A. & Macgilchrist, F. (2023). *Die datafizierte Schule*. Springer VS.

Böschen, S., Grunwald, A., Krings, B.-J. & Rösch, C. (2021). Technikfolgenabschätzung– neue Zeiten, neue Aufgaben. In S. Böschen, A. Grunwald, B.-J. Krings & C. Rösch (Hrsg.), *Technikfolgenabschätzung: Handbuch für Wissenschaft und Praxis* (1 Auflage, S. 15–40). Nomos.

Bröchler, S. (2010). Technikfolgenabschätzung und Technology Governance. Steuerung und Koordination in der Governance-Perspektive. In G. Aichholzer, A. Bora, S. Bröchler, M.

Decker & M. Latzer (Hrsg.), *Technology governance: Der Beitrag der Technikfolgenabschätzung* (Vol. 13, S. 63–74). Nomos.

Bühler, M. M., Calzada, I., Cane, I., Jelinek, T., Kapoor, A., Mannan, M. & Zhu, J. (2023). Unlocking the power of digital commons: Data cooperatives as a pathway for data sovereign, innovative and equitable digital communities. *Digital, 3*(3), 146–171.

Butzin, A., Rehfeld, D. & Widmaier, B. (2013). *Innovationsbiographien.* Nomos.

Butzin, A. (2009). Innovationsbiographien als Methode der raum-zeitlichen Erfassung von Innovationsprozessen. In *Innovationen im Raum-Raum für Innovationen: 11. Junges Forum der ARL, 21. bis 23. Mai 2008 in Berlin* (S. 189–198). Verlag der ARL-Akademie für Raumforschung und Landesplanung.

Cuhls, K. (2021). Methoden der Prospektiven Technologiebetrachtung/Technikvorausschau. In S. Böschen, A. Grunwald, B.-J. Krings & C. Rösch (Hrsg.), *Technikfolgenabschätzung: Handbuch für Wissenschaft und Praxis* (S. 321–336). Nomos.

Decker, M. & Ladikas, M. (Eds.). (2004). *Bridges between Science, Society and Policy: Technology Assessment - Methods and Impacts.* Springer VS.

Die Bundesregierung. (2021). *Datenstrategie der Bundesregierung.* Drucksache 19/26450. Zugegriffen: 12. August 2024.

Dourish, P. & Gómez Cruz, E. (2018). Datafication and data fiction: Narrating data and narrating with data. *Big Data & Society*, 5(2).

Eggert, M. & Kerpen, D. (2018). Wer Datengesellschaft sagt, muss auch Cloud-Computing sagen. Die Cloud als zentrale Infrastruktur der datafizierten Gesellschaft. In D. Houben, & B. Prietl (Hrsg.), *Datengesellschaft: Einsichten in die Datafizierung des Sozialen* (S. 154–178). transcript Verlag.

Esser, H. (2002). Was könnte man (heute) unter einer „Theorie mittlerer Reichweite" verstehen. In Maynitz, R. (Hrsg.), *Akteure–Mechanismen–Modelle. Zur Theoriefähigkeit makro-sozialer Analysen* (S. 128–150). Campus Verlag.

Franklin, M., Halevy, A. & Maier, D. (2005). From databases to dataspaces: A new abstraction for information management. *ACM Sigmod Record, 34*(4), 27–33.

Gelhaar, J., Gürpinar, T., Henke, M., & Otto, B. (2021). Towards a taxonomy of incentive mechanisms for data sharing in data ecosystems. Twenty-fifth Pacific Asia Conference on Information Systems, Dubai, UAE, 2021. Zugegriffen: 6. Oktober 2024.

Glatzer, W. (1999). Soziotechnische Innovationen im Alltag. In W. Glatzer (Hrsg.), *Ansichten der Gesellschaft* (S. 178–190). Springer VS.

Godin, R., Saunders, E., & Gecsei, J. (1986). Lattice model of browsable data spaces. *Information Sciences, 40*(2), 89–116.

Grunwald, A. (2019). Digitalisierung als Prozess. Ethische Herausforderungen inmitten allmählicher Verschiebungen zwischen Mensch, Technik und Gesellschaft. *zfwu Zeitschrift für Wirtschafts- und Unternehmensethik 20*(2), 121–145.

Grunwald, A. (2022). *Technikfolgenabschätzung. Einführung.* Nomos.

Halevy, A., Franklin, M. & Maier, D. (2006, June). Principles of dataspace systems. In *Proceedings of the twenty-fifth ACM SIGMOD-SIGACT-SIGART symposium on Principles of database systems.* Zugegriffen: 5. September 2024.

Häußling, R. (2020). Daten als Schnittstellen zwischen algorithmischen und sozialen Prozessen. In S. Maasen & J.-H. Passoth (Hrsg.), *Soziologie des Digitalen-Digitale Soziologie* (S. 134–152). Nomos.

Häußling, R. (2021). Innovation und Netzwerke. In I. Schulz-Schaeffer, A. Windeier, & B. Blättel-Mink (Hrsg.), *Handbuch Innovationsforschung: Sozialwissenschaftliche Perspektiven* (S. 429–445). Springer VS.

Helm, P. & Eichenhofer, J. (2019). Reflexionen zu einem social turn in den privacy studies. In C. Aldenhoff, L. Edeler, & M. Hennig (Hrsg.), *Digitalität und Privatheit. Kulturelle, politisch-rechtliche und soziale Perspektiven* (S. 139–165). transcript.

Hess, T. & Lamla, J. (2019). Einführung: Die Zukunft der Datenökonomie. Zwischen Geschäftsmodell, Kollektivgut und Verbraucherschutz. In C. Ochs, M. Friedewald, T. Hess, & J. Lamla (Hrsg.), *Die Zukunft der Datenökonomie: Zwischen Geschäftsmodell, Kollektivgut und Verbraucherschutz* (S. 1–7). Springer VS.

Hoeyer, K., Green, S., Martani, A., Middleton, A. & Pinel, C. (2024). Health in data space: Formative and experiential dimensions of cross-border health data sharing. *Big Data & Society, 11*(1).

Hutterer, A., Krumay, B. & Muehlburger, M. (2023). *What Constitutes a Dataspace? Conceptual Clarity beyond Technical Aspects. AMCIS 2023 Proceedings*. 5. Zugegriffen: 5. Oktober 2024.

Iliadis, A. & Russo, F. (2016). Critical data studies: An introduction. *Big Data & Society, 3*(2).

Kitchin, R. & Lauriault, T. (2014). *Towards critical data studies: Charting and unpacking data assemblages and their work*. The programmable City Working paper 2. Zugegriffen: 6. August 2024.

Kitchin, R. (2014). *The data revolution: Big data, open data, data infrastructures and their consequences*. Sage Publications.

Europäische Kommission. (2020). *The european data strategy. Shaping europe's digital future*. Zugegriffen: 11. August 2024.

Europäische Kommission. (2024). *Weißbuch: Wie kann der Bedarf an digitaler Infrastruktur in Europa gedeckt werden?*. Zugegriffen: 19. Oktober 2024.

van Laack, D. (2020). Infrastrukturen, Version: 1.0. *In Docupedia-Zeitgeschichte*. Zugegriffen: 2. August 2024.

Lau, C. & Böschen, S. (2003). Wissensgesellschaft und reflexive Modernisierung. In S. Böschen & I. Schulz-Schaeffer (Hrsg.), *Wissenschaft in der Wissensgesellschaft* (S. 220–235). Springer VS.

Liggieri, K. & Müller, O. (2019). *Mensch-Maschine-Interaktion. Handbuch zu Geschichte, Kultur und Ethik*. JB Metzler.

Luhmann, N. (1991). *Soziologie des Risikos*. de Gruyter.

Micheli, M., Ponti, M., Craglia, M. & Berti Suman, A. (2020). Emerging models of data governance in the age of datafication. *Big Data & Society, 7*(2), 1–15.

Nagel, L. & Lycklama, D. (2022). How to build, run, and govern data spaces. In B. Otto, M. ten Hompel & S. Wrobel (Hrsg.), *Designing data spaces: The ecosystem approach to competitive advantage* (S. 17–28). Springer VS.

Niewöhner, J. (2014). Perspektiven der Infrastrukturforschung: Care-full, relational, kolaborativ. In D. Lengersdorf & M. Wieser (Hrsg.), *Schlüsselwerke der Science & Technology Studies* (S. 341–352). Springer VS.

Otto, B. & Burmann, A. (2021). Europäische Dateninfrastrukturen: Ansätze und Werkzeuge zur Nutzung von Daten zum Wohl von Individuum und Gemeinschaft. *Informatik Spektrum, 44*, 283–291.

Otto, B. (2022). The Evolution of Data Spaces. In In B. Otto, M. ten Hompel & S. Wrobel (Hrsg.), *Designing data spaces: The ecosystem approach to competitive advantage.* Springer VS.

Pettenpohl, H., Spiekermann, M. & Both, J. R. (2022). International Data Spaces in a Nutshell. In In B. Otto, M. ten Hompel & S. Wrobel (Hrsg.), *Designing Data Spaces: The ecosystem approach to competitive advantage* (S. 29–40). Springer VS.

Rammert, W. (2006). Die technische Konstruktion als Teil der gesellschaftlichen Konstruktion der Wirklichkeit. In D. Tänzler, H. Knoblauch & H. G. Soeffner (Hrsg.), *Zur Kritik der Wissensgesellschaft* (S. 83–100). UVK.

Reiberg, A., Niebel, C. & Krämer, P. (2022). *Was ist ein Datenraum? Definition des Konzeptes Datenraum.* White Paper 1/2022. Zugegriffen: 15. September 2024.

Rohde, M. & Wulf, V. (2011). *Sozio-Informatik. Informatik-Spektrum, 34*, 210–213.

Sawyer, S., & Tyworth, M. (2006). Social informatics: Principles, theory, and practice. In Social Informatics: An Information Society for all? In *Proceedings of the Seventh International Conference on Human Choice and Computers (HCC7)*, IFIP TC 9, Maribor, Slovenia, September 21–23, 2006.

Schäfer, M. S., & Wessler, H. (2020). Öffentliche Kommunikation in Zeiten künstlicher Intelligenz. Warum und wie die Kommunikationswissenschaft Licht in die Black Box soziotechnischer Innovationen bringen sollte. *Publizistik, 65*(3), 307–331.

Schimank, U. (2007). Die Governance-Perspektive: Analytisches Potenzial und anstehende konzeptionelle Fragen. In H. Altrichter, T. Brüsemeister & J. Wissinger (Hrsg.), *Educational Governance* (S. 231–260). Springer VS.

Schimank, U. (2009). Planung – Steuerung – Governance: Metamorphosen politischer Gesellschaftsgestaltung. *Die Deutsche Schule 101*/3. 231–239. Zugegriffen: 9. Juli 2024.

Schmitt, M., Häußling, R. & Böschen, S. (2024). Dynamic-nonlinear socio-technical change: Transformation as a sociological theory problem and a possible solution. In P. Letmathe et al. (Hrsg.), *Transformation towards sustainability: A novel interdisciplinary framework from RWTH Aachen university* (S. 119–142). Springer VS.

Schneider, I. (2019). Governance der Datenökonomie – Politökonomische Verfügungsmodelle zwischen Markt, Staat, Gemeinschaft und Treuhand. In Ochs, C. et al. (Hrsg.), Die Zukunft der Datenökonomie: Zwischen Geschäftsmodell, Kollektivgut und Verbraucherschutz. Springer VS.

Schrape, J. F. (2021a). Digitalisierung und Technikfolgenabschätzung. In S. Böschen, A. Grunwald, B.-J. Krings, & C. Rösch (Hrsg.), *Technikfolgenabschätzung: Handbuch für Wissenschaft und Praxis* (S. 83–96). Nomos.

Schrape, J. F. (2021b). Verteilte Innovationsprozesse: Collective Invention-User Innovation–Open Innovation. In I. Schulz-Schaeffer, A. Windeler & B. Blättel-Mink (Hrsg.), *Handbuch Innovationsforschung. Sozialwissenschaftliche Perspektiven* (S. 263–278). Springer VS.

Schreyer, J. & Schrape, J. F. (2021). *Digitale Plattformen in kommerziellen und gemeinwohlorientierten Arbeitszusammenhängen* (No. 460). Studie der Hans-Böckler-Stiftung. Stiftung, No. 460, Düsseldorf. Zugegriffen: 5. Oktober 2024.

Schulz-Schaeffer, I. (2000). Akteur-Netzwerk-Theorie. Zur Koevolution von Gesellschaft, Natur und Technik. In J. Weyer (Hrsg.), *Soziale Netzwerke. Konzepte und Methoden der sozialwissenschaftlichen Netzwerkforschung* (S. 187–210). Walter de Gruyter.

Schulz-Schaeffer, I. (2020). Akteur-Netzwerk-Theorie: Einleitung. In Bauer, S., Heinemann, T. & Lemke, T. (Hrsg.), *Science and Technology Studies. Klassische Positionen und aktuelle Perspektiven* (S. 271–292). Suhrkamp.

Simonis, G. (2013). Technology Governance. In G. Simonis (Hrsg.), *Konzepte und Verfahren der Technikfolgenabschätzung* (S. 161–186). Springer VS.

Sommerville, I. (2009). *Software Engineering*. Education Limited.

Straubhaar, T. (2021). *Neuvermessung der Datenökonomie*. Hamburg University Press. Edition HWWI, No. 6, Hamburg. Zugegriffen: 11. November 2024.

Strauß, S. & Krieger-Lamina, J. (2017). *Digitaler Stillstand: Die Verletzlichkeit der digital vernetzten Gesellschaft–Kritische Infrastrukturen und Systemperspektiven*. Projektbericht Nr. 2017–01. Zugegriffen: 5. Juli 2024.

van den Broek, T. & van Veenstra, A. F. (2018). Governance of big data collaborations: How to balance regulatory compliance and disruptive innovation. *Technological Forecasting and Social Change, 129*, 330–338.

Wessels, N., Laubach, A. & Buxmann, P. (2019). Personenbezogene Daten in der digitalen Ökonomie-Eine wirtschaftliche und juristische Betrachtung. In C. Ochs, M. Friedewald, T. Hess, & J. Lamla (Hrsg.), *Die Zukunft der Datenökonomie: Zwischen Geschäftsmodell, Kollektivgut und Verbraucherschutz* (S. 11–24). Springer VS.

Windeler, A., Knoblauch, H., Löw, M. & Meyer, U. (2018). Innovationsgesellschaft und Innovationsfelder. In J. Hergesell (Hrsg.), *Innovationsphänomene: Modi und Effekte der Innovationsgesellschaft* (S. 17–38). Springer VS.

Windeler, A. & Jungmann, R. (2023). Complex innovation, organizations, and fields: Toward the organized transformation of today's innovation societies. *Current Sociology, 71*(7), 1293–1311.

Windeler, A. (2016). Reflexive Innovation: Zur Innovation in der radikalisierten Moderne. In W. Rammert, A. Windeler, H. Knoblauch & M. Hutter (Hrsg.), *Innovationsgesellschaft heute. Perspektiven, Felder und Fälle* (S. 69–110). Springer VS.

Windeler, A. (2021). Innovationsfelder. Feldtheoretische Perspektiven auf Innovation. In B. Blättel-Mink, I. Schulz-Schaeffer & A. Windeler (Hrsg.), *Handbuch Innovationsforschung. Sozialwissenschaftliche Perspektiven* (S. 317–334). Springer VS.

Winter, J. S. & Davidson, E. (2019). Big data governance of personal health information and challenges to contextual integrity. *The Information Society, 35*(1), 36–51.

Zehle, S. (2023). Aufbruch in den Datenraum Gesundheit: Das regionale Innovationsnetzwerk Health.AI. In M. A. Pfannstiel & A. Dautovic (Hrsg.), *Transferinnovationen und Innovationstransfer zwischen Wissenschaft und Wirtschaft: Grundlagen, Erkenntnisse und Praxisbeispiele* (S. 547–567). Springer VS.

Zweig, K. A., Krafft, T. D., Klingel, A. & Park, E. (2021). *Sozioinformatik: Ein neuer Blick auf Informatik und Gesellschaft*. Carl Hanser Verlag.

Greta Runge Wissenschaftliche Mitarbeiterin am Fraunhofer-Institut für System- und Innovationsforschung (ISI) und Doktorandin am Human Technology Center (HumTec) der RWTH Aachen. Schwerpunkte: Innovationsforschung, Technikfolgenabschätzung, Daten- und Wissensökonomie, Technology Governance.

Künstliche Intelligenz als Thema und Methode der TA

Generative KI in der politikorientierten Technikfolgenabschätzung

Jutta Jahnel, Michael Nentwich, Pauline Riousset, Christine Milchram, Christoph Kehl und Steffen Albrecht

1 Einleitung und Fragestellung

Generative Künstliche Intelligenz (GenKI) ist eine relativ junge Technologie, die sich aufgrund ihrer einfachen Handhabung, ihres freien Zugangs und ihrer vielfältigen Anwendungsmöglichkeiten rasant verbreitet. Diese KI-Technologie erfährt große Aufmerksamkeit in der Öffentlichkeit und aufgrund spezifischer Anwendungen auch in den Bereichen Medien, Bildung und Wissenschaft (Albrecht, 2023).

J. Jahnel (✉)
Institut für Technikfolgenabschätzung und Systemanalyse (ITAS), Karlsruhe, Deutschland
E-Mail: jutta.jahnel@kit.edu

M. Nentwich
Institut für Technikfolgen-Abschätzung Österreichische Akademie der Wissenschaften, Wien, Austria
E-Mail: michael.nentwich@oeaw.ac.at

P. Riousset · C. Milchram · C. Kehl · S. Albrecht
Büro für Technikfolgen-Abschätzung beim Deutschen Bundestag (TAB), Berlin, Deutschland
E-Mail: riousset@tab-beim-bundestag.de

C. Milchram
E-Mail: milchram@tab-beim-bundestag.de

C. Kehl
E-Mail: kehl@tab-beim-bundestag.de

S. Albrecht
E-Mail: albrecht@tab-beim-bundestag.de

© Der/die Autor(en), exklusiv lizenziert an Springer Fachmedien Wiesbaden GmbH, ein Teil von Springer Nature 2025
M. Ornetzeder et al. (Hrsg.), *Methoden für die Technikfolgenabschätzung*,
https://doi.org/10.1007/978-3-658-48491-0_9

Der Begriff GenKI bezieht sich auf Software, die auf Basis maschinellen Lernens mit umfangreichen Datensätzen (Texte, Bilder, Film, Audio) unter Einsatz statistischer Methoden und künstlicher neuronaler Netze neue Inhalte generieren kann. GenKI-Modelle erzeugen Inhalte, die auf den Trainingsdaten beruhen, diese aber nicht eins zu eins abbilden. Aus technischer Sicht handelt es sich meist um Transformer-Modelle. Diese nutzen Datensequenzen und nicht nur individuelle Datenpunkte (Wolfram, 2023). Dadurch haben sie die maschinelle Verarbeitung natürlicher Sprache, die nicht Wort für Wort, sondern in Satzzusammenhängen erfolgen muss, entscheidend vorangebracht. Transformer-Modelle sind die Grundlage für große Sprachmodelle (Large Language Models – LLMs) mit ChatGPT als bekanntem Beispiel. Die Textqualität von ChatGPT ist in einigen Sprachen mittlerweile verblüffend hoch, während die inhaltliche Korrektheit oft fragwürdig bleibt (Löser et al., 2023).

LLMs können auch multimodal zur Generierung von Bild-, Audio- oder Videoinhalten verwendet werden (z. B. GPT-4o von OpenAI oder Gemini von Google). Daneben gibt es noch weitere KI-Technologien zur Generierung von audiovisuellen Inhalten. In der Praxis unterscheidet man insbesondere Autoencoder und generative gegnerische Netzwerke (Generative Adversarial Networks, GANs) (Goodfellow et al., 2014), die etwa zur Erzeugung von Deepfakes genutzt werden, und Diffusionsmodelle (z. B. Stable Diffusion der Firma Stability AI), die als Bildgeneratoren zum Einsatz kommen. GenKI-Modelle können weiterhin in eine Vielzahl nachgelagerter Systeme oder Anwendungen integriert werden. Dadurch ergibt sich ein breites Spektrum an unterschiedlichen Verwendungszwecken.

Für Anwender:innen ist von besonderer Bedeutung, dass sie verstehen, wie GenKI-Modelle zu ihren Ergebnissen kommen. Das Wissen über die Funktionsweise der Systeme ist eine Voraussetzung, um die erhaltenen Antworten auch einordnen zu können. Die Ausgabe von Textgeneratoren wie ChatGPT wird nach der Eingabe (dem sogenannten „Prompt“) mit einer Wortfolgestatistik erstellt, indem die Wahrscheinlichkeit passender und aufeinanderfolgender Worte (oder Wortteile, Token genannt) anhand des zum Training verwendeten Textkorpus berechnet wird (Wolfram, 2023). Das Ergebnis ist also eine Art linguistisch plausibler Text, der auf Wahrscheinlichkeiten und nicht auf semantischem Verständnis, Wissen oder ethischer Reflexion beruht (Taecharungroj, 2023). Erwartungen an eine Abstraktion oder eine logische Problemlösung dürfen bei diesen LLMs nicht gestellt werden (Bender & Koller, 2020), denn es handelt sich nicht um Wissensmodelle (Heil, 2023). Selbst die bestimmungsgemäße Anwendung kann dazu führen, dass frei erfundene Textteile ausgegeben werden (sog. Halluzination) (Ji et al., 2023). Valide Ausgaben von GenKI-Systemen lassen sich häufig nicht reproduzieren, die Ergebnisse nicht formal erklären. Das Editieren oder Strukturieren von Texten dagegen können solche KI-Systeme schnell und weitgehend automatisch erledigen und somit die Arbeit erleichtern.

Der Einsatz von GenKI für die Text- und Bilderstellung löste seit der Veröffentlichung von ChatGPT im November 2022 in der Öffentlichkeit eine intensive Debatte über Potenziale und Grenzen von KI aus. Dies ist auch vor dem Hintergrund einzuordnen, dass der Zugang zu den einschlägigen Programmen in der Regel offen und kostenfrei ist und mit weitreichenden Auswirkungen auf die Gesellschaft zu rechnen ist. Die Technologie verändert beispielsweise schon jetzt die Arbeit von Personen, die sich beruflich mit der Erstellung von Texten, audiovisuellen Inhalten oder der Vermittlung von Informationen beschäftigen (siehe auch Abschn. 3.3). GenKI kann weiterhin auch zur Beeinflussung der Meinungsbildung, zur Erstellung von Desinformation oder in betrügerischer Absicht missbraucht werden und damit eine Gefahr für Wirtschaft und Demokratie darstellen (Bieber et al., 2024; Nentwich et al., 2025).

Was aber bedeutet dieses der Technologie zugeschriebene Potenzial für die praktische Anwendung im Bereich der Wissenschaft? Dieser Frage geht der vorliegende Beitrag am Beispiel der politikorientierten Technikfolgenabschätzung (TA) nach. Die TA befasst sich allgemein mit der Beobachtung und Analyse von Trends in Wissenschaft und Technik und den damit zusammenhängenden gesellschaftlichen Entwicklungen, insbesondere der Abschätzung der Chancen und Risiken. Weiterhin soll die TA politische Handlungsoptionen formulieren (Böschen et al., 2021; Grunwald, 2022). Die „explizite Ausrichtung auf politische Entscheidungen" stellt dabei den traditionellen Kern der TA dar (Nentwich, 2023), wobei wissenschaftliche Methoden mit charakteristischen Qualitätsstandards angewendet werden. Somit kommt der TA eine besondere multiperspektivische Rolle bei der Untersuchung und Bewertung von GenKI zu: Sie betrachtet diese KI-Systeme zunächst als Untersuchungsobjekt, nutzt diese andererseits potenziell auch selbst zur Entwicklung von Bewertungen und Empfehlungen und reflektiert in einer dritten Perspektive die Rahmenbedingungen für die Anwendung der Methoden in der TA (siehe auch Albrecht, 2024).

Dieser Beitrag fokussiert vor allem auf diese dritte reflexive Perspektive und die abzuleitenden Qualitätsansprüche. Dabei soll beispielhaft der Anwendungskontext der parlamentarischen Politikberatung betrachtet werden, wie sie z. B. am Büro für Technikfolgen-Abschätzung beim Deutschen Bundestag (TAB) sowie dem Institut für Technikfolgen-Abschätzung (ITA) der Österreichischen Akademie der Wissenschaften praktiziert wird. In einem ersten Schritt werden die spezifischen Arbeitsweisen und Anforderungen in diesem wissenschaftlich geprägten Beratungskontext dargestellt und daran anschließend potenzielle Nutzungsmöglichkeiten identifiziert (Abschn. 2). Dabei sind die Herausforderungen und Anwendungsvoraussetzungen für Prozesse, Praktiken und die Qualität der wissenschaftsbasierten Politikberatung zu reflektieren (Abschn. 3). Abschließend soll anhand einer Übersicht über die bisherigen rechtlichen Regelungsansätze und Leitlinien der Frage nachgegangen werden, ob für die TA spezifische Leitlinien notwendig sind (Abschn. 4).

2 Potenziale der GenKI für die politikorientierte TA

Wie in der Einleitung skizziert, ist die TA als gesamtes Feld in ihrem Kern explizit auf politische Entscheidungen ausgerichtet. ‚Politikorientierte' TA umfasst jene Teilbereiche der TA, deren Hauptzweck die Beratung politischer Akteur:innen (z. B. Ministerien, Parlamente, Agenturen) und damit die Aufbereitung wissenschaftlicher Erkenntnisse für politische Entscheidungsträger:innen darstellt. Dabei stammen die Fragestellungen von TA-Projekten aus der Politik und werden anlassbezogen, durch Beobachtung des politischen oder gesellschaftlichen Diskurses oder auch durch explizite Aufträge aus der Politik entwickelt (Nentwich, 2023). Ein wichtiger Teil der politikorientierten TA ist die parlamentarische TA, die in vielen Ländern – dem Vorbild des US-amerikanischen OTA nachempfunden – in Form von institutionalisierten *Parliamentary Offices of Technology Assessment* betrieben wird (Cruz-Castro & Sanz-Menéndez, 2005; Nentwich, 2016).

2.1 Das Spezifische an der Arbeit der politikorientierten TA

Das Spezifische an der Arbeit von Organisationen, die politikorientierte TA betreiben, ergibt sich aus ihrer Funktion als *Boundary Organizations.* Dieses Konzept wurde von Guston (2001) begründet, um Funktionen oder Organisationen zu beschreiben, die zwischen Politik und Wissenschaft unabhängig vermitteln. Sie haben den Auftrag, die – sozial konstruierte – Grenze zwischen Politik und Wissenschaft zu überbrücken (Cash et al., 2002). Aufgrund dieser Brückenfunktion ist es Aufgabe der politikorientierten TA, sowohl wissenschaftsbezogene Aspekte gesellschaftlicher Fragen als auch gesellschaftliche Folgen technologischer Entwicklungen frühzeitig abzuschätzen und Handlungsoptionen aufzuzeigen (Lentsch, 2014), wobei es zentral um die Beurteilung, Aufbereitung und Einordnung wissenschaftlichen Wissens in Bezug auf gesellschaftliche Fragestellungen geht (Petermann, 2014).

Im Unterschied zu einem linearen Modell der Politikberatung betont das Modell der *Boundary Organizations,* dass die Interaktion von Politik und Wissenschaft ein dynamischer und kollaborativer Prozess mit gegenseitigen Abhängigkeiten ist (Gustafsson & Lidskog, 2018). *Boundary Organizations* vermitteln zwischen Wissenschaft und Politik und leisten dabei Dienste für beide Seiten. Ihr Erfolg ist einerseits stark davon beeinflusst, dass sie neutral, überparteilich und somit unabhängig von beiden Seiten agieren. Andererseits bestehen aber auch Abhängigkeiten: beispielsweise von der Wissenschaft und deren Erkenntnissen sowie vom politischen bzw. gesellschaftlichen Diskurs und den dort entstehenden Fragestellungen (Guston, 2001). Wie *Boundary Organizations* dieses Spannungsfeld aus Neutralität und Abhängigkeiten gestalten, ist maßgeblich für ihren Erfolg (Cash et al., 2002; Guston, 2001).

2.2 Qualitätskriterien der politikorientierten TA

In der Literatur wurden drei zentrale Faktoren für den langfristigen Erfolg politikorientierter TA-Einrichtungen identifiziert: Glaubwürdigkeit, Relevanz und Legitimität (Cash et al., 2002; Gustafsson & Lidskog, 2018; Hoppe & Wesselink, 2014). Arbeitsprozesse und Ergebnisse der politikorientierten TA müssen also nicht nur (wissenschaftlich) glaubwürdig, sondern auch für den politischen Entscheidungsprozess relevant und gesellschaftlich legitim sein. Aus diesen allgemeineren Erfolgsfaktoren lassen sich eine Reihe von spezifischeren Anforderungen bzw. Qualitätskriterien für die Praxis der politikorientierten TA ableiten, die auch für den Einsatz von GenKI maßgeblich sind. Im Folgenden werden diese Kriterien spezifischer für die Anwendungskontexte der parlamentarischen TA aus der Perspektive des Büros für Technikfolgen-Abschätzung beim Deutschen Bundestag (TAB) sowie des Instituts für Technikfolgen-Abschätzung (ITA) der Österreichischen Akademie der Wissenschaften dargestellt (Abb. 1).

Glaubwürdigkeit Bezieht sich auf Arbeitsweisen und Ergebnisse, die wissenschaftlichen Standards entsprechen müssen. Wissensquellen, Theorien, Fakten und Erklärungen müssen vertrauenswürdig sein, um die wissenschaftliche Qualität der Beratungsleistung zu gewährleisten (Cash et al., 2002). Zentral ist das Kriterium der *Wissenschaftlichkeit,* da Kernaufgabe der parlamentarischen TA die Aufbereitung und Einordnung von wissenschaftlichen Erkenntnissen ist (Grunwald, 2022). Dies umfasst auch Transparenz über Methoden, Unvoreingenommenheit und Ergebnisoffenheit, Methodenreflexion und -weiterentwicklung, sprachliche Sorgfalt sowie das Offenlegen von Unsicherheiten des wissenschaftlichen Wissens und plausibler zukünftiger Entwicklungen (Petermann, 2014). Zusätzlich ist die *ausgewogene*

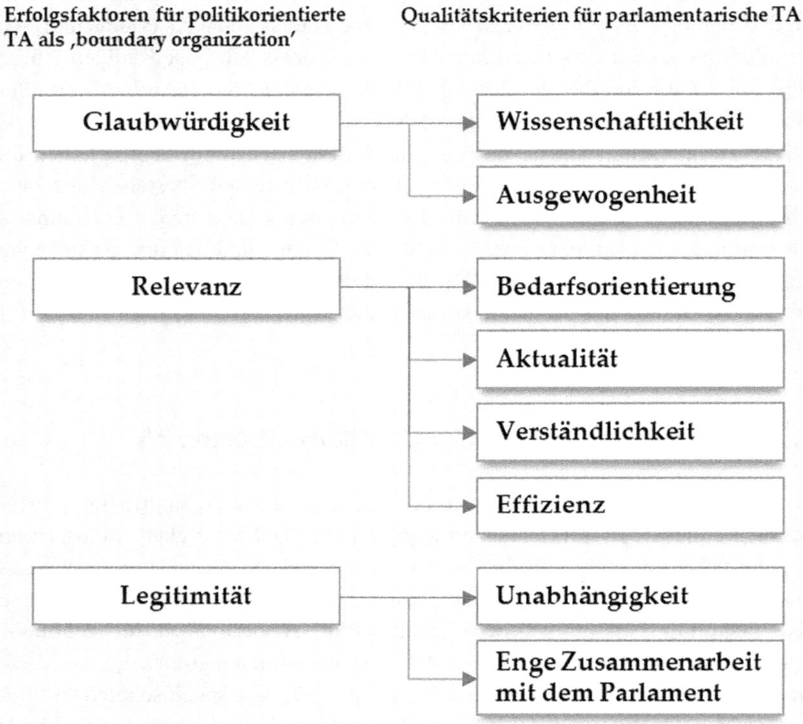

Abb. 1 Qualitätskriterien parlamentarischer TA. (Eigene Darstellung)

Behandlung unterschiedlicher wissenschaftlicher Perspektiven ein zentrales Kriterium, wobei normative Annahmen der jeweiligen Positionen transparent gemacht werden sollten, um Bias zu reduzieren, unterschiedliche Perspektiven zu einem größeren Gesamtbild zu integrieren und politische Handlungsoptionen aufzuzeigen (Cruz-Castro & Sanz-Menéndez, 2005).

Relevanz Bezieht sich auf die Adäquatheit und den Nutzen von Informationen aus Beratungsprojekten, die den politischen Entscheidungsprozess unterstützen sollen. Informationen müssen zum passenden Zeitpunkt im richtigen Detailgrad zur Verfügung stehen, um sie für politische Entscheidungen relevant zu machen (Cash et al., 2002). Hier ist die *Orientierung an den Bedarfen* der Politik ein zentrales Kriterium. Themen und Inhalte richten sich nach den Problemstellungen der Politik und sind durch diese nutzbar; wissenschaftliche Ergebnisse werden mit gesellschaftlicher und politischer Relevanz verknüpft. Eine wichtige Voraussetzung dafür sind in der Regel Interaktion und Kommunikation mit den Adressat:innen (Petermann, 2014), im Falle des TAB also dem Deutschen Bundestag, für das ITA dem österreichischen Nationalrat. Darüber hinaus ist die *Aktualität* von Themen wichtig, das heißt, der Fokus sollte auf Themen liegen, die jetzt oder in naher Zukunft politische und gesellschaftliche Relevanz haben (Ibid). Weitere Kriterien sind die *Verständlichkeit* von Texten, die zielgruppenspezifisch für die Politik verfasst werden und damit weitgehend ohne fachspezifischen Jargon auskommen sollten (Grunwald, 2022), sowie die *Effizienz* in der Bearbeitung von Themen. Relevante Aspekte einer Debatte sollen schnell erkannt, verstanden und zeitgerecht aufbereitet werden.

Legitimität Bei diesem Kriterium steht die Rechtmäßigkeit und Anerkennungswürdigkeit von Prozessen und damit sowohl die transparente Zusammenarbeit mit der Wissenschaft als auch mit der Politik im Vordergrund (Cash et al., 2002). Dafür ist die Wahrung der *Unabhängigkeit* – insbesondere die Unabhängigkeit von politischen Parteien und Interessengruppen, oft auch als Neutralität oder Überparteilichkeit bezeichnet (Grunwald, 2022) – zentral. Die institutionell verankerte Unabhängigkeit spielt hierbei ebenso eine Rolle wie auf einer praktischeren Ebene die Abwesenheit von politischem Einfluss auf konkrete Arbeitsergebnisse. Die Gestaltung der praktischen *Zusammenarbeit mit dem Parlament* ist daher auch entscheidend für die Legitimität der parlamentarischen TA. Die transparente Dokumentation der Interaktion und die offene, gemeinsame Erörterung unterschiedlicher Positionen dienen der Schaffung von Vertrauen, aber auch als Qualitätssicherung gegenüber einer übermäßigen Instrumentalisierung von Ergebnissen.

Im Folgenden wird kurz beleuchtet, wie sich diese Qualitätskriterien im Arbeitsprozess des TAB erfüllen lassen. Maßnahmen der Qualitätssicherung sind über den gesamten Prozess verteilt, mit dem Ziel, ein Ergebnis zu erreichen, das Kriterien der Wissenschaftlichkeit, Überparteilichkeit/Neutralität sowie Relevanz (einschließlich Aktualität) erfüllt:[1]

1. *Themenauswahl:* Anträge zur Durchführung einer Untersuchung können von Mitgliedern des Parlaments gestellt werden. Beim TAB entscheidet eine speziell für die TA-Arbeit zuständige Gruppe von Abgeordneten, die Berichterstattergruppe TA des Ausschusses für Bildung, Forschung und Technikfolgenabschätzung, im Konsens über die zu bearbeitenden Themenvorschläge.

[1] Siehe https://www.tab-beim-bundestag.de/arbeitsweise-und-bereiche.php.

Die enge Zusammenarbeit zwischen diesen Abgeordneten und den TA-Wissenschaftler:innen im gesamten Themenfindungs- und Auswahlprozess gewährleistet die gesellschaftliche, und politische wissenschaftliche Relevanz des Arbeitsprogramms.

2. *Projektdurchführung und Berichtserstellung:* Nach der Beschlussfassung durch das Parlament ist das TAB für die wissenschaftliche Bearbeitung und das Management der Projekte verantwortlich. Am Anfang stehen für das jeweilige Projektteam intensive Recherchen und Expertengespräche zu relevanten Forschungsfragen und -ergebnissen, um die Untersuchungsfragen für das Projekt zu konkretisieren. Ein Kernstück der Projektarbeit bildet die Zusammenarbeit mit externen Expert:innen verschiedener Disziplinen. Außerdem führt das Projektteam eigene Recherchen durch und besucht einschlägige Veranstaltungen, um ein umfassendes und ausgewogenes Bild der Thematik zu erhalten. Zu Zwischenergebnissen werden ggf. Fachgespräche im Parlament veranstaltet. Die Resultate der verschiedenen Aktivitäten werden von den Autor:innen zusammengeführt und in einem schriftlichen Bericht zusammengefasst, der auch Handlungsbedarfe des Parlaments aufzeigt. Die Berichte werden von der Berichterstattergruppe TA gründlich kommentiert und ggf. von den Autor:innen überarbeitet. Die Abnahme des Berichts erfolgt im Konsens der Berichterstatter:innen und garantiert die Überparteilichkeit bzw. Neutralität der Darstellung.
3. *Wissenschaftskommunikation und Öffentlichkeitsarbeit:* Liegen die Arbeitsergebnisse vor, werden sie in den Bundestag sowie die breitere Öffentlichkeit kommuniziert. Zu diesem Zweck werden Zusammenfassungen der Ergebnisse erstellt, Pressemeldungen verfasst und besonders interessante Ergebnisse für verschiedene Social-Media-Kanäle aufbereitet. Die Kommunikationsaktivitäten umfassen auch Veranstaltungsangebote, die im Parlament oder außerhalb durchgeführt werden können.

Das Einhalten wissenschaftlicher Standards bei gleichzeitiger Wahrung politischer und gesellschaftlicher Relevanz und Legitimität, und zwar in all diesen Phasen, ist eine zentrale Bedingung für den langfristigen Erfolg von *Boundary Organizations* wie dem TAB oder dem ITA (Guston, 2001; Wesselink & Hoppe, 2020).

2.3 Potenzielle Anwendungsfelder von GenKI in der politikorientierten TA

Die Einsatzmöglichkeiten von GenKI in der Wissenschaft, insbesondere von LLMs, werden seit dem Launch von ChatGPT vielfach diskutiert. Die Anwendungen von LLMs könnten auch die politikorientierte TA maßgeblich verändern (Tyler et al., 2023), wobei es zu konkreten Anwendungsmöglichkeiten noch kaum wissenschaftliche Untersuchungen gibt. Die konkreten Potenziale unterschiedlicher KI-Modelle für typische Aufgaben wurden bislang nur punktuell in benachbarten Feldern wie den Sozialwissenschaften wissenschaftlich systematisch untersucht (z. B. Ziems et al., 2024). Im Folgenden skizzieren wir diese Potenziale entlang von vier zentralen Anwendungsfeldern: Text- und Bildproduktion, explorative Wissensrecherchen, qualitative Inhaltsanalysen und Ideengenerierung. Die damit verbundenen Risiken werden im anschließenden Abschnitt erörtert und bleiben hier vorerst ausgeblendet.

Text- und Bildproduktion Der originäre Anwendungsbereich von LLMs wie ChatGPT ist die Textproduktion. Mit LLMs wird entsprechend vor allem das Potenzial assoziiert, weniger Zeit mit redundanten und mehr Zeit mit kreativen, herausfordernden Aufgaben zu verbringen (Malliaraki, 2023; Tyler et al., 2023; Ziems et al., 2024). Aus Notizen lassen sich effektiver kohärente Texte zusammenstellen (Mittelstadt et al., 2023). Zusammenfassungen, die sich an unterschiedliche Zielgruppen richten und an unterschiedliche Lebensrealitäten und Interessen der Leser:innen andocken, könnten einfacher und schneller erzeugt werden (Tyler et al., 2023). Auch das Erstellen von einfachen Bildern (z. B. Infografiken) oder auch komplexeren Darstellungen wie interaktiven Grafiken könnte mit LLMs deutlich einfacher werden. Zuletzt hat das Konzept der *Living Reviews* erneut an Bedeutung gewonnen. Dabei werden KI-Methoden zur (semi-)automatischen Identifizierung relevanter Publikationen eingesetzt, um bestehende Evidenzsynthesen auf Grundlage neuer Forschungsergebnisse kontinuierlich zu aktualisieren (Martin et al., 2023).

Explorative Wissensrecherchen Mit LLMs wird die Hoffnung verbunden, große Mengen an Informationen – auch fremdsprachige – zu sichten und zusammenzufassen, die sich manuell kaum bzw. nur mit dem bisherigen, sehr hohen Aufwand verarbeiten lassen würden (Tyler et al., 2023). Sie könnten damit für die Generierung von Evidenz eine zunehmend wichtige Rolle spielen. Inzwischen stehen zahlreiche KI-gestützte, speziell für die Analyse wissenschaftlicher Literatur entwickelte Suchmaschinen zur Verfügung (z. B. SciSpace, Elicit, ScopusAI). Sie bieten

Unterstützung bei der Suche nach wissenschaftlichen Artikeln und bei der Bewertung ihrer Relevanz. Beispielsweise lassen sich konkrete Wissensfragen an einen Text stellen oder es können Zusammenfassungen mit Blick auf ein spezifisches Erkenntnisinteresse (z. B. Risiken einer bestimmten Technologie) erstellt werden (Pividori, 2024). GenKI-gestützte Suchmaschinen, die Quellen transparent machen und verlinken, könnten sich als ergänzendes Instrument für explorative Recherchen eignen.

Qualitative Inhaltsanalysen Die Suche nach Literaturquellen geht im Falle wissenschaftlicher Publikationen teilweise in die Analyse ihrer Inhalte über, beide Schritte können allerdings auch voneinander getrennt durchgeführt werden. Erste Untersuchungen zeigen, dass LLMs in der Lage sein könnten, Sprachverarbeitungsaufgaben in den Sozialwissenschaften erfolgreich und ohne zusätzliche Trainingsdaten durchzuführen. So stellen Ziems et al. (2024) fest, dass LLMs den Prozess der Textanalyse durch eine erste automatische Annotation von Dokumenten erheblich beschleunigen können. Nicht nur bei der Themenidentifizierung und -sortierung in Dokumenten (*Labeling*), sondern auch bei der Kodierung von neuen Konstrukten, Analysen und Zusammenfassungen haben einige LLMs gute Ergebnisse erzielt. Mittels GenKI unterstützte qualitative Inhaltsanalysen von Dokumenten sind auch für die TA relevant, besonders mit Blick auf die Identifikation von Wissenslücken und neu aufkommenden Forschungsbereichen für die F&E-Politik, die Abschätzung des Reifegrads einer Technologie und die Erfassung von Faktoren, die den Fortschritt in Forschung und Technologieentwicklung sowie -verbreitung hemmen oder fördern (Malliaraki, 2023). LLMs könnten auch bei einer ersten schnelleren Erfassung von in der Literatur diskutierten Handlungsoptionen bzw. bei der Suche nach Informationen zu Lösungen für ein bestimmtes Problem unterstützen (Tyler et al., 2023). Weiters könnten mithilfe von GenKI relevante Informationen über Veranstaltungen der politischen Fraktionen, Ausschüssen und Abgeordnete laufend gesammelt werden (GAO, 2024), um auf dieser Grundlage die Anschlussfähigkeit von *Policy Briefs* an bestehende Erkenntnisinteressen und laufende politische Diskussionen und die Aktualität der Beratung zu verbessern.

Ideengenerierung GenKI könnte die Ideengenerierung bzw. kreative Aufgaben beispielsweise unterstützen, indem mithilfe des Modells unterschiedliche Personas kreiert werden (Pividori, 2024). Diese fiktiven, aber realitätsnahen Charaktere repräsentieren typische Personengruppen und können dabei helfen, die Anforderungen an ein Produkt oder eine Technologie zu reflektieren. In der TA könnten durch Personas gezielt verschiedene Perspektiven auf eine Technologie simuliert werden, etwa um Hinweise auf potenzielle normative Verzerrungen einer Analyse zu sammeln. Die Simulation einer Stichprobe der Bevölkerung könnte dabei helfen, die Auswirkungen von politischen Entscheidungen abzuschätzen (z. B. im Bereich F&E). LLMs könnten auch die Erforschung möglicher Zukünfte unterstützen, indem sie plausible Zukunftsszenarien auf der Grundlage verschiedener Einflussfaktoren simulieren, z. B. aufkommende Technologien, sozioökonomische Trends, politische Vorhaben oder ökologische Veränderungen. Durch Veränderung der Werte einzelner Variablen könnte ein breites Spektrum möglicher Zukunftsszenarien erzeugt oder What-If-Szenarien bzw. alternative Realitäten erforscht werden (Malliaraki, 2023). Neue LLMs werden aktuell entwickelt, um die Entscheidungsfindung zu unterstützen (z. B. Rasal & Hauer, 2024), diese Entwicklungen stehen aber noch am Anfang.

Um die bislang nur theoretisch beschriebenen Potenziale von LLMs für die politikorientierte TA genauer zu evaluieren, werden an verschiedenen Einrichtungen der (parlamentarischen) TA, insb. auch am ITAS und am ITA, aktuell auf dem Markt verfügbare GenKI-Tools experimentell eingesetzt. Ziel ist es, Auswirkungen auf Praktiken und Ergebnisse zu dokumentieren und wissenschaftlich begleitet zu evaluieren.

3 Herausforderungen und Anwendungsvoraussetzungen der GenKI für die Politikberatung

In der Literatur werden neben möglichen Anwendungen von GenKI auch Folgen für Wissenschaft, Politik, Wirtschaft und Gesellschaft aus den Blickwinkeln unterschiedlicher disziplinärer Kontexte beschrieben. Aus der Perspektive der politikorientierten TA werden mögliche Risiken durch die Anwendung von GenKI-Technologien in Studien auf der europäischen und nationalen Ebene adressiert (Albrecht, 2024; Karaboga et al., 2024; Nentwich et al., 2025; van Huijstee et al., 2021). Eine umfassende Erörterung der Risiken kann in diesem Beitrag nicht geleistet werden. Wir verweisen dafür insbesondere auf einen aktuellen Meta-Review zu KI-Risiken inklusive GenKI (Slattery et al., 2024). Diese Publikation fasst die recherchierten KI-Risiken für unterschiedliche Adressat:innen in unterschiedlichen Detailgraden zusammen und stellt auf einer interaktiven Webseite[2] ein systematisches *Risk Repository* als Datenbank zur Verfügung, in der die Folgen nach kausalen Faktoren und Risikobereichen

[2] https://airisk.mit.edu/

kategorisiert sind. Im Folgenden betrachten wir genauer die Folgen von GenKI für die epistemische Qualität (Abschn. 3.1) und die wissenschaftliche Integrität (Abschn. 3.2) und diskutieren generell beachtenswerte Aspekte des Einsatzes von GenKI in der TA (Abschn. 3.3).

3.1 Folgen für die epistemische Qualität von generierten Inhalten

Die epistemische Qualität der Ergebnisse bei Verwendung von GenKI wird durch folgende fünf wesentliche Herausforderungen infrage gestellt: das Black-Box-Problem, die Selektivität der Trainingsdaten, die Möglichkeit von Bias, die Nicht-Reproduzierbarkeit der Ergebnisse und schließlich das Auftreten von Halluzinationen, also erfundenen Inhalten.

Black-Box-Problem Lernende KI-Systeme wie GenKI leiten ihre Ausgaben selbstständig aus den Trainingsdaten ab. Die erzeugten Zusammenhänge zwischen Input und Output sind zumeist hochkomplex und für Menschen nicht direkt rekonstruierbar. Diese Opazität wird auch als „Black-Box"-Problem bezeichnet und führt dazu, dass der Wahrheitsgehalt des Outputs schwer beurteilt oder verifiziert werden kann. Dadurch kann beispielsweise nicht vorhergesehen werden, wie sich solche Systeme in einem konkreten Anwendungsfall verhalten oder wie einzelne Inhalte erzeugt werden. Es werden deshalb Methoden und Techniken entwickelt, um die Erklärbarkeit der Ausgaben zu verbessern, insbesondere für Anwendungen, in denen KI-Entscheidungen direkte Auswirkungen auf das menschliche Wohlergehen haben, wie im Gesundheitswesen oder in der Justiz. Inwiefern eine Erklärbarkeit der Ergebnisse auch im Kontext der parlamentarischen TA erforderlich ist, hängt vom spezifischen Einsatzbereich, den jeweiligen Qualitätskriterien und rechtlichen Anforderungen ab. Für Wissensrecherchen und automatisierte Zusammenfassungen spielt dieses Problem insbesondere bei der Verarbeitung längerer Texte oder einer hohen Anzahl von Dokumenten eine entscheidende Rolle (Retkowski, 2023). Wird GenKI als ergänzendes exploratives Instrument, zur Anregung der eigenen Kreativität bei der Entwicklung von Hypothesen oder zur Reflektion über eigene Bias eingesetzt, so können diese Methoden die TA-Praxis ergänzen, indem sie Einblicke in große Datensätze liefern, die andernfalls nicht handhabbar wären. Auch bei der Verwendung zur Verbesserung des Schreibprozesses ergeben sich durch das Black-Box-Problem geringere Einschränkungen. Deutlich weniger geeignet ist GenKI für die Analyse kleinerer Datensätze, ein häufiger Fall in der TA, bei der neue und noch wenig publizierte Themen analysiert werden (Sietsma et al., 2024). Wichtig ist insbesondere, für spezifische Aufgaben möglichst spezialisierte Tools zu verwenden und die Ergebnisse durch herkömmliche Methoden zu überprüfen (siehe z. B. (Pividori, 2024; Wilson, 2024).

Selektivität der Trainingsdaten Die Auswahl an Daten, der Trainingsprozess und das Finetuning der Systeme wird durch die Entwickler:innen der Technologie bestimmt, wodurch diese eine Gatekeeper-Rolle einnehmen. Die meisten Anbieter von KI-Modellen, wie z. B. OpenAI, geben jedoch nur wenig über die von ihnen verwendeten Trainingsdaten preis. Meist werden große, unbereinigte und öffentlich zugängliche Datensätze aus dem Internet automatisiert gesammelt und verwendet. Dabei kann immer nur auf Informationen aus der Vergangenheit zurückgriffen werden, die bis zur letzten Aktualisierung des Programms verfügbar waren (Biancotti & Camassa, 2023). Besondere Herausforderungen entstehen daher, wenn der Fokus auf neuen Technologien oder technischen Begriffe liegt, für die das Modell nicht trainiert wurde (Yao et al., 2021). Weiterhin ist zu berücksichtigen, dass die zum Training gewählte unspezifische Datenbasis nicht auf Zwecke der TA ausgerichtet ist. Somit können Chatbots wichtige Informationen übersehen (Pividori, 2024). Außerdem basieren die meisten LLMs größtenteils auf englischsprachigen Daten, auch wenn sich Entwickler:innen mittlerweile um mehrsprachige und stärker ausgewogene Textkorpora bemühen. Die Entwicklung eines universellen Sprachmodells steht jedoch vor der Herausforderung, dass für das Trainieren und Ausführen mehrsprachiger Modelle erhebliche Rechenressourcen benötigt werden (Peissl, 2024).[3] Die Heterogenität der Daten stellt insbesondere bei qualitativen Inhaltsanalysen eine zentrale Herausforderung für die Auswertung mit GenKI dar. Während wissenschaftliche Publikationen hinsichtlich Länge und Aufbau vergleichsweise homogen sind und sich entsprechend mit spezialisierten Tools gut zusammenfassen lassen, ist dies bei der Auswertung heterogener Datensätze – auch ein typischer Fall für die TA – nicht der Fall (Retkowski, 2023; Sietsma et al., 2024).

Bias Die Trainingsdaten von KI-Modellen können nicht nur in sprachlicher, sondern auch in ethischer Hinsicht problematische Verzerrungen (*Bias*) enthalten. Das kann beispielsweise der Fall sein, wenn soziale Gruppen in dem Trainingsmaterial unterschiedlich repräsentiert sind. Es werden dann bestimmte Muster erkannt und wiederholt, wodurch systematische Verzerrungen entstehen bzw. reproduziert werden können. Mehrere Autor:innen konnten beispielsweise sexistische oder rassistische Äußerungen oder Darstellungen bei Textgeneratoren oder Bildgeneratoren

[3] https://www.unite.ai/de/the-state-of-multilingual-llms-moving-beyond-english/

nachweisen (Ananya, 2024; Dale, 2021; Davey, 2022; Stokel-Walker & Van Noorden, 2023). Wurden LLMs zur Simulierung von Antworten in der Sozialforschung eingesetzt, waren die generierten Meinungen homogener als jene von entsprechenden Gruppen von Menschen (sogenannte „algorithmische Monokultur") (Argyle et al., 2023; Santurkar et al., 2023). Verzerrende Effekte können zusätzlich verstärkt werden, wenn die erzeugten Inhalte selbst wieder Grundlage künftiger Trainingsdaten werden. GenKI könnte somit Stereotype und strukturellen Bias nicht nur aufrechterhalten, sondern künftig noch verstärken, wenn nicht gegengesteuert wird (Martínez et al., 2024). Umgekehrt kann auch ein Gegensteuern zu Diskriminierungen oder auch zu Irreführungen oder unausgewogenen Inhalten führen. Bei ChatGPT wurde beispielsweise ein tendenziell links-liberaler politischer Einschlag in den erzeugten Texten identifiziert (Rozado, 2023). Andererseits wurde im medizinischen Kontext nachgewiesen, dass ChatGPT-3.5 und ChatGPT-4 sich unter Umständen systematischer an wissenschaftliche Standards bzw. anerkannte Richtlinien halten und dabei urteilsfreier Daten auswerten können als einzelne Personen (Levkovich & Elyoseph, 2023). Die Einhaltung von Qualitätssicherungsmechanismen (z. B. Mehraugenprinzip), wie es bei Beratungsprozessen ohne Nutzung von GenKI üblich ist, ist von entscheidender Bedeutung, um möglichen Verzerrungen entgegenzuwirken.

Nicht-Reproduzierbarkeit Die Funktionsweise von Textgeneratoren hat weiterhin zur Folge, dass die Ausgaben nicht reproduzierbar sind, d. h. die generierten Inhalte variieren bei der Wiederholung derselben Anfragen. Außerdem sind die Antworten von Textgeneratoren von der Art und Weise des formulierten Prompts und dadurch vom Anwender bzw. der Anwenderin abhängig (Biancotti & Camassa, 2023; Government Accountability Office (GAO), 2023). Die Fähigkeit, eine Frage so zu formulieren, dass kontextspezifische, passende und relevante Antworten generiert werden, bezeichnet man auch als *„Prompt-Engineering"* (UNESCO, 2023). Ein genaues und zielgerichtetes *Prompting* wirkt sich auf die Qualität der Ergebnisse stark aus, zumindest für bestimmte Aufgaben, und muss entsprechend sorgfältig erfolgen (Pividori, 2024; Ziems et al., 2024).

Halluzinationen Die Antworten bisheriger LLMs können frei erfundene Inhalte oder Quellen enthalten, wenn beispielsweise die Trainingsdaten keine passenden Übereinstimmungen zu den gestellten Fragen enthalten (sogenannte „Halluzination") (Ji et al., 2023). Unterschieden werden intrinsische Halluzinationen, die den Trainingsdaten widersprechen, und extrinsische Halluzinationen, die zwar faktisch nicht falsch sind, aber nicht auf die verwendeten Quellen zurückzuführen sind. Halluzinationen sind irreführend und stellen daher die Wissenschaftlichkeit und

Glaubwürdigkeit als zentrales Qualitätskriterium der politikorientierten TA infrage. Ergebnissen von GenKI sollte nur vertraut werden, wenn sie von kompetenten Personen überprüft wurden (Pividori, 2024). Damit verringern sich mögliche Effizienzgewinne oder Zeitvorteile (Wilson, 2024; Ziems et al., 2024). Das Problem mit solchen frei erfundenen Ergebnissen wird dadurch noch verschärft, dass Ergebnissen von Computersystemen ohnehin häufig besondere Glaubwürdigkeit zugeschrieben wird. Dieser sogenannte *Automation Bias* (Strauß, 2021) ist bei LLMs mit ihren häufig sprachlich und inhaltlich eloquenten, aber nur scheinbar faktisch richtigen Ausgabetexten besonders ausgeprägt (Albrecht, 2023, S. 57).

In diesem Zusammenhang sei auch noch erwähnt, dass es nicht nur unbeabsichtigte, der Funktionsweise und Architektur von KI-Modellen geschuldete Fehlinformationen geben kann, sondern auch absichtlich durch böswillige Akteure herbeigeführte Beeinträchtigungen der Ausgaben von GenKI. Sogenannte indirekte *Prompt-Injection-Angriffe* versuchen, Prompts in Daten, auf die die GenKI zugreift, zu verstecken (Greshake et al., 2023). Werden entsprechende bösartige Daten in den ursprünglichen Trainingsdaten hinterlegt, wird von *Data Poisoning* gesprochen (Yao et al., 2024). Sind derartige Angriffe erfolgreich, können sie das Verhalten nicht nur für einzelne, sondern für alle Nutzer:innen verändern und z. B. falsche Informationen generieren (siehe dazu auch Nentwich et al., 2025). Es ist unklar, ob dies bereits passiert, es scheint wegen der offenen Schnittstellen von LLMs jedenfalls nicht einfach, diese potenzielle weitere Bedrohung der Output-Qualität zu verhindern. Für die politikorientierte TA besteht jedenfalls ein zusätzliches Risiko, ähnlich den beschriebenen Halluzinationen.

Da diese Herausforderungen unmittelbar mit der zugrunde liegenden Technologie von Textgeneratoren verbunden sind, werden sie auch künftig schwer zu lösen sein.

3.2 Folgen für die wissenschaftliche Integrität

Der Einsatz von GenKI ist nicht nur hinsichtlich der epistemischen Qualität der generierten Inhalte kritisch zu betrachten. Er kann auch in Konflikt zu den in Abschn. 2 erläuterten ethischen Verhaltensgrundsätzen und Standards in der Forschung geraten. Das bezieht sich nicht nur auf die Qualität der wissenschaftlichen Praktiken und deren Output, sondern auch auf die Integrität der Politikberater:innen. Die wissenschaftliche Integrität ist nicht nur eine unverzichtbare Voraussetzung für den Erkenntnisgewinn und -austausch, sondern auch für die Anerkennung der Wissenschaft in Wirtschaft, Politik und Gesellschaft. Sie bildet die Grundlage einer vertrauenswürdigen Wissenschaft und damit für die Akzeptanz der Politikberatung.

Das International Center for Academic Integrity (ICAI) definiert wissenschaftliche Integrität als die Selbstverpflichtung, sich auch im Fall von Unannehmlichkeiten an sechs grundlegenden Werten zu orientieren: Aufrichtigkeit, Vertrauen, Fairness, Respekt, Verantwortungsbewusstsein und Mut (ICAI, 2021). Aus diesen Werten resultieren Verhaltensgrundsätze für akademische Gemeinschaften und die Verantwortung der Wissenschaftler:innen für die Redlichkeit und Qualität ihres wissenschaftlichen Wirkens (Lee, 2021). Die Gewährleistung der akademischen Integrität spielt im Kontext der Nutzung von GenKI insbesondere im prüfungsrechtlichen Kontext und für die Reputation von Hochschulen eine große Rolle (Moorhouse et al., 2023).

Aufgrund der Funktionsweise von LLMs, dem Generieren neuer Texte auf Basis von Formulierungen aus dem Trainingsmaterial, kann es vorkommen, dass die Ausgaben wortgleiche Passagen im Vergleich zu bereits publizierten Texten enthalten. Da LLMs ihre Quellen nicht zuverlässig und nachvollziehbar dokumentieren, können Plagiate nicht sicher ausgeschlossen werden, wenn die so generierten Passagen ohne genauere Prüfung in eigenen Texten übernommen werden.

Im Kodex „Leitlinien zur Sicherung guter wissenschaftlicher Praxis“ der Deutschen Forschungsgemeinschaft (DFG) ist die Kultur der wissenschaftlichen Integrität in der deutschen Wissenschaftslandschaft verankert. In 19 Leitlinien werden angemessene Standards für wissenschaftliches Arbeiten im Rahmen einer Selbstverpflichtung beschrieben, die beispielsweise Leitlinien zur Autorenschaft einschließen (DFG, 2019). Transparenz und Nachvollziehbarkeit des Forschungsprozesses und der gewonnenen Erkenntnisse für Dritte sind wesentliche Grundprinzipien wissenschaftlicher Integrität. Nach Ansicht der DFG verändert die Anwendung von GenKI den gesamten wissenschaftlichen, erkenntnisgewinnenden und kreativen Arbeitsprozess in erheblichem Maße. Der Einsatz von GenKI kann Wissenschaftler:innen jedoch nicht von der inhaltlichen und formalen Verantwortung entbinden (DFG, 2023).

3.3 Generell beachtenswerte Aspekte des Einsatzes von GenKI in der TA

Während in den vorigen Absätzen dieses Abschnitts spezifisch auf die epistemischen Risiken des Einsatzes von GenKI in der politikorientierten TA sowie Fragen der wissenschaftlichen Integrität eingegangen wurde, soll hier abschließend die

Perspektive erweitert werden. Bei der Frage, ob bzw. unter welchen Bedingungen GenKI in der Politikberatung eingesetzt werden soll, müssen auch Aspekte beachtet werden, die zwar generellerer Natur sind, also nicht nur die Wissenschaft bzw. die Politikberatung i.e.S. betreffen, jedoch für die Reputation, Glaubwürdigkeit und somit die Integrität von TA-Einrichtungen relevant sind. Selbst wenn alle in den vorigen Abschnitten aufgezeigten Herausforderungen kurzfristig lösbar wären, würde das noch nicht unbedingt „grünes Licht" für den Einsatz in der TA bedeuten, gerade weil die TA-Community stets eine multiperspektivische Herangehensweise pflegt und nicht nur auf Effizienzgewinne hin ausgerichtet ist. In der gebotenen Kürze (etwas ausführlicher in Nentwich et al., 2025) werden folgende vier Aspekte hervorgehoben: Umwelt, Arbeit, Recht sowie digitale Souveränität.

Umweltaspekte Beim Training von KI-Modellen werden große Mengen an Ressourcen benötigt. Drei Themen sind besonders problematisch: Treibhausgasemissionen sowie Wasser- und Flächenverbrauch. LLMs gehören zu den umfangreichsten maschinellen Lernmodellen, deren Größe Billionen Parameter erreicht. Sie erfordern Millionen von GPU-Stunden für das Training und produzieren dabei *CO_2-Emissionen* (Luccioni et al., 2023; Wu et al., 2022). Es wird geschätzt, dass der gesamte IKT-Sektor bereits im Jahr 2020 für ca. 1,4 bis 2,0 % der globalen Treibhausgasemissionen (International Telecommunication Union (ITU), 2020) verantwortlich war, Tendenz steigend. Die Infrastruktur für maschinelles Lernen trägt zunehmend dazu bei, aber der genaue Einfluss lässt sich derzeit nicht exakt bestimmen. Microsoft wollte ursprünglich bis 2030 CO_2-neutral werden, doch laut ihrem Nachhaltigkeitsbericht stiegen die CO_2-Emissionen in den Jahren 2021 bis 2023 um 30 %.[4] KI-Modelle und ihre Rechenzentren verbrauchen zudem enorme Mengen an *Wasser* für die Stromerzeugung außerhalb des Standorts und die Kühlung vor Ort. Li et al. (2023) schätzen, dass beim Training von GPT-3 in Microsofts Rechenzentren 700.000 Liter sauberes Süßwasser direkt verdampft wurden und dass der weltweite Wasserbedarf für KI bis 2027 auf 4,2 bis 6,6 Mrd. Kubikmeter steigen wird. Diese Menge entspricht dem 4- bis 6-fachen des jährlichen Wasserverbrauchs Dänemarks oder der Hälfte des Vereinigten Königreichs. Ein weiterer Aspekt ist die steigende *Landnutzung* für Rechenzentren. Die Kritik an der Entwicklung dieser Branche bezieht sich auf die Tatsache, dass der Flächenbedarf ausschließlich für diese expandierende Industrie steigt, ohne Rücksicht auf die Bedürfnisse der lokalen Bevölkerung, deren Kultur und die frühere Nutzung des Landes. In diesen Zusammenhang sprechen Autor:innen von *„Land Grabbing"* (Bresnihan & Brodie, 2023).

[4] https://query.prod.cms.rt.microsoft.com/cms/api/am/binary/RW1lMjE.

Arbeitsbedingungen KI und insbesondere GenKI wirft weitere Fragen hinsichtlich der Veränderung der Arbeitsmärkte auf (Jobarten und -profile, Reorganisation der Arbeit, Deskilling etc.). Aus einer ethischen Perspektive besonders relevant sind die schlechten Arbeitsbedingungen der Beschäftigten in Bereichen der globalen KI-Industrie. Ein aktueller Bericht über KI und die Zukunft der Arbeit (Rodel et al., 2024) verweist darauf, dass essentielle Aufgaben im Zusammenhang mit dem KI-Training (Datenkennzeichnung, Inhaltsmoderation) in einkommensschwache Länder des Globalen Südens ausgelagert werden. In den KI-"Sweatshops" werden keine fairen Löhne bezahlt, keine sicheren Arbeitsplätze geboten oder gar formale Arbeitsverträge abgeschlossen. Die Jobs selbst sind nicht nur eintönig, sondern auch psychisch enorm belastend.

Datenschutz und Urheberrecht Für das Training von GenKI-Modellen werden große Datensätze verwendet, wobei entwickelnde Unternehmen in der Regel keine Details über das verwendete Trainingsmaterial bekannt geben. Neueren Erkenntnissen zufolge wurde beim Zusammenstellen der enormen Mengen an Texten, Bildern usw. „großzügig" vorgegangen und praktisch alles im Internet und in zugänglichen Datenbanken verfügbare Material verwendet (Murray, 2023). Darin ist vielfach auch urheberrechtlich geschütztes Material enthalten, da diese Verwendung nicht vorhersehbar war, was möglicherweise als *Urheberrechtsverletzung* angesehen wird, wobei dies noch nicht endgültig geklärt scheint (Murray, 2023). Auch enthalten die durch GenKI verarbeiten Quellen oftmals sensible oder personenbezogene Informationen, einschließlich solcher von Minderjährigen, die durch das *Datenschutzrecht* geschützt sind. Es kann zu Rechtsverletzungen kommen, wenn der Datensatz beispielsweise nicht ordnungsgemäß anonymisiert wurde (Wang et al., 2023). Die Verwendung von Daten ohne Zustimmung oder von Quellen, die möglicherweise nicht für diesen Zweck vorgesehen waren, wirft somit ethische Fragen bezüglich des Respekts vor den Rechten der Einzelnen betroffenen Personen und der potenziellen Gefährdung der Privatsphäre auf (Golda et al., 2024). Das Training von GenKI agiert somit in einer rechtlichen Grauzone.

Digitale Souveränität Die Nutzung von GenKI hat sowohl bedenkenswerte Effekte auf die digitale Souveränität der Individuen als auch unserer Gesellschaften insgesamt. Es ist absehbar, dass sich die Nutzer:innen, also auch die TA-Praktiker:innen, auf die neuen Tools nicht allein als Hilfsmittel, sondern zunehmend als Arbeitsgrundlage verlassen, damit immer stärker abhängig werden und bisherige Fähigkeiten nach und nach verlernen könnten *(Deskilling)*. Die Abhängigkeit von Instrumenten, die selbst kreative und analytische Tätigkeiten scheinbar mühelos übernehmen können, könnte langfristig dazu führen, dass selbst Wissensarbeiter:innen (dazu gehören auch die Technikfolgenabschätzer:innen) die Kontrolle über ihr eigenes Arbeitsfeld verlieren. Nicht minder gravierend ist der drohende Verlust der digitalen Souveränität der Gesellschaft (vgl. Nentwich et al., 2025). Durch die Entwicklungsvorsprünge von Unternehmen aus den USA und China gibt es bis auf wenige Ausnahmen vor allem außereuropäische LLMs. Abgesehen von dem bereits an anderer Stelle erwähnten Sprachen- und Kulturproblem begibt sich Europa somit derzeit in eine neue Abhängigkeit von Akteuren, auf die die europäische Rechtsetzung nur begrenzt Einfluss nehmen kann.

Aus TA-Perspektive ist somit als Zwischenfazit festzuhalten, dass es selbst ohne Beachtung der in 3.1 erörterten gravierenden epistemischen Herausforderungen ernst zu nehmende ethische Vorbehalte gegen die rein utilitaristische Nutzung der GenKI auch und gerade in der TA selbst gibt. Es kann festgehalten werden, dass diese Tools ethisch bedenklich sind, weil die möglichen Vorteile ihrer Nutzung mit möglichen Umweltproblemen, rechtlichen Grauzonen, der Auslagerung von Jobs in Länder mit geringem Arbeitsschutz und unzumutbaren Arbeitsbedingungen sowie der Inkaufnahme einer möglichen weiteren Schwächung der digitalen Souveränität einhergehen.

4 Auf dem Weg zur Selbstregulierung

Aufgrund der Herausforderungen und Bedenken bei der Anwendung von GenKI ist sowohl eine Formulierung von Pflichten bei der Entwicklung der Modelle, aber auch von Nutzungsbedingungen unabdingbar. In diesem Beitrag ist es nicht möglich, die sich dynamisch entwickelnde rechtliche Situation für Anbieter und Betreiber von GenKI auf EU- und nationaler Ebene ausführlich darzustellen. Ein kurzer Überblick muss hier ausreichen. Wir fokussieren in der Folge darauf, wie die allgemeinen Vorschriften durch Selbstregulierung und freiwillige Verhaltensmaßnahmen der Anwender-Communities (hier: insb. der Wissenschaft und der Politikberatung) konkretisiert bzw. erweitert werden.

Die Entwicklung und Anwendung von GenKI unterliegt einem vielfältigen System europäischer Regelungen, insbesondere im Bereich der Produktsicherheit, des Datenschutzes und des Urheberschutzes, die in nationales Recht überführt wurden. Von besonderer Bedeutung ist die KI-Verordnung der Europäischen Union (KI-VO, der sogenannte „AI Act“, Regulation (EU) 2024/1689 vom 13.06.2024), weil diese explizit LLMs und generierte Inhalte adressiert. Mit der KI-VO will man vor allem sicherstellen, dass die in der EU eingesetzten KI-Systeme sicher, transparent, nachvollziehbar, nicht-diskriminierend und umweltfreundlich sind. Weiterhin kommt dem Begriff „vertrauenswürdig“ eine besondere Bedeutung zu (Erwägungsgrund 1 KI-VO). Diese Vorschriften legen

Verpflichtungen für Anbieter und Betreiber von KI-Systemen fest, die sich nach dem Risiko richten, das von dem KI-System ausgeht (sogenannter risikobasierter Ansatz). So gelten für KI-Systeme mit begrenztem Risiko bestimmte Transparenzvorschriften. Darunter fallen GenKI-Systeme, die synthetische Audio-, Bild-, Video- oder Textinhalte erzeugen. Die Ausgaben dieser Systeme müssen durch den Anbieter in einem maschinenlesbaren Format gekennzeichnet werden, sodass diese als künstlich erzeugt oder manipuliert erkennbar sind. Für Anwender:innen dieser Modelle, etwa für Politikberater:innen, werden in der KI-VO jedoch keine weiteren Pflichten formuliert, sofern sie nicht unter die Definition eines Anbieters bzw. Betreibers nach Artikel 3 Nr. 3 bzw. 4 der KI-VO fallen.

Neben diesen kurz skizzierten verbindlichen Vorschriften für Anbieter und Betreiber von GenKI gibt es Selbstverpflichtungen von KI-Entwicklern, internationalen Gremien, Hochschulen und Wissenschaft, Verlagen und politikorientierten Einrichtungen.

KI-Entwickler Selbstverpflichtungen und Nutzungsregelungen der Entwickler von KI-Modellen sind für Anwender:innen relevant. So formuliert z. B. OpenAI in ihren Allgemeinen Geschäftsbedingungen Standards, Nutzungsvoraussetzungen sowie Hinweise, die die Anwender:innen darüber informieren, dass die Ausgaben abschließend zu überprüfen sind, da unvollständige oder falsche Inhalte erzeugt werden können. Außerdem werden spezielle Anforderungen für die Nutzung im Gesundheitsbereich sowie im Finanz- und Bildungsbereich gestellt (OpenAI, 2024).

Internationale Gremien Weiterhin gibt es für die Entwicklung und Anwendung von GenKI freiwillige Verhaltensmaßnahmen und Leitlinien von verschiedenen internationalen Organisationen und Gremien. Ein Beispiel dafür sind die Ethikleitlinien für vertrauenswürdige KI der von der Europäischen Kommission eingesetzten unabhängigen hochrangigen Expert:innengruppe für Künstliche Intelligenz (EC, 2019). Sie umfassen unverbindliche ethische Grundsätze für KI, die dazu beitragen sollten, dass KI vertrauenswürdig und ethisch vertretbar ist. Zu den Grundsätzen zählen menschliche Aufsicht, technische Robustheit und Sicherheit, Privatsphäre und Daten-Governance, Transparenz, Vielfalt, Nichtdiskriminierung und Fairness, soziales und ökologisches Wohlergehen sowie Rechenschaftspflicht (siehe auch Erwägungsgrund 27 der KI-VO). Die Anwendung dieser Grundsätze sollte, soweit möglich, in die Gestaltung und Verwendung von KI-Modellen einfließen. Sie dienen auch als Grundlage für die Ausarbeitung von Verhaltenskodizes von unterschiedlichen Interessenträgern, einschließlich der Industrie, der Wissenschaft, der Zivilgesellschaft und der Normungsorganisationen.

Hochschulen und Wissenschaft Für die Nutzung von GenKI in den Hochschulen (Moorhouse et al., 2023) und für den Wissenschaftsbereich (DFG, 2023; EC, 2024) wurden bereits unterschiedliche nationale und internationale Leitlinien ausgearbeitet. Es handelt sich dabei um ethische Prinzipien oder verbindliche Rahmenbedingungen bei der Verwendung von GenKI in Wissenschaft und Forschung. Die Europäische Kommission hat gemeinsame Grundprinzipien für Wissenschaftler:innen, Forschungsorganisationen und Förderorganisationen hinsichtlich Zuverlässigkeit, Ehrlichkeit, Respekt und Verantwortung für die Forschung von der Idee bis zur Veröffentlichung formuliert. Diese Prinzipien adressieren sowohl die Qualität der Forschung als auch die Integrität der Wissenschaftler:innen und sollen mögliche intendierte und nichtintendierte Folgen durch den Einsatz von GenKI begrenzen. Die Europäische Kommission spricht sich außerdem für eine Diskussion über die Möglichkeiten und Grenzen der Anwendung von GenKI in der Forschung aus (EC, 2024, S. 4).

Die Deutsche Forschungsgemeinschaft (DFG) hat ebenfalls erste Leitlinien für den Umgang mit generativen Modellen für die Text- und Bilderstellung publiziert. In einer Stellungnahme werden Rahmenbedingungen für deren Einsatz sowie Grundprinzipien der wissenschaftlichen Integrität und Autorenschaft formuliert (DFG, 2023). Dabei sollte der Einsatz generativer Modelle *„keinesfalls ausgeschlossen werden“,* erfordert allerdings die Offenlegung ihrer Nutzung mitsamt Zweck und Umfang und die Sicherstellung durch die Autor:innen, dass Plagiate und Verletzungen von geistigem Eigentum ausgeschlossen werden können. Dies wird mit der Einhaltung von Transparenz und Nachvollziehbarkeit des Forschungsprozesses als wesentliche Grundprinzipien wissenschaftlicher Integrität begründet.

Die DFG präzisiert in ihrem Portal zum Kodex über die Leitlinien zur Sicherung guter wissenschaftlicher Praxis die Offenlegung der Verwendung von GenKI (DFG, 2024). Beispielsweise soll ihr „Einsatz bei der Aufbereitung des Forschungsstandes, bei der Entwicklung einer wissenschaftlichen Methode, bei der Auswertung von Daten oder bei der Hypothesengenerierung gekennzeichnet werden.“ Ausschließlich solche KI-Anwendungen, „die sich nicht essentiell auf den wissenschaftlichen Inhalt auswirken (bspw. Grammatik-, Stil-, Rechtschreibprüfung, Übersetzungsprogramme), müssen nicht angegeben werden.“ Mit Blick auf Anwendungen in der politikorientierten TA ist zudem bedeutsam, dass die Verwendung vertraulicher Unterlagen (wie zu begutachtende Texte) als Eingabe für generative Modelle seitens der DFG untersagt wird. Für die Ausleuchtung der Chancen und Herausforderungen durch GenKI wird in der Stellungnahme weiterhin gefordert, „Erfahrungen mit dem Einsatz der generativen Modelle zu sammeln und diese zu teilen. Erst dies ermöglicht einen diskursiven und wissenschaftsbasierten Prozess.“ (DFG, 2023, S. 3).

Verlage Auch Wissenschaftsverlage und Herausgeber:innen wie Cambridge University Press, Elsevier, Science, Springer Nature, Taylor & Francis oder Wiley äußern sich zur Verwendung von KI und GenKI (Dwivedi et al., 2023; Spanjol & Noble, 2023). Für die genannten Verlage gilt, dass GenKI-Modelle die Anforderungen an eine Autorschaft nicht erfüllen. Weiterhin ist der Einsatz von GenKI-Modellen zur Erstellung von Bildern oder Videos bis auf wenige spezifische Ausnahmefälle bei allen betrachteten Verlagen nicht erlaubt. Die Nutzung von LLMs zur Textgenerierung muss bis auf formale Editierungs- oder Formatierungsaufgaben offengelegt werden. Die Art und Weise der Offenlegung wird in den spezifischen *Policies* vorgeschrieben.

Politikberatende Einrichtungen Explizit für den Kontext der wissenschaftsbasierten Politikberatung wurden beispielsweise Leitlinien für die Verwendung von Sprachmodellen durch die Deutsche Akademie der Naturforscher Leopoldina ausgearbeitet und zulässige sowie unzulässige Verwendungszwecke detailliert aufgeführt (Deutsche Akademie der Naturforscher Leopoldina, 2023). Zulässige Verwendungszwecke umfassen

- sprachliche Textverbesserungen und Übersetzungen
- Evaluierung (z. B. Identifikation von Unstimmigkeiten)
- Unterstützung bei der Erstellung insbesondere von Textbausteinen und Abbildungen

Die Nutzung von LLMs oder verwandten Technologien zum letztgenannten Zweck „muss ausdrücklich gekennzeichnet und ausreichend dokumentiert werden". Die Verantwortung liegt weiterhin bei den (menschlichen) Autor:innen, sowohl mit Blick auf die Inhalte als auch auf die Einhaltung von Urheberrechten und Vermeidung von Plagiaten.

Nicht zugelassen ist dagegen ihre Nutzung, um Texte sowie Textabschnitte aus einem Prompt-Text zu erstellen. Texte der Leopoldina sind „grundsätzlich von menschlichen Autorinnen und Autoren zu verfassen."

Die Leitlinien für die Anwendung von GenKI in der Wissenschaft und in der wissenschaftlichen Politikberatung werden kontinuierlich angepasst und ausdifferenziert und bilden eine Ergänzung zu den rechtlichen Verpflichtungen für die Entwickler:innen und Betreiber:innen dieser Technologien durch die KI-VO. Eine wichtige Rolle spielen neben wissenschaftlichen Qualitätskriterien und Regelungen zur Autorenschaft insbesondere konkrete Transparenzpflichten.

5 Fazit und Schlussfolgerungen

Methoden der GenKI spielen eine immer größere Rolle in der Wissenschaft und beginnen auch in der TA und damit in der Politikberatung Fuß zu fassen. Folgende Aspekte und Anwendungsvoraussetzungen wurden in diesem Beitrag herausgearbeitet:

- Der TA kommt eine besondere Rolle bei der Untersuchung, Bewertung und Anwendung von GenKI zu: Es handelt sich 1) um eine disruptive Technologie, deren gesellschaftlichen Implikationen es zu reflektieren gilt, die aber gleichzeitig 2) auch das Potenzial hat, die TA-Praxis selbst grundlegend zu verändern. Somit nimmt die TA die Rolle einer teilnehmenden Beobachterin ein, wodurch sie in besonderer Weise gezwungen ist, ihre eigenen Standards und Praktiken zu reflektieren. Dieser selbstreferenzielle „Loop" ist in der TA stärker ausgeprägt als etwa in der üblichen wissenschaftlichen Arbeit. In der TA müssen zwar auch die wissenschaftlichen Qualitätskriterien einer Anwendung von Tools der GenKI überprüft werden, aber aufgrund ihres Selbstverständnisses und ihrer Tradition muss TA darüber hinaus auch die Chancen und Risiken im gesellschaftlichen Kontext im Blick haben.
- Anwendungsmöglichkeiten der GenKI in der politikorientierten TA wurden bislang meist nur theoretisch beschrieben und noch nicht systematisch untersucht. Vorliegende Anwendungsbeispiele zeigen, dass sich Potenziale bei praktisch allen Anwendungsbereichen ergeben können, etwa der Text- und Bildgenerierung, der Wissensrecherche, der Inhaltsanalyse sowie der Ideengenerierung. Die konkreten Potenziale können von Einrichtung zu Einrichtung unterschiedlich sein, je nach Arbeitsweise und institutionellen Rahmenbedingungen.
- Bei der Anwendung der GenKI sind die spezifischen Qualitätskriterien der politikorientierten TA zu beachten, die die allgemeinen wissenschaftlichen Qualitätskriterien ergänzen. Einrichtungen der politikorientierten TA sind *Boundary Organizations,* die zwischen Wissenschaft und Politik vermitteln. Politische Relevanz und Legitimität der Ergebnisse sind deshalb neben der wissenschaftlichen Glaubwürdigkeit von besonderer Bedeutung. Besonders wichtig, speziell für parlamentarische TA-Einrichtungen, ist die Unabhängigkeit der Beratungsergebnisse, die durch institutionelle Verfahren sowie in der Projektdurchführung durch Verfahren der Qualitätssicherung sichergestellt wird.

- Mit dem Einsatz von GenKI-Tools sind angesichts ethischer und wissenschaftlicher Herausforderungen sowie der Dynamik der Entwicklungen und der erheblichen Wissens- und Erfahrungslücken grundsätzliche Bedenken verbunden. Dabei können bestimmte Risiken auch die Legitimität der politikorientierten Einrichtungen herausfordern: Insbesondere mögliche Verzerrungen (*Bias*) bei den Textausgaben stellen, sofern sie unerkannt bleiben, die Unabhängigkeit der Beratungsergebnisse infrage. Entsprechend ist es sehr wichtig, Mechanismen der Qualitätssicherung, wie sie im Abschn. 2.2 beschrieben wurden, aufrechtzuerhalten bzw. zu prüfen, inwiefern sie mit Blick auf die skizzierten Herausforderungen bei der Nutzung von GenKI angepasst werden müssten. Außerdem lässt sich ein zentrales wissenschaftliches Prinzip, nämlich die Übernahme fremder Gedanken explizit zu machen, bei bestimmten GenKI-Anwendungen, wie etwa der Textproduktion, nur schwer garantieren. Damit stehen bei der unkritischen Übernahme erzeugter Inhalte auch die wissenschaftliche Integrität und Glaubwürdigkeit der Ergebnisse in Zweifel.
- Eine entscheidende Frage ist, inwiefern sich der Einsatz von KI-Tools auf die Projektdurchführung (Zeit, Kosten etc.) und die Ergebnisqualität auswirkt. Maßnahmen zur Qualitätssicherung sind bislang über den gesamten Prozess verteilt, mit dem Ziel, ein Ergebnis zu erreichen, das die in Abschn. 2 skizzierten Kriterien der Wissenschaftlichkeit, Legitimität (Überparteilichkeit/Neutralität) sowie Relevanz (einschließlich Aktualität) erfüllt. Dazu gehören insbesondere die je nach Einrichtung mehr oder weniger enge Zusammenarbeit mit den parlamentarischen Adressat:innen und die inter- bzw. transdisziplinäre Projektdurchführung in enger Kooperation mit externen Expert:innen und Stakeholder:innen.
- Bislang gibt es noch keine gesicherten Erkenntnisse zum Einsatz von GenKI in der Politikberatung, weshalb aus unserer Sicht GenKI in der laufenden Projektarbeit nicht unreflektiert eingesetzt werden sollte. Angesichts der Entwicklungsdynamik sind kontinuierlich systematische und dokumentierte Experimente mit allen infrage kommenden GenKI-Tools nötig, mit dem Ziel, deren Effizienz und Einfluss auf die epistemische Qualität und wissenschaftliche Integrität zu überprüfen. Es bietet sich angesichts der Vielfalt und Dynamik an, dies in der TA-Community verteilt anzugehen und auch die breitere Community der wissenschaftlichen Politikberatung einzubeziehen.
- Es liegen bereits unterschiedliche nationale und internationale Leitlinien für Hochschulen und für den Wissenschaftsbereich vor. Es ist zu prüfen, inwieweit solche Leitlinien, etwa die der DFG, auch auf die TA übertragen werden können. Allgemeine Leitlinien für die Wissenschaft sind jedoch angesichts der

explizten und impliziten Regeln zur Transparenz, Kennzeichnung und Integrität für die TA und ihre Institutionen nicht präzise genug. So werden die Kriterien Relevanz oder Legitimität bisher nicht berücksichtigt.
- Daher sind spezifische Leitlinien für die politikorientierte TA für einen verantwortungsvollen Umgang wünschenswert. Offen ist jedoch, welche Instanz legitimiert wäre, sie zu erlassen. Außerdem ist die Politikberatung und die TA sehr heterogen institutionalisiert und organisiert, sodass unklar ist, wer Adressat solcher Leitlinien und Abstimmungen sein kann. Beispielsweise müsste für TAB-spezifische Leitlinien der Bundestag einbezogen werden. Wir schlagen vor, dass durch die Community eine Art generische Richtlinie ausgearbeitet und beispielsweise auf Ebene der EPTA (European Parliamentary Technology Assessment) empfohlen wird.[5] Ein derartiger Vorschlag könnte in weiterer Folge institutionenspezifisch angepasst und beschlossen werden.

Außer Frage steht, dass Austausch und Reflexion über bisherige Erfahrungen sowie mögliche Anwendungen und Nutzungsanforderungen im Kontext der Politikberatung benötigt werden. Erforderlich erscheint dafür, die Praxis der TA, ihre Standards und Grundprinzipien grundsätzlich zu reflektieren und ggf. weiterzuentwickeln (unter Umständen auch mit Blick auf die sich verändernden politischen Rahmenbedingungen und Legitimitätskriterien politikorientierter TA). Dabei müssten weiters auch die gravierenden ethischen Probleme (Umweltprobleme etc.) reflektiert werden, d. h. der potenzielle Nutzen für die Politikberatung sollte mit den globalen Folgen dieser Technologie abgewogen werden. In traditioneller Herangehensweise der TA sollte schließlich auch in Alternativen gedacht und damit auch der langfristige Einfluss des Einsatzes von KI auf die Kernkompetenzen der TA in den Blick genommen werden. Der vorliegende Beitrag kann als Anstoß in diese Richtung verstanden werden.

Literatur

Albrecht, S. (2023). *TAB-Hintergrundpapier Nr. 26: ChatGPT und andere Computermodelle zur Sprachverarbeitung – Grundlagen, Anwendungspotenziale und mögliche Auswirkungen.* https://www.tab-beim-bundestag.de/news-2023-04-studie-zu-chatgpt-fur-den-deutschen-bundestag.php.

[5] Im Rahmen des EPTA-Council-Treffens in Oslo im Oktober 2024 hat sich herausgestellt, dass bereits einige EPTA-Mitglieder intensiv an solchen Richtlinien arbeiten (TAB, GAO, NBT, ITA u. a.), und es wurde eine Kooperation vereinbart.

Albrecht, S. (2024). ChatGPT als doppelte Herausforderung für die Wissenschaft: Eine Reflexion aus der Perspektive der Technikfolgenabschätzung. In KI:Text (S. 13–28). De Gruyter. https://doi.org/10.1515/9783111351490-003.

Ananya. (2024). AI image generators often give racist and sexist results: Can they be fixed? *Nature, 627*(8005), 722–725. https://doi.org/10.1038/d41586-024-00674-9.

Argyle, L. P., Busby, E. C., Fulda, N., Gubler, J. R., Rytting, C., & Wingate, D. (2023). Out of one, many: Using language models to simulate human samples. *Political Analysis, 31*(3), 337–351. https://doi.org/10.1017/pan.2023.2.

Bender, E. M., & Koller, A. (2020). Climbing towards NLU: On meaning, form, and understanding in the age of data. In D. Jurafsky, J. Chai, N. Schluter, & J. Tetreault (Eds.), *Proceedings of the 58th Annual Meeting of the Association for Computational Linguistics* (S. 5185–5198). Association for Computational Linguistics. https://doi.org/10.18653/v1/2020.acl-main.463.

Biancotti, C., & Camassa, C. (2023). Loquacity and visible emotion: ChatGPT as a policy advisor (SSRN Scholarly Paper 4533699). https://doi.org/10.2139/ssrn.4533699.

Bieber, C., Heesen, J., Grunwald, A., & Rostalski, F. (2024). *KI im Superwahljahr—Generative KI im Umfeld demokratischer Prozesse.* Whitepaper aus der Plattform Lernende Systeme, München. https://doi.org/10.48669/pls_2024-5.

Böschen, S., Grunwald, A., Krings, B.-J., & Rösch, C. (Hrsg.). (2021). *Technikfolgenabschätzung: Handbuch für Wissenschaft und Praxis* (1. Aufl.). Nomos. https://doi.org/10.5771/9783748901990.

Bresnihan, P., & Brodie, P. (2023). Data sinks, carbon services: Waste, storage and energy cultures on Ireland's peat bogs. *New Media & Society, 25*(2), 361–383. https://doi.org/10.1177/14614448221149948.

Cash, D., Clark, W. C., Alcock, F., Dickson, N. M., Eckley, N., & Jäger, J. (2002). *Salience, credibility, legitimacy and boundaries: Linking research, assessment and decision making* (SSRN Scholarly Paper 372280). https://doi.org/10.2139/ssrn.372280.

Cruz-Castro, L., & Sanz-Menéndez, L. (2005). Politics and institutions: European parliamentary technology assessment. *Technological Forecasting and Social Change, 72*(4), 429–448. https://doi.org/10.1016/j.techfore.2004.01.007.

Dale, R. (2021). GPT-3: What's it good for? *Natural Language Engineering, 27*(1), 113–118. https://doi.org/10.1017/S1351324920000601.

Davey, A. (2022). *OpenAI Chatbot spits out biased musings, despite guardrails.* Bloomberg.Com. https://www.bloomberg.com/news/newsletters/2022-12-08/chatgpt-open-ai-s-chatbot-is-spitting-out-biased-sexist-results.

Deutsche Akademie der Naturforscher Leopoldina – Nationale Akademie der Wissenschaften. (2023). *Leitlinien zur Nutzung von großen Sprachmodellen bei Veröffentlichungen der Leopoldina.* https://www.leopoldina.org/fileadmin/redaktion/Ueber_uns/2023_Leitlinien_zur_Nutzung_von_gro%C3%9Fen_Sprachmodellen.pdf.

DFG (2019). Leitlinien zur Sicherung guter wissenschaftlicher Praxis – Kodex. https://www.dfg.de/de/grundlagenthemen/grundlagen-und-prinzipien-der-foerderung/gwp/kodex

DFG. (2023). *Stellungnahme des Präsidiums der Deutschen Forschungsgemeinschaft (DFG) zum Einfluss generativer Modelle für die Text- und Bilderstellung auf die Wissenschaften und das Förderhandeln der DFG.* https://www.dfg.de/resource/blob/289674/ff57cf46c5ca109cb18533b21fba49bd/230921-stellungnahme-praesidium-ki-ai-data.pdf.

DFG. (2024). *Verwendung generativer Modelle für die Text- und Bilderstellung im Förderhandeln der DFG.* https://wissenschaftliche-integritaet.de/verwendung-generativer-modelle/.

Dwivedi, Y. K., Kshetri, N., Hughes, L., Slade, E. L., Jeyaraj, A., Kar, A. K., Baabdullah, A. M., Koohang, A., Raghavan, V., Ahuja, M., Albanna, H., Albashrawi, M. A., Al-Busaidi, A. S., Balakrishnan, J., Barlette, Y., Basu, S., Bose, I., Brooks, L., Buhalis, D., et al. (2023). "So what if ChatGPT wrote it?" Multidisciplinary perspectives on opportunities, challenges and implications of generative conversational AI for research, practice and policy. *International Journal of Information Management, 71,* Article 102642. https://doi.org/10.1016/j.ijinfomgt.2023.102642.

EC. (2019). *Ethikleitlinien für eine vertrauenswürdige KI. Amt für Veröffentlichungen der Europäischen Union.* https://data.europa.eu/doi/10.2759/22710.

EC. (2024). *Living guidelines on the responsible use of generative AI in research | Research and innovation.* https://research-and-innovation.ec.europa.eu/document/2b6cf7e5-36ac-41cb-aab5-0d32050143dc_en.

Government Accountability Office (GAO), U. S. G. A. (2024). *Artificial Intelligence: GAO's work to leverage technology and ensure responsible use.* https://www.gao.gov/products/gao-24-107237.

Golda, A., Mekonen, K., Pandey, A., Singh, A., Hassija, V., Chamola, V., & Sikdar, B. (2024). Privacy and security concerns in generative AI: A Comprehensive survey. *IEEE Access, 12,* 48126–48144. https://doi.org/10.1109/ACCESS.2024.3381611.

Goodfellow, I. J., Pouget-Abadie, J., Mirza, M., Xu, B., Warde-Farley, D., Ozair, S., Courville, A., & Bengio, Y. (2014). *Generative adversarial networks.* http://arxiv.org/abs/1406.2661.

Greshake, K., Abdelnabi, S., Mishra, S., Endres, C., Holz, T., & Fritz, M. (2023). *Not what you've signed up for: Compromising Real-World LLM-Integrated Applications with Indirect Prompt Injection.* https://arxiv.org/abs/2302.12173v2.

Grunwald, A. (2022). Technikfolgenabschätzung: Einführung. *Nomos Verlagsgesellschaft mbH & Co. KG.* https://doi.org/10.5771/9783748928775.

Government Accountability Office (GAO), U. S. G. A. (2023). *Science & Tech Spotlight: Generative AI.* https://www.gao.gov/products/gao-23-106782.

Gustafsson, K. M., & Lidskog, R. (2018). Boundary organizations and environmental governance: Performance, institutional design, and conceptual development. *Climate Risk Management, 19,* 1–11. https://doi.org/10.1016/j.crm.2017.11.001.

Guston, D. H. (2001). Boundary organizations in environmental policy and science: An introduction. *Science, Technology, & Human Values, 26*(4), 399–408. https://doi.org/10.1177/016224390102600401.

Heil, R. (2023). *Einige ethische Implikationen großer Sprachmodelle.* https://doi.org/10.5445/IR/1000158914.

Hoppe, R., & Wesselink, A. (2014). Comparing the role of boundary organizations in the governance of climate change in three EU member states. *Environmental Science & Policy, 44,* 73–85. https://doi.org/10.1016/j.envsci.2014.07.002.

van Huijstee, M., van Boheemen, P., Das, D., Nierling, L., Jahnel, J., Karaboga, M., & Fatun, M. (2021). *Tackling deepfakes in European policy. Publications office.* https://data.europa.eu/doi/10.2861/325063.

International Telecommunication Union (ITU). (2020). *Greenhouse gas emissions trajectories for the information and communication technology sector compatible with the unfccc paris agreement,* L. 1470. (01/20). ITU. https://www.itu.int/ITU-T/recommendations/rec.aspx?rec=14084&lang=en.

International Center for Academic Integrity – ICAI. (2021). *The fundamental values of academic integrity.* (3rd ed.). www.academicintegrity.org/the-fundamental-values-of-academic-integrity.

Ji, Z., Lee, N., Frieske, R., Yu, T., Su, D., Xu, Y., Ishii, E., Bang, Y., Dai, W., Madotto, A., & Fung, P. (2023). Survey of hallucination in natural language generation. *ACM Computing Surveys, 55*(12), 1–38. https://doi.org/10.1145/3571730.

Karaboga, M., Frei, N., Puppis, M., Vogler, D., Raemy, P., Ebbers, F., Runge, G., Rauchfleisch, A., de Seta, G., Gurr, G., Friedewald, M., & Rovelli, S. (2024). *Deepfakes und manipulierte Realitäten—Technologiefolgenabschätzung und Handlungsempfehlungen für die Schweiz.* vdf. https://doi.org/10.5281/zenodo.11643644.

Lee, C. (2021). *Blog: Wissenschaftliche Integrität und Plagiarismus – Was ist der Unterschied?* hhttps://www.turnitin.de/blog/wissenschaftliche-integritaet-und-plagiarismus-was-ist-der-unterschied.

Lentsch, J. (2014). Das TAB – Wissensmakler für Parlament und Gesellschaft. In A. Grunwald, A. Sauter, & C. Revermann (Hrsg.), *Wissen für das Parlament* (S. 77). Nomos Verlag. https://www.nomos-shop.de/nomos/titel/wissen-fuer-das-parlament-id-108060/.

Levkovich, I., & Elyoseph, Z. (2023). Identifying depression and its determinants upon initiating treatment: ChatGPT versus primary care physicians. *Family Medicine and Community Health, 11*(4). https://doi.org/10.1136/fmch-2023-002391.

Li, P., Yang, J., Islam, M. A., & Ren, S. (2023). *Making AI Less 'Thirsty': Uncovering and addressing the secret water footprint of ai models.* https://doi.org/10.48550/arXiv.2304.03271.

Löser, A., Tresp, V., Hoffart, J., Morik, K., van Aken, B., & Dahlmeier, D. (2023). *Große Sprachmodelle – Grundlagen, Potenziale und Herausforderungen für die Forschung* (Whitepaper). acatech. https://www.acatech.de/publikation/grosse-sprachmodelle/.

Luccioni, A. S., Viguier, S., & Ligozat, A.-L. (2023). Estimating the carbon footprint of bloom, a 176b parameter language model. *Journal of Machine Learning Research, 24*(253), 1–15.

Malliaraki, E. (2023). *The role of large language models in science and technology policy. In technology foresight for public funding of innovation: methods and best practices* (S. 42–47). Amt für Veröffentlichungen der Europäischen Union. https://doi.org/10.2760/759692.

Martin, P. A., Christie, A. P., Shackelford, G. E., Hood, A. S. C., Wang, S., Li, B., Morgan, W., Lee, M., Aldridge, D. C., & Sutherland, W. J. (2023). Flexible synthesis can deliver more tailored and timely evidence for research and policy. *Proceedings of the National Academy of Sciences, 120*(25), Article e2221911120. https://doi.org/10.1073/pnas.2221911120.

Martínez, G., Watson, L., Reviriego, P., Hernández, J. A., Juarez, M., & Sarkar, R. (2024). Towards understanding the interplay of generative artificial intelligence and the internet. In F. Cuzzolin & M. Sultana (Eds.), *Epistemic Uncertainty in Artificial Intelligence* (S. 59–73). Springer Nature Switzerland. https://doi.org/10.1007/978-3-031-57963-9_5.

Mittelstadt, B., Wachter, S., & Russell, C. (2023). To protect science, we must use LLMs as zero-shot translators. *Nature Human Behaviour, 7*(11), 1830–1832. https://doi.org/10.1038/s41562-023-01744-0.

Moorhouse, B. L., Yeo, M. A., & Wan, Y. (2023). Generative AI tools and assessment: Guidelines of the world's top-ranking universities. *Computers and Education Open, 5,* Article 100151. https://doi.org/10.1016/j.caeo.2023.100151.

Murray, M. (2023). Generative AI Art: Copyright infringement and fair use. *SMU Science and Technology Law Review, 26*(2), 259. https://doi.org/10.25172/smustlr.26.2.4.

Nentwich, M., Bettin, S., Favreuille, S., Fischer, F., Jahnel, J., Krieger-Lamina, J., & Peissl, W. (2025). *Generative KI und Demokratie.* Endbericht Jänner 2025; Bericht, im Auftrag von: Parlamentsdirektion, Nr. ITA-2025–01, März 2025. Wien.

Nentwich, M. (2016). *Parliamentary technology assessment institutions and practices. A Systematic comparison of 15 members of the EPTA Network.* ITA-manu:Script 16–02. https://doi.org/10.1553/ITA-ms-16-02. https://epub.oeaw.ac.at/ita/ita-manuscript/ita_16_02.pdf.

Nentwich, M. (2023). *Wissenschaftliche TA – Begriffe, Typologie und Konsequenzen für die Praxis.* ITA-manu:Script 23–02. https://doi.org/10.1553/ita-ms-23-02. https://epub.oeaw.ac.at/0xc1aa5572%200x003eb001.pdf.

OpenAI. (2024). *Nutzungsbedingungen für Europa.* https://openai.com/policies/terms-of-use/.

Peissl, W. (2024). *Ein nicht-englisches KI-Sprachmodell.* Wien. https://www.parlament.gv.at/dokument/fachinfos/zukunftsthemen/158_nicht-englisches_LLM.pdf.

Petermann, T. (2014). 'The use of Research is not the Highest Good'—Bestimmungsfaktoren und Spannungsfelder wissenschaftlicher Politikberatung. In A. Grunwald, A. Sauter, & C. Revermann (Hrsg.), *Wissen für das Parlament* (S. 17). Nomos Verlag. https://www.nomos-shop.de/nomos/titel/wissen-fuer-das-parlament-id-108060/.

Pividori, M. (2024). Chatbots in science: What can ChatGPT do for you? *Nature.* https://doi.org/10.1038/d41586-024-02630-z.

Rasal, S., & Hauer, E. J. (2024). *Optimal decision making through scenario simulations using large language models.* https://doi.org/10.48550/arXiv.2407.06486.

Regulation (EU) 2024/1689 of the European Parliament and of the Council of 13 June 2024, laying down harmonised rules on artificial intelligence and amending Regulations (EC) No 300/2008, (EU) No 167/2013, (EU) No 168/2013, (EU) 2018/858, (EU) 2018/1139 and (EU) 2019/2144 and Directives 2014/90/EU, (EU) 2016/797 and (EU) 2020/1828 (Artificial Intelligence Act), ABl. L vom 12.7.2024, https://eur-lex.europa.eu/legal-content/EN/TXT/HTML/?uri=CELEX:32022R2065.

Retkowski, F. (2023). *The Current State of Summarization.* https://doi.org/10.48550/arXiv.2305.04853.

Rodel, L., Hertog, E., Unruh, C., & Susskind, D. (2024). *AI and the future of work workshop report,* Institute for Ethics in AI, University of Oxford. https://www.oxford-aiethics.ox.ac.uk/sites/default/files/2024-01/Report%20-%20AI%20and%20the%20Future%20of%20Work%20Workshop%20-%204%20and%205%20December%202023.pdf.

Rozado, D. (2023). The political biases of ChatGPT. *Social Sciences, 12*(3), Article 3. https://doi.org/10.3390/socsci12030148.

Santurkar, S., Durmus, E., Ladhak, F., Lee, C., Liang, P., & Hashimoto, T. (2023). *Whose opinions do language models reflect?* https://doi.org/10.48550/arXiv.2303.17548.

Sietsma, A. J., Ford, J. D., & Minx, J. C. (2024). The next generation of machine learning for tracking adaptation texts. *Nature Climate Change, 14*(1), 31–39. https://doi.org/10.1038/s41558-023-01890-3.

Slattery, P., Saeri, A. K., Grundy, E. A. C., Graham, J., Noetel, M., Uuk, R., Dao, J., Pour, S., Casper, S., & Thompson, N. (2024). *The AI risk repository: a comprehensive meta-review, database, and taxonomy of risks from artificial intelligence.* https://doi.org/10.48550/arXiv.2408.12622.

Spanjol, J., & Noble, C. H. (2023). From the Editors: Engaging with generative artificial intelligence technologies in innovation management research—Some answers and more questions. *Journal of Product Innovation Management, 40*(4), 383–390. https://doi.org/10.1111/jpim.12689

Stokel-Walker, C., & Van Noorden, R. (2023). What ChatGPT and generative AI mean for science. *Nature, 614*(7947), 214–216. https://doi.org/10.1038/d41586-023-00340-6.

Strauß, S. (2021). Deep automation bias: How to tackle a wicked problem of AI? *Big Data and Cognitive Computing, 5*(2), Article 2. https://doi.org/10.3390/bdcc5020018.

Taecharungroj, V. (2023). "What Can ChatGPT Do?" Analyzing early reactions to the innovative AI chatbot on twitter. *Big Data and Cognitive Computing, 7*(1), 35. https://doi.org/10.3390/bdcc7010035.

Tyler, C., Akerlof, K. L., Allegra, A., Arnold, Z., Canino, H., Doornenbal, M. A., Goldstein, J. A., Budtz Pedersen, D., & Sutherland, W. J. (2023). AI tools as science policy advisers? *The potential and the pitfalls. Nature, 622*(7981), 27–30. https://doi.org/10.1038/d41586-023-02999-3.

UNESCO (2023) Guidance for generative AI in education and research. https://doi.org/10.54675/EWZM9535. https://unesdoc.unesco.org/ark:/48223/pf0000386693

Wang, T., Zhang, Y., Qi, S., Zhao, R., Xia, Z., & Weng, J. (2023). *Security and privacy on generative data in AIGC: A Survey.* http://arxiv.org/abs/2309.09435.

Wesselink, A., & Hoppe, R. (2020). Boundary organizations: Intermediaries in science-policy interactions. *In Oxford Research Encyclopedia of Politics.* https://doi.org/10.1093/acrefore/9780190228637.013.1412.

Wilson, C. (2024). *AI worse than humans in every way at summarising information, government trial finds.* Crikey. https://www.crikey.com.au/2024/09/03/ai-worse-summarising-information-humans-government-trial/.

Wolfram. (2023). *What Is ChatGPT Doing … and Why does it work?* https://writings.stephenwolfram.com/2023/02/what-is-chatgpt-ng-and-why-does-it-work/

Wu, C.-J., Raghavendra, R., Gupta, U., Acun, B., Ardalani, N., Maeng, K., Chang, G., Behram, F. A., Huang, J., Bai, C., Gschwind, M., Gupta, A., Ott, M., Melnikov, A., Candido, S., Brooks, D., Chauhan, G., Lee, B., Lee, H.-H. S. et al. (2022). *Sustainable AI: environmental implications, challenges and opportunities.* https://doi.org/10.48550/arXiv.2111.00364.

Yao, Y., Huang, S., Wang, W., Dong, L., & Wei, F. (2021). *Adapt-and-Distill: Developing Small, Fast and Effective Pretrained Language Models for Domains.* https://doi.org/10.48550/arXiv.2106.13474.

Yao, Y., Duan, J., Xu, K., Cai, Y., Sun, Z., & Zhang, Y. (2024). *A survey on large language model (LLM) security and privacy: The good, the bad, and the ugly.* https://doi.org/10.48550/arXiv.2312.02003.

Ziems, C., Held, W., Shaikh, O., Chen, J., Zhang, Z., & Yang, D. (2024). Can Large Language models transform computational social science? *Computational Linguistics, 50*(1), 237–291. https://doi.org/10.1162/coli_a_00502.

Jutta Jahnel Wissenschaftliche Mitarbeiterin am Institut für Technikfolgenabschätzung und Systemanalyse (ITAS) am Karlsruher Institut für Technologie (KIT). Schwerpunkte: Gesellschaftliche Aspekte von Künstlicher Intelligenz (Generative KI, Deepfakes, Desinformation), Technikfolgenabschätzung, Risikogovernance.

Michael Nentwich Direktor des Instituts für Technikfolgen-Abschätzung (ITA) der Österreichischen Akademie der Wissenschaften (ÖAW). Schwerpunkte: Parlamentarische Technikfolgenabschätzung, Digitalisierung, Horizon Scanning.

Pauline Riousset Wissenschaftliche Mitarbeiterin am Büro für Technikfolgen-Abschätzung beim Deutschen Bundestag. Schwerpunkte: Trendanalyse, Digitalisierung, Kritische Infrastrukturen, Ressourcenschutz.

Christine Milchram Wissenschaftliche Mitarbeiterin am Büro für Technikfolgen-Abschätzung beim Deutschen Bundestag. Schwerpunkte: Erneuerbare Energien und Digitalisierung des Energiesystems, Mobilität, Nachhaltigkeit.

Christoph Kehl Wissenschaftlicher Mitarbeiter am Büro für Technikfolgen-Abschätzung beim Deutschen Bundestag. Schwerpunkte: Neurotechnologien, Robotik und Künstliche Intelligenz sowie Nachhaltigkeit.

Steffen Albrecht Wissenschaftlicher Mitarbeiter am Büro für Technikfolgen-Abschätzung beim Deutschen Bundestag. Schwerpunkte: Auswirkungen der Digitalisierung auf Politik, Bildung, Gesellschaft, speziell Künstliche Intelligenz; Biotechnologien und andere Emerging Technologies; partizipative Methoden.

Podcast-Analyse für die Technikfolgenabschätzung

Stephan Richter, Sebastian Kruse und Tobias Hungerland

1 Einleitung

Für die Identifikation von Zukunftsthemen im Kontext der Technikfolgenabschätzung (TA) und der strategischen Vorausschau werden die unterschiedlichsten Quellen (softwareunterstützt) untersucht. Hierzu gehören u. a. wissenschaftliche Datenbanken, Zeitungsartikel, RSS-Feeds und soziale Plattformen.

Spätestens seit der starken Verbreitung von Podcasts in den Covid-Jahren, gewinnen auch diese als Quelle wertvoller Informationen zunehmend an Bedeutung. Sie bieten ein breites Spektrum an Meinungen, Expert:innenwissen und aktuellen Debatten zu Zukunftsthemen.

In diesem Beitrag wird die KI-unterstützte Analyse von Podcasts als innovatives Werkzeug vorgestellt, um zukunftsrelevante technologische, soziale, wirtschaftliche und politische Entwicklungen frühzeitig zu erkennen. Hierbei wird die Podcast-Analyse für die Technikfolgenabschätzung als Methode zur Themenidentifikation im Rahmen des Horizon Scannings eingeordnet.

S. Richter (✉) · S. Kruse · T. Hungerland
Institut für Innovation und Technik (iit), VDI/VDE Innovation + Technik GmbH, Berlin, Deutschland
E-Mail: srichter@iit-berlin.de

S. Kruse
E-Mail: sebastian.kruse@vdivde-it.de

T. Hungerland
E-Mail: hungerland@iit-berlin.de

© Der/die Autor(en), exklusiv lizenziert an Springer Fachmedien Wiesbaden GmbH, ein Teil von Springer Nature 2025

M. Ornetzeder et al. (Hrsg.), *Methoden für die Technikfolgenabschätzung*,
https://doi.org/10.1007/978-3-658-48491-0_10

2 Technikfolgen von Zukunftsthemen

Unter Technikfolgenabschätzung lässt sich ein Prozess der wissenschaftlichen Abschätzung und Bewertung gesellschaftlicher Chancen und Risiken verstehen, die aus neuen technologischen Entwicklungen folgen (Renn, 2014, S. 10; Zweck, 2009, S. 199). Der Zweck solcher Prozesse ist die Schaffung von Informationsgrundlagen für Entscheidungsträger:innen über Maßnahmen zur Nutzung der Chancen bzw. Abmilderung der Risiken in Übereinstimmung mit den Präferenzen von Betroffenen (Renn, 2011), häufig im Kontext wissenschaftlicher Politikberatung (Grunwald et al., 2014, S. 17).

Daraus folgt, dass Ergebnisse der Technikfolgenabschätzung sowohl früh- wie auch rechtzeitig zur Verfügung stehen sollten. Weiterhin ist für eine ausreichend fundierte, mit anderen Worten wissenschaftlich belastbare, reproduzierbare Entscheidungsgrundlage zu sorgen. Insbesondere von letztgenannter Bedingung hängt die Aussagekraft von Technikfolgenabschätzung ab. Zugleich offenbart sich aber auch ein grundlegendes Dilemma: Wissen über zukünftige Ereignisse und Entwicklungen in der Gegenwart zu erlangen, ist nicht möglich. Die Folgen technischer Entwicklungen manifestieren sich erst in Zukunft und es ist unmöglich Zukunft vorhersehen zu können. Technikfolgenabschätzung kann also keine Prognose über zukünftige Folgen technischer Entwicklungen liefern, sondern immer nur Abschätzungen über wahrscheinliche, mögliche und plausible Folgen auf Grundlage gegenwärtig vorhandenen Wissens formulieren.

In Anlehnung an die VDI-Richtlinie 3780 zur Technikbewertung (vgl. Verein Deutscher Ingenieure [VDI], 2000) können die folgenden Phasen unterschieden werden: In der Themengenerierung wird zunächst der Gegenstand der Analyse bzw. des Forschungsobjekts – also eine neue, emergente technologische Entwicklung bzw. Innovation – herausgearbeitet. Dieses Objekt wird in der Problemdefinition näher charakterisiert und abgegrenzt, bevor in der Phase der Strukturierung Randbedingungen sowie Informationsverfügbarkeiten geklärt werden. In der Phase der Folgenabschätzung wird auf Grundlage der verfügbaren Informationen eine wissenschaftlich gerechtfertigte Wissensbasis geschaffen. Dazu können Methoden wie Trendextrapolation, Szenario-Technik oder Modellbildung zum Einsatz kommen. Die Bewertung liefert Hinweise auf Handlungsoptionen, indem in dieser Phase erarbeitet wird, welche Folgen mit Chancen und welche mit Risiken verbunden sein können (Zweck, 2009, 200 f.). Eine expert:innenbasierte Bewertung unterstützt die Berücksichtigung unterschiedlicher Einschätzungen von Chancen und Risiken.

Zur Früherkennung von TA-relevanten Zukunftsthemen und Technologien – dies entspricht der Phase der Themengenerierung – werden in der Praxis sogenannte Horizon Scanning-Prozesse genutzt.

2.1 Horizon Scanning als Instrument zur Früherkennung

Horizon Scanning wird üblicherweise als multi-methodischer Prozess realisiert (Cuhls et al., 2015, S. 13), der verschiedene methodische Ansätze miteinander kombiniert. Genutzt werden beispielsweise expert:innenbasierte Methoden (Brainstormings, Umfragen, Interviews, Workshops, etc.) und dank der Weiterentwicklung von softwarebasierten Analyseverfahren auch zunehmend Ansätze des Web- oder Text-Minings, Social-Media-Analysen, bibliometrische Analysen, qualitative Inhaltsanalysen sowie Patentanalysen.

Hier setzt die Podcast-Analyse an. Sie bietet die Möglichkeit, eine weitere Quelle in den Horizon Scanning-Prozess einzubeziehen, die bislang oft nicht im Fokus stand.

Das Ziel von Horizon Scanning-Prozessen ist es, frühzeitig Trends, Entwicklungen und potenzielle Risiken oder Chancen in verschiedenen Bereichen zu identifizieren (Zweck, 2005, S. 10). Diese systematische Analyse hilft Entscheidungsträger:innen in Organisationen, zukunftsrelevante Themen zu erkennen und darauf proaktiv zu reagieren. Durch das Sammeln von Informationen über technologische, wirtschaftliche, soziale oder politische Veränderungen soll Horizon Scanning Unsicherheiten reduzieren und strategische Entscheidungen unterstützen.

Hierbei wird „Horizon" als der Suchraum verstanden, in dem nach Anzeichen für neue Entwicklungen bzw. Veränderungen systematisch gesucht (gescannt) wird (vgl. Glenn & Gordon, 2009). Horizon Scanning-Prozesse lassen sich bezüglich ihrer Suchräume unterscheiden. Wird ein themenoffenes bzw. exploratives Scanning durchgeführt, so stehen die thematisch breit aufgestellte Identifikation von Zukunftsthemen sowie deren Aufbereitung im Vordergrund (Amanatidou et al., 2012, S. 217). Komplementär dazu kann auch ein themenspezifisches Scanning durchgeführt werden, bei dem nach zukünftigen Entwicklungen, Trends oder auch Innovationen in einem vorab festgelegten, eng abgesteckten Themenbereich gescannt wird (Amanatidou et al., 2012, S. 214).

Die im Rahmen von Horizon Scanning zu identifizierenden neuen Entwicklungen, Veränderungen oder Zukunftsthemen werden in aller Regel als „schwache Signale", „emerging issues" oder „Trends" bezeichnet. Als schwache Signale werden Hinweise auf gerade entstehende Entwicklungen verstanden, die sich im Suchraum aufspüren lassen. Trotz der langen Historie fehlen dem Konzept der schwachen Signale bislang jedoch ein einheitliches Verständnis und eine nachvollziehbare Form der Operationalisierung (van Veen & Ortt, 2021). Neben schwachen Signalen wird beim Horizon Scanning vor allem auf emerging issues und Trends fokussiert (Cuhls et al., 2015, S. 3). Aus multiplen schwachen Signalen können emerging issues abgeleitet werden, sodass emerging issues zwar greifbarer sind, aber immer noch zu unkonkret, um sie als Entscheidungsgrundlage zu nutzen. Emerging issues werden daher auch als aufkommende Themen verstanden, denen zukünftig eine besondere Bedeutung zugemessen wird (Carbonell et al., 2015; Hiltunen, 2010). Allerdings ist auch für emerging issues der Prozess der Operationalisierung und Definition bislang nicht abgeschlossen (Carbonell et al., 2015; Hines et al., 2021; Takala & Heino, 2017). Trends hingegen sind als Entwicklungen definiert, die sich bereits über einen längeren Zeitraum hin abzeichnen und sich dementsprechend beobachten lassen (Dator, 2009).

Einen Überblick über die Prozessschritte eines Horizon Scannings liefern Cuhls et al. (2015). Demzufolge startet ein Horizon Scanning mit der Definition der Suchräume sowie deren Charakterisierung durch geeignete Suchbegriffe. Darauf aufbauend werden Quellen und Auswertungsmethoden bzw. Suchstrategien festgelegt. Anschließend wird der Scan durchgeführt, d. h. nach Zukunftsthemen gesucht. Optional kann auch der Kontext, indem die Themen verortet sind, in das Scanning einbezogen werden. Die Zwischenergebnisse können durch einen parallel durchgeführten expert:innenbasierten Prozess ergänzt und validiert werden. Die daraus resultierenden Ergebnisse werden aufbereitet und schließlich kommuniziert (Cuhls et al., 2015, S. 20).

In den vergangenen Jahren haben sich Art, Anzahl und Verfügbarkeit von möglichen Quellen für die Identifikation von Zukunftsthemen stark vervielfältig. Eine Podcast-Analyse kann ein methodisches Element im multi-methodischen Ansatz des Horizon Scannings sein um den Quellentyp Podcast zu analysieren und die Analyseergebnisse im Horizon Scanning zusammen mit den Ergebnissen anderer Analyseschritte zu berücksichtigen.

2.2 Historische Einordnung des Podcastings

Die Entwicklung des Podcastings begann in den frühen 2000er Jahren, als sich das Bedürfnis nach flexiblen Audioinhalten herausbildete. Heute wird ein Podcast nach Rime et al. (2022) wie folgt definiert: als.

„ein episodisches, herunterladbares oder streambares, primär gesprochenes Audioformat, das über das Internet verbreitet wird und jederzeit sowie an jedem Ort abgespielt werden kann. Er kann von jeder Person produziert werden, die dies wünscht.“

Der erste Podcast wurde 2003 von Christopher Lyndon mit seinem Interview-Blog Radio Open Source veröffentlicht, welcher das spätere Format wesentlich prägte. Der Begriff Podcast selbst entstand 2004 und wurde von Ben Hammersley geprägt. Er setzt sich zusammen aus „iPod“ und „Broadcast“. Technisch wurde das Podcasting von Adam Curry und Dave Winer vorangetrieben, indem sie RSS-Feeds zum automatisierten Herunterladen von Audiodateien aus dem Internet nutzten, um diese auf mobilen Geräten abzuspielen (Rime et al., 2022).

Zu einem breiteren Publikum verhalf dem Format Podcast die Einführung von Apple Podcasts in iTunes in 2005. In den 2010er Jahren durchlief Podcasting eine deutliche Professionalisierung. Immer mehr hochwertige und aufwendig produzierte Formate entstanden, und Podcasts begannen, die klassischen Medien in bestimmten Bereichen zu ergänzen oder sogar zu ersetzen.

In den 2020er Jahren hat sich das Podcasting zu einem Massenmedium entwickelt. Unternehmen, Medienhäuser und Privatpersonen nutzen Podcasts als Kommunikationsinstrument. Podcasts sind heute in ihrer Themenvielfalt nahezu grenzenlos und auch Videopodcasts gewinnen immer mehr an Bedeutung. Damit ist Podcasting zu einem festen Bestandteil der modernen Medienlandschaft geworden, das die Art und Weise, wie Menschen Informationen konsumieren, nachhaltig verändert hat.

Ein Blick auf die Verfügbarkeit von Podcasts zeigt die enorme Menge an Informationen, die über dieses Medium zugänglich ist. Laut Listen Notes[1] existieren derzeit mindestens 3,47 Mio. verschiedene Podcasts mit insgesamt 167,74 Mio. Episoden. Diese Zahlen verdeutlichen die enorme Vielfalt, die Podcasts als Wissensquelle bieten. Zum Vergleich: Die wissenschaftliche Datenbank Scopus[2] umfasst rund 97,3 Mio. Artikel, während Spotify[3] etwa 100 Mio. Musik-Titel und Audible rund 0,47 Mio. Hörbücher anbieten.

---

[1] https://www.listennotes.com/de/podcast-stats/ (17.12.2024).

[2] https://www.elsevier.com/products/scopus/content#0-content-coverage (08.01.2025).

[3] https://investors.spotify.com/about/ (08.01.2025).

2.3 Der Podcast als eine mögliche Quelle für Zukunftsthemen

Podcasts haben sich in den letzten Jahren zu einem wichtigen Medium entwickelt, das aktuelle gesellschaftliche, technologische und wissenschaftliche Themen aufgreift. In vielen Podcasts werden Zukunftsthemen behandelt und im Kontext potenzieller Auswirkungen auf die Gesellschaft diskutiert (Welz et al., 2021). Dies macht sie als authentische Quelle für die Identifikation von aufkommenden Trends, Meinungen und Stimmungen besonders interessant (Dumbach et al., 2024; "Podcasting the Future," 2021; Welz et al., 2021). Dabei ist zu beachten: Nicht jeder Podcast eignet sich zur Identifikation von Zukunftsthemen. Neben der Qualität und Aktualität der Inhalte muss der Podcast entweder in einem (TA-relevanten) Themenfeld angesiedelt sein, das gezielt auf Zukunftsthemen untersucht werden soll (vgl. themenspezifisches Horizon Scanning), oder er muss sich allgemein mit Innovationen, Trends oder Zukunftsforschung (Foresight) beschäftigen (vgl. themenoffenes Horizon Scanning). Wird dies berücksichtigt, lassen sich aus den Inhalten von Podcasts in der Regel wertvolle Hinweise auf zukünftige Entwicklungen ableiten.

Hierbei zeichnen sich Podcasts durch ihre thematische Vielfalt, ihre leichte Zugänglichkeit und die Möglichkeit aus, auf redaktionell aufgearbeitetes Expert:innenwissen und persönliche Perspektiven zuzugreifen. Dies eröffnet neue Chancen für die Identifikation wie auch Analyse von Zukunftsthemen.

Außerdem bietet das Format Podcast auch einen Diskussionsraum für Themen(schwerpunkte), die in anderen Medien oder wissenschaftlichen Veröffentlichungen nur am Rande behandelt werden. So können wertvolle Einblicke in Nischenentwicklungen oder aufkommende Themenfelder gewonnen werden.

Darüber hinaus können Podcasts einen Einblick in das Stimmungsbild von Communities und Branchen geben, da häufig eine enge Beziehung zwischen Moderator und Hörerschaft besteht. Die Themen und die Art und Weise, wie Diskurse in diesem Format geführt werden, lassen Rückschlüsse auf deren Wahrnehmung in bestimmten Communities oder Branchen zu.

Eine weitere Stärke von Podcasts im Rahmen der Früherkennung von Zukunftsthemen liegt in der Aktualität der Informationen. Viele Podcasts reagieren zeitnah auf aktuelle Ereignisse oder Entwicklungen und diskutieren diese, oft bevor sie in wissenschaftlichen oder journalistischen Publikationen aufbereitet werden. Möglich wird dies, da Produktionsprozesse von Podcasts oftmals freier ablaufen, als journalistische Ausarbeitung von Themen, die von redaktionellen Richtlinien geprägt sind. Zudem ist die technische Ausstattung für die Erstellung von Podcasts üblicherweise niederschwellig, während journalistische Texte, die in Medienunternehmen erstellt werden, andere infrastrukturelle Notwendigkeiten bedingen. Auch die Produktion von Audioinhalten, wie z. B. Radiobeiträgen, ist in der Regel einem redaktionellen Prozess unterworfen, der zeit- und ressourcenintensiver ist, als die Herstellung von Podcasts. Die Aktualität von Podcasts kann daher helfen, Trends oder sich abzeichnende gesellschaftliche, technologische oder politische Veränderungen schneller zu erkennen. Nicht verzichtet werden sollte dennoch auf die Berücksichtigung anderer Quellen, um Informationen zu verifizieren und schwache Signale zu verdichten.

3 How-To: Zukunftsthemen aus Podcasts abstrahieren

Podcasts können als innovative und ergänzende Quelle im Rahmen des Horizon Scanning betrachtet werden, um Zukunftsthemen zu erkennen. Angesichts der großen Menge an Podcast-Inhalten, die täglich produziert werden, ist eine manuelle Analyse i. d. R. jedoch nicht praktikabel. Die Auswertung mehrerer hundert Stunden Material stellt eine enorme Herausforderung dar, die mit herkömmlichen Methoden, wie der manuellen Inhaltsanalyse, kaum zu bewältigen ist.

Hier kommen generative KI-Algorithmen, insbesondere Large Language Models (LLMs), ins Spiel. Durch ihren methodischen Einsatz können große Datenmengen effizient analysiert und strukturiert werden. Diese Technologien ermöglichen es, relevante Themencluster zu extrahieren, zeitliche Entwicklungen nachzuvollziehen und komplexe Zusammenhänge zu erkennen. Auf diese Weise können mögliche Zukunftsthemen und -trends frühzeitig identifiziert und eingeordnet werden.

Im Folgenden wird Schritt-für-Schritt erläutert, wie LLMs gezielt eingesetzt werden können, um aus Podcasts systematisch relevante Zukunftsthemen zu abstrahieren und für die Technikfolgenabschätzung nutzbar zu machen.

3.1 Datenauswahl und -beschaffung

Für die KI-gestützte Identifikation von Zukunftsthemen aus Podcasts müssen in einem ersten Prozessschritt mögliche Podcasts identifiziert und deren Audiodaten beschafft werden. Die Auswahl und Qualität der Daten beeinflusst das Analyseergebnis maßgeblich und sollte daher mit besonderer Sorgfalt und von inter- und transdisziplinären Teams, bestehend aus Personen mit umfangreicher TA-Expertise, durchgeführt werden.

3.1.1 Identifikation und Auswahl von Podcast-Daten

Die Identifikation relevanter Podcasts kann durch die Anwendung von Suchbegriffen auf Podcast-Plattformen wie Listen Notes[4] oder ähnlichen Podcast-Suchmaschinen realisiert werden. Diese Plattformen bieten zahlreiche Filteroptionen, um gezielt nach Podcasts zu suchen, die potenziell relevante Inhalte für die Analyse von Zukunftsthemen bieten. Ehe eine endgültige Auswahl erfolgt und der Datensatz für die weiteren Analyseschritte festgelegt wird, muss geprüft werden aus welchen Quellen die Podcasts stammen und unter Beteiligung welcher Stakeholder sie entstanden sind. Unter anderem sollte sichergestellt werden, dass keine populistischen, demokratiefeindlichen oder propagandistischen Inhalte in die Analyse einfließen. Eine klare Zuordnung der Podcasts zu Stakeholdergruppen und Interessen soll daher das Risiko für Green Washing und Lobbying frühzeitig reduzieren.

Je nach Zielsetzung sollten dann spezifische Suchbegriffe für themenoffene oder themengeschlossene Analysen definiert werden:

Beim themenoffenen Horizon Scanning sollten Podcasts ausgewählt werden, die eine breite Palette an Zukunftsthemen abdecken. Um eine umfassende Analyse potenzieller Trends zu ermöglichen, können Suchbegriffe wie „Innovation“ oder „Foresight“ genutzt werden.

Im themengeschlossenen Horizon Scanning würde der Fokus auf bestimmte, vorab definierte Themenbereiche gelegt, die als besonders relevant für die Untersuchung identifiziert wurden. Beispiele hierfür wären „Zukunft der Arbeit“, „Künstliche Intelligenz“, „digitale Transformation“, „Nachhaltigkeit“ oder „soziale Innovation“.

Die Tools sollen bezüglich der Suchbegriffe und Filter optimiert und eine automatische Selektion sehr kritisch bewertet werden. Die Qualitätskriterien dazu werden in folgendem Abschnitt genauer diskutiert.

3.1.2 Qualität des Datensatzes

Die Qualität des Datensatzes ist entscheidend für die Güte der Analyse. Um sicherzustellen, dass die ausgewählten Podcasts für die Identifikation von relevanten Zukunftsthemen geeignet sind, sollten mehrere Qualitätsindikatoren berücksichtigt werden.

Die inhaltliche Qualität eines Podcasts hängt maßgeblich von den Moderator:innen (Hosts) und deren Gästen ab. Podcasts, die von anerkannten Expert:innen, Branchenführer:innen oder Vordenker:innen moderiert werden, bieten häufig tiefere Einblicke in relevante Entwicklungen und Zukunftsthemen.

---

[4] https://www.listennotes.com/

Außerdem ist die Expertise der Gäste und ihre praktische Nähe zu etwaigen Themenbereichen entscheidend für die Qualität der Inhalte. Podcasts, die regelmäßig wechselnde, etablierte Akteure einladen, sollten bevorzugt ausgewählt werden. Trotzdem sind der Grad der Bekanntheit und die Popularität keine Garantie für die Qualität der Podcasts. Daher sollte der Auswahlprozess durch inter- und transdisziplinäre Teams von Fachleuten mit TA-Expertise begleitet werden.

Weitere wichtige Kriterien für die Auswahl sind die Regelmäßigkeit und Aktualität der Podcast-Episoden. Nur Podcasts, die regelmäßig und aktuell veröffentlicht werden, bieten einen konsistenten Datenfluss, der für die Analyse notwendig ist. Veraltete oder unregelmäßige Veröffentlichungen sollten vermieden werden, da sie möglicherweise nicht mehr aktuelle oder relevante Informationen liefern. Zudem sollte sichergestellt werden, dass die Podcasts leicht zugänglich sind, d. h., dass sie auf gängigen Plattformen verfügbar sind und die Transkripte einfach generiert oder beschafft werden können.

3.1.3 Datenbeschaffung und Transkription

Podcast-Episoden werden in der Regel auf eigenen Websites und zusätzlich auf Streaming-Plattformen angeboten. Mögliche Wege zur Beschaffung von Audiodaten sind Webscraping oder spezielle Tools für die jeweilige Plattform. So existiert beispielsweise für YouTube das Tool yt-dlp (Rawat et al., 2023), das im wissenschaftlichen Kontext bereits erfolgreich für die Erstellung von durchsuchbaren Sprachkorpora, z. B. vom in Australien und Neuseeland gesprochenen Englisch, eingesetzt wurde (Coats, 2024).

Der State-of-the-Art Ansatz zur Transkription sind tiefe neuronale Netze (Adegbegha et al., 2024), welche es in unterschiedlichen Ausprägungen bzw. Modellen bezüglich unterstützter Sprachen und der Qualität der erzeugten Texte gibt. Eine dabei zu beachtende Begrenzung sind mögliche Halluzinationen, also automatisch erzeugte Transkripte, die nicht der Tonspur entsprechen. In seltenen Fällen erzeugen die eingesetzten Modelle derartige Halluzinationen, wie etwa am Beispiel des Modells Whisper von OpenAI ermittelt werden konnte. In nur einem Prozent der transkribierten Inhalte tauchten derartige Halluzinationen auf (Koenecke et al., 2024).

Für die Transkription von Podcast-Inhalten eignet sich bspw. vosk. Dieses „einfache" Modell verzichtet zwar auf Großschreibung sowie Interpunktion bei der Transkription von Audioinhalten in Text, wurde aber schon in einem vergleichbaren Szenario der Podcast-Analyse erfolgreich eingesetzt (Dumbach et al., 2024).

Auch wenn vosk eine geringe Fehlerquote aufweist, empfiehlt es sich, die Ergebnisse der Transkription auf einer Teilmenge zu validieren. Hierfür können transkribierte Teilabschnitte zufällig ausgewählter Episoden händisch mit der Tonspur vergleichen werden.

3.1.4 Identifizierung von Zukunftsthemen

Die Fragestellungen der natürlichen Sprachverarbeitung (NLP), wie etwa Schlagwortextraktion und Clustering, sind seit der Verfügbarkeit von qualitativ starken und freien (Open Source) LLMs wesentlichen Veränderungen unterworfen.

Die nun als „traditionell" geltenden Ansätze (wie etwa word2vec und kMeans) ermöglichen zwar eine bessere Nachvollziehbarkeit der Ergebnisse, die für TA entscheidend ist und benötigen weniger Rechenkapazitäten, mit LLMs lassen sich aber schneller Ergebnisse erzielen, da weniger manueller Nacharbeit bzw. Feedbackschleifen notwendig sind (Wan et al., 2024).

Zu beachten ist, dass mit dem Einsatz von LLMs erneut eine „black box" eingeführt wird, welche die Nachvollziehbarkeit von Ergebnissen erschwert. Da diese Thematik schon bei den älteren Embedding-Modellen (etwa word2vec und BERT) auftrat, lassen sich hier die gleichen Ansätze zur Verbesserung verfolgen, etwa durch eine Validierung der Ergebnisse, durch etablierte, statistisch fundierte Ansätze, und manuellen Abgleich von Wortwolken, sowie Prüfung von Stichproben.

Die Limitation der LLMs liegt dabei in der Größe des verwendeten Kontextfensters, welches direkt die Länge der verwendbaren Texte beschränkt, sowie der nötigen Rechenkapazitäten, um diese Texte zu bearbeiten. Im vorliegenden Fall der Podcasts sind beide Limitationen beherrschbar, da mit durchschnittlich ca. 50.000 Zeichen und ca. 4000 Episoden kein Big-Data Szenario vorliegt.

Daher schlagen wir im Folgenden eine Erweiterung der aktuell wissenschaftlich präsentierten Ideen (Viswanathan et al., 2024) zur Verbesserung „traditioneller" Clustering Ansätze vor, welche komplett auf LLMs basiert.

3.1.5 Schlagwort-Extraktion und Zusammenfassung

Im ersten vorverarbeitenden Schritt werden alle Podcast Episoden einzeln durch das LLM zusammengefasst und Schlagwörter zu den Hauptthemen der Episode vergeben. Hierbei wird der immer gleiche Prompt mit jeweils neuen Episoden ausgeführt. Der Prompt sollte dabei auf die spezifische Fragestellung hin ausgerichtet werden und dem Modell Informationen zu den Daten mitgeben. Für die Schlagwort-Extraktion und Zusammenfassung wurde folgender Prompt eingesetzt:

You are a helpful assistent. You support a user in analyzing podcast episodes on future topics and foresight. Following you find the transcript of an episode:
Summarize the transcript in few sentences!
List keywords that describe the most interesting topics of the podcast!

Zur Automatisierung des Prozesses, ist es sinnvoll, die Ergebnisse in einem vordefinierten JSON-Format ausgeben zu lassen.

Als Ergebnis liegen für alle Episoden der analysierten Podcasts eine Zusammenfassung und die extrahierten Schlagworte vor. Um systematische Fehler auszuschließen, empfiehlt es sich, zunächst mit Teilmengen zu arbeiten und die generierten Ergebnisse mit den vorliegenden Transkripten zu validieren.

Dieser Teilschritt birgt das Risiko, dass durch die Prompt-Formulierung, sowie das verwendete Sprachmodell, implizite Informationen oder Vorurteile reproduziert werden. Dieses Risiko kann nur durch die Datenauswahl beim Training der Modelle abgemildert werden, sodass man besondere Sorgfalt bei der Modellwahl walten lassen muss (Gallegos et al., 2023). Eine alternative Risiko-Minimierung, wie sie etwa durch „Guardrail"-Systeme vorgeschlagen wird, verlagert das Problem hierbei nur in diese Schutz-Systeme, welche ggf. erneut LLMs einsetzen, sodass aktuell keine systematischen Ansätze existieren (Ayyamperumal & Ge, 2024).

3.1.6 LLM-basiertes Clustering

Ein wesentliches Problem „traditioneller" Clustering-Ansätze, wie z. B. kMeans, besteht darin, dass die Anzahl der Kategorien, nach denen geclustert werden soll, im Vorhinein festgelegt werden muss. Es muss also bereits detailliertes Wissen über die Daten vorhanden sein oder in einem iterativen Prozess eine sinnvolle Anzahl von Kategorien ermittelt werden. Bei der Clusterung größerer Datenmengen ist dies nicht immer ohne weiteres möglich.

Beim LLM-basierten Clustering soll diese Problematik umgangen werden, indem sowohl die Anzahl der Kategorien als auch die Clusterbeschreibung durch das LLM ermittelt werden. Hierzu werden die in Abschn. 3.1.5 ermittelten Keywords übergeben und in einem Prompt abgefragt, zu welchen Oberthemen diese Keywords zusammengefasst werden können:

You are a helpful assistant. You support a user in analyzing podcast episodes on future topics and foresight.
Following you find keywords that were extracted from transcripts of episodes.
Summarize the keywords to distinct overarching topics. List these topics!

Dieser Prozess sollte iterativ, in einem Chatformat angelegt werden, da es möglich ist, dass vom Modell zu „grobe“ oder zu „feine“ Kategorien bzw. Cluster vorgeschlagen werden. Auch das Risiko der Voreingenommenheit des Sprachmodells, kann hier durch die menschliche Expertise abgeschwächt werden. Dabei könnte jedoch ein Prozess der wiederholten Validierung entstehen, welcher in Summe mehr Zeit als „klassische“ Ansätze benötigen könnte. Dies impliziert auch eine Gefahr der „Abkürzung“ des Prozesses und damit Übernahme der Modell-Meinung.

Die ermittelten Cluster können sich inhaltlich überlappen oder Hierarchien bilden. Dies kann durch das Chatformat auch bewusst gesteuert werden.

Zur Validierung der vom Modell vorgeschlagenen Cluster können diese mit den in Abschn. 3.1.5 extrahierten Schlagwörtern und deren Häufigkeiten verglichen werden.

3.1.7 Klassifikation der Episoden

Bei der Klassifikation werden alle Podcast-Episoden einzeln durch das LLM den Clustern aus Abschn. 3.1.6 zugewiesen. Hierbei wird in einem Prompt jeweils auf das Transkript und die Kategorienliste verwiesen, mit dem Auftrag die Episoden bestmöglich den Clustern zuzuordnen:

> *You are a helpful assistant. You support a user in analyzing podcast episodes on future topics and foresight.*
> *Following you find a transcript of a podcast episode on trending or future topics:*
> *[...]*
> *Assign the podcast episode to the following overarching topics:*
> *[...]*
> *List the most fitting topics!*

Um Rechenkapazitäten zu sparen kann an dieser Stelle auch auf die Zusammenfassung der Episoden zurückgegriffen werden. Wobei zu beachten ist, dass dabei das Risiko entsteht, dass die Zusammenfassung nur unvollständige Informationen zur Episode liefert. Zudem bietet es sich an, eine strukturierte Rückgabe zu nutzen, um eine Automatisierung zu ermöglichen.

Im Ergebnis wird jede Episode mittels LLM-Klassifikation mindestens einem Cluster zugeordnet. Die Episoden können auf Basis ihrer Inhalte aber auch mehreren Kategorien zugeordnet werden. Dies ist mit kMeans-Clustering nicht möglich.

Eine Validierung der Zuordnungen kann durch Stichproben erfolgen. Dabei wird ein Abgleich mit den Schlagwörtern und ggf. mit dem Transkript vorgenommen.

3.1.8 Cluster Deep Dive

Da nun alle Episoden mit einer Klassifikation vorliegen, können einzelne Cluster gezielt nach thematischen Schwerpunkten hin untersucht werden. Hierfür kann eine LLM-basierte Visualisierung der Cluster in Topic-Maps (Wortwolken) und/oder die Erstellung von Kurzzusammenfassungen der thematischen Schwerpunkte realisiert werden.

Für die Erstellung einer Topic-Map (Wortwolke) durch das LLM wird das Sprachmodell gebeten, auf Basis der Zusammenfassungen der Cluster-spezifischen Episoden, zu den interessantesten Aspekten Schlagwörter zu erstellen und diese zu gewichten:

You are a helpful assistant. You support a user in analyzing podcasts on future topics and foresight.
Following you find the title and summary of podcast episodes that belong to the same overarching topic.
What are the main innovative trends that are talked about?
List terms from the transcripts that describe them!
Assign each term a weight between 0 and 1 regarding its importance in the transcript!

Für die Erstellung von Kurzzusammenfassung durch das LLM wird das Sprachmodell gebeten, auf Basis der Zusammenfassungen der Cluster-spezifischen Episoden, die interessanten Aspekte zusammenzufassen:

You are a helpful assistant. You support a user in analyzing podcasts on future topics and foresight.
Following you find the title and summary of podcast episodes that belong to the same overarching topic.
What are the main innovative trends that are talked about?

Topic-Maps wie auch Kurzzusammenfassung bieten eine gute Basis, um sich den Themenschwerpunkten einzelner Cluster zu nähern. Wobei erneut zu beachten ist, dass deren Aussagekraft durch die Möglichkeit von Halluzinationen und Modell-Vorurteile abgeschwächt wird. Ebenso beachtenswert ist der Umstand, dass durch das Training des Modells das LLM lernt, was sich bspw. hinter den Ausdrücken „interesting“ und „innovative“ verbirgt: Zunächst verfügt das Modell über ein Verständnis über die möglichen Definitionen des Begriffs Innovation anhand der Trainingsdaten. Darüber hinaus lernt es anhand der Analyse des Datenkorpus, was in den einzelnen Podcasts jeweils mit den Ausdrücken „interesting“ und „innovative“ in Verbindung gebracht wird. Nichtsdestotrotz ist bei der expert:innenbasierten Interpretation der Ergebnisse zu berücksichtigen, dass es sich dabei im Falle von interessanten Themen um subjektive Wahrnehmungen handelt und der Begriff Innovation unterschiedlich definiert werden kann.

4 Daten-Analyse und Diskussion

Um die Möglichkeiten einer Podcast-Analyse zur Themenfrüherkennung zu veranschaulichen, werden im Folgenden die Ergebnisse eines exemplarischen Datensatzes vorgestellt. Ziel war es, auf Basis einer themenoffenen Podcast-Analyse mögliche Zukunftsthemen für die TA zu identifizieren.

Dazu wurden die zwischen Januar 2017 und Oktober 2024 veröffentlichten Inhalte von sechs englischsprachigen Podcasts (Tab. 1) mit Fokus auf technische Innovationen und Trends sowie Foresight ausgewertet. Dabei wurde u. a. darauf geachtet, dass eine ausreichend große Anzahl an Episoden sowie ein hinreichend langer Analysezeitraum verfügbar waren. Die analysierten Podcasts werden von unterschiedlichen Institutionen mit verschiedenen Stakeholdern (z. B. gemeinnützige Organisationen und Risikokapitalgeber, die in Zukunftstechnologien investieren) veröffentlicht, sodass eine große Bandbreite unterschiedlicher Meinungen und Wertvorstellungen abgebildet werden kann.

Tab. 1 Podcasts, die für die Daten-Analyse ausgewertet wurden

• Future of Life Institute Podcast (183 Episoden, mehrmals monatlich, seit 2017)
• Future Tech and Foresight Podcast (191 Episoden, mehrmals wöchentlich seit 2019)
• FYI – For Your Innovation Podcast (196 Episoden, mehrmals monatlich, seit 2019)
• The a16z Podcast (817 Episoden, mehrmals wöchentlich, seit 2017)
• The Foresight Institute Podcast (732 Episoden, mehrmals wöchentlich, seit 2017)
• The Tech Talks Daily Podcast (2595 Episoden, täglich, seit 2017)

4.1 Themenclusterung

Die zur Themenclusterung analysierte Datenbasis umfasste 4714 Episoden bzw. 136.039.535 Zeichen (inkl. Leerzeichen) transkribierte Audioinhalte. Dies entspricht ca. 75.577 Textseiten, wenn man davon ausgeht, dass pro Normseite max. 1800 Zeichen inkl. Leerzeichen Platz finden.

Die schiere Menge an analysierten Audioinhalten verdeutlicht, dass hier eine manuelle/händische Analyse der Inhalte an ihre Grenzen stoßen würde, bzw. nicht praktikabel ist. Software-gestütze Analysen, wie die oben beschriebene Methode zur Podcast-Analyse bieten hier einen erheblichen Vorteil und ein innovatives Werkzeug um die Inhalte der Daten zu erschließen und nach Zukunftsthemen zu scannen.

Sie verbergen allerdings das Risiko, dass die Nachvollziehbarkeit der Ergebnisse und die Qualitätskontrolle der Relevanz darunter leidet.

Im Rahmen der Analyse wurden die Inhalte der Podcasts KI-gestützt 35 Themenclustern zugeordnet (Tab. 2). Dabei ist zu berücksichtigen, dass einzelne Inhalte eines Podcast mehreren Clustern zugeordnet werden können.

Bei der Betrachtung der Themencluster fällt auf, dass sich bereits auf dieser Ebene viele Cluster mit Innovationen bzw. Zukunftsthemen befassen, die häufig auch TA-relevant sind: z. B. „Artificial Intelligence (AI) and Machine Learning (ML)“, „Virtual Reality, Augmented Reality, and Metaverse“ oder „Healthcare Technology and Biotechnology“.

Andere Cluster beziehen sich eher auf Anwendungsbereiche oder Branchen, z. B. „Entrepreneurship and Startups“ und „Innovation in Specific Industries (e.g., Aviation, Automotive, Agriculture, etc.)“ oder beziehen sich allgemein auf Innovationen und Trends, wie das Cluster „Technology Trends and Future Topics“, welches ein allgemeines übergeordnetes Cluster darstellt.

Tab. 2 LLM-generierte Clusterung der Inhalte der sechs analysierten Podcasts

Nr	Clustername
1	Artificial Intelligence (AI) and Machine Learning (ML)
2	Digital Transformation and Innovation
3	Cyber Security and Data Privacy
4	Blockchain and Cryptocurrency
5	Technology Trends and Future Topics
6	Entrepreneurship and Startups
7	Customer Experience and Digital Marketing
8	Cloud Computing and Data Management
9	Sustainability and Environmental Impact
10	Regulation and Compliance
11	Virtual Reality, Augmented Reality, and Metaverse
12	Remote Work and Digital Nomadism
13	Leadership and Company Culture
14	Fintech and Financial Services
15	Healthcare Technology and Biotechnology
16	Education and Lifelong Learning
17	Quantum Computing
18	Social Media and Influencer Marketing
19	Gaming and Entertainment
20	Supply Chain and Logistics
21	Marketing Technology and Personalization
22	IoT and Smart Devices
23	Sales and Business Development
24	Digital Health and Wellness
25	AI Ethics and Bias
26	Digital Identity and Authentication
27	Open Source Software and Communities
28	Data Science and Analytics
29	E-commerce and Retail Technology
30	Globalization and Localization
31	Tech Industry and Ecosystem
32	Technology Infrastructure and Architecture
33	Tech Policy and Governance
34	Pandemic and Technological Response
35	Innovation in Specific Industries (e.g., Aviation, Automotive, Agriculture, etc.)

4.2 Deep Dive "Healthcare Technology and Biotechnology"

Zur vertiefenden Analyse der Themencluster können sogenannte Deep Dives durchgeführt werden. Als Beispiel für die Ergebnisse eines Deep Dives wurde das Cluster 15 „Healthcare Technology and Biotechnology“ vertiefend analysiert, da der thematische Schwerpunkt eine TA-Relevanz vermuten lässt.

Im Rahmen der vertiefenden Analyse wurden die Inhalte von 672 Episoden, die dem Cluster „Healthcare Technology and Biotechnology“ zugeordnet werden konnten, KI-gestützt, nach Themenschwerpunkten hin ausgewertet. Die Ergebnisse wurden in einer Topic-Map visualisiert (Abb. 1). Diese gibt die thematischen Schwerpunkte des Clusters bzw. die in den spezifischen Podcasts diskutierten Fokusthemen stichpunktartig wieder, bspw. „Precision Medicine“, „Telemedicine“ oder „Artificial Intelligence“.

Da die Topic-Maps nur einen stichpunktartigen Zugang zu den hinterlegten Daten des Clusters ermöglichen, wurde ein generatives KI-Modell eingesetzt, um die wesentlichen inhaltlichen Schwerpunkte des Themenclusters „Healthcare

Abb. 1 LLM-generierte Themenschwerpunkte (Topic-Map) des Cluster 15 „Healthcare Technology and Biotechnology“, die in den themenspezifischen Episoden der analysierten Podcasts im Fokus standen

Technology and Biotechnology“ zu listen und kurz zu beschreiben (Tab. 3). Hierbei wurden die Themenüberschriften wie auch die Kurzbeschreibung auf Basis der in den spezifischen Podcasts hinterlegten Inhalte realisiert.

Werden die so abstrahierten Kurzzusammenfassungen betrachtet, fällt auf, dass die stichpunktartigen Themenschwerpunkte der Topic-Map teilweise eins zu eins wiedergegeben werden (z. B. „Precision Medicine“) bzw. verschiedene Themenschwerpunkte zusammengefasst werden (z. B. „Telehealth and Remote Patient Monitoring“).

Diese Kurzzusammenfassungen stellen im Horizon Scanning-Prozess ein Zwischenergebnis dar, dass zusammen mit Zwischenergebnissen aus anderen methodischen Schritten interpretiert werden kann. Die hier wiedergegebenen Inhalte liefern erste Hinweise auf potenziell TA-relevante Themen, die in den nachfolgenden Schritten des Horizon Scannings weiter ausgearbeitet werden können, wobei insbesondere Potenziale und Risiken der einzelnen Themen herausgearbeitet werden können.

Tab. 3 LLM-generierte Zukunftsthemen und Kurzzusammenfassungen der Inhalte des Cluster 15 „Healthcare Technology and Biotechnology“

Telehealth and Remote Patient Monitoring: One of the main innovative trends in healthcare technology is the rise of telehealth and remote patient monitoring. Telehealth enables patients to receive medical care from the comfort of their homes through virtual consultations, while remote patient monitoring uses wearable devices and mobile apps to track patients’ health metrics and alert healthcare providers if intervention is necessary. This trend has been particularly important during the COVID-19 pandemic, as it allows for social distancing while still providing essential care
Artificial Intelligence and Machine Learning: AI and machine learning are increasingly being used in healthcare technology to analyze large datasets, identify patterns, and make predictions. These technologies can help with diagnosing diseases, developing personalized treatment plans, and improving patient outcomes. For example, machine learning algorithms can analyze medical images to detect early signs of cancer, while AI chatbots can provide mental health support to patients
Precision Medicine: Precision medicine is an innovative approach to healthcare that tailors treatment plans to individual patients based on their genetic makeup, lifestyle, and other factors. This trend is made possible by advancements in genomics, biotechnology, and AI. Precision medicine can lead to more effective treatments with fewer side effects, as well as the ability to predict and prevent diseases before they become severe

(Fortsetzung)

Tab.3 (Fortsetzung)

Virtual and Augmented Reality: Virtual and augmented reality technologies are being used in healthcare to enhance patient care, training for healthcare professionals, and medical research. VR can provide immersive therapeutic experiences for patients with mental health disorders, while AR can help surgeons visualize complex procedures and improve their accuracy
Wearable Health Technology: Wearable devices like smartwatches, fitness trackers, and smart clothing can monitor vital signs, track physical activity, and provide insights into users' overall health and well-being. These devices can help patients take a more proactive role in managing their health, as well as provide healthcare providers with valuable data for remote monitoring and preventative care
Blockchain in Healthcare: Blockchain technology has the potential to improve healthcare data management, interoperability, and security. By creating a decentralized, secure, and transparent ledger of health data, blockchain can enable patients to have more control over their medical records, reduce administrative costs, and prevent fraud
3D Printing in Healthcare: 3D printing technology is being used to create custom medical devices, prosthetics, and implants. This innovation allows for more personalized care, faster production times, and lower costs compared to traditional manufacturing methods
Internet of Things (IoT) in Healthcare: IoT devices, such as connected medical equipment and smart sensors, can provide real-time data on patients' health and improve the efficiency of healthcare delivery. IoT can help healthcare providers monitor patients remotely, automate routine tasks, and optimize resource allocation
Robotics in Healthcare: Robotics are being used in healthcare for various applications, such as surgical assistance, rehabilitation, and patient care. Robotic systems can increase precision, reduce human error, and improve patient outcomes in surgical procedures. In rehabilitation, robots can provide customized therapy for patients with mobility impairments
Gene Editing and CRISPR: Gene editing technologies, such as CRISPR-Cas9, allow for precise, targeted changes to the DNA of living organisms. These innovations have the potential to treat or cure genetic diseases, improve crop yields, and even eradicate certain pests. However, they also raise ethical concerns and require careful regulation to prevent misuse

4.3 Nutzung der Ergebnisse für die Themenfrüherkennung

Am Daten-Analyse-Beispiel konnte gezeigt werden, dass die durchgeführte Analyse der Podcasts erste Hinweise auf Zukunftsthemen bietet, die im Kontext der Technikfolgenabschätzung verwendet werden können. Wesentlich hierbei ist, dass die Ergebnisse der Podcast-Analyse nicht alleinstehend wiedergegeben werden, sondern mit den Ergebnissen anderer methodischer Elemente, wie bspw. Expert:innenbefragungen ergänzt und angereichert werden. Ein Fokus sollte bei der Anreicherung auf einer Auseinandersetzung mit Potenzialen und Risiken der einzelnen Themen liegen, um die identifizierten Themen mit ihren unterschiedlichen Ausprägungen beschreiben zu können.

Hinweise auf Zukunftsthemen ließen sich besonders auf der Ebene des „Deep Dives" – einer tiefergehenden Analyse spezifischer Themencluster – erkennen. Es ist jedoch bemerkenswert, dass bereits auf der Ebene der Themenclusterung Hinweise auf Zukunftsthemen erkennbar waren.

Hierbei liefern die in den Abschn. 4.1 und 4.2 diskutierten Ergebnisse eine fundierte Grundlage für anschließende Validierungsschritte. So können diese Ergebnisse mit ergänzenden Analysen über mögliche negative Auswirkungen, Bedenken und Risiken verknüpft und im Rahmen von Workshops oder Expert:innen-Interviews genutzt werden, um die ermittelten Zukunftsthemen weiter zu präzisieren. Ein besonderer Vorteil der Podcast-Analyse liegt darin, dass die analysierten Daten häufig dialogbasiert sind und die Datengrundlage einen ersten Zugang zu möglichen Ansprechpersonen für die weitere thematische Vertiefung bietet.

5 Fazit

Im vorliegenden Beitrag wurden Podcasts als eine mögliche Quelle für die strategische Früherkennung von Zukunftsthemen diskutiert. Sie bieten einen redaktionell aufbereiteten Zugang zu einem Teil von aktuellem Expert:innenwissen, was Podcasts für die Technikfolgenabschätzung relevant macht. Bei der Auswahl der zu analysierenden Podcasts sind allerdings spezifische Qualitätsindikatoren zu berücksichtigen, um eine belastbare Datenbasis sicherzustellen. Das Daten-Analyse-Beispiel zeigte z. B., dass nur positive Wahrnehmung über neue Technologien identifiziert wurde. Eine ergänzende Auseinandersetzung mit möglichen Risiken der einzelnen Themen ist daher im weiteren Horizon Scanning-Prozess erforderlich.

Am Daten-Analyse-Beispiel wurde auch deutlich, dass der Einsatz von Large Language Models (LLMs) eine effiziente Auswertung von Podcast-Inhalten ermöglicht, jedoch nicht ausreichend für ein vollständiges Horizon Scanning ist. Hierbei ermöglicht die Nutzung von LLMs zwar die Auswertung von Podcast-Inhalten in einem für die praktische TA angemessenen Zeitrahmen. Dennoch liefern LLMs keine „Zukunftsthemen auf Knopfdruck", sondern erfordern eine fundierte und reflektierte Analyse der Ergebnisse und eine Synthese mit Ergebnissen aus anderen methodischen Schritten durch erfahrene TA-Expert:innen. Nur so können die Ausprägungen einzelner Zukunftsthemen dargestellt und positive wie negative Folgen auf Gesellschaft, Wirtschaft, Umwelt, Politik und Wissenschaft abgeleitet werden.

Zusammenfassend lässt sich sagen, dass Podcasts eine ergänzende Quelle für die Früherkennung von Zukunftsthemen darstellen, insbesondere in Verbindung mit der Analyse durch LLMs. Sie können helfen, relevante Entwicklungen im Kontext der Technikfolgenabschätzung frühzeitig zu identifizieren und so wissenschaftlich fundierte Entscheidungsgrundlagen zu schaffen. Eine Begleitung der Nutzung dieser Tools durch inter- und transdisziplinäre erfahrene TA-Fachleute soll verhindern, dass populäre Meinungen statt wissensbasierte Fakten sich durchsetzen.

Literatur

Adegbegha, Y. E., Minocha, A., & Balyan, R. (2024). Analyzing multilingual automatic speech recognition systems performance. In F. Zhao & D. Miao (Hrsg.), *Communications in Computer and Information Science. AI-generated Content* (Bd. 1946, S. 191–204). Springer Nature. https://doi.org/10.1007/978-981-99-7587-7_16.

Ayyamperumal, S. G. & Ge, L. (2024). Current state of LLM Risks and AI Guardrails. http://arxiv.org/pdf/2406.12934v1

Amanatidou, E., Butter, M., Carabias, V., Könnölä, T., Leis, M., Saritas, O., Schaper-Rinkel, P., & van Rij, V. (2012). On concepts and methods in horizon scanning: Lessons from initiating policy dialogues on emerging issues. *Science and Public Policy, 39*(2), 208–231.

Carbonell, J., Sánchez-Esguevillas, A., & Carro, B. (2015). Assessing emerging issues. *The external and internal approach. Futures, 73,* 12–21. https://doi.org/10.1016/j.futures.2015.07.015.

Coats, S. (2024). Building a searchable online corpus of Australian and New Zealand aligned speech. *Australian Journal of Linguistics,* 1–17. https://doi.org/10.1080/07268602.2024.2368780.

Cuhls, K., van der Giessen, A., & Toivanen, H. (2015). *Models of Horizon Scanning: How to integrate Horizon Scanning into European Research and Innovation Policies.*

Dator, J. (2009). *Trend analysis vs. Emerging issues analysis.* Hawaii Research Center for Futures Studies

Dumbach, P., Schwinn, L., Löhr, T., Do, P. L., & Eskofier, B. M. (2024). Artificial intelligence trend analysis on healthcare podcasts using topic modeling and sentiment analysis: A data-driven approach. *Evolutionary Intelligence, 17*(4), 2145–2166. https://doi.org/10.1007/s12065-023-00878-4.

Gallegos, I. O., Rossi, R. A., Barrow, J., Tanjim, M. M., Kim, S., Dernoncourt, F., Yu, T., Zhang, R., & Ahmed, N. K. (2023, 2. September). *Bias and Fairness in Large Language Models: A Survey.* http://arxiv.org/pdf/2309.00770.

Glenn, J. C., & Gordon, T. J. (2009). Environmental scanning. In The millenium project (Hrsg.), *Futures research methodology: The Millenium Project*,

Grunwald, A., Hennen, L., & Sauter, A. (2014). Parlamentarische Technikfolgenabschätzung in Deutschland und Europa. *Aus Politik und Zeitgeschichte (APuZ), 64*(6–7), 17–24.

Hiltunen, E. (2010). *Weak signals in organizational futures learning. Acta Universitatis Oeconomicae Helsingiensis. A: Bd. 365*. Helsinki School of Economics

Hines, A., Baldwin, B. P., Bengston, D. N., Crabtree, J., Christensen, K., Frankowski, N., Schlehuber, L., Westphal, L. M., & Young, L. (2021). Monitoring emerging issues: A proposed approach and initial test. *World Future Review, 13*(3–4), 195–213. https://doi.org/10.1177/19467567211027350.

Koenecke, A., Choi, A. S. G., Mei, K. X., Schellmann, H., & Sloane, M. (2024). Careless whisper: Speech-to-text Hallucination Harms. In *The 2024 ACM conference on fairness, accountability, and transparency* (S. 1672–1681). ACM. https://doi.org/10.1145/3630106.3658996.

Podcasting the future. (2021). *Strategic Direction, 37*(4), 34–35. https://doi.org/10.1108/SD-01-2021-0011.

Rawat, A., Rawat, V., Singh, N., Kuchhal, N., Barmola, J., & Negi, H. S. (2023). An Enhance Version of YouTube Video Downloader Using Python. In *2023 International Conference on Computer Science and Emerging Technologies (CSET)* (S. 1–6). IEEE. https://doi.org/10.1109/CSET58993.2023.10346693.

Renn, O. (2011). *Ziele und Methoden der Technikfolgenabschätzung: Identifizieren und Bewerten*. Universitätsbibliothek der Universität Stuttgart

Renn, O. (2014). Mit Sicherheit ins Ungewisse.: Möglichkeiten und Grenzen der Technikfolgenabschätzung. *Aus Politik und Zeitgeschichte (APuZ), 64* (6–7), 3–10

Rime, J., Pike, C., & Collins, T. (2022). What is a podcast? Considering innovations in podcasting through the six-tensions framework. *Convergence: The International Journal of Research into New Media Technologies, 28*(5), 1260–1282. https://doi.org/10.1177/13548565221104444.

Takala, A., & Heino, O. (2017). Weak signals and wild cards in water and sanitation services – exploring an approach for water utilities. *European Journal of Futures Research, 5*(1), 195. https://doi.org/10.1007/s40309-017-0111-y.

van Veen, B. L., & Ortt, J. (2021). Unifying weak signals definitions to improve construct understanding. *Futures, 134,* Article 102837. https://doi.org/10.1016/j.futures.2021.102837.

Verein Deutscher Ingenieure. (2000). *Technikbewertung Begriffe und Grundlagen* (VDI-Richtlinien Nr. 3780). Beuth Verlag

Viswanathan, V., Gashteovski, K., Lawrence, C., Wu, T., & Neubig, G. (2024). Large language models enable few-shot clustering. *Transactions of the Association for Computational Linguistics, 12,* 321–333. https://doi.org/10.1162/tacl_a_00648.

Wan, M., Safavi, T., Jauhar, S. K., Kim, Y., Counts, S., Neville, J., Suri, S., Shah, C., White, R. W., Yang, L., Andersen, R., Buscher, G., Joshi, D., & Rangan, N. (2024). TnT-LLM: Text mining at scale with large language models. In R. Baeza-Yates & F. Bonchi (Hrsg.), *Proceedings of the 30th ACM SIGKDD Conference on Knowledge Discovery and Data Mining* (S. 5836–5847). ACM. https://doi.org/10.1145/3637528.3671647.

Welz, J., Riemer, A., Döbel, I., Dakkak, N., & Schwartzenberg, A. S. von (2021). Identifying future trends by podcast mining: An explorative approach for Web-based horizon scanning. *foresight, 23*(1), 1–16. https://doi.org/10.1108/FS-07-2020-0069.

Zweck, A. (2005). Qualitätssicherung in der Zukunftsforschung: Hehres Ziel oder Unmöglichkeit? *Wissenschaftsmanagement*(2), 7–13. https://www.wissenschaftsmanagement.de/dateien/dateien/management/downloaddateien/wim_2005_02_axel_zweck_qualitaetssicherung_in_der_zukunftsforschung.pdf.

Zweck, A. (2009). Foresight, Technologiefrüherkennung und Technikfolgenabschätzung: Instrumente für ein zukunftsorientiertes Technologiemanagement. In R. Popp & E. Schüll (Hrsg.), *Wissenschaftliche Schriftenreihe Zukunft und Forschung des Zentrums für Zukunftsstudien Salzburg: Bd. 1. Zukunftsforschung und Zukunftsgestaltung: Beiträge aus Wissenschaft und Praxis* (S. 195–206). Springer.

Stephan Richter, Senior Researcher am Institut für Innovation und Technik in der VDI/VDE-IT GmbH. Schwerpunkte: Strategic Foresight, Horizon Scanning, Technikfolgenabschätzung, Green Innovations.

Sebastian Kruse, Senior Consultant am Institut für Innovation und Technik in der VDI/VDE-IT GmbH. Schwerpunkte: Digitalisierung in Analyseprozessen, Data-Science in der Innovationsförderung.

Tobias Hungerland, Senior Consultant am Institut für Innovation und Technik in der VDI/VDE-IT GmbH. Schwerpunkte: Strategic Foresight, Technikfolgenabschätzung, New Space.

Methoden im Transformationskontext

Technikfolgenabschätzung in der Transformation als soziotechnisches Verfahren

Adjan Hansen-Ampah, Andrea Altepost und Michael Bau

1 Einführung

Das Gelingen einer mit Technologie verbundenen gesellschaftlichen Transformation hängt nicht nur von der Technik als solcher ab, sondern gleichermaßen von ihrem Einsatz, der mit ihr verbundenen Kommunikation und daraus resultierender oder mangelnder Einflussnahme und Akzeptanz seitens der Stakeholder. Dies legt nahe, eine soziotechnische Perspektive einzunehmen und neben technischen Aspekten die Stakeholder zu betrachten, welche die Technik gestalten, verwenden sowie ihre Nutzung ermöglichen oder verhindern können – ebenso die organisatorischen Herausforderungen und Potenziale, die den Arbeitsprozess rahmen und regeln. Mit diesem Blick können zahlreiche Einflussfaktoren des Gelingens oder Scheiterns einer Transformation und resultierende Effekte identifiziert werden. Unser Beitrag richtet den Blick auf den gesellschaftlichen Teilbereich der Arbeit und die durch Mitarbeitende in Unternehmen und anderen Organisationen genutzte Technik. Wir werden zunächst im folgenden Abschnitt unseres Beitrages unser Verständnis von Technik und von Transformation erläutern. Anschließend legen wir ein geeignetes Konzept der Techniksoziologie als Blaupause auf den

A. Hansen-Ampah (✉) · A. Altepost · M. Bau
ILAG Institut Leistung Arbeit Gesundheit, Plön, Deutschland
E-Mail: a.hansen-ampah@ilag.net

A. Altepost
E-Mail: a.altepost@ilag.net

M. Bau
E-Mail: m.bau@ilag.net

© Der/die Autor(en), exklusiv lizenziert an Springer Fachmedien Wiesbaden GmbH, ein Teil von Springer Nature 2025
M. Ornetzeder et al. (Hrsg.), *Methoden für die Technikfolgenabschätzung*,
https://doi.org/10.1007/978-3-658-48491-0_11

gesellschaftlichen Innovationsprozess, das Perspektiven der TA und den soziotechnischen MTO-Ansatz aufeinander bezieht und ihre jeweiligen Schwerpunkte hervorhebt. Die Anwendung des MTO-Ansatzes richtet sich auf Arbeitssysteme, das „Zusammenwirken von Arbeitenden und Arbeitsmitteln innerhalb eines bestimmten Raums und einer bestimmten Umgebung und das Zusammenwirken dieser innerhalb einer Arbeitsorganisation" (VDI, 2024). Hier wird bereits deutlich, dass die Aspekte Mensch, Technik und Organisation in der Arbeit nicht voneinander zu trennen sind. Das MTO-Prinzip, das wir im Anschluss erläutern werden, trägt diesen Wechselwirkungen Rechnung. Wir werden aufzeigen, wie es die TA in konkreten Gestaltungszusammenhängen in Arbeitssystemen ergänzen kann.

Im dritten Abschnitt werden wir darlegen, wie wir uns die konkrete Verbindung von TA und MTO vorstellen und welche Vorteile sich dadurch ergeben. Dies wird ergänzt durch empirische Evidenz aus Forschungsprojekten, welche nahelegt, technikbezogene Transformationsprozesse in der Arbeit durch einen expliziten soziotechnischen Ansatz unter Verwendung techniksoziologischer Konzepte zu adressieren. Dies geht über die Gestaltung der Technik hinaus und beinhaltet beispielsweise auch organisatorische und qualifikationsbezogene Analyse und Gestaltung. Im vierten Abschnitt beleuchten wir die Chancen eines integrativen Vorgehens zum Verständnis transformativer Prozesse und ungeplanten Wandels durch eine optionale Kombination von Perspektiven aus TA, Techniksoziologie und MTO.

2 Theoretische Fundierung

In diesem Abschnitt wird die (begriffs-)theoretische Fundierung für diese Arbeit dargelegt. Wir erläutern unseren Technikbegriff und unser Verständnis von Transformation. Sodann zeigen wir auf, welche Modelle wir für die Einordnung von Transformationen hinsichtlich der Technikfolgenabschätzung heranziehen.

2.1 Begriffe: Technik und Transformation

Wenngleich unser soziotechnischer Ansatz beinhaltet, dass Technik immer mit Sozialem gemeinsam gedacht werden muss (vgl. Hansen-Ampah, 2023, S. 14 ff.), ist es hilfreich zu klären, was im Rahmen dieses Beitrags unter „Technik" verstanden wird. Unser verwendeter Technikbegriff ist ein weitgefasster. Bereits

Max Weber (1980, S. 32) verweist auf die „Technik" eines Handelns als „Inbegriff der verwendeten M i t t e l desselben im G e g e n s a t z zu jenem Sinn oder Zweck, an dem es letztlich (in concreto) orientiert ist" (Weber, 1980, S. 32). Technik als angewendete Mittel in diesem Sinne gibt es dann in vielen Handlungsweisen, z. B. „Denk- und Forschungstechnik, Mnemotechnik, Erziehungstechnik, [...] Verwaltungstechnik, erotische Technik, Kriegstechnik" (Weber, 1980, S. 32). Zeitgenössische sozialwissenschaftliche Innovationsforschung geht ebenfalls von einem weitgefassten Technikbegriff aus. So formuliert Rammert: „Die technische Konstruktion [...] ist über Prozesse der Technisierung immer schon eine gesellschaftliche Konstruktion der Wirklichkeit. Die gesellschaftliche Konstruktion hingegen weist verschiedene Grade von Agency und Technisierung und unterschiedliche Verteiltheiten der Aktivitäten und gefestigten Formen auf menschliche Handlungen, sachliche Abläufe und zeichenhafte Operationen auf" (Rammert, 2007, S. 38).

Auch der vielseitig verwendete Begriff der *Transformation* bedarf einer genaueren Betrachtung in unserem Kontext. Er scheint mit Blick auf die großen gesellschaftlichen Herausforderungen, die uns zurzeit beschäftigen, allen voran bzgl. Demografie, Digitalisierung und Klimawandel, geradezu allgegenwärtig zu sein. Analog zu anderen Begriffen, die durchaus im selben semantischen Kontext genannt werden, bspw. *Innovation* und *Akzeptanz,* kann davon gesprochen werden, dass Transformation „regelrecht ‚Verwendungskarriere'" (Lucke, 1995, S. 33) macht und durch die häufige, undifferenzierte und vor allem undefinierte Nutzung – sowohl in der Wissenschaft als auch in alltagssprachlichen Domänen – zu einem „Buzzword" (vgl. Feola, 2014, S. 387; Gong & Ribiere, 2020, S. 9; Spielkamp & Rammer, 2006, S. 2) verkommt. Um mit dieser Arbeit nicht zur bestehenden Beliebigkeit beizutragen, erfolgen an dieser Stelle eine Arbeitsdefinition und Abgrenzung von anderen, in ähnlichen Kontexten verwendeten Begriffen.

Die semantische Diversität des Transformationsbegriffs liegt erstens in der Verwendung durch ebenso diverse Fachgemeinschaften. Schließlich werden etwa mathematische, naturwissenschaftliche und technische Operationen genauso unter diesem Begriff aufgefasst wie soziale und gesellschaftliche Veränderungen (vgl. Kollmorgen et al., 2015). Zweitens werden selbst bei den hier relevanten gesellschaftsbezogenen bzw. soziotechnischen Transformationen verschiedene Auslöser und Phänomene und damit teilweise verbundene politische Haltungen und normative Ziele unter diesen Begriff subsummiert (vgl. Feola, 2014, S. 367 f.). Drittens kann auf einer Metaebene die Art der Verwendung des Begriffs als differenzierender Faktor herangezogen werden. So kann Transformation einerseits als „loose metaphor" (Feola, 2014, S. 387) in Erscheinung treten, bspw.

zur Herstellung eines gesellschaftlichen Diskurses und zur Bündelung von politischen, wissenschaftlichen und zivilgesellschaftlichen Kräften, um Veränderungen zu bewirken. Andererseits wird Transformation im Sinne der Transformationsforschung als analytisches Konzept verwendet, das die unterschiedlichen fachlichen und konzeptionellen Unterschiede anerkennt und zum Forschungsgegenstand macht (Feola, 2014, S. 387; Kollmorgen et al., 2015).

Ohne näher auf die Etymologie, historische wissenschaftliche Nutzung und Dimensionen des Begriffs einzugehen (hier sei auf die transformationsforscherische Einführung von Kollmorgen, Merkel und Wagener (2015) sowie auf die Differenzierung von Transformationskonzepten von Feola (2014) verwiesen), übernimmt diese Arbeit für eine allgemeine, phänomenunabhängige Betrachtung von Transformationen die Definition der erstgenannten Autoren. Demnach meint *Transformation* „jene sozialen, politischen und wirtschaftlichen Umformungen, die substanziellen und systemischen Charakter tragen, durch identifizierbare Akteure eher revolutionär und steuerungsorientiert begonnen werden sowie deutliche imitative Merkmale aufweisen" (Kollmorgen et al., 2015). Diese Definition zeigt auf, wieso bzgl. der ersten eingangs erwähnten gesellschaftlichen Herausforderung vom demografischen Wandel und nicht von Transformation die Rede ist. Es kann sicherlich diskutiert werden, inwiefern die Abkehr von der „klassischen" Alterspyramide einen systemischen und revolutionären Charakter hat. Klar ist allerdings, dass der gesellschaftliche Alterungsprozess ein emergentes Phänomen ist, das nicht etwa von einzelnen Akteuren oder Anspruchsgruppen gesteuert wird.

Anders sieht es bei der Digitalisierung als einem weiteren eingangs erwähnten Megatrend aus. Hierunter sind verschiedene soziotechnische Innovationen auf unterschiedlichen gesellschaftlichen Ebenen zu verstehen, wobei im Deutschen nicht zwischen dem stärker technischen Phänomen „digitization" und dem stärker sozialen Phänomen „digitalization" unterschieden wird (Gong & Ribiere, 2020, S. 2). Auch wenn der letztgenannte Begriff bereits eine breitere soziale und institutionelle Kontextualisierung und auch die Etablierung digitaler Technologien als Infrastruktur umfasst (Tilson et al., 2010), geht digitale Transformation im Sinne der o. g. Definition darüber hinaus (Gong & Ribiere, 2020, S. 2). Auf Basis einer extensiven Literaturrecherche und eines theoretisch und methodologisch fundierten Klassifikations- und Abgrenzungskonzepts entwickeln Gong und Ribiere die nachfolgende Definition digitaler Transformation, die zumindest implizit die zentralen Aspekte der allgemeineren Transformationsdefinition aufgreift: „A fundamental change process enabled by digital technologies that aims to bring radical improvement and innovation to an entity [e. g., an organization, a business network, an industry, or society] to create value for its stakeholders by stategically leveraging its key resources and capabilities“ (2020, S. 10).

2.2 TA und Soziotechnische Gestaltung

TA wird von Grunwald definiert als „Oberbegriff für eine Menge von sozio-epistemischen Praktiken, die das gemeinsame erkenntnisleitende Interesse verfolgen, die Reflexivität in der Gestaltung des wissenschaftlich-technischen Fortschritts und der Nutzung seiner Resultate zu erhöhen“ (Grunwald, 2022, S. 127). Zwar ist Gestaltung – neben der Epistemologie – Teil dieser Definition, Grunwald bezieht sich dabei allerdings ausschließlich auf „gesellschaftliche Technikgestaltung“ (Grunwald, 2022, S. 25) und nicht auf unternehmerische. Mehr noch: Grunwald weiß, dass seine Ansicht „möglicherweise nicht in allen Bereichen der TA geteilt wird“ (Grunwald, 2022, S. 25). Dies hält ihn jedoch nicht davon ab, mit Blick auf das Charakteristikum des „Öffentlichkeits- und Politikbezugs“ (Grunwald, 2022, S. 23) zu postulieren, dass „die Beratung von Wirtschaftsunternehmen oder Verbänden im privatwirtschaftlichem Rahmen *[sic]* zur Steigerung ihrer Wettbewerbsfähigkeit und zur Mehrung von Marktchancen nicht genuin zur TA gehört“ (Grunwald, 2022, S. 23). Ohnehin reiht sich diese Äußerung in eine länger währende Diskussion um die Frage, ob TA beraten oder gestalten soll (vgl. Grunwald, 2001), die hier nicht repliziert oder abschließend beantwortet werden kann. Aufgrund der Diversität der TA und der vielfältigen Erwartungen, die an sie gestellt werden (Grunwald, 2022, S. 57 ff.), bezieht sich dieser Beitrag ausschließlich auf diejenigen Ansätze, die für den Gestaltungsaspekt des hier interessierenden MTO-Ansatzes relevant und anschlussfähig sind – namentlich die partizipative, systemanalytische und, in Ansätzen, die wertorientierte TA sowie Constructive Technology Assessment (CTA).

Ohne auf die genannten Ansätze einzeln näher eingehen zu können, folgt eine Auflistung von Eigenschaften, die eine Ergänzung durch das MTO-Prinzip und die Einnahme einer arbeitswissenschaftlichen Perspektive sinnvoll erscheinen lassen.

- In den meisten Fällen bezieht sich soziotechnische Gestaltung im Sinne der TA auf große Infrastrukturen und soziotechnische Systeme (Grunwald, 2022, S. 94 f.) bzw. im Allgemeinen auf Technologien, die von öffentlichem Interesse sind.

- In diesem Zusammenhang werden „gesellschaftliche Gruppen, betroffene Bürger oder auch ganz allgemein die Öffentlichkeit" (Grunwald, 2022, S. 83) partizipativ einbezogen.
- Wo nach Renn „Alltagstechnik" (2005, S. 31) fokussiert wird, sind die betrachteten Akteure zwar konkreter. „Da die allermeisten Quellen in TA-Untersuchungen wissenschaftliche Texte" (Albrecht, 2024, S. 15) bzw. von Dritten durchgeführte Projekte sind (vgl. Peissl et al., 1991), haben ebendiese TA-Untersuchungen allerdings den Charakter von Metastudien. Die Auswahl relevanter Akteure und zugehörige Daten hängen somit nicht bzw. nur indirekt (etwa durch Filterungen) von den TA-Untersuchungen selbst ab.
- Im speziellen Fall der unternehmensbezogenen Technikgestaltung wird vor allem auf die Wettbewerbsfähigkeit von Unternehmen bzgl. der Vermarktung von Produkten abgehoben. Dementsprechend werden hier u. a. die Beteiligung von Kund:innen und Nutzer:innen und die Erfüllung ihrer Wünsche als wichtige Ziele genannt (vgl. Grunwald, 2022, S. 87; Malanowski et al., 2001, S. 8). Gleichzeitig wird die Erhöhung von Akzeptanz von Grunwald als alleiniges Ziel abgelehnt, da dies „keine Beteiligung an Entscheidungsprozessen, sondern Öffentlichkeitsarbeit für bereits fertig geplante Projekte" (Grunwald, 2022, S. 87) darstellt.
- Bei allen genannten Aspekten der Gestaltung zeigt sich, dass es dabei ausschließlich um die Veränderung von Technik geht, auch wenn der Begriff des Soziotechnischen Verwendung findet.

Aus den genannten Punkten ergeben sich aus arbeitswissenschaftlicher Sicht nachfolgende Desiderata bzw. abweichende Auffassungen, die nachfolgend vorgestellt werden.

- Betriebliche Ziele: Die im Zusammenhang mit betrieblicher TA genannten Ziele sollen vor allem marktwirtschaftliche Effekte herbeiführen. Eine arbeitswissenschaftliche Betrachtung erweitert den Blick auf betriebliche Themenfelder, die nicht ausschließlich auf eine bessere Vermarktung von Produkten abzielen, bspw. eine Verbesserung von Arbeitstätigkeiten zum Wohle von Mitarbeitenden sowie Unternehmen.
- *Sozio*technische Gestaltung: Arbeitswissenschaftliche Gestaltungsansätze wie der MTO-Ansatz (siehe Abschn. 2.3) basieren auf dem Konzept des soziotechnischen Systems (vgl. Emery, 1959; Fox, 1995; Hirsch-Kreinsen, 2014). Demnach ist es nicht ausreichend, lediglich technische Bestandteile eines solches Systems zu gestalten. Eine gleichzeitige Gestaltung der menschlichen und organisationalen Teilsysteme ist notwendig.

- Betrieblich eingesetzte Technik: Die technischen Bestandteile eines soziotechnischen Arbeitssystems können nach Renn (2005, S. 31) als „Arbeitstechnik" aufgefasst werden und sind durch ihre Kontexte in ihren Implikationen und Konsequenzen anders als „Produkt- und Alltagstechnik" zu beurteilen – selbst wenn die technische Basis (z. B. Tablet-Computer) dieselbe ist (vgl. Hansen-Ampah, 2023, S. 67 f.).
- Dementsprechend müssen diese Kontexte und die konkreten Mitarbeitenden partizipativ in die soziotechnische Gestaltung einbezogen werden. Generalisierte Stakeholder, Personas etc. sind nicht zielführend.
- Durch das Einbeziehen konkreter Mitarbeitender wird nicht nur sichergestellt, dass verschiedene normative Ziele, z. B. gesundheits- und lernförderliche Arbeit, erreicht werden. Über die zielgerichtete partizipative Gestaltung wird auch ermöglicht, präzisere Aussagen über lokale Technikfolgen zu tätigen und diese auf eine höhere gesellschaftliche Ebene zu extrapolieren (siehe Abschn. 2.4).

Im nachfolgenden Abschnitt wird das MTO-Prinzip als zentraler arbeitswissenschaftlicher Ansatz der soziotechnischen Arbeitssystemgestaltung vorgestellt, bevor erläutert wird, wie dieses in die TA integriert werden kann.

2.3 Das MTO-Prinzip

In Abschnitt 2.2 wurde erläutert, dass die Arbeitsgestaltung in gewisser Weise normativ ist, da sie auf Kriterien der Arbeitsbewertung aufbaut, die insbesondere die Gesundheit und Persönlichkeitsentwicklung der Mitarbeitenden im Blick haben (z. B. Hacker & Sachse, 2023). Das bedeutet jedoch nicht, dass Arbeitsprozesse konkret determiniert sind – ebenso wenig wie technische Lösungen selbst durch ihre beabsichtigte Funktion bereits im Detail festgelegt werden. Auch determiniert die Technik nicht „automatisch" den Arbeitsprozess. Schließlich stellen die Arbeits- und Aufbauorganisation eines Unternehmens sowohl Rahmenbedingungen als auch Gestaltungspotenzial dar. Die Zusammenhänge zwischen Mensch, Technik und Organisation werden bereits seit Jahrzehnten in der Arbeitswissenschaft durch den MTO-Ansatz adressiert, demzufolge mensch-, technik- und organisationsbezogene Aspekte simultan und in ihren Wechselwirkungen analysiert und gestaltet werden (Weber, 1980, S. 32). Basis dieses Ansatzes ist die Betrachtung eines Arbeitssystems als soziotechnische Konstellation (Rammert, 2003). Wenngleich auf den ersten Blick widersprüchlich, steht diese Vorgehensweise durchaus im Einklang mit dem „TOP-Prinzip", das im

Fall von Gefährdungen Präventionsmaßnahmen in der Hierarche 1. technische, 2. organisatorische und 3. personenbezogene Maßnahmen vorsieht. Zunächst müssen Arbeitsmittel und Organisation sich anpassen und dort alle Potenziale zum Abbau von Gefährdungen ausgeschöpft werden, bevor der Mensch Anpassungsleistungen an die Gefährdungssituation erbringen muss (BAuA, 2019). Es gibt hier also gerade kein Primat der Technik, sondern diese muss Anforderungen erfüllen, die Gefährdungen soweit möglich ausschließt. Auch das TOP-Prinzip impliziert somit gute Gründe, bereits in der Technikentwicklung die Folgenabschätzung zu inkludieren und dies durch organisatorische Maßnahmen zu stärken. Wie lässt sich jedoch im betrieblichen Umfeld, zudem im Kontext der digitalen Transformation, die Technikfolgenabschätzung unter Berücksichtigung der soziotechnischen Konstellation, in der sie eingebettet ist, umsetzen? Ein zentrales Element des MTO-Ansatzes ist die Partizipation der Mitarbeitenden, die ihr Arbeitssystem selbst am besten kennen. Wie nützlich ist für sie die Technikunterstützung, welche Befürchtungen und Bedarfe an eine veränderte Arbeitssituation bestehen bei ihnen? Welche Gefahren sehen sie und welche Erwartungen haben sie? Wie können organisatorische Maßnahmen sie unterstützen? Welche Qualifikationen bringen sie mit, welche benötigen sie im neuen Arbeitssystem? Bau und Altepost (2023, S. 10 f.) sowie Hansen-Ampah et al. (2024) stellen ein am Arbeitsprozess orientiertes Workshopkonzept zur Klärung dieser Fragen vor. Auf dieser Basis erfolgt die Technikentwicklung partizipativ und iterativ, z. B. bei Altepost et al., (2021, S. 77 ff.) sowie Altepost et al., (2022, S. 4 f.) beschrieben. Sowohl Anforderungsermittlung als auch Technikentwicklung sind Bestandteil des Vorgehensmodells aus dem Projekt WIRKsam, in dem in zwölf betrieblichen Anwendungsfällen KI-gestützte Arbeitssysteme gestaltet werden (Harlacher et al., 2024). Voraussetzung für die Umsetzung dieser Maßnahmen ist eine sorgfältige Ist-Analyse, die mit einer Psychischen Gefährdungsanalyse verbunden werden kann (z. B. Altepost et al., 2024; Bau & Altepost, 2023).

Die Notwendigkeit, für eine frühzeitige Folgenabschätzung und Gestaltungsempfehlung an der Entstehung der Technologie anzusetzen, erfordert es schließlich aufgrund des zunehmend dezentralen Charakters der Digitalisierung selbst, die Mikroebene in den Blick zu nehmen. Sicherlich nehmen IT-Großkonzerne wie Microsoft oder Google bzw. Alphabet erheblichen Einfluss auf Verbreitung ihrer digitalen Technologie und Nutzung von Daten. Immer stärker ist jedoch nicht nur Nutzung, sondern auch die indirekte und direkte Entwicklung von Anwendungen durch Dezentralisierung gekennzeichnet. Insbesondere in Tech-Unternehmen können etwa digitale Anwendungen unabgestimmt verteilt über die Organisation entstehen und zu faktischen Arbeitsmitteln werden. Mit der Verfügbarkeit von No-Code- oder Low-Code-Programmierverfahren ist die Erstellung digitaler Anwendungen nicht einmal mehr an IT-Fachkompetenz gebunden, sodass auch ohne Wissen von Geschäftsleitung und Betriebsrat Apps entstehen und verwendet werden können. MTO kann hier beispielsweise helfen, indem in Unternehmen Austauschstrukturen zu individuell genutzter Technik geschaffen und die Zusammenhänge neuer Anwendungen mit „M“ und „O“ stärker sichtbar gemacht werden. Doch auch eine geplante Technikeinführung sollte, wie oben ausgeführt, Mensch und Technik integral einbeziehen. Eine Folgenabschätzung „bottom up“ kann dann mit Kriterien der Arbeitsgestaltung wie Persönlichkeitsförderlichkeit, Beeinträchtigungsfreiheit, Schädigungslosigkeit, Ausführbarkeit (z. B. Hacker & Sachse, 2023) oder auch (gesellschaftliche) Zumutbarkeit (Rohmert, 1972) verknüpft werden – ebenso mit der Forderung an Technikentwickelnde bzw. Anbietende, Standards wie etwa die Norm DIN EN ISO 9241 (Deutsches Institut für Normung e. V., 2020) zur Mensch-Technik-Interaktion zu verwenden.

2.4 Relevante Modelle

In Abschnitt 2.1 wurde Transformation von Wandel unterschieden, wobei vor allem die Steuerung durch identifizierbare Akteure ausschlaggebend ist. Allerdings stehen Phänomene des Wandels und Transformationen durchaus in Wechselwirkung zueinander, wie anhand der wiederkehrend genannten gesellschaftlichen Herausforderungen und mithilfe des Transformationsmodells Multi-level Perspective (MLP) aufgezeigt werden kann. Sowohl der Klima- als auch der demografische Wandel sind im Sinne der MLP ungesteuerte Phänomene, die auf der sogenannten Landschaftsebene (vgl. Abb. 1) zustande kommen und einen Veränderungsdruck auf die Ebene des soziotechnischen Regimes ausüben. Die Regimeebene, bestehend u. a. aus unterschiedlichen heterogenen Akteursnetzwerken, die wiederum u. a. etablierte Unternehmen beinhalten, wird aufgrund dieses Drucks dazu genötigt, sich für die auf der Nischenebene fortwährend entwickelten Innovationen zu öffnen.

KI-Anwendungen und andere digitale soziotechnische Entwicklungen sind Beispiele für solche Nischeninnovationen, die zurzeit in das Regime hineindiffundieren und dort für eine Rekonfiguration sorgen. Auch wenn der Veränderungsdruck seinen Ursprung auf der Landschaftsebene hat, arbeiten verschiedene Regimeakteure, sowohl in der Politik, in der Wirtschaft als auch in der Zivilgesellschaft, durchaus energisch an der Digitalisierung, sodass die eben genannte gesamtgesellschaftliche Rekonfiguration auf der Regimeebene als

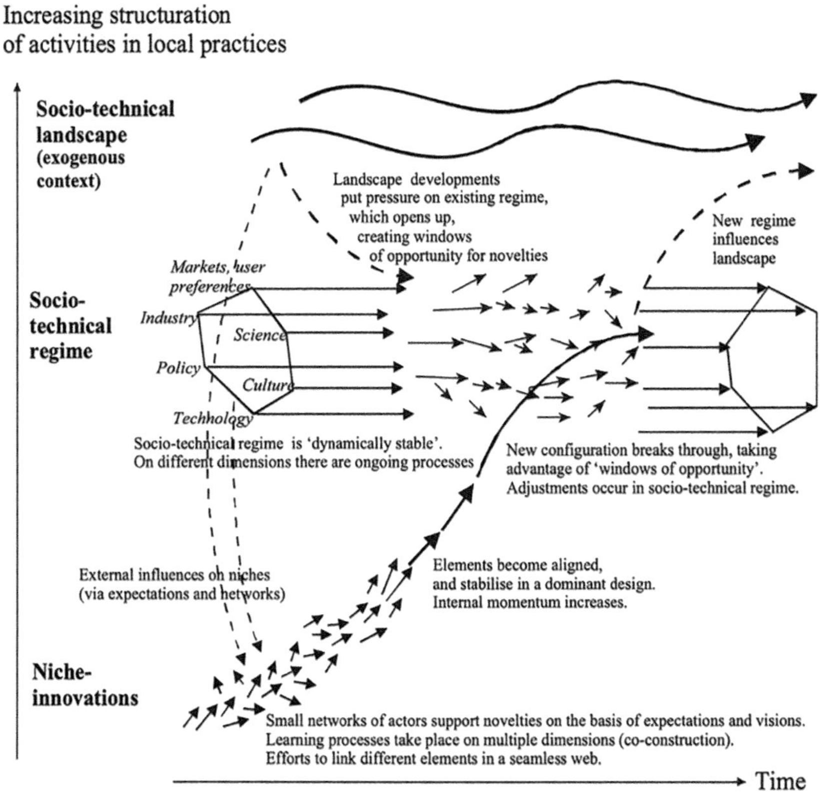

Abb. 1 Die Dynamiken zwischen den Landschafts-, Regime- und Nischenebenen bzgl. der Durchsetzung von Nischeninnovationen und der damit zusammenhängenden soziotechnischen Transformation im zeitlichen Verlauf (Geels, 2011, S. 28)

digitale Transformation beschrieben werden kann. Ähnliches gilt für die Nachhaltigkeitstransformation, die nebenbei Ausgangspunkt für die Entwicklung der MLP war. Solche Transformationen erzeugen nichtintendierte Nebenfolgen, die in ihrer Emergenz wiederum Phänomene bedingen, die der Landschaftsebene zuzuordnen sind und erneut für Veränderungsdruck auf der Regimeebene sorgen können (vgl. Kemp et al., 2001, S. 276 f.).

Doch wie sieht das Wechselspiel zwischen emergenten Wandlungsphänomenen und planvoll eingesetzten Transformationsprozessen bei einzelnen Unternehmen aus? Wie genannt üben zurzeit vor allem der demografische Wandel, der Klimawandel und, durch vielfältige Transformationsbemühungen anderer Akteure emergiert, die Digitalisierung selbst Veränderungsdruck auf einzelne Unternehmen aus. Konkrete Beispiele sind ein bereits akuter Fachkräftemangel, der sich durch das breite Ausscheiden der sogenannten Babyboomer in absehbarer Zukunft zu verstärken droht, ein steigender CO_2-Preis, der entlang der gesamten Wertschöpfungskette einen zunehmenden Kostendruck erzeugt und medial kommunizierte Aussagen wie „[w]er KI nicht verstanden hat, hat an der Unternehmensspitze nichts mehr zu suchen“ (Nettesheim, 2024) provoziert. Als Reaktion auf diese Bedrohung der Wettbewerbsfähigkeit stoßen Unternehmen folglich Transformationen an, z. B. die Digitalisierung von Prozessen und die Einführung von KI. Wie gesellschaftliche Transformationen sind organisationsindividuelle Transformationen substanziell und systemisch: ihre Auswirkungen bleiben nicht auf einzelne Arbeitsplätze oder Abteilungen begrenzt, auch wenn Projekte zunächst dort angesiedelt sind. Umso wichtiger wird dadurch die arbeitswissenschaftliche Gestaltung. Normative Zielsetzung der Arbeitswissenschaft ist hierbei die Gestaltung von (durch Digitalisierung zu verändernder) Arbeit derart, dass diese sowohl für die einzelnen Beschäftigten als auch für das Unternehmen als Ganzes als positiv erachtete Wirkungen entfaltet. Dazu werden arbeitswissenschaftliche Kriterien herangezogen, deren Beachtung bspw. dafür sorgen, dass die körperlichen und psychischen Arbeitsbelastungen nicht etwa durch die angestoßenen unternehmensinternen Transformationen und durch neue soziotechnische Systeme steigen, sondern – im Gegenteil –, dass die Arbeitsbedingungen verbessert werden. In diesem Sinne wird nicht nur Transformation, sondern auch TA in dieser Arbeit sowohl auf der gesamtgesellschaftlichen Ebene als auch auf der Ebene der Organisationen verortet und diskutiert. Auf der Ebene der Organisationen stellen sich mit Blick auf die menschlichen, technischen und organisationalen Elemente des soziotechnischen Arbeitssystems also sehr unterschiedliche Fragen, bspw. nach den veränderten Tätigkeiten und Kompetenzprofilen, die mit Einführung einer KI im industriellen Kontext einhergehen.

Um nun zu erklären, wie diese betrieblichen Transformationen sich gesamtgesellschaftlich auswirken, kann das auch als soziologische Badewanne bekannte Makro-Mikro-Makro-Modell (vgl. Greve et al., 2008) herangezogen, an den vorliegenden Kontext angepasst und vereinfacht werden (vgl. Abb. 2). Wie bereits mithilfe der MLP verdeutlicht, übt die Landschaftsebene Transformationsdruck auf das soziotechnische Regime aus. Individuelle Unternehmen als Bestandteile des Regimes nehmen bspw. die Auswirkungen des Klimawandels als eine

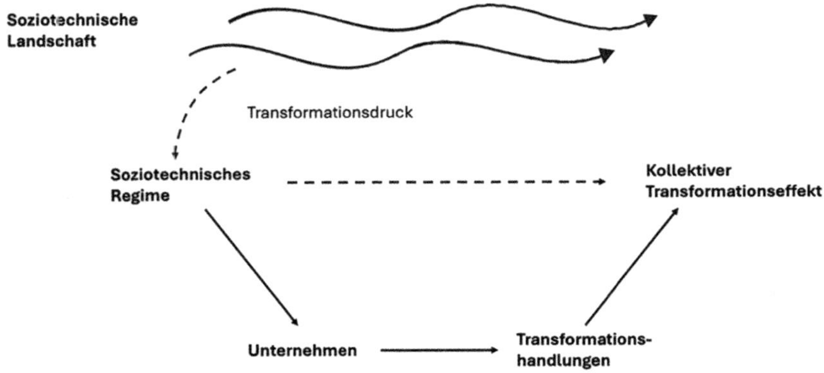

Abb. 2 Das soziologische Makro-Mikro-Makro-Modell wurde mit Elementen der MLP erweitert und bzgl. Transformationen auf die Ebenen des soziotechnischen Regimes sowie Unternehmen angewendet

stärkere Belastung aufgrund der gestiegenen Dokumentationspflichten des Lieferkettengesetzes wahr (Kontexthypothese). Dies könnte sie dazu verleiten, die Digitalisierung von Prozessen in Gang zu setzen – als eine von mehreren unterschiedlichen Optionen, um besser mit den Dokumentationspflichten umgehen zu können (Entscheidungsregel). Durch die Anhäufung von Transformationshandlungen, hier: Digitalisierungsaktivitäten, verschiedener Unternehmen, kommt es zu kollektiven Transformationseffekten (Aggregationsregel). Diese makroskopischen Transformationseffekte können mithilfe des hier vorgestellten Modells nicht nur wissenschaftlich erklärt, sondern gemäß MTO-Prinzip mitgestaltet werden. Denn durch wiederholte gezielte Gestaltung auf der Ebene der Unternehmen, bspw. sei die Einhaltung arbeitswissenschaftlicher Standards bei der Entwicklung neuer Arbeitssysteme zu nennen, ist davon auszugehen, dass sich gewisse gewünschte Effekte auch kollektiv einstellen können.

Im nachfolgenden Abschnitt wird erläutert, wie der MTO-Ansatz konkret bestehende TA-Ansätze ergänzen kann.

3 TA und MTO

Abschnitt 2 macht deutlich, dass es sich bei den oft und auch hier diskutierten gesellschaftlichen Transformationen um bewusst herbeigeführte substanzielle bzw. systemische Veränderungen handelt. Da diese auf unterschiedlichen gesellschaftlichen Ebenen ablaufen, ziehen wir die MLP als einrahmendes Modell heran, das die Beziehungen zwischen diesen unterschiedlichen Ebenen aufzeigt und für die TA anschlussfähig ist. Allerdings nimmt die MLP und auch, wie in Abschnitt 2.2 postuliert, verschiedene Ansätze der TA zunächst eine Makroperspektive ein, sodass die konkreten Transformationsbemühungen einzelner Regimeorganisationen ein Stück weit verborgen bleiben. Das im Abschnitt 2.3 eingeführte MTO-Prinzip geht den umgekehrten Weg und bezieht sich zunächst auf einzelne Organisationen. Wie erläutert nimmt dieser Ansatz zwar vermehrt auch die Umwelt von Organisationen in den Blick, Konsequenzen soziotechnischer Veränderungen einer Organisation werden jedoch weiterhin innerhalb dieser verortet.

Wir schlagen deshalb vor, die unterschiedlichen gestalterischen Perspektiven der TA mithilfe der MLP und des Makro-Mikro-Makro-Modells mit dem MTO-Prinzip zu verbinden. Die TA gewinnt damit einen stärkeren Fokus auf die ihr zum Teil verborgenen und – im Verhältnis zu den drei analytischen Ebenen der Landschaft, Regimes und Nischen – kleinteiligen Bereiche einzelner Organisationen. Dabei wird ihr Blick geschärft für nicht-technische Elemente, die gleichzeitig mit der Technik gestaltet werden müssen, um wünschenswerte Effekte zu erzielen. Der MTO-Ansatz wiederum gewinnt eine Betrachtung der Umwelt, die sich nicht ausschließlich auf andere (Regime-)Akteure als Irritations- und Informationsquellen beschränkt. Somit kann auch aufgezeigt werden, welche Konsequenzen für die Nischen- und Regimeebenen aus individuellen organisationalen Transformationsbemühungen hervorgehen und wie die Bemühungen mehrerer Organisationen und ihre nichtintendierten Nebenfolgen über Effekte der Aggregation und Emergenz auf die Landschaftsebene ausstrahlen. Schließlich gewinnt die MLP an Dynamik. Wie Hansen-Ampah (2023) in Rückgriff auf Kritik von Häußling et al. (2020) ausführt, werden Akteure in der MLP entweder der Nischen- oder der Regimeebene statisch zugeordnet. Dies ist aus zwei Gründen problematisch. Zum einen kann eine solche Zuordnung, „wenn überhaupt in dieser eindeutigen Form möglich, fast ausschließlich retrospektiv getroffen werden. Dies wiederum beschränkt den Einsatz der MLP in vielen Fällen auf Ex-Post-Analysen von Innovations- bzw. Transitionsprozessen“ (Hansen-Ampah, 2023, S. 49). Zum anderen weist Hansen-Ampah anhand empirischen Materials nach, dass Akteure und insbesondere Organisationen dynamisch zwischen beiden Ebenen hin- und herwechseln und sogar gleichzeitig Elemente von beidem beinhalten können (Hansen-Ampah, 2023, S. 202). Der MTO-Ansatz kann dabei helfen, diese Dynamik aufzuzeigen, zu erklären und sogar nutzbar zu machen. So können bei der soziotechnischen Gestaltung innerhalb von Organisationen in einem ersten Schritt die unterschiedlichen Interessen der an Veränderungen involvierten Stakeholder erhoben und thematisiert werden. Durch partizipative Verfahren können die Stakeholder derart in die Entwicklung ihrer eigenen soziotechnischen Systeme einbezogen werden, dass die von ihnen vermuteten negativen Konsequenzen der soziotechnischen Veränderung vermieden oder zumindest so weit abgeschwächt werden, dass diese Akteure ihre Regimestellung aufgeben und eher in die Rolle eines Nischenakteurs treten.

Die vorteilhafte Verquickung von TA und MTO über die MLP kann folgendermaßen expliziert werden. Heterogene Netzwerke aus unterschiedlichen Unternehmen, bürokratischen und gesetzgebenden Institutionen, Normen und Richtlinien, Verordnungen und Gesetzen, wissenschaftlichen Paradigmen, Märkten und Konsumenten etc. positionieren sich zueinander und sind aufeinander eingespielt. Zusammen bilden sie soziotechnische Regimes aus, die fortwährend die Früchte ihrer Investitionen und vergangenen Bemühungen ernten möchten. Der makroskopische Blick zeigt auf, dass diese Regimeakteure allzu radikale und in der Nische entwickelte Innovationen scheuen, weil diese nicht selten mit hohen Kosten, Unsicherheit sowie Kompetenz- und Statusverlusten einhergehen (vgl. Tushman & Rosenkopf, 1992). Sofern Entwicklungen auf der Landschaftsebene Akteure nicht zum Umdenken bewegen, entwickeln diese inkrementelle, d. h. sichere, kompetenz- und statusverstärkende Innovationen. Selbst vermeintlich hochinnovative Akteure wie Universitäten können in ihrem paradigmatischen Denken als Regimeakteure auftreten, indem etwa Institute für Wärmekraftmaschinen am Kfz-Dieselmotor weiterforschen, während um sie herum aufgrund des Drucks aus der Ebene der Landschaft womöglich ein neues Paradigma und neue soziotechnische Regimes entstehen. Wie zuvor genannt, beschränken sich gestalterisch tätige Spielarten der TA häufig zunächst darauf, die makroskopischen Folgen eines solchen neuen soziotechnischen Regimes in den Blick zu nehmen bzw. „gesellschaftliche Technikgestaltung" zu betreiben (Grunwald, 2022, S. 25). Eine solche Perspektive verpasst allerdings – im Einklang mit dem Collingridge-Dilemma (Grunwald, 2022, S. 211 ff.) – u. U. die unternehmensinternen Transformationsbemühungen und nimmt somit Entwicklungen erst dann wahr, wenn die Möglichkeit effektiver Interventionen bereits abgenommen hat. „Zoomt" man unter Zunahme des MTO-Ansatzes in die Nischen- und Regimeebenen hinein und betrachtet einzelne Unternehmen, wird zum einen – wie bereits genannt – ersichtlich, dass Unternehmen nicht pauschal und unveränderlich einer der beiden Ebenen zugeteilt werden können. Um am Bespiel des Dieselmotors zu bleiben, könnten Lkw-Fahrende sehr wohl aufgrund des ruhigeren und leiseren Laufs und des sofortigen hohen Drehmoments für eine Umstellung des Fuhrparks auf elektrische Antriebe sein, während Fuhrparkleitende und Geschäftsführende womöglich die Unsicherheit im Umgang mit den Fahrzeugen sowie Investitionshöhen und -risiken scheuen. Zum anderen gilt es, nicht nur eine Entscheidungsgrundlage zusammen mit dem Unternehmen zu gestalten. Durch die Betrachtung von Unternehmen sowie einzelner Akteure und Akteursgruppen innerhalb dieser kann das MTO-Prinzip ferner als „Frühwarnsystem" agieren, indem bestimmte Tendenzen erkannt werden, die erst in späterer aggregierter Form von der TA erfasst werden würden.

Im Folgenden werden die eben genannten Vorteile der Verschränkung von TA und MTO anhand von konkreten Forschungsprojekten dargelegt.

3.1 VAPiAR: Arbeitswelt Pflege gestalten

Ein Beispiel, welches deutlich macht, wie Transformationsbemühungen auf Regimeebene auf überforderte Unternehmen treffen, ist der Ausbau der Telematik-Infrastruktur (TI) in der Gesundheitswirtschaft in Deutschland. Im BMBF-Projekt VAPiAR, das in den Jahren 2021 bis 2024 durchgeführt wurde, ging es um die Technikunterstützung in der ambulanten Pflege. Im Rahmen von MTO-Workshops und vorausgegangener Belastungsanalysen zeigte sich ein unerwartetes Bild: Anders als ursprünglich vermutet, lagen die Schwierigkeiten nicht bei den Mitarbeitenden in der Pflege und ihrer Einstellung gegenüber Veränderungen in den Arbeitsprozessen, sondern an nicht erwarteter Stelle bei anderen Stakeholdern (Ärzt:innen, Angehörige, Apotheken, Kliniken, Kranken- und Pflegekassen). Hier kristallisierten sich „die unterschiedlichen Entwicklungsstadien im digitalen Prozess heraus, in denen sich die einzelnen Stakeholder befinden. Eine nicht funktionierende digitale Vernetzung stellt dabei für alle die größte Herausforderung dar. Hier Abhilfe zu schaffen, würde die Kommunikation der Stakeholder deutlich entlasten und Ressourcen einsparen" (VAPiAR, 2024, S. 37 f.). In der beschriebenen derzeitigen Konstellation „sind momentan lediglich sehr niedrigschwellige Lösungsstrategien umsetzbar" (VAPiAR, 2024, S. 37 f.). So können etwa aktuelle Zahlen der Gematik GmbH herangezogen werden, die deutlich machen, wie viele Pflegeeinrichtungen eine notwendige Karte (SMC-B) für den TI-Zugang beantragt haben. Hier sind nur die drei Bundesländer Berlin, Nordrhein-Westfalen und Schleswig–Holstein genannt, in denen mehr als 20 % Beantragungen aktuell vorliegen (Stand: Oktober 2024). Weitere strukturelle Probleme entstehen im Abrechnungswesen der Kranken- und Pflegekassen, die einer Digitalisierung der Arbeit der Pflegedienste entgegenstehen, da mitunter immer noch analoge Unterschriften und Leistungsbelege im Original (in Papierform) erwartet und verarbeitet werden. Im Sinne der Transformation der Arbeitsgestaltung in der ambulanten Pflege kam das Projekt schließlich zu einer Reihe von grundlegenden Voraussetzungen für das Gelingen der digitalen Transformation in der ambulanten Pflege (VAPiAR, 2024). Hier könnte hinsichtlich regionaler Aktivitäten informelle, personelle und finanzielle Unterstützung durch die Gematik GmbH erfolgen. Auch Living Labs können im Rahmen öffentlich geförderter Forschungsprojekte als Inkubatoren innovative Nischen ermöglichen.

3.2 5G Troisdorf IndustrieStadtpark: Industrial Metaverse im Test

Im Forschungsprojekt 5G Troisdorf IndustrieStadtpark – gefördert durch das Bundesministerium für Digitales und Verkehr – wurde die 5G-Technologie mit ihren spezifischen Merkmalen – niedrige Latenz, hohe Bandbreite der Datenübertragung – dazu genutzt, ein Szenario der Remote-Wartung unter Einsatz von Extended Reality zu erproben. Um Reisen zu Wartungs- oder Reparaturarbeiten bei Kunden zu reduzieren, wurde im Projekt eine Anwendung entwickelt, die es ermöglicht, dass Expert:innen die Mitarbeiter:innen vor Ort anhand eines 3D-Modells der Maschine („digitaler Zwilling“) in einem gemeinsamen virtuellen Raum anleiten. Sowohl ökonomische (Kosten), ökologische (CO_2-Einsparung) als auch soziale Nachhaltigkeit (Belastung der andernfalls reisenden Expert:innen) werden auf diese Weise verbessert. In drei Stufen wurde die Anwendung partizipativ entwickelt und erprobt (Altepost et al., 2022), (s. Abb. 3).

Ein teilnehmender Experte merkte an, dass er die Aufgabe wahrscheinlich selbst durchgeführt hätte, falls er sich mit dem Mitarbeiter in einem Raum befunden hätte. Die Virtualität eröffnete somit dem Mitarbeiter Lerngelegenheiten hinsichtlich einer neuen Tätigkeit und innovativer Technik. Die Experten selbst wünschten sich Kontrollmöglichkeiten, um z. B. Unfälle oder eine Gefährdung der Maschinengewährleistung auszuschließen. Hier trifft die Praxis im Unternehmen auf die Regelungen der Arbeits- und Prozesssituation auf der Regimeebene (z. B. im Unternehmen organisatorisch verankerte Vorgehensweisen). Reichen hier Instrumente wie die DIN EN ISO 9241 noch aus, wenn mittels technischer Systeme die Menschen im „Industrial Metaverse“ (Oppermann et al., 2023)

Abb. 3 Fernwartung mit der Mixed-Reality-Anwendung im Projekt 5G Troisdorf Industrie-Stadtpark

unterwegs sind? Im MTO-Rahmen können Regelungsbedarfe identifiziert und der Technikfolgenabschätzung Erkenntnisse über mögliche Risiken zur Verfügung gestellt werden, um auf institutioneller oder parlamentarischer Ebene ggfs. notwendige Regelungen anstoßen zu können.

3.3 Kompetenzzentrum WIRKsam: Arbeit und KI gemeinsam gestalten

Das Kompetenzzentrum der Arbeitsforschung WIRKsam, seit November 2021 gefördert vom Bundesministerium für Bildung und Forschung, gestaltet in einem Verbund von Unternehmen und Forschungspartnern KI-gestützte Arbeit, Technik und Organisation in zwölf Anwendungsfällen. Die Mitarbeitenden werden von Beginn an beteiligt und bringen ihre Expertise in die Gestaltung des neuen Arbeitssystems ein. Um das Vorgehen auf eine generalisierbare Ebene zu heben, wurde ein Vorgehensmodell entwickelt, das arbeitswissenschaftliche und technische Schritte in KI-Projekten verzahnt (Harlacher et al., 2024). Beispielhaft sei

Abb. 4 Zwei Personen betrachten einen von dem Unternehmen Airconcept hergestellten Pkw-Heckflügel

der Anwendungsfall Airconcept angeführt. Der Betrieb fertigt u. a. Automotive-Teile aus kohlefaserverstärktem Kunststoff in Kleinserien, z. B. den in Abb. 4 dargestellten PKW-Heckflügel.

Vor der Lackierung muss der Flügel von einem erfahrenen Mitarbeiter[1] geschliffen werden, ein qualitätskritischer und gesundheitsgefährdender Prozess, der hohe Anforderungen an Fertigkeit und Konzentration stellt. Aus der Mitarbeiterschaft kam daher die Idee, den Vorschliff mithilfe eines Roboterarms zu erledigen, sodass die manuellen Schleifzeiten sich auf einzelne Nachbesserungen beschränken.

Ein Team aus einem Mitarbeiter des Unternehmens, Wissenschaftler:innen aus Arbeitswissenschaft, Informatik und Textiltechnik sowie einem IT-Dienstleister setzt diesen Vorschlag pilothaft und partizipativ um. Bereits im Rahmen der Projektarbeit haben die Mitarbeiter gelernt, ihre Expertise und ihre Anforderungen mit Fachleuten aus der Wissenschaft und der IT-Branche zu teilen. Anstelle des

1 Die hier genannte Tätigkeit im betreffenden Unternehmen wird ausschließlich von Männern durchgeführt.

händischen Schleifens werden sie perspektivisch durch den Robotereinsatz KI-Anwendungen trainieren. Akzeptanzprobleme gibt es nicht, da die Mitarbeiter selbst die Grundidee entwickelt haben und an der Gestaltung maßgeblich beteiligt sind. Aus MLP-Perspektive bedeutet dies, dass mit Blick auf die Landschaftsebene emergente Phänomene, z. B. die COVID-Pandemie, das Unternehmen und seine Mitarbeitenden weniger stark treffen können, da sie für daraus möglicherweise entstehenden Folgen, z. B. notwendiger Personalabbau, gut gerüstet sind. Eine Abwanderung der hoch qualifizierten, transdisziplinär einsetzbaren Fachkräfte in andere Regionen, Branchen oder Berufsbilder darf als ebenso unwahrscheinlich angesehen werden wie eine mangelnde Beschäftigungsfähigkeit und Arbeitslosigkeit.

3.4 Anmerkungen zu den Praxisbeispielen

Die Beispiele illustrieren den Einsatz von MTO in Unternehmen aus Gesundheitsbranche und Industrie, die Strategien suchen, existent und wettbewerbsfähig zu bleiben. Gleichzeitig finden sich emergente Phänomene auf der Landschaftsebene wie etwa der demografische Wandel, der sowohl weitere Automatisierung nahelegt als auch attraktive Arbeitsbedingungen für die verbleibenden knappen Fachkräfte induziert, und die Klimawandel-Thematik, die u. a. mehr Ressourceneffizienz erfordert. Den Unternehmen werden in dieser Situation hohe Potenziale innovativer Technologien, nicht zuletzt KI-Anwendungen, für eine verbesserte Wertschöpfung nahegelegt, die zu teils überhöhten Erwartungen führen (Huchler, 2022, S. 161). In der Nische stehen jedoch vor allem technische Lösungen, z. B. maschinelles Lernen und neuronale Netze, bereit, wenn die Regimeebene auf Grund des mittels Technologieversprechen erzeugten Handlungsdrucks durchlässig wird und Unternehmen sich für eine entsprechende Transformation öffnen. Vorgehensweisen, die den Menschen in den Fokus nehmen, stehen dem eher isoliert oder gar konkurrierend gegenüber (Huchler, 2022, S. 161) und besetzen gewissermaßen eine eigene Nische.

Das Fehlen einer menschzentrierten Perspektive bei der Technikeinführung kann jedoch nicht nur Akzeptanzprobleme nach sich ziehen, sondern auch gesundheitliche Probleme, insbesondere psychische Erkrankungen im Zusammenhang mit „digitalem Stress" (Fischer & Riedl, 2020). Auf der aggregierten Ebene der gestiegenen Zahlen psychischer Erkrankungen (vgl. z. B. Ärzte-Zeitung, 2020) entsteht somit erheblicher menschlicher wie wirtschaftlicher Schaden. Wie können Technikfolgenabschätzung und MTO-Ansatz diesen abwenden? Das MTO-Prinzip impliziert eine partizipative Technikgestaltung ganz im

Sinne der partizipatorischen Wende in der Technikfolgenabschätzung (vgl. Heyen et al., 2024), gleichzeitig aber auch ihre Einsatzgestaltung, sprich arbeitsorganisatorische und unternehmenskulturelle Einbindung. Diese geschieht auf der Mikroebene, im Unternehmen, und befördert somit die Wirksamkeit technischer Folgenabschätzung bzw. -vermeidung. Die TA kann beispielsweise auf politischer Ebene Normen initiieren wie etwa die DIN EN ISO 9241 zur Mensch-Technik-Interaktion. Deren Wirksamkeit steht und fällt jedoch damit, dass sie von IT-Dienstleistern angewendet und von Unternehmen eingefordert wird. Hierzu gibt es kein Feedback auf die politische Ebene. Die Bereitstellung pragmatischer, im betrieblichen Umfeld handhabbarer Instrumente zur Verzahnung von mensch-, technik- und organisationsbezogenen Maßnahmen in Digitalisierungsprojekten, aber auch ihre Evaluation, ist daher wichtig, um gesunde, akzeptierte Arbeitssysteme zu schaffen und damit die skizzierten aggregierten Folgen zu vermeiden.

4 Fazit und Ausblick

Ziel dieser Arbeit ist die Entwicklung eines soziotechnischen Verfahrens, das die verschiedenen gestalterisch tätigen Spielarten der TA so erweitert, dass diese auch im arbeitswissenschaftlichen Sinne in die Meso- und Mikroebenen von Organisationsnetzwerken und einzelnen Organisationen vordringt. Dies ist vor allem in Anbetracht der digitalen Transformation wichtig, die aufgrund ihrer dezentralen Natur nicht nur auf der höchsten gesellschaftlichen Abstraktionsebene bzgl. ihrer Konsequenzen zu untersuchen ist. Vielmehr durchdringt die digitale Transformation alle Ebenen derart, dass unbedingt auch unternehmerische Transformationen und die konkret zu gestaltenden soziotechnischen Arbeitssysteme in den Blick genommen werden müssen. In diesem Zusammenhang schlagen wir vor, die TA durch das arbeitswissenschaftlich geprägte und anwendungsorientierte MTO-Prinzip zu erweitern, da dieses durch die gleichzeitige Betrachtung der menschlichen, technischen und organisationalen Elemente eines Arbeitssystems sowohl potenzielle Risiken einer Transformation auf betrieblicher Ebene erfasst, als auch Hinweise und Methoden liefert, um diese zu minimieren oder gar auszuräumen. Als Framework für die Verbindung von TA und MTO ziehen wir die MLP heran. Die MLP nimmt zwar zunächst ebenfalls eine makroskopische Perspektive auf Transformationen ein, ist aber offen und flexibel genug für das „Andocken" zusätzlicher Ansätze wie eben das MTO-Prinzip.

Wir zeigen konzeptionell sowie anhand konkreter Forschungsprojekte auf, dass diese Verbindung aus TA, MLP und MTO dazu genutzt werden kann, frühzeitig über die Betrachtung auf den Mikro- und Mesoebenen Tendenzen festzustellen, die erst später – und für Interventionen häufig zu spät – in aggregierter Form von den in Abschn. 2.2 genannten Ansätzen der TA entdeckt werden würden. Diese „Zulieferfunktion" kann die anwendungsorientierte MTO-basierte Forschung beispielsweise dank ihrer Methoden der profunden Ist-Analysen in Unternehmen wahrnehmen – und zwar nicht nur hinsichtlich des Digitalisierungsstandes oder der „Reife" in technischer Hinsicht, sondern auch und gerade hinsichtlich der Belegschaftsstrukturen und sozial-organisatorischen Voraussetzungen, womit sie ein Fundament aus Daten legt, das für ein Gelingen des Technikeinsatzes – aggregiert: den Erfolg von Digitalisierungsstrategien – unerlässlich ist (vgl. Altepost et al., 2024). Der MTO-Ansatz kann ferner eine Brücke zur (vgl. Abschn. 2.2) eher beratenden TA bauen, indem er mittels strukturierter Verfahren des Vorgehens, der Erprobung und der Evaluation der politisch-beratenden Ebene eine Art Umsetzungspartnerschaft anbietet, die integrierte Erkenntnisse aus Arbeitswissenschaft und TA vor Ort umsetzt und daraus gewonnene Daten und Erfahrungen wiederum durch wissenschaftliche Veröffentlichung auf die politische Ebene zurückspielt. Er kann durch seine Gestaltungstätigkeit auf der Mikro-Ebene zudem der TA behilflich sein, dezentral emergierende – nicht institutionell geplante – technische Trends zu orten, um sie auf der Makroebene zu spiegeln und Entscheidungen der Politik zugänglich zu machen. Digitale Tools können dank No-Code- und Low-Code-Technologie heute überall im Unternehmen entstehen. Sind die Arbeitnehmervertretungen bereits mit der Vielzahl der Tools, die im Rahmen organisatorischer Entscheidungen zur Anwendung kommen, überfordert (vgl. Altepost & Kurz, 2023, S. 140), können sie die dezentral emergierenden Anwendungen erst recht nicht mehr nachverfolgen und einschätzen. Altepost und Kurz (2023, S. 136) fordern daher, dass „Arbeits- und Sozialforschung und KI-Expert*innen gemeinsam Wissen für transdisziplinäre Folgenabschätzungen, Gelingensfaktoren und Empfehlungen für Arbeitsgestaltung und Kompetenzerwerb erarbeiten und bereitstellen". Die MTO-basierte Erprobung der Anwendungen im soziotechnischen System, besser noch ihre partizipative Entwicklung und das gemeinsame Lernen, z. B. in partizipativen „Labs" (vgl. Altepost & Kurz, 2023, S. 142), liefern in diesem Sinne Erkenntnisse und Informationen, die etwa in innovative Betriebsvereinbarungen münden können.

Literatur

Albrecht, S. (2024). ChatGPT als doppelte Herausforderung für die Wissenschaft: Eine Reflexion aus der Perspektive der Technikfolgenabschätzung. In G. Schreiber & L. Ohly

(Hrsg.), *KI:Text: Diskurse über KI-Textgeneratoren* (S. 13–28). De Gruyter. https://doi.org/10.1515/9783111351490-003.

Altepost, A., & Kurz, C. (2023). Sozio-technische Gestaltungsansätze im Zeichen von KI. In Berufsverband Deutscher Soziologinnen und Soziologen (Hrsg.), *Innovation in und von Organisationen.* Reihe Sozialwissenschaften und Berufspraxis. Springer VS.

Altepost, A., Merx, W., Rezaey, A., & Löhrer, M. (2021). *Neue Soziotechnische Systeme in der Textilbranche. Mensch-Technik-Interaktion und Ergebnisse der partizipativen soziotechnischen Systemgestaltung für ein Assistenzsystem in der deutschen Textilindustrie.* Institut für Textiltechnik und Institut für Soziologie der RWTH Aachen University.

Altepost, A., Hansen-Ampah, A., & Merx, W. (2022). *Hybride Empirie – Digitale Verhaltensdaten als WIRKsames Analyseinstrument der Interaktion mit Künstlicher Intelligenz.* Technologie und Bildung in hybriden Arbeitswelten: 68. Kongress der Gesellschaft für Arbeitswissenschaft, Magdeburg.

Altepost, A., Ayad, F., Elaroussi, F., Gottschalk, C., Hansen-Ampah, A., Harlacher, M., & Merx, W. (2024). PASST für mich! Passende Modelle partizipativer Technikeinführung in Unternehmen konzipieren. In Gesellschaft für Arbeitswissenschaft e. V. (Hrsg), *Mensch-Technologie-Integration und ihre Auswirkung auf Mensch, Arbeit und Arbeitsgestaltung.* ifaa

ÄrzteZeitung. (2020). Fehlzeiten im Job TK meldet Höchststand bei psychischen Erkrankungen. https://www.aerztezeitung.de/Politik/TK-meldet-Hoechststand-bei-psychischen-Erkrankungen-406348.html

Bau, M., & Altepost, A. (2023). *MTO und PBA als integraler Transformationsansatz* (3; ILAG Working Papers). ILAG Institut Leistung Arbeit Gesundheit

BAuA. (2019). *BAuA – Forschung—Berücksichtigung psychischer Belastung in der Gefährdungsbeurteilung. Grundlegende Überarbeitung und Neuauflage des BAuA-Fachbuchs—Bundesanstalt für Arbeitsschutz und Arbeitsmedizin.* https://www.baua.de/DE/Forschung/Forschungsprojekte/f2498.html

Deutsches Institut für Normung e. V. (2020). DIN EN ISO 9241-220:2019.

Dworschak, B. & VDI-VDE-FA 3.32. (2024). (Richtlinie VDI-VDE 7100: Weißdruck und Anwendungsaspekte). Gesellschaft für Arbeitswissenschaft e.V. (Hrsg.): Mensch-Technologie-Integration und ihre Auswirkung auf Mensch, Arbeit und Arbeitsgestaltung. GFA-Frühjahrskongress.

Emery, F. E. (1959). *The Characteristics of Sociotechnical Systems* (527; Tavistock Institute Document)

Feola, G. (2014). Societal transformation in response to global environmental change: A review of emerging concepts. *Ambio, 44*, 376–390. https://doi.org/10.1007/s13280-014-0582-z

Fischer, T., & Riedl, R. (2020). Messung von digitalem Stress im organisationalen Umfeld: Erfahrungen aus einer Fallstudie. *HMD Praxis der Wirtschaftsinformatik, 57*(2), 218–229. https://doi.org/10.1365/s40702-020-00596-w

Fox, W. M. (1995). Sociotechnical system principles and guidelines: Past and present. *Journal of Applied Behavioral Science, 31*(1), 91–105.

Geels, F. W. (2011). The multi-level perspective on sustainability transitions: Responses to seven criticisms. *Environmental Innovation and Societal Transitions, 1*(1), 24–40. https://doi.org/10.1016/j.eist.2011.02.002

Greve, J., Schnabel, A., & Schützeichel, R. (Hrsg.). (2008). *Das Mikro-Makro-Modell der soziologischen Erklärung. Zur Ontologie, Methodologie und Metatheorie eines Forschungsprogramms* (1. Aufl.). VS Verlag für Sozialwissenschaften

Grunwald, A. (2022). Technikfolgenabschätzung: Einführung. *Nomos Verlagsgesellschaft mbH & Co. KG.* https://doi.org/10.5771/9783748928775.

Grunwald, A. (2001). Arbeitsteilige Technikgestaltung und verteilte Beratung: TA zwischen Politikberatung und Technikbewertung in Unternehmen. *TATuP – Zeitschrift für Technikfolgenabschätzung in Theorie und Praxis, 10*(2), 61–71.

Gong, C., & Ribiere, V. (2020). Developing a unified definition of digital transformation. *Technovation, 102.* https://doi.org/10.1016/j.technovation.2020.102217.

Hacker, W., & Sachse, P. (2023). *Allgemeine Arbeitspsychologie. Psychische Regulation von Arbeitstätigkeiten* (4. Aufl.). vdf Hochschulverlag.

Hansen-Ampah, A., Altepost, A., Elaroussi, F., & Berlin, F. (2024). Expertise aus allen Richtungen: Partizipative Arbeitssystemgestaltung mit dem MTO-Workshop. In Gesellschaft für Arbeitswissenschaft e. V. (Hrsg), *Mensch-Technologie-Integration und ihre Auswirkung auf Mensch, Arbeit und Arbeitsgestaltung.* ifaa.

Hansen-Ampah, A. (2023). *Gemeinsam scheitern. Entwicklung eines netzwerkbasierten Innovationsmodells zur prognostizierenden (Nachhaltigkeits-)Analyse soziotechnischer Neuerungen.* Bd. Dissertation [PhD, Rheinisch-Westfälische Technische Hochschule Aachen]. https://doi.org/10.18154/RWTH-2023-03546

Harlacher, M., Altepost, A., Ferrein, A., Merx, W., Schiffer, S., Nasim Shahinfar, F., Elsen, I., Hansen-Ampah, A., & Niehues, S. (2024). *Approach for the Identification of requirements on the design of AI-supported work systems (in problem based projects).* EPEAI Conference AI in business and economics. 06.-07.03.23. Mülheim a. d. R.

Häußling, R., Schmitt, M., & Kaip, E. (2020). *Multi-Relation-Perspective (MRP) on Urban Climate Transitions: Reconceptualising the Multi-Level-Perspective from Relational Sociology* [Unveröffentlichtes Manuskript].

Heyen, N. B., Friedewald, M., Jochem, E., Reiß, T., & Thielmann, A. (2024). Assessing technological innovations: From early warning to the governance of socio-technical transformations. In J. Edler & R. Walz (Hrsg.), *Systems and Innovation Research in Transition* (S. 145–172). Springer Nature Switzerland. https://doi.org/10.1007/978-3-031-66100-6_6.

Hirsch-Kreinsen, H. (2014). *Wandel von Produktionsarbeit – „Industrie 4.0“.* Technische Universität Dortmund

Huchler, N. (2022). Komplementäre Arbeitsgestaltung. Grundrisse eines Konzepts zur Humanisierung der Arbeit mit KI. *Zeitschrift für Arbeitswissenschaft, 76*(2), 158–175. https://doi.org/10.1007/s41449-022-00319-5.

Kemp, R., Rip, A., & Schot, J. (2001). Constructing transition paths through the management of niches. In R. Garud & P. Karnoe (Hrsg.), *Path Dependence and creation* (S. 269–299). Psychology Press.

Kollmorgen, R., Merkel, W., & Wagener, H.-J. (2015). Transformation und Transformationsforschung: Zur Einführung. In R. Kollmorgen, W. Merkel, & H.-J. Wagener (Hrsg.), *Handbuch Transformationsforschung* (S. 11–27). Springer Fachmedien Wiesbaden. https://doi.org/10.1007/978-3-658-05348-2_1.

Lucke, D. (1995). Akzeptanzbegriff. In Akzeptanz: *Legitimität in der „Abstimmungsgesellschaft“* (S. 31–108). VS Verlag für Sozialwissenschaften. https://doi.org/10.1007/978-3-663-09234-6_2.

Malanowski, N., Krück, C. P., & Zweck, A. (Hrsg.). (2001). *Technology Assessment und Wirtschaft*. Campus Verlag GmbH.

Oppermann, L., Uzun, Y., Buchholz, F., Riedlinger, U., Fuchs, S., Stenzel, H., Odenthal, L., Altepost, A., & Bau, M. (2023). *Industrial Metaverse? Human-Centred Design for Collaborative Remote Maintenance and Training Using XR-Technologies.* In XR Meets the Metaverse—Proceedings of the 8th International Augmented and Virtual Reality Conference 2023, Las Vegas, USA.

Peissl, W., Tschakalov, O., & Wild, C. (1991). *Die möglichen Folgen einer Einführung der Medcard in Österreich – Teil A*, Studie im Auftrag des BMf Gesundheit, Sport u. Konsumentenschutz.

Rammert, W. (2003). *Technik in Aktion: Verteiltes Handeln in soziotechnischen Konstellationen.* (TUTS – Working Papers, 2–2003). Technische Universität Berlin, Fak. VI Planen, Bauen, Umwelt, Institut für Soziologie Fachgebiet Techniksoziologie.

Rammert, W. (2007). *Technografie trifft Theorie: Forschungsperspektiven einer Soziologie der Technik.* (TUTS – Working Papers, 1–2007) (S. 36) [Arbeitspapier]. Technische Universität Berlin; SSOAR – http://www.ssoar.info. https://nbn-resolving.org/urn:Nbn:De:0168-ssoar-12091.

Renn, O. (2005). Technikakzeptanz: Lehren und Rückschlüsse der Akzeptanzforschung für die Bewältigung des technischen Wandels. *Technikfolgenabschätzung – Theorie und Praxis, 3*(14), 29–38.

Rohmert, W. (1972). Aufgaben und Inhalt der Arbeitswissenschaft. *Die berufsbildende Schule,* 3–14

Spielkamp, A., & Rammer, C. (2006). *Balanceakt Innovation: Erfolgsfaktoren im Innovationsmanagement kleiner und mittlerer Unternehmen* (1611–681X; 1–06–04). Zentrum für Europäische Wirtschaftsforschung GmbH (ZEW). ftp://ftp.zew.de/pub/zew-docs/docus/dokumentation0604.pdf.

Tilson, D., Lyytinen, K., & Sorensen, C. (2010). Research Commentary. Digital Infrastructures: The Missing IS Research Agenda. *Information Systems Research, 21*(4), 1–12

Tushman, M. L., & Rosenkopf, L. (1992). Organizational determinants of technological change: Toward a sociology of technological evolution. *Research in Organizational Behavior, 14*, 311–347.

VAPiAR. (2024). *Arbeitswelt Pflege gestalten* [Abschlussbericht]. https://vapiar.de/.

Weber, M. (1980). *Wirtschaft und Gesellschaft: Grundriß der Verstehenden Soziologie* (5. Aufl.). Mohr Siebeck.

Adjan Hansen-Ampah, Wissenschaftlicher Mitarbeiter am Institut für Textiltechnik (ITA) der RWTH Aachen University sowie am ILAG Institut Leistung Arbeit Gesundheit. Schwerpunkte: Innovations- und Technikforschung, Netzwerkforschung, Mensch-Technik-Interaktion, soziotechnische Systemgestaltung, Arbeitsforschung.

Andrea Altepost Wissenschaftliche Mitarbeiterin am Institut für Textiltechnik (ITA) der RWTH Aachen University sowie stv. Leiterin des ILAG Institut Leistung Arbeit Gesundheit. Schwerpunkte: Soziotechnische Systemgestaltung, Partizipation, Arbeitsforschung sowie sozialwissenschaftliche Methoden, insbesondere im Digitalisierungskontext.

Michael Bau, Leiter des ILAG Institut Leistung Arbeit Gesundheit. Schwerpunkte: Arbeit und Führung in digitalen Arbeitskontexten, Wissensmanagement und Wissenstransfer, Innovationstransfer zwischen Wirtschaft und Wissenschaft, Alternsgerechte Arbeit, Prävention im Gesundheitsbereich.

„Momente der Reflexion" in Plusenergiequartieren: Erfahrungen mit Lernprozessen zweiter Ordnung

Michael Ornetzeder und Livia Regen

1 Einleitung

Reflexion über Technik und ihre gesellschaftlichen Folgen ist eine zentrale Aufgabe der Technikfolgenabschätzung (TA). Da Technikentwicklung und -anwendung in sehr unterschiedlichen Kontexten stattfindet, sind auch die methodischen Ansätze der TA vielfältig, um reflexives Wissen über neue Technologien zu generieren. Sogenannte Plusenergiequartiere, die in diesem Kapitel als empirisches Beispiel dienen, stellen einen projektförmigen Innovationstyp dar, bei dem neue technische und soziale Konzepte in realen Umgebungen geplant und umgesetzt werden. Dementsprechend muss auch die Reflexion in solchen Initiativen projektförmig erfolgen.

Das Konzept der Plusenergiequartiere (engl. *Positive Energy Districts,* kurz: PEDs) wurde erstmals vor rund zehn Jahren im Rahmen der europäischen Energietechnologieforschung vorgestellt (European Commission, 2016). Seitdem wurde es vor allem im Rahmen von Forschungsprojekten weiterentwickelt und versucht, es vor allem in urbanen Quartieren in ganz Europa umzusetzen. Plusenergiequartiere beschreiben energieeffiziente und energieflexible

M. Ornetzeder (✉)
Institut für Technikfolgen-Abschätzung, Österreichische Akademie der Wissenschaften, Wien, Österreich
E-Mail: michael.ornetzeder@oeaw.ac.at

L. Regen
Institut für Wissenschafts- und Technikforschung, Universität Wien, Wien, Österreich
E-Mail: livia.regen@univie.ac.at

© Der/die Autor(en), exklusiv lizenziert an Springer Fachmedien Wiesbaden GmbH, ein Teil von Springer Nature 2025

M. Ornetzeder et al. (Hrsg.), *Methoden für die Technikfolgenabschätzung*,
https://doi.org/10.1007/978-3-658-48491-0_12

Gebäudegruppen oder ganze Siedlungen im urbanen Raum die Netto-Null-Treibhausgasemissionen erreichen und einen jährlichen lokalen oder regionalen Überschuss an erneuerbarer Energie aktiv managen sollen (JPI Urban Europe, 2020). Auch wenn die Vision, lokale Energiesysteme mit Nettoüberschuss zu schaffen, technisch, gesellschaftlich und politisch äußerst anspruchsvoll ist, geben die damit verbundenen Ziele eine Entwicklungsrichtung vor und können so als Treiber für urbane Innovationen wirken. Diese Innovationen umfassen nicht nur technische Lösungen wie PV-Anlagen, Mikronetze, Niedertemperaturwärmenetze, energieeffiziente Gebäudesanierung und neuartige Energiespeichersysteme, sondern auch Elemente sozialer Innovation wie die Einbeziehung von Nutzer:innen und lokaler Gemeinschaften in den Planungsprozess, neue Finanzierungskonzepte, ökologische Kriterien und neue Rechtsformen (Soutullo et al., 2020). Plusenergiequartiere haben daher in der Regel einen transformativen Charakter und erfordern eine ganzheitliche Perspektive. Um technische Entscheidungen mit möglichen sozio-technischen und sozio-ökologischen Folgen in Beziehung zu setzen, ist reflexives Lernen von entscheidender Bedeutung.

Die in diesem Kapitel vorgestellte Methode zur Unterstützung reflexiver Lernprozesse wurde im Rahmen des europäischen Forschungsprojekts TRANS-PED in enger Zusammenarbeit mit Praxispartner:innen aus Schweden, Belgien und Österreich entwickelt und erprobt (Ornetzeder & Regen, 2023). Das Projekt verfolgte einen ko-produktiven Ansatz der Projektarbeit (Norström et al., 2020), bei dem ein wesentlicher Teil der Forschungsarbeit in Form von gemeinsamen Workshops sowohl online als auch persönlich im Rahmen von ausgedehnten Exkursionen zu Plusenergiequartieren in jedem der Partnerländer durchgeführt wurde. Ergänzend wurden Experteninterviews und Dokumentenanalysen durchgeführt, um spezifische Fragestellungen zu vertiefen.

2 Lernen zweiter Ordnung in Innovationsprojekten

Lernprozesse sind eine notwendige Voraussetzung für sozial-ökologische urbane Innovation. Lernen ist ein vielschichtiger Prozess. In der Praxis lässt sich jedoch beobachten, dass sich die Akteure im Kontext von Plusenergiequartieren in der Regel auf das Lernen erster Ordnung konzentrieren, d. h., auf die Effektivität und Effizienz eines Systems (Sterling, 2011). Der Fokus liegt hierbei auf der Optimierung sozio-technischer Lösungsansätze. Wesentliche Methoden für diese Art des Lernens sind qualitative und quantitative Indikatoren (KPIs), Evaluierungsprogramme, technisches Monitoring sowie Nutzerbefragungen (Guarino et al., 2022). Obwohl diese Art des Lernens für die Verbesserung von Parametern relevant ist, liegt die Grenze des Lernens erster Ordnung darin, dass Systeme und Lösungen an sich nicht infrage gestellt werden. Daher ist neben dem Lernen erster Ordnung in Plusenergiequartieren auch Lernen zweiter Ordnung essenziell. Dabei werden die gesellschaftlichen und ökologischen Auswirkungen einer gewählten Lösung in den Blick genommen (Schot, 2001). Es wird ein Raum eröffnet, in dem Alternativen und ihre jeweiligen Konsequenzen beleuchtet werden können. In diesem Kontext werden die zugrunde liegenden Annahmen, auf deren Basis eine Lösung gegenüber einer anderen präferiert wurde, einer kritischen Reflexion unterzogen. Dabei kann es sich um wirtschaftliche Anreize, technische Machbarkeit oder soziale Erwünschtheit handeln. Somit stellt Reflexion, also Lernen zweiter Ordnung, eine notwendige Voraussetzung für urbane Transformationen dar (Wolfram et al., 2019).

Die Idee, Innovationsprozesse durch reflexive Momente verantwortungsvoller zu gestalten, geht auf Rip (2016) zurück. Nach Rip geht es vor allem darum, einen Raum zu schaffen, in dem technische Entwicklungen grundsätzlich hinterfragt werden können. Reflexivität wird auch als eine der zentralen Grundlagen für verantwortungsvolle Innovation angesehen (Von Schomberg, 2013). Reflexivität wird dabei als institutionalisierte Praxis verstanden, die darin besteht, den eigenen Aktivitäten, Verpflichtungen und Annahmen einen Spiegel vorzuhalten, die Grenzen des Wissens zu erkennen und anzuerkennen, dass bestimmte Fragen nicht universell akzeptiert werden (Stilgoe et al., 2013). In Anlehnung an das von Collingridge (1980) formulierte Kontrolldilemma fordern Genus und Stirling (2018) in diesem Zusammenhang aktive Lernprozesse aus den in der Vergangenheit getroffenen Entscheidungen, um zukünftige Entscheidungen über die Entwicklung von Technologien, wissenschaftlicher Forschung und Innovation verantwortungsvoll treffen zu können. Van de Poel und Sand (2021) wiederum argumentieren, dass verantwortungsvolle Innovation zusätzliche Verantwortlichkeiten für Innovatoren gegenüber der Gesellschaft, den Stakeholdern und den Nutzer:innen mit sich bringt. Aus ihrer Sicht beinhaltet diese Verantwortung auch die Verpflichtung, aus Fehlern zu lernen. Durch die Übernahme von Verantwortung für vergangene Handlungen sollen Innovationsakteure ein differenzierteres Verständnis der zugrunde liegenden Ursachen von Misserfolgen erlangen und so Strategien zur Vermeidung von Wiederholungen in der Zukunft identifizieren.

Der Begriff Lernen zweiter Ordnung wurde erstmals von Bateson (2000, zuerst veröffentlicht, 1972) verwendet. Bateson stellte ein mehrstufiges Modell des Lernens vor, das sich durch rekursive Abfolgen und eine logische Hierarchie von Stufen auszeichnet. Diese Stufen werden als ineinandergreifende Schleifen aufgefasst, wobei Erfahrungen auf einer höheren Stufe das Lernen auf einer niedrigeren Stufe beeinflussen. Im Kontext der Technikfolgenabschätzung (Rip et al., 1995), wo diese Idee später aufgegriffen wurde, bedeutet dies ein tieferes Hinterfragen bestehender Präferenzen und Anforderungen an neue Technologien. Dies beinhaltet auch eine Reflexion über die Positionen und Rollen verschiedener Stakeholder und die Möglichkeit, dass radikal unterschiedliche Anforderungen, Gestaltungsoptionen oder Anwendungskontexte entstehen können (Grin & Graaf, 1996; Schot, 2001). Ziel ist es, die verschiedenen alternativen Pfade und ihre jeweiligen Auswirkungen zu untersuchen. Es geht nicht primär darum, bestehende Lösungen zu verbessern oder aktuelle Probleme zu lösen, sondern darum, die Erfahrungen der Vergangenheit gründlich zu untersuchen, um in Zukunft bessere Lösungen zu entwickeln (d. h. *doing better things,* wie von Sterling, 2011, diskutiert). Ein solcher Ansatz bedeutet auch, die zugrunde liegenden Annahmen zu hinterfragen, die dazu führen können, dass eine Lösung einer anderen vorgezogen wird.

Ein wichtiges Thema bei der Auseinandersetzung mit technischen Innovationen ist der Zusammenhang zwischen Identität(sarbeit) und Kritikfähigkeit. Aus der Literatur ist bekannt, dass sowohl individuelle als auch kollektive Akteure dazu neigen, sich stärker mit technischen Lösungen zu identifizieren, wenn sie an deren Entwicklung beteiligt waren (Lifshitz-Assaf, 2018). Der Begriff „Identitätsarbeit" bezieht sich auf die Arbeit, die zur Stabilisierung und Aufrechterhaltung der Identität geleistet wird, d. h. auf eine Reihe von Aktivitäten, die Personen durchführen, um eine persönliche oder berufliche Identität zu schaffen, zu präsentieren und aufrechtzuerhalten, die mit dem Selbstkonzept übereinstimmt und dieses unterstützt (Snow & Anderson, 1987). Lifshitz-Assaf (2018) hat zwei Tendenzen bei der Neuverhandlung von Identitäten in Innovationsprojekten identifiziert: Zum einen jene F&E-Fachleute, die offen für die Aushandlung von Wissensgrenzen und externem Wissen waren und ihre Rolle aktiv von Problemlösern zu Lösungssuchenden verlagerten; zum anderen aber auch jene F&E-Fachleute, die ihre Grenzen schützten und die Lösung von Problemen selbst oder innerhalb der eigenen Arbeitsgruppe übernahmen. Diese Arbeit zum Schutz der Grenzen kann eine Reaktion auf eine wahrgenommene Bedrohung der Identität sein, einschließlich eines potenziellen Verlusts des sozialen Status (Elsbach, 2003). Wir können dieses Phänomen auch auf die Identität eines gesamten Projekts beziehen, z. B. auf ein Projektteam in einem Plusenergiequartier, was im schlimmsten Fall zu einem defensiven Verhalten (Argyris, 2003) gegenüber auftretenden Problemen in einem Plusenergiequartier führen kann. Damit kann auch ein Technologiebias einhergehen, d. h. eine starke unhinterfragte Bevorzugung einer bestimmten technischen Lösung gegenüber anderen (auch nicht-technischen) Optionen, sobald diese Option mehr Aufmerksamkeit erhält oder zur weiteren Bearbeitung ausgewählt wird. Mögliche Alternativen werden dadurch in weiterer Folge gewissermaßen unsichtbar (Schreuer et al., 2010). Obwohl aus Fehlern grundsätzlich gelernt werden kann, steht in der Praxis eine hohe Identifikation mit dem Projekt einer selbstkritischen, vertiefenden Reflexion und dem Teilen von Fehlern, die in anderen Plusenergiequartieren vermieden werden sollen, im Wege. Aus diesem Grund ist davon auszugehen, dass es entscheidend ist, soziale Akteure mit einer Outsider-Identität in Reflexionsprozesse einzubeziehen. Im Idealfall kann ihre Identität die kritische Perspektive verstärken und Lernprozesse können vertieft werden.

3 Die Methode: „Momente der Reflexion"

Mit dem Begriff „Momente der Reflexion" bezeichnen wir eine Methode, bei der in strukturierten Gesprächsrunden konkrete Erfahrungen mit der Entwicklung und Umsetzung neuer technischer Lösungen kritisch hinterfragt werden. Wesentlich ist dabei die Schaffung einer vertraulichen Gesprächssituation, die Begegnung der Akteure in einer 3-Rollen-Konstellation aus Insider, Outsider und Moderator zu unterstützen. Gleichzeitig ist es wichtig, geeignete Reflexionszeitpunkte zu finden, die Gesprächsrunden entsprechend vor- und nachzubereiten und unterstützende Strukturen zu schaffen, die den Lernprozessen eine gewisse Stabilität verleihen. Wiederholte Reflexionsmomente können so zum Ausgangspunkt einer projektorientierten TA werden. Auf diese zentralen Merkmale der Methode wird im Folgenden näher eingegangen.

Um einen konstruktiven Austausch zwischen den Akteuren zu ermöglichen, wird in der Literatur die Einrichtung von "sicheren Diskussionsforen" empfohlen, die professionell moderiert und evaluiert werden (De Bakker et al., 2014). Wie Steen (2021) betont, geht es bei der kritischen Reflexion vor allem darum, Fragen zu stellen, die zum grundsätzlichen Nachdenken anregen, weshalb es wichtig ist, zunächst einen Raum zu schaffen, in dem solche Fragen möglich sind, aber auch unangenehme Erfahrungen und Unsicherheiten ausgesprochen werden können. Dies kann erreicht werden, indem Vertraulichkeit zugesichert wird, die Gespräche nicht öffentlich stattfinden und den Gesprächspartner:innen die Möglichkeit gegeben wird, vor dem Austausch eine Vertrauensbasis aufzubauen, d. h., einander kennenzulernen. Im Rahmen gemeinsamer Forschungsprojekte, wie im vorliegenden Fall, war dies relativ einfach zu bewerkstelligen.

In Anlehnung an das Modell der *Bridging Events* (Garud & Ahlstrom, 1997) aus der Konstruktiven TA schlagen wir für die Unterstützung von Lernprozessen zweiter Ordnung folgende Akteurskonstellation vor: einen „Insider", d. h. jemanden, der über ein hohes Maß an Wissen und Erfahrung mit einer technischen

Lösung verfügt und sich bis zu einem gewissen Grad mit ihr identifiziert; einen „Outsider", der die zur Diskussion stehenden Lösungen kritisch, aber konstruktiv und fachkundig diskutiert, infrage stellt und zum Nachdenken über alternative Wege anregt, und einen neutralen Moderator, der die beiden Parteien zusammenbringt und den Austausch moderiert und dokumentiert (Abb. 1). Diese als Lerndreieck bezeichnete Grundkonstellation der Rollen soll ein Lernen zweiter Ordnung ermöglichen. Personen in der Rolle des Outsiders verfügen über ausreichendes Fachwissen und eigene Erfahrungen, müssen aber die gewählten Lösungen nicht zur Wahrung ihrer Identität verteidigen. Aufgrund der fachlichen oder erfahrungsbasierten Nähe hat der Outsider zudem eine besondere Motivation, von den Erfahrungen des Insiders zu lernen. Dies ist ein wesentlicher Unterschied zu Verfahren, in denen die Rolle des Outsiders von Vertretern kritischer Interessengruppen eingenommen wird (Rip & Kulve, 2008).

Auch Fragen des Timings sind für Lernprozesse von großer Bedeutung (Rip & Schot, 2002). Im Rahmen des Projekts wurde diese Thematik daher mit den beteiligten Praxispartnern eingehend diskutiert. Aus der Sicht von PED-Praktiker:innen gibt es mehrere mögliche Anlässe für Reflexionsmomente, nämlich 1) wenn ein Problem auftritt oder eine Lösung gefunden werden muss, 2) wenn eine externe Evaluierung durchgeführt wird, z. B. eine Zertifizierung (die Lücken oder Erkenntnisse aufzeigt), 3) im Rahmen regelmäßiger Treffen (eine Option, die eher für PEDs typisch ist, die als Realexperimente konzipiert sind) und 4) bevor wichtige Entscheidungen mit potenziell langfristigen Konsequenzen getroffen werden. In allen diesen Fällen ist es wichtig, dass die Reflexion in die bestehenden Arbeitsabläufe integriert werden kann und dass es für die Beteiligten valide Gründe gibt, Zeit für die Reflexion einzuplanen.

Abb. 1 Rollen im Lerndreieck (Quelle: Darstellung Daniel Ornetzeder)

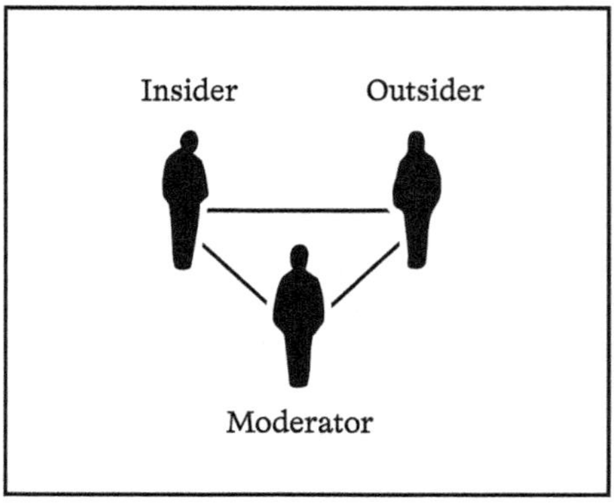

Es ist auch wichtig zu betonen, dass Lernen zweiter Ordnung, wie andere Formen des Lernens auch, als Prozess zu betrachten ist (Van Mierlo & Beers, 2020), und dass daher Wirkungen in der Regel nicht mit einer einzigen Veranstaltung erzielt werden können. Eine Veranstaltung kann zwar relevante Themen aufzeigen und das Problembewusstsein schärfen, stellt aber noch keine umfassende Lernerfahrung dar. Lernen erfordert eine Reihe von Ereignissen, um die Strukturierung, den Vergleich und die Verarbeitung von Ideen zu erleichtern, was z. B. zu fundierten Hypothesen führen kann, die durch vertiefende Forschung oder partizipative Veranstaltungen weiter untersucht werden können. Insgesamt ist es wichtig, dass die Momente der Reflexion nicht nur eine „Reihe von Ereignissen“ sind, sondern darauf abzielen, einen kontinuierlichen kritischen Dialog zu institutionalisieren abzielen (Schuijff & Dijkstra, 2020).

4 Anwendung der Methode

Im Projekt haben wir Lerngespräche zweiter Ordnung gemeinsam mit den beteiligten Praxispartner:innen im Rahmen eines internen Workshops erprobt. In der Vorbereitungsphase führten wir explorative, halbstrukturierte qualitative Interviews mit Praktiker:innen wie Energieplaner:innen, Architekt:innen, Vertreter:innen von Verwaltungseinheiten und Bürgerinitiativen etc. durch. Diese Interviews dienten dazu, problematische oder kontroverse Themen in jedem der fünf Plusenergiequartiere zu identifizieren. Anschließend haben wir diese Themen im Hinblick auf die Interessen der Teilnehmer:innen gebündelt und so angepasst, um sie im gegebenen Rahmen bearbeiten zu können. Die Themen drehten sich häufig um ambivalente Entscheidungen, verworfene erste Baupläne, Herausforderungen, Widersprüche, mögliche Pfadabhängigkeiten und vermutete Probleme oder unerkannte oder unerwünschte sozial-ökologische Nebeneffekte.

Nach der Festlegung der relevanten Themen fand ein Informationsgespräch per Webkonferenz mit allen Teilnehmer:innen statt, in dem die Methode und die Ziele der Lernübung erläutert wurden und die Teilnehmer:innen aufgefordert wurden, eine der drei Rollen des Lerndreiecks zu wählen. Für jede der drei Rollen gab es schriftliche Anweisungen, und die Insider wurden gebeten, Informationen zu den zuvor ausgewählten Themen vorzubereiten. Zudem ermutigten wir die Insider, offen über Herausforderungen, verpasste Gelegenheiten und vermeidbare Fehler zu sprechen und Empfehlungen zu Entscheidungen abzugeben, die bei der Entwicklung von Plusenergiequartieren getroffen wurden, um so sowohl gesellschaftlich als auch wissenschaftlich relevantes Wissen zu generieren. Die Outsider wurden hingegen ermutigt, sich nach Unbekanntem zu erkundigen, wie z. B. nach dem Bedarf an weiteren Untersuchungen aus praktischer und forschungsbezogener Sicht, sowie ihre eigenen Erfahrungen, Beobachtungen und Intuition in Bezug auf eine sozio-technische Lösung zu reflektieren und einzubringen.

Im Workshop wurden Gruppen von 3–5 Personen gebildet, die mindestens aus einem Insider, einem Outsider und einem Moderator bestanden. Die Gespräche dauerten jeweils etwa eine Stunde. Insgesamt wurden 10 Gespräche in zwei Runden durchgeführt. In jeder Runde wurden fünf Themen parallel behandelt. In der ersten Runde ging es beispielsweise um Risiken und Nebenwirkungen bei der Nutzung industrieller Abwärme oder um Konflikte bei der Nutzung von Dachflächen für Energieerzeugungsanlagen (siehe Tab. 1). Insgesamt nahmen 18 Personen teil, wobei das Geschlechterverhältnis ausgeglichen war. Alle fünf Plusenergiequartiere waren vertreten, acht Teilnehmer:innen waren Praktiker:innen und zehn Teilnehmer:innen waren Forscher:innen. Die Diskussionen wurden von den Moderator:innen protokolliert. Nach dem Workshop wurde ein schriftlicher Fragebogen mit offenen Fragen per E-Mail an alle Teilnehmer:innen verschickt, um Erfahrungen mit der gewählten Rolle, die Wahrnehmung der Methode und der gewonnenen Erkenntnisse zu erfassen. Von acht Teilnehmer:innen erhielten wir dazu eine Rückmeldung, die analysiert wurde und deren Ergebnisse ebenfalls in diesem Beitrag diskutiert werden.

Tab. 1 Überblick über die aus Interviews extrahierten Reflexionsthemen des Workshops

Plusenergiequartier	Gesprächsrunde 1	Gesprächsrunde 2
Hammarby Sjöstad (Schweden)	Biogasinfrastruktur	Lokale Energiegemeinschaft
Brunnshög (Schweden)	Abwärmenutzung	Infrastrukturplatzbedarf im öffentlichen Raum
Abattoir (Belgien)	Herausforderungen bei Wärmenetzen	Überschusswärme und potenzielle Wohnungsbauvorhaben
Sonnendorf (Österreich)	Anergie-Netzwerk vs. Einzellösungen	Probleme mit individuellen Lösungen
Reininghaus (Österreich)	Konflikte bei der Dachnutzung	Langfristige Versorgungssicherheit von Abfallwärme

5 Erfahrungen mit der Methode im Projekt TRANS-PED

In diesem Abschnitt präsentieren wir drei Arten von Ergebnissen. Zuerst gehen wir näher auf ein Beispiel für das Lernen zweiter Ordnung ein und geben einen Überblick über die Diskussionen in allen Gesprächsrunden. Abschließend gehen wir auf das Feedback der Teilnehmer:innen zur Methode ein, auf dessen Grundlage wir Verbesserungsvorschläge diskutieren.

Das hier näher vorgestellte Beispiel ist ein Vergleich zweier unterschiedlicher Varianten der Energieversorgung im Projekt Sonnendorf (Österreich). Realisiert wurde schließlich eine Variante mit Einzel-Wärmepumpen, im Workshop wurde diese Variante mit der letztlich nicht realisierten Alternativvariante verglichen und die Vor- und Nachteile gegeneinander abgewogen. Die Architekten von Sonnendorf hatten für die neu errichtete Siedlung ursprünglich eine Energieversorgung mittels Geothermie (Niedertemperatur) vorgesehen. Sie schlugen vor, ein Anergienetz in der Siedlung zu errichten, um eine gemeinsame Wärmeversorgung zu gewährleisten, damit gleichzeitig die Anzahl der erforderlichen Tiefensonden zu reduzieren und die Zugänglichkeit für Wartungsarbeiten zu verbessern. Darüber hinaus hätte eine solche Lösung die Möglichkeit geboten, die Tiefensonden an einem geologisch optimalen Standort und nicht in der Nähe jeder einzelnen Wohneinheit zu platzieren und Lastspitzen besser auszugleichen. Anergienetze gelten als sehr effiziente technische Lösung. Sie eignen sich nicht nur zum Heizen, sondern auch zum Kühlen von Gebäuden im Sommerhalbjahr. Die Finanzierung und der Betrieb eines Anergienetzes erfordern jedoch einen gewissen Mut, sich auf ein neues technisches Konzept einzulassen, die Offenheit des Bauträgers und der Bewohnerinnen und Bewohner, sich für eine kollektive Lösung zu entscheiden oder gar die Bereitschaft der späteren Eigentümer und Eigentümerinnen selbst, das System zu übernehmen und kollektiv zu betreiben. Diese Lösung setzt auch ein Umdenken in Richtung kollektives Eigentum und die Erarbeitung von Regeln zur Optimierung der gemeinsamen Energieproduktion und -nutzung voraus. Die hohen Anfangsinvestitionen für Anergienetze haben im vorliegenden Fall auch zu Misstrauen gegenüber dem Planungsteam und zu einer Fehlinterpretation der Motivation als gewinnorientiert geführt. Im Fall von Sonnendorf fehlte zudem die Unterstützung von öffentlichen Stellen wie der lokalen Politik, weshalb das geplante Anergienetz nicht realisiert werden konnte. Statt eines gemeinsamen Wärmenetzes wurden schließlich Einzelheizungen mit Wärmepumpen realisiert.

Aus Sicht des Planungsteams wurde damit nicht die sozial und ökologisch bevorzugte Variante realisiert. Durch die Einzellösungen entsteht eine Pfadabhängigkeit, die einen Umstieg auf energieeffiziente Netzlösungen langfristig erschweren wird. Sollen in Zukunft verstärkt kommunale Systeme zum Einsatz kommen, müssen die Kommunen möglicherweise selbst neue Aufgaben im Zusammenhang mit Energienetzen übernehmen, z. B. die Rolle des Energieversorgers und Betreibers von Mikronetzen. Darüber hinaus werden neue Energielösungen wahrscheinlich auch neue Formen der Interaktion und des Engagements lokaler Gemeinschaften erfordern, die zu neuen Eigentums- und Organisationsformen im Zusammenhang mit Energie führen. Individuelle Energielösungen können, wie dieses Beispiel zeigt, in direktem Konflikt mit den ambitionierten Zielen von Plusenergiequartieren stehen.

In etwa der Hälfte der Gespräche konnten solche detaillierten Erkenntnisse gewonnen werden. In allen Gesprächen wurden zudem wichtige und kritische Fragen aufgeworfen, die für die Entscheidungsfindung in der Stadtplanung hilfreich sein können. Zu diesen Fragen gehörten sozioökonomische Aspekte, rechtliche Herausforderungen, Eigentumsfragen sowie die Verwaltung und Planung von Stadtvierteln (siehe Tab. 2). Diese Fragen beziehen sich alle auf spezifische Erfahrungen in einem oder mehreren PEDs, die im Workshop als problematisch diskutiert wurden. Die Formulierung relevanter Fragen kann als erster Schritt für reflexive Lernprozesse angesehen werden.

Bei den sozio-ökonomischen Aspekten tauchten in den Diskussionen wiederholt Fragen nach einer sozial gerechten Energiewende auf: z. B. in welchen Siedlungen Projekte zur Förderung der Energieeffizienz in der Regel umgesetzt werden, wer sich die notwendigen Investitionen leisten kann und wer letztendlich davon profitiert. In Bezug auf rechtliche Fragen wurden von den Teilnehmer:innen konkrete Probleme hinsichtlich fehlender rechtlicher Voraussetzungen für ambitionierte Energielösungen angesprochen, wie z. B. die Tatsache, dass es in Schweden noch keinen rechtlichen Rahmen für Energiegemeinschaften gibt und es daher sehr schwierig sei, Strom lokal zu teilen. Ein weiteres wichtiges Thema waren die Eigentumsstrukturen, die bestimmte Lösungen ermöglichen oder behindern, insbesondere in Fällen, in denen es noch keine attraktiven Geschäftsmodelle gibt, die Lösungen aber einen positiven Umwelteffekt haben. Schließlich wurden Fragen der Stadtverwaltung und -planung im Zusammenhang mit der Planung neuer Infrastruktur und dem Ausgleich unterschiedlicher Interessen aufgeworfen.

Was die Erkenntnisse aus den Diskussionsrunden betrifft, so scheinen die Insider die Perspektiven der Outsider insgesamt als bereichernd und hilfreich empfunden zu haben, insbesondere wenn die Diskussionen von einer "offenen Perspektive" geprägt waren. Die Gruppengröße ermöglichte es, aufgrund des gegenseitigen Vertrauens tiefer in ein Thema einzutauchen, was es erleichterte, offen zu kommunizieren und voneinander zu lernen. In den schriftlichen

Tab. 2 Fragen aus den Lerngesprächen zweiter Ordnung

Themen	Fragen aus den Gesprächen
Sozio-ökonomische Aspekte	• Wie kann die Gefahr einer „grünen Gentrifizierung" in Plusenergiequartieren verringert werden? • Wie kann die Tendenz, sich für die kostengünstigste Option zu entscheiden, überwunden und durch Kriterien wie Lebensqualität, Deckung von Grundbedürfnissen, Zugänglichkeit usw. ersetzt werden?
Rechtliche Herausforderungen	• Wie können ambitionierte lokale Akteure den politischen Entscheidungsträgern zuvorkommen (z. B. Gründung einer Energiegemeinschaft ohne klare gesetzliche Vorgaben auf nationaler Ebene)?
Eigentumsverhältnisse	• Welche Rolle kann bzw. sollte kollektives oder öffentliches Eigentum bei der Energieversorgung in Plusenergiequartieren spielen? • Inwieweit behindern technische Konzepte, die auf individuellem Eigentum basieren, effiziente gemeinschaftliche Lösungen? • Welche Faktoren erschweren die Planung und den Bau von integrierten Infrastrukturnetzen (z. B. Rohrleitungssysteme) durch mehrere Eigentümer?
Stadtverwaltung und Stadtplanung	• Wie können Niedrigtemperatur-Energienetze so gestaltet werden, dass alle Beteiligten davon profitieren? • Wie können zukunftsorientierte urbane Lebensräume geschaffen werden, ohne dass die Infrastruktur die Raumnutzung und Architektur zu stark beeinflusst? • Welche neuen Planungsansätze (z. B. von der Straßen- zur Raumtypologie) und die Berücksichtigung sozialer Faktoren wie Nachbarschaftsbildung sind notwendig?

Rückmeldungen wurde jedoch auch erwähnt, dass größere Gruppen wahrscheinlich einen dynamischeren Austausch und den Vergleich verschiedener Fälle ermöglichen würden.

Obwohl sich die Teilnehmer:innen grundsätzlich gut mit den ihnen zugewiesenen Rollen identifizieren konnten – nicht zuletzt aufgrund der klaren Definition der Übung im Vorfeld – waren einige der Meinung, dass alternative Formulierungen wie „kritischer Freund" oder „informierter, konstruktiver Kritiker" besser zu ihrer Rolleneigenschaft gepasst hätten als „Außenstehender“. Ein Teilnehmer merkte an, dass „Outsider für mich die Konnotation hat, nicht wirklich Teil des Gesprächs zu sein“, obwohl er sich – aufgrund seiner Einbindung in dasselbe Forschungsprojekt – eher als „Korrespondent“ oder „informierter Interviewpartner“ sah. Einige Insider berichteten, dass sie sich in eine „Experten“-Position gedrängt fühlten, obwohl sie es vorgezogen hätten, einfach ihre Erfahrungen zu teilen, ohne einen Anspruch auf Legitimität zu erheben. Eine Teilnehmerin bemerkte: „Ich hatte den Eindruck, dass man sehr erfahren sein muss, um ein Insider zu sein, aber ich denke, das Wichtigste ist einfach, Ideen und Erfahrungen auszutauschen“. Gleichzeitig beschrieben viele Insider ihre Rolle als „sehr natürlich“ oder „einfach“, aber verbunden mit einer gewissen Vorbereitung. Outsider hingegen sahen sich manchmal mit unbekannten Kontexten konfrontiert, einschließlich Diskussionen, die in hohem Maße auf praktischem Wissen basierten. Offenbar haben also Unterschiede im Vokabular zwischen den häufig forschungsorientierten Outsidern und den praxisorientierten Insidern sowie Unterschiede in der Art des Wissens (theoretisch vs. praktisch) den Lernprozess teilweise behindert.

Aus Sicht der Teilnehmenden haben die Lerngespräche einige Themen und Ideen hervorgebracht, die über den bekannten Diskurs hinausgehen. Ein Teilnehmer bemerkte: „Die meisten Ideen waren bereits bekannt, aber ich habe auch einige Rückmeldungen erhalten, die neu und unerwartet waren“. Für externe Beobachter:innen hat die Übung ein besseres Verständnis dafür geschaffen, warum und unter welchen Bedingungen bestimmte Entscheidungen getroffen wurden und welche Konsequenzen sich daraus ergeben. Einige Teilnehmer:innen schlugen vor, dass es bei zukünftigen Reflexionsrunden hilfreich sein könnte, „Vergleichsgruppen“ zu bilden, in denen verschiedene Akteur:innen aus Plusenergiequartieren untersuchen könnten, inwieweit eine bestimmte Lösung in ihrem Kontext sinnvoll ist und wie andere Kontexte oder Prioritäten zu einer anderen Lösung führen könnten.

Im Hinblick auf die Vorbereitung wurden die detaillierten Gesprächsanweisungen von den Beteiligten sehr geschätzt. Dies ermöglichte es den Insidern beispielsweise, die ausgewählten Themen bereits im Vorfeld zu vertiefen, z. B. durch die Vorbereitung von Präsentationen. Da die Übung auf eine konstruktive Konfrontation ausgelegt war, erwies es sich als nützlich, die Ziele im Voraus festzulegen, um sicherzustellen, dass die Erwartungen aller Teilnehmenden aufeinander abgestimmt sind. Die Gesprächsanweisungen dienten zudem der Vermittlung der grundlegenden Idee von Lernen zweiter Ordnung, mit dem Ziel über die Lösung unmittelbar anstehender Fragen hinauszugehen.

6 Zusammenfassung

Die exemplarische Anwendung der Methode am Beispiel von Plusenergiequartieren hat gezeigt, dass bei entsprechender Vor- und Nachbereitung bereits in relativ kurzer Zeit (ca. eine Stunde pro Thema) konstruktive Einsichten gewonnen werden können. Es wurden zwar nur in einigen der 10 Gesprächsrunden ausführlich begründete Ergebnisse erzielt, aber in jedem Fall konnten relevante Themen und Fragestellungen für eine weitere Vertiefung herausgearbeitet werden. Die gewählte Grundkonstellation von Insider, Outsider und Moderator (Lerndreieck) hat sich bewährt. Wichtig war, dass sich alle Beteiligten durch die Zusammenarbeit im gemeinsamen Forschungsprojekt bereits kannten. So konnten die Gespräche auf einer bestehenden Vertrauensbasis aufbauen. Dies trug auch dazu bei, dass die Insider sich kaum gezwungen sahen, die in ihren jeweiligen Projekten gewählten technischen Lösungen aus Identitätsgründen zu verteidigen. Eine weitere Erfahrung aus der Anwendung der Methode ist, dass es von großer Bedeutung ist, wenn die Teilnahme an den Gesprächen durch persönliches und/oder fachliches Interesse motiviert ist und die Teilnehmenden in ihrem Rollenverständnis Reflexionsfähigkeit miteinschließen. Dies inkludiert auch die Fähigkeit, auf bereits realisierte Lösungen zurückzublicken und Mängel, Probleme und Fehler offen zu diskutieren. In Gruppen, in denen dies nicht der Fall war, konzentrierten sich die Gespräche häufig auf unmittelbar anstehende Planungsfragen. Auch wenn die bisherigen Erfahrungen mit der Methode sehr begrenzt sind, zeigt sich bereits ihr Potenzial, in bewusst gesetzten Momenten der Reflexion die unterschiedlichen Implikationen technischer Lösungen in konkreten gesellschaftlichen Kontexten zur Sprache zu bringen.

Die Erfahrungen aus dem Projekt deuten darauf hin, dass Lernprozesse zweiter Ordnung im Rahmen von Plusenergiequartieren vermutlich kaum spontan entstehen. Daher erscheint es sinnvoll, einen institutionellen Rahmen zu schaffen, der reflexive Praktiken fördert und auf diese Weise Lernen zweiter Ordnung ermöglicht und dadurch die Entwicklung von Plusenergiequartieren insgesamt verbessert. Zur Förderung des Lernens zweiter Ordnung schlagen wir drei strukturelle Ansätze vor. Erstens sollte ein Teil der Mittel speziell für forschungsbegleitende, transdisziplinäre Lernaktivitäten im Rahmen von Stadtentwicklungsprojekten bereitgestellt werden. Zweitens wäre es von Vorteil, eine strategisch ausgerichtete Unterstützung für die Entwicklung von Lerngemeinschaften bereitzustellen, die sich aus Koalitionen von Akteuren aus mehreren Plusenergiequartieren zusammensetzen sollten. Diese Gemeinschaften könnten an Vor-Ort-Besuchen, Studienreisen und anderen Formen des persönlichen Austauschs (z. B. Tagungen und Workshops) teilnehmen. Drittens würde die Aufnahme von Lernergebnissen zweiter Ordnung in Datenbanken die Bereitstellung von Inspiration und Wissen für die oben genannten Lerngemeinschaften sowie für andere Akteure, die an sozial-ökologischen Energie- und Planungslösungen interessiert sind, erleichtern. Solche Unterstützungsstrukturen finden sich bisher nur in den als Reallabore geplanten und betriebenen Plusenergiequartiere. Von einer Institutionalisierung von Lern- und Reflexionsprozessen sind wir in der Praxis derzeit noch weit entfernt, trotz der ambitionierten Transformationsabsichten vieler aktueller urbaner Innovationsprojekte.

Danksagung Die in diesem Beitrag vorgestellte Methode wurde im Rahmen des Projekts TRANS-PED in einem kooperativen Prozess entwickelt und erprobt. Wir danken dem gesamten Projektteam für die aktive Zusammenarbeit. Das Projekt wurde im Rahmen des Programms JPI Urban Europe von der Österreichischen Forschungsförderungsgesellschaft (FFG) unter der Projektnummer 884383 gefördert.

Literatur

Argyris, C. (2003). A life full of learning. *Organization Studies, 24*(7), 1178–1192.

Bateson, G. (2000). *Steps to an ecology of mind: Collected essays in anthropology, psychiatry, evolution, and epistemology*. University of Chicago Press.

De Bakker, E., de Lauwere, C., Hoes, A.-C., & Beekman, V. (2014). Responsible research and innovation in miniature: Information asymmetries hindering a more inclusive 'nanofood' development. *Science and Public Policy, 41*(3), 294–305.

Collingridge, D. (1980). *The social control of technology*. Frances Pinter (Publishers) Ltd.

Elsbach, K. D. (2003). Relating physical environment to self-categorizations: Identity threat and affirmation in a non-territorial office space. *Administrative Science Quarterly, 48*(4), 622–654.

European Commission: Directorate-General for Energy. (2016). Transforming the European energy system through innovation : integrated strategic energy technology (SET) plan : progress in 2016. Publications Office. https://data.europa.eu/doi/10.2833/661954.

Garud, R., & Ahlstrom, D. (1997). Technology assessment: A socio-cognitive perspective. *Journal of Engineering and Technology Management, 14*(1), 25–48.

Grin, J., & Graaf, H. v. d. (1996). Technology assessment as learning. Science, *Technology & Human Values, 21*(1), 72-99.

Guarino, F., Bisello, A., Frieden, D., Bastos, J., Brunetti, A., Cellura, M., Ferraro, M., Fichera, A., Giancola, E., Haase, M., Kantorovitch, J., Neumann, C., Mankaa, R., Segura, I. L., Traverso, M., Tumminia, G., Volpe, R., & Zhang, X. (2022). State of the art on sustainability assessment of Positive Energy Districts: Methodologies, indicators and future perspectives. *Sustainability in Energy and Buildings, 2021,* 479–492.

JPI Urban Europe. (2020). *White Paper on PED Reference Framework for Positive Energy Districts and Neighbourhoods.* https://jpi-urbaneurope.eu/wp-content/uploads/2020/04/White-Paper-PED-Framework-Definition-2020323-final.pdf.

Lifshitz-Assaf, H. (2018). Dismantling knowledge boundaries at NASA: The critical role of professional identity in open innovation. *Administrative Science Quarterly, 63*(4), 746–782.

Van Mierlo, B., & Beers, P. J. (2020). Understanding and governing learning in sustainability transitions: A review. *Environmental Innovation and Societal Transitions, 34*, 255–269.

Norström, A. V., Cvitanovic, C., Löf, M. F., West, S., Wyborn, C., Balvanera, P., et al. (2020). Principles for knowledge co-production in sustainability research. *Nature Sustainability, 3*(3), 182–190.

Ornetzeder, M., & Regen, L. (2023). *Responsible Innovation in and for PEDs.* Von https://trans-ped.eu/wp-content/uploads/2023/05/Responsible_Innovation_in_and_for_PEDs.pdf.

Van de Poel, I., & Sand, M. (2021). Varieties of responsibility: two problems of responsible innovation. *Synthese, 198(*Suppl 19), 4769–4787.

Rip, A., & Kulve, H. t. (2008). Constructive technology assessment and socio-technical scenarios. In Fisher, E., Selin, C., Wetmore, J.M. (Hrsg.), *Presenting futures. The yearbook of nanotechnology in society,* (Bd. 1, S. 49–70). Springer.

Rip, A., Misa, T. J., & Schot, J. (1995). Constructive technology assessment: A new paradigm for managing technology in society. In A. Rip, T. J. Misa, & J. Schot (Hrsg.), *Managing technology in society: The approach of constructive technology assessment* (S. 1–12). Pinter.

Rip, A., & Schot, J. (2002). Identifying loci for influencing the dynamics of technological development. In K. H. Sørensen & R. Williams (Hrsg.), *Shaping technology, guiding policy: Concepts, spaces & tools.* Edward Elgar.

Schot, J. (2001). Towards new forms of participatory technology development. *Technology Analysis & Strategic Management, 13*(1), 39–52.

Schreuer, A., Ornetzeder, M., & Rohracher, H. (2010). Negotiating the local embedding of socio-technical experiments: A case study in fuel cell technology. *Technology Analysis & Strategic Management, 22*(6), 729–743.

Schuijff, M., & Dijkstra, A. M. (2020). Practices of responsible research and innovation: A review. *Science and Engineering Ethics, 26*(2), 533–574.

Snow, D. A., & Anderson, L. (1987). Identity work among the homeless: The verbal construction and avowal of personal identities. *American Journal of Sociology, 92*(6), 1336–1371.

Soutullo, S., Aelenei, L., Nielsen, P. S., Ferrer, J. A., & Gonçalves, H. (2020). Testing platforms as drivers for positive-energy living laboratories. *Energies, 13*(21), 5621.

Steen, M. (2021). Slow innovation: The need for reflexivity in Responsible Innovation (RI). *Journal of Responsible Innovation, 8*(2), 254–260.

Sterling, S. (2011). Transformative learning and sustainability: Sketching the conceptual ground. *Learning and teaching in higher education, 5*(11), 17–33.

Stilgoe, J., Owen, R., & Macnaghten, P. (2013). Developing a framework for responsible innovation. *Research Policy, 42*(9), 1568–1580.

Von Schomberg, R. (2013). A vision of responsible research and innovation. In R. Owen, M. Heintz, & J. Bessant (Hrsg.), *Responsible innovation.* John Wiley.

Wolfram, M., Borgström, S., & Farrelly, M. (2019). Urban transformative capacity: From concept to practice. *Ambio, 48,* 437–448.

Michael Ornetzeder Wissenschaftlicher Mitarbeiter am Institut für Technikfolgen-Abschätzung (ITA) der Österreichischen Akademie der Wissenschaften (ÖAW) und Dozent an der Universität für Bodenkultur, Wien. Schwerpunkte: Wissenschafts- und Technikforschung, Technikfolgenabschätzung, Nachhaltigkeit, Energiewende. E-Mail: michael.ornetzeder@oeaw.ac.at.

Livia Regen Wissenschaftliche Mitarbeiterin am Institut für Wissenschafts- und Technikforschung (STS) an der Universität Wien. Schwerpunkte: Ökologische Ökonomik, Critical Innovation Studies, Zukünfte, sozial-ökologische Transformation. E-Mail: livia.regen@univie.ac.at.

Das Potenzial der TA-Methoden für eine nachhaltige Entwicklung: Erfahrungen aus dem Projekt ToNoWaste

Saskia Favreuille, Mahshid Sotoudeh und Ulrike Bechtold

1 Einleitung

Im September 2015 beschlossen die Vereinten Nationen mit der Definition von 17 Zielen für eine nachhaltige Entwicklung (SDGs) eine ambitionierte globale Agenda für 2030. Die SDGs zielen darauf ab, eine Art des Wirtschaftens zu fördern, die soziale Inklusion vorantreibt und den Umweltschutz sicherstellt (United Nations, 2015). Nach der Definition von Brundtland (1985) ist nachhaltige Entwicklung ein Prozess, der die Bedürfnisse der Gegenwart erfüllt, ohne die Möglichkeiten zukünftiger Generationen zu gefährden, deren Bedürfnisse zu erfüllen.

Lebensmittelsicherheit ist eine globale Herausforderung, die direkt mit SDG 2 *„Kein Hunger* und SDG 12: *Nachhaltige/r Konsum und Produktion“*, verbunden ist. Das spezifische Ziel 12.3 zielt darauf ab, *„Lebensmittelverluste auf Einzelhandels- und Verbraucherebene zu halbieren und Verluste entlang der Lieferketten zu reduzieren“* (UNEP, 2021). Weitere SDGs mit direktem Bezug

S. Favreuille (✉) · M. Sotoudeh · U. Bechtold
ITA – Institut für Technikfolgen-Abschätzung, Österreichische Akademie der Wissenschaften, Wien, Österreich
E-Mail: saskia.favreuille@oeaw.ac.at

M. Sotoudeh
E-Mail: mahshid.sotoudeh@oeaw.ac.at

U. Bechtold
E-Mail: ulrike.bechtold@oeaw.ac.at

© Der/die Autor(en), exklusiv lizenziert an Springer Fachmedien Wiesbaden GmbH, ein Teil von Springer Nature 2025

M. Ornetzeder et al. (Hrsg.), *Methoden für die Technikfolgenabschätzung*,
https://doi.org/10.1007/978-3-658-48491-0_13

zu Lebensmittelverlusten und -verschwendung sind SDG 3: *„Gesundheit und Wohlergehen"*, SDG 11: *„Nachhaltige Städte und Gemeinden"* und SDG 13: *„Maßnahmen zum Klimaschutz"*.

Das Projekt ToNoWaste konzentriert sich auf die Vermeidung und Reduzierung von Lebensmittelverlusten und -verschwendung (LM-VV). Es basiert auf der Idee, dass ein nachhaltiges Lebensmittelsystem ein System ist, das die Verfügbarkeit von sicheren, nahrhaften und gesunden Lebensmitteln für die gegenwärtige und zukünftige Bevölkerung in der Europäischen Union mit minimalen Umweltauswirkungen gewährleistet. Es sollte auch die natürliche Umwelt und ihre Ökosystemleistungen schützen und wiederherstellen. Es muss robust, widerstandsfähig, wirtschaftlich dynamisch, gerecht, sozial akzeptabel und inklusiv sein. Darüber hinaus sollte es die Verfügbarkeit von nahrhaften und gesunden Lebensmitteln für Menschen außerhalb der EU nicht beeinträchtigen und deren natürliche Umgebungen nicht schädigen (SAPEA, 2020). Sowohl Lebensmittelverluste als auch Lebensmittelverschwendung müssen in Hinblick auf SDG 12.3 betrachtet werden. Lebensmittelverluste beziehen sich auf Lebensmittel, die während der Produktion, Verarbeitung und Transport verworfen werden, bevor sie den Einzelhandel erreichen. Im Gegensatz dazu tritt Lebensmittelverschwendung auf, wenn Produkte den Einzelhandel, einschließlich Gastronomie und Haushalte erreichen. LM-VV treten somit entlang der gesamten Lebensmittelwertschöpfungskette (LM-WSK) auf und werden durch mehrere Faktoren wie Überproduktion, unvorhersehbare Bedingungen, Marktwettbewerb, Lager- und Transportprobleme sowie die Nachfrage nach konstantem Angebot angetrieben (Lemaire & Limbourg, 2019). Im Rahmen des ToNoWaste Projektes wurden die Ursachen für LM-VV gleich zu Beginn gemeinsam mit Stakeholdern identifiziert.

Die Ursachen für LM-VV sind vielfältig und interagieren miteinander. Sie sind von der Komplexität des Lebensmittelsystems beeinflusst, das soziale, technische, ökologische, ethische, politische, wirtschaftliche und demografische Elemente umfasst. Bereits in den ersten technischen Workshops wurde deutlich, dass Stakeholder ein Bewusstsein für die Herausforderungen entlang der LM-WSK haben. LM-VV entlang der Lieferkette führen zu komplexen negativen wirtschaftlichen, sozialen und ökologischen Auswirkungen, weshalb die Vermeidung und Reduzierung von LM-VV eine globale sozio-technische Herausforderung darstellt. Laut dem Umweltprogramm der Vereinten Nationen geht mehr als ein Drittel der produzierten Lebensmittel entlang der gesamten Wertschöpfungskette verloren oder wird verschwendet (UNEP, 2021). Allerdings gibt es unterschiedliche Priorisierungen und Perspektiven, die eine notwendige Kooperation entlang der Lieferkette oft erschweren oder verhindern. Obwohl die Zahlen in den verschiedenen Veröffentlichungen variieren, stimmen sie darin überein, dass Lebensmittelverschwendung eine massive Verschwendung von Energie und Ressourcen darstellt und einen erheblichen Beitrag zu den CO_2-Emissionen leistet, was angesichts der aktuellen Klimakrise und der dringenden Notwendigkeit, die Umweltbelastung durch unsere Gesellschaften zu reduzieren, besonders besorgniserregend ist (FAO, 2019).

Da sowohl die Problemlage als auch die Akteurskonstellation komplex ist, sollte die Auswahl der Methoden zur Identifizierung und Analyse von Problemen sowie vorhandenen Lösungen in mehreren Feedbackschleifen erfolgen. Dabei sollten verschiedene Stakeholder in unterschiedlichen Gruppenkombinationen die Probleme analysieren können. Die Frage, die wir uns hier gestellt haben, lautet: Welche Lösungen werden von unterschiedlichen Stakeholder-Perspektiven priorisiert? Im Projekt wurde das Thema LM-VV entlang der Lebensmittelkette aus verschiedenen Blickwinkeln betrachtet, unter Einbeziehung der Stakeholder. Dieser Ansatz führte zu vielfältigen Ergebnissen – von übergreifenden Herausforderungen über konkrete Probleme bis hin zu Ideen für Reorganisationen, innovative Lösungen usw. Die Ergebnisse halfen, das Problem in großem Maßstab zu strukturieren und lieferten Einblicke in Lösungsansätze entlang der gesamten LM-WSK. Um jedoch spezifische Herausforderungen innerhalb des umfassenderen Problems entlang der Lebensmittelkette zu adressieren, müssen Methoden betrachtet werden, die eine rasche Problemdefinition ermöglichen und konkrete Lösungen in einer stärker fokussierten Weise erlauben.

Ein zentraler Aspekt, der durch unseren einleitenden partizipativen Prozess offengelegt wurde, ist die Bedeutung der Haltbarkeit. In diesem Beitrag stellen wir daher eine Simulation einer einfachen Methode vor, die darauf abzielt, spezifische Probleme gemeinsam mit verschiedenen relevanten Stakeholdern zu identifizieren und konkrete Lösungen zu entwickeln. Die Methode erlaubt einen Fokus auf kleinere Aspekte größerer Probleme, wie zum Beispiel die Haltbarkeit.

2 Kontext und Framework unserer Methode

2.1 Lebensmittelwertschöpfungskette und Auswirkungen von LM-VV

Eine Studie aus 2018 zeigt, dass 30 % der globalen Treibhausgasemissionen (THG) aus dem globalen Lebensmittelsystem stammen, wobei 6 bis 10 % dieser Emissionen auf LM-VV zurückzuführen sind (Poore & Nemecek, 2018; UNEP, 2021). Emissionen entstehen durch die Produktion, Verarbeitung und den Transport von Lebensmitteln, die letztendlich verschwendet werden, und bei der

Entsorgung. Tatsächlich, tragen Lebensmittelabfälle in Deponien bis zu 16 % der globalen Methanemissionen bei (Shindell et al., 2020). Laut Read et al. (2020), sind 16 bis 18 % der Umweltbelastungen des US-Lebensmittelsystems auf LM-VV zurückzuführen, einschließlich THG-Emissionen, Eutrophierungspotenzial und den Einsatz von Energie, Land und Wasser. Um die Auswirkungen des Lebensmittelsystems innerhalb der planetarischen Grenzen zu halten, ist es entscheidend, LM-VV zu reduzieren (Springmann et al., 2018). Während die Nachfrage nach Lebensmitteln weiter steigt, ist die Nahrungsmittelverschwendung weltweit stark verbreitet, auch wenn Unterernährung in vielen Ländern nach wie vor ein gravierendes Problem darstellt (Lemaire & Limbourg, 2019; UNEP, 2021).

Es braucht einen grundlegenden Wandel im Lebensmittelsystem, der langfristige, vielschichtige und tiefgreifende Transformationsprozesse anstößt, durch welche die bestehenden sozio-technischen Systeme auf nachhaltigere Formen von Produktion und Konsum umgestellt werden können (Markard et al., 2012). Erfolgreicher Wandel hängt von interdisziplinärer Zusammenarbeit, gemeinsamer Wissensgenerierung und aktiver Beteiligung der Öffentlichkeit ab (Revez et al., 2022).

2.2 Lebensmittelverschwendung und Technikfolgenabschätzung

Technikfolgenabschätzung (TA) als ein reflexives und transdisziplinäres Forschungsfeld spielt eine entscheidende Rolle bei der Förderung von Nachhaltigkeitstransformationen, indem sie kollaborative Interaktionen zwischen Wissenschaft und Praxis ermöglicht. Die Stärke der transdisziplinären Forschung liegt in der effektiven Integration unterschiedlicher Wissensformen, bei der sowohl wissenschaftliche Expertise als auch praxisbezogene Einsichten kombiniert werden, um wissensbasierte Ansätze zu entwickeln. Darüber hinaus zielt sie darauf ab, Lösungen zu entwickeln und zu verbessern, die sowohl praxisnah als auch relevant für die Bewältigung von Nachhaltigkeitsproblemen sind, und baut dabei eine Brücke zwischen wissenschaftlichem Verständnis und gesellschaftlichen Bedürfnissen (Karrasch et al., 2022). Transdisziplinäre Prozesse fördern auch das gegenseitige Lernen und *co-leadership* aller Beteiligten (Scholz & Steiner, 2023).

Die TA untersucht das Verhältnis zwischen Gesellschaft und technologischen Fortschritten, sensibilisiert die Öffentlichkeit für die potenziellen Vorteile und Risiken von Technologien und fördert partizipative Methoden, die Entscheidungsprozesse unterstützen. Eine effektive Kommunikation zwischen den wichtigsten Akteuren erfordert eine sorgfältige Planung hinsichtlich der Struktur, des Ablaufs und des Inhalts des jeweiligen Dialogs (Sotoudeh, 2009). Darüber hinaus wird TA für eine Übersetzungsleistung zwischen Wissenschaft, Gesellschaft und Politik herangezogen. Eine methodische Herausforderung sind dabei die unterschiedlichen Definitionen von Akteur:innen in einem Themenbereich. Als Beispiel, Lemaire und Limbourg (2019) weisen darauf hin, dass viele Wissenschaftler:innen unterschiedliche Definitionen für LM-VV verwenden und oft zwischen den beiden Begriffen unterscheiden, da sie sich auf verschiedene Stufen der LM-WSK beziehen. Dies kann bei der Entwicklung von Maßnahmen zur Verringerung von LM-VV zu Verwirrung führen. Trotz dieser Unterschiede werden die Begriffe in der Literatur manchmal synonym verwendet. Daher sollte eine TA Studie über LM-VV unterschiedliche Definitionen transparent darstellen können um die Einbindung von Akteuren aller Bereiche (Praxis, Wissenschaft, Bürger:innen) zu unterstützen und Handlungsoptionen für strategische Partnerschaften (SDG 16) und relevante transdisziplinäre Strategien wie Milan Uran Food Policy Pact (MUFPP) gezielt und verständlich formulieren. Der MUFPP fördert lokale Ernährungspolitiken und wird von 200 Städten weltweit unterstützt (Smaal et al., 2021).

2.3 Einbindung von Stakeholdern in der frühen Phase eines Projekts

Wie oben beschrieben, erfordert die Auseinandersetzung mit dem komplexen Thema des LM-VV transdisziplinäre Forschung und aktive Einbindung der relevanten Stakeholder.

Bei der Identifizierung von Stakeholdern betrachten wir, wer von dem Problem betroffen ist, das untersucht wird, wer von potenziellen politischen Entscheidungen betroffen sein könnte und wer Einfluss auf diese Entscheidungen nehmen kann (Van Woensel, 2021) In der Literatur gibt es zahlreiche Definitionen von Stakeholdern, je nach Disziplin oder untersuchtem Thema. Zum Beispiel:

Grunwald (2024, S. 6) erklärt, dass TA zum öffentlichen Dialog beiträgt, indem sie die breite Öffentlichkeit, die Medien, Stakeholder, Akteure der Zivilgesellschaft, Nutzer, Konsumenten und Bürger in unterschiedlichen Rollen zu verschiedenen Phasen der Technologieentwicklung einbezieht. Hier werden Stakeholder von Konsument:innen oder Bürger:innen abgegrenzt.

Clar und Wright (2020) fordern, dass zusätzlich zu den Zielgruppen der Studie, also den relevanten Akteuren im System des spezifischen untersuchten

Problems, auch Entscheidungsträger aus politischen Sphären und der Praxis sowie relevante Experten zum Thema als Stakeholder zählen.

Und Steiner (2008) meint, dass Stakeholder im Allgemeinen als „jede Person oder Gruppe, die direkt oder indirekt von einem bestimmten System betroffen ist oder das System (kreativ) beeinflussen kann“ definiert werden können. Unter Berücksichtigung von Systemgrenzen umfasst dies sowohl interne als auch externe sowie betroffene oder nicht betroffene Parteien.

Stakeholder können daher je nach Kontext unterschiedlich definiert werden. Im ToNoWaste-Projekt und in diesem Artikel definieren wir Stakeholder, inspiriert von den vorherigen Definitionen, als relevante Akteure, die vom Thema Lebensmittelverschwendung entlang der gesamten Lebensmittelkette betroffen sind oder dieses beeinflussen können: Praktiker:innen aus der gesamten Lebensmittelversorgungskette (primäre Produzent:innen/Glieder der Lieferkette), von Produzent:innen bis hin zu Personen, die im Einzelhandel oder in der Gastronomie tätig sind. Wir betrachten sie auch als Expert:innen auf ihren jeweiligen Fachgebieten. Auch Entscheidungsträger:innen aus den Bereichen Umweltministerien, Gesundheit, lokale, regionale oder nationale Entscheidungsträger:innen, die Einfluss auf das Thema Ernährung haben könnten, und schließlich die Verbraucher:innen. Wir beziehen Verbraucher:innen in die Stakeholder-Gruppe ein, da sie ein wesentlicher Bestandteil des spezifischen Themas der Lebensmittelverschwendung sind. Forscher:innen und andere Expert:innen, die keine Praktiker:innen sind, können ebenfalls als relevante Akteure in den Prozess einbezogen werden, werden jedoch nicht als Stakeholder betrachtet. Laut Albert et al. (2001), gewährleistet die Rolle jeder Gruppe eine ausgewogene und effektive Kommunikation bei Entscheidungsprozessen.

Die Einbindung von Stakeholdern sollte in allen Phasen der transdisziplinären TA-Forschung umgesetzt werden, nämlich a) im Scoping, also den Kontext, die Systemgrenzen und die Problemdefinition festlegen; b) beim gemeinsamen erarbeiten neuen Wissens und c) beim Analysieren der Ergebnisse und dem identifizieren von Optionen zu deren Umsetzung.

Ad a) Die Einbindung ist besonders entscheidend in der Phase des Scopings, um sicherzustellen, dass dabei möglichst alle Perspektiven der Stakeholder und relevanten Akteure berücksichtigt werden. Die interaktive Gestaltung der Problemdefinition hilft dabei, die relevanten Fragen für das Forschungsprojekt zu identifizieren, insbesondere in anwendungsbezogenen F&E-Projekten und bei der Information der Entscheidungsträger:innen (Saritas et al., 2013).

Ad b) Wege zur Vermeidung und Reduzierung von LM-VV zu finden, erfordert die Zusammenarbeit von Akteuren entlang der Wertschöpfungskette, die unterschiedliche Ansichten zu Problemen haben und mit verschiedenen Arten von

Lösungen für LM-VV vertraut sind. Ein Beispiel für eine einseitige Betrachtungsweise ist der Zugang von Eurostat (2021), der Haushalte als die Hauptverursacher von Lebensmittelabfällen nennt. Dies erweckt den Eindruck, dass nur Endverbraucher:innen verantwortlich seien, während die systemischen Mechanismen, die zu Verschwendung entlang der globalen LM-WSK führen, übersehen werden. Um solche Ungleichgewichte in der Bewertung zu vermeiden, ist es wichtig, das Wissen über Probleme und mögliche Lösungen aus der Sicht verschiedener Stakeholder und relevanter Akteure wie Wissenschaft und Expert:innen zu verstehen. Handlungsleitend ist dabei die Erwartung, dass eine solche Zusammenarbeit zu einer größeren Gesamtwirkung führt (Prahalad & Ramaswamy, 2004).

Ad c) Darüber hinaus erhöht Partizipation die Legitimität der Argumentation, wenn das durch partizipative Methoden gewonnene Wissen in Empfehlungen für die Stadtplanung oder Kommunalverwaltung umgesetzt wird, da es von mehreren lokal relevanten Stakeholdern unterstützt und in tatsächlichen Erfahrungen verankert ist (Boström, 2006; Marques-Perez & Segura, 2018). Zudem betonen Marques-Perez und Segura (2018), dass die Integration aller wichtiger Stakeholder in dem Prozess dazu führen soll, dass kritische Themen nicht übersehen werden, und man zu einem umfassenden Verständnis der Situation kommt. Die vorgeschlagene Lösung zielt dabei auf das eigentliche Problem ab.

2.4 Beispiel des TNW-Projekts und der von Delphi inspirierten Methode

Das Projekt ToNoWaste konzentriert sich auf die Erforschung der Bedeutung einer besseren Entscheidungsfindung in der Wertschöpfungskette für frische Lebensmittel, um Maßnahmen gegen Lebensmittelverschwendung zu unterstützen und die Nachhaltigkeit des Lebensmittelsystems insgesamt zu verbessern. Zu diesem Zweck entwickelte das Konsortium, bestehend aus 21 Partnerinstitutionen aus Spanien, Österreich, Schweden und Griechenland, einen wissenschaftlich fundierten Bewertungsrahmen, um relevante Projekte mithilfe quantitativer und qualitativer Methoden zu evaluieren. TA übernimmt dabei eine Schlüsselrolle, indem sie möglichst viele Stakeholder in den Evaluierungsprozess einzubeziehen und qualitative Entscheidungsfaktoren mit Berechnungsmethoden für ökologische, soziale und ökonomische Fußabdrücke, sowie Kostenrechnung und Lebenszyklusanalysen (LCA) zusammenführt. Zwischen Oktober 2022 und November 2023 entwickelten die Praxis-Partner in den vier Projektländern mehrere Ideen für Pilotprojekte entlang der Wertschöpfungskette, von denen 12 für die Umsetzung und Nachhaltigkeitsbewertung ausgewählt wurden.

In der Phase der Problemdefinition des Projekts verwendeten wir eine von der Delphi-Methode inspirierte Vorgangsweise, um Stakeholder in der gesamten LM-WSK einzubeziehen. Der Ansatz umfasste Workshops, eine Online-Umfrage und eine abschließende offene Diskussionsrunde, um das Fachwissen und die Perspektiven der Stakeholder zu sammeln. Das Ziel war zweifach: Erstens, Problemfelder innerhalb der LM-WSK basierend auf eigenen Erfahrungen und/oder Forschung zu identifizieren und zu verorten, und zweitens, Lösungen zur Vermeidung und Reduzierung von LM-VV in diesen identifizierten Bereichen zu diskutieren und vorzuschlagen.

Die Delphi-Methode wurde erstmals in den 60er Jahren des 20 Jahrhunderts beschrieben, um Meinungen von Expert:innen zu sammeln und die Entscheidungsfindung, besonders in komplexen und unsicheren Situationen zu verbessern (Dalkey & Helmer, 1963). Spätere Studien haben untersucht, wie der Konsens in Delphi-Studien gemessen werden kann, und lieferten Hinweise darauf, wie man die Qualität in zukünftigen Anwendungen sicherstellt (Von Der Gracht, 2012).

In der Regel wird Delphi als eine Methode betrachtet, bei der das Wissen von Expert:innen durch einen iterativen Prozess zu einer spezifischen Frage oder einem Problem gesammelt wird. Diese Methode kann dabei helfen, Einblicke in Meinungen, zukünftige Ereignisse, Trends, technische Entwicklungen und andere Sachverhalte auf der Grundlage von Fachexpertise zu gewinnen. Ziel des gesamten Prozesses ist es, Konsens und Dissens zu beobachten sowie zu analysieren, wie nah beieinander oder wie weit voneinander entfernt die Angaben zu dem untersuchten Thema liegen. Zentrale Komponenten der klassischen Delphi-Methode umfassen iterative Runden mit Feedback zu den Antworten der vorherigen Runde, die Anonymität der Teilnehmer:innen, die Bewertung von Gruppenurteilen und die Möglichkeit für die Teilnehmer:innen, ihre Meinungen und Bewertungen anzupassen. Auf Anonymität wird bei Bedarf teilweise verzichtet, beispielsweise wenn es um Zusammenarbeit und Netzwerkbildung geht (Niederberger & Renn, 2018).

Sie wird beispielsweise in der Gesundheitsforschung eingesetzt, etwa vor Diagnose- und Verschreibungsentscheidungen (Page et al., 2015). Andere Studien haben ihre Anwendung in verschiedenen Bereichen untersucht und betonen ihre wachsende Bedeutung und Anpassungsfähigkeit in der modernen Forschung (Beiderbeck et al., 2021). Derzeit ist Delphi die am häufigsten verwendete Methode, um Konsens unter Expert:innen zu finden (Niederberger & Renn, 2018).

3 Anwendung der Methode im Rahmen der TA24

3.1 Konzept und Ziel

Für den Workshop im Rahmen der TA24 hatten wir 1 h und 30 min Zeit und das Ziel, ein Konzept zu präsentieren und auszuprobieren, das den **Mehrwert eines partizipativen Prozesses in kurzer Zeit sichtbar macht.** Wir wurden dabei von der Frage geleitet, wie sich die Vorteile der Delphi-Methode auf einen kürzeren Zeitraum umlegen lassen, indem wir uns auf ein sehr spezifisches Thema konzentrieren und es für Praktiker:innen und andere Stakeholder aus verschiedenen Bereichen mit unterschiedlichen Expertisen zugänglich machen. Dies sollte dabei helfen, verschiedene Perspektiven und wichtige Aspekte zu visualisieren, Konsens zu erreichen und erste Lösungen schnell zu entwickeln. In diesem Absatz werden wir also erklären, wie wir eine kondensierte Version der Delphi Methode gemacht haben, und im darauffolgenden Absatz, wie dieser Ansatz im Rahmen der TA24 Konferenz getestet wurde.

Das Ziel war, verschiedene Perspektiven zu integrieren und das Thema aus unterschiedlichen Blickwinkeln zu betrachten, unterstützt durch das **STEEPED Wheel,** einem Werkzeug, das hilft, relevante Aspekte eines Problems zu visualisieren. Zudem wurde Raum für Rückkopplungsschleifen als notwendiger Schritt zur Validierung eingeplant. Das gewählte Thema war bewusst zugänglich gestaltet, indem das größere Problem der Lebensmittelverschwendung auf einen kleineren, aber entscheidenden Aspekt heruntergebrochen wurde: die Haltbarkeit von Lebensmitteln.

Die bei der Konferenz anwesenden Stakeholder umfassten Forscher:innen aus dem NTA- und anderen Netzwerken, eingeladene Expert:innen aus dem Bereich der Lebensmittelverteilung sowie weitere Forschende im Bereich Technikfolgenabschätzung (TA). Ziel war es, die Methode in einem Setting zu testen, das potenziell auch mit einer größeren Bandbreite von Stakeholdern (z. B. Verbraucher:innen, Expert:innen entlang der gesamten Lebensmittelkette usw.) eingesetzt werden könnte. Der kurze Zeitrahmen schien besonders geeignet für Stakeholder, die nicht für ganztägige Workshops zur Verfügung stehen.

Die Idee war auch, die innerhalb des Projekts verwendete Methode zu validieren, Feedback zu erhalten und einen Raum für Networking zu diesem spezifischen Thema anzubieten. Außerdem bot diese Vorgangsweise auch die Gelegenheit, einen geschützten Raum für Diskussionen zu einem entscheidenden Thema im Kontext der Diskussion über LM-VV zu schaffen. Um die Erkenntnisse aus diesem kurzen Workshop bzw. der Methodensimulation zu maximieren, setzten wir verschiedene Kombinationen von Stakeholdern ein, die an der (dem

Workshop zu Grunde liegenden) Problemstellung arbeiteten. Ziel war es, zu untersuchen, wie wir durch unterschiedliche Ansätze Wissen generieren können, und herauszufinden, welche Inhalte aus diesen unterschiedlichen Ansätzen entstehen.

3.2 Fokus auf Haltbarkeit

Das Thema dieses spezifischen Workshops war die Haltbarkeit von Lebensmitteln. Es ist ein leicht verständliches Thema, das sich gut für einen kurzen Workshop eignet. Zudem ist es ein Thema, das für nahezu alle Phasen der LM-WSK relevant ist – von Transport über Einzelhandel, Verarbeitung, Kennzeichnung, Gastronomie bis hin zum Konsum, mit dem sich viele Stakeholder identifizieren können.

Die Haltbarkeit spielt eine entscheidende Rolle bei der Bekämpfung von LM-VV, um zu verhindern, dass Lebensmittel verderben, bevor sie verwendet werden können. Das Verständnis und die Verlängerung der Haltbarkeit können die Lebensmittelverschwendung auf mehreren Ebenen erheblich reduzieren. Laut Hammond et al. (2015) gibt es viele Möglichkeiten, die Haltbarkeit zu verbessern, zum Beispiel durch optimierte Verpackungen, Konservierungsmethoden und Produktneugestaltung, bessere Kühlung und Tiefkühlung sowie klarere Kennzeichnungen von „mindestens haltbar bis" und „zu verbrauchen bis" Daten. Haltbarkeit stellt ein sozio-technisches Problem dar, für das die Einbindung von Stakeholdern aus verschiedenen Kontexten und mit unterschiedlichen Expertisen entscheidend ist.

Ausgehend von der Prämisse *„Lebensmittel sind wertvoll! Haltbarkeit ist ein wichtiger Faktor"* bestand das Ziel des Workshops darin, umsetzbare Lösungen oder wichtige Elemente zu reflektieren, die in den nächsten fünf Jahren im Hinblick auf das Thema Haltbarkeit angegangen werden könnten.

3.3 STEEPED-Wheel und Framework

Wie im vorherigen Abschnitt erwähnt, haben wir das STEEPED-Wheel als Leitwerkzeug verwendet, um das Thema **Lebensmittelhaltbarkeit** in Bezug auf Lebensmittelverschwendung zu reflektieren und die Diskussion zu strukturieren. STEEPED ist ein multikriterielles Analyseinstrument, das in Abb. 1 als Rad mit sieben Kategorien sowie Optionen für Unterkategorien dargestellt wird, um die gesamtgesellschaftlichen Auswirkungen von Technologien zu bewerten. Es steht für „Soziale, Technische, Ökologische, Ökonomische, Politische, Ethische und

Demografische" Faktoren und fördert eine umfassende Bewertung verschiedener Aspekte einer Technologie oder eines Konzepts und wird in unterschiedlichen Kontexten angewendet, um verantwortungsvolle politische Entscheidungsprozesse zu unterstützen (Van Woensel, 2021). Dieses Werkzeug wird häufig im Kontext interdisziplinärer Zusammenarbeit sowie in Foresight- und TA-Studien verwendet. Dieser Ansatz (also STEEPED) fördert einen multidisziplinären, offenen Brainstorming-Prozess, bei dem auch unbeabsichtigte Konsequenzen und die Wechselwirkungen zwischen verschiedenen Themen berücksichtigt werden. Obwohl es keine starre Struktur vorgibt, dient die STEEPED-Checkliste als Leitfaden, um eine gründliche Auseinandersetzung mit einem Thema zu gewährleisten, ohne wesentliche Aspekte zu übersehen (Van Woensel, 2021). Im Projekt wurde das STEEPED-Framework systematisch in verschiedenen Workshops eingesetzt. Dabei zeigte sich, dass es:

- Einblicke in strategische Fragen aus verschiedenen Perspektiven fördert
- Inter- und transdisziplinär: auf das umfassendste Verständnis abzielt
- Einen Überblick über potenzielle positive und negative Auswirkungen schafft
- Die Interpretation der Ergebnisse einer LCA unterstützt
- Robustere Empfehlungen für die Gesellschaft, die Politik und Stakeholder entlang der Wertschöpfungskette liefert
- Herausforderungen und Chancen in einem breiteren Kontext sichtbarer macht
- Eine gezielte Darstellung von Handlungsoptionen für einzelne Stakeholdergruppen ermöglicht

3.4 Struktur des TA24 Workshops und die Einbindung von Stakeholdern

Am dritten Juni 2024 organisierte das Projektteam einen Workshop auf der jährlichen TA-Konferenz in Wien, TA24. Der Titel lautete: *TA-Methoden für Nachhaltigkeitsbewertung im Lebensmittelsystem. Ergebnisse aus dem ToNoWaste-Projekt.*

Theoretischer Input
Der Workshop begann mit zwei kurzen Präsentationen. Die erste Präsentation stellte das Projekt vor und die längere und ausführlichere Version der Methode, die im Projekt mit Stakeholdern aus der gesamten Lebensmittelwertschöpfungskette angewendet wurde. Die zweite Präsentation erläuterte das STEEPED-Framework. Die dritte und letzte Präsentation erläuterte den Inhalt und

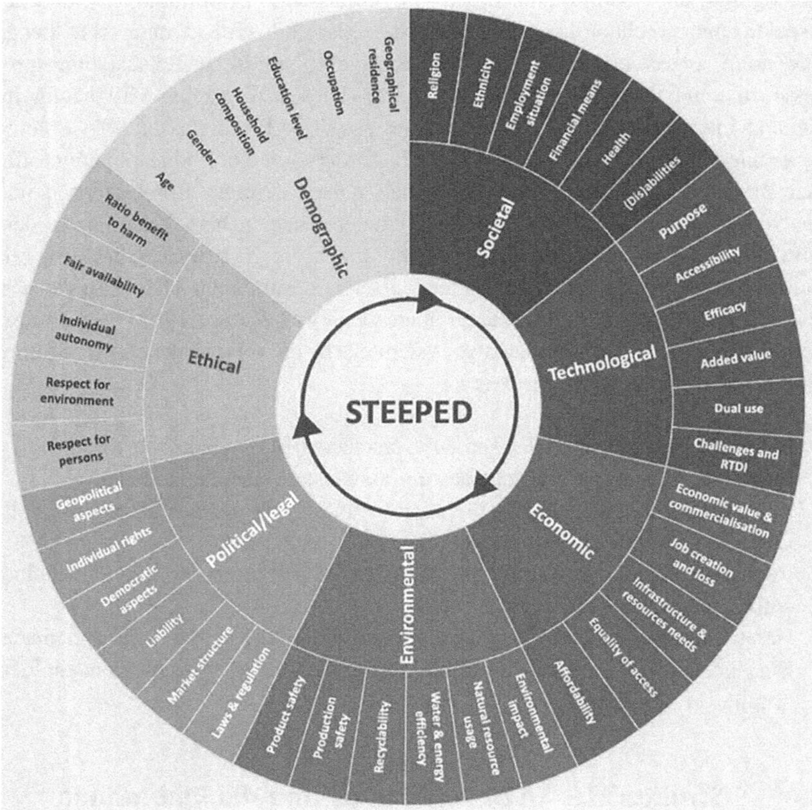

Abb. 1 Das STEEPED-Rad (Van Woensel, 2021)

das Konzept des Workshops, also die Simulation einer kondensierten Version der im Projekt bereits verwendeten Methode.

Gruppen-Arbeiten

Wie oben angedeutet, hatte der Workshop das Ziel einen multiperspektivischen Ansatz mit verschiedenen Teilnehmer:innen umzusetzen. Vier verschiedene Arten von (Gruppen)arbeiten wurden organisiert, von denen drei das STEEPED-Tool verwendeten. Die erste Arbeit entstand bereits vor dem Workshop: drei Expert:innen aus dem Bereich der Lebensmittelsysteme wurden gebeten, das

STEEPED-Framework jeweils individuell anzuwenden, und so das Thema Haltbarkeit zu untersuchen und sich auf alle sieben Kategorien zu konzentrieren. Ihre Erkenntnisse wurden am Ende des Workshops präsentiert, was eine weitere Diskussion und einen Vergleich mit den anderen Ergebnissen des Workshops ermöglichte.

Während des Workshops wurden die Teilnehmer:innen in drei Arbeitsgruppen aufgeteilt, die jeweils eine spezielle Perspektive auf das Thema richten sollten. Die erste Gruppe bestand aus Expert:innen, die sich auf einzelne STEEPED-Kategorien beschränkten, nach dem Fachwissen oder Interesse der Teilnehmer:innen, sodass sie in spezifische Aspekte des Problems eintauchen konnten. Diese Gruppe setzte sich aus sieben Teams mit jeweils zwei Expert:innen zusammen. Jedes Team analysierte eine STEEPED-Kategorie im Zusammenhang mit dem Thema Haltbarkeit.

Weitere Teilnehmer:innen bildeten sogenannte „Visionen-Gruppen", die den Auftrag hatten, zukünftige (ideale) Szenarien im Zusammenhang mit der Haltbarkeit zu entwerfen und zwei oder drei STEEPED-Kategorien auszuwählen, die sie für die relevantesten hielten. Auch hier wurden Teams aus zwei Personen gebildet. Die Gruppen bestanden im Sinne einer Rollenanweisung jeweils aus einer Person mit einer proaktiven und idealistischen Haltung und einer Person mit einer eher konservativen und pragmatischen Einstellung. Diese Haltungen wurden den Teilnehmer:innen als Rollen vorgeschlagen, um sie dazu zu ermutigen, von ihrer eigenen gewohnten Perspektive zurückzutreten und neue Ideen zu entwickeln. Diese Anordnung stimulierte nicht nur den Dialog innerhalb der Gruppen, sondern half auch, robustere Lösungen zu generieren, die sowohl innovative als auch realistische Perspektiven aufzeigten. Die Visionen ermöglichten eine breitere, langfristige Sichtweise und ermutigten die Teilnehmer:innen, über unmittelbare Einschränkungen hinauszudenken und potenzielle zukünftige Entwicklungen zu reflektieren.

Die dritte Gruppe, die als „interessierte Öffentlichkeit" bezeichnet wurde, beobachtete die Diskussionen und gab Feedback zu Konsens- oder Meinungsverschiedenheiten zwischen den Gruppen. Ihre Rolle war entscheidend, um Transparenz in der Methode sicherzustellen und die Einbindung der Öffentlichkeit in realen Entscheidungsprozessen zu spiegeln.

Die Gruppen arbeiteten, mit Karten, die auf zwei großen STEEPED-Rädern (siehe Abb. 2 und 3) an den Pinnwänden angebracht wurden. Eines der Räder war für die „Visionen-Gruppen" und das andere für die Teams, die einzelne Dimensionen im STEEPED-Rad analysierten. Auf jeder Karte mussten sie nach einer Diskussion Elemente anbringen, die sie für entscheidend hielten, um das Thema Haltbarkeit in den nächsten fünf Jahren anzugehen.

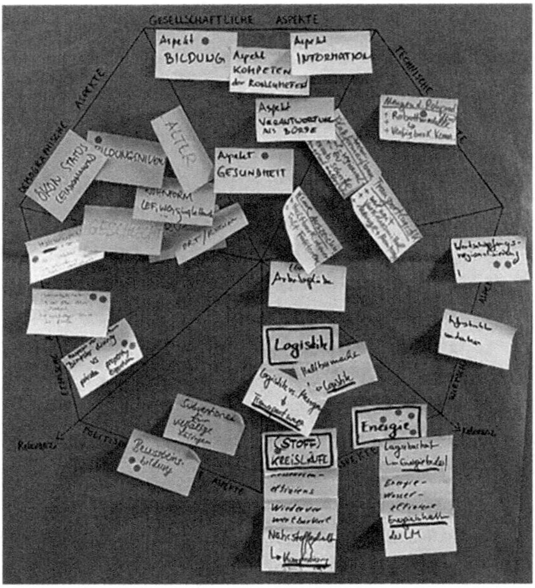

Abb. 2 Erarbeitete STEEPED-Rad durch die Visionen-Gruppen

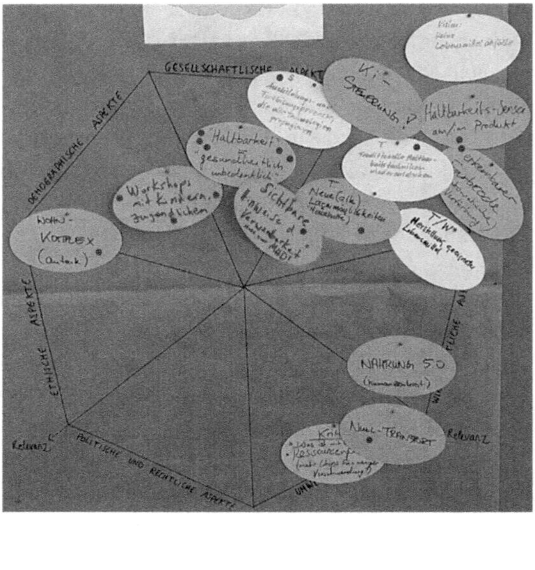

Abb. 3 Erarbeitete Einzeldimensionen des STEEPED-Rades durch die Expert:innen-Gruppen

Durch die Integration dieser vier unterschiedlichen Arbeitsweisen oder Gruppenarbeiten im Rahmen der Diskussionen und Nachfragen nach den Präsentationen (siehe unten), ermöglichte der Workshop einen reichhaltigen Dialogprozess, in dem das Thema Haltbarkeit aus verschiedenen Blickwinkeln bewertet wurde, was zu robusteren Erkenntnissen führte und neue Herausforderungen sowie Chancen aufzeigte.

Insgesamt waren es 14 Teilnehmer:innen, die sich auf einzelne Kategorien des STEEPED-Tools konzentrierten (sieben Teams mit jeweils zwei Personen, ein Team für jede Kategorie), sowie 8 Teilnehmer:innen in den Visionen-Gruppen (auch hier vier Teams mit jeweils zwei Personen, wobei jedes Team zwei bis drei STEEPED-Kategorien frei wählen konnte). Darüber hinaus arbeiteten drei Personen als „interessierte Öffentlichkeit", und das Organisationsteam war ebenfalls anwesend, um Fragen zu beantworten und den Prozess bei Bedarf zu unterstützen bzw. zu steuern.

Präsentation der Ergebnisse, Diskussion und Feedbackschleife
Nach der Gruppenarbeit fand eine Präsentation statt, bei der jedes Team seine Überlegungen erläutern und seine Karten auf dem STEEPED-Rad platzieren konnte. Die „interessierte Öffentlichkeit" präsentierte ihre Beobachtungen. Die Ergebnisse der Expert:innenarbeit vor dem Workshop wurden ebenfalls gezeigt. Es folgte eine offene Diskussion sowie ein Fazit seitens des Organisationsteams. Schließlich erhielt jede:r Teilnehmer:in zwei Klebepunkte, um jeweils zwei wichtigste Faktoren aus den STEEPED-Rädern (Visionen und einzelne Dimensionen) auszuwählen. Dies war die Grundlage für eine letzte Feedbackrunde.

4 Ergebnisse des Workshops

Die Arbeit der drei Expert:innen, die das STEEPED Wheel vor dem Workshop einzeln bearbeitet haben, wird nicht im Ergebnisteil gezeigt, da die Informationen keinen Mehrwert für die Analyse der während des Workshops angewendeten Methode bieten würden. Abb. 2 und 3 zeigen die durch beide Expert:innen und Visionen-Gruppen erarbeitete STEEPED-Räder.

Tab. 1 zeigt die Perspektive der Teilnehmer:innen zum Thema Haltbarkeit und insbesondere die Themen, die in den nächsten fünf Jahren angegangen werden müssen, um die aktuelle Situation hinsichtlich der Haltbarkeit im Kontext von LM-VV zu verbessern.

Tab. 1 Ergebnisse der Gruppendiskussionen

Kategorie	Aspekte aus der Diskussion der Einzeldimensionen des STEEPED Rades	Aspekte der Visionen-Gruppen
Sozial	Bildung Kompetenz der Konsument:innen Informatio Aspekt der Verantwortung als Bürde Gesundheit	Ausbildungs- und Fortbildungsprozesse, die alte Technologien propagieren „Haltbarkeit" = „gesundheitlich unbedenklich"
Technisch	Mengen der Rohproduktion: Rabattmodelle, Verfügbarkeit kommunizieren Technischer Plattformaufbau für den Austausch: lokal-regional, AT-EU, Verarbeitungsschritte, Angebot <—> Nachfrage Klare Auszeichnung: Haltbarkeitsdauer; Soft Faktoren	KI-Steuerung? Haltbarkeits-Sensor am Produkt Erkennbarer Farbcode (automatische Verfärbung) Technik/Wirtschaft: Herstellung geeigneter Lebensmittel Traditionelle Haltbarkeitstechniken wiederentdecken Neue (alte) Lagermöglichkeiten (Haushalte) Sichtbare Hinweise der Verwendbarkeit statt nur Mindesthaltbarkeitsdatum
Ökonomisch	Wertschöpfungs-Regionalisierung Infrastruktur umdenken (Lokale) Arbeitsplätze	Nahrung 5.0 (humanzentriert) Herstellung geeigneter Lebensmittel
Ökologisch	Energie Lagerbarkeit: Energiebedarf Energie-/Wassereffizienz Energieinhalt der Lebensmittel (Stoff-)kreisläufe Ressourceneffizienz Wiederverwertbarkeit Nährstoffgehalt Kompostierung vs. Restmüll etc. Logistik vs./abhängig von Mengen → Transportwege Haltbarmachen → Logistik	Null-Transport Kritik: Was ist mit Geschmack; Ressourcenproblem (mehr Chips für weniger Verschwendung?)

(Fortsetzung)

Tab. 1 (Fortsetzung)

Kategorie	Aspekte aus der Diskussion der Einzeldimensionen des STEEPED Rades	Aspekte der Visionen-Gruppen
Politisch/ Rechtlich	Bewusstseinsbildung Subventionen für vielfältige Lösungen	(Diese Kategorie wurde von der Visionnen-Gruppe nicht ausgewählt aber doch, zwischen den Zeilen diskutiert)
Ethisch	Haltbarkeitsdaten: Wer setzt diese Standards Kurzfristiger Gewinn vs. Ethik Haltbarkeitsdatum + Gentechnik: vs. Lokalem biologischem Anbau, Veränderung der Natur? Gesundheit? Respekt vor Eigentum: Dumpster diving vs. Eigentum	(Diese Kategorie wurde von der Visionnen-Gruppe nicht ausgewählt aber doch, zwischen den Zeilen diskutiert)
Demografisch	Ökonomischer Status (Einkommen) Bildungsniveau Alter Geschlecht Wohnform (EF, WG, Singlehaushalt,...) Beruf Ort/Region	Wohnkomplex (autark), Workshops mit Kindern/ Jugendlichen

Die erste Spalte gibt die während des Workshops behandelten STEEPED-Kategorien an, die zweite Spalte zeigt die von den Expert:innen-Gruppe genannten Elemente. Jede Expert:innen-Gruppe fokussierte sich auf eine einzelne STEEPED Kategorie. Die dritte Spalte zeigt die von den Visionen-Gruppen genannten Elemente für jede STEEPED Kategorie. Jede Visionen-Gruppe dürfte zwei bis drei STEEPED-Kategorien bearbeiten. Spalte zwei zeigt, dass die sieben Gruppen, die jeweils eine Kategorie bearbeitet haben, erwartungsgemäß, ihnen wichtige Elemente für die ihnen zugewiesene STEEPED-Kategorie geliefert haben. Im Gegensatz dazu wurden in den vier Visionen-Gruppen (Spalte 3) die politischen und ethischen Aspekte nicht explizit angesprochen. Der technische Aspekt hingegen wurde in den Visionen-Gruppen intensiv diskutiert. Im Allgemeinen brachte jede Art von Gruppenarbeit neue Ideen und wichtige Elemente hervor und beschränkte sich nicht nur auf die, im STEEPED-Rad vorgegebenen Unterkategorien (wie in Abb. 1 dargestellt).

Die von den Teams zusammengetragenen Elemente lassen sich in sechs Hauptbereiche gliedern:

- Bildung der Gesellschaft zum Thema Haltbarkeit
- Ressourcen- und Energieeffizienz
- Lokale Wertschöpfungsketten/Regionalisierung und Logistik
- Technische Innovationen (Haltbarkeitstechniken, Sensoren, klare Auszeichnungen etc.)
- Ethische Fragen (Standardsetzung, Eigentum bei Dumpstern, etc.)
- Ökonomische Aspekte (Subventionen für Lösungen, Rabattmodelle bedenken)

Zum Schluss wurden noch die wichtigsten Elemente laut der Teilnehmer:innen identifiziert. Diese letzte Runde (des Punktens) ermöglicht es, zusätzliche Beobachtungen anzustellen. Besonders die Kategorie Ethik wurde als wichtig hervorgehoben. Ebenso erlangte der technische Aspekt auf dem Rad der Visionen-Gruppe besondere Beachtung. Der am stärksten betonte Aspekt war das Thema Mindesthaltbarkeitsdatum (Haltbarkeit) in Zusammenhang mit Gesundheitsfragen.

Das Team der „interessierten Öffentlichkeit" beobachtete, dass es einige Diskussionsthemen gab, über die Einigkeit herrschte. Das Ernährungssystem muss effizient sein, das Thema Energie war wichtig, Diskussion über den Einsatz von Düngemitteln, Kennzeichnung von Haltbarkeit und „mindestens haltbar bis" muss geklärt werden, und vor allem gab es die gemeinsame Vision von minimalem oder gar keinem Lebensmittelabfall. Sie hatten kein spezifisches Thema der Uneinigkeit festgehalten. Die Rolle der „interessierten Öffentlichkeit" hätte eventuell präziser gesteuert werden können, indem wir sie gebeten hätten, sich auf spezifische Themen zu konzentrieren. Alternativ hätten wir jeder Gruppe eine:n Beobachter:in zuweisen können, um mehr Einblicke in den Konsensfindungsprozess oder mögliche Dissense zu gewinnen. Wir haben uns für die offene Herangehensweise entschieden, bei der die Beobachter:innen ihr Augenmerk auf die Dinge des Gesamtprozesses richten, die ihnen auffallen.

Die Diskussion am Ende des Workshops warf einige Fragen auf. So wurde beispielsweise diskutiert, ob die Arbeit an nur einem Thema (in diesem Fall die Haltbarkeit) ausreicht, um das Problem der Lebensmittelverschwendung und -verluste anzugehen. Einige Teilnehmer:innen hätten sich gewünscht, dass auch andere Themen angesprochen werden, insbesondere das oft vernachlässigte Thema der Lebensmittelverschwendung in großen Küchen, z. B. in Krankenhäusern. Die meisten Teilnehmer:innen waren froh über die Gelegenheit zur Diskussion dieser Themen und gaben dem Organisationsteam ein positives Feedback.

5 Diskussion der angewendeten Methode

Ziel des Workshops war es, mit der Methode zu experimentieren und zu sehen, welche Ergebnisse wir in so kurzer Zeit erzielen können. Durch die Rekonstruktion der im Projekt verwendeten Methode mit verschiedenen Expert:innengruppen und dem Fokus auf nur einem Thema (Haltbarkeit) erwarteten wir von diesem Workshop neue Erkenntnisse, insbesondere in Bezug auf die Prioritäten der Teilnehmer:innen. Außerdem sollten frühere Ergebnisse validiert und alternative Ansätze für das Problem erkundet werden. Das STEEPED-Rad wurde als multidimensionales Tool für die frühe Phase der Ideensammlung gut angenommen, da es eine klare Struktur bietet, um ein spezifisches Thema, wie die Haltbarkeit in kurzer Zeit systematisch zu reflektieren. Schon bei der Reflexion in der Abschlussrunde konnte durch die Kombination verschiedener Perspektiven ein umfassenderes Verständnis des Themas erzielt werden. Es wurde auch sichtbar, dass verschiedene Arten von Stakeholdern maßgeschneiderte Ansätze für eine Vertiefung benötigen, die in der Forschungsplanung und Problemdarstellung berücksichtigt werden sollen. Einigen Themen wurde zunächst mehr Aufmerksamkeit geschenkt als anderen, vermutlich weil verschiedene Akteure dasselbe Thema aus verschiedenen Blickwinkeln betrachten und unterschiedliche Prioritäten haben. Nach der Aussage eines Teilnehmers in der Abschlussdiskussion konnten wir jedoch auch feststellen, dass andere Teilnehmer:innen ermutigt wurden, ihre eigenen Annahmen aus ihrer Perspektive zu überdenken und so wurde es möglich die Debatte deutlich weiterzuentwickeln.

Die Stärke dieser Methode liegt in der Identifikation einer Vielzahl von Perspektiven, die die Analyse bereichern. Dieser Ansatz betont die Bedeutung von Feedbackschleifen. Die gezielte Zuweisung von Rollen wurde entwickelt, um die gewohnten Denkprozesse der Teilnehmer:innen herauszufordern. Dieses Rollenspiel regte neue Ideen an, insbesondere für die Visionen, um ohne Einschränkungen zukünftige Möglichkeiten skizzieren zu können. Die Anwendung des STEEPED-Rades stellte sicher, dass alle kritischen Dimensionen – soziale, technische, umweltbezogene, politische, ethische und demografische – tatsächlich thematisiert und besprochen wurden. Ein weiterer wichtiger Aspekt war die Gelegenheit für die Teilnehmer:innen, direkt die Gesamtergebnisse zu sehen, die aus verschiedenen Beiträgen entstanden. Dies half, den Wert vielfältiger Perspektiven hervorzuheben und ein klareres Bild des Themas zu vermitteln. Es war auch möglich, nochmals über das Ergebnis zu reflektieren und die Prioritäten festzulegen.

Diese Workshop-Methode hat sich für die frühe Phase der Analyse als nützlich erwiesen. Sie sollte jedoch in einer späteren Bearbeitungsphase erneut angewendet werden, um zu prüfen, ob sie auch für die Analyse und Implementierung von Ergebnissen nützlich ist. Rollenspiele können weniger effektiv sein, wenn die Teilnehmer:innen sich nicht vollständig darauf einlassen. Der Erfolg des Workshops hängt auch stark davon ab, dass die Teilnehmer:innen physisch anwesend sind. Die kreative Workshop-Methode ist kein Ersatz für formellere und verbindlichere Prozesse oder größere Umfragen, die mehr Flexibilität in Bezug auf Zeitbeschränkungen bieten.

6 Schlussfolgerungen

Es handelte sich um ein Experiment mit einer Methode, die wir im Projekt ToNoWaste entwickelt hatten, in einer kompakten Version, die sich auf ihre wesentlichen Elemente konzentrierte: Expert:innenbeteiligung, Feedbackschleifen und Konsensbildung. Durch die Anwendung mehrerer Ansätze des STEEPED-Frameworks konnten wir wertvolle Erkenntnisse bezüglich des Verständnisses über das Schlüsselthema „Haltbarkeit" gewinnen und verschiedene Zugänge zum Thema testen. Es half uns auch einzuschätzen, wie viel Zeit für den Input der Stakeholder benötigt wird; wir fanden heraus, dass für Stakeholder-Workshops oder Summer Schools mit etwa 20 Teilnehmer:innen 1,5 bis 2 h ausreichen, um die wichtigsten Punkte der Problematik zu beleuchten. Für eine umfassendere und detailliertere Problemdarstellung könnten ergänzende Methoden wie Umfragen, tiefergehende Interviews oder Literaturreviews erforderlich sein. Die verkürzte Methode kann jedoch als erfolgreicher Ausgangspunkt für die Einbindung von Stakeholdern und die Festlegung von Richtungen dienen, da sie einen einfachen Einstieg für die frühe Beteiligung am Prozess bietet. Die Einbindung aller relevanten Stakeholder ist in der TA-Forschung von entscheidender Bedeutung, insbesondere im Bereich der Nachhaltigkeit, wo das Verständnis der Komplexität der Themen vielfältige Perspektiven erfordert.

Der Workshop begann mit der Präsentation wichtiger Informationen und der Festlegung des Kontextes. Anschließend bildeten die Diskussionen zwischen den Stakeholdern in kleinen Gruppen, gefolgt von der schriftlichen Ausarbeitung gemeinsam vereinbarter Lösungen, der Präsentation der Ergebnisse und der Teilnahme an Feedbackrunden den Schwerpunkt dieses Ansatzes. Ziel war es, Inputs von allen Teilnehmer:innen zu sammeln und die Ergebnisse später durch weitere Methoden im Projekt zu vergleichen und zu validieren. Darüber hinaus konnten die Teilnehmer:innen in einer Workshop-Umgebung, die verschiedene Interaktionen und offene Diskussionen fördert, Forschungsfragen für ihre eigene Arbeit entdecken und ihre Netzwerke stärken. Die Haltbarkeit ist ein greifbares

Thema und ein essentielles Element in der Debatte über nachhaltige Lebensmittelsysteme. In der TA bringen wir Stakeholder über kontextspezifische Methoden zusammen, die nicht nur die wissenschaftliche Gemeinschaft, sondern auch Praktiker:innen und politische Entscheidungsträger:innen verbinden. Es ist wichtig zu erforschen und zu verstehen, welche Methoden für die einzelnen Phasen eines Projekts am besten geeignet sind, offene Fragen zu beleuchten. Dieser Beitrag hat diese Frage in Bezug auf die Startphase beleuchtet und den Einsatz des STEEPED Rads im Zusammenhang mit dem relevanten Thema LM-VV erfolgreich zum Einsatz gebracht.

Literatur

Albert, R., Brunner, P. H., & Fromm, E. (2001). *Umsetzung nachhaltiger Entwicklung in Österreich, 2,* SUSTAIN Bericht.

Beiderbeck, D., Frevel, N., von der Gracht, H. A., Schmidt, S. L., & Schweitzer, V. M. (2021). Preparing, conducting, and analyzing Delphi surveys: Cross-disciplinary practices, new directions, and advancements. *MethodsX, 8.*

Boström, M. (2006). Regulatory credibility and authority through inclusiveness: Standardization organizations in cases of eco-labelling. *Organization, 13*(3), 345–367.

Brundtland, G. H. (1985). World commission on environment and development. *Environmental Policy and Law, 14*(1), 26–30.

Clar, C., & Wright, M. T. (2020). *Partizipative Forschung im Deutschsprachigen Raum-Eine Bestandsaufnahme,* Alice Salomon Hochschule Berlin.

Dalkey, N., & Helmer, O. (1963). An experimental application of the Delphi method to the use of experts. *Management Science, 9*(3), 458–467.

Eurostat. (2021). Food Waste Prevention by NACE Rev. 2 Activity-Tonnes of Fresh Mass (Publication no.https://doi.org/10.2908/env_wasfw). https://ec.europa.eu/eurostat/statistics-explained/index.php?title=Food_waste_and_food_waste_prevention_-_estimates#Amounts_of_food_waste_at_EU_level.

FAO. (2019). *The state of food and agriculture 2019: Moving forward on food loss and waste reduction.* UN

Grunwald, A. (2024). Introduction to the handbook of technology assessment. In A. Grunwald (Hrsg.), *Handbook of technology assessment* (S. 1–10). Elgar.

Hammond, S. T., Brown, J. H., Burger, J. R., Flanagan, T. P., Fristoe, T. S., Mercado-Silva, N., Nekola, J. C., & Okie, J. G. (2015). Food spoilage, storage, and transport: Implications for a sustainable future. *BioScience, 65*(8), 758–768. https://doi.org/10.1093/biosci/biv081.

Karrasch, L., Grothmann, T., Michel, T. A., Wesselow, M., Wolter, H., Unger, A., Wegner, A., Giebels, D., & Siebenhüner, B. (2022). Integrating knowledge within and between knowledge types in transdisciplinary sustainability research: Seven case studies and an indicator framework. *Environmental Science & Policy, 131,* 14–25.

Lemaire, A., & Limbourg, S. (2019). How can food loss and waste management achieve sustainable development goals? *Journal of Cleaner Production, 234,* 1221–1234.

Markard, J., Raven, R., & Truffer, B. (2012). Sustainability transitions: An emerging field of research and its prospects. *Research Policy, 41*(6), 955–967.

Marques-Perez, I., & Segura, B. (2018). Integrating social preferences analysis for multifunctional peri-urban farming in planning. An application by multi-criteria analysis techniques and stakeholders. *Agroecology and Sustainable Food Systems, 42*(9), 1029–1057.

Niederberger, M., & Renn, O. (2018). Das klassische Delphi-Verfahren: Konzept und Vorgehensweise. In M. Niederberger & O. Renn (Hrsg.), *Das Gruppendelphi-Verfahren* (S. 7–25). Springer Fachmedien Wiesbaden.

Page, A., Potter, K., Clifford, R., McLachlan, A., & Etherton-Beer, C. (2015). Prescribing for Australians living with dementia: Study protocol using the Delphi technique. *British Medical Journal Open, 5*(8), Article e008048.

Poore, J., & Nemecek, T. (2018). Reducing food's environmental impacts through producers and consumers. *Science, 360*(6392), 987–992.

Prahalad, C. K., & Ramaswamy, V. (2004). Co-creation experiences: The next practice in value creation. *Journal of Interactive Marketing, 18*(3), 5–14.

Read, Q. D., Brown, S., Cuéllar, A. D., Finn, S. M., Gephart, J. A., Marston, L. T., Meyer, E., Weitz, K. A., & Muth, M. K. (2020). Assessing the environmental impacts of halving food loss and waste along the food supply chain. *Science of the Total Environment, 712,* Article 136255.

Revez, A., Dunphy, N., Harris, C., Rogan, F., Byrne, E., McGookin, C., Bolger, P., Ó Gallachóir, B., Barry, J., Ellis, G., O'Dwyer, B., Boyle, E., Flood, S., Glynn, J., & Mullally, G. (2022). Mapping emergent public engagement in societal transitions: A scoping review. *Energy, Sustainability and Society, 12*(1), 2. https://doi.org/10.1186/s13705-021-00330-4.

SAPEA. (2020). *A sustainable food system for the European Union* (978-3-9820301-3-5). https://www.sapea.info/wp-content/uploads/sustainable-food-system-report.pdf.

Saritas, O., Pace, L. A., & Stalpers, S. I. (2013). Stakeholder participation and dialogue in foresight. In K. Borch, S. M. Dingli, & M. S. Jørgensen (Hrsg.), *Participation and interaction in foresight: Dialogue, dissemination and visions* (S. 35–69). Elgar.

Scholz, R. W., & Steiner, G. (2023). Process ownership in science–practice collaborations: The special role of transdisciplinary processes in sustainable transitioning. *Sustainability Science, 18*(3), 1501–1518.

Shindell, D., Zhang, Y., Seltzer, K., Faluvegi, G., Naik, V., Horowitz, L., He, J., Lamarque, J., Sudo, K., & Collins, B. (2020). *Data from modelling in support of the global methane assessment.* UN environment and duke research data repository.

Sotoudeh, M. (2009). *Technical education for sustainability. An analysis of needs in the 21st century.* Peter Lang Internationaler Verlag der Wissenschaften.

Springmann, M., Clark, M., Mason-D'Croz, D., Wiebe, K., Bodirsky, B. L., Lassaletta, L., De Vries, W., Vermeulen, S. J., Herrero, M., & Carlson, K. M. (2018). Options for keeping the food system within environmental limits. *Nature, 562*(7728), 519–525.

Steiner, G. (2008). Supporting sustainable innovation through stakeholder management: A systems view. *International Journal of Innovation and Learning, 5*(6), 595–616.

Smaal, S.A.L., Dessein, J., Wind, B.J. et al. (2021) Social justice-oriented narratives in European urban food strategies: Bringing forward redistribution recognition and representation. *Agriculture and Human Values 38*(3), 709–727. https://doi.org/10.1007/s10460-020-10179-6

UNEP, U. N. E. P. (2021). *Food Waste Index Report 2021.* https://www.unep.org/resources/report/unep-food-waste-index-report-2021.

United Nations. (2015). Transforming our world: The 2030 agenda for sustainable development. *New York: United Nations, Department of Economic and Social Affairs, 1,* 41.

Van Woensel, L. (2021). *Guidelines for foresight-based policy analysis.* European Parliament

Von Der Gracht, H. A. (2012). Consensus measurement in Delphi studies: Review and implications for future quality assurance. *Technological Forecasting and Social Change, 79*(8), 1525–1536.

Saskia Favreuille Wissenschaftliche Mitarbeiterin am Institut für Technikfolgen-Abschätzung (ITA) der Österreichischen Akademie der Wissenschaften (ÖAW). Schwerpunkte: Nachhaltige Lebensmittelsysteme, Lebensmittelverschwendung, Agrarökologie, Partizipative Methoden. E-Mail: saskia.favreuille@oeaw.ac.at

Mahshid Sotoudeh Privat Dozentin für Technikfolgenabschätzung und Nachhaltigkeit, wissenschaftliche Mitarbeiterin am Institut für Technikfolgen-Abschätzung (ITA) der Österreichischen Akademie der Wissenschaften (ÖAW). Schwerpunkte: inter- und transdisziplinäre Forschung auf dem Gebiet der TA, technische Innovationen und Bildung für nachhaltige Entwicklung, partizipative Methoden, Visionen und Szenarienbildung, zukunftsfähige Lebensmittelsysteme, E-Mail: mahshid.sotoudeh@oeaw.ac.at

Ulrike Bechtold Wissenschaftliche Mitarbeiterin am Institut für Technikfolgen-Abschätzung (ITA) der Österreichischen Akademie der Wissenschaften (ÖAW). Schwerpunkte: Partizipation, Innovation und Inklusion sowie Nachhaltigkeit und Technikfolgenabschätzung. E-Mail: ulrike.bechtold@oeaw.ac.at

Welches TA-Wissen fehlt einer „Responsible Governance“ von automatisiertem Fahren und was bedeutet das für die Methodenwahl?

Jens Schippl

1 Automatisiertes Fahren als Thema für die Technikfolgenabschätzung

Im Oktober 2024 gibt die Goolge-Tochter Waymo bekannt, 150.000 km pro Woche mit fahrerlosen Taxidiensten in verschiedenen kalifornischen Städten zurückzulegen (Rheinische Post, 2024). Die Stadt Hamburg will bis 2030 den öffentlichen Verkehr durch 10.000 autonome Shuttles der VW-Tochter MOIA ergänzen (Hochbahn, 2023). Daimler erhöht die Maximalgeschwindigkeit für seinen Drive-Pilot für autonomes Fahren auf Autobahnen (L3) von 60 km/h auf 95 km/h. (Mercedes Benz, 2024). In der chinesischen Stadt Wuhan sind 300 autonom fahrenden Taxis im Einsatz (NZZ, 2024). Autonomes Fahren (AF) im Personenverkehr ist also keineswegs Science-Fiktion, sondern in einigen Teilen der Welt bereits sehr gut sichtbar und erlebbar.

J. Schippl (✉)
Institut für Technikfolgenabschätzung und Systemanalyse (ITAS), Karlsruhe, Deutschland
E-Mail: jens.schippl@kit.edu

© Der/die Autor(en), exklusiv lizenziert an Springer Fachmedien Wiesbaden GmbH, ein Teil von Springer Nature 2025

M. Ornetzeder et al. (Hrsg.), *Methoden für die Technikfolgenabschätzung*,
https://doi.org/10.1007/978-3-658-48491-0_14

Es ist weithin anerkannt, dass automatisiertes Fahren mit großem transformativem Potenzial verbunden und damit von hoher Relevanz für die zukünftige Entwicklung von Mobilitätssystem und Gesellschaft werden kann (Fraedrich et al., 2017; Thomopoulos & Givoni, 2015). Das Thema ist insbesondere deshalb von großer Bedeutung, weil derzeit noch offen ist, ob AF zu einem deutlich nachhaltigeren und klimafreundlicheren Mobilitätssystem beitragen wird, indem es im ÖPNV oder auch mit Robo-Taxis flexible, gut erreichbare und bezahlbare Angebote schafft und damit Nutzung und Besitz von privaten PKW deutlich zurückdrängt. Oder ob vielmehr durch die Automatisierung der private PKW weiter an Attraktivität gewinnt und die bekannten negativen Folgen des PKW wie Emissionen, Flächenverbrauch und Zersiedlung verstärkt werden (Legêne et al., 2020; Schippl et al., 2022; Thomopoulos & Givoni, 2015). Es ist somit eine wichtige Aufgabe für die Technikfolgenabschätzung, aktuelle Entwicklungsdynamiken gut zu verstehen sowie zukünftig mögliche Entwicklungspfade und Pfadabhängigkeiten zu erkennen und zu bewerten. Es gilt eine Wissensbasis zu schaffen die als Grundlage für Entscheidungsträger:innen dienen kann, um AF – im Sinne einer „Responsible Governance" der Innovation – in eine gesellschaftlich gewünschte Richtung steuern zu können.

Die Situation im Bereich AF scheint zunächst dem aus der TA und verwandten Disziplinen gut bekannten Collingridge-Dilemma zu ähneln (Mladenović et al., 2020). Das erste Problem des Dilemmas besteht darin, dass es in den frühen Phasen der technologischen Entwicklung ein Informationsproblem über möglichen Folgen gibt; solange eine neue Technologie kaum entwickelt und verbreitet ist, ist es schwierig, ihre Folgen vorherzusehen (Collingridge, 1980). In solchen frühen Phasen ist die Entwicklungsrichtung neuer Technologien in der Regel noch nicht festgelegt und könnte relativ leicht beeinflusst werden. Es fehlen jedoch verlässliche Informationen über die zukünftige Entwicklungsdynamik und die Auswirkungen der Technologie, um sie gezielt beeinflussen zu können (Genus & Stirling, 2018). In späteren Phasen, wenn die Technologie weit verbreitet und etabliert ist, sind Kontrolle und Veränderung aufgrund von Lock-ins und Pfadabhängigkeiten schwierig. Die Vor- und Nachteile der Technologie werden im Laufe ihrer Entwicklung und Verbreitung deutlicher. Es werden Erfahrungen gesammelt, Auswirkungen können beobachtet, vielleicht sogar gemessen werden. Gleichzeitig wird die Technologie sozial eingebettet; sie entwickelt sich zusammen mit beispielsweise Regelungen, kapitalintensiven Investitionen, „Skills" oder Gewohnheiten – sie wird institutionalisiert. Dies führt zum zweiten Teil des Dilemmas, dem Kontrollproblem, welches darin besteht, dass eine Technologie, wenn sie erst einmal ausreichend entwickelt und verbreitet ist, sodass ihre unerwünschten Folgen sichtbar werden, nicht mehr leicht zu kontrollieren ist. Eine

Beeinflussung der Technikentwicklung ist grundsätzlich immer noch möglich, aber sozial schwierig, teuer und zeitaufwändig geworden.

Der im ersten Teil des Collingridge-Dilemmas skizzierte Informationsmangel ist im Fall von AF deutlich vorhanden. Nach Einschätzungen von Fachleuten (Thomopoulos & Givoni, 2015; Yen et al., 2024) sind die weitere Entwicklung von AF und die zukünftigen Folgen dieser Entwicklungen für Mobilität und Gesellschaft nicht eindeutig absehbar. Naheliegender Grund dafür ist, dass Aussagen über zukünftige Entwicklungen immer mit Unsicherheit verbunden sind, die sich erst im Laufe der Zeit zuverlässig auflösen. In diesem Papier wird jedoch die These vertreten, dass hier auch fehlendes Wissen über die Unkenntnis der aktuellen Systembedingungen und -prozesse eine wesentliche Rolle spielt – die Erforschung dieser Zusammenhänge muss nicht auf die Zukunft warten, sondern ist in der Gegenwart erschließbar. Innovationen im Mobilitätssektor treffen auf ein weitgehend etabliertes Selektionsumfeld, das zumindest teilweise die in der Gesellschaft vorherrschenden Präferenzen und Normen widerspiegelt (Granstrand & Holgersson, 2020). Um zu verstehen, in welche Richtung sich die Technik entwickeln kann und soll, braucht es auch ein solides Wissen darüber, wie sich AF zu den heute vorherrschenden Vorstellungen von einem wünschenswerten Mobilitätssystem verhalten (Schippl, 2024).

Das bedeutet, dass die Technikfolgenabschätzung sich auch bei der Wahl ihrer Methoden auf diesen spezifischen soziotechnischen Charakter des AF einlassen muss. Gute wissenschaftliche Praxis erfordert eine solide Begründung der Auswahl der angewandten Methoden. Nun ist es angesichts der unterschiedlichen und vielfältigen Problemkonstellationen, die es im Bereich soziotechnischer Dynamiken zu berücksichtigen gilt, nicht immer einfach dieser Begründungsleistung nachzukommen. Hier setzt der vorliegende Beitrag an. Er will einen Ansatz einführen, der hilft, diese Begründungsleistung zu erbringen. Die Argumentation stützt sich auf Ansätze aus der Technikfolgenabschätzung (TA) und der Transitionsforschung die in Abschn. 2 eingeführt und in Abschn. 3 auf das Feld AF angewendet werden. In Abschn. 4 wird eine Typologie vorgeschlagen, welche sowohl die technischen Folgen aus eher konsequentialistischer Perspektive, wie auch die normativen Kontextbedingungen neuer Entwicklungen berücksichtig. Es wird gezeigt, dass Innovationen im Feld der Mobilität je nach Typus unterschiedliche Methoden in den Vordergrund rücken sollten, um eine Responsible Governance, im Sinne einer gesellschaftlichen wünschenswerten Entwicklung zu ermöglichen. Der Beitrag endet mit abschließenden Bemerkungen in Abschn. 5.

2 Konzeptioneller Ansatz

2.1 Transitionen und Directionality soziotechnischer Systeme

Entwicklungsverläufen oder Pfadabhängigkeiten von Innovationen im Mobilitätsektor hängen nicht nur von den Eigenschaften technischer Innovationen ab, sondern auch von vielen nicht-technischen Faktoren wie beispielsweise Erwartungen, Präferenzen, Normen oder Regulierungen. (T. Cohen et al., 2020; Dennis & Urry, 2009). Wie viele Autor:innen gezeigt haben (Fraedrich et al., 2015; Geels, 2011), können Ansätze und Erkenntnisse aus der Transitionsforschung dazu beitragen, solche komplexen Zusammenhänge greifbarer und empirisch zugänglicher zu machen. Dabei werden Infrastrukturen wie Mobilität oder Energie als soziotechnische Systeme verstanden, in denen Elemente unterschiedlicher Art wechselwirken und sich zu einer relativ stabilen „configuration that works" (Rip & Kemp, 1998) zusammenfügen. Das Regime wird in der Regel als der institutionelle Kern verstanden, der die „deep structure" (Geels, 2004) soziotechnischer Systeme bildet. In diesem Sinne werden Transitionen als Veränderungen in diesen „deep structures" konzipiert. Dieses Verständnis von Institutionen, die den Kernbereich soziotechnischer Systeme stabilisieren, wird oft durch Scotts Ansatz spezifiziert, der regulative, normative und kognitiven Elemente von Institutionen unterscheidet (Scott, 2008):

1. Regulative Institutionen beziehen sich auf formale Regeln, Gesetze, Richtlinien und definierte Standards;
2. Normative Institutionen beziehen sich auf Werte, Normen oder Erwartungen, wie sich Akteure verhalten sollen;
3. Kognitive Institutionen beziehen sich auf gemeinsame Rahmen, durch die Bedeutung geschaffen wird, gemeinsame Überzeugungen und das Verständnis dessen, was „normal" ist, gemeinsame Handlungslogiken, Selbstverständlichkeiten.

Nach (Geels, 2011, S. 31) bezieht sich das Regime auf die kaum greifbaren und nicht direkt „messbaren" kognitiv-normativen Institutionen (z. B. Überzeugungen, Heuristiken, Routinen, politische Paradigmen, soziale Erwartungen und Normen) und beschreibt somit eine Teilmenge des soziotechnischen Systems. Letzteres umfasst auch die leichter greifbaren oder sichtbaren Elemente von Infrastrukturen (z. B. Artefakte, Vorschriften, öffentliche Meinung, sichtbarer Widerstand gegen Innovationen).

Obwohl Regime in der Regel durch stabile (oder „sedimentierte“) institutionelle Konfigurationen gekennzeichnet sind, müssen diese Konfigurationen nicht unbedingt in sich kohärent sein. Vielmehr können sich im Regime unterschiedliche, vielleicht sogar widersprüchliche institutionelle Logiken etablieren und die Gestaltung, das Tempo und die Richtung von Innovationen beeinflussen (Fuenfschilling & Truffer, 2014). Nicht selten besteht in soziotechnischen Systemen ein Konflikt zwischen einer dienstleistungsorientierten und einer ökonomischen Rationalität, wie sich oft bei Krankenhäusern zeigt: Hier konkurriert eine Logik der optimalen medizinischen Versorgung mit einer Logik der Wirtschaftlichkeit. Solch konkurrierende institutionellen Logiken sind im Mobilitätssektor unschwer erkennbar (Cohen, 2010; Drexler et al., 2022). So konkurrieren die verschiedenen Verkehrsträger immer wieder um Ressourcen wie Geld, öffentliche Unterstützung oder Straßenraum (Schöller-Schwedes, 2010). Bekannt ist auch der Konflikt zwischen Akteuren, die den Autoverkehr als umweltschädlich und vermeidenswert einstufen, und solchen, die sich Mobilität ohne eigenes Auto und die entsprechenden Infrastrukturen nicht vorstellen können (Canzler et al., 2018; Dennis & Urry, 2009).

Um den zukünftigen Verlauf der Entwicklung des AF zu antizipieren, ist es notwendig, die normativ-kognitiven institutionellen Konfigurationen zu verstehen, welche die „Directionality“ des relevanten Regimes mitbestimmen. Das Konzept der Directionality geht ursprünglich von der Idee aus, dass soziotechnischer Wandel eine Richtung hat, dass Entscheidungen zwischen verschiedenen Richtungensoptionen oder Alternativen getroffen werden (Schot & Kanger, 2018; Weber & Rohracher, 2012). Basierend auf diesem Verständnis und in Anlehnung an Yap und Truffer (2019) sowie Schippl und Truffer (2020) wird der Begriff der Directionality hier als Ausrichtung der Systemkonfiguration verstanden, die das transformative Potenzial einer Innovation mitbestimmt. Directionality beschreibt den Grad der Offenheit/Geschlossenheit gegenüber bestimmten Entwicklungsrichtungen und Pfadabhängigkeiten. Als häufige Ursache für Fehlentwicklungen in soziotechnischen Transitionen beschreiben Weber und Rohracher (2012) „directionality failures“. Diese liegen vor, wenn eine aus Nachhaltigkeitsperspektive vielversprechende Innovation letztlich nur zur Stabilisierung nicht nachhaltiger Entwicklungen oder Zustände führt. Als wichtigen Ansatz, um solchen Fehlentwicklungen entgegenzuwirken, identifizieren Weber und Rohracher (2012) die Entwicklung von „gemeinsamen Visionen“. Solche Visionen bieten dann die notwendige normative Orientierung für die Entstehung eines kohärenten Politikportfolios. Die Autoren sprechen auch das Problem an, dass ein Konsens über die gewünschte Entwicklungsrichtung im Sinne einer „gemeinsamen Vision“ oft nicht ohne Weiteres verfügbar ist, sondern erst durch geeignete Maßnahmen, Prozesse oder Methoden entwickelt werden muss (vgl. dazu Abschn. 3.3).

Vor diesem Hintergrund wird deutlich, dass eine Responsible Governance von Innovations- und Transitionsprozessen Wissen erfordert, das auf unterschiedliche epistemische Weise erschließbar ist. Dazu gehört das Wissen über die (zukünftigen) Folgen einer Innovation, das in erster Linie durch die erste Collingridge-Herausforderung thematisiert wird. Offensichtlich sind gute Kenntnisse über wichtige Bedingungen und Kausalketten im aktuellen System erforderlich. Diese sind nur teilweise direkt empirisch zugänglich. So erfordert beispielsweise die Erforschung der Konfigurationen und Dynamiken kognitiv-normativer Institutionen eher interpretative, hermeneutische Ansätze. Darüber hinaus ist Wissen über die vorherrschenden Zielsysteme (z. B. Ausstieg aus Verbrennungsmotoren bis 2035) und die zugrunde liegenden Argumentationsmuster erforderlich.

2.2 Für TA und Transitionsforschung relevante Wissenstypen

Entsprechend den Ausführungen in Abschn. 2.1, werden in TA und Transitionsforschung Kategorisierungen von relevanten Wissenstypen thematisiert (Sotoudeh & Gudowsky, 2018). Zunächst wurde zwischen drei Typen von Wissen unterschieden (Grunwald, 2020; Hirsch Hadorn, 2005; Weber & Whitelegg, 2003) nämlich Systemwissen (auch Erklärungswissen genannt), Orientierungswissen (auch Zielwissen genannt) und Handlungswissen (auch transformatives Wissen genannt). Da die Kategorie Orientierungswissen sowohl exploratives Zukunftswissen wie auch normatives Wissen über Ziele und deren Begründung umfasst, schlugen Grunwald und Schippl (2013) eine Unterteilung in vier Typen von Wissen vor, die zwischen normativem Wissen, Systemwissen, Zukunftswissen und Handlungswissen unterscheidet. Vor einigen Jahren hat Grunwald mit dem hermeneutischen Wissen eine fünfte Wissenskategorie identifiziert (Grunwald, 2014, 2020). Dieser Typ von Erkenntnisgewinn zielt darauf ab, die Bedeutung zu verstehen, die Innovationen und damit verbundene Zukunftsbilder und Veränderungsprozesse für bestimmte Einzelpersonen, Gruppen oder Gesellschaften haben. Ziel ist es, textliche, grafische oder filmische Aussagen oder Darstellungen auf die dahinterstehenden Motivationen zu untersuchen.

Ausgehend von Schippl (2024), schlage ich in diesem Beitrag eine leichte Verschiebung bzw. Spezifizierung dieser Kategorien vor, wie sie in Grunwald (2020, p. 112) beschrieben wird, wobei es weniger um die Inhalte als um die Beziehung zwischen den Kategorien geht (Tab. 1 (nach Schippl, 2024)). Das Kernargument

Tab. 1 Wissenstypen für TA und Transitionsforschung (nach Schippl, 2024)

Wissenstypen	Hauptfunktion, Erkenntnisziel
Empirisch direkt zugängliches Systemwissen	Verstehen, erklären
Zukunftswissen	
Hermeneutisches Wissen	
Normatives Wissen	Orientieren, leiten
Handlungswissen	Gestalten, umsetzen

ist, dass letztlich alles Wissen, das Transitionsprozesse zu informieren sucht, als Orientierungswissen im weiteren Sinne beschrieben werden kann. Lediglich die Kategorie des normativen Wissens ist auf eine „direkte" Orientierung im Sinne der Bestimmung erwünschter oder unerwünschter Entwicklungsrichtungen mit mehr oder weniger spezifischen Zielbereichen ausgerichtet. Sie unterscheidet sich somit von den Wissenstypen, die in erster Linie auf Verständnis oder Erklärung ausgerichtet sind. Dazu gehören die drei Kategorien empirisches Systemwissen, hermeneutisches Wissen und auch Zukunftswissen, die zwar unterschiedliche Arten des Erkenntnisgewinns beschreiben, aber letztlich darauf abzielen, die Zusammenhänge des Systems und damit auch mögliche Entwicklungen besser zu verstehen. Auch wenn diese Typen von Wissen mit ihren entsprechenden Erkenntniswegen niemals frei von normativen Einstellungen sein können, ist das vorrangige Ziel ein besseres Verständnis der systemrelevanten Zusammenhänge oder Bedingungen.

3 Wissensbestände im Bereich AF und Mobilität

Im Folgenden wird der Stand des Wissens in den 5 Wissenstypen für den Bereich Mobilität und AF skizziert. Dabei wird nicht Vollständigkeit angestrebt; vielmehr geht es darum, auf für die TA relevante Wissenslücken hinzuweisen, um in Abschn. 4 die Bedeutung unterschiedlicher TA-Methoden zu begründen. Der Schwerpunkt liegt dabei auf den Kategorien Zukunftswissen, normatives Wissen und hermeneutisches Wissen, da diese für die Argumentation des vorliegenden Papiers besonders relevant sind.

3.1 Empirisches Systemwissen

Dieser Wissenstyp erschließt sich durch Erkenntniswege, die auf direkt zugängliche Erfahrungen, Beobachtungen oder Befragungen basieren, um die Zusammenhänge und Ursache-Wirkungen-Beziehungen im Mobilitätssystem zu verstehen. Dazu tragen die verschiedenen Erhebungen und Nutzerbefragungen bei, die in Deutschland regelmäßig durchgeführt werden. Die Verkehrsmodellierung ist ein etabliertes Instrument zur Simulation von Verkehrsströmen und den potenziellen Auswirkungen von Eingriffen in das Mobilitätssystem auf verschiedenen räumlichen und administrativen Ebenen. Verschiedene Disziplinen tragen zu einem besseren Verständnis der Ursache-Wirkungs-Beziehungen im Mobilitätssystem bei. Ebenso wie Ingenieur- und Wirtschaftswissenschaften gehören dazu auch Politik- und Sozialwissenschaften (Ryghaug et al., 2023).

Von der technologischen Seite sind selbstverständlich gute Kenntnisse des AF mit seinem Innovationssystem oder Ökosystem (Granstrand & Holgersson, 2020) erforderlich, die sich auch auf Aspekte der Regulierung und politische Optionen erstrecken (Yen et al., 2024). Ebenso besteht Forschungsbedarf zu den verschiedenen Dimensionen der gesellschaftlichen und sozialen Akzeptanz des AF, die seit einigen Jahren in teilweise recht unterschiedlich angelegten, empirischen Studien untersucht werden (dos Santos et al., 2022).

3.2 Zukunftswissen

Zukunftswissen basiert auf Annahmen über Entwicklungen und Ursache-Wirkungs-Zusammenhänge, die in der Zukunft liegen und daher nicht direkt beobachtbar sein können. Es geht darum, den Raum möglicher und plausibler zukünftiger Entwicklungen und ihre potenziellen Folgen oder Auswirkungen zu verstehen. Als solches ist Zukunftswissen eng mit Systemwissen verbunden. Diese Art von Wissen und die Methoden zu seiner Generierung sind in der Mobilitätsplanung und -politik weit verbreitet. Typische Beispiele sind Prognosen der zukünftigen Verkehrsnachfrage oder Abschätzungen der Auswirkungen neuer Infrastrukturen wie Straßen oder Radwege. Verkehrsmodellierung spielt hier oft eine Schlüsselrolle (zur Problematik bei der Nutzung von Modellen Vgl. Beitrag von Armin Grunwald in diesem Band). Verschiedene Formen der Bürger- und Stakeholderbeteiligung können sowohl in Planungsprozessen als auch bei der Bewertung potenzieller zukünftiger Auswirkungen eine Rolle spielen (Rosa et al., 2021).

Im Hinblick auf autonome Fahrzeuge besteht die Hauptaufgabe darin, plausible zukünftige Entwicklungsrichtungen von autonomen Fahrzeugen und ihre potenziellen Wechselwirkungen mit und Auswirkungen auf Mobilität und Gesellschaft zu antizipieren. Insbesondere die potenziellen Auswirkungen verschiedener Formen des AF auf Mobilitätssysteme und die räumliche Entwicklung wurden umfassend untersucht (Fraedrich et al., 2017). Im Hinblick auf den Personenverkehr wurde in zahlreichen, häufig modellbasierten Studien die Frage der Frage nachgegangen, ob oder inwieweit AF die Verkehrsnachfrage und die Fahrleistung beeinflussen wird (Meyer et al., 2017; WEF & BCG, 2018). Viele Studien gehen von einem Anstieg der Verkehrsnachfrage und der Fahrleistung bei Erreichen der Automatisierungsstufen 4 und 5 aus (Bösch et al., 2018; Friedrich et al., 2018). Insgesamt machen die vorliegenden Forschungsergebnisse deutlich, dass die Auswirkungen auf den Verkehr sehr stark davon abhängen, ob AF individuell oder kollektiv genutzt wird. Es bleibt aber offen, welche Form von AF die zukünftige Mobilität dominieren wird. Eine starke Verbreitung von Robo-Taxis und Shuttles könnte zu deutlich mehr Nachhaltigkeit führen, während eine massive Dominanz privater AF die Nachhaltigkeit deutlich reduzieren könnte. Es wurde mehrfach gezeigt, dass für beide Entwicklungspfade plausible Szenarien entwickelt werden können (Legêne et al., 2020).

Dennoch wird sich AF bis zu einem gewissen Grad an bestehende Infrastrukturen und etablierte Mobilitätsbedürfnisse anpassen müssen. Fraedrich et al. (2015) betonen, dass die Entwicklung neuer Technologien im Mobilitätssystem sich an einem etablierten soziotechnischen System ausrichten muss. Das schränkt den Möglichkeitsraum zukünftiger Entwicklungen im Bereich AF ein. Auch wenn AF das Mobilitätssystem in unterschiedliche Richtungen verändern kann, ist doch recht gut verstanden, was plausible Entwicklungen sind, d. h. wo ungefähr die Grenzen eines Szenariotrichters laufen, der den zukünftigen Möglichkeitsraum im Bereich AF absteckt (vgl. Abb. 1). Vieles ist bei den über Jahrzehnte entwickelten Mobilitätsinfrastrukturen nicht ohne weiteres veränderbar, auch nicht durch AF.

3.3 Normatives Wissen

Bei der Bewertung der zukünftigen Entwicklung von AF und seiner verschiedenen Auswirkungen ist es unerlässlich, normative Kriterien oder Ziele heranzuziehen, um zwischen wünschenswerten und unerwünschten Entwicklungen zu unterscheiden. Aus wissenschaftlicher Sicht beinhaltet dies oft die Entwicklung oder normative Begründung von Bewertungskriterien, die auf Konzepten

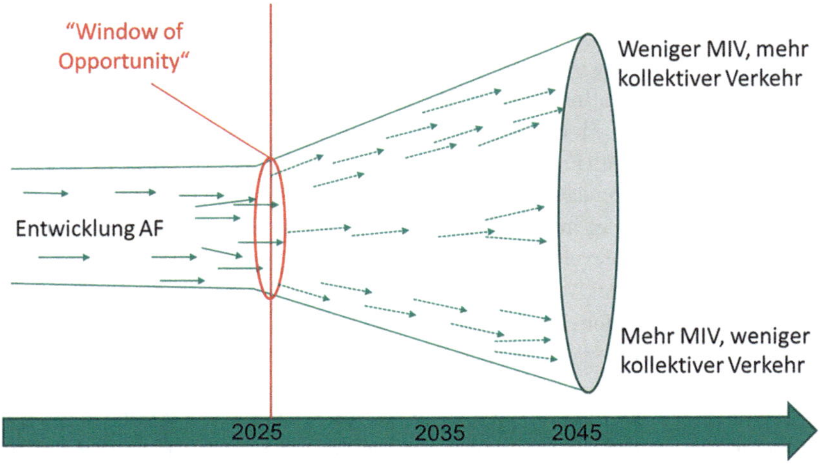

Abb. 1 Schematische Darstellung der Entwicklungsperspektiven von AF im Mobilitätssystem

wie Nachhaltigkeit und/oder ethischen Überlegungen basieren können (Roache, 2008). Es ist wichtig zu beachten, dass normative Kriterien oder Bewertungen sich nicht nur auf die Eigenschaften neuer Technologien und Prozesse beziehen, sondern vielmehr auf die Art und Weise, wie diese Artefakte und Prozesse im jeweiligen soziotechnischen System heute oder perspektivisch verwendet werden (Bijker & Law, 1992; Grunwald, 2022). Nicht die Technologie selbst ist nachhaltig oder nicht, sondern die Art und Weise, wie sie in das soziotechnische System eingebettet wird. Bei den Bewertungen geht es genau genommen um die Wechselbeziehungen von AF mit und/oder die Auswirkungen auf das soziotechnische System der Mobilität. Relevante Fragen sind, ob sich die Sicherheit verbessert oder nicht, die Emissionen reduziert werden oder nicht, die zurückgelegten Kilometer zunehmen oder nicht oder ob sich die Verkehrsmittelwahl ändert oder nicht. Keine dieser Wirkungskategorien ist grundsätzlich neu, da Mobilität ein lange etabliertes, soziotechnisches System ist. Daher sind normative Bewertungen der Entwicklung von AF unweigerlich mit Vorstellungen darüber verbunden, wie wünschenswerte Mobilitätsoptionen und eine wünschenswerte Mobilitätszukunft aussehen sollten. Die Legitimation der Bewertungen kann nur aus dem existierenden System mit seinen Zielen und Visionen kommen (Faulconbridge & Muzio, 2021).

Nun gehen die Meinungen deutlich auseinander, wenn es darum geht, was genau wünschenswerte Entwicklungen im Mobilitätssystem sind. In Deutschland, wie in vielen anderen Ländern auch, lässt sich beobachten, dass auf einer sehr allgemeinen Ebene Ziele wie nachhaltige und/oder klimafreundliche Mobilität weithin akzeptiert werden. Wie genau diese Ziele umgesetzt oder welche Teilziele oder Meilensteine gesetzt werden sollen, bleibt jedoch oft umstritten (Drexler et al., 2022; Lambrecht et al., 2023). Wie bereits erwähnt, ist das Regime im Mobilitätssektor durch mindestens zwei konkurrierende institutionelle Logiken gekennzeichnet: Nach der einen Logik gilt das Autofahren als unverzichtbar, während nach der anderen Logik die Autonutzung vor allem in Städten stark reduziert werden sollte. Dies wird durch die zum Teil seit Jahrzehnten andauernden Konflikte um den Umgang mit dem Autoverkehr veranschaulicht (Canzler & Knie, 2018; Mögele & Rau, 2020). Typische Themen sind: Geschwindigkeitsbegrenzungen auf Autobahnen, Umwidmung von Fahrspuren zugunsten von Fahrrädern, autofreie Zonen in Städten oder die Beseitigung von Parkplätzen in Wohngebieten zur Verbesserung der Lebensqualität (Kirschner & Lanzendorf, 2020).

Viele Beobachter weisen auf entsprechende Herausforderungen bei der Entwicklung einer gemeinsamen Vision bzw. eines Zielsystems für den Mobilitätssektor hin (Schippl & Arnold, 2020). Der Deutsche Städtetag (Horn et al., 2018) sieht solch eine Entwicklung einer gemeinsamen Vision der zukünftigen Mobilität als notwendige Voraussetzung für eine Mobilitätswende. Drexler et al. (2022) kommen in ihrer Forschung zu der Frage, wie Akteure im Feld Mobilität in Deutschland das Thema Mobilitäts- und Verkehrswende rahmen, zu dem Ergebnis, dass es kein gemeinsames Verständnis der Probleme und Lösungen zur Förderung einer Mobilitätswende gibt. Diese Aussage wird durch einen OECD-Bericht aus dem Jahr 2018 gestützt, in dem festgestellt wurde, dass es im deutschen Verkehrssektor an einer übergreifenden politischen Strategie mangelt (OECD, 2018). Es gibt zwar Ziele, wie das mit dem Klimaschutzgesetz verbundenes Ziel bis 2030 15 Mio. Elektroautos auf die Straße zu bringen. Dabei handelt es sich jedoch „nur“ um eine neue Antriebstechnologie, und nicht um eine umfassendere Verkehrs- oder Mobilitätswende (Manderscheid, 2020), die auch Änderungen des Mobilitätsverhaltens umfasst.

Eine klare und konsequente Ausrichtung des Mobilitätssektors auf die Reduzierung des Autobesitzes und der Autonutzung ist nicht erkennbar. Vor diesem Hintergrund erscheint es schwierig, die zukünftigen Entwicklungspfade des AF in eine bestimmte Richtung zu lenken. Der regulatorische Rahmen für AF bleibt daher vage. Sicherlich unterstützen die kürzlich in Deutschland erlassenen gesetzlichen Regelungen den Einsatz von AF im öffentlichen Verkehrssektor (Deutscher Bundestag, 2021). Die Verordnung schreibt vor, dass Level- 4-Fahrzeuge (in

Automatisierungsstufe 4 kann das Fahrzeug unter bestimmten Bedingungen komplett autonom fahren) von einer technischen Aufsicht überwacht werden müssen, die bei Bedarf aus der Ferne eingreifen kann. Eine Person darf als technische Aufsicht mehrere Fahrzeuge gleichzeitig überwachen, was bedeutet, dass die Regulierungauf Flottenbetreiber zugeschnitten ist, wie sie im öffentlichen Verkehrssektor etabliert sind. Die Regulierung ist jedoch nicht mit klaren Zielen für die Einführung von AF verbunden oder gar in eine übergreifende Strategie für die Mobilität der Zukunft integriert.

3.4 Hermeneutisches Wissen

Hermeneutisch abgeleitetes Wissen hilft, die den genannten Konfliktkonstellationen und der entsprechenden normativen Unklarheit zugrunde liegenden Motivationen, Werte und Argumentationsmuster zu verstehen. Dieser Wissentyp zielt darauf ab, verbreitete kulturelle Überzeugungen oder Erwartungen mit ihrem historischen Hintergrund, den Motivationen und Interessen der Akteure zu identifizieren und zu verstehen und sie so für die Orientierung in Transitionsprozessen nutzbar zu machen (Grunwald, 2014). Die Mobilitätsforschung wird oft von quantitativen Ansätzen dominiert, und es besteht die Tendenz, die Relevanz solch hermeneutisch zugänglicher Aspekte für Entwicklungen im Mobilitätssektor zu unterschätzen (Mögele & Rau, 2020). Die Gestaltung des Mobilitätsregimes wird jedoch von vielen impliziten Vorstellungen/Erwartungen darüber, was richtig oder angemessen ist, mitbestimmt. Es ist wichtig, die tiefere gesellschaftliche Einbettung dieser Vorstellungen und Erwartungen zu untersuchen, um die Bedingungen für die Behebung des oben genannten Mangels an normativer Klarheit besser zu verstehen. Hermeneutisches Wissen erschließt kognitive und normative Institutionen, die Regimekonfigurationen und deren Stabilität/Veränderbarkeit prägen und die mit „klassischen" empirischen Methoden wie quantitativen Umfragen nur schwer zugänglich sind. Die Erforschung von Wissen in diesem Bereich muss daher stark interpretativ sein. Ziel ist es, grundlegende institutionelle Logiken (Fuenfschilling & Truffer, 2014) im Regime, mit ihren Hintergründen und Motivationen besser zu verstehen. Ruhrort (2023) betont beispielsweise die Bedeutung von Narrativen für nachhaltige Transitionen und dass in Deutschland im Hinblick auf die Ausgestaltung einer Mobilitätswende konkurrierende Narrative zu beobachten sind.

Insbesondere wenn es um die Bedeutung des Autos geht, gibt es Studien, die dem hermeneutischen Wissen zuzuordnen sind. So arbeitet Gössling (2017) in seinem Buch „The Psychology of the Car“ heraus, dass viele soziale Normen und Wahrnehmungen von der Populärkultur, einschließlich Filmen, Literatur, Musik und Spielen, beeinflusst werden und dass auch die Bedeutungszuschreibungen und Wahrnehmungen des Autos auf diese Weise geprägt werden. Groth et al. (2023) untersuchten u. a. wie Alltagsmobilität in beliebten Krimiserien dargestellt wird und stellten fest, dass sich die aktuelle Kontroverse über die zukünftige Rolle des Autos auch in den Medien widerspiegelt, wobei autozentrierte Handlungsstränge dominieren. Mögele und Rau (2020) zeigen, auf Basis eines diskursanalytischen Ansatzes, für zwei stark von der Automobilindustrie geprägte Bundesländer, dass das identitätsstiftende Bild eines Autolandes Veränderungen hin zu einer nachhaltigeren, weniger autozentrierten Mobilitätskultur hemmt. Schippl et al. (2022) zeigen, dass Änderungen im Bereich der kognitiv-normativen Institutionen im heutige Mobilitätssektor ganz unterschiedliche Pfadabhängigkeiten induzieren können. Es ist daher wichtig, nicht nur die möglichen zukünftigen Folgen des AF zu betrachten, sondern auch die Directionality des aktuellen Regimes besser zu greifbar zu machen. Hermeneutisches Wissen mit seinem Fokus auf die Hintergründe der heute dominierenden institutionellen Konfigurationen kann dazu beitragen, diese Ausgangsbedingungen für mögliche Pfadentwicklungen besser zu verstehen.

3.5 Handlungswissen

In dieser Kategorie geht es um die Effizienz und Umsetzbarkeit von Maßnahmen (Givoni, 2014). Dieser Wissenstyp baut also stark auf den anderen Kategorien auf. Hier wird der Mangel an normativer Orientierung besonders relevant. Effizienz und Effektivität von Maßnahmen können nur in Bezug auf spezifische Ziele bewertet werden. Normative und hermeneutische Aspekte sind auch bei Akzeptanzfragen entscheidend, bei denen es immer um eine implizite oder explizite Abwägung der wahrgenommenen Vor- und Nachteile einer Innovation geht. Darüber hinaus umfasst dieser Typ Prozesswissen und praktisches Wissen, das für die Planung und Umsetzung spezifischer Maßnahmen erforderlich ist. Dazu gehören beispielsweise die Kompetenz ein Planfeststellungsverfahren einschließlich Öffentlichkeitsbeteiligung beim Bau verkehrlicher Infrastrukturen durchzuführen, das Wissen wie man ein Netz an Ladesäulen für Elektrofahrzeuge aufbaut und managet, wie man die Verkehrsplanung auf verschiedenen politischen Ebenen organisiert oder wie man eine verkehrsberuhigte Zone einrichten kann.

4 AF als „Typ-2-Directionality"

Ausgehend von den Defiziten in den oben skizzierten Wissenstypen lässt sich nun zeigen, dass AF eine spezifische Form von Directionality im Mobilitätsbereich repräsentiert. Zentrale Merkmale des AF sind erstens der begrenzte Möglichkeitsraum („Szenariotrichter") im Bereich des Zukunftswissens und die Ungewissheit darüber, welche Art von ko-evolutionärer Dynamik innerhalb dieses Möglichkeitsraums vorherrschen wird. Zweitens ist die Situation durch einen Mangel an normativer Klarheit und den (damit verbundenen) Bedarf an mehr normativem und hermeneutischem Wissen gekennzeichnet.

Abb. 2 fasst diese Charakterisierung des AF zusammen und stellt sie zwei anderen Typen der Directionality gegenüber, die im Mobilitätssektor beobachtet werden können, hier repräsentiert durch Elektromobilität und Blockchain-Technologie. Sie ist von einer von Armin Grunwald eingeführten Kategorisierung inspiriert, die von der Beobachtung ausgeht, dass zukunftsorientierte Studien oft zu unterschiedlichen Schlussfolgerungen kommen (Grunwald, 2019). Je nachdem, wie stark Zukunftsstudien in einem bestimmten Bereich konvergieren oder divergieren, unterscheidet Grunwald drei Orientierungsmodi. Die Modus-1-Orientierung ist durch eine recht gute Kenntnis der relevanten Bedingungen und Ursache-Wirkungs-Zusammenhänge im jeweiligen soziotechnischen Bereich gekennzeichnet. Anwendungsfälle für die neue Technologie sind recht gut verstanden und können eng definiert werden. Die Einschätzungen der Expert:innen zur zukünftigen Entwicklung der Innovation tendieren dazu, zu konvergieren. Die Modus-2-Orientierung kennzeichnet eine deutliche Unsicherheit über die zukünftige Entwicklungsrichtung der Innovation. Die potenziellen Anwendungsfälle und Entwicklungspfade bleiben jedoch innerhalb eines plausibel abgrenzbaren Bereichs von Möglichkeiten. Diese Eingrenzung ist im Fall einer Mode-3-Orientierung nicht vorhanden. Hier besteht ein hohes Maß an Unsicherheit in Bezug auf die möglichen Anwendungen und Auswirkungen der Innovation.

Diese Kategorisierung kann erweitert werden, um die drei verschiedenen Typen von Directionality zu unterscheiden, die in Abb. 2 dargestellt sind. Grunwalds' Modi nehmen den Wissensstand oder die Unsicherheit als zentrales Kriterium für die Zuordnung von Technologien zu den Modi. Dementsprechend ist die Situation im Bereich des prospektiven Wissens ein wichtiger Bezugspunkt. Dies wird in Tab. 1 durch die Y-Achse dargestellt. Für eine detailliertere Darstellung der Wissenskonfiguration in einem Modus ist in Abb. 2 eine weitere Dimension hinzuzufügen, die mit normativem und hermeneutischem Wissen zusammenhängt: die Homogenität/Heterogenität der relevanten institutionellen Konfiguration, die über die x-Achse abgedeckt wird.

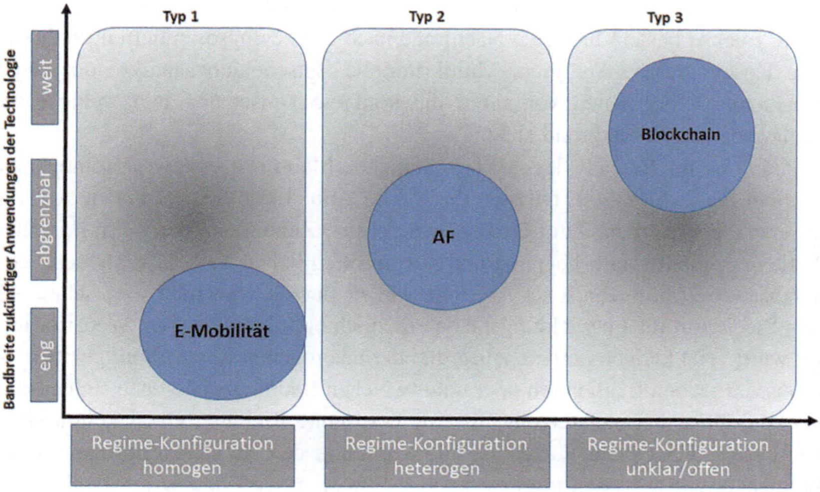

Abb. 2 Verschiedene Typen von Directionality im Mobilitätssektor (nach Schippl, 2024)

E-Mobilität bei Pkws kann als Beispiel für die Typ-1-Directionality herangezogen werden. Der Anwendungsbereich der Technologie ist sehr begrenzt. Die Frage ist, wie schnell sich E-Autos verbreiten werden und nicht, wie sie eingesetzt und genutzt werden. Es ist offensichtlich, dass sie auf die gleiche Weise genutzt werden wie Autos heute. Gleichzeitig wird die E-Mobilität in Deutschland (und in der EU) in der Politik weitgehend als wünschenswerte Entwicklung angesehen und durch entsprechende Vorschriften unterstützt. Auch wenn es Diskussionen um die richtige Form der Förderung und Regulierung gibt (z. B. „Verbrennerverbot" oder nicht), so stößt das eigentliche Ziel einer weitgehenden Transition zu E-Autos nach wie vor auf breite Zustimmung. Es gibt konkrete Ziele für die Marktdurchdringung und den Ausbau der Ladeinfrastruktur, die von einer Vielzahl relevanter Akteure geteilt und programmatisch unterstützt werden. Die weitere Verbreitung der E-Mobilität ist nicht nur wahrscheinlich, weil sie technisch und wirtschaftlich machbar ist, sondern auch, weil sie gesellschaftlich erwünscht ist. Die Technologie fällt in den Typ 1, in dem vor allem Zukunftswissen und Systemwissen sowie instrumentelles Wissen benötigt werden, um die politisch gewollte schnelle Verbreitung von Elektrofahrzeugen zu ermöglichen. Dementsprechend sollten hier Methoden im Vordergrund stehen, welche diese Wissenstypen gut bedienen können. Dazu gehören Verkehrszählungen, Befragungen oder auch detaillierte Modellierungen die beispielsweise zeigen, wo besonderer Bedarf für welchen Typ von Ladesäulen vorherrschen wird. Ebenso besteht hier eine Nachfrage nach umsetzungsorientierten Methoden wie Kosten-Nutzen-Analysen, Multikriterielle Entscheidungsanalyse oder auch Roadmaps – bei denen vor allem die konkrete Umsetzung und weniger das Zielsystem im Vordergrund steht.

Gäbe es im Bereich des AF ein ähnliches Maß an normativer Homogenität wie bei der E-Mobilität, müssten das AF in Abb. 1 deutlich stärker in den Typ 1 verschoben werden. Zum Beispiel würde eine Zukunft, in der AF im privaten Verkehr regulativ stark begrenzt und nur im öffentlichen Verkehr umfassend einsetzbar wäre (mit technischer Aufsicht, wie sie derzeit gesetzlich vorgesehen ist), den Spielraum für Entwicklungspfade erheblich einschränken. Der Szenariotrichter würde viel kleiner werden. Aufgrund der heterogenen Regimekonfiguration ist es derzeit jedoch fraglich, ob oder unter welchen Bedingungen genau sich eine so starke politische Unterstützung für eine bestimmte Richtung entwickeln könnte. Es braucht daher mehr Forschung und Wissen in den Bereichen normatives und hermeneutisches Wissen in einer solchen Situation der Typ-2-Directionality. Bei entsprechenden methodischen Ansätzen kann es sich um partizipative Verfahren, z. B. mit Bürgern, Interessenvertretern und/oder Experten zur Entwicklung von Visionen/Leitbildern handeln. Diese sind bei Typ 1 nicht mehr erforderlich, bei Typ 3 fehlt dafür noch die notwendige Wissensgrundlage. Weiters geht es um qualitative Erhebungen, die interpretative Schritte erlauben, wie die Beobachtungen und Analysen von textlichem und filmischem Material, um die Hintergründe normativer Kontroversen besser verstehen zu können. Mögliche Wirkungen von AF mittels Modellierungen zumindest grob abzuschätzen um eine Grundlage für normtive Bewertungen zu generieren ist sicherlich notwendig - aber eben nicht hinreichend.

Gleichzeitig unterscheidet sich AF deutlich von Technologien aus dem Bereich der Typ-3-Directionality, deren Anwendungsmöglichkeiten sehr offen und kaum eingrenzbar sind. Typische Beispiele sind die Nanotechnologie oder die künstliche Intelligenz (KI). Als aktuelles Beispiel für Typ 3 in der Mobilität ist hier die Blockchain-Technologie angeführt. Der Hype um die Blockchain-Technologie, der vor allem durch den enormen Preisanstieg von Bitcoin und anderen Kryptowährungen ausgelöst wurde, hat zur Entwicklung einer Vielzahl von Ideen und Projekten in verschiedenen Bereichen geführt, darunter auch im Bereich der Mobilität. Einige dieser Ideen überschneiden sich mit aktuellen Trends wie Mobilität-on-Demand, autonomes Fahren und Elektrifizierung (Gösele & Sandner, 2019; Karger et al., 2021). Im Zusammenspiel mit diesen Trends könnte Blockchain auf verschiedene Weise einen disruptiven Effekt auf das Mobilitätssystem haben. Die möglichen Entwicklungsrichtungen und ihre Auswirkungen sind jedoch noch nicht gut verstanden und schwer einzugrenzen. Im Gegensatz zum AF, d. h. Typ-2, lässt sich kein sinnvoll abgrenzbarer Szenario-Trichter identifizieren. Auf der Seite der Technologieentwicklung gibt es noch kaum klare Bezugspunkte, anhand derer das Spektrum zukünftiger Optionen bestimmt oder eingegrenzt werden könnte. Als Grundlage für eine normative Orientierung ist mehr verlässliches Wissen über potenzielle zukünftige Anwendungen erforderlich (Zukunftswissen). Methodisch geht es hier zum einen darum die Bandbreite möglicher Entwicklungen mittels Ansätzen wie z. B. Delphi Studien (wenn es bereits genug Expert:innen gibt) oder Foresight-Workshops mit Stakeholdern/Expert:innen besser zu verstehen bzw. zu strukturieren. Wichtig sind dabei strukturell offene Methoden (Schippl & Fleischer, 2012), wie eben Brainstorming, Open Space, World-Café etc., welche die Generierung neuer Ideen ermöglichen. Ebenso ist es wichtig Vorstellungen, Befürchtungen und Erwartungen im Hinblick auf mögliche Anwendungskontexte der Innovation mit ihren Hintergründen besser zu verstehen (Grunwald, 2014). Dazu bedarf es stark interpretativer, hermeneutischer Ansätze. Durch solche methodischen Ansätze wird erst die Grundlage für normative Bewertungen geschaffen; die Innovationen (oder bestimmte, abgrenzbare Anwendungsfelder) können dann zu Typ-2 oder gleich zu Typ-1-Directionality werden, je nachdem wieviel normative Heterogenität sich in dem Feld findet.

5 Ausblick

Der Beitrag zeigt, dass die Responsible Governance einer Innovation wie AF, die hier dem Bereich der Typ-2-Directionality zugeordnet wurde, insbesondere mehr normatives und hermeneutisches Wissen erfordert, um die Directionality des derzeitigen Systems besser zu verstehen und proaktiv zu gestalten. Es ist nicht vorwiegend fehlendes Wissen im Sinne des Collingridge-Dilemmas; es ist in erster Linie die vorherrschende normative Heterogenität im Mobilitätsregime, die das Risiko mit sich bringt, dass AF zu „directionality failures" führen könnte. Der Fokus auf das Wissen über die Folgen der neuen Technologie lenkt somit eher vom Hauptproblem in diesem Bereich ab.

Die Ungewissheit über die Folgen des AF bleibt eine Herausforderung. Mehr empirisches Systemwissen und Zukunftswissen sind hier sicherlich notwendig und nützlich – aber eben nicht hinreichend. Selbst wenn man die Folgen von AF genau kennen würde, bliebe ein anderes, wahrscheinlich noch schwerwiegenderes Problem bestehen. Beim AF und ganz allgemein bei der Mobilität gibt es keinen breiten gesellschaftlichen Konsens, was eine wünschenswerte Entwicklung oder

Folge ist und was nicht. Das Hauptproblem ist das Fehlen einer verbindlichen Vision für die Mobilität der Zukunft, die durch ein klares Zielsystem gestützt wird, auf das die Entwicklung des AF ausgerichtet werden könnte. In diesem normativ heterogenen Umfeld besteht die Gefahr, dass AF lediglich die bestehenden Strukturen des Mobilitätssystems stabilisieren oder die Attraktivität des Autos auf Kosten des öffentlichen Verkehrs erhöhen könnte. Wenn dem durch politische Maßnahmen entgegengewirkt werden soll, sind gesellschaftlich legitimierte Ziele erforderlich. In diesem Zusammenhang weisen (Stilgoe & Mladenović, 2022) auf die bereits vor über 40 Jahren geäußerten Bedenken von Winner hin, dass die Relevanz des Politischen im Kontext von technologischem Fortschritt oft zu spät erkannt wird, was dazu frühen kann „that we sleepwalk through technological revolutions" (Winner, 1980). Wie in Abschnitt 4 betont, ist es wichtig, dass TA diese spezifische Situation im Bereich AF verstärkt explizit macht, insbesondere um eine Methodenwahl zu begründen, die über – notwendige aber nicht hinreichende – quantitative Erhebungen und Modellierungen deutlich hinausgeht.

Hinweis

Dieser Beitrag basiert in weiten Teilen auf folgender englischsprachiger Veröffentlichung des Autors: Schippl, J. (2024). Technology assessment and the governance of automated vehicles: A Collingridge-dilemma or a lack in normative orientation? Journal of Responsible Innovation, 11(1), 2.342.594. https://doi.org/https://doi.org/10.1080/23.299.460.2024.2342594.

Literatur

Bijker, W. E., & Law, J. (1992). *Shaping technology/building society: Studies in sociotechnical change.* Brooks/Cole.

BMVI. (2017). *BMDV – Automatisiertes Fahren im Straßenverkehr—Herausforderungen für die zukünftige Verkehrspolitik.* https://www.bmdv.bund.de/SharedDocs/DE/Anlage/G/wissenschaftlicher-beirat-gutachten-2017-1.html.

Bösch, P. M., Becker, F., Becker, H., & Axhausen, K. W. (2018). Cost-based analysis of autonomous mobility services. *Transport Policy, 64*, 76–91. https://doi.org/10.1016/j.tranpol.2017.09.005.

Canzler, W., Knie, A., Ruhrort, L., & Scherf, C. (2018). *Erloschene Liebe? Das Auto in der Verkehrswende: Soziologische Deutungen.* transcript Verlag.

Cohen, M. J. (2010). Destination unknown: Pursuing sustainable mobility in the face of rival societal aspirations. *Research Policy, 39*(4), 459–470. https://doi.org/10.1016/j.respol.2010.01.018.

Cohen, T., Stilgoe, J., Stares, S., Akyelken, N., Cavoli, C., Day, J., Dickinson, J., Fors, V., Hopkins, D., Lyons, G., Marres, N., Newman, J., Reardon, L., Sipe, N., Tennant, C., Wadud, Z., & Wigley, E. (2020). A constructive role for social science in the development of automated vehicles. *Transportation Research Interdisciplinary Perspectives, 6,* Article 100133. https://doi.org/10.1016/j.trip.2020.100133.

Collingridge, D. (1980). *The Social Control of Technology.* St: Martin's Press.

Dennis, K., & Urry, J. (2009). After the Car – By Kingsley Dennis and John Urry. *International Journal of Urban and Regional Research, 33*(4), 1090–1091. https://doi.org/10.1111/j.1468-2427.2009.00934_7.x.

Deutscher Bundestag. (2021). Straßenverkehrsgesetz in der Fassung der Bekanntmachung vom 5. März 2003 (BGBl. I S. 310, 919), das zuletzt durch Artikel 1 des Gesetzes vom 12. Juli 2021a (BGBl. I S. 3108) geändert worden ist.

dos Santos, F. L. M., Duboz, A., Grosso, M., Raposo, M. A., Krause, J., Mourtzouchou, A., Balahur, A., & Ciuffo, B. (2022). An acceptance divergence? Media, citizens and policy perspectives on autonomous cars in the European Union. *Transportation Research Part A: Policy and Practice, 158,* 224–238. https://doi.org/10.1016/j.tra.2022.02.013.

Drexler, C. E., Verse, B., Hauslbauer, A., Lopez, J., & Haider, S. (2022). Framing the mobility transition: Public communication of industry, science, media, and politics in Germany. *Energy, Sustainability and Society, 12*(1), 50. https://doi.org/10.1186/s13705-022-00374-0.

Duboz, A., Mourtzouchou, A., Grosso, M., Kolarova, V., Cordera, R., Nägele, S., Alonso Raposo, M., Krause, J., Garus, A., Eisenmann, C., dell'Olio, L., Alonso, B., & Ciuffo, B. (2022). Exploring the acceptance of connected and automated vehicles: Focus group discussions with experts and non-experts in transport. *Transportation Research Part F: Traffic Psychology and Behaviour, 89,* 200–221. https://doi.org/10.1016/j.trf.2022.06.013.

Faulconbridge, J. R., & Muzio, D. (2021). Valuation devices and the dynamic legitimacy-performativity nexus: The case of PEP in the English legal profession. *Accounting, Organizations and Society, 91,* Article 101224. https://doi.org/10.1016/j.aos.2020.101224.

Fraedrich, E., Beiker, S., & Lenz, B. (2015). Transition pathways to fully automated driving and its implications for the sociotechnical system of automobility. *European Journal of Futures Research, 3*(1), Article 1. https://doi.org/10.1007/s40309-015-0067-8.

Fraedrich, E., Kröger, L., Bahamonde-Birke, F. J., Frenzel, I., Liedtke, G., Trommer, S., Lenz, B., & Heinrichs, D. (2017, August). *Automatisiertes Fahren im Personen- und Güterverkehr. Auswirkungen auf den Modal-Split, das Verkehrssystem und die Siedlungsstrukturen* [Berichtsreihe]. e-mobil BW GmbH. https://elib.dlr.de/117868/.

Friedrich, M., Hartl, M., & Magg, C. (2018). Impacts of Vehicle Sharing with Driverless Cars on Urban Transport. In M. Baum, G. Brenner, J. Grabowski, T. Hanschke, S. Hartmann, & A. Schöbel (Hrsg.), *Simulation science* (S. 24–38). Springer. https://doi.org/10.1007/978-3-319-96271-9_2.

Fuenfschilling, L., & Truffer, B. (2014). The structuration of socio-technical regimes – Conceptual foundations from institutional theory. *Research Policy, 43*(4), 772–791. https://doi.org/10.1016/j.respol.2013.10.010.

Geels, F. W. (2004). From sectoral systems of innovation to socio-technical systems: Insights about dynamics and change from sociology and institutional theory. *Research Policy, 33*(6), 897–920. https://doi.org/10.1016/j.respol.2004.01.015.

Geels, F. W. (2011). The multi-level perspective on sustainability transitions: Responses to seven criticisms. *Environmental Innovation and Societal Transitions, 1,* 24–40. https://doi.org/10.1016/j.eist.2011.02.002.
Genus, A., & Stirling, A. (2018). Collingridge and the dilemma of control: Towards responsible and accountable innovation. *Research Policy, 47*(1), 61–69. https://doi.org/10.1016/j.respol.2017.09.012
Givoni, M. (2014). Addressing transport policy challenges through policy-packaging. *Transportation Research Part A: Policy and Practice, 60,* 1–8. https://doi.org/10.1016/j.tra.2013.10.012.
Gösele, M., & Sandner, P. (2019). Analysis of blockchain technology in the mobility sector. *Forschung Im Ingenieurwesen, 83*(4), 809–816. https://doi.org/10.1007/s10010-019-00315-y.
Gössling, S. (2017). *The psychology of the car – 1st Edition.* https://www.elsevier.com/books/the-psychology-of-the-car/gossling/978-0-12-811008-9.
Granstrand, O., & Holgersson, M. (2020). Innovation ecosystems: A conceptual review and a new definition. *Technovation, 90–91,* Article 102098. https://doi.org/10.1016/j.technovation.2019.102098.
Groth, S., Hesping, H., Klinger, T., Eggebrecht, R., Flamm, E., & Groicher, N. (2023). *Nachhaltige Mobilitätswende: Mobilität in den Medien.* Umweltbundesamt, Dessau-Roßlau
Grunwald, A. (2014). The hermeneutic side of responsible research and innovation. *Journal of Responsible Innovation, 1,* 274–291. https://doi.org/10.1080/23299460.2014.968437.
Grunwald, A. (2019). *Technology assessment in practice and theory.* Routledge.
Grunwald, A. (2020). The objects of technology assessment. Hermeneutic extension of consequentialist reasoning. *Journal of Responsible Innovation, 7*(1), 96–112. https://doi.org/10.1080/23299460.2019.1647086.
Grunwald, A. (2022). *Technikfolgenabschätzung: Einführung.* Nomos.
Grunwald, A., & Schippl, J. (2013). Forschung für die Energiewende 2.0: Integrativ und transformativ. *TATuP – Zeitschrift für Technikfolgenabschätzung in Theorie und Praxis, 22,* 56–62. https://doi.org/10.14512/tatup.22.2.56.
Hirsch Hadorn, G. (2005). Anforderungen an eine Methodologie transdisziplinärer Forschung. *TATuP – Zeitschrift für Technikfolgenabschätzung in Theorie und Praxis, 14*(2), Article 2. https://doi.org/10.14512/tatup.14.2.44.
Hochbahn (2023), Bund und Hamburg bringen „Autonomes Ridepooling" auf die Straße. Pressemitteilung vom 23.10.2023. https://www.hochbahn.de/de/presse/pressemitteilungen/bund-und-hamburg-bringen-autonomes-ridepooling-auf-die-strasse-65492.
Horn, B., Kiel, T., & Lojewski, H. von. (2018). Nachhaltige städtische Mobilität für alle. Agenda für eine Verkehrswende aus kommunaler Sicht. Positionspapier des Deutschen Städtetages. https://orlis.difu.de/handle/difu/249784.
Karger, E., Jagals, M., & Ahlemann, F. (2021). Blockchain for smart mobility – Literature review and future research agenda. *Sustainability, 13,* 13268. https://doi.org/10.3390/su132313268.
Kirschner, F., & Lanzendorf, M. (2020). Support for innovative on-street parking policies: Empirical evidence from an urban neighborhood. *Journal of Transport Geography, 85,* Article 102726. https://doi.org/10.1016/j.jtrangeo.2020.102726.

Lambrecht, U., Bruch, B., Oehler, H., Helms, H., Deffner, J., & Sunderer, G. (2023). *Bausteine für eine multimodale und klimaschonende Mobilität Was Akteure in der Region Rhein-Main-Neckar tun können.* ifeu, ISOE, Heidelberg.

Legêne, M. F., Auping, W. L., de Correia, G. H., & A., & van Arem, B. (2020). Spatial impact of automated driving in urban areas. *Journal of Simulation, 14*(4), 295–303. https://doi.org/10.1080/17477778.2020.1806747.

Meyer, J., Becker, H., Bösch, P. M., & Axhausen, K. W. (2017). Autonomous vehicles: The next jump in accessibilities? *Research in Transportation Economics, 62,* 80–91. https://doi.org/10.1016/j.retrec.2017.03.005.

Mladenović, M., Stead, D., Milakis, D., Pangbourne, K., & Givoni, M. (11 August 2020). *Sociotechnical imaginaries of connected and automated vehicle technology: Comparative analysis of governance cultures in Finland, Germany, and the UK.*

Mögele, M., & Rau, H. (2020). Cultivating the "car state": A culturally sensitive analysis of car-centric discourses and mobility cultures in Southern Germany. *Sustainability: Science, Practice and Policy, 16*(1), 15–28. https://doi.org/10.1080/15487733.2020.1756188.

Mercedes Benz (2024), DRIVE PILOT. Hochautomatisiert bis 95 km/h auf der Autobahn. Online-Artikel vom 17.12.2024.https://group.mercedes-benz.com/innovationen/produktinnovation/autonomes-fahren/drive-pilot-95-kmh.html.

NZZ (2024), In der chinesischen Stadt Wuhan sind 300 autonom fahrenden Taxis im Einsatz. Online- Artikel vom 14.08.2024.https://www.nzz.ch/international/autonomes-fahren-fahrerlose-taxis-in-wuhan-sorgen-fuer-lacher-ld.1842894

OECD. (2018). *OECD-Wirtschaftsberichte: Deutschland 2018.* https://doi.org/10.1787/eco_surveys-deu-2018-de.

Rheinische Post (2024), Waymo-Robotaxis machen 150.000 Fahrten pro Woche. Online-Artikel vom 30.10.2024. https://rp-online.de/wirtschaft/unternehmen/selbstfahrende-autos-waymo-robotaxis-machen-150000-fahrten-pro-woche_aid-120605547.

Rip, A., & Kemp, R. (1998). Technological change. *Human choice and climate change. Vol. II, Resources and Technology.* https://research.utwente.nl/en/publications/technological-change.

Roache, R. (2008). Ethics, speculation, and values. *NanoEthics, 2,* 317–327. https://doi.org/10.1007/s11569-008-0050-y.

Rosa, A. B., Kimpeler, S., Schirrmeister, E., & Warnke, P. (2021). Participatory foresight and reflexive innovation: Setting policy goals and developing strategies in a bottom-up, mission-oriented, sustainable way. *European Journal of Futures Research, 9,* 2. https://doi.org/10.1186/s40309-021-00171-6.

Ruhrort, L. (2023). Can a rapid mobility transition appear both desirable and achievable? Reflections on the role of competing narratives for socio-technical change and suggestions for a research agenda. *Innovation: The European Journal of Social Science Research, 36*(1), 123–140. https://doi.org/10.1080/13511610.2022.2057935.

Ryghaug, M., Subotički, I., Smeds, E., von Wirth, T., Scherrer, A., Foulds, C., Robison, R., Bertolini, L., Beyazit İnce, E., Brand, R., Cohen-Blankshtain, G., Dijk, M., Pedersen, M. F., Gössling, S., Guzik, R., Kivimaa, P., Klöckner, C., Nikolova, H. L., Lis, A., … Wentland, A. (2023). A social sciences and humanities research agenda for transport and mobility in Europe: Key themes and 100 research questions. *Transport Reviews, 0*(0), 1–25. https://doi.org/10.1080/01441647.2023.2167887.

Schippl, J. (2024). Technology assessment and the governance of automated vehicles: A Collingridge-dilemma or a lack in normative orientation? *Journal of Responsible Innovation, 11*(1), 2342594. https://doi.org/10.1080/23299460.2024.2342594.

Schippl, J., & Arnold, A. (2020). Stakeholders' views on multimodal urban mobility futures: A matter of policy interventions or just the logical result of digitalization? *Energies, 13,* 1788. https://doi.org/10.3390/en13071788.

Schippl, J., & Fleischer, T. (2012). A problem-oriented categorisation of FTA-methods for transport planning. *Foresight – The Journal of Future Studies, 14*(4), 282–293. https://doi.org/10.1108/14636681211256071.

Schippl, J., & Truffer, B. (2020). Directionality of transitions in space: Diverging trajectories of electric mobility and autonomous driving in urban and rural settlement structures. *Environmental Innovation and Societal Transitions, 37,* 345–360. https://doi.org/10.1016/j.eist.2020.10.007.

Schippl, J., Truffer, B., & Fleischer, T. (2022). Potential impacts of institutional dynamics on the development of automated vehicles: Towards sustainable mobility? *Transportation Research Interdisciplinary Perspectives, 14,* Article 100587. https://doi.org/10.1016/j.trip.2022.100587.

Schöller-Schwedes, O. (2010). The failure of integrated transport policy in Germany: A historical perspective. *Journal of Transport Geography, 18*(1), 85–96. https://doi.org/10.1016/j.jtrangeo.2009.01.006.

Schot, J., & Kanger, L. (2018). Deep transitions: Emergence, acceleration, stabilization and directionality. *Research Policy, 47*(6), 1045–1059. https://doi.org/10.1016/j.respol.2018.03.009.

Scott, W. R. (2008). *Institutions and organizations: Ideas and interests.* Thousand Oak.

Sotoudeh, M., & Gudowsky, N. (2018). Participatory foresight for technology assessment: Towards an evaluation approach for knowledge co-creation. *TATuP – Zeitschrift Für Technikfolgenabschätzung in Theorie Und Praxis, 27*(2), Article 2. https://doi.org/10.14512/tatup.27.2.53.

Stilgoe, J., & Mladenović, M. (2022). The politics of autonomous vehicles. *Humanities and Social Sciences Communications, 9.* https://doi.org/10.1057/s41599-022-01463-3

Thomopoulos, N., & Givoni, M. (2015). The autonomous car – A blessing or a curse for the future of low carbon mobility? An exploration of likely vs. desirable outcomes. *European Journal of Futures Research, 3*(1), 14. https://doi.org/10.1007/s40309-015-0071-z.

Weber, M., & Rohracher, H. (2012). Legitimizing research, technology and innovation policies for transformative change: Combining insights from innovation systems and multi-level perspective in a comprehensive 'failures' framework. *Research Policy, 41,* 1037–1047. https://doi.org/10.1016/j.respol.2011.10.015.

Weber, M., & Whitelegg, K. (2003). Grundorientierungen einer Wissenschafts- und Forschungspolitik für nachhaltige Entwicklung. In Kopfmüller, J. (Hrsg.), *Den globalen Wandel gestalten – Forschung und Politik für einen nachhaltigen globalen Wandel* (S. 113–135). Ed. Sigma.

WEF & BCG. (2018). *Reshaping Urban Mobility with Autonomous Vehicles. Lessons from the City of Boston.* https://www.weforum.org/reports/reshaping-urban-mobility-with-autonomous-vehicles-lessons-from-the-city-of-boston/.

Winner, L. (1980). do artifacts have politics? *Daedalus, 109*(1), 121–136. JSTOR.

Yap, X.-S., & Truffer, B. (2019). Shaping selection environments for industrial catch-up and sustainability transitions: A systemic perspective on endogenizing windows of opportunity. *Research Policy, 48,* 1030–1047. https://doi.org/10.1016/j.respol.2018.10.002.

Yen, R., Braun Binder, N., Pitzen, C., & Schippl, J. (2024). *Automatisierter ÖPNV: Hintergründe und praktische Anleitung zur Umsetzung in kleineren Städten und ländlichen Regionen.* Springer.

Jens Schippl Wissenschaftlicher Mitarbeiter am Institut für Technikfolgenabschätzung und Systemanalyse (ITAS) des Karlsruher Institut für Technologie (KIT). Schwerpunkte: Innovationen und soziotechnischer Wandel im Mobilitätsektor, Potenziale und Wirkungen des automatisierten Fahrens, Methoden in Technikfolgenabschätzung und Foresight. E-Mail: jens.schippl@kit.edu

Methodische Innovationen

Vom wissenschaftlichen Nutzen einer mit dem Standard-Datenschutzmodell durchgeführten Folgenabschätzung

Martin Rost und Walter Peissl

1 Typen von Technikfolgenabschätzungen

Ähnlich wie zu Beginn der Computerisierung oder der weiten Verbreitung des Internets stellt sich angesichts des möglicherweise erneut disruptiven Charakters des maschinellen Lernens auch heute wieder vielfach und in ganz unterschiedlichen Facetten die drängende Frage: Wie wirkt sich die nochmals beschleunigte Digitalisierung auf nahezu alle Lebensbereiche aus? Eine TA, die sich diesem Thema annähme, stellte typisch grundlegende technische und gesellschaftliche Veränderungen in den Dimensionen des STEPEED Modells (Van Woensel, 2021) in den Blick und beurteilte diese anhand jeweils relevanter Kriterien. Im Zusammenhang mit dem Datenschutz stellen sich genau diese Fragen, sogar auf einem konkreten Niveau der Notwendigkeit zur Gestaltung wirtschaftlicher Geschäftsprozesse, öffentlicher Verwaltungsverfahren und wissenschaftlicher Forschungsprojekte anhand gesetzlich legitimierter Beurteilungskriterien. „Konkret" meint dabei, dass normative Anforderungen bspw. bzgl. der Transparenz (siehe Art. 5 DSGVO) bestehen, die durch Planung, Protokollierung und Dokumentation operativ umzusetzen sind. Mit dem Standard-Datenschutzmodell (SDM) gibt

M. Rost
Kiel, Deutschland
E-Mail: martin.rost@datenschutzzentrum.de

W. Peissl (✉)
vormals Institut für Technikfolgen-Abschätzung, Österreichische Akademie der Wissenschaften, Wien, Österreich
E-Mail: office-wp@teletronic.at

© Der/die Autor(en), exklusiv lizenziert an Springer Fachmedien Wiesbaden GmbH, ein Teil von Springer Nature 2025

M. Ornetzeder et al. (Hrsg.), *Methoden für die Technikfolgenabschätzung*,
https://doi.org/10.1007/978-3-658-48491-0_15

es ein Instrument, das auf operativer Ebene hilft, die Risiken der Techniken zu verstehen. Obendrein weist es standardisierte Lösungen zu deren Bearbeitung aus.

1.1 Welche Arten von TA gibt es?

TA kann aus unterschiedlichen Perspektiven gestartet und durchgeführt werden. Die TA hat sich in den letzten Jahren wesentlich ausdifferenziert, sodass es ein sehr breites Portfolio unterschiedlicher Ansätze für TA gibt (vgl. Böschen et al., 2021, S. 193 ff.). Nichtsdestotrotz erscheint die frühe grundlegende Einteilung nach technik-, projekt- und problemorientierter Vorgehensweise nach wie vor hilfreich. Die augenfälligste Variante dürfte nach wie vor die technologieinduzierte Perspektive sein. Das bedeutet, dass eine konkrete Technologie und ihre zu erwartenden Folgen für Gesellschaft und Umwelt im Zentrum der TA stehen. Diese TA-Projekte sind meist auf einer technologischen Meta-Ebene angesiedelt und nehmen sozio-technische Innovationen und deren mögliche Wirkungen auf gesellschaftlicher Ebene in den Blick. Sie dienen insbesondere der Klärung grundlegender Fragestellungen und damit auch der Information der Politik. Beispiele dafür können sein: TA zu betrieblichen und öffentlichen Überwachungstechnologien, zu Scoring-Systemen, zu Konzepten digitaler Identität oder digitaler Währungen etc.

Näher an der konkreten Praxis ist die projektorientierte TA, die sich mit konkreten Projekten der Umsetzung befasst. Hier wird der Fokus ein Stück spezifischer und berücksichtigt konkrete Anwendungskontexte und Ausformungen der in Frage stehenden Innovation. Beispiele dafür können sein: TA zu digitalen Assistenten, zum Einsatz von Drohnen in der Logistik, zu Online-Spielen, zur Nutzung von Geo-Daten in mobilen Endgeräten oder zum vernetzten Auto der Zukunft etc.

Schließlich kennt man auch problemorientierte TA-Studien, diese wenden ihre Analyse auf ein gesellschaftliches Problem an und analysieren die Möglichkeiten, die unterschiedliche sozio-technische, organisatorische oder politische Innovationen zur Lösung beitragen können. Studien dazu beschäftigen sich zum Beispiel mit dem Verhältnis von gesellschaftlicher Sicherheit, Datenschutz und dem Schutz von Privatheit. Oder auch mit möglichen Veränderungen der Arbeitswelt durch Digitalisierung, die Analyse gesellschaftlicher Abhängigkeiten und Verwundbarkeit im Falle eines Blackouts oder auch eines Ausfalls der Internet-Infrastruktur etc.

Eine weitere wesentlichen Kategorisierungsmöglichkeit von TA-Studien bezieht sich auf deren Größe im Sinne vorhandener Ressourcen und zur Verfügung stehender Zeit. Der Idealfall einer umfassenden Analyse des Untersuchungsgegenstandes in einem sogenannten Makro-Assessment bedingt eine Laufzeit von etwa 18 bis 36 Monaten und des Einsatzes von etwa 50 bis100 Personenmonaten wissenschaftlicher (bzw. inter- und transdisziplinäre) Kapazität. Diese umfassenden Studien („comprehensive studies") wurden vor allem in den Anfängen des Expert:innen-orientierten Modells des Office of Technology Assessment (OTA) in den USA realisiert (vgl. Porter, 1995). Neuere Entwicklungen zeigen allerdings, dass unter anderem durch die hohe Dynamik technologischer Entwicklungen, insbesondere im Bereich der Digitalisierung, der Produktentwicklung und sogar von Infrastrukturen, Bearbeitungszeiten jenseits von 18 Monaten selten sind. Zudem muss sich TA in den meisten Fällen aus Zeit- und Ressourcengründen mit kleineren, sogenannten partiellen TA-Studien zu sehr abgegrenzten Fragestellungen befassen. In partiellen TA-Studien wird nach einem eingehenden Scoping-Prozess auf bestimmte Fragestellungen innerhalb der möglichen Auswirkungen und Interdependenzen der in Frage stehenden sozio-technischen Innovationen oder auch gesellschaftlich-politischer Problemlagen, fokussiert. Diese TA-Studien können so entsprechend schneller und kostengünstiger bearbeitet werden. Hierbei spricht man dann auch von Mini-Assessments von etwa 10 bis 30 Personenmonaten und Laufzeiten zwischen 6 und 12 Monaten. Im politikberatenden Alltag werden zuletzt bei Auftraggeber:innen auch Mikro-Assessments immer beliebter. Diese behandeln ein Thema in drei Monaten Laufzeit, fassen die offenen Fragen bzw. deren gesellschaftliche Relevanz in kurzen Briefings zusammen. Im besten Fall dienen die Mikro-Assessments auch als „Appetizer" für potenzielle Auftraggeber:innen, um in weiterer Folge vertiefende Studien in Auftrag zu geben.

2 Einführung in Datenschutz, DSGVO und SDM

Datenschutz thematisiert das Verhältnis von Organisationen zu Personen in einer modernen, und das meint: funktional-differenzierten, Weltgesellschaft. Die Datenschutz-Grundverordnung (DSGVO) bietet dafür eine rechtliche Form der Regelung, das Standard-Datenschutzmodell (SDM) eine operative Form der Umsetzung. In einer Gesellschaft mit individualisierten Personen ist dieses Verhältnis regelungsbedürftig, weil Organisationen einerseits mächtige Werkzeuge zum industrialisierten Umgang mit Personen, also ihren Mitarbeiter:innen, ihren Bürger:innen, Kund:innen oder Patient:innen einsetzen, andererseits Personen zugleich (Grund-)Rechte gewährt werden, mit denen sie sich gegen die Fremdbestimmungen durch diese mächtigen Organisationen – allen voran den staatlichen Behörden und inzwischen insbesondere den global agierenden Unternehmen – wehren können. Technik spielt dabei nur insofern eine herausragende Rolle, als mit ihr diese Machtasymmetrie zwischen Organisationen und Personen eine materialisierte, eine sinnfällige, unmittelbar erfahrbare Form annimmt. Man ändert Machtverhältnisse, wenn man Techniken und deren Anwendungen ändert (vgl. von Borries, 1980). Einst gab ein von Kodak entwickeltes Schnellverfahren zur Entwicklung von Fotos den Anlass, dass das „right to be let alone" in einem Essay sehr einflussreich formuliert wurde (Warren & Brandeis, 1890). Heute interagieren smarte Bots unmittelbar mit Kund:innen (Schaber et al., 2019).

Aus datenschutzrechtlicher Sicht erzeugen Organisationen zu hohe Risiken für Personen, wenn Machtasymmetrien zwischen begünstigten Organisationen und Personen rechtlich nicht angemessen bearbeitet werden (vgl. Rost, 2013). Deshalb unterliegen Behörden, Unternehmen und Forschungsinstitutionen gesellschaftlich induzierten Funktionsimperativen, unter denen sie die personenbezogenen Daten von Bürger:innen, Kund:innen oder Patient:innen bzw. Subjekten/Individuen/Menschen oft sehr viel intensiver und umfangreicher zwecks Beherrschung, Kapitalverzinsung oder Erkennen funktionaler Zusammenhänge auswerten, als dies für die Erbringung des eigentlichen unmittelbaren, für Personen einsichtigen Zwecks der Aufrechterhaltung der öffentlichen Ordnung, des Erzielen eines fairen Preises oder von Wahrheitsaussagen konkret notwendig wäre. In diesem Sinne versucht Datenschutz zu verhindern, dass Organisationen einen als rechtlich unfair beurteilten Mehrwert erzielen und ringt ihnen deshalb eine geboten faire und gesetzlich vorgeschriebene Zurückhaltung im Umgang mit Personen und deren Daten ab, obwohl die verwendeten Techniken den Organisationen verführerische Optionen des Abschöpfens bieten.

Die Funktion des Datenschutzes besteht in diesem Sinne darin, das Verhältnis zwischen Organisationen und Personen aufzuklären, ggfs. zu regulieren und unter operativ zugängliche Bedingungen zu stellen. Das Datenschutzrecht, das in Deutschland über viele Spezialregelungen wie bspw. dem Sozialgesetzbuch, den Landesdatenschutzgesetzen oder dem Bundesdatenschutzgesetz verteilt geregelt ist bzw. der DSGVO (EUROPÄISCHES PARLAMENT UND RAT, 2016) als allgemeinem Fallback-Gesetz liefert dafür die Werte und Regeln. Der vielfach als gegeben wahrgenommene Anschein der Unveränderlichkeit des Verhältnisses zwischen Organisationen und Personen soll konstruktiv, nach Maßgabe der Fairness (DSGVO: „Treu und Glauben"), zugänglich gemacht werden.

In modernen Gesellschaften ist den durch Organisationen erzeugten Personenrollen seitens der Organisationen „Souveränität" zuzugestehen, also eine

Nichtverfügbarkeit von Personen für Organisationen, auch und gerade gegen nicht-verallgemeinerungsfähige Verfügbarkeits-, Verwertungs- und Erkenntnisinteressen von Organisationen. Grundrechte sind deshalb vor allem als Abwehrrechte formuliert, die ein moderner Staat Personen gewährt, damit diese sich gegen den Staat und andere mächtige Organisationen aussichtsreich wehren können. Wegen dieser strukturell gegebenen Machtasymmetrie ist deren Konditionierung datenschutzrechtlich geregelt; mit nur eng gesetzten Möglichkeiten für vertragliche Nebenbedingungen, etwa durch Einwilligungen und mit Anforderungen an operative, somit Kosten verursachenden Umsetzungen aufseiten der Organisationen. Schutz der Privatsphäre ist hierbei, entgegen dem Alltagsverständnis, nicht der Ausgangspunkt datenschützerischer Aktivitäten, sondern ein Ziel, das durch DS-Aktivitäten hergestellt werden soll. Das kann gelingen, wenn Organisationen auf Distanz zu Personen gehalten werden.

Die Funktion von Technik wird von Vertreter:innen des operativen Datenschutzes dabei zwiespältig gesehen. Im traditionellen Verständnis wird Technik nur als ein materialisierter Verstärker der Machtasymmetrie beargwöhnt. Im moderneren Verständnis wird zugleich die normative und operative Konditionierung sozialer Prozesse durch deren Technisierung hervorgehoben, weil die Risiken des Missbrauchs personenbezogener Daten einerseits durch deren – zweckgedehnte oder zweckbefreite – Nutzung deutlich, aber zugleich normativ und technisch bewältigbar werden (Stichwort „Privacy-Enhancing-Technologies" im Kontext des „Dataprotection-By-Design", s. Hansen, 2024). Das differenziert abwägende im „Es kommt drauf an" bei einer datenschutzrechtlichen Beurteilung insbesondere von technischen Sachverhalten ist deshalb keine juristische Leerformel.

In methodisch relevanter Hinsicht weist die DSGVO ein wünschenswert klares Werte- und Regelungsset aus, um die Risiken von Machtasymmetrien analysieren, beurteilen und bearbeiten zu können. Festgelegt werden a) das Schutzgut, b) das Risiken erzeugende Objekt und c) die Risikokriterien. Das Schutzgut des Datenschutzes sind „Personen" (Art. 1 DSGVO) im Lichte der ihnen durch die EU zugestandenen Grundrechte und Grundfreiheiten. Das Risiken erzeugende Objekt sind die „Verarbeitungstätigkeiten der Organisationen" (Art. 2 und Art. 3 DSGVO), die in einem Unternehmen als „Geschäftsprozesse", in einer Behörde als „Verfahren" und in einem wissenschaftlichen Institut als „Forschungsprojekte" bezeichnet werden und sofern diese einen Personenbezug bei der Datenverarbeitung aufweisen. Und die datenschutzspezifischen Risikokriterien sind im Artikel 5 DSGVO konzentriert als „Grundsätze" ausgewiesen. Gegen diese Grundsätze darf keine Verarbeitung mit Personenbezug verstoßen.

Darüber hinaus definiert Artikel 4 die wesentlichen Kategorien der DSGVO bzgl. Verarbeitungen, wobei der Art. 4 Nr. 2 DSGVO vierzehn einzelne Phasen einer Verarbeitung explizit ausweist. Artikel 6 DSGVO verschafft mit dem „Verbot mit Regelungsvorbehalt" der wesentlichen Regelungsstrategie Geltung, wonach Organisationen grundsätzlich keine personenbezogenen Daten verarbeiten dürfen. Sie brauchen für eine Verarbeitung in jedem Falle eine Rechtsgrundlage, die wiederum voraussetzt, dass eine Verarbeitung legitim betrieben werden kann und nicht bereits von Anlage und Motivation seitens der Organisation gegen die EU-Grundrechtecharta (EUGrCH) (Europäisches Parlament der Rat & die Kommission, 2000) verstößt. Legitimität entsteht nicht durch Legalität, sondern geht dieser voraus. Klärungen zur Legitimität von Verarbeitungen bleiben bei Konfliktfällen den Verfassungsgerichten vorbehalten. Art. 5 gilt dabei, in Verbindung mit Art. 6, als das normative Gravitationszentrum der DSGVO. In Artikel 35 verpflichtet die DSGVO Organisationen, eine Datenschutz-Folgenabschätzung (DSFA) durchzuführen, bevor sie Verarbeitungen vornehmen, die ein hohes Risiko für die betroffenen Personen darstellen. In vielen anderen Artikeln der DSGVO werden zusätzliche Bedingungen genannt, unter denen die Verarbeitung personenbezogener Daten durch Organisationen zulässig sein kann.

Die DSGVO macht durch dieses Regelungsregime im Wesentlichen vier zentrale Anforderungen der EUGrCh für Organisationen funktional zugänglich: In Artikel 1 EUGrCh wird die „Würde des Menschen" (Art. 1 EUGrCh) im Kontext des kategorischen Imperativs (Art. 2 EuGrCh) herausgehoben; in Artikel 7 EUGrCh wird die Achtung des Privat- und Familienlebens, der Wohnung und der Kommunikation von Organisationen eingefordert; in Artikel 8 EUGrCh ist dann der „Datenschutz" geregelt, wonach a) Organisationen personenbezogene Daten zu schützen haben, b) das bereits erwähnte Verbot mit Regelungsbedarf besteht und c) das Einhalten dieser Vorgaben durch unabhängige Datenschutzaufsichtsbehörden kontrolliert werden muss.

Die normativ zugespitzten Anforderungen der DSGVO werden wiederum durch das Standard-Datenschutzmodell (SDM) operationalisiert (DSK, 2024). Dazu werden die „Grundsätze" des Art. 5 DSGVO in sieben „Gewährleistungsziele" umformuliert, wobei jedes der sieben anzustrebenden Ziele mit Standardmaßnahmen zu deren Erreichung hinterlegt ist. Angesichts der interdisziplinär zu lösenden Aufgaben ist es allen Beteiligten klar, dass man sich auf etwas begrifflich Übergreifendes einigen muss, das man dann wiederum in etwas Spezielles der eigenen Disziplin „runterbrechen" muss. Dadurch werden normative Anforderungen in funktionale Anforderungen transformiert. Die Datenschutzaufsichtsbehörden des Bundes und der Länder Deutschlands (DSK) hatten sich erstmals 2017 auf das SDM als generelle Methodik zur Umsetzung von

Datenschutzanforderungen verständigt und seitdem mehrfach die weiteren Ausarbeitungen des Modells bestätigt. Seit 2018 ergänzt die DSK das SDM durch „Kurzpapiere" (KP); bspw. mit Hinweisen zur „Operationalisierung von Datenschutzrisiken" (DSK, 2018b) oder zur methodischen „Durchführung einer DSFA" (DSK, 2018a).

Das SDM fokussiert das von David Hume erstmals scharf gestellte methodische Problem, wonach rechtsphilosophisch „aus dem Sein kein Sollen" folgt und „aus dem Sollen kein Sein" (vgl. Hume, 1739). Mit der „funktionalen Differenzierung" nach Niklas Luhmann ist ein breites Verständnis für dieses Transformationsproblem universalisiert geschaffen worden, wonach kein Funktionssystem mittels der eigenen „Logiken" auf deren jeweiligen Umwelt(en) verlustfrei durchgreifen kann (vgl. Luhmann, 1984). Diesem konstruktivistischen Ansatz folgend, unterstützt das SDM Prozessgestalter:innen und Verantwortliche bei der, gemäß Hume bzw. Luhmann unabweisbar, verlustbehafteten Transformation von abstrakt normativen Anforderungen bspw. der EUGrCh und der DSGVO in konkrete wirksame Anforderungen an Verarbeitungen mit ihren Informationstechniken. Das SDM bietet ein Kalkül an – das meint weniger als einen durchrechenbaren Algorithmus, aber mehr als nur eine Heuristik –, das bei der Umsetzung der DSGVO beginnt und bis zur Festlegung technischer Parameter für einzelne IT-Systeme reichen kann. Als Maßstab für das Gelingen dieser Operationalisierungen unterwirft sich das SDM als Verfahren reflexiv selbst den Grundsätzen des Art. 5 der DSGVO.

Das SDM weist einen vollständigen Katalog an Schutzmaßnahmen zur Bearbeitung von Risiken des Datenschutzes aus, auch weil die DSGVO die Unterscheidung von nur zwei Risikostufen für Verarbeitungen personenbezogener Daten verlangt, nämlich „normales Risiko" und „hohes Risiko"; „kein Risiko" kann es aus Sicht des Datenschutzes bei der Verarbeitung personenbezogener Daten nicht geben. Die Analyse bzw. die Erfüllung von Datenschutzanforderungen wird mit dem SDM so zu einem lösbar „endlichen Problem".

3 Warum lohnt sich aus TA-Sicht die Auseinandersetzung mit der Methodik einer Datenschutz-Folgenabschätzung?

Eine DSFA wird typischerweise nicht aus einem wissenschaftlichem Erkenntnisinteresse durchgeführt, sondern zur Rechtfertigung einer geplanten Verarbeitung jeglicher Art personenbeziehbarer Daten durch eine Organisation.

Im schlechten Fall dient die methodische Durchführung einer DSFA vornehmlich der Ausblendung operativer Risiken, wenn im DSFA-Bericht rechtliche Fragestellungen bzgl. der Rechtsgrundlagen im Vordergrund stehen und operative Anforderungen nur mahnend aufgelistet oder deren Umsetzung abstrakt zugesichert wird. Im etwas besseren Fall führt eine DSFA dazu, dass eine Organisation ihre Verarbeitungspraxis von personenbeziehbaren Daten zunächst einmal analytisch aufbereitet und versteht und im Ergebnis in der Regel ein paar Betroffenenrechte (Art. 12 bis 23 DSGVO) bspw. auf Auskunft auch praktisch zugänglich umsetzt. Vielfach werden Verantwortliche zumindest auf das Problem aufmerksam, dass im Falle einer Auftragsverarbeitung der Auftragnehmer, also zumeist ein Rechenzentrum- bzw. Cloudbetreiber, einer Kontrolle seitens des verantwortlichen Auftraggebers unterliegen muss. Seit den 1990er Jahren hat sich eine Kultur des Irgendwie-durch-Datenschutz-Durchwurstelns in den Organisationen eingestellt, an der auch die DSGVO seit 2016 nichts substantiell geändert hat. Verunsicherungen und der Eindruck, mithilfe von Checklisten oft fragwürdigen Ursprungs für viele sinnlos erscheinende Anforderungen, im Ergebnis nur Pfusch abliefern zu können, sind typische Begleitumstände vieler Datenschutzauflagen, -prüfungen und -Folgenabschätzungen. Eine systematische Vorgehensweise auf Basis des SDM offenbart, dass es beim wirksamen Durchsetzen des Datenschutzrechts nicht mit ein paar dürren, aus dem Internet zusammenkopierten, Datenschutzerklärungen und ein paar ethischen Reflexionen getan ist. Die Anwendung des SDM bei der Durchführung einer DSFA muss dabei, wie jede andere Methode auch, erlernt werden und ist kompetent nur von Spezialist:innen anwendbar (Rost, 2024). Mittlerweile ist das Angebot an Schulungen zum SDM groß. Seriöse Schulungen wurden bislang von der „Datenschutzakademie Schleswig–Holstein" und KEDUA (Berlin) angeboten. Aktuell noch nicht absehbar ist die Rolle, die der „Usergroup SDM" (http://www.ugsdm.de/) zukommen wird.

Auch Forschende können bei der Verarbeitung personenbeziehbarer Daten vor dem Problem der Rechtfertigung stehen. Sie werden in diesen Fällen vielfach eine DSFA für ihr Projekt vorlegen müssen. Insbesondere wegen der grundrechtlich gewährleisteten Forschungsfreiheit, die aus datenschutzrechtlicher Sicht ungewöhnlich hohe Freiheitsgrade bei der Zweckdefinition und Zweckbindung von Forschungsprozessen einräumt, können sich hohe Grundrechtsrisiken für die davon betroffenen Personen ergeben. Selbst wenn Mitarbeitende wissenschaftlicher Institute kein Interesse an Datenschutz haben sollten, weil die Umsetzung von Datenschutzvorgaben den möglichen Erkenntnisgewinn beschneiden könnte, gilt die Feststellung: „Unter Beachtung der Hinweise, welche eine beratende

Stelle wie die Zentrale Datenschutzstelle der baden-württembergischen Universitäten (ZENDAS) liefert, ist die Angst vor der Einbindung des Datenschutzes (...) weitestgehend unbegründet." (Egetenmeier, 2016, S. 255).

Mit dem SDM steht seit spätestens 2022 eine reife, generalisierbare Modellierungsmethode bereit, die zusammen mit einer DSFA nach Art. 35 DSGVO wissenschaftliche Klarheit über die grundrechtliche Situation bei einer beabsichtigten Verarbeitung verschaffen und in pragmatischer Hinsicht gute Kompromisse zur Lösung der Konflikte vor Augen führen kann. Eine DSFA nach SDM kann dadurch als ein präzises Messinstrument auf zumindest ordinalem Niveau zur „Folgenabschätzung" genutzt werden. Es ist mit einem offenen, an Wahrheit orientiertem Erkenntnisinteresse, transparent-diskursiv, methodenreflexiv, empirisch, an Reliabilität und intersubjektiv wahrheitsfähigen Aussagen interessiert, um die Eingriffsintensität und die Fremdsteuerung von Bürger:innen, Kund:innen oder Menschen durch Behörden, Unternehmen oder Forschungsinstitute insbesondere mithilfe von Techniken unter der Fragestellung „Was ist der Fall?" zu erheben und zu analysieren. Die Grundsätze aus Art. 5 bzw. die Gewährleistungsziele des SDM geben dafür ein skalierbares und präzises Beobachtungsschema vor. Diese Ziele sind nicht nur als Risiko-Messkriterien wie wohl kein anderes sozialwissenschaftliches Messinstrument – durch die Verankerung als Grundrechte und durch Parlamente in Kraft gesetzt – als relevant legitimiert, sondern man kann diese auch als operativ-physisch zugängliche Ergänzungen der Kriterien einer vernünftigen Rede der Habermas'schen Universalpragmatik verwenden (vgl. Rost, 2013).

4 Einführung in eine DSFA mit SDM

Die Konferenz der Datenschutzbeauftragten des Bundes und der Länder (DSK) hat ein Kurzpapier veröffentlicht, das eine Schritt-für-Schritt-Anleitung zur Durchführung einer DSFA als Projekt enthält (siehe DSK, 2018b). Beim LfD Bayern finden sich weitere Formulare und Vorlagen, die insbesondere für die Durchführung einer DSFA unter Rückgriff auf das SDM hilfreich sind (LFD Bayern, 2024). Dieser Leitfaden umfasst die folgenden vier Schritte:

1. Am Anfang jeder Grundrechtsprüfung einer Verarbeitung steht die Erstellung einer Beschreibung einer geplanten Verarbeitung. Diese kann zunächst informell gehalten vornehmlich aus der Beschreibung der funktionalen Idee bestehen. Im Zentrum der weiteren Ausführungen sollte der Zweck, die Form zu dessen Umsetzung und die Bedeutung für alle davon betroffenen Personen

stehen. Diese Beschreibung sollte im Kontext der Erfüllung der Anforderungen aus Art. 30 DSGVO, der eine Inventarisierung aller Verarbeitungen einer Organisation fordert, angefertigt werden.
2. die Verarbeitung in einem ersten Entwurf beschrieben ist, muss eine Schwellwertanalyse durchgeführt werden. Die Schwellwertanalyse hat den Zweck, seitens des Verantwortlichen festzulegen, ob von der Verarbeitung ein normales oder ein hohes Risiko für die davon betroffenen Personen ausgeht. Dies geschieht pragmatisch dadurch, indem man die „Muss-Liste der DSK" heranzieht (siehe DSK, 2018b) und daraus die Einträge der Tabelle des 2023 von der EDSA erneut bestätigtem Working-Package 248 der Art.-29-Gruppe (DATENSCHUTZGRUPPE NACH ARTIKEL29, 2017) abarbeitet (vgl. DSK, 2018c). Wenn aus dieser Liste, die neun Eigenschaften enthält, mindestens zwei Eigenschaften auf die zu untersuchende Verarbeitung zutreffen, geht von der Verarbeitung ein hohes Risiko für Personen aus. Und dieses Urteil „hohes Risiko" hat zur Folge, dass eine DSFA gem. Art. 35 DSGVO durchgeführt werden muss und die Schutzmaßnahmen zur Reduktion der Risiken besonders wirksam sein müssen. Die Risikohöhe einer Verarbeitung ist, mit Rückgriff auf diese Tabelle und ein wenig Übung und klarer methodischer Ausrichtung, durchaus innerhalb von 30 min zu klären. Es bedarf anschließend keiner weiteren ethischen Reflexion oder technischen Durchdringung der dabei zum Einsatz kommenden IT-Komponenten. Aus der Höhe des Risikos der Verarbeitung werden die Anforderungen an IT-Komponenten auf der Ebene der Sachbearbeitung und der Infrastruktur des Rechenzentrums abgeleitet bzw. begründet.
3. Nachdem die Höhe des Risikos geklärt ist, muss die Beschreibung der Verarbeitung verfeinert werden. Hierfür sollte der sogenannte „SDM-Würfel" herangezogen werden, weil dieser die datenschutzrechtlich zu bearbeitenden Risiken der DSGVO vollständig vor Augen führt. Der SDM-Würfel enthält Anweisungen, die auf drei Achsen angeordnet sind (Abb. 1).

a) Auf der x-Achse wirft der Würfel zu beantwortende Fragen der folgenden Art auf: Woher kommen die Daten? In welcher Form werden die Daten wo und wie von wem organisiert, strukturiert, gespeichert? Wie werden die Daten anschließend von wem genutzt und übermittelt? Und wie werden Daten am Ende ihrer Nutzung gelöscht oder zumindest teilweise in ein Archiv übergeben? Die Beschreibung dieser vier Phasen einer Verarbeitung ist das Mindeste,

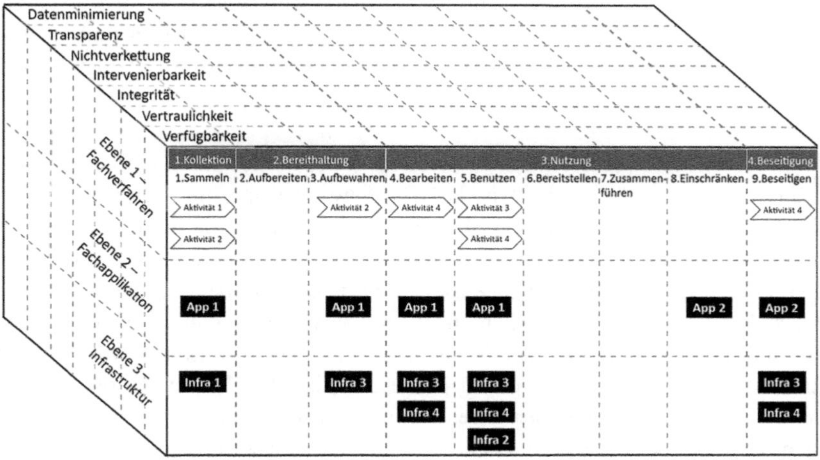

Abb. 1 SDM-Würfel (DSK, 2024, S. 47)

was an Beschreibung des Verarbeitungsprozesses erfolgen muss; bei komplexeren Verarbeitungen mit hohem Risiko besteht ein höherer Auflösungsbedarf in insgesamt neun Phasen. Auch hier gibt der Würfel Führung.

b) Auf der y-Achse legt der Würfel nahe, drei Ebenen einer Verarbeitung zu unterscheiden: Die Ebene 1 umfasst die abstrakte Modellierung der Verarbeitung, etwa durch Nutzung einer Universal Modelling Language (UML). Die Ebene 2 ist der Darstellung der konkreten Implementation der Verarbeitung mit Ausweis der genutzten IT sowie der menschlichen „Sachbearbeitung" vorbehalten. Und die Ebene 3 adressiert die IT und Dienste, die als Infrastruktur insbesondere von IT-Dienstleistern (RZ, Cloud), im Rahmen typischerweise einer Auftragsverarbeitung, bereitgestellt werden. Fügt man die 4 Phasen x- und die 3 Ebenen der y-Achse zu einer Grafik zusammen, hat man bereits insgesamt 12 in einer DSFA zu bearbeitenden Konstellationen erfasst.

c) In der z-Achse des Würfels sind die sieben Gewährleistungsziele des SDM aufgeführt, die wiederum für die Grundsätze des Art. 5 DSGVO stehen. Diese Ziele formulieren die Risiken, die von einer Verarbeitung für Personen ausgehen und die durch Schutzmaßnahmen zu bearbeiten bzw. zu verringern sind, also bspw. das Transparenz-Risiko, dass eine Verarbeitung nicht geprüft werden kann; das Vertraulichkeits-Risiko, dass Unbefugte auf die Verarbeitung zugreifen könnten; das Verkettungsrisiko, dass die verantwortliche Stelle über den ausgewiesenen Zweck hinaus die Daten verwertet; usw. Wenn anstelle der Ziele die Standardmaßnahmen zur Bearbeitung dieser Risiken herangezogen werden, dann lassen sich für die verschiedenen Phasen und Ebenen einer Verarbeitung auch umstandslos sofort die Standard-Schutzmaßnahmen zur Verringerung der Risiken benennen.

In der ersten Konkretionsstufe kann das bspw. für die Umsetzung der Transparenz-Anforderung heißen, dass für diese eine Spezifikation, Dokumentation und Protokollierung der Verarbeitung vorliegen muss. Vertraulichkeit sichert man durch Verschlüsselung von Datenbeständen und Kommunikationsverbindungen; eine Zweckbindung für Datensätze und deren Verarbeitungen erreicht man durch Anonymisierung von Daten und Trennung von Kommunikationsverbindungen und IT-Systemen oder durch ein Separieren ganzer Verfahren voneinander. In der zweiten Konkretionsstufe legt man bspw. Details der Protokollierung, der Verschlüsselung oder der Zwecktrennung fest; in der dritten Stufe würde man bspw. die dem Risiko angemessene Qualität von Zeitstempeln in Protokollen, die Auswahl der Algorithmen von Kryptoverfahren oder die Formen der Anonymisierungsverfahren näher bestimmen.

So gesehen stellt der Würfel insgesamt 84 zu bearbeitende Konstellationen (4 Phasen × 3 Ebenen × 7 Ziele/Risiken) in den Blick, die in jedem Fall, begründet durch die DSGVO, bei jeder Verarbeitung personenbezogener Daten zu analysieren, zu bearbeiten und schließlich umfassend zu beurteilen und zu bewerten sind.

4. Liegt eine Verarbeitung derart modelliert analytisch zugänglich vor, müssen die Motive und Ressourcen (Know-how, Budget, Zeit) möglicher Angreifer auf die Souveränität von Personen in einer DSFA zusammengestellt und beurteilt werden, um die auf die Angreifer abgestimmten Risiken mindernde Maßnahmen bestimmen zu können. Aus Datenschutzsicht sind als erstes immer die verantwortlichen Organisationen, die die Daten verarbeiten, als Hauptangreifer zu modellieren, also die Behörde, das Unternehmen, die Forschungsinstitution, für die die DSFA durchgeführt wird. Dies ist der zentrale Unterschied zwischen dem operativen Datenschutz und der IT-Sicherheit: Die Maßnahmen der IT-Sicherheit haben zum Ziel, die Datenverarbeitungen im Interesse der Organisationen zu sichern, während der Datenschutz die Betroffenen vor diesen Verarbeitungen schützen soll; deshalb bestehen oftmals Konflikte zwischen dem operativen Datenschutz und der IT-Sicherheit.

Als zwei weitere mächtige Angreifer sind die (IT-)Dienstleister der verantwortlichen Organisationen – insbesondere die Bereitsteller von Hardware,

Betriebssystemen, Fachapplikationen oder Netzzugängen – sowie die Sicherheitsbehörden, die jederzeit vor der Tür stehen und die Herausgabe von personenbezogenen Daten einfordern können, zu beurteilen. In beiden Fällen handelt es sich um besonders mächtige Organisationen, die einen eingriffsintensiven Zugriff auf die Daten von Personen vornehmen können.

Eine derart methodisch durchgeführte DSFA, bspw. als Prüfung einer bereits bestehenden Verarbeitung, würde aufzeigen, wo eine Verarbeitung grundrechtlich zu invasiv angelegt ist und wo welche Risiken in welchem Ausmaß für betroffene Personen bestehen. Als Beispiele für DSFAen, die mit Rückgriff auf das SDM durchgeführt und veröffentlicht wurden lässt sich auf die DSFA zur Corona-Warnapp sowie einen Fahrtenschreiber für Privat-PKW verweisen (FiFF, 2020; ULD/LfD-MP, 2017).

5 Nutzen einer DSFA für die TA

Vor der Analyse einer Technik steht im Datenschutz die Analyse der Verarbeitung. Die datenschutzrechtlichen Anforderungen an die eingesetzte Technik ergeben sich aus den Anforderungen an die Verarbeitung. Die Modellierungsstrategie des Datenschutzes folgt somit der techniksoziologisch geläufigen These, wonach es keine Technik ohne Organisation „gibt"; und dass deren konkrete Algorithmisierung und Materialisierung insbesondere im Durchgang durch die Analyse der Macht von Organisation über „deren Personal" verständlich wird. Ähnlich in der TA, wo die Analyse gesellschaftlicher, wirtschaftlicher etc. Rahmenbedingungen für den Einsatz der in Frage stehenden Technologie eine zentrale Rolle spielt.

Was sind die Nachteile einer DSFA nach DSGVO in wissenschaftlicher Hinsicht? Es handelt sich um einen statischen Ansatz, ohne Sensorik für oder Bedarf nach einer historisierten Herleitung oder Kontextualisierung von Verarbeitungen oder Techniken. Auch hilft eine DSFA nicht dabei, eine techniksoziologisch gebotene Sensibilität für einen etwaigen „Eigensinn des Technischen oder einer Technik" zu entwickeln, der vielleicht auf reine Funktionalität und Wirksamkeit abstellte und sich – jedenfalls nicht vollständig – auf eine Mediatisierung zur Machtsicherung, Kapitalverzinsung oder Wissen-Schaffen unter der Frage „cui bono" zurückführen ließe; insofern wäre eine DSFA nur im Sinne einer „Techniknutzen-Abschätzung" brauchbar. Eine einzelne DSFA ist zudem „thematisch spitz" enggeführt; sie ist ohne soziologische Fundierung für eine gesellschaftstheoretische Hochskalierung bzw. Verallgemeinerung ungeeignet. Dieser gesellschaftstheoretische Nachteil der starken Zuspitzung und mangelnden Verallgemeinerungsfähigkeit einer einzelnen Analyse kann in eine Stärke verwandelt werden, wenn Bedarf nach Präzision bei der Analyse IT-gestützter Verarbeitungen von Organisationen besteht.

Die Bedeutung der Ergebnisse von Datenschutzprüfungen, etwa in Gestalt von DSFA, wird bislang erstaunlicherweise unterschätzt, insbesondere wenn sie mit wissenschaftlichem Anspruch erstellt wurden. Auf die Möglichkeiten einer von der DSGVO getriebenen DSFA wurde jedenfalls schon früh hingewiesen (Friedewald, 2017). Datenschutzprüfungen lassen sich soziologisch als Sensoren für die Messung struktureller Verschiebungen nutzen. Indem Organisationen latent bestrebt sind, gesellschaftlich als souverän zu respektierende externe, individuelle Personen – Bürger:innen, Kund:innen, Personen – zu internen, zumindest teilverfügbaren Mitgliedern zu machen – durch Nutzung von Personenkennziffern, Mitgliedskonten und Überwachungsfunktionen – und so durch Kontrollen zu beherrschen, unterlaufen die Organisationen latent die für die Moderne charakteristischen Kontingenzquellen der Funktionssysteme, also die Gewaltenteilung, die Märkte oder die voneinander unabhängigen Diskurse. Der Grad der Umsetzung von Datenschutzanforderungen würde so zum Grad der Ausprägung der funktionalen Differenzierung einer Gesellschaft. Eine DSFA könnte dazu beitragen, am Detail diesen Grad festzustellen und die verbleibende Frage wäre dann, wie sich diese Ergebnisse auch gesellschaftstheoretisch generalisieren lassen.

Global Player beherrschen nicht nur monopolartig Marktsegmente, sondern auch Behörden und diktieren Forschungsinstitutionen die Recherche- und Kommunikationsbedingungen. Heruntergebrochen auf Individuen eröffnet, wie in der stratifizierten Vormoderne auch, vor allem die Verfügung über Mitgliedschaften Personen eine Vielzahl effizienter Handlungsoptionen. Insbesondere amerikanische, chinesische und russische Internet-Plattformen nehmen sich Allzuständigkeiten und Überwachungsaktivitäten heraus, die sich die Regierungen und Behörden in den EU-Staaten nicht in dieser schamlosen Form erlauben, auch wenn EU-Staaten zumindest sekundär und bittend Zugriffe auf die Plattformen und dadurch auf die Daten „ihrer" Bürger:innen nehmen. Die Freiheit, Mitgliedschaften anzunehmen oder abzulehnen, schwindet. Mitgliedschaft in größeren Organisationen, die ihre Mitglieder weitgehend technisch verwalten, geht heute vielfach mit Vollüberwachung sämtlicher Aktivitäten durch diese Organisationen einher. Die Überwachung von Mitarbeiter:innen, die Microsoft-365-Produkte benutzen müssen, kann mit den bei Microsoft zubuchbaren Programmen „Sentinel" und „Purview" sehr hoch getrieben werden (Christl, 2024). Amazon stellt einen „Marktplatz" für Händler bereit und behält sämtliche Transaktionen der Händler und Kund:innen im Blick, die diese Plattform nutzen. Facebook versuchte, allerdings zunächst noch vergeblich, aufgrund des Widerstands der amerikanischen Banken, mit Libra eine eigene (Krypto-)Währung zu etablieren. Facebook und Twitter beurteilen anhand eigener normativer Vorgaben die Rechtmäßigkeit von Beiträgen auf ihren Plattformen, und sei es, dass sie sich vermeintlich rausnehmen und Regulationen den User:innen überlassen. Aber sie sind es, die die Formen festlegen. Das Ausmaß der Inkaufnahme oder eben Nicht-Inkaufnahme gesellschaftlicher Risiken durch die von Privatfirmen durchgeführten Überwachungsmaßnahmen kann, in Form des gelingenden Datenschutzes gegenüber diesen Organisationen, als ein Maßstab für das Fortbestehen oder eben Nicht-Fortbestehen der Moderne einer (Welt-)Gesellschaft gelesen werden (vgl. Rost, 2013). Die gesellschaftstheoretisch motivierte Frage, ob dies alles eher auf einen weiteren Evolutionsschritt einer nochmaligen Differenzierung der funktionalen Differenzierung durch Technisierung und „Vernetzung" hinausläuft, mag soziologisch offen sein (Baecker, 2018; Nassehi, 2019). Aus einer datenschützerisch trivialisierten Sicht sieht es ungleich mehr nach einer Entdifferenzierung der Moderne bzw. deren Regression aus (Pohle & Rost, 2020).

6 Wie können nun DSFA und SDM in konkreten TA-Studien verwendet werden?

TA ist ein multidimensionales Analyseverfahren, das mögliche, erwartbare Auswirkungen sozio-technischer Innovationen jenseits techno-ökonomischer Effizienz in den Blick nimmt. Dazu gehören unter anderem Interdependenzen mit der sozialen Welt des Miteinander in Freizeit, Konsum und Arbeitswelt, rechtliche Aspekte der Nutzung sowie mögliche Auswirkungen auf Mensch und Umwelt. Diesen umfassenden Anspruch kann und soll eine DSFA nicht einlösen, weshalb eine DSFA in der Regel nicht als umfassende TA klassifiziert werden kann. In wenigen Fällen könnte, mit sehr eingeschränktem Scope, eine DSFA jedoch den Kern einer partiellen TA bilden. DSFA befassen sich einerseits mit Anwendungen, also Verfahren, Handlungen und Nutzungsweisen, andererseits mit davon geprägten oder diese zum Teil bestimmenden technischen Realisierungen und mit den Auswirkungen auf betroffene Personen(gruppen). In diesem Sinn geht jede DSFA über die Prüfung der techno-ökonomischer Effizienz hinaus, bezieht sich auf bestehende rechtliche Rahmen und zeigt mögliche Gestaltungsoptionen. Wird die DSFA z. B. um eine gesellschaftlich-politische oder eine makro-ökonomische Einordnung ergänzt, wäre dies ein gutes Beispiel für eine partielle TA.

Insgesamt leistet das Standard-Datenschutzmodell (SDM) einen wichtigen Beitrag zur methodischen Weiterentwicklung der TA, insbesondere im Bereich der Informationstechnologien, der Digitalisierung und der Künstlichen Intelligenz (KI). Auch wenn sich DSFA idR auf konkrete Anwendungen und ihre Realisierungen in spezifischen Umgebungen bezieht, erscheint die Orientierung am SDM-Würfel auch für höhere Abstraktionsniveaus hilfreich. In diesem Sinne kann eine DSFA in technikinduzierten und projektorientierten TA-Studien von großem Nutzen sein.

In einer DSFA wird die mögliche Verarbeitungspraxis von personenbeziehbaren Daten analytisch aufbereitet. Wie in einer DSFA steht auch in TA-Studien idR eine umfassende Beschreibung der in Frage stehenden Technik am Anfang. Daran schließt sich die Analyse möglicher Konflikte mit gesellschaftlichen Rahmenbedingungen, kulturellen Leitbildern aber auch bestehenden grund- oder datenschutzrechtlichen Rahmen. Hier sind die „Muss-Liste der DSK" (siehe DSK, 2018b) und daraus die Einträge der Tabelle des Working-Package 248 der Art.-29-Gruppe (DATENSCHUTZGRUPPE NACH ARTIKEL29, 2017) hilfreiche Instrumente (DSK, 2018c). Bei der Analyse von Konzepten und Zukunftsanwendungen kann der SDM-Würfel ein Hilfsmittel bieten, um alle grundlegenden Dimensionen möglicher zukünftiger Wirkungen zu berücksichtigen.

In der vorausschauenden Arbeit von TA spielt der richtige Zeitpunkt eine wesentliche Rolle. Das grundlegende Dilemma wurde von David Collingridge (1980, S. 19) formuliert. Es besagt, 'attempting to control a technology is difficult…because during its early stages, when it can be controlled, not enough can be known about its harmful social consequences to warrant controlling its development; but by the time these consequences are apparent, control has become costly and slow'. Das in den 2000er Jahren in den USA vorgestellte Konzept der Real-Time-TA ist einer der Ansätze, mit dieser Situation umzugehen. Dabei wird die frühzeitige Integration von sozialwissenschaftlichem Wissen in natur- und ingenieurwissenschaftliche Unternehmungen (Guston & Sarewitz, 2002) angestrebt. Hier könnte das SDM, und insbesondere die Visualisierung der zu bearbeitenden Risikokonstellationen durch den SDM-Würfel zusammen mit den rechtlich definierten Zielen helfen, bereits in frühen Stadien einer Projektentwicklung mit neuen Technologien oder Anwendungen die Kommunikation in interdisziplinären Projektgruppen zu strukturieren und die „Mindestanforderungen" aus grund- und datenschutzrechtlicher Sicht zu benennen.

Die größte Herausforderung für den Einsatz des SDM in TA-Studien dürfte in der Skalierung auf gesellschaftliche Fragestellungen und einer möglichen Anwendung in problemorientierten TA-Studien liegen. Wenn es z. B. um die Organisation von Arbeit in neuen sozialen und digitalen Kontexten geht („Neue Arbeit"), könnte neben den soziologischen Fragestellungen wie demographischer Wandel, geänderte Wertestruktur, Work-Live-Ballance etc. auch analysiert werden, was auf gesellschaftlicher Ebene Mindestanforderungen (oder Ausschließungsgründe) an (für) mögliche technische (digitale) Unterstützung sein könnten. Hier kann mit dem SDM-Würfel schnell der Rahmen abgesteckt werden. Die Gewährleistungsziele geben den inhaltlichen Rahmen der Beurteilung vor, die drei Ebenen der Verarbeitung verweisen auf strukturelle Notwendigkeiten und die vier Phasen der Verarbeitung zeigen, wo Konkretisierungen und spezifische Analysen ansetzen müssen. Es zeigt sich, dass der Fragenkatalog des SDM-Würfels auch bei der Beurteilung unterschiedlicher Lösungsansätze für gesellschaftliche Herausforderungen hilfreich ist.

Auch wenn eine DSFA allein keine umfassende TA im klassischen Sinn sein kann, ist die Methodik in verschiedenen TA-Kontexten sehr hilfreich. DSFA und SDM bieten eine Struktur, die ein offenes, wahrheitsorientiertes, transparentes, diskursives, methodenreflexives, empirisches, verlässliches und intersubjektiv wahrheitsfähiges Erkenntnisinteresse ermöglicht und damit die Methodik der TA bereichert und weiterentwickelt.

Literatur

Baecker, D. (2018). *4.0 oder Die Lücke die der Rechner lässt.* Merve.

Böschen, S., Grunwald, A., Krings, B.-J., & Rösch, C. (Hrsg.). (2021). *Technikfolgenabschätzung: Handbuch für Wissenschaft und Praxis* (1 Aufl.). Nomos Verlagsgesellschaft mbH & Co. KG. https://doi.org/10.5771/9783748901990.

Christl, W. (2024). Employees as risk. A case study on intrusive surveillance and behavioral profiling for cybersecurity, insider risk detection and "compliance". https://crackedlabs.org/en/data-work/publications/securityriskprofiling.

Collingridge, D. (1980). *The social control of technology.* Pinter.

DATENSCHUTZGRUPPE NACH ARTIKEL 29. (2017). Leitlinien zur Datenschutz-Folgenabschätzung (DSFA) und Beantwortung der Frage, ob eine Verarbeitung im Sinne der Verordnung 2016/679 „wahrscheinlich ein hohes Risiko mit sich bringt". https://www.datenschutz-bayern.de/technik/orient/wp248.pdf.

DSK. (2018a). *Kurzpapier Nr. 5: „Datenschutz-Folgenabschätzung nach Art. 35 DS-GVO".* https://www.datenschutzkonferenz-online.de/media/kp/dsk_kpnr_5.pdf.

DSK. (2018b). *Kurzpapier Nr. 18: Risiko für die Rechte und Freiheiten natürlicher Personen.* https://www.datenschutzkonferenz-online.de/media/kp/dsk_kpnr_18.pdf.

DSK. (2018c). Liste der Verarbeitungstätigkeiten, für die eine DSFA durchzuführen ist („Muss-Liste"). https://www.lda.bayern.de/media/dsfa_muss_liste_dsk_de.pdf.

DSK. (2024). *Das Standard-Datenschutzmodell V3.1.* https://www.datenschutz-mv.de/datenschutz/datenschutzmodell/.

Egetenmeier, A., et al. (2016). (Keine) Angst vor dem Datenschutz?! Begleitforschung im Hochschulkontext. In U. Lucke, A. Schwill, & R. Zender (Hrsg.), *Die 14. E-Learning*

Fachtagung Informatik der Gesellschaft für Informatik (S. 245ff.). Gesellschaft für Informatik. https://subs.emis.de/LNI/Proceedings/Proceedings262/P-262.pdf.

Europäisches Parlament der Rat und die Kommission. (2000). *CHARTA DER GRUNDRECHTE DER EUROP˜ISCHEN UNION*. In https://www.europarl.europa.eu/charter/pdf/text_de.pdf.

EUROPÄISCHES PARLAMENT UND RAT. (2016). Verordnung zum Schutz natürlicher Personen bei der Verarbeitung personenbezogener Daten, zum freien Datenverkehr und zur Aufhebung der Richtlinie 95/46/EG (Datenschutz-Grundverordnung)Datenschutz-Grundverordnung (DSGVO), In https://eur-lex.europa.eu/legal-content/DE/TXT/PDF/?uri=CELEX:32016R0679.

FiFF. (2020). *Datenschutz-Folgenabschätzung (DSFA) für eine Corona-App*. https://www.fiff.de/dsfa-corona.html.

Friedewald, M. (2017). Data protection impact assessment: Opportunities, barriers, implementation. *TATuP – Zeitschrift Für Technikfolgenabschätzung In Theorie und Praxis, 26*(1–2), 66–71. https://doi.org/10.14512/tatup.26.1-2.66.

Guston, D. H., & Sarewitz, D. (2002). Real-time technology assessment. *Technology in Society, 24*(1), 93–109.

Hansen, M. (2024). Kommentar zum Artikel 25 DSGVO. In S. Simitis, G. Hornung, & I. Spiecker gen. Döhmann (Hrsg.), *Datenschutzrecht* (Bd. 2). Nomos.

Hume, D. (1739). *A Treatise of Human Nature Bd. 2*. https://oll.libertyfund.org/titles/bigge-a-treatise-of-human-nature.

LFD Bayern. (2024). *Datenschutz-Folgenabschätzung (DSFA)*. https://www.datenschutz-bayern.de/dsfa/.

Luhmann, N. (1984). *Soziale Systeme – Grundriß einer allgemeinen Theorie*. Suhrkamp.

Nassehi, A. (2019). *Muster – Theorie der digitalen Gesellschaft*. C.H. Beck.

Pohle, J., & Rost, M. (2020). Bei Strafe ihres Untergangs – Digitale Infrastrukturen als Spannungsverstärker zwischen Gesellschaftssimulation und Organisationserhalt. In B. Blättel-Mink (Hrsg.), *Gesellschaft unter Spannung. Verhandlungen des 40. Kongresses der Deutschen Gesellschaft für Soziologie 2020*. https://publikationen.soziologie.de/index.php/kongressband_2020/article/view/1359/1624.

Porter, A. L. (1995). TECHNOLOGY ASSESSMENT. *Impact Assessment, 13*(2), 135–151. https://doi.org/10.1080/07349165.1995.9726087.

Rost, M. (2013). Zur Soziologie des Datenschutzes. *DuD – Datenschutz und Datensicherheit, 37. Jahrgang* (Heft 2), 85–91. https://www.maroki.de/pub/privacy/2013-02_DuD-SozDesDS.html.

Rost, M. (2024). *Das Standard-Datenschutzmodell (SDM) – Einführung in die Umsetzung der operativen Anforderungen der DSGVO, 2. Auflage*. Springer-Vieweg.

Schaber, F., Krieger-Lamina, J., & Peissl, W. (2019). *Digitale Assistenten – Endbericht*. https://epub.oeaw.ac.at/ita/ita-projektberichte/2019-01.pdf.

ULD/LfD-MP. (2017). Durchführung einer Datenschutz-Folgenabschätzung gem. Art. 35 DSGVO auf der methodischen Grundlage eines standardisierten Prozessablaufes mit Rückgriff auf das SDM am Beispiel eines „Pay as you drive"-Verfahrens (V 0.10). https://www.datenschutzzentrum.de/uploads/datenschutzfolgenabschaetzung/20171106-Planspiel-Datenschutz-Folgenabschaetzung.pdf.

Van Woensel, L. (2021). *Leitlinien für vorausschauende politische Analysen*. Wissenschaftlicher Dienst des Europäischen Parlaments (EPRS).

von Borries, V. (1980). *Technik als Sozialbeziehung*. Kösel.
Warren, S. D., & Brandeis, L. D. (1890). The right to privacy. *Harvard Law Review*, *IV*(5), 193ff. http://www.lawrence.edu/fac/boardmaw/Privacy_brand_warr2.html.

Martin Rost Mitarbeiter im Unabhängigen Landeszentrums für Datenschutz Schleswig-Holstein (ULD). Schwerpunkte: Prüfen, Prüfmethodik, Mitglied in vielen Forschungsprojekten zum operativen Datenschutz; Leitung der Unterarbeitsgruppe „Standard-Datenschutzmodell" der Konferenz der unabhängigen Datenschutzaufsichtsbehörden des Bundes und der Länder. E-Mail: martin.rost@datenschutzzentrum.de

Walter Peissl Ehem. stv. Direktor des Instituts für Technikfolgen-Abschätzung (ITA) der Österreichischen Akademie der Wissenschaften (ÖAW). Schwerpunkte: Digitalisierung, Privatsphäre und Sicherheit sowie methodische Fragen der Technikfolgenabschätzung. E-Mail: office-wp@teletronic.at

Der Futures-Circle – Ein Ansatz zur hermeneutischen Analyse von Technikzukünften

Wenzel Mehnert

1 Einleitung

Neue und emergierende Technologien gehen mit dem Versprechen einher, die Welt, wie wir sie kennen, grundlegend zu verändern. Zu diesen Technologien zählen unter anderem humanoide Roboter oder Kernfusionsreaktoren. Ihnen wird das Potenzial zugeschrieben, erhebliche Auswirkungen auf unterschiedliche sozioökonomische und kulturelle Domänen zu haben, was sich in der Zusammensetzung der Akteure, der Institutionen und der Interaktionsmuster zwischen den Akteuren zeigt (Rotolo et al., 2015). Dabei existieren die Technologien, abgesehen von Ideen und wenigen Prototypen in Forschungsinstituten und Entwicklungsabteilungen, in erster Linie nur in der Art und Weise, wie wir über sie sprechen. Sie kommen in den artikulierten Erwartungen an diese Technologien, den möglichen Anwendungen oder ihren potenziellen Auswirkungen zum Ausdruck. Diese Erwartungen werden "Technikzukünfte" genannt (Grunwald, 2012; Lösch et al., 2019; Philipp et al., 2022).

Technikzukünfte kommen in verschiedenen Kontexten vor: Sie können von Wissenschaftsjournalist:innen in Dokumentationen, Podcasts oder Zeitungsartikeln für die interessierte Öffentlichkeit präsentiert werden, um die vermeintlichen Gefahren und Chancen einer aufkommenden Technologie zu diskutieren; Technikzukünfte können in Form von Szenarien als Ergebnis von Foresight-Prozessen

W. Mehnert (✉)
Societal Futures, Austrian Institute of Technology, Wien, Österreich
E-Mail: wenzel.mehnert@ait.ac.at

Berlin Ethics Lab, Technische Universität Berlin, Berlin, Deutschland

© Der/die Autor(en), exklusiv lizenziert an Springer Fachmedien Wiesbaden GmbH, ein Teil von Springer Nature 2025

M. Ornetzeder et al. (Hrsg.), *Methoden für die Technikfolgenabschätzung*,
https://doi.org/10.1007/978-3-658-48491-0_16

entstehen, die darauf abzielen, politische Entscheidungsträger:innen über Risiken und Nutzen einer neuen Technologie zu beraten; Technikzukünfte können das Ergebnis von Trendforschungen oder Horizon Scans sein, die von Beratungsunternehmen oder Industrieakteuren wie dem Weltwirtschaftsforum durchgeführt werden; und natürlich können sie von Science-Fiction-Autor:innen und Filmemacher:innen geschaffen werden, die sich von aufkommenden Technologien inspirieren lassen, um potenzielle Zukünfte zu erkunden oder sie als Metaphern zu verwenden, um aktuelle gesellschaftliche Fragen zu reflektieren.

In ihrer Gesamtheit tragen all diese verschiedenen Technikzukünfte zum Diskurs über emergierende Technologien bei und helfen, Vorstellungen über die Technologien an vielfältige Interessengruppen zu verbreiten, Erwartungen zu wecken und damit der Technologie eine Bedeutung zuzuweisen. Dabei ist zu betonen, dass sich Technikzukünfte zu einem Zeitpunkt mit den Technologien beschäftigen, wo kein gesichertes Wissen über die potenziellen Produkte und Anwendungen oder die möglichen Auswirkungen der Nutzung zur Verfügung steht. Gleichzeitig prägen sie die Art und Weise, wie wir über emergierende Technologien nachdenken und diskutieren, und beeinflussen die tatsächliche Entwicklung, was eine paradoxe Dynamik zwischen Fiktion und Wirklichkeit kreiert.

In der Literatur zu Technikzukünften werden diese Aussagen nicht als Vorhersagen dessen betrachten, was möglicherweise geschehen könnte, sondern als Spiegelbild der Gegenwart und als Zusammensetzungen von gegenwärtigen Annahmen, Werten und Einstellungen (Brown et al., 2000; Jasanoff & Kim, 2009; Lösch et al., 2019). Dieser Perspektive folgt auch der Ansatz der hermeneutischen Technikfolgenabschätzung (TA) (Grunwald, 2016; Grunwald et al., 2023), die analysiert, wie Technikzukünfte emergierenden Technologien Bedeutung zuschreiben. Die Hermeneutische TA befasst sich mit dem kulturellen Kontext, der Entstehung und der Auswirkungen von Technikzukünften auf die Entwicklung von Technologien, mit dem Ziel, die Gesellschaft und die Politik besser über emergierende Technologien zu informieren.

Dieses Kapitel gibt einen Überblick über verschiedene Perspektiven auf Technikzukünfte und stellt ein Model für die hermeneutischen Analyse von Technikzukünften vor, den Futures-Circle. Aufbauend auf Grunwalds hermeneutischer TA und Ricoeurs narrativer Hermeneutik vereint der Futures-Circle unterschiedliche Perspektiven, um zu verstehen, wie neuen Technologien mit Hilfe von Technikzukünften Bedeutung zugeschrieben wird. Hierfür wird im ersten Schritt darauf eingegangen, was Technikzukünften sind, um im Anschluss drei verschiedene Forschungsperspektiven vorzustellen und diese abschließend in Form des oben genannten Ansatzes zusammenzuführen. Damit leistet dieses Kapitel einen

Beitrag zur methodologischen Reflexion der Hermeneutischen TA und gibt eine strukturierte Orientierung für den Forschungsansatz.

2 Definition von Technikzukünften

2.1 Zukünfte als verschiedene Welten

Technikzukünfte sind Aussagen über unsere Welt in der Zukunft, die durch die Folgen einer neuen Technologie verändert wurde (Nordmann, 2014). Während diese Aussagen gelegentlich einen lose definierten Zeitrahmen umfassen können, liegt der Fokus auf der Qualität der behaupteten Veränderung(en). Je nach Aussage können die Folgen ethische, kulturelle, wirtschaftliche, soziale, politische oder ökologische Veränderungen umfassen (Lösch et al., 2016), welche wiederum positiv oder negativ von den Autor:innen dargestellt und von den Rezipient:innen bewertet werden. Nordmann (2014) beschreibt dieses Verhältnis zwischen zukünftigen Folgen und unserer gegenwärtigen Welt folgendermaßen:

> *„Die Zukunft beginnt, wenn ein Unterschied entsteht, der die Welt der Zukunft von der Gegenwart unterscheidet. In der Diskussion über emergierende Technologien wird in der Regel eine transformative Innovation angenommen, die eine qualitative Veränderung einführt. Dann möchte man wissen, welche Folgen diese Innovation in der zukünftigen Welt haben wird." (S. 132, eigene Übersetzung)*

Konsequentialistisches Denken steht im Zentrum von Technikzukünften und zielt darauf ab, die zukünftigen Entwicklungspfade dieser Veränderungen zu antizipieren. Diese Pfade stellen eine plausible Abfolge von Implikationen dar, die in unserer Gegenwart ihren Ursprung haben und in Zukunft für eine Veränderung verantwortlich sind. Das heißt, wenn heute X eintritt, führt das morgen zu Y, übermorgen zu Z, und so weiter. Dieses Denken in Implikationen erlaubt die Vorstellung einer veränderten Gegenwart. Es entsteht eine imaginäre Welt, die sich von der gegenwärtigen Welt in kleinen oder größeren Veränderungen unterscheidet (Mehnert, 2023). Anhand dieser imaginären Welten können wir beurteilen, ob wir in einer solchen Welt leben möchten oder was wir tun sollten, um die Manifestation dieser Welt zu verhindern. Nordmann (2014) schreibt dazu:

> *„[Technikzukünfte] sind dafür gemacht, nicht von zukünftigen Generationen, sondern, um von Menschen wie uns betrachtet und beurteilt zu werden, die, ähnlich wie Touristen, eine andere Lebensweise kennenlernen, ihre Vor- und Nachteile abwägen und am Ende vielleicht versuchen, diese mit ihrer Welt zu Hause zu integrieren." (S. 90)*

Diese Perspektive ersetzt die scheinbar unvermeidliche Zeitlichkeit (Das ist die Zukunft), mit einer gestaltbaren Möglichkeit (Das könnte eine Welt sein, in der wir leben) (S. 89). Mit diesem rhetorischen Kunstgriff schließt Nordmann den prädikativen Effekt von Technikzukünften aus und beschreibt sie als eine von vielen möglichen Alternativen zu unserer Gegenwart. Technikzukünfte werden somit im Hinblick auf ihre implizierten Hoffnungen statt auf die Wahrscheinlichkeit ihrer Verwirklichung diskutierbar.

2.2 Die Zuschreibung gesellschaftlicher Bedeutung

Da Veränderungen im Zentrum von Technikzukünften stehen, können sie auf eine „Wenn-dann“ Struktur heruntergebrochen werden (Nordmann, 2007). Diese Struktur beschreibt die Fähigkeit einer emergierenden Technologie („wenn“) und fährt mit einer positiven oder negativen Konsequenz fort („dann“). Typische Beispiele sind: Wenn es möglich sein sollte, eine direkte Schnittstelle zwischen Gehirnen und Maschinen zu schaffen, dann folgt daraus eine mögliche Verletzung der Privatsphäre von Individuen (Nordmann, 2007); wenn wir autonome Waffensysteme produzieren, dann könnten diese Systeme gehackt und gegen Bürger:innen eingesetzt werden (Mehnert, 2019).

Durch die Annahme, dass eine Technologie eine bestimmte Funktion erfüllen wird („wenn“) und dass diese Funktion Auswirkungen auf die Gesellschaft haben wird („dann“), wird ein potenzieller Nutzen oder ein Risiko für die Gesellschaft, Einzelpersonen oder die Natur mit der jeweiligen Technologie verknüpft. Auf diese Weise wird die Technologie gesellschaftlich bedeutsam (Grunwald, 2019, S. 105) und erscheint als relevant für verschiedene Akteure, die sich für oder gegen die Technologie und die implizierte Welt positionieren müssen. Somit wird die Zuschreibung von Bedeutung entscheidend für die soziale Akzeptanz oder Ablehnung der jeweiligen Technologie, da aufgrund der Bedeutung Allianzen geschmiedet werden (Ferrari & Lösch, 2017) oder politische Entscheidungsprozesse angestoßen werden, die letztlich darüber entscheiden, ob die Forschung und Entwicklung dieser Technologien gefördert oder reguliert werden sollte (Grunwald, 2019, S. 106). Für die Technikfolgenabschätzung wird daher auch die Auseinandersetzung mit der Bedeuntungszuschreibung relevant. Daher besteht das Ziel der hermeneutischen Technikfolgenabschätzung darin, über bestehende Technikzukünfte nachzudenken und die inhärenten Bedeutungszuschreibungen zu dekonstruieren, um so zu einer kritisch-reflexiven und aufklärenden Haltung in den verschiedenen Debatten über aufkommende Technologien beizutragen (Grunwald, 2016).

Im Folgenden werde ich eine Struktur für eine hermeneutische Analyse von Technikzukünften vorstellen, die der narrativen Hermeneutik von Paul Ricoeur (1984) folgt. Für Ricoeur besteht die Aufgabe der Hermeneutik darin, „die Gesamtheit der Operationen zu rekonstruieren, durch die ein Werk sich über die undurchsichtigen Tiefen des Lebens, Handelns und Leidens erhebt, um von einem Autor den Lesern gegeben zu werden, die es empfangen und dadurch ihr Handeln verändern“ (Ricoeur, 1984, S. 63, eigene Übersetzung). Für Ricoeur werden die größeren Kontexte einer Geschichte relevant: Die Vorannahmen, die Konstruktion als auch die Rezeption einer Erzählung. Es geht also um den konkreten Prozess, „durch den die textuelle *Konfiguration* zwischen der *Präfiguration* des praktischen Feldes und seiner *Refiguration* durch die Rezeption des Werks vermittelt wird“ (Ricoeur, 1984, S. 53, eigene Übersetzung und Hervorhebung). Darauf aufbauend schlägt Ricoeur ein dreiteiliges Modell vor, um die Bedeutungszuschreibung zu analysieren:

- **Präfiguration (Mimesis1):** Dies bezieht sich auf die vor-narrative Erfahrung der Welt und reflektiert den kulturellen Kontext der Autor:innen und des Lesers. Mit anderen Worten, Autor:innen leben bereits in einer Welt, die von Symbolen, Regeln und zeitlichen Strukturen geprägt ist und welche ihnen ein Verständnis der Welt vermitteln, noch bevor sie Geschichten darüber erzählen (Ricoeur, 1984, S. 54).
- **Konfiguration (Mimesis2):** Dies bezieht sich auf den Akt der Handlungsbildung, das heißt das Strukturieren von Ereignissen zu einer kohärenten Erzählung. Ricoeur beschreibt hier, wie die Erzählung disparate Elemente strukturiert und zu einem einheitlichen Ganzen ordnet. Hierbei entsteht ebenso die Moral einer Geschichte und damit manifestiert sich auch die normative Haltung des/der Autor:in (Ricoeur, 1984, S. 65).
- **Refiguration (Mimesis3):** Dies bezieht sich auf die Interpretation einer Erzählung durch den/die Leser:in, dabei betont Ricoeur die aktive Rolle des/der Lesers/Leserin bei der Bedeutungszuschreibung. In Anlehnung an poststrukturalistische Denker wie Foucault oder Barthes wird die Geschichte vom/n der Leser:in so umgeformt, dass sie in sein/ihr eigene/s Verständnis und seine/ihre Lebenserfahrungen passt. Mit anderen Worten, sobald eine Geschichte erzählt oder geschrieben wird, ist sie offen für die Neuinterpretation durch den/die Leser:in, und auf diese Weise wird die Bedeutung eines Textes ständig neu verhandelt (Ricoeur, 1984, S. 71).

Ricoeurs narrative Hermeneutik erkennt den kulturellen Hintergrund der Autor:innen an, den kreativen und strukturierenden Prozess, der in das Geschichtenerzählen involviert ist, und berücksichtigt auch die Rolle der Leser:innen bei der Konstruktion von Bedeutung während der Rezeption. Für die hermeneutische Technikfolgenabschätzung hilft Ricoeurs hermeneutischer Ansatz, den analytischen Prozess in drei verschiedene Perspektiven zu gliedern, die ich im Folgenden näher erläutern werde.

3 Drei Perspektiven auf Technikzukünfte

Da wir keinen direkten Zugang zur Zukunft haben, können wir nur unser gegenwärtiges Wissen nutzen, um über Zukünfte nachzudenken. Diese „Immanenz der Gegenwart" (Grunwald, 2012, S. 99) verortet Zukünfte daher in der Gegenwart. Die hermeneutische TA versteht Aussagen über die Zukunft nicht als Hinweise auf zukünftige Technologien oder ihre erwarteten Folgen, sondern vielmehr als gegenwärtige Prozesse, in denen neuen Technologien gesellschaftliche Bedeutung zugeschrieben wird. Die folgenden Perspektiven rücken den Inhalt sowie die Prozesse der Erzeugung, Verbreitung und Auseinandersetzung mit Technikzukünften in den Fokus der TA und und strukturieren deren Analyse in drei unterschiedliche Zugänge.

3.1 Präfiguration: Kultureller Kontext von Technikzukünften

Obwohl Visionen technologischer Zukünfte Ideen über zukünftige Entwicklungen beschreiben, sind sie immer an die jeweilige Gegenwart der Autor:innen gebunden. Das heißt, in Technikzukünfte werden immer auch die Perspektiven der Autor:innen, ihre Wahrnehmungen der Welt, sowie tiefere kulturelle Muster eingeschrieben. Kulturell geteilte Vorstellungen, oder Imaginäre (Castoriadis, 1975) spielen daher für die hermeneutischen TA eine wichtige Rolle. Liu (2023) weist in diesem Zusammenhang darauf hin, dass die hermeneutische TA den kulturellen und historischen Hintergrund der Autor:innen von Technikzukünften mit in Betracht ziehen sollte. Grunwald beschreibt Technikzukünfte als *Chiffren* und meint damit, dass Technikzukünfte sich auf Themen beziehen, die implizit vorausgesetzt, aber nicht immer explizit angesprochen werden: „Chiffren verweisen auf etwas außerhalb von ihnen Liegendes, ohne dieses aber in

Gänze zu entbergen“ (Grunwald, 2012, S. 121). Diese Dynamik zwischen Vorstellung und Technologie ist auch Gegenstand der Forschung im Bereich der Science and Technology Studies (STS). Suchman (2006) weist darauf hin, dass Imaginäre durch Informations- und Kommunikationsnetzwerke in einer Gesellschaft verbreitet werden und sich in neuen Technologien manifestieren. In diesem Zusammenhang spricht Haraway von *materialisierter Refiguration* (1997) und betont, dass in neuen Technologien die immateriellen Geschichten, Sehnsüchte und Bedürfnisse einer Kultur mit der materiellen Welt verbunden werden. Die Technikwissenschaften und die Kultur existieren nach dieser Betrachtung nicht in einem Vakuum, sondern sind miteinander verflochten. Das lässt sich empirisch unter anderem anhand der Analyse von Robotervorstellungen in verschiedene kulturelle Sphären zeigen (Rhee, 2018; Telotte, 2016). Ebenso ist die technische Entwicklung von Künstlicher Intelligenz (KI) von kulturellen Imaginären vorgeprägt (präfiguriert) und getrieben von dem Wunsch, Hoffnungen und Sehnsüchte zu stillen, die tief in unserer Kultur verankert sind und außerhalb der eigentlichen Technologie liegen (Cave et al., 2020).

Technikzukünfte beziehen sich zudem auf bestehende Menschenbilder. Die Vision der Erweiterung des menschlichen Körpers durch Technologie (Human Enhancement) folgt beispielsweise der Vorstellung, dass der Mensch einer Maschine gleicht, die sich technisch optimieren lässt, um effizienter zu funktionieren. Diese Vorstellung des Menschen ist nicht nur umstritten, sondern lässt auch andere Vorstellungen, wie die notwendige Unvollkommenheit und Ableism-Diskurse, außer Acht. Zudem enthält diese Vorstellung bereits normative Wertvorstellungen, die einer kapitalistischen Logik der Effizienzsteigerung folgen (Coenen, 2010). Während die technologische Entwicklung voranschreitet, wird diese Vorstellung des Menschen als Maschine in die tatsächliche Technologie eingeschrieben, verfestigt und letztendlich normalisiert.

Technikzukünfte können sich auch auf die Vorstellungen des sozialen Zusammenlebens (social imaginaries) beziehen(Taylor, 2003). Für ihre Analyse von politischen Positionspapieren zur Atomkraft haben die beiden Wissenschaftlerinnen Sheila Jasanoff und Sang-Hyun Kim zum Beispiel die Haltung zu Nukleartechnologien der US-Regierung mit der Position der südkoreanischen Regierung verglichen. Sie zeigen, dass beide Nationen geprägt sind von unterschiedlichen Imaginären des sozialen Zusammenlebens, die sich wiederum in ihrer Zukunftsvorstellung gegenüber Nukleartechnologien widerspiegeln (Jasanoff & Kim, 2009).

Durch die Verknüpfung von emergierenden Technologien mit bestehenden Imaginären kann der Blick auf die tatsächliche Entwicklung der Technologien verzerrt werden, wie Barbrook (2007) an dem folgenden Beispiel aus der KI-Entwicklung deutlich macht: In den 1950er Jahren wurden Computer mit der Vorstellung assoziiert, dass sie sich zu bewussten Maschinen entwickeln könnten. Ähnlich wie in der Evolutionslehre wurde angenommen, dass mit fortschreitender Entwicklung ein künstliches Bewusstsein unvermeidlich und innerhalb des nächsten Jahrzehnts erreicht werden könnte. Diese Vorstellung wurde unter anderem von IBM aufgegriffen, gefördert und propagiert. Das Unternehmen kündigte 1961 an, der Entwicklung von künstlichem Bewusstsein höchste Priorität einzuräumen, während ihre eigentliche Nutzung in erster Linie der Entwicklung selbststeuernder Waffensysteme diente. Laut Barbrook legitimierte die Vorstellung des künstlichen Bewusstseins die kontinuierliche Forschung an intelligenteren Waffen, die andernfalls nicht finanziert und unterstützt worden wäre (Barbrook, 2007).

Letztlich sind auch populärkulturelle Technikzukünfte von gegenwärtigen Vorstellungen geprägt, wie sich anhand des Cyberpunk-Genres zeigen lässt (Mehnert, 2021). Cyberpunk-Fiktionen erzählen Geschichten von dystopischen Welten, in denen zukünftige Gesellschaften von großen Konzernen mittels hochentwickelter Technologien unterdrückt werden. Diese Geschichten verbinden die gegenwärtige Angst, sich in einem immer schneller werdenden technologischen Fortschritt zu verlieren, mit dem Paradigma einer neoliberalen Weltwirtschaft sowie den falschen Versprechungen freier Märkte.

Iser (1993) weist darauf hin, dass jeder Text zwangsläufig eine Auswahl aus einer Vielzahl sozialer, historischer, kultureller und literarischer Systeme enthält, die als referentielle Felder außerhalb des Textes existieren. Oder, wie Ricoeur es ausdrückt, der/die Autor:in komponiert den Text, „auf der Grundlage eines Vorverständnisses der Welt des Handelns, ihrer sinnstiftenden Strukturen, ihrer symbolischen Ressourcen und ihres zeitlichen Charakters" (Ricoeur, 1984, S. 54). Technikzukünfte, verstanden als Texte[1], die in einem sozialen und kulturellen Umfeld entstehen, verknüpfen geteilte Vorstellungen, Wünsche und Hoffnungen aber auch Ängste und Sorgen mit emergierenden Technologien. In dieser Weise gelesen, werden Technikzukünfte zu Chiffren (Grunwald, 2012), die uns mehr über die Gegenwart als über das tatsächliche Potenzial der Technologien verraten (Sturken et al., 2004).

[1] In den Kultur- und Literaturwissenschaften ist der Begriff „Text" weiter gefasst als nur das geschriebene Wort auf einer Seite. Er umfasst jedes kulturelle Artefakt oder Produkt, das auf seinen Sinn und seine Bedeutung in einem bestimmten kulturellen Kontext hin analysiert und interpretiert werden kann. Dazu gehört „die Erzeugung von Bedeutung durch Bilder, Klänge, Objekte (wie Kleidung) und Aktivitäten (wie Tanz und Sport)" (Barker, 2004, S. 199, eigene Übersetzung).

3.2 Konfiguration: Medialisierung von Technikzukünften

Um Zukunftsvorstellungen hermeneutisch analysieren zu können, müssen sie in einer bestimmten Gestalt vorliegen (Iser, 1993) . In anderen Worten: Es braucht ein Medium, dass die kognitiven Konzepte über die Zukunft in eine analysierbare Form bringt. Grunwald verweist in diesem Zusammenhang darauf, dass Technikzukünfte konstruiert sind:

> *„Technovisionäre Zukünfte existieren nicht per se, noch entstehen sie von selbst. Im Gegenteil, sie werden 'gemacht' und auf eine mehr oder weniger komplexe Weise sozial konstruiert. Zukünfte – sei es in Form von Vorhersagen, Szenarien, Plänen, Programmen, Visionen, spekulativen Ängsten oder Erwartungen – werden unter Verwendung einer ganzen Reihe von Zutaten 'produziert', wie verfügbarem Wissen, Werturteilen und Annahmen.“* (Grunwald, 2013, *S. 29, eigene Übersetzung)*

Wie Grunwald betont, ist die Art und Weise, wie Zukünfte konstruiert werden, also welche *Zutaten* verwendet und kohärent zusammengesetzt werden, entscheidend für ihren Inhalt und wird relevant für die Bewertung der Vision (Grunwald, 2010, S. 100). Liu (2023) spricht in diesem Zusammenhang von *Visioneering Assessment* und betont, dass der Inhalt von Visionen semantisch analysiert wird, während der Konstruktionsprozess in der Regel übersehen wird. Folglich hat Visioneering Assessment die Aufgabe, den Prozess der Konstruktion von Visionen aufzudecken. Dieser Prozess unterscheidet sich von Medium zu Medium, da jedes Medium unterschiedliche Konstruktionsprozesse erfordert. Die Bewertung von Technikzukünften bedeutet daher auch, die Möglichkeiten und Einschränkungen des Mediums zu berücksichtigen, mit denen Technikzukünfte kommuniziert werden. Die Medienwissenschaftler Ernst und Schröter (2020) fragen nach der Medialität von Zukünften und wie das Medium, mit seinen jeweiligen Gestaltungsregeln, aber auch als Epistemologie, zur Entwicklung von Technikzukünften beiträgt. Sie beziehen sich auf das Konzept der Techno-Imagination des Medienphilosophen Flusser (1998), dessen These lautet, dass jedes Medium zu einer bestimmten Form der Vorstellungskraft führt und mediale Transformationen somit auch die Möglichkeiten der Imagination selbst verändern (Ernst & Schröter, 2020, S. 61). Dickel (2023), in Bezug auf McLuhans berühmtes Zitat *The Medium is the Message,* betont, dass für die Analyse der Konfiguration von Zukunftsbildern zwei Aspekte wichtig sind: Zum einen die Materialität von Technikzukünften, also die Frage, wie und durch welche materiellen Mittel und Praktiken Technikzukünfte kreiert und ausgedrückt werden; Zum anderen die Medientechnologien, die die Rezeption von Technikzukünften ermöglichen, strukturieren und formen

(Dickel, 2023). Das Medium hat umgekehrt auch Auswirkungen auf den Inhalt: Wenn Zukünfte in Form von Texten gestaltet oder in Filme umgesetzt werden, prägen die Technologien des Schreibens von Texten die Zukunftsvorstellung anders als bei der filmischen Umsetzung. Beispielsweise zwingt die visuelle Darstellung von Zukünften die Autor:innen dazu, spezifischer zu werden, während das Schreiben von Texten es erlaubt, abstrakter zu bleiben und auf allgemeine Konzepte zurückzugreifen. Mit anderen Worten, es ist einfacher zu sagen „Wir schaffen eine CO2 neutrale Gesellschaft", als zu zeigen, wie eine CO2 neutrale Gesellschaft tatsächlich aussieht, was Menschen in dieser Zukunft machen oder nicht machen bzw. welche Technologien dazu beigetragen haben.

Die Sprache ist ein wichtiges Medium, um die Vorstellungen über die Zukunft mit anderen zu teilen. Aus einer konstruktivistischen Perspektive heraus argumentieren Fuller und Loogma (2009), dass Zukunftsvorstellungen nur dann eine soziale Bedeutung bekommen, wenn sie an andere oder mit anderen kommuniziert werden. Hierbei spielen die verwendeten Texte, Geschichten und Symbole eine entscheidende Rolle, was wiederum literaturwissenschaftliche und textuelle Analysen als Mittel zur hermeneutischen Bewertung erforderlich macht. Besonders die Rolle von Metaphern, die in Visionen über aufkommende Technologien verwendet werden, ist für eine kritische Reflexion von Interesse (Inayatullah et al., 2016). Metaphern sind entscheidend dafür, wie wir unsere Welt verstehen und konzeptualisieren. Wie Lakoff und Johnson (2003) betonen, formen Metaphern nicht nur unser Verständnis der Welt, sondern auch unsere Erfahrungen und Handlungen innerhalb dieser Welt. Die Analyse der in Visionen verwendeten Metaphern ermöglicht es, über die zugrunde liegende Präfiguration nachzudenken und bietet gleichzeitig kreative und spielerische Ansätze, um alternative Zukünfte zu imaginieren (Fischer & Marquardt, 2022).

In diesem Kontext weist Nordmann (2014) darauf hin, dass der Begriff *emergierende Technologie* bereits eine Metapher ist, da er das Aufkommen neuer technologischer Fähigkeiten suggeriert, die „mit einer steigenden Flut in Verbindung gebracht werden – diese Flut wird einfach weiter und weiter gehen, und irgendwann werden die Dämme zu einer neuen Welt mit neuen Fähigkeiten, Chancen und Risiken einfach brechen" (S. 92, eigene Übersetzung). Die Darstellung einer Technologie als *emergierend* verleiht ihr somit bereits die Bedeutung, dass diese Technologie eines Tages unsere Welt überfluten und ungeahnte Auswirkungen haben wird. Damit wird die Frage ihrer Entwicklung auf das „Wann ist es soweit?" reduziert wird und Fragen wie „Ob es überhaupt dazu kommt?", „Warum brauchen wir diese Technologie?" oder „Wie können wir sie anders gestalten?" geraten in den Hintergrund.

Über die Verwendung von Metaphern hinaus wird auch die Art und Weise, wie Technikzukünfte erzählt werden, welchen Erzählmustern (Narrativen) und Rollenzuschreibungen sie folgen, sowie die Handlungsstränge, in denen die Technologien eingebettet sind, für die hermeneutische TA interessant. Technikzukünfte können als Geschichten verstanden werden (Gransche, 2015; Grunwald, 2016), die eine systematische Imagination des Zusammenspiels zukünftiger Technologien mit der zukünftigen Gesellschaft darstellen (Lösch et al., 2019). Die Autor:innen von Technikzukünften wählen die Elemente, die sie vorfinden, aus und ordnen sie neu an, lassen zwangsläufig Elemente weg, überbetonen andere und bringen sie in einen bewussten Zusammenhang. Daher ist es wichtig, neben den Elementen, die in Technikzukünften erwähnt werden, auch darüber nachzudenken, welche Elemente nicht erwähnt und (absichtlich oder unabsichtlich) ausgelassen werden und in welche Erzählmuster die Technologien eingebettet sind (Roßmann, 2021).

Untersuchungen von Zukunftsdiskuren haben gezeigt, dass die verwendeten Erzählmuster und Tropen (wiederkehrende Motive oder Argumente) über verschiedene Technologiediskurse hinweg Ähnlichkeiten aufweisen. Über die Zeit hat sich so ein oft verwendetes Repertoire für moralische Argumentationen über emergierende Technologien (Swierstra & Rip, 2007, S. 4) gebildet. Ein typisches Beispiel für ein solches Erzählmuster ist die *Büchse der Pandora*, wie sie im Zusammenhang mit dem Diskurs um Nanotechnologien beobachtet wurde. Dieses Narrativ verweist darauf, dass wir die Folgen einer Technologie nicht mehr kontrollieren könnten, sobald die Technologie einmal in die Gesellschaft eingeführt wurde (Macnaghten et al., 2010).

Während dieses Erzählmuster der Technologie eine alarmierende Bedeutung zuschreibt fokussieren andere Erzählmuster auf die möglichen Vorteile, die durch die Technologie geschaffen werden würden. Ein oft verwendetes Narrativ ist das des *technologischen Fortschritts*, bei der Werkzeuge und Maschinen Erleichterung von körperlicher Arbeit versprechen, neue Formen industrieller Wertschöpfung ermöglichen, unbegrenzten Wohlstand erwünschen oder eine bessere medizinische Versorgung für ein längeres und gesünderes Leben herbeisehnen. Dieser Erzählung folgend, werden emergierende Technologien von dem Versprechen begleitet nicht nur technologischen, sondern auch sozialen, kulturellen und moralischen Fortschritt zu bringen (Grunwald, 2010).

Neben Texten spielen Visualisierungen neuer Technologien ebenfalls eine zentrale Rolle. Beispielsweise werden die Debatten um Human Enhancement, Nanotechnologien oder synthetische Biologie maßgeblich von futuristischen Bildern geprägt, und Filmemacher:innen lassen sich davon inspirieren, um sich über die Kunst an den Diskursen zu beteiligen (Grunwald, 2014). Im Kontext von Filmen helfen *diegetische Prototypen* (Kirby, 2010) dabei, die diskutierten Technologien zu visualisieren und ihre potenziellen Auswirkungen einem breiteren Publikum zu vermitteln. Kirby betont, dass Filmemacher:innen, Wissenschaftler:innen und Ingenieure:innen filmische Darstellungen neuer Technologien verwenden, um Ängste vor der Technologie zu reduzieren, ein Verlangen beim Publikum zu wecken, diese Technologien Realität werden zu lassen, oder emergierende Technologien zu normalisieren, indem ihre Nutzung in vertrauten Kontexten dargestellt wird. Die Visualisierung von Technologien vermittelt die Technologie auf eine niedrigschwellige Weise, weshalb Visualisierungen in verschiedenen Formen eine wichtige Rolle in der öffentlichen Wahrnehmung von Technologien spielen. Eine hermeneutische Analyse nimmt daher auch das Design der diegetischen Prototypen, den Kontext, in dem sie dargestellt werden, die visuellen Referenzen, die sie wecken, sowie die Gestaltung der Bilder oder Filme selbst in Betracht.

Darüber hinaus folgen Technikzukünfte in einheitlichen Medienformaten (z. B. Film, Text, Bilder, usw.) nicht nur den spezifischen Codes des Mediums, sondern auch den jeweiligen Genres dieser Formate. Steinmüller (2016) spricht von verschiedenen *Zeichensorten*, die bei der Darstellung von Zukunftsvorstellungen verwendet werden. Unterschiedliche Zeichensorten sind beispielsweise Trendberichte, die von einem Forschungsinstitut geschrieben wurden, ein deskriptives Szenario als Ergebnis eines TA-Prozesses, eine Unternehmensvision , eine Werbung für ein zukünftiges Produkt oder eine SF-Geschichte, die von einem/r Autor:in verfasst wurde. Jedes dieser Beispiele kann als geschriebener Text erscheinen, repräsentiert jedoch unterschiedliche Genres, da sie gemäß den ästhetischen Codes des Genres unterschiedlich konstruiert werden. Um ein Beispiel für die ästhetischen Codes zu geben: Im Gegensatz zu dem Bericht einer TA oder Foresight Analyse, wo die Autor:innen dieser elaborierten Gedankenexperimenten an die Prinzipien interner und externer Konsistenz, stringenter Argumentation, Plausibilität und mehr gebunden sind (Grunwald, 2009), sind Science-Fiction Autor:innen an die ästhetischen Prinzipien einer Erzählung gebunden und müssen sich Fragen stellen wie: Wie entwickelt sich eine kohärente und spannende Handlung? Wie können die fiktiven Charaktere psychologisch überzeugend in ungewöhnlichen Situationen handeln? Welche Konflikte und Lösungen eignen sich, um die größere, moralische Botschaft zu vermitteln? (Steinmüller, 2016).

3.3 Refiguration: Die Rezeption und Wirkung von Technikzukünften

In den letzten Jahrzehnten hat die Anzahl der Technikzukünfte erheblich zugenommen (Grunwald, 2018). Ein Grund dafür ist die zunehmende Vergesellschaftung von Entwicklungsprozessen: Innovationen entstehen nicht nur in Forschungssilos, sondern durch die erfolgreiche Zusammenarbeit zwischen Unternehmen, Entwickler:innen, Förderungsstellen, Kommunikationsexpert:innen, Politiker:innen und vielen mehr. Um diese Kooperation zu koordinieren, sind gemeinsame Visionen notwendig, die es den Akteuren ermöglichen, die soziale Bedeutung von Innovationen zu begreifen und zusammenzuarbeiten, um diese Technikzukünfte zu verwirklichen (oder zu verhindern). Die dritte Perspektive, die Refiguration, untersucht daher, wie Technikzukünfte den Diskurs über aufkommende Technologien beeinflussen. Technikzukünfte werden hier als strategische Ressource in politischen und technologischen Agenda-Setting-Prozessen verstanden, die gezielt konstruiert werden, um den Diskurs zu prägen: Sie erzeugen Hypes, schaffen Angst, Trends zu verpassen (Fomo), oder motivieren andere Aktivitäten, die notwendig sind, um die jeweilige Technologie zu verwirklichen oder zu verhindern.

Technikzukünfte schreiben unterschiedlichen Stakeholdern Rollen und Verantwortlichkeiten zu. Wie van Lente & Rip betonen, enthalten Technikzukünfte ein Skript der zukünftigen Welt, in dem relevante Akteure, explizit oder implizit, als Charaktere in einer Geschichte positioniert werden. Diese Positionierung ist strategisch und hat Auswirkungen auf die Gegenwart. Da die Visionen oft öffentliche oder halböffentliche Aussagen sind, erfordern sie eine Reaktion der positionierten Akteure. Ein Akteur, der die ihm zugeschriebene Rolle ablehnt, muss reagieren (z. B. durch Protest oder Anfechtung der Vision). Auf diese Weise werden Allianzen geschmiedet, Positionen definiert und Diskurse geformt (Van Lente & Rip, 1998).

Aufgrund dieses sozialen Charakters werden Technikzukünfte als sozioepistemische Praktiken verstanden (Lösch et al., 2019). Sie können die tatsächlichen Entwicklungspfade beeinflussen, indem sie beispielsweise Forschung legitimieren oder diffamieren, die Zusammenarbeit verschiedener Akteure koordinieren, Unterstützer:innen für oder gegen die Entwicklung mobilisieren und vieles mehr. Technikzukünfte sind sozial konstruiert, das heißt, es gibt Autor:innen und Produzent:innen, die diese Zukünfte mit einer bestimmten Absicht und einem strategischen Ziel bewusst entwickeln. Dieses Ziel kann variieren und entweder darin bestehen, zu unterhalten, wie in der Science-Fiction, oder das Publikum zu überzeugen, wie zum Beispiel in Unternehmensvisionen aufkommender

Technologien. In Bezug auf Letzteres wird der Begriff *Leitbild* verwendet, um Technikzukünfte zu beschreiben, die bewusst den Entwicklungsprozess einer neuen Technologie leiten (Dierkes et al., 1996; Mambrey et al., 1995). Dierkes et al. beschreiben das Leitbild als ein allgemeines Ideal oder eine Vision eines wünschenswerten zukünftigen Moments, der mit Mitteln der Technologie, einer Gruppe von Technologien oder einem technischen System verbunden ist. Dierkes et al. betonen, dass Leitbilder einen abstrakten Innovationsprozesses in greifbare Ideen übersetzen und die besondere Bedeutung einer Technologie gegenüber Politiker:innen, Industrievertreter:innen und Fördermittelgeber:innen erklären. Darüber hinaus geben sie dem Handeln von Entwickler:innen einen Sinn, indem deren Arbeit in eine größere Idee eingebettet wird (z. B. den Klimawandel bekämpfen oder den Fortschritt der Menschheit fördern).

Wirksame Technikzukünfte sind solche, in denen die dargestellte Technologie und ihre Folgen als unausweichlich erscheinen. (Nye, 2004, S. 160). Laut Grunwald wird die Geltung von Technikzukünften diskursiv entschieden (Grunwald, 2009). Es ist also nicht nur die Konstruktion und der Inhalte von Technikzukünften, der ihre Geltung bestimmt, sondern vor allem ihre soziale Akzeptanz und die damit einher gehende Aushandlung. Technikzukünfte bergen daher ein Paradoxon: Wie bereits erwähnt, sind sie spekulativ und daher fiktiv, doch um Wirkung zu zeigen, müssen sie akzeptiert werden, *als ob* sie eine tatsächliche zukünftige Realität darstellen würden und ihre Adressaten damit von ihrem nichtfiktionalen Charakter überzeugen. Eine wirksame Technikzukunft wird somit zu einer Fiktion, die ihre Fiktionalität maskiert (Iser, 1993, S. 13).

Esposito (2007) betont, dass es der sozialen Relevanz nicht gerecht wird, Technikzukünfte nur auf die Opposition zwischen real (plausibel) und nicht-real (fiktiv) zu reduzieren. Fiktionen, so Esposito weiter, sollten in diesem Kontext als nützliche und funktionale Konzepte verstanden werden, die auf nachvollziehbaren Regeln basieren und über die sich alle Beteiligten einig sind (Esposito, 2007). Roßmann (2021) hebt den fiktiven Charakter von Technikzukünften hervor und vergleicht diese mit einem „Make-Believe-Spiel" (Walton, 1990), einem Kinderspiel, bei dem alle Spieler ein Objekt als etwas anderes imaginieren und ihr Verhalten entsprechend anpassen. Roßmann gibt das Beispiel von Kindern, die Baumstümpfe im Wald als Bären betrachten und auf die Stümpfe so reagieren, als ob sie auf einen Bären treffen würden. Überträgt man diese Analogie auf Technikzukünfte, stehen die Baumstümpfe für die Technologie, die Bären für die Technikzukunft und die Kinder für die Akteure (z. B. Entwickler:innen, Politiker:innen, Nutzer:innen usw.). Die Prämisse des Spiels ist es, dass die Technologie zu einem späteren Zeitpunkt manifestiert wird und alle beteiligten Akteure so reagieren müssen, als ob diese Prämisse wahr wäre, indem sie beispielsweise die Entwicklung unterstützen, über potenzielle Auswirkungen diskutieren und Vorschriften zur Prävention definieren. In diesem Zusammenhang geben van Lente und Rip das Beispiel des *Moore's Law* (Van Lente & Rip, 1998). Dieses ‚Gesetz' behauptet, dass sich die Rechenleistung eines integrierten Schaltkreises etwa alle zwei Jahre verdoppelt. Obwohl es weit davon entfernt ist, ein tatsächliches Gesetz zu sein, wird die Vision von den Akteuren so behandelt, als ob sie in Zukunft Realität werden würde. Da dieser Vision Geltung zugeschrieben wird, wird Moore's Law zu einer sich selbst erfüllenden Prophezeiung. Die Akteure sind hierbei in einem Spieltheorie-Dilemma verstrickt, bei dem jeder Akteur stark vermutet, dass die anderen Akteure die Forschung fortsetzen und die Entwicklung vorantreiben werden, während niemand das Risiko eingehen will, zurückzufallen. In diesem Sinne wurde *Moore's Law* zu einer plausiblen Fiktion.

Ebenso wie die Geltung einer Zukunftsvorstellung ist auch die Frage nach der Plausibilität einer Zukunftsvorstellung ein sozialer Verhandlungsprozess, der individuellen Vorstellungsfähigkeiten unterliegt. Wie Fischer und Dannenberg (2021) feststellen, entsteht Plausibilität auf der Grundlage der Kohärenz mit früheren Konzepten und somit in Übereinstimmung mit der sozial konstruierten Wahrnehmung der Realität. Somit prägt die eigene Perspektive auf die Realität auch das Urteil über eine Zukunftsvorstellung und beschränkt den Raum der Vorstellungsmöglichkeiten auf jene Zukünfte, die mit aktuellen Konzepten übereinstimmen und vom gegenwärtigen Standpunkt aus als möglich gelten (Fischer & Dannenberg, 2021).

4 Ansatz zur Analyse von Technikzukünften

Im Kontext von TA hilft der hermeneutische Ansatz, um die Zuschreibung von Bedeutung zu emergierenden Technologien besser zu verstehen. Gerade in Situationen, wo die Diskussionen um diese Technologien sehr unterschiedliche und teilweise widersprechenden Zukunftsvorstellungen hervorbringen, kann dieses Vorgehen eine ergänzende Form der Orientierung bieten (Grunwald, 2016). Anstelle weitere Zukunftsbilder und mögliche Auswirkungen zu antizipieren, betrachtet dieser Ansatz die gegenwärtigen Diskurse und arbeitet heraus, durch welche Vorannahmen die bestehenden Technikzukünfte präfiguriert sind, wie diese Technikzukünfte konstruiert bzw. konfiguriert sind und mit welcher Wirkung diese Technikzukünfte den Diskurs verändern und refigurieren. Die oben beschriebenen Überlegungen und die drei Perspektiven lassen sich somit in dem folgenden Model zusammenfassen.

Der Futures-Circle (Abb. 1) soll die unterschiedlichen Ebenen von Bedeutung, die Technologien über Technikzukünfte zugeschrieben werden, strukturiert erfassen.

- **(1) Präfiguration:** Die erste Perspektive betrachtet den Inhalt von Technikzukünften, wie sie in kulturelle Annahmen eingebettet sind und von sozial geteilten Imaginären geprägt werden. Diese Perspektive reflektiert auch die geäußerten Wünsche, Hoffnungen, Ängste und Bedürfnisse, die in die jeweiligen Visionen eingeschrieben sind. Technikzukünfte werden so als Chiffren verstanden, die auf gesellschaftliche Themen, die außerhalb der Technologie liegen, verweisen.
- **(2) Konfiguration:** Da Technikzukünfte in verschiedenen Formen auftreten, z. B. als Szenarien, Simulationen, Diagramme, Trend-Extrapolationen, Pläne oder popkulturellen Geschichten, untersucht diese Perspektive, die Art und Weise, wie Technikzukünfte konstruiert sind. Diese Perspetktive reflektiert die Form (z. B. die Rolle des Mediums, die Inszenierung, den Kontext, in dem die Technikzukunft eingebettet ist), die Rhetorik (z. B. Sprache, Narrative und verwendete verbale oder visuelle Metaphern) sowie ergänzendes Material (z. B. Tabellen, Bilder, Filme oder andere Kunstwerke).
- **(3) Refiguration:** Die dritte Perspektive konzentriert sich schließlich auf die Verhandlung von Technikzukünften und darauf, wie die Vorstellungen aktuelle Diskurse verändern oder bereits etablierte Konzepte beeinflussen. Obwohl Technikzukünfte immer ein Ausdruck des aktuellen Zustands und von gegenwärtigen Prozessen sind, haben sie Auswirkungen auf die Gegenwart und formen diese Zustände und Prozesse mit. Diese Perspektive umfasst unter anderem, wie sich die Akteure zur Zukunft positionieren, aber auch, wie die Technikzukunft andere Diskurse beeinflusst und sich durch die Gesellschaft verbreitet.

Je nach Themen- und Interessensschwerpunkt kommen unterschiedliche Methoden wie Inhalts- und Textanalysen zum Einsatz (Jasanoff, 2015, 24). Ebenso ermöglichen Diskursanalysen die Untersuchung von Kommunikationsdynamiken. Für Textformate verweist Grunwald auf hermeneutische Ansätze aus der Linguistik, der Erzählforschung (Roßmann, 2021) oder den Kulturwissenschaften, während er für künstlerische Formate die Analyse von Stilmitteln oder die Übertragung von Konnotationen vorschlägt, da diese oft auch implizit Bedeutungszuschreibungen durch Assoziationen und Metaphern liefern (Grunwald, 2016, 180).

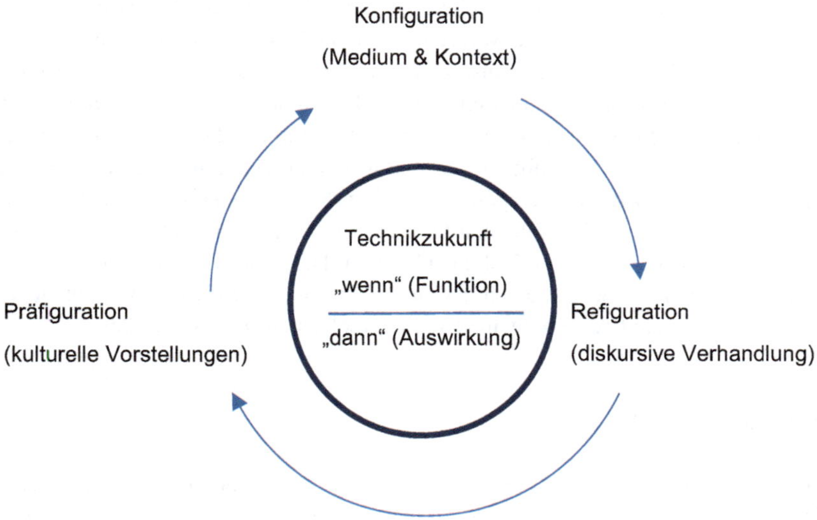

Abb. 1 Der Futures-Circle Ansatz zur strukturierten Durchführung eines hermeneutischen TA Prozesses; basierend auf Ricoeurs (1984) narrativer Hermeneutik

5 Fazit

Technikzukünfte sind sozial konstruierte Aussagen über die Funktionen und Auswirkungen einer potenziellen Technologie zu einem späteren Zeitpunkt als dem gegenwärtigen. Sie entstehen zu einer Zeit, in der keine fundierten Informationen über die getroffenen Behauptungen vorliegen (können), wodurch sie als fiktive oder spekulative Darstellungen darüber angesehen werden müssen, wie sich die Welt durch den Einfluss dieser Technologie verändern könnte. Für die Technikfolgenabschätzung bildet dieser Umstand eine Herausforderung. Gerade in Bereichen, wo die Entwicklung und Regulierung von Technologien stark über die mediale Diskussion oder politische und wirtschaftliche Interessen geprägt sind, zirkulieren unterschiedliche Visionen, die sich teilweise widersprechen (Mehnert & Grunwald, 2024). Da Technikzukünfte ein wichtiges kommunikatives Element im Kontext der technologischen Entwicklung sind, wird es für eine umfassende Technikfolgenabschätzung notwendig, nicht nur vorausschauend die Auswirkungen von Technologien zu antizipieren, sondern auch die Rolle von Technikzukünften als sozioepistemische Praktiken im Entwicklungsprozess zu verstehen. Hierfür braucht es neben einem theoretischen Verständnis auch strukturierte Ansätze, um Technikzukünfte, ihren kulturellen Kontext, ihren Entstehungsprozess sowie ihre Verbreitung in der Gesellschaft zu analysieren.

Dieser Artikel stellt einen Ansatz vor, um den hermeneutischen Prozess der Technikfolgenabschätzung zu strukturieren: Den Futures-Circle. Der Ansatz folgt der Heuristik von Paul Ricoeurs narrativer Hermeneutik und unterteilt die Analyse in drei Perspektiven: (1) Präfiguration befasst sich mit den kulturellen Imaginären, die in die Technikzukunft eingeschrieben werden, (2) Konfiguration betrachtet die Konstruktion von Technikzukünften und (3) Refiguration analysiert die diskursiven Auswirkungen von Technikzukünften. Diese Struktur soll dabei helfen, den Prozess der hermeneutischen TA zu organisieren und die drei verschiedenen Perspektiven gezielt für eine ganzheitliche Analyse zu berücksichtigen.

Anmerkungen

Dieser Beitrag ist die Übersetzung des bereits veröffentlichten Artikels „The Futures Circle – A Framework for Hermeneutic Technology Assessment" (Mehnert, 2024).

Literatur

Barbrook, R. (2007). *Imaginary futures: From thinking machines to the global village*. Pluto.

Barker, D. C. (2004). *The SAGE dictionary of cultural studies* (1. Aufl.). Sage Publications. http://gen.lib.rus.ec/book/index.php?md5=9d557241cc32f6657fbdf80c8cacc715.

Brown, N., Rappert, B., & Webster, A. (Hrsg.). (2000). *Contested futures: A sociology of prospective techno-science*. Ashgate.

Castoriadis, C. (1975). *The imaginary institution of society* (K. Blamey, Trans.; Reprint). MIT Press.

Cave, S., Dihal, K., & Dillon, S. (2020). *AI narratives: A history of imaginative thinking about intelligent machines*. Oxford University Press.

Coenen, C. (2010). Deliberating visions: The case of human enhancement in the discourse on nanotechnology and convergence. In M. Kaiser, M. Kurath, S. Maasen, & C. Rehmann-Sutter (Hrsg.), *Governing future technologies: Nanotechnology and the rise of an assessment regime* (S. 73–87). Springer https://doi.org/10.1007/978-90-481-2834-1_5.

Dickel, S. (2023). Prototyping futures – Towards a hermeneutics of artefacts and technologies. In: A. Grunwald, A. Nordmann, & M. Sand (Hrsg., 1. Aufl.), *Hermeneutics, history, and technology routledge*. https://doi.org/10.4324/9781003322290.

Dierkes, M., Hoffmann, U., & Marz, L. (1996). *Visions of technology – Social and institutional factors shaping the development of new technologies* (1. Aufl.). Campus.

Ernst, C., & Schröter, J. (2020). *Zukünftige Medien: Eine Einführung*. VS Verlag. https://www.springer.com/de/book/9783658300586.

Esposito, E. (2007). *Die Fiktion der wahrscheinlichen Realität.* Suhrkamp.

Ferrari, A., & Lösch, A. (2017). How smart grid meets in vitro meat: On visions as socio-epistemic practices. *NanoEthics, 11*(1), 75–91. https://doi.org/10.1007/s11569-017-0282-9.

Fischer, N., & Dannenberg, S. (2021). The social construction of futures: Proposing plausibility as a semiotic approach for critical futures studies. *Futures, 129*, Article 102729. https://doi.org/10.1016/j.futures.2021.102729.

Fischer, N., & Marquardt, K. (2022). Playing with metaphors. Connecting experiential futures and critical futures studies. *Journal of Futures Studies, 27*(1), 61–72. https://doi.org/10.6531/JFS.202209_27(1).0005.

Flusser, V. (1998). *Kommunikologie* (4. Aufl.). FISCHER Taschenbuch.

Fuller, T., & Loogma, K. (2009). Constructing futures: A social constructionist perspective on foresight methodology. *Futures, 41*(2), 71–79. https://doi.org/10.1016/j.futures.2008.07.039.

Gransche, B. (2015). *Vorausschauendes Denken: Philosophie und Zukunftsforschung jenseits von Statistik und Kalkül.* Transcript.

Grunwald, A. (2009). Wovon ist die Zukunftsforschung eine Wissenschaft? In R. Popp & E. Schüll (Hrsg.), *Zukunftsforschung und Zukunftsgestaltung* (S. 25–35). Springer. http://link.springer.com/https://doi.org/10.1007/978-3-540-78564-4_3.

Grunwald, A. (2010). *Technikfolgenabschätzung: Eine Einführung* (Zweite Aufl.). edition sigma.

Grunwald, A. (2012). *Technikzukünfte als Medium von Zukunftsdebatten und Technikgestaltung.* KIT Scientific Publishing. http://digbib.ubka.uni-karlsruhe.de/volltexte/1000030441.

Grunwald, A. (2013). Techno-visionary sciences. Challenges to policy advice. *Science Technology and Innovation Studies, 9*(2), 21.

Grunwald. A. (2014) The hermeneutic side of responsible research and innovation. *Journal of Responsible Innovation 1*(3) 274-291 https://doi.org/10.1080/23299460.2014.968437.

Grunwald, A. (2016). *The hermeneutic side of responsible research and innovation.* ISTE: Wiley.

Grunwald, A. (2018). The spreading of techno-visionary futures. In A. Bunde, J. Caro, J. Kärger, & G. Vogl (Hrsg.), *Diffusive spreading in nature, Technology and society* (S. 295–309). Springer. https://doi.org/10.1007/978-3-319-67798-9_15.

Grunwald, A. (2019). *Technology assessment in practice and theory.* Routledge.

Grunwald, A., Nordmann, A., & Sand, M. (2023). *Hermeneutics, history, and technology: the call of the future* (1. Aufl.). Routledge. https://doi.org/10.4324/9781003322290.

Haraway, D. (1997). *Modest_Witness@Second_Millennium. FemaleMan_Meets_OncoMouse: Feminism and technoscience* (2. Aufl.). Routledge.

Inayatullah, S., Izgarjan, A., Kuusi, O., & Minkkinen, M. (2016). Metaphors in futures research. *Futures, 84*, 109–114. https://doi.org/10.1016/j.futures.2016.04.004.

Iser, W. (1993). *The fictive and the imaginary: charting literary anthropology.* The Johns Hopkins University Press.

Jasanoff, S. (2015). Future imperfect: Science, technology, and the imaginations of modernity. In S.-H. Kim & S. Jasanoff (Hrsg.), *Dreamscapes of modernity: sociotechnical imaginaries and the fabrication of power* (1. Aufl.). University of Chicago Press.

Jasanoff, S., & Kim, S.-H. (2009). Containing the atom: Sociotechnical imaginaries and nuclear power in the United States and South Korea. *Minerva, 47*(2), 119–146.

Kirby, D. (2010). The future is now diegetic prototypes and the role of popular films in generating real-world technological development. *Social Studies of Science, 40*(1), 41–70. https://doi.org/10.1177/0306312709338325.

Lakoff, G., & Johnson, M. (2003). *Metaphors We Live by (2003 2. Aufl.).* University of Chicago Press.

Liu, A. W.-K. (2023). On the Road to Hermeneutic Technology Assessment – A Historic-Systematic Reconstruction. In A. Grunwald, A. Nordmann, & M. Sand (Hrsg.), *Hermeneutics, History, and Technology: The Call of the Future* (1. Aufl.). Routledge. https://doi.org/10.4324/9781003322290

Lösch, A., Boehle, K., Coenen, C., Dobroc, P., Heil, R., Grunwald, A., Scheer, D., Schneider, C., Ferrari, A., Hommrich, D., Sand, M., Aykut, S., Dickel, S., Fuchs, D., Kastenhofer, K., Torgersen, H., Gransche, B., Hausstein, A., Konrad, K., … Wentland, A. (2019). Technology assessment of socio-technical futures: A discussion paper. *Socio-Technical Futures Shaping the Present: Empirical Examples and Analytical Challenges*, 285–308. https://doi.org/10.1007/978-3-658-27155-8_13.

Lösch, A., Böhle, K., Coenen, C., Dobroc, P., Heil, R., Hommrich, D., Sand, M., & Schneider, C. (2016). *Technikfolgenabschätzung von soziotechnischen Zukünften.* 26.

Macnaghten, P., Davies, S., & Kearnes, M. (2010). Narrative and Public Engagement: Some findings from the DEEPEN project. In European Commission. Directorate-General for Research, R. von Schomberg, & S. Davies (Hrsg.), *Understanding public debate on nanotechnologies: Options for framing public policy* (S. 13–30). Publications Office. https://data.europa.eu/doi/https://doi.org/10.2777/70998.

Mambrey, P., Paetau, M., & Tepper, A. (1995). *Technikentwicklung durch Leitbilder: Neue Steuerungs- und Bewertungsinstrumente (1.* Aufl.): Campus.

Mehnert, W. (2019). The future is near: Schnittstellen einer negativen Zukunft. In K. D. Haensch, L. Nelke, & M. Planitzer (Hrsg.), *Uncanny Interfaces* (S. 54–69). textem Verlag.

Mehnert, W. (2021). Deconstructing Cyberpunk Worlds: Technodystopian Imaginaries in the Storyworld of Gibson's Neuromancer. In C. Ernst & J. Schröter (Hrsg.), *(Re-)Imagining New Media: Techno-Imaginaries around 2000 and the case of "Piazza virtuale" (1992).* VS Verlag für Sozialwissenschaften. https://www.springer.com/de/book/9783658328986.

Mehnert, W. (2023). Wording worlds – From writing futures to building imaginary worlds. *Technology and Language, 12*(3), 85–104. https://doi.org/10.48417/technolang.2023.03.07.

Mehnert, W. (2024). The futures circle—A framework for hermeneutic technology assessment. *Technology and Language, 14*(1), 129–151. https://doi.org/10.48417/technolang.2024.01.10.

Mehnert, W., & Grunwald, A. (2024). Hermeneutic technology assessment. In A. Grunwald (Hrsg.), *Handbook of Technology Assessment* (S. 281–290). Elgar.

Nordmann, A. (2007). If and then: A critique of speculative NanoEthics. *NanoEthics, 1*(1), 31–46. https://doi.org/10.1007/s11569-007-0007-6.

Nordmann, A. (2014). Responsible innovation, the art and craft of anticipation. *Journal of Responsible Innovation, 1*(1), 87–98. https://doi.org/10.1080/23299460.2014.882064.

Nye, D. E. (2004). Technological prediction: A promethean problem. In M. Sturken, D. Thomas, & S. Ball-Rokeach (Hrsg.), *Technological visions: Hopes and fears that shape new technologies* (1. Aufl.). Temple University Press.

Philipp, F., Paulina, D., Alexandra, H., Reinhard, H., Andreas, L., Maximilian, R., & Christoph, S. (Hrsg.). (2022). *Vision Assessment: Theoretische Reflexionen zur Erforschung soziotechnischer Zukünfte*. KIT Scientific Publishing.

Rhee, J. (2018). *The Robotic Imaginary: The Human and the Price of Dehumanized Labor* (1. Aufl.). University of Minnesota Press.

Ricoeur, P. (1984). *Time and narrative,* (Bd. 1). University of Chicago Press.

Roßmann, M. (2021). Vision as make-believe: How narratives and models represent socio-technical futures. *Journal of Responsible Innovation, 8*(1), 70–93. https://doi.org/10.1080/23299460.2020.1853395.

Rotolo, D., Hicks, D., & Martin, B. (2015). *What is an emerging technology?* (SSRN Scholarly Paper ID 2564094). Social Science Research Network. https://papers.ssrn.com/abstract=2564094.

Steinmüller, K. (2016). Antizipation als Gedankenexperiment. In R. Popp (Hrsg.), *Einblicke—Ausblicke—Weitblicke: Aktuelle Perspektiven in der Zukunftsforschung* (S. 320–335). Lit Verlag.

Sturken, M., Thomas, D., & Ball-Rokeach, S. (Hrsg.). (2004). *Technological visions: Hopes and fears that shape new technologies* (New). Temple Univ Press.

Suchman, L. (2006). *Human-machine reconfigurations: plans and situated actions (2. Aufl.)*. Cambridge University Press.

Swierstra, T., & Rip, A. (2007). Nano-ethics as NEST-ethics: Patterns of moral argumentation about new and emerging science and technology. *NanoEthics, 1*(1), 3–20. https://doi.org/10.1007/s11569-007-0005-8.

Taylor, C. (2003). *Modern Social Imaginaries*. DUKE UNIV PR

Telotte, J. P. (2016). *Robot ecology and the science fiction film* (1. Aufl.). Routledge.

Van Lente, H., & Rip, A. (1998). Expectations in technological developments: An example of prospective structures to be filled in by agency. In C. Disco & B. V. D. Meulen (Hrsg.), *Getting new technologies together: Studies in making sociotechnical order* (S. 203-231). De Gruyter.

Walton, K. L. (1990). *Mimesis as make-believe: On the foundations of the representational arts* (Revised Aufl.). Harvard University Press.

Wei-Kang Liu, A. (2023). On the road to hermeneutic technology assessment – A historic-systematic reconstruction. In A. Grunwald, A. Nordmann, & M. Sand (Hrsg.), *Hermeneutics, history, and technology: the call of the future* (1. Aufl.). Routledge. https://doi.org/10.4324/9781003322290.

Wenzel Mehnert Scientist und Zukunftsforscher am Austrian Institute of Technology (AIT) und an der TU Berlin. Schwerpunkt: Technikzukünfte, Partizipative Technikfolgenabschätzung, Foresight, Neurotechnologien, Quantentechnologien, Science-Fiction. E-Mail: wenzel.mehnert@ait.ac.at

Situierte Technologien? Ein situationsanalytischer Ansatz zur Untersuchung von Technik und ihren Folgen

Tamara Schwertel und Renate Baumgartner

1 Technikfolgenabschätzung und Situationsanalyse – ein unausgeschöpftes Potential?

Die Technikfolgenabschätzung (TA) ist ein transdisziplinäres, praxisnahes und interaktives Feld, das darauf abzielt, die öffentliche und politische Auseinandersetzung mit Wissenschaft und Technik zu fördern. Sie untersucht technologische Auswirkungen, identifiziert potenzielle Vorteile sowie Risiken und entwickelt Lösungen für den verantwortungsvollen und nachhaltigen Einsatz von Technologien (Nentwich, 2023). Dabei wird Wissenschaft als aktive Akteurin in der soziotechnischen Integration von Technologien verstanden. Technologie wird als dynamischer, sozial und ökologisch eingebetteter Prozess betrachtet. Die Wissensproduktion erfolgt durch partizipative und multiperspektivische Ansätze unter Einsatz vielfältiger analytischer Methoden (Ornetzeder & Kastenhofer, 2012).

T. Schwertel (✉)
Instituts für Medizinsoziologie, Versorgungsforschung und Rehabilitationswissenschaft, Universität zu Köln, Köln, Deutschland
E-Mail: tamara.schwertel@uk-koeln.de

R. Baumgartner
Athena Institute, Vrije Universiteit Amsterdam, Amsterdam, Niederlande
E-Mail: r.baumgartner@vu.nl

© Der/die Autor(en), exklusiv lizenziert an Springer Fachmedien Wiesbaden GmbH, ein Teil von Springer Nature 2025

M. Ornetzeder et al. (Hrsg.), *Methoden für die Technikfolgenabschätzung*,
https://doi.org/10.1007/978-3-658-48491-0_17

Auf Basis dieser grundlegenden Annahmen argumentieren wir, dass die TA wesentliche Gemeinsamkeiten mit dem amerikanischen Pragmatismus, insbesondere mit der Situationsanalyse (SitA) nach Adele E. Clarke, aufweist. Beide Ansätze teilen ein Verständnis für die Bedeutung und gesellschaftliche Wirkung der Wissenschaft, betonen die Verantwortung soziotechnischer Wissensproduktion und betrachten Realität als multiperspektivisch. Sowohl die TA als auch die SitA unterstreichen die Notwendigkeit, Technologien in ihren komplexen und relationalen soziotechnischen Umgebungen zu untersuchen, in denen Chancen und Risiken inhärent unsicher und oft unvorhersehbar sind (Büscher et al., 2020; Clarke et al., 2018).

Adele E. Clarke und andere, die die SitA als Forschungsprogramm verwenden, beschäftigen sich, ähnlich wie die TA, mit der Untersuchung von Technologien und soziotechnischen Systemen (Clarke & Montini, 1993; Clarke & Star, 2008; Friese & Clarke, 2012; Friese, 2016, 2023; Washburn, 2013). Die SitA ist in der amerikanischen Wissenschaftslandschaft verwurzelt und folgt dem Forschungsstil des „engaging" (Bethmann & Niermann, 2015, § 11). Dieser Stil betont die aktive Verbindung der Forschenden mit ihrem Untersuchungsfeld, um nicht nur Wissen zu generieren, sondern auch praktisch zur Lösung gesellschaftlicher Probleme beizutragen – sei es durch eine aktive Involvierung in das Forschungsfeld oder durch gesellschaftspolitische Interventionen. In jüngerer Zeit hat sich im deutschsprachigen Raum unter Wissenschaftler:innen der Wissenschafts- und Technikforschung ein wachsendes Interesse entwickelt, die SitA als Methode zur Analyse von Technologien in ihrer Relationalität einzusetzen (Baumgartner, 2023; Fujii et al., 2023; Offenberger & Schwertel, 2022; Schwertel, 2023).

Angesichts dieser ähnlichen Ausrichtung der SitA und der TA erstaunt es, dass die SitA bisher keine Anwendung in der TA gefunden hat. Zwar werden in der TA Analysen von Situationen durchgeführt, doch diese unterscheiden sich deutlich von Clarkes Ansatz (Decker & Schippl, 2015; Pinilla-Dominguez et al., 2022; Uzochukwu et al., 2024). Decker und Schippl (2015) plädieren beispielsweise für die Integration situativer Analyse in die TA und haben ihre eigene Heuristik entwickelt, um Situationen als Bestandteil von Technikfolgenabschätzungen zu untersuchen. Ihr Ansatz weicht jedoch grundlegend von Clarkes konzeptionellem Rahmen ab. Während Clarke die Situation als zentrales Forschungssubjekt und als Forschungsgegenstand behandelt, der während des gesamten Forschungsprozesses untersucht werden muss und zeit-räumlich *entgrenzt* ist, fokussieren Decker und Schippl auf ein Verständnis von zeit-räumlich *konkreten* Kontexten bzw. Situationen, in denen Technologien eingebettet sind. Diese Perspektive von Decker und Schippl auf die Situation als ein Faktor in der Entwicklung und Etablierung von Technologie dient primär als Ausgangspunkt für die weiterführende Erforschung von Technologien, nicht jedoch als umfassende Betrachtung der Situation, ihrer Wirkmächtigkeit und ihres zentralen Stellenwerts im Forschungsprozess.

Im Gegensatz zur TA sind diese Situationsanalysen jedoch häufig nicht partizipativ und anwendungsorientiert und schmälern daher keineswegs die Daseinsberechtigung der SitA. Vielmehr erscheinen der Praxistransfer und die partizipativen Elemente der TA als wertvolle Ergänzungen, die dazu beitragen könnten, dass die SitA ihrem Anspruch, gesellschaftliche Veränderungen im pragmatistischen Sinne des *engaging* (Bethmann & Niermann, 2015) einzuleiten, besser gerecht wird. Wir argumentieren daher, dass die Nutzung der SitA in der TA eine Bereicherung für beide Ansätze darstellt: sowohl für die Weiterentwicklung der TA als auch für die Erforschung neuer Anwendungsmöglichkeiten der SitA. Die Kombination von TA und SitA eröffnet neue Perspektiven, um Wissen zu generieren und methodische Ansätze in unterschiedlichen Forschungsfeldern anzuwenden und weiterzuentwickeln.

Unser Beitrag zielt darauf ab, das Potenzial der Integration von SitA in die TA auszuloten und sie als methodischen Zugang innerhalb der TA vorzustellen. Zunächst erläutern wir die amerikanisch-pragmatistische und situationsanalytische Perspektive, die Technologien als eingebettet in spezifische, dynamische Situationen betrachtet. Dabei greifen wir auf den Technologiebegriff des amerikanischen Pragmatikers John Dewey (2023a [1928]) zurück und diskutieren dessen Verankerung in Situationen. Anschließend betrachten wir, wie die SitA (Clarke et al., 2018) zur Untersuchung von Technologie der TA genutzt werden kann. Darauffolgend stellen wir ein Beispiel vor, das die Anwendung der SitA in der Analyse von KI-Tools zur Optimierung der HIV-Behandlung illustriert. Abschließend reflektieren wir das Potenzial, die Grenzen und die Herausforderungen des Einsatzes der SitA in der TA.

2 Technologien in Situationen: Eine amerikanisch-pragmatische Sichtweise

Für das Verständnis komplexer Technologien, wie beispielsweise Künstlicher Intelligenz-basierter Gesundheitstechnologien und der Folgen ihrer Integration in die Praxis, stellt die aus dem amerikanischen Pragmatismus stammende SitA einen produktiven Ansatz dar. Eine zentrale theoretische Grundlage der SitA bildet John Deweys Verständnis von Technologien. Dewey beschreibt Technologien als Anordnungen verschiedener Elemente mit fließenden Grenzen (Dewey, 2023a [1928], 2023b [1928]). Diese Grenzen sind unbestimmt. Nach Dewey bestehen

Technologien aus Netzwerken von Fakten und Operationen: „[E]very highly developed technology is a systematic network of connected facts and operations" (Dewey, 2023b [1928], S. 277). An anderer Stelle führt er aus:

„There is no technology which does not involve within itself a number of fairly distinct sub-operations as divisions of labor, these being so undertaken [that] they cooperate with one another in [the] production of finished goods and services" (Dewey, 2023a [1928], S. 233).

Dewey zufolge sind Technologien nicht nur vielfältig in ihrer Zusammensetzung, sondern auch schwer zu fassen, da sie unterschiedliche Formen annehmen können: Sie umfassen etwa Subjekte und Objekte, Praktiken und Diskurse, Handlungen und Gedanken. Diese Mehrdeutigkeit macht Technologien sowohl aus interaktionistischer als auch aus handlungstheoretischer Perspektive zu einem interessanten Forschungsgegenstand (Schwertel et al., 2025). Darüber hinaus sind Technologien historisch situiert und kontingent, da sie fortlaufend in historisch verwurzelten Situationen neu gestaltet, verschoben und transformiert werden (Hickman, 2019).

Deweys Definition von Technologie als Formen der Anordnungen verschiedener Elemente mit fließenden Grenzen bietet eine Grundlage für die Untersuchung von neuen, u. a. auch KI-basierten Technologien. Da KI-basierte Technologien nicht im luftleeren Raum entstanden sind, ist ihre Entwicklung eng mit der historischen und sozialen Situation verknüpft. Das Aufkommen von Big Data, Fortschritte bei der Rechenleistung und Datenspeicherung sowie die zunehmende Abhängigkeit von Automatisierung haben maßgeblich zur Entwicklung von KI beigetragen. Herausforderungen in verschiedenen Bereichen, wie etwa die aktuelle demografische Entwicklung und der damit verbundene Arbeitskräftemangel, beispielsweise im Gesundheitswesen, schüren den wahrgenommenen Innovationsbedarf an technischen Lösungen wie KI-basierten Technologien weiter. Die Fähigkeiten von KI-basierten Technologien variieren in Abhängigkeit vom gesellschaftlichen Kontext, in dem sie entwickelt und eingesetzt werden. Sie werden nicht nur durch technologische Entwicklungen, sondern auch durch politische Rahmenbedingungen und gesellschaftliche Werte geprägt. KI ist dabei keine singuläre oder statische Technologie, sondern ein dynamisches System, das aus vielfältigen, miteinander vernetzten Elementen besteht. Zu diesen zählen Algorithmen des maschinellen Lernens oder *deep learnings*, Datensätze, Rechenressourcen, Benutzeroberflächen sowie die beteiligten menschlichen Akteur:innen und Organisationen, die KI-Technologien entwerfen, implementieren und regulieren. Diese Komponenten sind funktional unterschiedlich, arbeiten jedoch auf komplexe Weise zusammen und tragen so zur Gestaltung und Weiterentwicklung der KI-basierten Technologien bei.

Die Grenzen von KI sind nicht klar definiert und was als KI gilt, hängt stark von der jeweiligen Disziplin, dem Anwendungsbereich und dem zugrunde liegenden Diskurs ab. Beispielsweise unterscheidet sich der Einsatz von KI im Gesundheitswesen – etwa bei diagnostischen Tools – grundlegend von ihrer Anwendung in autonomen Fahrzeugen oder Navigationssystemen. Selbst ähnliche Algorithmen können in unterschiedlichen Kontexten verschiedene Bedeutungen und Auswirkungen entfalten. So hat die Prognosefähigkeit von KI im medizinischen Bereich eine deutlich höhere Tragweite als eine Empfehlung in einer Musik-App (Kudina & van de Poel, 2024). Die Konsequenzen *korrekter* oder *fehlerhafter* Ergebnisse variieren ebenfalls stark und betreffen diverse Akteursgruppen, darunter Nutzer:innen, Patient:innen, Kund:innen oder nicht unmittelbar Beteiligte und Nicht-Nutzer:innen (Oudshoorn & Pinch, 2003).

Je nach Sektor – ob Gesundheitswesen, Strafverfolgung oder Marketing – entfaltet KI unterschiedliche Wirkungen, die davon abhängen, wie sie eingesetzt wird und welche Werte sie repräsentiert. Sie kann als medizinisches Tool, Überwachungsmechanismus, Instrument zur Geschäftsoptimierung oder Produzentin neuer Erkenntnisse interpretiert werden, abhängig von den kollektiven und relationalen Zusammenhängen, in denen sie situiert ist. Unterschiedliche Akteur:innen definieren KI dabei auf vielfältige Weise, je nachdem, ob sie mit Kolleg:innen, Kund:innen oder Fördergeber:innen kommunizieren. Dies prägt auch die Diskussionen über KI, die nicht nur technische Herausforderungen und Erfolge thematisieren, sondern auch ethische Implikationen sowie gesellschaftliche Auswirkungen, etwa Veränderungen im Gesundheitssystem oder in spezifischen Berufsgruppen umfassen. In Deweys Verständnis ist KI somit nicht (nur) ein rein technisches Objekt sondern Teil eines relationalen und komplexen Geflechts aus Praktiken, Akteur:innen und Diskursen (Kudina & van de Poel, 2024).

KI und andere Technologien können in Anlehnung an Dewey als *relationale Geflechte* verstanden werden, deren Gestaltung und Anwendung wesentlich von den Akteur:innen abhängen, die sie entwickeln und nutzen. Diese Geflechte sind nicht universell, sondern variieren und bleiben fließend. Besonders deutlich wird dies bspw. bei Überwachungstechnologien, die nicht nur Machtasymmetrien sichtbar machen, sondern diese oft auch verstärken: Wer überwacht wen? Wer kann sich der Überwachung entziehen? Solche Fragen verdeutlichen, dass Technologien nicht lediglich Werkzeuge sind, sondern tief in gesellschaftliche Strukturen eingebettet werden. Dabei stellen sich auch Fragen zur Multiperspektivität, die Technologien inhärent ist: Wie können wir die Rollen, Werte, Interessen und Ziele der beteiligten Akteur:innen besser verstehen? Und wie erkennen wir, ob sich diese Akteur:innen zu einflussreichen Gruppen organisieren oder ob sie als unorganisierte Einzelpersonen weniger Macht besitzen? Wer profitiert von der

Etablierung und wer wird vergessen oder übersehen? Deweys Technologiebegriff hilft, diese Fragen zu beleuchten, indem er den Blick auf die Vielschichtigkeit und Einbettung von Technologien lenkt. KI wird nicht allein durch ihre technischen Komponenten definiert, sondern ebenso durch die Umwelt(en), in die sie eingebettet ist. Dewey spricht in diesem Zusammenhang vom „contextual whole" oder von Situationen (Dewey, 1938, S. 66), die es zu verstehen gilt, um Technologien im Zusammenspiel mit den Bedingungen, Akteur:innen und Beziehungen ihrer Entstehung und Nutzung umfassend begreifen zu können.

Aufbauend auf diesen Überlegungen entwickelte Clarke die SitA, um die komplexen Verflechtungen von Technologien in Situationen zu untersuchen. Die SitA bietet ein methodisches Werkzeug, um die vielfältigen Elemente in Situationen und ihre Wechselwirkungen sichtbar zu machen und zu analysieren. Sie eröffnet neue Perspektiven darauf, wie Technologien nicht nur technische, sondern auch gesellschaftliche Realitäten prägen *und* umgekehrt von diesen geprägt werden. Im Unterschied zu zeit-räumlich engeren Definitionen von ‚Situation', wie sie etwa in der Ethnomethodologie zu finden sind (Garfinkel, 2018 [1974]; siehe auch Offenberger, 2023), basiert die SitA in Anlehnung an Dewey auf einer zeitlich und räumlich entgrenzten Perspektive. Sie berücksichtigt nicht nur zeitlich und räumlich begrenzte Interaktionen, sondern integriert auch historische, kollektive und materielle Dimensionen, die über einzelne Ereignisse hinausgehen und über längere Zeiträume hinweg ein relativ stabiles kontextuelles Ganzes (Dewey, 1938) bilden.

In Anlehnung an Dewey wird eine Situation bei Clarke also nicht als isolierte Momentaufnahme betrachtet, sondern als dynamisches Geflecht aus kollektiven und individuellen Akteur:innen, Diskursen, nichtmenschlichen Elementen und ihren Relationen. Dieses Geflecht ist sozialökologisch verankert und historisch gewachsen (Clarke et al., 2018). Diese Perspektive ermöglicht es, Situationen als vielschichtige, komplexe und machtdurchzogene Zusammenhänge zu verstehen, die sowohl symbolische und diskursive als auch materielle Dimensionen umfassen. Das Konzept der Situation eröffnet einen umfassenderen Rahmen, um technologische und soziale Phänomene auf der gesellschaftlichen Mesoebene zu analysieren. Clarke betont insbesondere, dass Situationen komplexe Ereignisfolgen umfassen können, die sich über kürzere oder längere Zeiträume erstrecken. Daher ist es notwendig, Kontinuitäten und Transformationen zu berücksichtigen, um ein umfassendes Verständnis von Situationen zu erlangen (Clarke et al., 2018).

Ihre umfassende Perspektive auf Technologien macht die SitA zu einem Werkzeug, um die vielschichtigen Verflechtungen moderner Technologien wie KI im Rahmen der TA zu analysieren. Clarke versteht dabei alles, was in der Situation enthalten ist, als *Element*. Neben sichtbaren und greifbaren Elemente – wie Akteur:innen, Technologien und Handlungsabläufen – werden auch kollektive, diskursive und symbolische Dimensionen einbezogen. Die SitA erweitert damit das Verständnis dafür, welche Bestandteile als konstitutiv für Situationen betrachtet werden können. Dabei gilt:

> *„[…] the conditions of the situation are in the situation. There is no such thing as ‘context.’ The conditional elements of the situation need to be specified in the analysis of the situation itself as they are constitutive of it, not merely surrounding it or framing it or contextualizing it, or contributing to it"* (Clarke et al., 2018, *S. 46, emphasis in original).*

Dies bedeutet, dass alle an der Situation beteiligten Elemente integraler Bestandteil der Situation sind und sich wechselseitig bedingen. Auf Grundlage dieser grundlegenden relationalen Prämisse lehnt Clarke den Begriff des *Kontexts* ab, da sie ihn als eine künstliche Grenze betrachtet, die der untersuchten Situation äußerlich auferlegt wird. Stattdessen richtet die SitA den Fokus auf das Zusammenspiel der verschiedenen Elemente in Beziehung zueinander, die Clarke als ko-konstitutiv und integrale Bestandteile der Situation versteht (Clarke et al., 2018).

Aufbauend auf diesen Grundlagen sehen wir in der SitA das Potenzial, die TA mit einer zusätzlichen Methodik zur Erforschung von Technologien zu bereichern. Die Orientierung an Situationen ermöglicht es, die (auch historischen und kollektiven) Bedingungen zu analysieren, unter denen Technologien entwickelt und implementiert werden. Zudem kann untersucht werden, wie Technologien legitimiert werden, welche unterschiedlichen Perspektiven daran beteiligt sind und wer von ihnen profitiert. Dabei lassen sich folgende Fragen stellen: Warum wurde eine bestimmte Technologie entwickelt und eingeführt? Welche Akteur:innen sind an diesem Prozess beteiligt? *Cui bono?* (Star, 1993)? Wer profitiert von der Einführung einer Technologie, wer bleibt ausgeschlossen und welche Auswirkungen hat ihre Implementierung auf verschiedene soziale Gruppen?

Mit der SitA wendet sich Clarke von einer Sozialforschung ab, die sich ausschließlich auf Menschen und deren Repräsentationen konzentriert. Stattdessen verfolgt sie eine von Menschen dezentrierte Perspektive, die soziale Ökologien bzw. Situationen in den Blick nimmt, mit all ihren menschlichen und nichtmenschlichen Elementen. Die SitA kann somit als eine Methode der relationalen Wende in den Sozialwissenschaften (Dépelteau, 2018) verstanden werden, die jenseits wissender und epistemologisch zentrierter Subjekte ansetzt. Im Folgenden skizzieren wir die Grundzüge der SitA nach Clarke und erläutern ihre Mapping-Strategien.

3 Grundzüge der Situationsanalyse und ihre Mapping-Strategien

Im Jahr 2005 entwickelte Clarke im Anschluss an ihre Dissertation (1998) die Situationsanalyse (SitA) als Erweiterung der Grounded Theory (GT). Während die GT traditionell darauf abzielt, „basic social processes" zu identifizieren (Glaser & Holton, 2005, S. 1), verlagert die SitA den Fokus hin zu *Situationen* als zentrale Analyseeinheit (Friese et al., 2022, S. 104): „The situation becomes an entity sui generis, unto itself, that includes the relationality of the parts in a particular temporal and spatial ecology, thereby transforming them" (Clarke et al., 2018, S. 69). Clarke hat diesen Ansatz zusammen mit Carrie Friese und Rachel Washburn in einer zweiten Auflage (2018) sowie in mehreren Sammelbänden zur Praxis der SitA (2015, 2022) weiter verfeinert und mit Konzepten aus den Science and Technology Studies angereichert (Gauditz et al., 2023). Mit dem Schwerpunkt auf der Analyse von Machtverhältnissen und dem Ziel, machtlose Positionen herauszuarbeiten, verortet Clarke die SitA innerhalb feministischer Traditionen (Clarke, 2012; Offenberger, 2019).

Zur systematischen Erfassung und Analyse von Situationen entwickelte Clarke die Situationsmatrix (Clarke, 2005). Diese Matrix dient als Heuristik, um alle Elemente zu identifizieren und zu kategorisieren, die innerhalb einer Situation von ausschlaggebender Bedeutung sind (siehe Abb. 1). Die Bandbreite der Elemente reicht von individuellen und kollektiven menschlichen Elementen und Nicht-Menschen über populäre und spezialisierte Diskurse bis hin zu politischen, ökonomischen, symbolischen, räumlichen und zeitlichen Elementen.

Ein entscheidender Aspekt der Situationsmatrix ist, dass Elemente nicht strikt einer einzigen Elementenkategorie zugeordnet werden müssen, sondern gleichzeitig mehreren Kategorien angehören können, denn Elemente können in einer Situation unterschiedliche Grenzen und Bedeutungen haben (Schwertel, 2023). Darüber hinaus sind Elemente innerhalb einer Situation dynamisch und sie können sich verändern. Am Beispiel der Künstlichen Intelligenz lässt sich dies gut veranschaulichen: In ihrer praktischen Anwendung kann die KI als nicht-menschliches Element klassifiziert werden, zugleich fungiert sie jedoch als Symbol für technologischen Fortschritt. Auch in Debatten über ethische Fragen

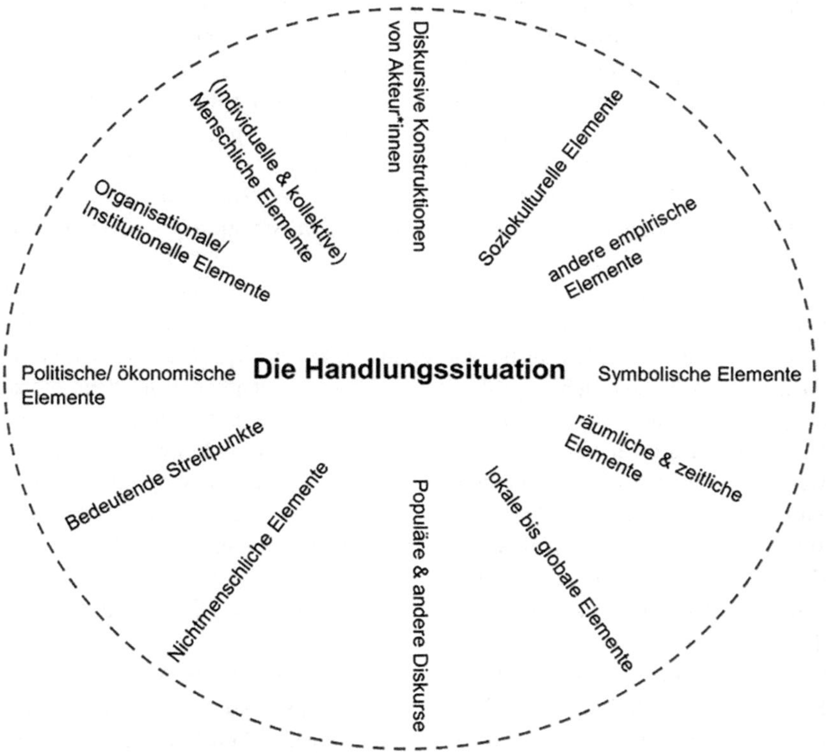

Abb. 1 Clarkes Situationsmatrix. (Eigene Darstellung basierend auf Clarke, 2012, S. 113)

und Sicherheitsaspekte erscheint sie als umstrittenes Konstrukt und wird so zum diskursiven Element.

Neben der Situationsmatrix, die die Vielschichtigkeit von Elementen innerhalb von Situationen erfasst, betont Clarke die zentrale Rolle von Kollektiven. Theoretisch stützt sie sich dabei auf Anselm Strauss' *Theorie sozialer Welten und Arenen* (1978), um die Dynamik und das Wirken von Kollektiven in Situationen zu analysieren (Clarke, 1991; Clarke & Star, 2008; Offenberger et al., 2023). Soziale Welten werden als Gruppen definiert, die durch ein gemeinsames Ziel, eine Kernaktivität, geteilte Verpflichtungen, Ideologien und Technologien verbunden sind. Innerhalb sogenannter Arenen – physische und/oder symbolische

Orte – an denen soziale Welten aufeinandertreffen und Aushandlungen stattfinden, werden gesellschaftliche Bedeutungen verhandelt. Innerhalb von Arenen verfolgen soziale Welten ihre Ziele, indem sie Allianzen schmieden, sich mit anderen Welten zusammenschließen und Kontroversen sowie Konflikte austragen. Arenen sind thematisch geprägt, z. B. durch ein spezifisches Thema oder ein gesellschaftliches Problem, welches es zu lösen gilt. Die Theorie sozialer Welten und Arenen ist somit ein analytisches Werkzeug, um Interaktionen und Machtverhältnisse kollektiver Akteur:innen in Situationen systematisch zu untersuchen.

Clarke und Susan L. Star haben darüber hinaus die Theorie sozialer Welten und Arenen weiterentwickelt indem sie festhielten, dass nicht nur mächtige und einflussreiche Kollektive berücksichtigt werden sollten. Sie erweiterten den Ansatz, um kollektiv nicht organisierte Akteur:innen sichtbar zu machen, die sie als „implicated actors" (implizierte Akteur:innen) (Clarke & Star, 2008, S. 119) bezeichnen. Darunter verstehen sie Akteur:innen, die in Situationen nicht gehört werden und/oder abwesend sind und die damit weniger bis keinen Einfluss auf die Situation haben. Im Kontext der Technikfolgenabschätzung können solche implizierten Akteur:innen beispielsweise Bürger:innen, Lai:innen oder Patient:innen (im Gesundheitswesen) sein. Diese Gruppen haben oft weniger Einfluss darauf, welche Technologien wie entwickelt werden und wie diese genutzt und öffentlich dargestellt werden.

Um Situationen systematisch zu analysieren, bietet die SitA vier Mapping-Strategien an (Clarke et al., 2022). Diese Maps sind visuelle Werkzeuge, die darauf abzielen, Kreativität zu fördern, eigene Annahmen zu hinterfragen, das Denken anzuregen und so zu unerwarteten Einsichten zu gelangen. Durch das Experimentieren mit diesen Mapping-Strategien können Forschende die Komplexität einer Situation visualisieren (Clarke et al., 2018, S. 104). Die Mapping-Strategien der SitA basieren auf einem relationalen und machtkritischen Verständnis von Situationen und die Maps haben unterschiedliche Aspekte zum Fokus:

1. **Situations-Maps**: Situations-Maps gibt es in geordneter und ungeordneter Form (*messy maps*). Sie dienen dazu, die Schlüsselelemente einer Situation systematisch zu erfassen. Bei den geordneten Situations-Maps werden Elemente in Kategorien wie individuelle menschliche Akteur:innen, kollektive Akteur:innen, nicht-menschliche Elemente, politische oder wirtschaftliche Faktoren, soziokulturelle und symbolische Dimensionen sowie zeitliche und

räumliche Aspekte eingeordnet. Diese Mapping-Strategie wird als analytische Übung genutzt, um die vielfältigen Bestandteile einer Situation zu strukturieren und zu verstehen.

2. **Relationale Maps**: Aufbauend auf den ungeordneten Situations-Maps ermöglichen sie das Herausarbeiten von Beziehungen zwischen unterschiedlichen Elementen. Sie helfen dabei, Wechselwirkungen, Abhängigkeiten und Dynamiken innerhalb der Situation zu analysieren.
3. **Sozialen Welten und Arenen-Maps**: Diese Mapping-Strategie dient der Untersuchung kollektiver Akteur:innen, ihrer Verpflichtungen, zentraler Aktionsbereiche und Konflikte. Im Zentrum stehen soziale Welten und Arenen und die Analyse von Rollen, Interaktionen und Machtstrukturen zwischen und in den beteiligten Kollektiven.
4. **Positions-Maps**: Positions-Maps helfen beim Analysieren von Diskursen innerhalb der Situation, indem sie sowohl eingenommene als auch nicht vertretene Positionen (*missing positions* oder *positions not taken*) identifizieren. Sie bieten Einblicke in zugrundeliegende Annahmen, Spannungen und Lücken im Diskurs und eröffnen so Perspektiven auf Aussagefelder innerhalb der Situation.

Das Erstellen von Maps ist ein iterativer Prozess, der die Reflexion über die zu beforschende Situation fördern soll. Maps werden im Laufe der Analyse kontinuierlich erstellt, überarbeitet und erweitert. Dieser iterative Prozess ermöglicht es, neue Erkenntnisse *fortlaufend* zu integrieren und bislang nicht untersuchte Beziehungen in den Blick zu nehmen. Ein Beispiel hierfür ist die Map sozialer Welten und Arenen: Sie bildet zunächst relevante Akteur:innen und Machtstrukturen ab und wird im Laufe der Forschung durch zunehmendes Wissen der Forschenden ergänzt, etwa durch die Identifikation neuer Akteur:innen oder das Ausarbeiten der Dynamiken innerhalb einzelner sozialer Welten. Die vier Mapping-Strategien sind als flexible *Denk-Werkzeuge* konzipiert. Sie sollen die Kreativität der Forschenden anregen, indem sie Raum zum Experimentieren bieten und an die spezifischen Forschungsinteressen angepasst werden können (Clarke, 2005). Forschende können ihren Fokus gezielt auf bestimmte Aspekte legen, wie beispielsweise eine spezifische Technologie, eine soziale Welt oder ein umstrittenes Thema. Sie haben die Möglichkeit, in die Situation hinein- und herauszuzoomen, um Machtdynamiken und Beziehungen zwischen den Elementen zu erforschen oder sie können sich zeitlich zurück- und vorwärtsbewegen, um die Entwicklung der Situation nachzuvollziehen. Forschende können sich beispielsweise auf die Rolle von KI in der Medizin konzentrieren, die Arenen analysieren, in denen KI-basierte Technologien verhandelt werden oder die

Perspektive der Endnutzer:innen einnehmen, die in der Entwicklung solcher Technologien oft wenig einbezogen werden. Ebenso können Forschende die Situation zu bestimmten Zeitpunkten untersuchen, etwa vor und nach der Veröffentlichung von ChatGPT, um die Rolle der AI innerhalb der Aushandlungsprozesse und Debatten rund um KI zu analysieren.

Die SitA zeichnet sich nicht nur durch ihre Flexibilität in Bezug auf verschiedene Analyseschwerpunkte aus, sondern auch durch ihre Anpassungsfähigkeit an unterschiedliche Bedürfnisse und Feldlogiken. Renate Baumgartner und Tamara Schwertel heben beispielsweise das Potenzial hervor, die SitA mit partizipativen Methoden in der Technologieentwicklung zu kombinieren (Baumgartner und Schwertel, in Vorbereitung). Auch wird die SitA in Technologiebewertungsprozessen oder in Mixed-Methods-Studien eingesetzt (Friese, 2022). Für solche Anwendungen lassen sich die Maps gezielt an die Anforderungen des jeweiligen Projekts anpassen – so auch für die Technikfolgenabschätzung. Clarke folgend gehen wir davon aus, dass die Situationsanalyse an das eigene Projekt angepasst werden sollte und unterschiedlich funktionieren kann. An anderer Stelle zeigen wir daher (Schwertel et al., 2025), dass die SitA auf unterschiedliche Weise genutzt werden kann. Einzelne ihrer Maps können als Werkzeuge dienen, um Analysen mit anderem Fokus und anderen Methoden gezielt zu bereichern. In diesem Fall fungiert die Situationsanalyse als ein flexibler *Werkzeugkasten*, aus dem Anwender:innen je nach Bedarf schöpfen können. Demgegenüber liegt eine umfassende Situationsanalyse in unseren Augen nur dann vor, wenn alle Maps einbezogen werden und die gesamte Situation selbst zum Gegenstand der Forschung wird. In dieser Anwendung betrachten wir die Situationsanalyse als *Forschungsprogramm*, das den gesamten Forschungsprozess strukturiert.

Aus unserer Sicht stellt die SitA einen vielversprechenden methodischen Ansatz für die Anwendung im Kontext der TA dar. Wir sehen in der SitA ein produktives methodisches Werkzeug, um die komplexen und machtdurchzogenen Dynamiken zwischen Technologie(n) und Gesellschaft auf der Mesoebene zu analysieren (Clarke et al., 2018, S. 352). Die Mapping-Strategien ermöglichen es, Machtdynamiken und Relationen explizit darzustellen und Technologien in Situationen umfassend zu analysieren. Im Folgenden zeigen wir, wie die SitA genutzt werden kann, um die Entwicklung und Implementierung einer KI-basierten Technologie zur HIV-Behandlung in der Medizin zu untersuchen.

4 Situationsanalyse von KI-basierte Optimierungssysteme in der HIV-Therapie als Anwendungsbeispiel

HIV-Therapie-Optimierungssysteme (HIV-TOS) bieten ein anschauliches Beispiel dafür, wie Technologien mit der SitA in spezifischen Situationen situiert sind und durch unterschiedlichste Akteur:innen entwickelt, interpretiert und genutzt werden. Diese KI-basierten Technologien wurden ab den frühen 2000er Jahren entwickelt, um die optimale individuelle Therapie für HIV-positive Patient:innen zu identifizieren (Beerenwinkel et al., 2002). Auf Grundlage viraler Daten des:der individuellen Patient:in prognostizieren diese Technologien, welche Wirkstoffe am wirksamsten gegen das spezifische HI-Virus sind. Sie stellen somit ein frühes Beispiel der Präzisionsmedizin dar. HIV-TOS können als digitale Gesundheitstechnologien verstanden werden, die vor allem von Virolog:innen eingesetzt werden, die sie bei der Identifizierung der Behandlungsoptionen für Patient:innen unterstützen (Baumgartner, 2023). Die von HIV-TOS generierten Prognosen werden von Virolog:innen überprüft und anschließend an Ärzt:innen weitergeleitet, die in Zusammenarbeit mit den Patient:innen die endgültige Behandlungsentscheidung treffen. HIV-TOS hatten vor allem zum Zeitpunkt ihrer ersten Entwicklung, als die Auswahl passender antiretroviraler Therapien noch mit erheblichen Risiken verbunden war, eine hohe Relevanz. Mit der Einführung effektiver Behandlungsregime, die auf einer einzigen täglichen Tablette basieren und für die meisten Patient:innen anwendbar sind, hat ihre Bedeutung jedoch abgenommen, auch wenn sie im Feld weiterhin verwendet werden.

Das Ziel der Studie zu HIV-TOS bestand darin, zu untersuchen, welche soziale Welten an dem Prozess beteiligt waren und wie sie bei der Entwicklung der Technologie zusammenarbeiteten (Baumgartner, 2023). Ein weiteres Interesse galt der Frage, welche Funktion die unterschiedlichen Typen von HIV-TOS in der Praxis haben und wie sie eingesetzt werden (Für ausführlichere Informationen über die Analyse und die Ergebnisse siehe Baumgartner, 2023). Daher war es essenziell, HIV-TOS in ihrer Situation zu betrachten und ihre Verbindung zu verschiedenen sozialen Welten wie der Virologie oder der Bioinformatik zu untersuchen. Dadurch konnten unterschiedliche Interpretationen und Einsatzmöglichkeiten der Technologie besser verstanden werden. Die Analyse der Situation dieser digitalen Gesundheitstechnologie basierte auf Interviews mit dem interdisziplinären Entwickler:innenteam, bestehend aus Virolog:innen und Bioinformatiker:innen. Zusätzlich wurde ein:e nicht an der Entwicklung beteiligte Ärzt:in als Expert:in für HIV-Behandlung befragt. Ein situationsanalytisches Design integriert in der Regel verschiedene Datenquellen, um vielschichtige

Aspekte einer Situation sowie der sozialen Welten und Arenen sichtbar und beforschbar zu machen. Daher wurde auch die wissenschaftliche Literatur zu HIV-TOS als Datengrundlage analysiert (Baumgartner, 2023).

Für die Analyse wurden Mapping-Strategien der SitA verwendet, die flexibel an die spezifischen Ziele des Projekts angepasst wurden und sich als sehr hilfreich im analytischen Prozess erwiesen (Baumgartner, 2023). Die Maps wurden mit in der Analyse gewonnenen Informationen ergänzt. Sie geben so auf einen Blick Einsicht in die Situation, in der HIV-TOS durch unterschiedliche soziale Welten entwickelt und genutzt werden. Ungeordnete Situationsmaps erwiesen sich als wertvoll, um zentrale Elemente der Situation zu identifizieren und deren Bedeutung innerhalb der Situation näher zu untersuchen. Die Kartierung offenbarte verschiedene kollektive Akteur:innen, wie Virolog:innen, sowie nicht-menschliche Elemente, wie das HI-Virus, die eine entscheidende Rolle in der Entwicklung und Anwendung von HIV-TOS spielten. Gleichzeitig deckten die Maps Diskurse über KI und ihre Funktion als Werkzeug auf. Im Gegensatz dazu boten geordnete Situations-Maps eine strukturierte Übersicht und erleichterten das Verständnis für die verschiedenen Facetten einzelner Elemente. So kann HIV-TOS beispielsweise als ein nicht-menschliches Element, eine Vision, ein Diskurs oder sogar als eine Ansammlung von Elementen wie Virolog:innen oder Ärzt:innen interpretiert werden, die zur gleichen Zeit integrale Bestandteile der Technologie darstellen. Relationale Maps erwiesen sich als besonders hilfreich, um die Beziehungen, Praktiken und die Wissensproduktion zu analysieren, die mit dem Einsatz von HIV-Behandlungstechnologien verknüpft sind und die Beziehungen zwischen Elementen sichtbar zu machen (zu relationalen Maps siehe auch Schwertel, 2023). Positions-Maps boten ein wertvolles Werkzeug zur Untersuchung der Diskurse rund um HIV-TOS. Sie veranschaulichten „the full range of discursive positions on key issues“ (Clarke, 2015, S. 14) und machten zugleich sichtbar, welche Positionen in den Debatten nicht eingenommen wurden. Die Maps sozialer Welt und Arenen (SW/A-Maps) erwiesen sich jedoch als die zentralsten Instrumente der Analyse. Sie ermöglichten ein umfassendes Verständnis der Arena und boten eine relationale Darstellung der digitalen Gesundheitstechnologie in ihrer sozialen und materiellen Situation. Daher gehen wir im Folgenden auf den Mehrwert der SW/A-Maps zur Analyse von HIV-TOS ein.

SW/A-Maps bestehen typischerweise aus einer kreisförmigen Arena und kleineren, ovalen sozialen Welten, die je nach ihren Verflechtungen überlappen oder getrennt voneinander angeordnet sind. Die hier dargestellte Map der Ziele und Aktivitäten in der HIV-TOS-Arena ist eine angepasste Variante einer SW/A-Map, die eine Vielzahl von Informationen vermittelt (siehe Abb. 2). Der große äußere

Kreis repräsentiert die HIV-TOS-Arena, während die kleineren Ovale die verschiedenen sozialen Welten abbilden. Die Map zeigt die sozialen Welten der Virolog:innen, Bioinformatiker:innen und Ärzt:innen, die alle am Entwicklungs- und Optimierungsprozess sowie an der Nutzung der KI-basierten Tools beteiligt sind. Die sozialen Welten stimmen mit Berufsgruppen überein, wie es auch in anderen technischen Bereichen häufig der Fall ist. Die abgebildeten sozialen Welten arbeiten gemeinsam an HIV-TOS. Diese Intersektionen werden in der Map durch überlappende Ovale visualisiert, die die interdisziplinäre Zusammenarbeit verdeutlichen.

Jede abgebildete soziale Welt verfolgt ihre eigenen Ziele, wobei soziale Welten oft ein gemeinsames Ziel teilen. Dieses gemeinsame Ziel bildet in der Regel die Grundlage dafür, dass eine Technologie als bedeutend genug angesehen wird, um gemeinschaftlich entwickelt und upgedatet zu werden. Die Akteur:innen der sozialen Welten handeln sowohl auf Basis dieser übergeordneten Ziele (z. B. Zusammenarbeit, um das Überleben der Patient:innen zu sichern) als auch auf Grundlage ihrer spezifischen Ziele. So konzentrieren sich Ärzt:innen auf die Behandlung von Patient:innen, Virolog:innen auf die Erweiterung des Wissens über das HI-Virus und Bioinformatiker:innen auf die Entwicklung neuer KI-basierter Tools sowie die Stärkung ihrer Position in diesem Bereich.

Die Map trägt dazu bei, die Aktivitäten in der HIV-TOS-Arena in Bezug auf den Entwicklungsprozess, die Arbeitsabläufe und die Feedback-Schleifen zu ergründen. Virolog:innen und Bioinformatiker:innen entwickeln die HIV-TOS auf Grundlage der Daten, die sie aus Kliniken von HIV-positiven Patient:innen erhalten. Ihr Ziel ist es, durch die Analyse schwieriger Fälle gezieltere Behandlungsoptionen zu schaffen und neue Erkenntnisse mithilfe der Prognoseberechnung der Tools zu gewinnen (Baumgartner, 2023). Das Feld hat zudem eine Feedback-Schleife etabliert, um sicherzustellen, dass die Tools in der Praxis effektiv funktionieren und die Ergebnisse für die Patient:innen nützlich sind. Risiken und Unsicherheiten werden in der Arena auf komplexe Weise konstruiert und gehandhabt. Die Stärke der HIV-TOS zeigt sich insbesondere in schwierigen Patient:innenfällen. Hier wird das Fachwissen der Virolog:innen besonders wichtig, um das Risiko einer Fehlbehandlung zu minimieren. Solche Fälle sowie das Wissen um die Unterscheidung zwischen komplexen Fällen mit hohen Risiken und einfacheren Fällen mit Behandlungssicherheit sind entscheidend für die Relevanz und die Position der Virolog:innen im Feld (Baumgartner, 2025).

Das soziale Welten und Arenen Mapping ermöglichte auch die Analyse von Personengruppen, deren Ziele und Interessen in der Arena kein Gehör finden. In diesem Beispiel waren Patient:innen eine kollektiv nicht organisierte Gruppe, die nicht an der Entwicklung des HIV-TOS beteiligt war. Sie werden

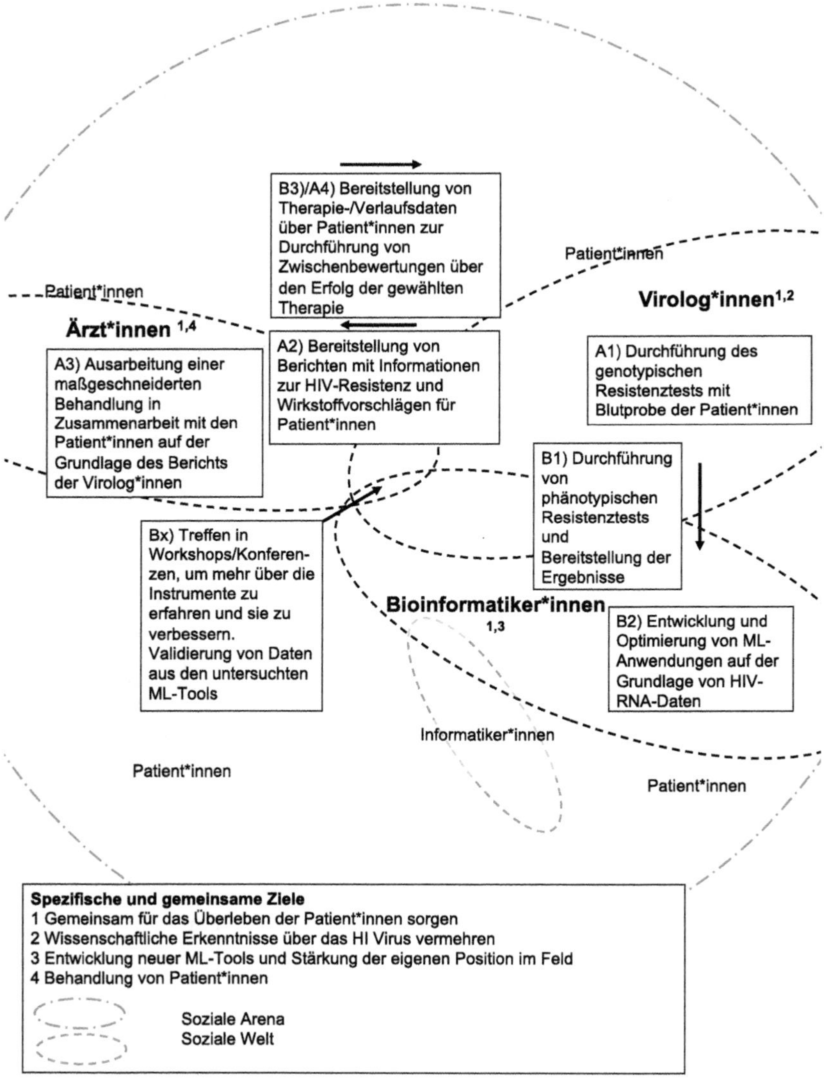

Abb. 2 Die HIV-TOS-Arena. (Eigene Abbildung)

als implizierte Akteur:innen betrachtet, deren Position durch die Map sichtbar gemacht werden können. Eine frühere Publikation detailliert, wie diese implizierten Akteur:innen von sozialen Welten auf unterschiedliche Weise diskursiv konstruiert werden (Baumgartner, 2023). Die Analyse zeigt, dass Patient:innen paradoxerweise sowohl im Zentrum der Arena stehen, da ohne sie und ihre Daten keine Technologie existieren würde als auch im Feld marginalisiert werden und damit laut Clarke impliziert sind, da sie weder in die Entwicklung noch in die Nutzung des HIV-TOS eingebunden sind und keinen Einfluss auf die diskursiven Konstruktion über sie haben. Die Untersuchung der diskursiven Konstruktionen der Patient:innen offenbart zudem, dass die Vorstellungen über die Patient:innen umso weniger menschlich und weniger komplex werden, je weiter die soziale Welt von ihnen entfernt ist. So werden Patient:innen von Bioinformatiker:innen, die am wenigsten direkten Kontakt zu den Patient:innen haben, primär als *Datenträger:innen* gesehen, von Virolog:innen als *zu untersuchende und zu behandelnde Objekte* und von Ärzt:innen, die den Patient:innen am nächsten stehen, als *HIV-infizierte Individuen*, die behandelt werden müssen. Das Mapping sozialer Welten und Arenen bietet eine Grundlage, um die Auswirkungen des Technologieeinsatzes auf verschiedene Akteur:innen in spezifischen Bereichen zu diskutieren (Baumgartner, 2023). Das Mapping kann dabei schließlich auch zu unterschiedlichen Zeitpunkten, in verschiedenen lokalen Zusammenhängen und aus Sicht der beteiligten Akteur:innen durchgeführt werden, um die Situation multiperspektivisch und in ihrer Fluidität zu beleuchten (Clarke et al., 2018).

5 Wege zur Integration der Situationsanalyse in die Technikfolgenabschätzung: Relationale und machtkritische Untersuchungen von Technologien

In diesem Beitrag haben wir gezeigt, wie die Situationsanalyse als Methode eine wertvolle Ergänzung für die Technikfolgenabschätzung darstellen kann. Durch ihr relationales Verständnis von Technologie als eingebettet in Situationen eröffnet die SitA differenzierte Perspektiven auf die komplexen Verflechtungen zwischen Technik und Gesellschaft. Wir haben zunächst die Grundzüge der SitA und ihre zentralen Mapping-Strategien vorgestellt und anschließend deren Anwendung anhand eines empirischen Beispiels, der Kartierung der HIV-TOS-Arena, veranschaulicht. Dieses Beispiel zeigt, wie die SitA dazu beitragen kann, die unterschiedlichen Ziele, Interessen und Machtverhältnisse der an einem Technologieentwicklungsprozess beteiligten Akteur:innen sichtbar zu machen. Darüber hinaus liefert sie wichtige Einblicke in die Dynamiken der Nutzung und der sozialen Einbettung von Technologien.

Durch ihren Fokus auf die Situation als Ganzes und die Möglichkeit soziale Welten und Arenen zu kartieren, bietet die SitA der TA eine Methodologie, die verschiedene Perspektiven auf und Effekte von Technologien strukturiert zu analysiert. Dies ermöglicht eine umfassendere Betrachtung der Macht- und Wissensdynamiken, die bei der Entwicklung, Implementierung und Bewertung von Technologien eine zentrale Rolle spielen. Damit erweitert die SitA das methodische Spektrum der TA und bietet Ansätze, um Technologien nicht nur in ihrem Technischen, sondern auch in ihrer gesellschaftlichen Situation fundiert zu analysieren.

An dieser Stelle haben wir uns auf die Kartierung sozialer Welten und Arenen konzentriert, um das Potenzial der SitA für die TA aufzuzeigen. Wir haben am Beispiel der HIV-TOS-Arena gezeigt, wie dieses Mapping genutzt werden kann, um strittige Themen auf kollektiver Ebene zu untersuchen. Die soziale Welten und Arenen-Map untersucht unter anderem die Positionen von sozialen Welten innerhalb der Arena und ihre Beziehungen zueinander und beleuchtet auch die Dynamiken kollektiver Aushandlungen. Generative Fragen können Forschende dabei helfen: Um welche Themen bilden sich soziale Welten? Was sind zentrale Streitpunkte? Wer profitiert von einer Technologie und wer wird bei ihrer Entwicklung oder Etablierung ausgeschlossen oder nicht gehört? Die SitA trägt durch ihre Mapping-Strategien dazu bei, die Struktur einer Arena und den relationalen sowie fluiden Charakter der Technologieentwicklung innerhalb historisch gewachsener Situationen sichtbar zu machen. Ihre machtkritische Perspektive ermöglicht es zudem, nicht-organisierte und oft marginalisierte Akteur:innen – die sogenannten implizierten Akteur:innen – in den Blick zu nehmen und ihre Positionen sichtbar zu machen. In diesem Sinne kann die SitA als Instrument zur Demokratisierung der Erforschung und Bewertung von Technologien verstanden werden, da sie aktiv dazu beiträgt, übersehene Perspektiven aufzudecken und ihnen Gehör zu verschaffen. Die iterative Erstellung von sozialen Welten und Arenen-Maps erlaubt es Forschenden, zwischen verschiedenen Stadien der Technologieentwicklung und -anwendung zu wechseln, sei es durch Hinein- und Herauszoomen oder durch die Fokussierung auf spezifische Aspekte der Technologiebewertung wie politische Optionen, divergierende Meinungen oder soziale Auswirkungen. Gleichzeitig möchten wir betonen, dass die Anwendungsmöglichkeiten der SitA über das hier Gezeigte hinausgehen, da jede der vier Mapping-Strategien wertvolle Perspektiven und analytische Ansätze bietet, die den Rahmen dieses Beitrags sprengen würden.

Wir argumentieren, dass die TA durch die SitA ein nützliches Werkzeug für die Analyse von Technologieentwicklungsprozessen und für die Abschätzung von Technikfolgen erhält. Der Fokus auf die Identifizierung der Beteiligung unterschiedlicher Akteur:innen, seien es organisierte Gruppen oder unorganisierte Einzelpersonen, macht die SitA zu einer Methodologie, um Macht- und Wissensdynamiken sowie soziale Implikationen technologischer Entwicklungen differenziert zu analysieren. Umgekehrt kann die SitA auch von den in der TA entwickelten Ansätzen und Methoden profitieren. Insbesondere die partizipativen Ansätze der TA und ihre visionssensiblen theoretischen Rahmen (z. B. Lösch et al., 2016; Heil et al., 2022) bieten die Möglichkeit, Situations-Maps und relationale Maps als flexible Analyseinstrumente weiterzuentwickeln und an die spezifischen Anforderungen der TA anzupassen. So könnten beispielsweise Akteur:innen in kollaborativen Prozessen eingeladen werden, Szenarien mithilfe von Maps zu entwickeln oder Arenen aus ihren eigenen Perspektiven heraus zu mappen. Diese koll aborative Arbeit an Maps sozialer Welten und Arenen ermöglicht es, die Komplexität von Beziehungen und Perspektiven umfassend zu berücksichtigen und multiperspektivisches sowie transdisziplinäres Denken zu fördern. Bisher wurden die partizipativen und anwendungsbezogenen Potenziale der SitA noch nicht vollständig ausgeschöpft (Baumgartner und Schwertel, in Vorbereitung). Hier eröffnet sich eine bedeutende Möglichkeit für die anwendungsorientierte TA, die SitA nicht nur als machtkritisches, sondern auch als partizipatives Instrument zu gestalten.

Die SitA bringt jedoch auch eine Reihe von Herausforderungen mit sich. Ihre Flexibilität, das breite Spektrum an möglichen Schwerpunkten und die große Menge an potenziell zu sammelndem Material, die schnell überwältigen kann. Zudem basiert die SitA auf komplexen theoretischen und methodischen Annahmen, deren Verständnis und Anwendung Zeit und Engagement erfordert. Im Vergleich zu vielen anderen Methoden ist sie durch ihre vielen theoretischen Konzepten und Vorannahmen ein anspruchsvolles Werkzeug, das ein solides Vorwissen voraussetzt und dafür aber eine umfassende analytische Perspektive bietet. Eine klare Fokussierung auf spezifische Forschungsfragen und -ziele ist daher entscheidend, um die Komplexität der Methode produktiv zu handhaben. Mit den Forschungsdesiderata die SitA für praxisbezogene Anwendungen weiterzuentwickeln und sie als Instrument in praxisorientierte Kontexte der TA zu integrieren möchten wir unsere Ausführungen schließen.

Literatur

Baumgartner, R. (2023). Personalized HIV treatment: Bringing marginalized patients to the forefront with situational analysis. *Forum Qualitative Sozialforschung Forum: Qualitative Social Research, 24*(2). https://doi.org/10.17169/fqs-24.2.4083.

Baumgartner, R. (2025). Precision medicine for HIV therapy: A tale of successful risk and uncertainty management? (Submitted).

Baumgartner, R. & Schwertel, T. (in Vorbereitung). How to integrate situational analysis in participatory design.

Beerenwinkel, N., Schmidt, B., Walter, H., Kaiser, R., Lengauer, T., Hoffmann, D., Korn, K., & Selbig, J. (2002). Diversity and complexity of HIV-1 drug resistance: A bioinformatics approach to predicting phenotype from genotype. *Proceedings of the National Academy of Sciences, 99*(12), 8271–8276. https://doi.org/10.1073/pnas.112177799.

Bethmann, S., & Niermann, D. (2015). Crossing boundaries in qualitative research: Entwurf einer empirischen Reflexivität der qualitativen Sozialforschung in Deutschland und den USA. *Forum Qualitative Sozialforschung/Forum: Qualitative Social Research, 16*(2). https://doi.org/10.17169/fqs-16.2.2216.

Büscher, C., Ornetzeder, M., & Droste-Franke, B. (2020). Amplified socio-technical problems in converging infrastructures: A novel topic for technology assessment. *TATuP – Zeitschrift für Technikfolgenabschätzung in Theorie und Praxis, 29*(2), 11–16. https://doi.org/10.14512/tatup.29.2.11.

Clarke, A. E. (2005). *Situational analysis: Grounded theory after the postmodern turn.* SAGE.

Clarke, A. E. (1991). Social worlds/arenas theory as organizational theory. In D. R. Maines (Hrsg.), *Social organization and social process: Essays in honor of Anselm Strauss* (S. 119–158). Aldine de Gruyter.

Clarke, A. E. (1998). *Disciplining reproduction: Modernity, American life sciences, and "the problems of sex".* University of California Press. http://www.loc.gov/catdir/bios/ucal051/97001114.html.

Clarke, A. E. (2012). Feminism, grounded theory, and situational analysis revisited. In S. N. Hesse-Biber (Ed.), *Handbook of feminist research: Theory and praxis* (2. Auf., S. 388–412). SAGE.

Clarke, A. E., Friese, C., & Washburn, R. (2018). *Situational analysis: Grounded theory after the interpretive turn* (2. Aufl.). SAGE.

Clarke, A. E., Friese, C., & Washburn, R. (2015). *Situational analysis in practice: Mapping research with grounded theory.* Left Coast Press.

Clarke, A. E., & Montini, T. (1993). The many faces of RU486: Tales of situated knowledges and technological contestations. *Science, Technology, & Human Values, 18*(1), 42–78. https://doi.org/10.1177/016224399301800104.

Clarke, A. E., & Star, S. L. (2008). The social worlds/arenas framework as a theory-methods package. In E. Hackett, O. Amsterdamska, M. Lynch, & J. Wajcman (Hrsg.), *Handbook of science and technology studies* (S. 113–137). MIT Press.

Clarke, A. E., Washburn, R., & Friese, C. (Hrsg.). (2022). *Situational analysis in practice: Mapping relationalities across disciplines* (2. Aufl.). Routledge Taylor & Francis Group.

Decker, M., & Schippl, J. (2015). Technikfolgenabschätzung. In M. Kaltschmitt & L. Schebek (Hrsg.), *Umweltbewertung für* Ingenieure (S. 403–437). Springer. https://doi.org/10.1007/978-3-642-36989-6_8.

Dépelteau, F. (2018). Relational thinking in sociology: Relevance, concurrence and dissonance. In F. Dépelteau (Hrsg.), *The Palgrave handbook of relational sociology* (S. 3–33). Springer. https://doi.org/10.1007/978-3-319-66005-9_1.

Dewey, J. (1938). Logic: the theory of inquiry.: Holt.

Dewey, J. (2023a [1928]). Mind and body. In P. Deen (Hrsg.), *Unmodern philosophy and modern philosophy* (Paperback Aufl., S. 203–251). Southern Illinois University Press.

Dewey, J. (2023b [1928]). The practical and the theoretical. In P. Deen (Hrsg.), *Unmodern philosophy and modern philosophy* (Paperback Aufl., S. 252–285). Southern Illinois University Press.

Dewey, J. (2008 [1938]). *Logic: The theory of inquiry.* Holt.

Friese, C. (2023). Situational analysis and digital methods. *Forum Qualitative Sozialforschung/Forum: Qualitative Social Research, 24*(2). https://doi.org/10.17169/FQS-24.2.4078.

Friese, C. (2022). Reflections on using SA in a large, mixed-methods project: Care as science: The role of animal husbandry in translational medicine. In A. E. Clarke, C. Friese, & R. Washburn (Hrsg.), *Situational analysis in practice: Mapping relationalities across disciplines* (S. 111–125). Routledge Taylor & Francis Group.

Friese, C. (2016). *Cloning wildlife: Zoos, captivity, and the future of endangered animals* (S. 14). Biopolitics Series, Bd: New York University Press.

Friese, C., & Clarke, A. E. (2012). Transposing bodies of knowledge and technique: Animal models at work in reproductive sciences. *Social Studies of Science, 42*(1), 31–52. https://doi.org/10.1177/0306312711429995.

Friese, C., Clarke, A. E., & Washburn, R. (2022). Situational analysis as critical pragmatist interactionism. In A. E. Clarke, R. Washburn, & C. Friese (Hrsg.), *Situational analysis in practice: Mapping relationalities across disciplines* (S. 97–110). Routledge.

Fujii, M. S., Rink, K., & Weber, J. (2023). Situating digital artifacts: Impulses of situational analysis for the status of materiality. *Forum Qualitative Sozialforschung/Forum: Qualitative Social Research, 24*(2). https://doi.org/10.17169/fqs-24.2.4060.

Garfinkel, H. (2018). *Studies in ethnomethodology (Reprinted, original work published 1974).* Polity.

Gauditz, L., Klages, A.-L., Kruse, S., Marr, E., Mazur, A., Schwertel, T., & Tietje, O. (2023). Einleitung: Entwicklungslinien der Situationsanalyse als Forschungsprogramm. In L. Gauditz, A.-L. Klages, S. Kruse, E. Marr, A. Mazur, T. Schwertel, & O. Tietje (Hrsg.), *Die Situationsanalyse als Forschungsprogramm: Theoretische Implikationen, Forschungspraxis und Anwendungsbeispiele* (S. 3–18). Springe. https://doi.org/10.1007/978-3-658-38714-3_1.

Glaser, B., & Holton, J. (2005). Basic social processes. *The Grounded Theory Review, 4*, 1–21.

Heil, R., Dobroć, P., Frey, P., Hausstein, A., Lösch, A., Roßmann, M., & Schneider, C. (2022). Einleitung: Von Zukunftsvisionen zum Vision Assessment. In P. Frey, P. Dobroć, A. Hausstein, R. Heil, A. Lösch, M. Roßmann, & C. Schneider (Hrsg.), *Vision assessment: Theoretische Reflexionen zur Erforschung soziotechnischer Zukünfte* (S. 1–14). KIT Scientific Publishing.

Hickman, L. A. (2019). Dewey, pragmatism, technology. In S. Fesmire (Hrsg.), *The Oxford handbook of Dewey* (S. 490–506). Oxford University Press.

Kudina, O., & van de Poel, I. (2024). A sociotechnical system perspective on AI. *Minds &Machines, 34*(21). https://link.springer.com/content/pdf/https://doi.org/10.1007/s11023-024-09680-2.pdf.

Lösch, A., Böhle, K., Coenen, C., Dobroć, P., Ferrari, A., Heil, R., et al. (2016). *Technikfolgenabschätzung von soziotechnischen Zukünften.* Karlsruher Institut für Technologie (KIT).

Nentwich, M. (2023). *Wissenschaftliche TA – Begriffe, Typologie und Konsequenzen für die Praxis* (ITA-manu:Script 23–02). https://doi.org/10.1553/ITA-ms-23-02.

Pinilla-Dominguez, P., Taha, S., McGuire, H., Elagamy, A., Sedrak, A., Gamal, M., et al. (2022). Institutionalizing health technology assessment in Egypt: Situational analysis and roadmap. *Frontiers in Pharmacology, 13,* 1014658. https://doi.org/10.3389/fphar.2022.1014658.

Offenberger, U. (2019). Anselm Strauss, Adele Clarke und die feministische Gretchenfrage. Zum Verhältnis von Grounded-Theory-Methodologie und Situationsanalyse [38 Absätze]. Forum Qualitative Sozialforschung / Forum: Qualitative Social Research, 20(2), Art. 6, http://dx.doi.org/10.17169/fqs-20.2.2997

Offenberger, U. (2023). Situational analysis as a traveling concept: Mapping, coding, and the role of hermeneutics. *Forum Qualitative Sozialforschung/Forum: Qualitative Social Research, 24*(2). https://doi.org/10.17169/fqs-24.2.4021.

Offenberger, U., Baumgartner, R., Schwertel, T., Tietje, O., Evans-Jordan, S. B., & Kimmerle, B. (2023). Editorial: Social worlds, arenas, and situational analyses: Theoretical debates and experiences from research practice. *Forum Qualitative Sozialforschung/Forum: Qualitative Social Research, 24*(2). https://doi.org/10.17169/fqs-24.2.4085.

Offenberger, U., & Schwertel, T. (2022). Qualitative Gesundheitsforschung, Science and Technology Studies und Situationsanalyse: Einsichten aus der Forschung zur Tiefen Hirnstimulation. *ZQF, 23*(2), 177–192. https://doi.org/10.3224/zqf.v23i2.04.

Ornetzeder, M., & Kastenhofer, K. (2012). Old problems, new directions, and upcoming requirements in participatory technology assessment. *Poiesis & Praxis, 9*, 1–5.

Oudshoorn, N., & Pinch, T. J. (2003). Introduction: How users and non-users matter. In N. Oudshoorn & T. J. Pinch (Hrsg.), *How users matter: The co-construction of users and technologies* (S. 1–25). MIT Press.

Schwertel, T. (2025). Umkämpfte Gehirne: Eine Situationsanalyse der Tiefen Hirnstimulation als Therapieverfahren.

Schwertel, T. (2023). Adele Clarke meets Donna Haraway: Relationale maps, werden-mit-anderen, und die Bedeutung von Elementen in Situationsanalysen. *Forum Qualitative Sozialforschung/Forum: Qualitative Social Research, 24*(2). https://doi.org/10.17169/fqs-24.2.4071.

Schwertel, T., Baumgartner, R. & Offenberger, U. (2025). Situationsanalyse: Zu Aktualität und Verwendungsweisen eines Forschungsprogramms. Editorial, ZQF – Zeitschrift für Qualitative Forschung, 1-2025, S. 3–7.

Star, S. L. (1993). Cooperation without consensus in scientific problem solving: Dynamics of closure in open systems. In D. Diaper, C. Sanger, S. Easterbrook, & S. M. Easterbrook (Hrsg.), *CSCW: Cooperation or conflict?* (S. 93–106). Springer.

Strauss, A. L. (1978). A social world perspective. In N. K. Denzin (Hrsg.), *Studies in symbolic interaction: An annual compilation of research* (S. 119–128). Jai Press.

Uzochukwu, B. S. C., Okeke, C., Ruiz, F., Torres-Rueda, S., Kazibwe, J., Uzochukwu, A., & Vassall, A. (2024). Future support on evidence-informed priority setting and situational analysis of the potential role of health technology assessment in Africa to support future pandemic preparedness and response: Protocol for a scoping review. *Systematic Reviews, 13*, 198. https://doi.org/10.1186/s13643-024-02610-4.

Washburn, R. (2013). Rethinking the disclosure debates: A situational analysis of the multiple meanings of human biomonitoring data. *Critical Public Health, 23*(4), 452–465. https://doi.org/10.1080/09581596.2012.752071.

Tamara Schwertel Wissenschaftliche Mitarbeiterin am Lehrstuhl für Medizinsoziologie des Instituts für Medizinsoziologie, Versorgungsforschung und Rehabilitationswissenschaft der Medizinischen Fakultät der Universität zu Köln und der Uniklinik Köln. Schwerpunkte: Qualitative Methoden der Sozialforschung, Science and Technology Studies, Medizinsoziologie. E-Mail: tamara.schwertel@uk-koeln.de.

Renate Baumgartner Assistenzprofessorin für partizipative KI am Athena Institut der Vrije Universiteit Amsterdam (VU). Schwerpunkte: feministische Wissenschafts- und Technikforschung, partizipative Methoden, künstliche Intelligenz. E-Mail: r.baumgartner@vu.nl.

Focusing und künstlerische Interventionsformate als transformative Tools in der partizipativen TA?

Vera Borrmann und Michael Auinger

1 Einleitung

In diesem Beitrag untersuchen wir, inwiefern partizipative Ansätze und Methoden der Organisationsentwicklung, zusammen mit Methoden und Theorien von Eugene Gendlin aus der Experiential Phenomenology oder Philosophy of Experiencing (Gendlin, 1997; Gendlin, 2018) als Inspiration und Möglichkeit für eine Erweiterung des Methodenspektrums der Technikfolgenabschätzung (TA) dienen können. Wir beschreiben, inwiefern *Focusing* und in diesem Zusammenhang der Ausdruck des *Felt Sense* mittels künstlerischer Methoden dazu beitragen können, Transformationsprozesse auf individueller und kollektiver Ebene besser begreifbar zu machen und in Folge partizipativer zu gestalten. Ansätze dieser Art sind unter anderem aus der Interventionspraxis der Psychotherapie und Organisationsentwicklung entlehnt. Im Hinblick auf die Themenstellungen der TA stellen wir uns daher zunächst die Frage, was die TA und insbesondere die Organisationsentwicklung verbindet – und was sie unterscheidet.

V. Borrmann (✉)
Human-Technology Interaction Lab (AG Kellmeyer), Department Neurochirurgie, Universitätsklinikum Freiburg, Freiburg im Breisgau, Deutschland
E-Mail: vera.borrmann@uniklinik-freiburg.de

M. Auinger
INOVATO Strategische Personal- und Organisationsarbeit GmbH, Ansfelden, Österreich
E-Mail: michael.auinger@inovato.at

© Der/die Autor(en), exklusiv lizenziert an Springer Fachmedien Wiesbaden GmbH, ein Teil von Springer Nature 2025

M. Ornetzeder et al. (Hrsg.), *Methoden für die Technikfolgenabschätzung*,
https://doi.org/10.1007/978-3-658-48491-0_18

Gemeinsam ist der TA und der Organisationsentwicklung, dass sie im Spannungsfeld *technische Innovation – Mensch – Gesellschaft – Umwelt* Orientierung und Entwicklungsangebote schaffen wollen. Allerdings divergieren der Blickwinkel, die „wissenschaftliche Brille", die intradisziplinäre Zielsetzung und auch die wissenschaftlich-wirtschaftlich-gesellschaftliche Selbstverortung zum Teil sehr stark. Die TA kam in ihrer Entstehung in den 1970er Jahren einem politisch-gesellschaftlichen Bedarf nach Orientierung für anstehende gesellschaftliche Meinungsbildung und politische Entscheidung nach und bietet seither Orientierungsleistung hauptsächlich durch Folgenreflexion und -analyse von neuen Technologien (Grunwald, 2010). Ziel der TA ist es, multiperspektivisch über intendierte und nicht-intendierte Folgen – sowohl Chancen als auch Risiken – zu informieren, offene Fragen frühzeitig zu adressieren und damit eine Grundlage für z. B. informierte technologie- und forschungspolitische Entscheidungen zu schaffen. Das Idealbild der institutionalisierten wissenschaftlichen TA dient der wissenschaftlichen Politikberatung von Entscheidungsträger*innen in Parlamenten, Ministerien oder auch der EU-Kommission bezüglich technologischer Innovationen. Seit den 1980er Jahren ist auch die partizipative Einbindung von Bürger*innen und Stakeholdern eine Aufgabe der TA, für welche eigene deliberative Methoden entwickelt wurden. Seit den 1990er Jahren steht zudem die Technikentwicklung und -gestaltung im Fokus, wobei eine besondere Herausforderung dabei seit den 2000er Jahren die NEST (*New and Emerging Sciences and Technologies*) darstellen, deren Möglichkeitsraum des Zukünftigen sehr groß und teilweise bis ins Spekulative unbestimmt erscheint und damit die Orientierungsleistung der TA vor neue Herausforderungen stellt (Grunwald, 2015).

Die Organisationsentwicklung hingegen hat sich historisch aus dem Bereich der humanistischen Psychologie und der Gruppendynamik entwickelt und diese Erkenntnisse auf Unternehmen und Institutionen übertragen. Ziel der Organisationsentwicklung ist es seither, die Zukunftsfähigkeit von Systemen in ihren Umwelten sicherzustellen. Nach Maybe und Pugh (1999) zeichnet sich die Organisationsentwicklung dadurch aus, dass sie (1) ein breit angelegter andauernder Prozess mit mittel- bis langfristiger Perspektive ist, (2) auf verhaltenswissenschaftlicher Forschung basiert und (3) prozessorientiert arbeitet. Um diese Entwicklung zu begleiten, bedarf es der Moderation des Prozesses und der Gestaltung passender partizipativer Formate – insbesondere, weil die Veränderungen von Organisationen häufig nicht selbstmotiviert, sondern von außen durch technologische Innovationen, wirtschaftliche und gesellschaftliche Veränderungen angestoßen werden. Dies erfordert oft umfassende Veränderungen von Strukturen, Ablaufprozessen, Dingen, aber auch von verkörperten, persönlich-relationalen

Erfahrungen. Diese Veränderungen werden in der Organisationswissenschaft unter dem Begriff der „lernenden Organisation“ als kontinuierlich fortlaufender Adaptionsprozess verstanden (Senge, 2011). Die systemische Organisationsentwicklung beruht unter anderem auf der Systemtheorie nach Luhmann (Luhmann, 1984) und erweiterte das klassische Verständnis um eine konstruktivistische Ontologie und die damit einhergehende spezifische Bedeutung von Kommunikation und Wahrheit(en). Daraus ergaben sich neue Interventionsdesigns, um die Entwicklung von Organisationen zu unterstützen. Unserer Ansicht nach stellt für die gegenwärtigen Herausforderungen der (digitalisierten) Technologiegestaltung und -entwicklung insbesondere die Akteur-Netzwerk Theorie (ANT) durch die Aufhebung der analytischen Trennung von Gesellschaft und Technik einen besonders ganzheitlichen und daher geeigneten theoretischen Rahmen bereit, um die Interdependenzen der Teilelemente und die Komplexität von Prozessdynamik und Mobilisierung in Transformationsprozessen darzustellen und zu gestalten. In der Akteur-Netzwerk-Theorie werden Organisationen als flexible, offene Netzwerke verstanden, in denen sowohl menschliche als auch nicht-menschliche Akteure (=„Aktanten“) in sozio-technische Zusammenschlüsse eintreten, indem sie wechselseitig ständig Handlungsprogramme aushandeln und neu verhandeln. Hier wird klar, dass Organisationen keine autonomen Systeme sind, die ohne oder gegen den Willen der beteiligten Akteure (z. B. Mitarbeiter*innen, Bürger*innen, Algorithmen, etc.) agieren oder ohne deren Mobilisierung auskommen (Bellinger & Krieger, 2016).

Die individuelle und kollektive Mobilisierung menschlicher Akteure (z. B. von Bürger*innen) im Kontext eines – z. B. durch Technologie getriebenen – Transformationsprozesses ist, so unsere These, jedoch nur dann tragfähig, wenn nicht nur ausreichend Fachwissen und Verständnis zum jeweiligen Thema, sondern auch das persönliche, erlebte Wissen eine Rolle spielt und eine leibliche Erfahrung im Transformationsprozess stattfindet (s. Kap. 4).

Es ist zu erwähnen, dass ein Teil der Inspiration für unsere These(n) nicht nur im akademischen Umfeld, sondern im Kontext praktischer Erfahrung (s. Kap. 4) in der Organisationsentwicklung und Verkörperung entstanden ist (Auinger & Sutter, 2014; Auinger, 2023; Borrmann & Auinger, 2022; Maurerbaur & Oberreiter, 2023). Vor diesem Hintergrund entstand die Frage, inwieweit Methoden der Organisationsentwicklung und Experiential Phenomenology auch dazu beitragen können, neue Perspektiven für die partizipative TA zu generieren. Wir schließen den Beitrag mit einer Reflexion darüber, ob und inwiefern mit der Anwendung und Einbindung der vorgeschlagenen Ansätze eine Veränderung und (Weiter-) Entwicklung des klassischen Selbstverständnisses und der Rolle von z. B. der

Wissensvermittlung in der TA, oder auch der Rolle der TA als Institution und der für sie tätigen Forsch*innen einhergehen kann.

2 Die Gestaltung von Transformation als Übersetzungsprozess

Wir ziehen unser Transformationsverständnis folglich aus der Akteur-Netzwerk Theorie (ANT). Dabei fokussieren wir insbesondere auf Callons Prozess *Translation* als hilfreiches Framework. Abgeleitet aus den Phasen der *Translation* ergeben sich spezifische Herausforderungen zur Integration relevanter Akteure in Transformationsprozessen: Schlüsselakteure müssen sich aktiv verpflichten, Allianzen bilden und entlang divergierender Interessen Akteurs-Gruppen mobilisieren, um Veränderung tragfähig zu manifestieren. In diesem Verständnis werden Formate der partizipativen TA ebenfalls zu Interventionen der Durchsetzung ihrer institutionsspezifischen Interessen (z. B. die Aufklärung zu technologischen Entwicklungen; das Sichtbarmachen von Bürger*innen-Meinungen im politischen Technologie-Diskurs, etc.).

Der Einflussbereich dieser TA-Interessen hängt dann von den Verhandlungen mit und zwischen den Vertretern aller erforderlichen Akteursgruppen aus Technologie und Gesellschaft ab, die sich in der technologischen Neuerung materialisieren. Die Neuzusammensetzung der Technik ist so untrennbar mit der Neuzusammensetzung des Sozialen verwoben (Latour, 2005). Diesen Transformationsprozess (bzw. genauer, das erforderliche Handwerk) bezeichnet Callon als Übersetzung bzw. *Translation.*

2.1 Translation

Aus einer ANT-Perspektive ist *Translation* „the simultaneous production of knowledge and construction of a network of relationships in which social and natural entities mutually control who they are and „what they want.“ (Callon, 1984, S. 203). *Translation* oder Übersetzung ist ein Aushandlungs- und Abgrenzungsprozess, der die Identitäten der Akteure, die Möglichkeiten der Interaktion und die Spielräume der Manövrierfähigkeit gestaltet. Konkret besteht der Prozess *Translation* aus vier Phasen. Die erste „Übersetzung“, die *Problematization,* ist der Prozess, durch den ein initialer Akteur unentbehrlich wird und den Übersetzungsprozess auslöst. Auf Basis von Hypothesen darüber, wer die relevanten Akteure und deren Interessen sind, spezifiziert der initiale Akteur die eigene Identität und jene der relevanten Akteure in Bezug auf ein bestimmtes Problem. Dieses Problem wird so formuliert, dass dessen Lösung den Teilinteressen der anderen erforderlichen Akteure zugutekommt. Das Problem wird so zum *Obligatory Passage Point,* der alle relevanten Akteure miteinander verbindet. Folglich müssen diese Akteure von der Wichtigkeit der Lösung des zentralen Problems und den Vorteilen der Bildung einer Allianz überzeugt werden. Zu diesem Zeitpunkt gilt jedoch „the entities defined and relationships envisaged have not yet been tested“ (Callon, 1984, S. 207). Es gibt keine Garantie dafür, dass die angedachten Verbündeten das Konzept des initialen Akteurs akzeptieren, da sie auch von der *Problematization* anderer Akteure beeinflusst werden.

Dies erfordert eine zweite Übersetzung, das *Interessement (Inter-esse, also Dazwischen-Sein):* eine Reihe von Maßnahmen, die der initiale Akteur durchführt, um die während der Problematisierung definierten Identitäten der Akteure zu stabilisieren: „To interest other actors is to build devices, which can be placed between them and all other entities who want to define their identities otherwise“ (Callon, 1984, S. 208). Das *Interessement* zielt darauf ab, die Identitäten der Akteure in Übereinstimmung mit dem Plan des initialen Akteurs zu stabilisieren, indem Grenzen gezogen werden. Dies kann zum Beispiel die Einladung von Arbeitnehmer*innen zu einem unternehmensinternen Workshop sein, oder die Einladung von Bürger*innen zur Teilnahme an z. B. einem Bürger*innendialog, jeweils inkl. Informationen und Erwartungen an die jeweilige Rolle).

Um innerhalb dieser Grenzen Allianzen unter den Akteursgruppen zu bilden, kommt die dritte Übersetzung ins Spiel: Das *Enrolment,* eine Reihe von multilateralen Verhandlungen zwischen den Akteursgruppen, die das *Interessement* begleiten. Gegenstand dieser Verhandlungen sind Hypothesen zu den Teilinteressen der Akteure, welche vom initialen Akteur während der *Problematization* festgelegt wurden. Verhandlungsstrategien, die das Enrolment von Akteuren unterstützen, können ganz unterschiedlich sein und der Verhandlungsbegriff ist hier sehr weit definiert. Verhandlungen setzen jedoch immer voraus, dass die Akteursgruppen als kollektive Entitäten (z. B. „die TA“, „die Bürger der Region XY“, „das Gesundheitswesen“, ...) für sich selbst sprechen können. Dazu benötigen die Akteursgruppen Fürsprecher, um ihre Ausrichtungen und Intentionen zu stabilisieren und auszudrücken.

Daher befasst sich die vierte Übersetzung – die *Mobilization* – mit den Fragen „Who speaks in the name of whom? Will the masses follow their representatives?“ (Callon, 1984, S. 214). Diese Fürsprecher werden von deren menschlichen und nicht-menschlichen Gefolgschaft „gewählt“, z. B. der Begutachtungs-, Revisions- und Auswahlprozess, der zur Veröffentlichung eines wissenschaftlichen Artikels führt; die Stimmen, die Arbeiter in eine Wahlurne werfen, um den Gewerkschaftsvertreter zu bestimmen, der dann in ihrem Namen handelt und spricht; oder eine Auswahl Meereslebewesen, die statistisch repräsentatives Verhalten zeigen und dadurch stillschweigend für die gesamte Gruppe sprechen (Callon, 1984). Die Mobilisierung ist dann erfolgreich, wenn Ketten von Fürsprechern sich letztlich auf den einen nun wirklich unverzichtbaren initialen Akteur ausrichten. „The social and natural ‚reality' is a result of the generalized negotiation about the representativity of the spokesmen. If consensus is achieved, the margins of manoeuvre of each entity will then be tightly delimited" (Callon, 1984, S. 218). Ein solches stabiles Akteur-Netzwerk wird zur „Black Box", d. h. es kann konstante Input–Output-Beziehungen herstellen und erscheint als „eine" Entität. Dadurch werden stabile Interaktionsmuster kollektiver Entitäten erst möglich und nächstgrößere Beziehungskonglomerate können entstehen.

Der „Verrat" der Fürsprecher durch die jeweiligen Akteursgruppen ist allerdings eine allgegenwärtige Bedrohung und macht Akteur-Netzwerke notwendigerweise brüchig. Während also die ersten Übersetzungen Abstraktion zur Analyse und Einrichtung der Allianz benötigen, erfordern die nachfolgenden Übersetzungsprozesse eine konkrete Verkörperung der erforderlichen Verpflichtungen und Handlungen.

3 Verkörperung und Transformation

Anschließend an das im vorherigen Kapitel dargestellte Verständnis von Transformation (*Translation*) stellen wir im folgenden zentrale Aspekte und Methoden der leiblichen Erfahrung und Verkörperung im Kontext der Experiential Phenomenology nach Eugene Gendlin dar. Als komplementäres Interventionsformat, um leibliches Erleben in den Vordergrund zu rücken, wird in einem konkreten Fallbeispiel aus der Organisationsentwicklung auch die Verwendung von Methoden aus der bildenden- und Medienkunst vorgestellt. Dadurch kann eine alternative Erfahrung und Sinngebung von sprachlich schwer adressierbaren Inhalten gelingen (Rappaport, 2008). Während Kap. 3 der Beschreibung der Methoden dient, liegt der Fokus in Kap. 4 mit Thesen und Beispielen auf deren mögliche Bedeutung und Verwendung in konkreten Partizipationsformaten zu Transformationsthemen.

3.1 Experiential Phenomenology und *Focusing*

Die klassische phänomenologische Philosophie befasst sich unter anderem mit Subjektivität und Leiblichkeit, Intersubjektivität und dem Erleben von Emotionen, Interaffektivität und Empathie (Zahavi, 2007). In den letzten Jahrzehnten hat sich die phänomenologische Theoriebildung in verschiedene Richtungen weiterentwickelt: Zum einen wurden neue kritische Forschungsfragen (Weiss et al., 2020) in den Fokus gerückt, zum anderen entstanden neue Themenfelder wie die feministische Phänomenologie (Fisher, 2014; Oksala, 2016) und andere. Mit der angewandten Phänomenologie wurde ein weiteres relativ breites Forschungsfeld benannt und erschlossen, welches die interdisziplinäre Anwendbarkeit der Phänomenologie (Zahavi & Simionescu-Panait, 2014; Gallagher, 2012; Burch, 2021) in den Fokus rückt. Dies gilt insbesondere für die Kontexte Psychiatrie, Psychologie (Irarrázaval, 2020; Zahavi & Loidolt, 2022) und Neurowissenschaften oder auch die Anwendung in der Kunst (Høffding, 2018). Die Experiential Phenomenology (Gendlin, 1973) im Sinne von Eugene Gendlin und Autor*innen in seiner Nachfolge kann als Strömung innerhalb oder nahe der angewandten Phänomenologie gesehen werden. Ausschlaggebend für die Abgrenzung ist, dass hier der Fokus nicht nur auf der philosophischen Theoriebildung und deren Anwendung in anderen Disziplinen liegt, sondern auch ein Anspruch auf Praxis, Verkörperung, Erfahrbarkeit und Umsetzung in der Phänomenologie selbst besteht. Dieser Anspruch wird von Gendlin mit der Methode *Focusing* eingelöst. In Gendlins Werk sind zwei Systeme und Beiträge als Anleitungen für die Arbeit mit verkörpertem Wissen wesentlich und zentral: *Focusing* (Gendlin, 1982; Gendlin, 1998) und *Thinking at the Edge* (Gendlin, 2004). Beide Systeme nutzten den *Felt Sense* als Grundlage des verkörperten Denkens. Nach Gendlin kann verkörpertes Denken hilfreich sein, Herausforderungen wie Denk- oder Gestaltungsblockaden im persönlichen Leben wie auch z. B. der Forschungspraxis zu bewältigen. In *Focusing* beschreibt Gendlin den *Felt Sense* wie folgt: „It is a process in which you make contact with a special kind of internal bodily awareness. I call this awareness a felt sense. A felt sense is usually not just there, it must form. You have to know how to let it form by attending inside your body. When it comes, it is at first unclear, fuzzy. By certain steps it can come into focus and also change. A felt sense is the body's sense of a particular problem or situation." (Gendlin, 1982, S. 10) Mit *Focusing* werden also präreflexive und präverbale, „implizite" Wahrnehmungsebenen bedeutungsstiftend verbalisiert. Während eines *Focusing*-Prozesses wird durch eine Art achtsamer, körperbasierter Selbsterforschung versucht, einen *Felt Sense* zu erfassen – eine somatische Empfindung. Der *Felt Sense* kann in Folge beschrieben, und so ein Zusammenhang und tieferes

Verständnis für innere Erfahrungen, Bedeutungen und Empfindungen gewonnen werden in Bezug auf eine konkrete Situation oder Problem.

Wichtig ist hierbei die Unterscheidung zwischen einer emotionalen, kulturell bedingten Reaktion und dem *Felt Sense* im Blick zu behalten. Erstere bewirken nach Gendlin eine Verengung des Körpergefühls für die gefühlte Gesamtsituation und hindern die Person im *Focusing* Prozess daran zuzulassen, dass ein *Felt Sense* entsteht. Aussagen, die vom *Felt Sense* ausformuliert werden, sind daran erkennbar, dass sie wiederum eine Wirkung auf den *Felt Sense* haben (z. B. wird der *Felt Sense* dadurch verstärkt, abgeschwächt, verändert sich qualitativ, etc.). Der *Felt Sense* im Sinne eines umfassenderen Empfindens der Gesamtsituation ist wichtig, weil diese Ebene neue, kreative Möglichkeiten impliziert, um den Prozess voranzutreiben („carrying forward"), die innerhalb der kulturell-emotionalen Ebene nicht existieren, weil sie Teil des kulturellen Musters selbst ist. Das Empfinden einer Emotion kann das Muster selbst, welches sie hervorruft, nicht ändern (Hendricks-Gendlin, 2003). Die Methode wurde ursprünglich im Kontext der Psychotherapie entwickelt, wird heute jedoch auch in Coaching, Beratung, Organisationsentwicklung, Pädagogik und in Kreativitätsprozessen eingesetzt. *Focusing* ist nicht nur für Einzelpersonen, sondern auch für Gruppen oder Sozialgefüge anwendbar. Damit ist es geeignet, langfristige individuelle, wie auch kollektive Entwicklungen, wie z. B. einen Transformationsverlauf, auf einer somatischen Ebene nachzuzeichnen. Eine weitere auf *Focusing* aufbauende Methode und Praxis (Schoeller, 2022; Gendlin, 2004) mit einen etwas spezifischeren Anwendungsbereich ist *Thinking at the Edge (TAE). TAE* war ursprünglich ein von Eugene Gendlin, Mary Hendricks und Kye Nelson entwickelter Kurs über Theoriebildung für Philosophie und Psychologie in 14 Schritten, den Gendlin von 1968 bis 1995 an der Universität Chicago lehrte. Der *TAE*-Prozess beginnt mit dem Wissen, dass die Person im Prozess etwas noch nicht in Worte fassen kann, z. B. ein vages, aber anhaltendes Gefühl zu einer Frage oder einem Themenkomplex. Oft reicht in dieser Situation der bestehende Sprachgebrauch mit bestehenden Konzepten nicht aus. In den 14 Schritten des *TAE*-Prozesses findet sich eine Anleitung, um aus dem *Felt Sense*, dem Empfinden, heraus einen neuen Sprachgebrauch zu entwickeln und diesen wiederum mit dem gefühlten Sinn abzugleichen. So kann dann das Gefühl zu Beginn des Prozesses, die „experiential intricacy", ausgedrückt werden. Gendlin selbst beschreibt „Nebenprodukte" des Prozesses, die auch für partizipative TA-Prozesse interessant sein könnten: „During the ensuring year many people wrote to us. They reported that they found themselves able to speak from what they could not say before, and that they were now talking about it all the time. And some of them also explained another excitement. Some individuals had discovered that they could think! What

„thinking" had previously meant to many of them involved putting oneself aside and rearranging remembered concepts. For some the fact that they could create and derive ideas was the fulfillment of a need which they had despaired of long ago. [...] People can be empowered to think and speak. We have come to recognize that, along with *Focusing,* TAE is a practice for people generally. They do not all need to build a theory with formal logically linked terms. Thinking and articulating is a socially vital practice." (Gendlin, 2004, S. 4). Hier schließen auch Schoeller und Thorgeirsdottir (Schoeller, 2022; Schoeller & Thorgeirsdottir, 2019) an, sie verstehen *TAE* als eine politische und kritische (Forschungs-) Praxis mit dem Ziel, zu einer Praxis des Denkens zu gelangen, in der die eigene situierte und verkörperte Erfahrung implizit ist.

Um das Artikulationsvermögen des *Felt Sense* zu unterstützen und in weiterer Folge für den *Focusing*-Ausübenden und mögliche andere Rezipient*innen besser begreifbar zu machen, eignen sich Methoden aus der Kunst und Kunsttherapie (Rappaport, 2008).

4 Fallbeispiele und Thesen

Die Verbindung der Gestaltungslogik von Transformationsprozessen aus der Akteur-Netzwerk Theorie, sowie die Generierung spezifischer Wahrnehmungen und Kommunikationsmittel durch *Focusing* bzw. der Experiential Phenomenology ergibt Schlussfolgerungen für mögliche Erweiterungen des Methodenrepertoires der partizipativen TA. Methoden des individuellen und kollektiven leiblichen Erfahrens könnten in partizipativen TA-Formaten einen Beitrag leisten, um in den *Translation*-Phasen *Enrolment* und *Mobilisation* eine quantitativ (breitere Teile der Akteursgruppen werden erreicht) und qualitativ (die Akteure erlangen eine ganzheitlichere Wahrnehmung zu Themen der TA) bessere Involvierung zu erzeugen.

Zur Illustration und besseren Nachvollziehbarkeit werden im Folgenden zwei Fallbeispiele aus der partizipativen TA und der Organisationsentwicklung skizziert, auf die wir in der Entwicklung und Beschreibung der Thesen und Conclusio (s. Kap. 4 und 5) zurückgreifen. Jeweils wird nicht das gesamte Projekt im Beispiel ausgeführt (weitere Details sind bei Bedarf in den jeweiligen Quellen zu finden), sondern nur jene Ausschnitte, welche für die *Translation*-Phasen *Enrolment* und *Mobilisation* – in einem Fall von Arbeitnehmer*innen, im anderen Fall von Bürger*innen – von Bedeutung sind und in denen *Focusing* von Bedeutung war – oder sein könnte.

4.1 Beispiel 1: partizipatives Setting ohne *Focusing*

Bei dem „Bürgerdialog Zukunftsthemen“ 2011, einem wichtigen Marker im „participatory turn“ in Deutschland (Hahn et al., 2014; Decker & Fleischer, 2012) war das Ziel, einen Diskurs mit Bürger*innen über zukünftige zentrale Herausforderungen in drei Themenbereichen zu führen: Energietechnologien für die Zukunft, Hightech Medizin sowie demografischer Wandel. Die Bürgerdialoge sollten dazu beitragen, den Umgang mit Zukunftstechnologien inklusiver zu gestalten. Aufgabe der teilnehmenden Bürger*innen war es, konkrete Empfehlungen für Wissenschaft und Politik in den Dialogen zu formulieren. Diese wiederum sollten in die wissenschaftlichen Antworten auf die Herausforderungen in diesen drei Bereichen eingebettet werden. Pro regionalem Dialog wurden in etwa 100 Bürger*innen zunächst vorab schriftlich und möglichst neutral über neue Forschungsvorhaben und Schlüsseltechnologien z. B. im Bereich Hightech Medizin umfassend informiert, um darauf aufbauend in Ruhe zu Hause ihre Meinungen zu formulieren, und später am Tag des Bürgerdialogs vertreten zu können. Jeder regionale Dialog verlief dem Aufbau nach gleich (mit einer Ausnahme, die in unserem Beispiel nicht ausgeführt wird): In moderierten Kleingruppen wurden in der ersten Diskussionsrunde die Anliegen und Erwartungen der Bürger*innen dokumentiert, und in einer zweiten Runde ging es darum, konkretere Ansätze und politische Empfehlungen für den Umgang mit den artikulierten Problemen und deren Lösung zu entwickeln. Vor Ort waren auch Expert*innen anwesend, um bei fachlichen Fragen unterstützend mitzuwirken. Ziel jedes regionalen Dialogs war es, einen Bericht mit ersten Empfehlungen zu erstellen, der einem Vertreter des Ministeriums übergeben wurde.

Eine Beobachtung nach den Dialogen war „[...] In retrospect, the citizen live up to the role they are assigned by the ministry, but in the role of ‚everyday experts‘, their judgment and framing of topics does not always conform to political rationality. Thus, this effect should be considered when planning and benchmarking lay participation and should be reflected with regard to the expectations of the outcomes” (Hahn et al., 2014, S. 169).

4.2 Beispiel 2: partizipatives Setting mit *Focusing*

Bei dem Workshop „Tabus als Hebel für kulturelle Transformation?“ 2024 ging es darum, konkrete Tabus in Teams verschiedener Organisationen sichtbar und besprechbar zu machen. Der Workshop fand im Rahmen eines Symposiums zu

Transformationsbegleitung und Organisationsentwicklung statt. Die Ausgangshypothese war, dass Tabus, die besprechbar werden, Veränderungen in der Organisationskultur (d. h. den impliziten Regeln und Normen eines Systems) anstoßen können. Eine weitere These war, dass diese Wirkung insbesondere dann eintritt, wenn die Tabus nicht nur rational und diskursiv beleuchtet, sondern von den Teilnehmer*innen erlebt werden.

Die Teilnehmer*innen (ca. 40 Mitarbeitende unterschiedlicher Unternehmen, überwiegend in der Rolle von HR/OE-Verantwortlichen/Expert*innen) wurden nach einer kurzen Einleitung zum Thema mit einer *Focusing*-inspirierten Anleitung mit den Tabus am eigenen Arbeitsplatz in Kontakt gebracht. Der daraus entstandene *Felt Sense* wurde zunächst jedoch nicht verbalisiert, sondern von jeder Person auf einer zuvor ausgebreiteten großen gemeinsamen Papierrolle gezeichnet. Anschließend wurde in Duos das Gemalte besprochen und so im Austausch verbalisiert. Die Erkenntnisse aus den Duos zur möglichen Wirkung einer Ent-Tabuisierung im jeweiligen Kontext und zu konkreten Ansätzen, um diese im eigenen Unternehmen verhandelbar zu machen, wurden im nächsten Schritt in das Workshop-Plenum getragen, von der Moderation festgehalten und thematisch geclustered. Nach einer Pause wurde das erarbeitete Material (die meterlange Papierrolle mit den Tabu-Zeichnungen der Teilnehmer*innen) auf die Hauptbühne[1] des Symposiums gebracht. Die Papierrolle wurde auf der Bühne im Zuge einer Performance durch eine Künstlerin vor dem Gesamtpublikum des Symposiums zuerst ausgerollt und anschließend in eine Papierskulptur umgewandelt. Währenddessen war eine Soundimprovisation zu hören, welche aus unkenntlich gemachten Audio-Aufnahmen aus den Diskussionen der Teilnehmer*innen über deren Tabus am Arbeitsplatz bestand, die in der Performance mit Audiofiltern und Resampling Methoden von einem Audio-Künstler nach und nach zu klaren Tönen und Harmonien verwandelt wurden. Dem Publikum, das zu Teilen aus den Workshop Teilnehmer*innen bestand, wurde so ermöglicht, die Transformation der eigenen und fremden Tabu Themen auf einer symbolischen Ebene sowie, auf Ebene des eigenen *Felt Sense* zu erleben. Durch die abstrakte Formensprache der *Aktanten* Skulptur und Klanglandschaft sollte eine möglichst offene Projektions- und Resonanzfläche für das Publikum und dessen interne Reflexionsprozesse erreicht werden.

Sowohl im Workshop als auch während und nach der Bühnenperformance wurde eine hohe Involvierung der Teilnehmer*innen durch die Moderator*innen

[1] In diesem Fall war es tatsächlich möglich vom Workshopraum in einen weiteren Raum mit Bühne zu wechseln. Ob eine tatsächliche Bühne verfügbar ist oder ob der Workshopraum den Möglichkeiten entsprechend umgestaltet wird, ist jedoch nicht relevant für die Durchführbarkeit der künstlerischen Intervention.

beobachtet. Die Teilnehmer*innen tauschten sich tiefgehend untereinander zu den Tabus am Arbeitsplatz aus. Sie berichteten über neue Erkenntnisse und Einsichten, die entstanden waren, sowie über ihre Intentionen und konkreten Ideen, Tabu-Themen in ihren Teams nun anzusprechen.

Wir leiten aus diesen Erfahrungen zwei Thesen ab.

4.3 These 1: das *Enrolment* der Teilnehmer*innen wird durch *Focusing* verstärkt

Im *Enrolment* kommt es zu Verhandlungen zwischen den Akteursgruppen mit dem Ziel, eine tragfähige Handlungsallianz zu bilden (z. B. zur Adressierung von Tabus am Arbeitsplatz). In diesem Kontext erscheinen Methoden der Experiential Phenomenology, insbesondere *Focusing* und *TAE* (Krycka, 2024) nach Eugene Gendlin hilfreich, um abstrakte Vorhaben in das verkörperte Erleben der Stakeholder*innen (z. B. die HR-Verantwortlichen & Expert*innen im Symposium zu Organisationsentwicklung) zu holen und mit diesen neuen Erkenntnissen neue Handlungsallianzen zu bilden.

4.4 These 2: Künstlerische Methoden stärken die *Mobilisation* der Akteursgruppen

Künstlerische Methoden können dazu dienen, die mannigfaltigen, eventuell auch tabuisierten Anliegen und Interessen heterogener Akteur*innen, sowie deren *Felt Sense* dazu, über symbolische Co-Creation und partizipative Settings zu bündeln und besprechbar zu machen. Komplexe Themen können durch Symbole und Metaphern so in eine gemeinsame Kommunikationsform gebracht werden, die auch für Akteursgruppen ohne entsprechendes Hintergrund- und Fachwissen begreifbar ist (z. B. die Kollektivierung der unterschiedlichen Tabus in einer abstrakten Skulptur und Klanglandschaft als Fokuspunkt der gemeinsamen Ausrichtung der Akteursgruppen, die jeweiligen Tabus im Arbeitskontext neu zu verhandeln), und damit zum *Interessement* weiterer Akteure beitragen (z. B. Publikumsteilnehmer*innen, die nicht Teil des Workshops waren).

5 Conclusio und Ausblick

Zusammenfassend lässt sich sagen, dass die Kombination von *Focusing* und künstlerischen Methoden nicht nur zur Stärkung des individuellen und kollektiven Bewusstseins zu einem TA-Thema beitragen, sondern auch als Katalysator für partizipative Transformationsprozesse fungieren können. Die Implementierung solcher integrativen Ansätze in zukünftige partizipative TA-Formate könnte dazu beitragen, dass diese von den betroffenen Akteuren als sinnstiftend und gemeinschaftlich inklusiver erlebt werden. Ein Diskurs auf Basis des *Felt Sense* kann integrativer wirken als über polarisierende kulturell-emotional geprägte Muster. Dadurch kann die Kooperation jener Akteursgruppen gestärkt werden, die für die Bewältigung und Gestaltung der gesellschaftlichen Auswirkungen technologischer Transformationsprozesse erforderlich ist.

Von einer klassischen umfassenden prognostischen oder szenarischen Orientierungsleistung durch Folgenreflexion und -analyse der TA ist dieser Ansatz zugegebenermaßen recht weit entfernt und hat über die Generierung von Daten hinaus den Anspruch, eine Intervention zur kollektiven Auseinandersetzung mit Zukunftstechnologien zu setzen. Ganz im Sinne von ANT halten wir es aber für wichtig, Zukunftsbilder, Technikgestaltung und -entwicklung im Zusammenhang mit gesellschaftlichen und kulturellen Praktiken, Traditionen, Werten und Wurzeln und darin impliziten Hoffnungen, Wünschen und Ängsten der Akteursgruppen zu denken, denn hier spiegeln sich die dazugehörigen Konflikte über z. B. das Mensch-Natur-Verhältnis oder zur Natur des Menschen überhaupt.

Eine Explikation und verkörpertes Erleben der eigenen oder kollektiven Haltung lohnt sich, um die Bedingungen für eine transparentere, offen pluralistische und demokratische Debatte und entsprechende Entscheidungsfindungen zu erlangen. Die Orientierungsleistung einer Experiential Phenomenology besteht im Idealfall jedoch nicht nur darin, dass Technikzukünfte in ihrer Diversität demokratischer und transparenter werden, sondern auch darin, dass sie leiblich erfahrbar, persönlich und auf Beziehungen in der jeweils betroffenen Akteursgruppe hin ausgerichtet werden. Damit ist gemeint, dass die Bedeutung dieser Technikzukünfte für die betroffene Gemeinschaft eben auch von dieser ausgehandelt und mit-umgesetzt wird. Die partizipative TA könnte hier – neben der Information und Fachexpertise zu Zukunftsthemen – einen wichtigen Beitrag für die individuelle Erfahrung und Ausverhandlung von Technikzukünften in den Gemeinschaften leisten. Sie könnte diese moderierende Rolle als Akteur insbesondere auch deshalb einnehmen, da sie unabhängiger von Marktdynamiken agieren kann – im Gegensatz zu den Unternehmen, die Zukunftstechnologien entwickeln, vertreiben, ebenso Anwendungsszenarien in partizipativen Formaten erschaffen, aber dabei ein spezifisches anderes *Interessement* in den Fokus setzen (das des Kunden – und auch damit eine Wirkung auf die Gesellschaft insgesamt erzeugen).

Anknüpfend an diese Gedanken stellt sich abschließend die Frage, wie partizipative TA-Formate als Anstoß eines Prozesses genutzt werden können, durch den die fortlaufende Partizipation der Akteursgruppen über verschiedene Phasen des gesamten Transformationsprozesses hindurch immer wieder sichergestellt und unter Einbezug der leiblichen Erfahrung methodisch begleitet wird. Eine Rolle für die partizipative TA der Zukunft?

Anmerkung

Die Arbeit von Vera Borrmann wurde teilweise durch eine Projektförderung der National Institutes of Health, USA (Nr. RF1MH117800) unterstützt.

Literatur

Auinger, F., & Sutter, G. S. (2014). Zukunftsfähigkeit durch Transformationsmanagement. *Inovator, 23*, 3–7.

Auinger, M. (2023). Don't play the butter notes! *Inovator, 41,* 10–11.

Borrmann, V., & Auinger, M. (2022). Philosophische Praxis. *Inovator, 39,* 15–16.

Belliger, A., & Krieger, D. J. (2016). *Organizing networks: An actor-network theory of organizations.* transcript Verlag.

Burch, M. (2021). Make applied phenomenology what it needs to be: An interdisciplinary research program. *Continental Philosophy Review, 54,* 275–293. https://doi.org/10.1007/s11007-021-09532-1.

Callon, M. (1984). Some elements of a sociology of translation: Domestication of the Scallops and the Fishermen of St Brieuc Bay. *The Sociological Review, 32*(1), 196–233. https://doi.org/10.1111/j.1467-954X.1984.tb00113.x.

Decker, M., & Fleischer, T. (2012). Participation in 'big style': First observations at the German citizens' dialogue on future technologies. *Poiesis & Praxis, 9*(1–2), 81–99. https://doi.org/10.1007/s10202-012-0119-0.

Fischer, C. (2014). The feminist-pragmatist self. *Gendered readings of change: Breaking feminist waves* (S. 109–141). Palgrave Macmillan. https://doi.org/10.1057/9781137342720_5.

Gallagher, S. (2012). In defense of phenomenological approaches to social cognition: Interacting with the critics. *Review of Philosophy and Psychology, 3,* 187–212. https://doi.org/10.1007/s13164-011-0080-1.

Gendlin, E. T. (1973). Experiential phenomenology. In M. Natanson (Hrsg.), *Phenomenology and the social sciences* (Bd. 1, S. 281–319). Northwestern University Press.

Gendlin, E. T. (1982). *Focusing.* Bantam.

Gendlin, E. T. (1997). *Experiencing and the creation of meaning: A philosophical and psychological approach to the subjective.* Northwestern University Press.
Gendlin, E. T. (1998). *Focusing-oriented psychotherapy: A manual of the experiential method.* The Guilford Press.
Gendlin, E. T. (2004). Introduction to „Thinking at the Edge". *The Folio, 19*(1), 1–8.
Gendlin, E. T. (2018). *A process model.* Northwestern University Press.
Grunwald, A. (2015). Die hermeneutische Erweiterung der Technikfolgenabschätzung. *TATuP, 24*(2), 65–69.
Grunwald, A. (2010). *Technikfolgenabschätzung: Eine Einführung.* Edition Sigma.
Hahn, J., Seitz, S. B., & Weinberger, N. (2014). What can TA learn from 'the people'? A case study of the German citizens' dialogues on future technologies. In T. C. Michalek, L. Hebakova, L. Hennen, C. Scherz, L. Nierling, & J. Hahn (Hrsg.), *Technology assessment and policy areas of great transitions* (S. 165–170). Technology Centre ASCR.
Hendricks-Gendlin, M. (2003). Focusing as a force for peace. *The international Focusing Institute.* Retrieved from https://focusing.org/social-issues/hendricks-peace. Zugegriffen: 17 Jan. 2025.
Høffding, S. (2018). *A phenomenology of musical absorption.* Springer.
Irarrázaval, L. (2020). A phenomenological paradigm for empirical research in psychiatry and psychology: Open questions. *Frontiers in Psychology, 11,* 1–9. https://doi.org/10.3389/fpsyg.2020.01399
Krycka, K. C. (2024). Thinking at the Edge and the production of knowledge. In D. Schoeller, S. Thorgeirsdottir, G. Walkerden (Hrsg.) *Practicing embodied thinking in research and learning* (1. Aufl., S. 69–83). Routledge.
Latour, B. (2005). *Reassembling the social.* Oxford University Press.
Luhmann, N. (1984). *Soziale Systeme: Grundriß einer allgemeinen Theorie.* Suhrkamp.
Mabey, C., & Pugh, D. S. (1999). *Strategies for managing complex change.* The Open University.
Maurerbaur, E., & Oberreiter, E. (2023). Der Kunst ihren Raum! *Inovator, 41.* 18–20.
Oksala, J. (2016). *Feminist experiences: Foucauldian and phenomenological investigations.* Northwestern University Press.
Senge, P.M. (2011). *Die fünfte Disziplin. Kunst und Praxis der lernenden Organisation.* Schäffer-Poeschel
Rappaport, L. (2008). *Focusing-oriented art therapy: Accessing the body's wisdom and creative intelligence.* Jessica Kingsley.
Schoeller, D. (2022). Thinking at the edge in the context of embodied critical thinking: Finding words for the felt dimension of thinking within research. *Phenomenology and the Cognitive Sciences, 22*(1), 289–311. https://doi.org/10.1007/s11097-022-09861-3.
Schoeller, D., & Thorgeirsdottir, S. (2019). Embodied critical thinking: The experiential turn and its transformative aspects. *philoSOPHIA: A Journal of Continental Feminism, 9*(1), 92–109. https://doi.org/10.1353/phi.2019.0015.
Weiss, G., Murphy, A. V., & Salamon, G. (Hrsg.). (2020). *50 concepts for a critical phenomenology.* Northwestern University Press.
Zahavi, D. (2007). *Phänomenologie für Einsteiger.* Utb.
Zahavi, D., & Loidolt, S. (2022). Critical phenomenology and psychiatry. *Continental Philosophy Review, 55,* 55–75. https://doi.org/10.1007/s11007-021-09553-w.

Zahavi, D., & Simionescu-Panait, A. (2014). Contemporary phenomenology at its best. *Europe's Journal of Psychology, 10*(2), 215–220. https://doi.org/10.5964/ejop.v10i2.810.

Vera Borrmann Wissenschaftliche Mitarbeiterin am Universitätsklinikum Freiburg. Schwerpunkte: Zeitgenössische Phänomenologie, Verkörperung, Relationalität. E-Mail: vera.borrmann@uniklinik-freiburg.de.

Michael Auinger Organisationsentwickler bei Inovato Unternehmensentwicklung & Musiker. Schwerpunkte: (Organisations-)kulturentwicklung, Begleitung von Veränderungsprozessen sozio-technischer Systeme, künstlerische Strategien. E-Mail: michael.auinger@inovato.at

Visionen österreichischer Bürger:innen zum Umgang mit Krisen – welche TA-relevanten Ideen lassen sich erkennen?

Ulrike Bechtold

1 Einleitung

In diesem Beitrag analysiere ich, inwieweit Ergebnisse von partizipativen Visionsprozessen, die *gar nicht explizit* auf das Framing von Technikentwicklung und Forschungsförderung im Kontext von STI abzielen, für die Ableitung von gesellschaftlichen Kontextfaktoren für Technikentwicklung taugen. Der gewählte Prozess, der analysiert wird ist „Österreich am Wort" (Bogner, 2023), welcher Visionen von österreichischen Bürger:innen zu einer guten zukünftigen Krisenbewältigung erarbeitet hat. Es geht also um eine Form von Sekundäranalyse, mit deren Hilfe ich darstellen werde, inwiefern Technologien in den Visionen von Krisenbewältigung eine Rolle spielen, ohne dass sich der Prozess selbst auf technologische Lösungswege konzentrierte. Also, welche inhaltlichen Aspekte der Visionen sich auf technische Lösungen beziehen und was dies aus Sicht der Technikfolgenabschätzung bedeutet.

Hierfür wird in diesem Beitrag zunächst die Rolle von Visionen in der Technikfolgenabschätzung (TA) allgemein dargestellt. Dann werde ich auf das österreichische Beteiligungsprojekt „Österreich am Wort" eingehen, welches zum Ziel hatte, zukünftiges Krisenmanagement mit den Erfahrungen von Bürger:innen

„Visionen können insbesondere im Hinblick auf soziotechnische Entwicklungen eine katalytische Wirkung entfalten, wenn sie Aufmerksamkeit erregen, Denkweisen verändern, zu Verhaltensänderungen motivieren (…)" Gudowsky et al., 2021:*2*

U. Bechtold (✉)
Institut für Technikfolgen-Abschätzung, Österreichische Akademie der Wissenschaften, Wien, Österreich
E-Mail: ulrike.bechtold@oeaw.ac.at

© Der/die Autor(en), exklusiv lizenziert an Springer Fachmedien Wiesbaden GmbH, ein Teil von Springer Nature 2025

M. Ornetzeder et al. (Hrsg.), *Methoden für die Technikfolgenabschätzung*,
https://doi.org/10.1007/978-3-658-48491-0_19

mit dem vergangenen COVID-Krisenmanagement robuster zu machen. In diesem Prozess haben Bürger:innen Visionen entwickelt. Wie Visionen in diesem Prozess erstellt wurden und was das Ergebnis dieses Prozesses (also, wie die erarbeiteten Visionen der Bürger:innen inhaltlich gestaltet waren) für TA bedeuten können, wird im Anschluss dargestellt. Schließlich wird nicht nur die Bedeutung der Ergebnisse dargestellt, sondern auch herausgearbeitet, welche Schlussfolgerungen, offenen Fragen und Handlungsfelder dieses Vorgehen methodisch nahelegt bzw. aufwirft.

2 Visionen in der TA

Partizipative Methoden der TA, die Visioning als probates Mittel nutzen, um Bürgerinnen aktiv in die Formulierung gesellschaftlich wünschenswerter Entwicklungen und damit in eine damit verträgliche Technologieentwicklung einzubeziehen, sind bereits etabliert (vgl. Gudowsky et al., 2012). So hat etwa das Projekt CIMULACT[1] im Rahmen einer Multi-Akteurskonstellation (Bürger:innen, Stakeholder und Expert:innen) auf Basis der Visionen europäischer Bürger:innen auf die Gestaltung der (Agenda der) europäischen Forschungsförderung abgezielt (Rosa et al., 2021).

Bürger:innen leisten auf diese Weise nicht unbedingt einen direkten Beitrag zur konkreten Technikgestaltung oder Technikentwicklung, sondern ihre Vorstellungen von wünschenswertem Leben und ihre Priorisierungen von Problemlagen in Prioritäten werden für die Forschungsförderung übersetzt. So können sie zu einem frühen Zeitpunkt in die Technikentwicklung einfließen. Im Idealfall kann so das sogenannte Collingridge Dilemma umgangen werden (Collingridge, 1980), da akkordierte wünschenswerte gesellschaftliche Visionen die Weichen für die Forschung stellen und so zumindest theoretisch jene Technologiepfade, die nicht im Einklang mit diesen Visionen stehen, gar nicht erst beschritten – oder zumindest nicht gefördert – würden (vgl. Gudowsky et al., 2021).

Visionen erlauben eine kreative Fokussierung, die dazu dient, neue Horizonte zu eröffnen und Inspiration für mögliche Zukünfte zu bieten, die bis dahin „ungedacht" waren bzw. undenkbar schienen (vgl. Berenskoetter, 2011). Es geht nicht um Zukunftsprognosen, sondern darum, dass die Beteiligten sich im Rahmen der Visionsbildung an einer wünschenswerten Zukunft orientieren, die den Ansprüchen einer (sozial-ökologischen) Nachhaltigkeit gerecht wird und somit den gesellschaftlichen Vorstellungen von hoher Lebensqualität einhergeht. Dies

[1] http://www.cimulact.eu.

ist der Zielzustand, dessen Erreichung innerhalb der Visionen konkretisiert werden soll (vgl. Gudowsky & Sotoudeh 2017). Die Entwicklung des Kontexts der Visionen als eine Veränderung der Umstände der Gegenwart ist zentral und so wird die Vision meist von idealen Vorstellungen der Zukunft ausgehen und Möglichkeiten und Mittel sichtbar machen, wie solche Zustände erreicht wurden und erhalten werden können. Die gleiche Art des Neudenkens von Wegen und Zusammenhängen wird (wenn auch seltener) im dystopischen Visionieren genutzt – hier geht es darum, konkrete Wege aufzuzeigen wie das Überkommen der widrigen Umstände gelingt. „(...) Visionen und Utopien stellen eine bestehende Ordnung in Frage und regen zu transformativen Veränderungen an“ fassen Gudowsky et al. (2021) die gesellschaftliche Bedeutung von Visionen zusammen.

Der Einsatz von Visionen ist im Zuge der Entwicklung des „Vision Assessment“ in theoretische Bahnen und methodische Analyseschritte gegossen worden (Lösch et al., 2021; Frey et al., 2022). Das Vision Assessment geht von der zentralen Idee aus, dass es nicht um den tatsächlichen Realitätsgehalt und „Voraussagecharakter“ der Visionen geht, sondern darum, wie sich die, den Visionen eingeschriebenen zentralen Ideen, Voraussetzungen und Narrative im Diskurs der Akteure manifestieren und verfolgen lassen. In anderen Worten geht es darum, was Visionen tun, wie ihre bloße Existenz in den Köpfen der Beteiligten eventuell Entscheidungen beeinflusst und nicht so sehr darum, bestimmte Visionen umzusetzen, zu erreichen oder zu vermeiden (Frey et al., 2022; Haustein, 2022).

Visionen finden in der TA in zahlreichen partizipativen Anwendungskontexten Verwendung und dienen oft dem Hinführen des Blicks auf eine positiv gedachte (und gestaltbare) Zukunft.

3 Darstellung des Prozesses „Österreich am Wort“ und des Visionsprozesses als methodisches Element

Zwischen Mai und Dezember 2023 wurde die Österreichische Akademie der Wissenschaften mit der wissenschaftlichen Bearbeitung der Corona-Krise unter der Leitung von Alexander Bogner betraut. Parallel zu fünf thematisch einschlägigen wissenschaftlichen Fallstudien (Medien, Schulschließungen, Politikberatung, Wissenschaftsskepsis, vgl. Bogner, 2023) wurde von der österreichischen Bundesregierung ein partizipativer Prozess im Sinne einer Erhebung der Bürger:innenperspektive gefordert. Die Autorin war zusammen mit einem interdisziplinären Team des Instituts für Technikfolgen-Abschätzung und des Instituts für Höhere Studien maßgeblich für die methodische Konzeption und die praktische

Umsetzung des Beteiligungsprozesses verantwortlich. Das kontrollierte Quotensampling einer Zufallsstichprobe kam von der Statistik Austria. Expert:innen der Universität Wien und der Universität Graz haben Forschungsfragen rund um die Implementation des Verfahrens entwickelt und waren für Datenschutz und Ethikfragen verantwortlich.

3.1 Österreich am Wort - der Prozess

Ein für Österreich repräsentativer Bürger:innenprozess sollte Empfehlungen für die Bewältigung zukünftiger Krisen erarbeiten, die einerseits aus Sicht der Bürger:innen eine bessere Krisenbewältigung erlauben und auch zur besseren Verständigung zwischen den Menschen (und Akteursgruppen) in Österreich beitragen sollten. Die Empfehlungen richteten sich an Wissenschaft, Politik, Medien und Bürger:innen. Im Rahmen der Beteiligung wurden diese Empfehlungen nach einem gemeinsamen Reflexions- und Visionsprozess gemeinsam erarbeitet. Der Prozess sollte interne Legitimität gewährleisten und die aktive Kooperation mit Mitarbeiter:innen des österreichischen Bundeskanzleramt sollte zur externen Legitimität beitragen und damit das Vertrauen der Bürger:innen stärken, dass die Politik die Arbeit der Bürger:innen wertschätze und ihre Empfehlungen ernst nehmen würde. Die Kontextualisierung der weiteren Ausgestaltung des österreichischen Krisensicherheitsgesetzes und die Möglichkeit, die Empfehlungen der Bürger:innen hier einfließen zu lassen, bildeten einen weiteren legitimatorischen Rahmen des Prozesses (vgl. Kersting, 2008).

Wie in Bechtold et al. (2023) ausführlicher dargestellt, haben an drei Wochenenden von Oktober bis November 2023 neun eintägige Dialogprozesse in allen neun Bundesländern stattgefunden. Die Statistik Austria zielte auf jeweils 40 Personen je Bundesland (insgesamt 360 Bürger:innen), die repräsentativ für 12 Personengruppen (z. B. Geschlecht, Altersgruppen, Bildungsstufen) waren. Dazu wurden 15.000 Personen über den Sommer 2023 postalisch angeschrieben und 4,77 % haben ihre Teilnahme zugesagt (deutlich über der erwarteten Antwortrate von 3 %). 319 Bürger:innen waren tatsächlich anwesend (Bechtold et al., 2023). Alle angekündigten Ausfälle wurden statistisch repräsentativ nachbesetzt. Die Diskussion fand in möglichst heterogenen Gruppen von 6–8 Teilnehmer:innen an fünf Tischen statt, an denen ein/eine Tischmoderator:in durch den Tag geführt hat. Elemente des Vergemeinschaftens von Ergebnissen bzw. Erklärungsrunden fanden im Plenum statt. Um ein einheitliches Setting zu gewährleisten, wurde in allen Bundesländern zu Beginn ein Film gezeigt, der die Ziele des Prozesses beschrieb und verdeutlichte, dass nun „die Bürger:innen am Wort“ seien und dass deren Stimme auch von der Politik gehört werden würde.

Der Tag gliederte sich in die drei Elemente der Reflexion, der Visionenerstellung und der Empfehlungsformulierung. Ich werde die Teile der Reflexion und der Empfehlungserstellung hier nur sehr kurz betrachten, da es um die Visionen geht. Eine detaillierte methodische Zusammenschau des gesamten Prozesses kann in Bechtold et al. (2023) gefunden werden.

3.2 Reflexion

Im Rahmen der Reflexion hören alle Teilnehmer:innen einander zu, wenn sie von ihren persönlichen Erinnerungen an die Pandemie und den Erfahrungen ihres Umfelds erzählen. Das gemeinsame Festhalten, dass die mit den Geschehnissen verbundenen subjektiv und individuell erlebten Aspekte sehr unterschiedlich erlebt wurden, vermittelt die Pluralität des Erlebten. Im Zentrum der Reflexion stand es, einen gemeinsamen Ausgangspunkt zu erreichen und den einzelnen Teilnehmer:innen Raum zu geben, sich als Menschen mit unterschiedlichen Wahrnehmungen zu erleben. Das Erreichen eines Verständnisses für Gegensätze wurde auch durch kleine Geschichten unterstützt, die gegensätzliche Standpunkte in Bezug auf einige der Maßnahmen (z. B. Schulschließungen, Impfung) bzw. die Rolle von Politik und Medien enthielten. Ziel war es also eher sich im Verstehen der Unterschiede zu treffen, statt sich detailreich in die Probleme zu vertiefen. Dieser Austausch war ein wichtiges Zwischenziel für die folgende Erarbeitung der Empfehlungen. Der detaillierte Prozess bzw. Ablauf kann in Bechtold et al., (2023, S. 119 ff.) nachgelesen werden.

3.3 Visionenerstellung

In diesem Schritt wurde der Blick der Teilnehmer:innen in eine positiv bewertete Zukunft gelenkt. Es wurde eine fiktive Krise vorgestellt, die im Ansatz beschrieben wurde, in der Ausgestaltung aber offengelassen wurde. Die folgende Beschreibung einer Gesundheitskrise stand zur Verfügung:

Kurz vor Weihnachten bricht eine seltsame, tödliche Krankheit aus. Betroffen sind zunächst Hunde und Schweine, aber bald wird klar, dass die Tiere den Krankheitserreger auf den Menschen übertragen können. Rasch wird über Massenschlachtungen diskutiert. Die Bauern protestieren. Die Konsument:innen haben Angst vor verseuchtem Fleisch. Vor Kontakten mit Haustieren wird dringend gewarnt. Kinder und ältere Personen sollen sich fernhalten, fordern Mediziner:innen.

In zentralen Aspekten ähnelte die gewählte Krise der Corona- Pandemie. Es ging beim gewählten Kontext der Visionen um „eine Abwägung (persönlich unterschiedlicher) Einzelinteressen mit dem Gemeinwohl in einer Gesundheitskrise (…)“ (Bechtold et al., 2023 S. 124).

Zusätzlich zu diesem Rahmen wurden acht kurze Statements von möglichen Aussagen zur Verfügung gestellt, die sich inhaltlich auf die Rolle von Politik, Medien, Wissenschaft und Bürger:innen bezogen und jeweils antagonistisch formuliert waren. Die beiden Aussagen in Bezug auf die Rolle von Wissenschaft sind hier wiedergegeben:

Samir, 52:

„Die Wissenschaft hat in der Pandemie versucht, die Politik zu steuern.“

Aloisia, 63:

„Experten und Expertinnen, die den Maßnahmen kritisch gegenüberstanden, sind in der Pandemie nicht gehört worden.“

Von den Moderator:innen wurde Wert darauf gelegt, dass die Bürger:innen beschreiben, wie eine Wendung ins Positive aussehen könnte, bzw. wie sie konkret aussieht, für wen sie wichtig ist und wer sie, wie umsetzt.

Sie waren angehalten sich weniger mit technischen Details dieser imaginierten Krise (und mögliche Überschneidungen mit der Pandemie) zu beschäftigen, sondern sich einen ganz bestimmten Moment vorzustellen, der eien Wendung zu Guten bedeutete. „Das Ziel war die Beschreibung eines Tages in jener zukünftigen Krise, an dem sich bestimmte Aspekte ins Positive wenden“ (Bechtold et al., 2023, S. 124).

Die Teilnehmer:innen bei der Visionsformulierung standen, nachdem sie zuvor individuell über das Vergangene und das Erlebte reflektiert hatten, nun also vor der Aufgabe, gemeinsam zu arbeiten und als Gruppe zu einem Ergebnis zu kommen. Die Visionen dienten auch dazu, vom mitunter negativ Erlebten zum positiv Imaginierten überzugehen. Gemeinsam sollten die Bürger:innen erarbeiten, was für sie gelungen Krisenbewältigung heißen könnte. Gemeinsam sammelten sie Elemente in Bezug auf die Fragen: Was wird als schwierig empfunden und was wird (wie) gelöst? Wie erreichen welche Akteure dies? Welche Strategien und Mittel sind erforderlich?

Die Rolle der Akteur:innen wurde von den Tischmoderator:innen unterstützt, indem einerseits nach den geäußerten Wünschen und den darin enthaltenen Bedürfnissen gefragt wurde und immer auch die Frage gestellt wurde, wie eine Umsetzung (und die damit einhergehende Bedürfniserfüllung) denn konkret aussehen und geschehen könnte. Die Visionen sind kurze ausgearbeitete Geschichten davon, wie ein Tag in der Krise aussieht, an dem sich etwas zum Guten wendete und sie können somit als „als Geschichte von Handlungsfähigkeit in einer Krisensituation" gesehen werden (Bechtold et al., 2023:124).

Die Teilnehmer:innen hatten für die gemeinsame Formulierung der Visionen an ihren Tischen (6–8 Bürger:innen) eine Stunde Zeit, eine halbe Stunde dauerte der anschließende Prozess des Austausches über die Visionen im Plenum.

3.4 Empfehlungen

Auf den in den vorangegangen Prozessschritten gesammelten Diskussionsaspekten beruhend wurde gemeinsam überlegt, welche Empfehlungen sich daraus für zukünftige Krisen ableiten lassen. Die Empfehlungen sollten Ideen und konkrete Maßnahmen enthalten, was aus Sicht der Bürger:innen wichtig ist, um Polarisierung in zukünftigen Krisen hintanzuhalten und die Kommunikation zwischen verschiedenen Akteuren (der Krise) zu verbessern. Die Empfehlungen richteten sich an die Wissenschaft, Politik Medien und die Bürger:innen selbst (vgl. Bechtold, 2023).

4 Ergebnisse

4.1 Die Visionen

Insgesamt wurden von der Autorin 38 Visionen analysiert, die alle einen Titel, eine Beschreibung der Vision und eine Identifikation der Adressat:innen enthalten. Da die Visionen nicht zentrales Ergebnis, sondern eigentlich nur ein Zwischenprodukt darstellten, auf das zu diesem Zeitpunkt nicht im Sinne eines Ergebnisses geachtet wurde (anders als auf die Ergebnisse des Empfehlungsprozesses), sind einige der schriftlichen Visionen aus den Bundesländern nicht zurück ins Institut für Technikfolgen-Abschätzung gekommen. Dennoch lohnt sich ihre Betrachtung der in Papierform erhaltenen Visionen aus Sicht der Autorin, da immerhin 38 von mindestens 45 Visionen vorliegen.

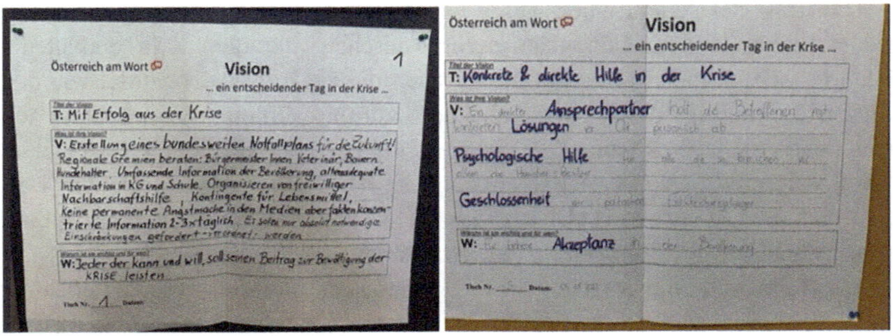

Abb. 1 Beispiele von Visionen

Die Visionen liegen als A2-Plakate vor, die von jeweils 6–8 Bürger:innen an jeweils einem Tisch formuliert wurden. Jeder Tisch hatte die Aufgabe mindestens eine gemeinsame Vision zu formulieren, es konnten aber auch mehr als eine sein. Abb. 1 zeigt zwei repräsentative Beispiele. Das Format des Plakats wurde nicht wesentlich überschritten. In manchen Visionen haben die Bürger:innen noch einige Zeilen hinzugefügt, andere sind etwas weniger dicht gestaltet.

Die thematische Auswertung der Visionen, erfolgte durch Kategorisierung der kurzen Texte bzw. Textbausteine durch die Autorin. Sie diente der Analyse, inwieweit sich diese Visionen auf technologische Aspekte beziehen. Um dies tun zu können, wird zunächst das Spektrum aller vorhandenen Themen dargestellt.

Die Schwerpunkte der Visionen zeigen sich in folgenden thematischen Aspekten

- „Die Krise ist insgesamt geschafft, sie liegt hinter uns"
- „Interpersonelle Interaktion und Sozialleben sind gewährleistet"
- „Die Freiräume bleiben bestehen"
- „Die Wissenschaft ist klar und sachlich"
- „Der soziale Zusammenhalt ist gestärkt"
- „Die Polarisierung ist überwunden"
- „Drastische Maßnahmen bleiben aus"

Diese Themen waren angesichts der Textsorte *Vision* erwartbar. Die genauere Auswertung – also das Durchsehen der Originaltexte und das Kategorisieren aller auftauchenden Unterthemen – ergibt, sortiert nach Adressaten, an die sie explizit gerichtet sind, folgende weitere Aspekte

- Expert:innen: interaktiv, vernetzt, neutral, verständlich, unabhängig
- Austausch aller Akteure: Wertschätzung, Offenheit, Respekt, Kooperation
- Soziale Orientierung: Familie, Nachbarschaft, Klima im Austausch, Zusammenhalt
- Sachunterstützung für Institutionen: Gesundheitswesen, finanzielle Leistungen, Hilfestellungen

4.2 Die Auswertung der Technologieaspekte

Die thematische Kategorisierung erfolgte zunächst durch offenes Kodieren und so ergaben sich obenstehende Hauptkategorien. In einem weiteren Schritt wurden die Visionstexte ganz spezifisch nach Worten, Formulierungen und Bedeutungen untersucht, die einen (indirekten) Technologiebezug aufwiesen. Von den 38 ausgewerteten Visionen haben, wie Tab. 1 zeigt, 28 einen Technologiebezug, der sich auf die Bereiche Gesundheit und Informations- und Kommunikationstechnologie gliedert.

Tab. 2 zeigt die vier thematischen Schwerpunkte, denen sich alle gefundenen Unterkategorien zuordnen ließen, die einen Technikbezug zeigten. Drei der vier Schwerpunkte lassen sich dem Bereich „Informations- und Kommunikationstechnologie“ zuordnen und ein weiterer Schwerpunkt ist im Bereich „Gesundheit“ zu finden.

Tab. 1 Anzahl der Visionen pro Bundesland

Ort	Anzahl	Technologiebezug
Wien	4	2
St. Pölten	8	2
Salzburg	1	1
Linz	4	3
Klagenfurt	2	2
Innsbruck	5	4
Feldkirch	5	5
Eisenstadt	6	5
Graz	5	4
	38 Visionen	**28 Visionen**

Tab. 2 Thematische Schwerpunkte der Technologieaspekte in den Visionen und die Detailzuordnung der gefundenen Unterkategorien

IKT	IKT	IKT	IKT	Gesundheit
Medien als Akteure (17)	Medienkonsum (5)	Home-schooling/home office (1)	Vernetzung (4)	Testungen (6)
Umfassende Nachrichten (5)	Medienkompetenz (2)	Kompetenz (1)	Internationale (wissenschaftliche) Vernetzung (1)	Repräsentative Testungen (2)
Klarheit der Inhalte (5)	Katastrophenkanal/App (1)		Contact avoiding (1)	Testpakete (1)
Qualität (2)	Hygiene (2)		Kommunikation (1)	Teststraße (1)
Richtigkeit der Inhalte (2)			Datenaustausch (1)	Selbsttestgerät (1)
Objektive Berichterstattung (2)				Psychische Spannungsentlastung (1)
Offene Berichterstattung (1)				

4.3 Medien als Akteure

Beim Thema Medien ging es in den Diskussionen sehr häufig um digitale (soziale) Medien und die Zugänglichkeit zu Medieninhalten. Daher wurde dieser Kategorie ein technischer Bezug zugeordnet. Inhaltlich geht es um die Verantwortung und die Art und Weise, wie Medien Inhalte an die Öffentlichkeit kommunizieren, wobei es im Konkreten darum ging, dass verkürzte („umfassende Berichterstattung") und zu wenig verständliche Inhalte als problematisch eingeschätzt werden („Transparenz", „offene Berichterstattung") und die Verlässlichkeit in Bezug auf Richtigkeit von Bedeutung ist („Qualität, Richtigkeit"). Auch, dass es sich nicht um subjektive Bewertung durch die Medien(-leute) handeln sollte („Objektivität"), sondern, dass klar nachvollziehbare Quellen verwendet werden sollten, auf die Bezug genommen wird.

„(...) Medien werden angehalten, faktenorientiert die Ergebnisse der Expertengruppen in regelmäßigen Abständen zu kommunizieren" Salzburg, Vision 4.

„... klare Informationen vermitteln Sicherheit" Klagenfurt, Vision 4

„(...) Menschen, Politik und Medien, haben ehrlich miteinander kommuniziert. Vertrauen wurde hergestellt durch Transparenz und öffentliche Debatte mit der gesamten Bevölkerung." Eisenstadt, Vision 1

4.4 Medienkonsum

Die Kompetenz mit (sozialen) Medien umzugehen, wird als wichtige Voraussetzung erachtet, um Informationen in Krisensituationen richtig einzuschätzen und zu bewerten. Dieser Punkt ist eng mit den geäußerten Anforderungen an die Medien (Medien als Akteure) verwoben, setzt aber auch voraus, dass Medienkompetenz erworben wird.

„(...) Medienkompetenz und Digitalisierung ist ausreichend vorhanden (in allen Gesellschaftsschichten) (...)." St. Pölten, Vision 5.2

Unter dem Begriff „Hygiene" ist die Forderung nach ausgewähltem, bewusstem und z. T. reduziertem Konsum von sozialen Medien zusammengefasst. Dies ist eng mit der „Medienkompetenz", die an anderen Stellen wichtig ist, verwoben.

„(…) Menschen achten aufeinander und lernen voneinander, um sich dabei zu unterstützen nicht wahllos (soziale) Medien zu konsumieren. Menschen, die Unterstützung brauchen, bekommen sie von Familie und Umfeld." Feldkirch, Vision 1.

Eine konkrete technische Anwendung ist der sogenannte Katastrophenkanal, der gefordert wird, und der hier mit der Forderung nach neutraler Expert:inneninformation gekoppelt ist.

„(…) Die neutrale Expertengruppe sorgt auch dafür, dass Schwieriges einfach erklärt wird. Es gibt einen „Katastrophenkanal" und eine Handy-App-Benachrichtigung, wo Wichtiges für das Land ausgestrahlt wird. Medien strahlen auch die Expertenempfehlung aus." Klagenfurt, Vision 1.

4.5 Homeschooling/home office

Hier wird eine erfolgreiche Umstellung auf Homeschooling und Home Office genannt. Da dies aber Digitalisierung im weitesten Sinne voraussetzt, sowohl in Bezug auf die technische Infrastruktur als auch in Bezug auf die Kompetenz, digitale Medien entsprechend zu nutzen, soll dies hier erwähnt werden.

4.6 Vernetzung

Der Aspekt der (internationalen) Vernetzung wird für Daten und Kommunikation genannt. Diese bezieht sich auf die Expert:innen selbst ebenso wie auf die Zugänglichkeit der Daten durch Medienleute. Dieser Punkt hängt auch mit den Ansprüchen an die Medien zusammen, wenngleich er sich nicht nur auf diesen Aspekt beschränkt.

„(…) Wir stecken zudem Geld in Forschung und Entwicklung, um für Zukünftiges vorbereitet zu sein. Wir sind international gut vernetzt." Klagenfurt, Vision 1.

„(…) International werden auf gegenseitiger Basis die relevanten Daten in eine gemeinsame Datenbank eingespeist, und (es) stehen Wissenschaftler:innen zur Verfügung (weltweit)" Eisenstadt, Vision 3

Die Vorstellung eines digitalen Logbuchs, das alle tatsächlichen Bewegungen der Bürger:innen im Sinne einer digitalen Landkarte aufzeichnet, ist Voraussetzung für ein Tool, das die Vernetzung aller (Bewegungs-)Daten erlaubt, um Kontakte zu vermeiden.

„(…) Wann Menschen wo mit ihren Hunden Gassi gehen können (Zeitslots zum Einbuchen zur Vermeidung von Kontakten)“ Innsbruck, Vision 3

4.7 Testungen

In 6 von 28 Visionen werden Aspekte des Testens genannt. Hier geht es um logistische Aspekte („Teststraße“), den (leichten) Zugang zu Tests („Selbsttests“, „Testpakete“) und um die Funktion des Testens („Spannungsentlastung“).

„(…) Durch eine Gesundheitsreform wurde das Gesundheitssystem besser aufgestellt (mehr Ärzte, Pflege, bessere Bezahlung) direkt zu Krisenbeginn wird gehandelt: Aufruf an Kranken-Miliz, repräsentative Testung (freiwillig), sofortige Entscheidungen ohne Angst (Regeln, Reiseverbot) (…). Die Regierung ist gut vorbereitet: umfassende ethische Grundlage, guter Überblick. Starke soziale Kompetenz in Gesellschaft, man hilft sich, soziale Kontakte mit Schutz möglich. Keine Massenschlachtungen.“ Wien, Vision 2

4.8 Bewertung der Teilnahme durch die Teilnehmer:innen

Abschließend sei im Rahmen der Darstellung der Ergebnisse erwähnt, dass die Teilnehmer:innen zu drei verschiedenen Zeitpunkten (vor deren Teilnahme, am Ende des gemeinsamen Tages und zwei Wochen nach der Teilnahme) mittels einer Fragebogenerhebungen unter der Leitung von Katharina Gangl vom Institut für Höhere Studien befragt wurden. Ein Teil der gestellten Fragen bezog sich auf das Verfahren und dessen Bewertung. Nach der Teilnahme am Verfahren gaben von den 319 Personen insgesamt 41,2 % der Befragten an, dass die Teilnahme an der Veranstaltung ihre Sichtweise verändert hätte und 94,3 % würden an einer ähnlichen Veranstaltung wieder teilnehmen. 58 % der Teilnehmer:innen sagten, dass sie Perspektiven kennenglernt haben, die ihnen neu waren. 83,8 % der Befragten gaben an, von den anderen Teilnehmer:innen Denkanstöße erhalten zu haben. Insgesamt gaben 96,2 % an, dass sie ihre Meinung einbringen konnten (Bechtold et al., 2023, S. 135).

5 Diskussion

Der Versuch, relevante Aspekte für Technikfolgenabschätzung in den Visionen zu finden, gestaltet sich inhaltlich wie folgt. Im Wesentlichen sind drei der Aspekte, die in den zur Verfügung stehenden Visionen mit Blickwinkel auf eine technologische Perspektive gefunden wurden (Medien als Akteure, Homeoffice/homeschooling und Testungen), im engeren Sinn den Maßnahmen, die im Rahmen der COVID Pandemie umgesetzt wurden, zuzuordnen (vgl. Bogner, 2023, Desson, et al., 2020; Ruhrmann & Daube, 2021).

Die Adressat:innen sind jeweils die Medien, die Politik und die Wissenschaft. Dies trifft auch auf die beiden anderen gefundenen Aspekte (Vernetzung und Medienkonsum) zu, insofern Wissenschaft vernetzt funktionieren soll, technisches *Contact Tracing* perfektioniert wird oder ein Katastrophenkanal als sinnvoll erachtet wird. Letzteres ist im Sinne einer „one-to-many" Katastrophenbenachrichtigungs-SMS inklusive entsprechendem Radio- und TV-Programm zu verstehen.

Darüber hinaus kommt den beiden Aspekten Vernetzung und Medienkonsum aber auch eine normative Komponente in Bezug auf das Verhalten und die Haltung der Bürger:innen selbst zu: ein verantwortungsvoller Medienkonsum betrifft sie selbst ebenso wie der Aspekt der Vernetzung und Kommunikation. Bürger:innen stellen einen Teil der als relevant erachteten Akteure dar, wenn es um das gemeinsame Erarbeiten sinnvoller Maßnahmen geht.

Die Rolle der (digitalen) Medien und deren Aufgabe, sachliche Informationen zur Verfügung zu stellen, kann auch in Hinblick auf einen Beitrag zur Demokratie im Sinne des Vernetzens der Akteure gelesen werden. Die gelingt, indem sie wissenschaftliche und gesellschaftliche Akteure in die Debatte einbinden, die dazu dient Interessen, Sachverhalte und Folgen von Maßnahmen offenzulegen, und diese so auch in die Politik „rückzubinden" (Eberwein et al., 2023, S. 19).

In den Visionen wird eine hohe Erwartungshaltung an die Medien(-qualität) deutlich und der Wunsch, dass hier Informationen mit Hilfe der IKT nachvollziehbar und neutral präsentiert werden. Hier könnte Data Journalism, also die Erweiterung der klassischen medialen Berichterstattung um tagesaktuelle Daten und deren Interpretationen eine wichtige Voraussetzung für eindeutige Kommunikation und in der Folge weitere Medienberichterstattung sein (vgl. Desai et al., 2021).

Im Zusammenhang mit der Nutzung digitaler Medien ist jedenfalls auch der Wunsch nach guter Orientierung und verantwortungsvollem, informiertem individuellem Nutzer:innenverhalten bzw. Konsummustern sichtbar. Das ist insbesondere auch dahingehend wichtig, da das Nutzen digitaler Medien zu einer

Art des sich Verlassens auf das Wissen „der Anderen" führen kann, sodass man selbst nicht mehr für den Prozesses des Wissenserwerb verantwortlich ist (vgl. Lee et al., 2023). Daher ergibt sich aus diesem Visionsinhalt die TA-relevante Frage danach, *wie* mehr Medienkompetenz erreicht werden kann.

Die **Vernetzung der Akteure (Expert:innen und Medienmenschen)** ist insgesamt wichtig, wenn es um die zuträgliche Nutzung von IKT geht. Die Visionen legen an zwei Stellen explizites Vertrauen in die Wissenschaft nahe. Einerseits gilt anzunehmen, dass „Wissenschaft funktioniert", wenn Testungen als sinnvolle Mittel genannt werden, anderseits deutet die Tatsache, dass hohe Forschungsqualität mit vernetzten Datenbanken in Zusammenhang gebracht wird, darauf hin, dass Wissenschaft, die auf Datenaustausch beruht, als funktional eingeschätzt wird.

Methodische Betrachtung auf Basis der Ergebnisse

Die Sekundäranalyse des vorliegenden technikfernen Prozesses eignet sich gut, um TA-relevantes Wissen zu sammeln und Aspekte zu identifizieren, die TA-relevant sind. Insbesondere deshalb, da die Bedeutung der Visionen nicht primär in deren konkretem Inhalt oder der Wahrscheinlichkeit ihres tatsächlichen Eintreffens liegt. Vielmehr erlauben sie, den Blick in eine gute Zukunft zu richten und so Transformationswissen zu mobilisieren (Gudowsky et al., 2021). Auch der Aspekt, wie diese Ideen in den Institutionen und den Lebenswelten der beteiligten Akteure wirksam werden (*Vision Assessment*) ist zentral. Um dies zu tun, geht es darum, inhaltliche Schwerpunkte und die zentralen Werte, die in den 28 Visionen zu sehen sind, zu identifizieren und zu sehen was *nicht* diskutiert wurde.

Ein Hauptteil dieses Transformationswissens lässt bezieht sich in den Visionen im Thema Kommunikation finden. Insgesamt liegt die größte Übereinstimmung in Bezug auf zu Grunde liegende Werte in der Mehrzahl der einschlägigen Visionen auf Kommunikation, Austausch, respektvollem Miteinander und nachvollziehbarer Faktenzusammenstellung. In Bezug auf die Kommunikation der Medien ist ein Hauptthema das *Wie* der Kommunikation (vgl. Partick-Smith et al., 2024), in Bezug auf die Bürger:innen selbst, geht es um das gelungene Organisieren des Zusammenlebens und das gegenseitige Unterstützen. In Bezug auf die Politik ist das *wie* der Empfehlungserstellung zentral. Der Prozess selbst ebenso, wie auch dessen Kommunikation (mithilfe von IKT) an die Bürger:innen.

Der Technik kommt meist die Rolle als Hilfsmittel für gelungene Kommunikation zwischen den Akteuren (und den daraus entstehenden Maßnahmen) zu. Für Kommunikation hat Technik aus Sicht der Bürger:innen eine eindeutig unterstützende Funktion.

Die Betonung der Kommunikation und des Austausches zwischen den Akteuren kann auch im Sinne der Selbstreferenz an den partizipativen Bürger:innenbeteiligungsprozess verstanden werden, im Zuge dessen ebendiese Visionen entwickelt wurden. Kommunikation zwischen den Bürger:innen und zwischen Bürger:innen und der Politik ist eine essentielle Legitimation derselben.

Besonders interessant an den Visionen ist die Absenz der „klassischen" (Konflikt-)Themen aus der Corona-Zeit. In keiner Vision wird Impfen bzw. Impfstrategien (von Tieren) erwähnt. Dies ist insbesondere im Lichte der Rahmung der Visionenerstellung überraschend, in der es um eine Zoonose geht, die dramatische Konsequenzen nach sich ziehen würde. Also kann gesagt werden, dass in Bezug auf das tatsächlich sehr konfliktbeladene Thema des Impfens keine Anlehnungen an die Debatte um die COVID-Maßnahme des Impfens gegeben hat. Vereinzelt wurde über den Tag verteilt an den Tischen das Thema Impfen und Impfpflicht von den Teilnehmer:innen durchaus sehr kontroversiell (wenn auch respektvoll) diskutiert. Da es in den Visionen aber gar nicht vorkommt, ist daher naheliegend, dass dieses Thema wegen der hohen diskursiven Sprengkraft im Lichte der für die Vision relevanten positiven Rahmung in dem konsensorientierten Visionsprozess selbst erst gar nicht thematisiert wurde. Das Format des Dialogprozesses war darauf ausgelegt unterschiedliche Teilnehmer:innen zu einem Dialog zu befähigen und Ergebnisse zu zeitigen, die von Konsens geprägt waren.

6 Schlussfolgerungen und offene Fragen

Die Visionsanalyse des vorliegenden Prozesses „Österreich am Wort" legt nahe, dass Bürger:innen von sich aus nicht primär an technische Lösungen denken, wenn es um ein gesellschaftliches Krisensetting geht. Technologien (hier insbesondere IKT und Facetten der Digitalisierung) treten als Hilfsmittel für genau das in Erscheinung, was mit eben dieser Technik (IKT) bezeichnet wird: Kommunikation und Information. Darüber hinaus ist der Austausch zwischen den Akteuren zentral. Wollte man also im Sinne einer Technikfolgenabschätzung die Rolle von Technik in den Blick nehmen, müsste dies durch explizite Rahmengeschichten und thematisches Hinführen geschehen. Die Tatsache, dass die Lösung und der gute Tag in der Krise, an dem gesellschaftliche Polarisierung überwunden wird, nicht als ein Ergebnis von Technikeinsatz angesehen wird, legt auch nahe, dass das menschliche Miteinander im Vordergrund steht. Zu den Empfehlungen, die hier ansetzen, gehören Formate, die unterschiedliche Akteure zusammenbringen.

Das Transformationswissen, welches diese Formate und mit ihnen auch Visionen sichtbar machen können, sind im Sinne einer TA aus zweiter Hand wie im vorliegenden Fall sicherlich brauchbar. Dass die Mehrheit der Teilnehmer:innen angab, ihre Sichtweise verändert zu haben, Perspektiven kennenglernt haben, die ihnen neu waren, und Denkanstöße erhalten zu haben, deutet eindeutig auf gelungene Interaktionen hin und zeigt ein gewisses Potential der Verringerung von Polarisierung. Bei ausreichender politischer Responsivität stellen solche Verfahren einen guten Ansatzpunkt dar, um einer Polarisierung im öffentlichen Diskurs entgegenzuwirken. Dies kann insbesondere im Lichte der Konflikthaftigkeit neuer Technologien eine wichtige Eigenschaft sein. Dabei sollten aber auch Langzeiteffekte erforscht werden, um in diesem Rahmen mittels tiefergehender qualitativer Untersuchungen mit Teilnehmer:innen nachzuzeichnen, wo die Konflikthaftigkeit bestimmte Standpunkte nicht zuließ und wo eigene Standpunkte dem Gruppendruck zum Opfer fielen. Solche Erfahrungen können im Nachgang sogar verstärkende Effekte auf Polarisierung haben. Schlechte Erfahrungen mit Beteiligung können jedenfalls das Vertrauen und die spätere Beteiligung reduzieren (vgl. Hooghe et al., 2011). Dass aber das aktive Einbinden von Bürger:innen im Rahmen der Demokratie eine entscheidende Rolle spielt, ist hinlänglich bekannt (Blühdorn & Butzlaff, 2020). Inwiefern dieses Verfahren im Sinne eines Beitrags zur Demokratisierung (auch von Technologiefragen) zu werten ist, hängt unter anderem von der Frage ab, ob durch das symbolische Übertragen der Aufgabe des kritischen Beobachtens und kreativen Gestaltens an die Bürger:innen, die politischen Entscheidungsträger:innen in ihrer Verantwortlichkeit tatsächlich getroffen bzw. angesprochen werden (Ezrahi, 990). Einen Beitrag hierzu zu erzielen und Hilfestellungen bei jenen Entscheidungen zu geben, die Technikfolgen miteinbeziehen müssen, ist jedenfalls eine entscheidende Aufgabe von TA (vgl. Nentwich, 2023). Nicht nur die Politik, sondern auch die Technikentwicklung kann von den stark betonten kommunikativen Bedürfnissen der Bürger:innen, wie sie in dieser Analyse offensichtlich wurden, lernen. Dies kann auch im Sinne einer Forderung nach angewandter „Responsible Research and Innovation“ verstanden werden.

Danksagung Die praktische Umsetzung war nur möglich durch den Einsatz im Vorfeld und bei der Umsetzung sowie die gute Zusammenarbeit von Christine Hoffmann und dem Moderator:innenteam (Hoffmann Coaching), Susanne Riedler, Stefan Rakowsky, Sarah Koidl, Marlies Werner, Carina Kaufmann und Wolfgang Rapberger (Bundeskanzleramt Wien), Katharina Gangl und Kira Abstiens (Institut für Höhere Studien, Wien), Andrea Schrott und Pamela Kultscher (Statistik Austria) sowie Alexander Bogner, Andreas Albiez, Paul Buntfuß, Gregor Konicar, Barbara Saringer-Bory (Institut für Technikfolgen-Abschätzung der Österreichischen Akademie der Wissenschaften, Wien).

Literatur

Bechtold, U., Bogner, A., & Gangl, K. (2023). Österreich am Wort. In A. Bogner (Hrsg.), *Nach Corona. Reflexionen für zukünftige Krisen – Ergebnisse aus dem Corona-Aufarbeitungsprozess* (S. 118–139). Verlag der Österreichischen Akademie der Wissenschaften. https://doi.org/10.1553/978OEAW95696.

Berenskoetter, F. (2011). Reclaiming the Vision Thing: Constructivists as Students of the Future1. *International Studies Quarterly, 55*(3), 647–668. https://doi.org/10.1111/j.1468-2478.2011.00669.x

Blühdorn, I., & Butzlaff, F. (2020). Democratization beyond the post-democratic turn: Towards a research agenda on new conceptions of citizen participation. *Democratization, 27*(3), 369–388.

Bogner A. (Hrsg.) 2023, *Nach Corona. Reflexionen für zukünftige Krisen – Ergebnisse aus dem Corona-Aufarbeitungsprozess* (S. 118–139). Verlag der Österreichischen Akademie der Wissenschaften. https://doi.org/10.1553/978OEAW95696.

Collingridge, D. (1980). The Social Control of Technology. London: Pinter.

Desai, A., Nouvellet, P., Bhatia, S., Cori, A., & Lassmann, B. (2021). Data journalism and the COVID-19 pandemic: Opportunities and challenges. *The Lancet. Digital health, 3*(19), e619–e621.

Eberwein, J., Edochie, I., Newhouse, D., Cojocaru, A., Bopahbe, G., Kakietek, J., Montes, J. (2023). How prevalent is COVID-19 vaccine hesitancy in low-income and middle-income countries and what are the key drivers of hesitancy? Results from 53 countries. *BMJ Open, 13*, e069152. https://doi.org/10.1136/bmjopen-2022-069152.

Desson, Z., Lambertz, L., Peters, J. W., Falkenbach, M., & Kauer, L. (2020). Europe's Covid-19 outliers: German, Austrian and Swiss policy responses during the early stages of the 2020 pandemic. *Health Policy and Technology, 9*(4), 405–418. https://doi.org/10.1016/j.hlpt.2020.09.003.

Ezrahi, Y. (1990). *The descent of Icarus: Science and the transformation of contemporary democracy.* Harvard University Press.

Frey, P., Dobroć, P., Hausstein, A., Heil, R., Lösch, A., Roßmann, M., & Schneider C. (2022) (Hrsg.), *Vision assessment: Theoretische Reflexionen zur Erforschung soziotechnischer Zukünfte.* KIT Scientific Publishing. https://doi.org/10.5445/KSP/1000142150.

Gudowsky, N., Peissl, W., Sotoudeh, M., & Bechtold, U. (2012). Forward-looking activities: Incorporating citizens´ visions. *Poiesis & Praxis, 9*(1–2), 101–123. Online first: 15.11.2012. https://doi.org/10.1007/s10202-012-0121-6.

Gudowsky, N., & Sotoudeh, M. (2017). Into Blue Skies—a Transdisciplinary Foresight and Co-creation Method for Adding Robustness to Visioneering. *NanoEthics, 11*(1), 93–106. https://doi.org/10.1007/s11569-017-0284-7

Gudowsky, N., U. Bechtold, W. Peissl & Sotoudeh, M. (2021). Democratising utopian thought in participatory agenda setting. *European Journal of Futures Research, 9*(5).

Hausstein, A., (2022) …Vision Assessment im Feld gesellschaftlicher Herausforderungen. In P. Frey, P. Dobroć, A. Hausstein, R. Heil, A. Lösch, M. Roßmann & C. Schneider (2022) (Hrsg.), *Vision assessment: Theoretische Reflexionen zur Erforschung soziotechnischer Zukünfte* (S.15–50). KIT Scientific Publishing.

Hooghe, M., Marien, S., & De Vroome, T. (2011). The cognitive basis of trust. The relation between education, Cognitive ability, and generalized and political trust, *Intelligence, 40*(6), 604–613.

Jasanoff, S., & Kim, S. H. (Hrsg.). (2015). *Dreamscapes of modernity: Sociotechnical imaginaries and the fabrication of power.* University of Chicago Press.

Kersting, N. (2008). *Politische Beteiligung. Einführung in dialogorientierte Instrumente politischer und gesellschaftlicher Partizipation.* V-S Verlag.

Lee, S., Edson, T., Jr., & Lee, E. W. J. (2023). Social media may hinder learning about science; Social media's role in learning about COVID-19. *Computers in Human Behavior, 138,* Article 107487.

Lösch, A., Roßmann, M. & Schneider, C. (2021). Vision assessment als Sozio-epistemische Praxis. In S. Böschen, A. Grunwald, B.-J . Krings, & C. Rösch (Hrsg.), *Technikfolgenabschätzung: Handbuch für Wissenschaft und Praxis* (1 Aufl. S. 337–351). Nomos.

Nentwich, M. (2023). *Wissenschaftliche TA – Begriffe, Typologie und Konsequenzen für die Praxis* (ITA-manu:Script 23–02). https://doi.org/10.1553/ITA-ms-23-02.

Patrick-Smith, M., Emary, K., Hodgson, S. H., Thomas, T. M., Te Water Naude, R., Stuart, A. S. V., . . . Vanderslott, S. (2024). Roles and responsibilities of participants, researchers, and the media in the communication of vaccine trials: Experience from the United Kingdom's first COVID-19 vaccine trial. *Vaccine, 42*(26), 126391. https://doi.org/10.1016/j.vaccine.2024.126391

Rosa, A., Gudowsky, N., & Repo, P. (2021). Sensemaking and Lens-Shaping: Identifying Citizen Contributions to Foresight through Comparative Topic Modelling. *Futures, 129.* https://doi.org/10.1016/j.futures.2021.102733.

Ulrike Bechtold Wissenschaftliche Mitarbeiterin am Institut für Technikfolgen-Abschätzung (ITA) der Österreichischen Akademie der Wissenschaften (ÖAW). Schwerpunkte: Partizipation, Innovation und Inklusion sowie Nachhaltigkeit und Technikfolgenabschätzung. E-Mail: ulrike.bechtold@oeaw.ac.at.

Methoden für die TA: Reflexion und Ausblick

Michael Ornetzeder, Mahshid Sotoudeh und Walter Peissl

Eines lässt sich mit Sicherheit sagen: Das Themenfeld „Methoden für die TA" ist umfassend, vielschichtig und dynamisch. Dies hängt nicht zuletzt mit dem Selbstverständnis der TA als inter- und transdisziplinär arbeitendes, beratungsorientiertes Forschungsfeld zusammen. Folglich kann dieses Buch auch nur eine Art Momentaufnahme der in Fluss befindlichen Methodendiskussion in der TA darstellen. So wie sich die Aufgaben und theoretischen Modelle in der TA verändern, wird auch die Diskussion um die Auswahl und Integration geeigneter Methoden weitergehen.

Für diese abschließende Reflexion haben wir die in diesem Buch vertretenen Autor:innen um Mithilfe gebeten. Wir wollten auch jene Erfahrungen und Erkenntnisse festhalten, die sich aus der Auseinandersetzung mit den hier versammelten Themen und Perspektiven ergeben haben, sich aber nicht unmittelbar in den Texten wiederfinden. So wollten wir zum Beispiel wissen, welche

M. Ornetzeder (✉) · M. Sotoudeh
Institut für Technikfolgen-Abschätzung, Österreichische Akademie der Wissenschaften, Wien, Österreich
E-Mail: michael.ornetzeder@oeaw.ac.at

M. Sotoudeh
E-Mail: mahshid.sotoudeh@oeaw.ac.at

W. Peissl
vormals Institut für Technikfolgen-Abschätzung, Österreichische Akademie der Wissenschaften, Wien, Österreich
E-Mail: office-wp@teletronic.at

© Der/die Autor(en), exklusiv lizenziert an Springer Fachmedien Wiesbaden GmbH, ein Teil von Springer Nature 2025
M. Ornetzeder et al. (Hrsg.), *Methoden für die Technikfolgenabschätzung*,
https://doi.org/10.1007/978-3-658-48491-0_20

Erkenntnisse sie beim Verfassen ihres Kapitels gewonnen haben, ob sie konkreten Handlungsbedarf sehen, welche Aspekte des Themas nicht ausreichend behandelt wurden und wo sie aktuelle Herausforderungen orten. Die eingegangenen Antworten bilden die Grundlage für die folgenden Ausführungen.

Die Beiträge in diesem Buch, aber mehr noch die Praxis der TA zeigen, wie vielfältig und breit das Methodenangebot heute ist. TA verfügt über einen Methodenpool, der eine Vielzahl von bewährten, aber auch viele relativ neue Methoden umfasst. Einige sind vielleicht etwas aus der Mode gekommen und werden daher nur noch selten eingesetzt, andere sind noch relativ neu und müssen sich erst noch etablieren. Immer aber ist es eine der zentralen Aufgaben der TA, je nach Gegenstand und Fragestellung geeignete Methoden auszuwählen und sinnvoll miteinander zu kombinieren (Gondolf et al., 2025). Diese Fülle führt aber auch, wie einige Autor:innen anmerken, leicht zu Unübersichtlichkeit und Überforderung. Aus der Perspektive jüngerer Praktiker:innen fehlen anschauliche Beschreibungen der Methoden und vor allem Anleitungen, wie sie in konkreten Projektkontexten tatsächlich eingesetzt wurden, um daraus lernen und sie für die eigene Forschung adaptieren zu können (Favreuille, 2025). Ein dezidiertes TA-Methodenhandbuch gibt es – vermutlich aus guten Gründen – nicht, aber die Erstellung und kontinuierliche Fortschreibung eines Praxisleitfadens, in dem Fragen der Methodenauswahl und -integration anhand von Praxisbeispielen diskutiert werden, könnte eine lohnende Aufgabe sein.

1 Integration unterschiedlicher Methoden

Methodenintegration ist ein Thema, das in mehreren Beiträgen des Buches, aber auch in der Reflexion aufgegriffen wurde. Zum Beispiel bei der Frage, wie expertenbasierte Ergebnisse rationaler TA-Studien in Anwendungskontexten wirksam werden können (Droste-Franke, 2025)? In solchen Fällen ist eine Kombination von wissenschaftlichen und interaktiven Methoden erforderlich. Ein weiteres Beispiel betrifft die Kombination von qualitativen und quantitativen Methoden, um die Legitimität von Ergebnissen zu erhöhen. So können hermeneutische Ansätze dazu beitragen, die Annahmen, Datenquellen und Theorien, die quantitativen Modellierungen zugrunde liegen, besser zu verstehen und nachvollziehbar zu machen (Grunwald, 2025; Schippl, 2025). In anderen Fällen besteht die Herausforderung darin, Wissen über Technikfolgen mit gesellschaftlichen Bewertungen zu integrieren, um den Suchbereich möglicher Folgen und Risiken besser eingrenzen zu können. Dies zeigt sich beispielsweise bei der Entwicklung von Assistenzsystemen hin zum autonomen Fahren (vgl. Schippel in Abschn. 4.4).

Hier liegt die Unsicherheit eher im normativen Bereich. Es besteht kein breiter gesellschaftlicher Konsens darüber, was eine wünschenswerte Entwicklung oder Folge ist und was nicht (Schippl, 2025). Auch hier könnte ein verstärkter Einsatz interaktiver Methoden mehr Klarheit schaffen. Neben diesen konkreten Beispielen wird von einigen Autor:innen generell ein Mangel an übergreifenden und die einzelnen Methoden integrierenden Konzepten und Methodologien konstatiert. Solche Modelle könnten dazu beitragen, die Folgenforschung in einen größeren Zusammenhang zu stellen und die Beobachtungen in begrenzten lokalen TA-Projekten besser zu kontextualisieren. Ein Beispiel hierfür ist das in Abschn. 2.3 vorgestellte Konzept des Transformation-Assessment (Gondolf et al., 2025).

2 Gesellschaftliche Transformation und multiple Krisen

Die methodischen Herausforderungen in der TA sind in hohem Maße auch mit den aktuellen Anforderungen an TA als solche verbunden. Der wissenschaftlich-technische Wandel vollzieht sich heute im Kontext multipler Krisen. Gemeint ist damit eine historisch-spezifische Konstellation, in der mehrere sich wechselseitig beeinflussende und miteinander verknüpfte Krisenprozesse – in Ökologie, Wirtschaft und Politik – zusammenwirken (Bader et al., 2011). Damit rückt die Technikentwicklung fast zwangsläufig als eine Lösungsoption in den Mittelpunkt, der zur Bewältigung der Krisensituation ein grundlegender Richtungswechsel in Form gesamtgesellschaftlicher Transformationen abverlangt wird.

Neben der Nachhaltigkeit gewinnt in diesem Zusammenhang, wie Droste-Franke (2025) betont, die Resilienz als Ziel der Infrastruktur- und Technikgestaltung zunehmend an Bedeutung. Daraus ergeben sich neue Herausforderungen, die häufig auch neue Ansätze und Methoden erfordern. Diese reichen dann von Wirkungsbetrachtungen über Strukturanalysen bis hin zu dynamischen Betrachtungen und Konzepten zur flexiblen, anpassungsfähigen Gestaltung zukunftsweisender Technologien. Vor diesem Hintergrund ist es z. B. im Bereich der Energieversorgung noch weniger als bisher zielführend, sich auf die rein technisch-ökonomische Optimierung von Systemen unter festen Rahmenbedingungen zu konzentrieren. Vielmehr werden hier und in anderen Bereichen Systeme benötigt, die in Modellen für verschiedene Zukünfte eine tragfähige Lösung darstellen oder im Idealfall sogar kurz-, mittel- oder langfristig an sich verändernde Rahmenbedingungen angepasst werden können.

Die Betrachtung technischer Entwicklungen als Teil umfassenderer sozioökonomischer Transformationsprozesse bringt noch weitere methodische Herausforderungen. So kann es sinnvoll sein, bestehende Methoden zu erweitern, um den relationalen und dynamischen Charakter von Technologien besser erfassen zu können und insbesondere soziale Imaginationen, Visionen oder Diskurse, die bei der Etablierung von Technologien eine Rolle spielen, angemessen zu erfassen. Methoden wie die Situationsanalyse (vgl. Schwertel und Baumgartner in Abschn. 5.3), die bisher in der TA nicht explizit verwendet werden, hätten unter Umständen das Potenzial, technische Innovationen in größeren Zusammenhängen zu betrachten (Scheer, 2025).

Dabei kann es auch angebracht sein, nicht nur einzelne Technologien, sondern auch sozio-technische Konstellationen auf einer Art „Mesoebene" zu identifizieren und miteinander zu vergleichen. Ein Beispiel dafür, wie dies in einem konkreten Projektkontext umgesetzt werden könnte, ist die in Abschn. 4. 4 von Jens Schippl vorgeschlagene Unterscheidung verschiedener Typen von Direktionalität (Schippl, 2025).

Eine Verschiebung der Untersuchungsperspektive auf die Mesoebene eröffnet zudem neue Möglichkeiten, die diskursiven Bedeutungszuschreibungen von Technologien besser untersuchen zu können. Dadurch könnten sowohl Machtstrukturen als auch soziale und gesellschaftliche Auswirkungen von Technologien besser sichtbar gemacht werden. Ein solcher Ansatz könnte zu einem umfassenderen Verständnis der Dynamiken führen, die Technologien prägen und wie diese wiederum von Technologien geprägt werden (Scheer, 2025).

Die Transformationslogik, die als Antwort auf die Wahrnehmung multipler Krisen entstanden ist, macht sich aber nicht nur auf der Ebene der Methodendiskussion bemerkbar, sondern zeigt sich seit einiger Zeit auch stark in der Diskussion um die Entwicklung eines transformativen TA-Modells (Parodi & Beecroft, 2021).

3 Herausforderungen durch Generative Künstliche Intelligenz

Eine besondere Herausforderung für die TA stellen die jüngsten Entwicklungen im Bereich der Generativen Künstlichen Intelligenz (GenKI) dar (vgl. Jahnel et al. in Abschn. 3.1 sowie Richter et al. in Abschn. 3.2). Bei GenKI handelt es sich um eine sich dynamisch entwickelnde, potenziell disruptive Technologie, deren gesellschaftliche Implikationen äußerst schwer zu fassen und zugleich alltagsrelevant sind und die damit einen typischen Gegenstand von TA-Untersuchungen darstellt. Gleichzeitig ist absehbar, dass diese Technologien auch in der TA zunehmend als „Werkzeuge“ zur Unterstützung entscheidender Arbeitsschritte eingesetzt werden und damit die TA-Praxis selbst verändern. Die TA-Community ist daher in besonderem Maße gefordert: Sie muss nicht nur aus einer distanzierten Perspektive die Chancen und Risiken analysieren, sondern auch die eigenen Standards und Praktiken reflektieren – als selbst betroffene Akteure. Die Beschäftigung mit der Anwendung der GenKI erfordert daher einerseits eine Auseinandersetzung mit den methodischen Qualitätskriterien in der TA und andererseits die Erkenntnis, dass deren Weiterentwicklung für die sich wandelnden digitalen Herausforderungen notwendig ist (Jahnel et al., 2025).

Erste Erfahrungen mit KI-gestützten Analysen zeigen laut Richter et al. (2025) nicht nur die enorme Leistungsfähigkeit dieser Methoden, sondern auch die Notwendigkeit, die TA-Expertise von Expert:innen nicht zu vernachlässigen. Beispielsweise ist die Analyse großer Datenmengen zur Identifikation neuer TA-relevanter Themen ein vielversprechendes Feld, da Innovationen weltweit mit hoher Dynamik entstehen und gesicherte Informationsgrundlagen die Voraussetzung sind, um Politik und Öffentlichkeit über mögliche Folgen neuer Technologien fundiert informieren und beraten zu können. Die KI-gestützte Analyse von Daten kann sicherlich dazu beitragen, die Informationsbasis qualitativ und quantitativ zu erweitern. Sie kann jedoch nicht die menschliche Expertise ersetzen, die beispielsweise bei der Auswahl von KI-Modellen, der Zusammenstellung von Trainingsdaten, der Definition von Suchstrategien sowie der Auswahl der zu analysierenden Daten und schließlich bei der Interpretation und Aufbereitung der Analyseergebnisse erforderlich ist (Richter et al., 2025). Die TA sollte stets in der Lage sein, die in die Daten und Auswertungsalgorithmen eingeflossenen Prämissen zu erkennen und kritisch zu reflektieren, anstatt sich blind auf sie zu verlassen (Grunwald, 2025).

Zum Einsatz der GenKI als Methode in der Politikberatung liegen noch keine gesicherten Erkenntnisse vor. Um die Wirksamkeit und den Einfluss auf die epistemische Qualität und wissenschaftliche Integrität zu überprüfen, schlagen Jahnel et al. (2025) angesichts der hohen Entwicklungsdynamik daher eine kontinuierliche, systematische und dokumentierte Erprobung der GenKI-Instrumente vor. Dies sollte einerseits in den spezifischen Kontexten und institutionalisierten Strukturen der TA-Community geschehen, andererseits sollte auch eine breitere wissenschaftliche Fachgemeinschaft der Politikberatung in die Debatten und Bewertungen einbezogen werden.

Der Einsatz von GenKI als Hilfsmittel oder Methode der TA steht noch am Anfang, die Potenziale werden jedoch vielfach als beträchtlich eingeschätzt.

Die Einsatzmöglichkeiten beschränken sich nicht nur auf die wissenschaftlichen Aufgaben der TA, sondern auch auf die interaktiven und kommunikativen Arbeitspraktiken. Die Herausforderung wird darin bestehen, mit der technischen Entwicklung Schritt zu halten und gleichzeitig die praktische Anwendung in der TA kritisch zu reflektieren (Droste-Franke, 2025).

4 Qualitätssicherung und Gütekriterien

Mit dem verstärkten Einsatz neuer Verfahren wie KI-gestützter Datenauswertungen oder modellbasierter Simulationen geht auch eine Diskussion um Qualitätssicherung und Gütekriterien einher.

Eine Option zur Verbesserung der Ergebnisqualität besteht darin, die Prämissen klar zu benennen und die Nachvollziehbarkeit von Modellen zu erhöhen. Damit verschiebt sich die Perspektive von den Ergebnissen der Modelle hin zu ihrem Entstehungsprozess. Dementsprechend sollten Modelle nicht anhand ihrer Ergebnisse, sondern anhand ihrer Entstehung einschließlich der gewählten Anfangsparameter miteinander verglichen werden (Grunwald, 2025). Darüber hinaus vertritt Grunwald (2025) generell die Ansicht, dass gerade der Stellenwert von Narrativen in TA-Methoden weit über die Modellierung hinaus eine größere Bedeutung bei der Charakterisierung der Methoden und der Einordnung ihrer Ergebnisse haben sollte – eine typische Aufgabe der hermeneutischen TA.

Auch beim Einsatz von KI-Modellen im Rahmen von TA-Prozessen wird die Nachvollziehbarkeit des Erkenntnisgewinns zunehmend erschwert. Sofern die einzelnen Arbeitsschritte des verwendeten KI-Modells nicht offengelegt werden können (Black-Box-Problematik der Modelle), sollten zumindest der Einsatz und die Auswahlkriterien transparent gemacht werden. Ein möglicher nächster Schritt könnte die Entwicklung von Qualitätskriterien für den Einsatz von KI-Modellen in der TA sein. Solche Kriterien könnten helfen, die Auswahl von Modellen zu vereinfachen und die Nachvollziehbarkeit der Ergebnisse zu erleichtern (Richter et al., 2025).

Generell kann bei der Anwendung oder der Entwicklung neuer Methoden noch nicht auf etablierte Gütekriterien zurückgegriffen werden. Im Vordergrund stehen daher zunächst Anforderungen, die auf Nachvollziehbarkeit und Transparenz des Verfahrens zielen und den gesamten Erhebungs- und Auswertungsprozess begleiten, wie dies z. B. in der qualitativen Sozialforschung üblich ist (Steinke, 2000). Auf dieser Grundlage und der Reflexion konkreter Anwendungserfahrungen können dann schrittweise weitere Gütekriterien für neue Methoden formuliert und getestet werden. Auch im Bereich der Methodeninnovation spielen daher dokumentierende, beschreibende und reflektierende Praktiken zumindest zu Beginn neuer Entwicklungen eine zentrale Rolle.

5 Methoden zur Verbesserung von Impact der TA

Eine wiederkehrende Diskussion in der TA beschäftigt sich mit der Frage, wie die Wirkung von TA-Aktivitäten methodisch unterstützt werden kann. Im TAMI-Projekt (Decker & Ladikas, 2004) stand diese Frage sogar im Mittelpunkt und wurde in zweifacher Hinsicht behandelt: Zum einen wurde die kompetente Anwendung von Methoden als Voraussetzung für qualitativ hochwertige Ergebnisse und deren Kommunikation diskutiert, zum anderen wurden Methoden zur Messung von Impact erörtert. Auch in den Reflexionen zu den Beiträgen in diesem Buch wurde dieses Thema mehrfach aufgegriffen.

Entwicklungspotenziale werden beispielsweise im Bereich der kommunikativen Methoden gesehen. So sollten etwa Methoden für den direkten Transfer von Ergebnissen in die Anwendung oder die Anwendungsbegleitung als Beitrag zur Verbesserung konkreter Prozesse auf regionaler, lokaler oder auch individueller Ebene weiterentwickelt werden (Droste-Franke, 2025). Offensichtlich hat die Kommunikation von Ergebnissen über den politischen Kontext hinaus in der TA an Bedeutung gewonnen. Vor diesem Hintergrund erscheint es sinnvoll, eine grundsätzliche Diskussion darüber zu führen, welche Methoden diese Ziele am besten unterstützen und ob diese Methoden hinreichend bekannt und verständlich sind. Die Herausforderung besteht nicht nur darin, neue methodische Elemente zu entwickeln und einzusetzen, um der sich verändernden Informationslandschaft gerecht zu werden, sondern auch darin, die mit diesen Methoden gewonnenen Erkenntnisse adressatengerecht aufzubereiten (Richter et al., 2025).

Ein weiterer Aspekt der Kommunikationsarbeit bezieht sich auf das unmittelbare persönliche Erleben von TA-relevantem Wissen, wie es z. B. in Veranstaltungen für die breite Öffentlichkeit vermittelt wird. So könnten beispielsweise technische Zukunftsvisionen, die an transhumanistische Ideen anknüpfen (z. B. Brain-Computer-Interface), in einer Weise präsentiert werden, die vielfältige körperliche Erfahrungen ermöglicht und zugleich Aushandlungsräume für die interessierte Öffentlichkeit eröffnet (Borrmann & Auinger, 2025). Solche Ansätze werden in der TA bislang nicht genutzt, könnten aber auch im Bereich interaktiver Methoden für bestimmte Aufgaben zukünftig eine Rolle spielen.

Im Hinblick auf interaktive Methoden, die beispielsweise auf eine aktive Beteiligung der Bevölkerung abzielen, wurde einmal mehr betont, dass das Engagement der Entscheidungsträger:innen ein wesentlicher Erfolgsfaktor für eine effektive Öffentlichkeitsbeteiligung ist (Bauer et al., 2011). Diese Forderung hat auch eine methodische Seite. Konkret ergibt sich hier ein Handlungsbedarf aus der Erkenntnis, dass die Sinnhaftigkeit partizipativer Methoden mit der effektiven und nachvollziehbaren politischen bzw. gesellschaftlichen Anschlussfähigkeit steht und fällt. Dies bedeutet, dass es im Rahmen partizipativer TA-Verfahren ein klar kommuniziertes Interesse an den Ergebnissen solcher Prozesse geben muss und einen Weg, diese nachvollziehbar in Empfehlungen an die Politik oder andere Akteure zu übersetzen (Bechtold, 2025).

6 Ausblick

Die Beiträge in diesem Buch und auch die in dieser Schlussbetrachtung diskutierten Gedanken liefern einen deutlichen Beleg für die Lebendigkeit der Methodendiskussion in der TA. Wir haben gesehen, dass die beiden großen methodischen Herausforderungen eng mit zwei ganz unterschiedlichen Entwicklungen zusammenhängen.

Zum einen ist dies die inzwischen vorherrschende Missionsorientierung der Technikentwicklung und die damit verbundenen Hoffnungen auf eine umfassende gesellschaftliche Transformation. Dadurch rücken sozio-technische Konfigurationen und Systeminnovationen sowie Prozesse des gezielten Rückbaus (Exnovation) oder der Vermeidung neuer Pfadabhängigkeiten in den Vordergrund der Betrachtung, mit teilweise erheblichen methodischen Konsequenzen.

Zum anderen kommt TA nicht umhin, sich mit der hochdynamischen Entwicklung im Bereich der Künstlichen Intelligenz, und zwar in zweifacher Weise, der Anwendung und der kritischen Reflexion, auseinanderzusetzen. Hier werden enorme Potenziale gesehen, die gleichzeitig mit einer Reihe von Risiken einhergehen. Die rasant wachsenden Fähigkeiten der GenKI werden auch die Methoden der TA tiefgreifend verändern. Gleichzeitig kann das Reflexionspotenzial von TA dazu beitragen, die Entwicklung von KI gesellschaftlich verantwortlich zu begleiten und zu informieren.

Impulse für die Methodendiskussion kommen aber auch aus der TA selbst. Ein prominentes Beispiel hierfür sind die Debatten in der TA-Community über Normativitäten in der TA aus theoretischer Sicht und in ihrer Praxis (Nierling & Torgersen, 2020). Wehling (2021) bezeichnet diese neuere Entwicklung als normativ-reflexive Konstellation. Diskutiert werden in diesem Zusammenhang unterschiedliche Vorstellungen und theoretische Modelle von Demokratie und unterschiedliche kulturell-politische Rahmenbedingungen im Zusammenhang mit der globalen Verbreitung von TA (Hennen et al., 2023). Solche Debatten um eine konzeptionelle Neuausrichtung von TA werden, wenn sie noch weiter an Bedeutung gewinnen, zwangsläufig auch zu neuen methodischen Herausforderungen führen.

Literatur

Bader, P., Becker, F., Demirović, A., & Dück, J. (2011). Die multiple Krise–Krisendynamiken im neoliberalen Kapitalismus. In A. Demirovic, J. Dück, F. Becker, & P. Bader, (Hrsg.). *VielfachKrise. Im finanzmarktdominierten Kapitalismus.* (S. 11–28). VSA-Verlag.

Bauer, H., Biwald, P., Dearing, E., & Steffek, A. (2011). *Gutes Regieren. Konzepte—Realisierungen—Perspektiven.* Neuer Wissenschaftlicher Verlag.

Bechtold, U. (2025). *Antworten auf drei Fragen* [E-Mail].

Borrmann, V., & Auinger, M. (2025). *Antworten auf drei Fragen* [E-Mail].

Decker, M., & Ladikas, M. (Hrsg.). (2004). *Bridges between science, society and policy: Technology assessment – methods and impacts* (Vol. Wissenschaftsethik und Technikfolgenbeurteilung 22). Springer.

Droste-Franke, B. (2025). *Antworten auf drei Fragen* [E-Mail].

Favreuille, S. (2025). *Antworten auf drei Fragen* [E-Mail].

Gondolf, J., Lösch, A., Büscher, C., & Ufer, U. (2025). *Antworten auf drei Fragen* [E-Mail].

Grunwald, A. (2025). *Antworten auf drei Fragen* [E-Mail]

Hennen, L., Ladikas, M., Hahn, J., Peissl, W., Est, R. v., & Lindner, R. (Hrsg.). (2023). *Technology assessment in a GLobalized world – Facing the challenges of transnational technology governance.* Springer.

Jahnel, J., Nentwich, M., Riousset, P., Milchram, C., Kehl, C., & Albrecht, S. (2025). *Antworten auf drei Fragen* [E-Mail].

Nierling, L., & Torgersen, H. (2020). *Die neutrale Normativität der Technikfolgenabschätzung. Konzeptionelle Auseinandersetzung und praktischer Umgang.* Nomos.

Parodi, O., & Beecroft, R. (2021). Reallabore als Möglichkeitsraum und Rahmen für Technikfolgenabschätzung. In S. Böschen, A. Grunwald, B.-J. Krings, & C. Rösch (Hrsg.), *Technikfolgenabschätzung: Handbuch für Wissenschaft und Praxis* (S. 374–388). Nomos.

Richter, S., Kruse, S., & Hungerland, T. (2025). *Antworten auf drei Fragen* [E-Mail].

Scheer, D. (2025). *Antworten auf drei Fragen* [E-Mail]

Schippl, J. (2025). *Antworten auf drei Fragen* [E-Mail].

Steinke, I. (2000). Gütekriterien qualitativer Forschung. In U. Flick, E. Von Kardoff, & I. Steinke (Hrsg.), *Qualitative Forschung. Ein Handbuch* (S. 319–331). Rowohlt.

Wehling, P. (2021). Technikfolgenabschätzung 2.5 und Wissenschaft. In S. Böschen, A. Grunwald, B.-J. Krings, & C. Rösch (Hrsg.), *Technikfolgenabschätzung: Handbuch für Wissenschaft und Praxis* (S. 178–190). Nomos.

Michael Ornetzeder Wissenschaftlicher Mitarbeiter am Institut für Technikfolgen-Abschätzung (ITA) der Österreichischen Akademie der Wissenschaften (ÖAW) und Dozent an der Universität für Bodenkultur, Wien. Schwerpunkte: Wissenschafts- und Technikforschung, Technikfolgenabschätzung, Nachhaltigkeit, Energiewende. E-Mail: michael.ornetzeder@oeaw.ac.at

Mahshid Sotoudeh Privat Dozentin für Technikfolgenabschätzung und Nachhaltigkeit, wissenschaftliche Mitarbeiterin am Institut für Technikfolgen-Abschätzung (ITA) der Österreichischen Akademie der Wissenschaften (ÖAW). Schwerpunkte: inter- und transdisziplinäre Forschung auf dem Gebiet der TA, technische Innovationen und Bildung für nachhaltige Entwicklung, partizipative Methoden, Visionen und Szenarienbildung, zukunftsfähige Lebensmittelsysteme, E-Mail: mahshid.sotoudeh@oeaw.ac.at

Walter Peissl Ehem. stv. Direktor des Instituts für Technikfolgen-Abschätzung (ITA) der Österreichischen Akademie der Wissenschaften (ÖAW). Schwerpunkte: Digitalisierung, Privatsphäre und Sicherheit sowie methodische Fragen der Technikfolgenabschätzung. E-Mail: office-wp@teletronic.at

GPSR Compliance

The European Union's (EU) General Product Safety Regulation (GPSR) is a set of rules that requires consumer products to be safe and our obligations to ensure this.

If you have any concerns about our products, you can contact us on ProductSafety@springernature.com

In case Publisher is established outside the EU, the EU authorized representative is:

Springer Nature Customer Service Center GmbH
Europaplatz 3
69115 Heidelberg, Germany

Batch number: 09019491

Printed by Printforce, the Netherlands